教育部高等学校航空航天类专业教学指导委员会推荐教材

高等学校规划教材·航空、航天与航海科学技术

飞行器飞行动力学与制导

（第2版）

方 群 朱战霞 孙 冲 编著

西北工业大学出版社
西 安

【内容简介】 本书从理论与实践相结合的角度出发，并融入相关前沿技术，系统地介绍了飞行器飞行动力学与制导的基本理论与方法。全书共分为13章，内容包括：绪论，战术有翼导弹运动方程组的建立，远程火箭及弹道导弹运动方程组的建立，方案飞行与方案弹道，导引飞行与弹道，大气飞行姿态动力学特性分析的基本概念，纵向扰动运动模型的建立及求解，纵向扰动运动动态特性分析，侧向扰动运动动态特性分析，飞行器扰动运动的自动稳定与控制，导引飞行的动态特性分析，大气姿态飞行动力学的非线性及前沿问题和大气姿态动力学问题经典案例分析。

本书既可作为普通高等学校和军事院校航空、航天类专业高年级本科生及研究生的教材，又可作为相关交叉学科和专业教师、本科生和研究生的参考书，还可作为从事飞行器研究、设计、试验和应用单位的飞行动力学、导航、制导、控制、总体设计、系统工程、效能分析以及其他有关专业技术人员的主要参考书和常用手册使用。

图书在版编目(CIP)数据

飞行器飞行动力学与制导 / 方群，朱战霞，孙冲编著. — 2版. — 西安：西北工业大学出版社，2021.8

教育部高等学校航空航天类专业教学指导委员会推荐教材 高等学校规划教材. 航空、航天与航海科学技术

ISBN 978-7-5612-7834-5

Ⅰ. ①飞… Ⅱ. ①方… ②朱… ③孙… Ⅲ. ①飞行器-飞行力学-高等学校-教材 ②飞行器-制导-高等学校-教材 Ⅳ. ①V412.4 ②V448.13

中国版本图书馆CIP数据核字(2021)第165794号

FEIXINGQI FEIXING DONGLIXUE YU ZHIDAO

飞 行 器 飞 行 动 力 学 与 制 导

责任编辑： 何格夫　　**策划编辑：** 何格夫

责任校对： 张　友　　**装帧设计：** 李　飞

出版发行： 西北工业大学出版社

通信地址： 西安市友谊西路127号　　邮编：710072

电　　话： (029)88491757，88493844

网　　址： www.nwpup.com

印 刷 者： 兴平市博闻印务有限公司

开　　本： 787 mm×1 092 mm　1/16

印　　张： 27.75

字　　数： 728千字

版　　次： 2005年1月第1版　2021年8月第2版　2021年8月第1次印刷

定　　价： 116.00元

如有印装问题请与出版社联系调换

第 2 版前言

飞行器飞行动力学是研究飞行器在空中运动规律及总体性能的科学。其研究目的在于为飞行器的研制和使用从基本原理和性能分析技巧方面提供理论基础。

飞行器制导是导引和控制飞行器按一定规律飞向目标或预定轨道的技术和方法。导引规律的设计对飞行器是否能准确到达目标点至关重要。

本书是在原国防科工委"十五"规划教材——《有翼导弹飞行动力学》(ISBN 978 - 7 - 5612 - 1806 - 8,该教材曾获陕西省优秀教材一等奖)的基础上,进行修订和知识扩充后完成的。书中系统地介绍了飞行器飞行动力学与制导的基本理论与方法,其涉及的知识内容、原理和方法、技术和手段是各类飞行器总体设计、气动外形设计、控制系统设计、动力系统设计以及精度和效能分析的重要依据。所涵盖的知识内容注重基础性、综合性、全面性、充实性和前沿性,力求循序渐进、内容全面、论述严谨、实用性强、使用覆盖面广。

本书共分为 13 章,其中:第 1 章(绪论)由方群编写,第 2 章(战术有翼导弹运动方程组的建立)、第 3 章(远程火箭及弹道导弹运动方程组的建立)、第 4 章(方案飞行与方案弹道)、第 5 章(导引飞行与弹道)由朱战霞编写,第 6 章(大气飞行姿态动力学特性分析的基本概念)、第 7 章(纵向扰动运动模型的建立及求解)、第 8 章(纵向扰动运动动态特性分析)、第 9 章(侧向扰动运动动态特性分析)、第 10 章(飞行器扰动运动的自动稳定与控制)、第 11 章(导引飞行的动态特性分析)由方群编写,第 12 章(大气姿态飞行动力学的非线性及前沿问题)、第 13 章(大气姿态动力学问题经典案例分析)由孙冲编写。全书由方群统稿。

本书内容是具有航空、航天类专业的普通高等学校以及从事航空、航天事业的单位相关学生和人员所需要的,因此其受众面将覆盖涉及航空、航天类普通高等学校和军事院校相关专业的教师、本科生和研究生,并为从事航空、航天工作的相关工程技术人员提供理论和技术指导。本书所涵盖的知识内容比较宽泛,在选用本书作为教材时,可根据专业需求、教学课时、教学对象等确定教学的侧重点,从而进行教学内容的取舍。

由于水平有限,书中疏漏之处在所难免,恳请广大读者提出宝贵意见。

编著者

2021 年 2 月

第1版前言

面对飞行力学学科的飞速发展和21世纪我国导弹的发展方向以及应用背景，现有的有关导弹飞行力学专著和教材已经不能满足培养适应21世纪导弹设计高水平人才的需要，也不能适应飞行力学专业及其相关专业的大纲和学时要求。因此，编写、出版以满足和适应国家为培养导弹设计人才所急需的导弹飞行力学教材迫在眉睫。

本书涉及有翼导弹研究、设计、试验和应用中主要的飞行动力学理论和方法。研究对象以近程有翼导弹为主，研究内容包括：有关导弹运动轨迹的基本概念；导弹作为有控飞行器作用在其上的作用力和力矩特性分析；建立导弹运动方程组的方法；导弹运动模型；过载的概念及其与导弹设计的关系；各种导引规律的弹道特性分析；飞行轨迹优化设计方法；弹体动态特性分析的基本概念；导弹纵向扰动运动模型的建立及处理方法；导弹弹体的纵向动态特性分析；导弹弹体的侧向动态特性分析；倾斜运动的自动稳定；纵向运动的自动稳定与控制；导引飞行的动态特性；工程实际中应用飞行力学解决典型问题的范例；导弹飞行动力学的一些特殊问题。

本书注重理论联系实际，且包含的内容比较全面。与已有的类似专著和教材相比，增添了一些既能启发和开阔学生思路，又能对设计高技术含量的导弹有较高的实际指导意义和参考价值的内容，如弹道计算常用算法、飞行视景仿真、虚拟样机、蒙特卡洛模拟打靶、最优导引律等等。在编写过程中力求循序渐进、内容全面、论述严谨、实用性强。

本书既可作为航空、航天类普通高等学校和军事院校飞行力学及其相关专业本科生的教材，又可作为有关专业教师、本科生以及研究生的参考书，还可作为从事导弹研究、设计、试验和应用单位的飞行力学、自动控制、总体设计以及其他有关专业工程技术人员的主要参考书和常用手册使用。

本书第1～5章由李新国编写，第6～11章由方群编写，全书由李新国统稿。

在编写过程中，得到了西北工业大学航天工程学院飞行轨迹与仿真实验室、GPS研究中心的教师和研究生的大力支持，在此表示衷心的感谢！

编著者

2004年5月于西北工业大学

目　　录

第1章 绪 论

1.1 飞行器飞行动力学与制导概述

1.1.1 飞行器飞行动力学问题

飞行器飞行动力学是研究飞行器在空中运动规律及总体性能的学科。所有穿过流体介质或者是真空的运动体，统称为飞行器，主要包括航天器、航空器、弹箭、水下兵器等。研究弹箭运动规律的学科称为外弹道学，研究飞机运动规律的学科称为飞机飞行动力学。但是，从力学角度看，它们都属于典型的飞行动力学范畴。研究飞行动力学的目的在于为飞行器的研制和使用从基本原理和性能分析技巧方面提供理论基础。

飞行动力学是建立在刚体力学、弹性结构力学、空气动力学、流体力学、多体系统动力学、振动理论、运动稳定性等力学基础之上的，又依赖于现代控制理论和计算技术的发展，并与测量技术密切相关的综合性应用力学。飞行动力学与控制问题主要是飞行器的飞行性能和动态特性分析问题，其研究内容主要包括以下几个问题。

1. 轨道动力学问题

飞行器飞行性能与飞行器质心运动(轨道)有关，轨道动力学问题主要研究在已知外力情况下，飞行器作为质点的运动规律，如飞行速度、飞行高度、航程、起飞、着陆和机动飞行等。

2. 姿态动力学问题

姿态动力学问题研究飞行器作为自动控制对象(刚体或弹性体)在外界扰动和操纵作用下的动态特性或动力学特性，涉及稳定性、操纵性、机动性和敏捷性，即研究飞行器作为质点系(刚体或弹性体)保持和改变飞行状态的能力。

3. 准确度问题

准确度问题研究飞行器的飞行精度(含命中精度)。

随着技术的发展，飞行动力学的研究内容进一步从简单的战略层面发展为复杂的战术层面，并扩展到了攻防对抗、作战效能等方面，同时带来了多学科交叉问题。

飞行动力学的研究方法可分为理论研究和实验研究。其理论基础包括空气动力学、理论力学(刚体力学)、结构力学、弹性力学、自动控制理论等。理论研究的主要工具是应用数学和计算机。飞行动力学问题的出发点是飞行器的运动方程，它是对飞行器运动规律的基本描述。而运动方程建立的前提是在一定意义下的坐标系中定义表征飞行器运动状态的参数，如其空间位置、姿态、飞行速度以及角速度等。实验研究常用的手段有飞行仿真器(缩比模型的)、物理仿真(风洞试验、自由飞)、半实物仿真、(全实物)飞行试验等。从飞行试验所取得的数据对飞行动力学模型进行验证和校正,最后给定飞行器的运动数学模型。

计算机技术的发展,对飞行动力学有很大的促进。利用电子计算机可以进行飞行航迹(弹道)和飞行性能的计算、动态特性的分析和解决大量复杂的非线性飞行动力学问题。

1.1.2 飞行器飞行制导问题

飞行器制导是导引和控制飞行器按一定规律飞向目标或预定轨道的技术和方法。制导过程中,导引系统不断测定飞行器与目标或预定轨道的相对位置关系,发出制导信息传递给飞行器控制系统,以控制其向预定目标点飞行。

1. 制导方式

按照控制导引方式的不同,制导方式可概括为自主式、寻的式、遥控式和复合式等几种。

2. 制导规律设计

从理论上讲,可以有很多条甚至无数条弹道保证导弹与目标相遇,但实际上对每一种导弹只选取一条在特定条件下的最佳弹道,所以导弹的弹道不能是任意的,而是受一定条件的限制,有一定的规律,这个规律就是制导规律,也称导引规律或导引方法。在导弹飞行过程中,导引方法决定导弹和目标或导弹、目标和制导站之间的运动学关系。在自动导引中常用的经典导引方法有以下几种:三点法、前置量(角)法、追踪法、平行接近法和比例导引法等。导引规律的设计对飞行器是否能准确到达目标点至关重要。

3. 精确制导

精确制导技术是指按照一定规律控制飞行器的飞行方向、姿态、高度和速度,引导飞行器准确到达目标点的技术。

精确制导技术涉及的内容广泛,是一项综合多种现代高新技术的应用技术。其研究的主要内容包括弹载精确探测、信息支援综合利用和高精度导引控制等技术。其中:弹载精确探测技术主要用于对目标精确探测、识别和跟踪;信息支援综合利用技术是利用信息支援保障系统提供的信息,对目标进行定位和识别;高精度导引控制技术是利用精确探测系统和信息支援保障系统提供的目标信息以及弹上设备和其他外部设备提供的导弹位置和运动状态信息,采用先进的制导控制方法,确保武器精确命中目标。当前,精确制导技术的发展几乎融入了当今信息时代所有最新的科学技术,特别是以信息技术为核心的高技术发展成果。应用精确制导技术发展而来的精确制导武器将向着系列化、智能化、远程化、隐身化、通用化方向发展。

研究导弹的制导问题过程中,需要建立导弹的运动学弹道、动力学弹道、理想弹道和理论弹道的数学模型,从而利用这些弹道数据评估制导系统的优劣。制导律和相应参数的选取,需要考虑其制导精度和制导系统的复杂程度。

1.2 飞行器飞行动力学与制导规律设计技术

1.2.1 飞行器飞行动力学技术

按照本章参考文献[6]的观点,作为指导人类飞行活动的理论基础——飞行动力学经历了由无到有、由初级到高级的发展过程。从传统飞行动力学→有控飞行动力学→计算飞行动力学，飞行动力学实现了两次大的飞跃，现在已经成为人类解决飞行问题的有力工具。

1.2.1.1　传统飞行动力学

传统飞行动力学主要研究低速飞行器的运动特性和飞行安全性(平衡、稳定性和操纵性)问题。此时，飞行自动控制理论和技术还处于发展初期，还没有达到实用的程度，飞行器一般是无控的或仅仅依靠人(驾驶员)来操纵。现在，这种传统的方法还有可能在一些模型飞机、滑翔机等飞行器设计中应用。

1.2.1.2　有控飞行动力学

第二次世界大战以后，喷气技术有了突飞猛进的进展，自动控制理论和技术日臻完善，高性能有人和无人飞行器发展迅速。这些高性能飞行器大都带有飞行自动装置或飞行控制系统，无控仅仅是有控的特殊情况。因此，现代飞行动力学的研究对象是一个有控的飞行器，或有控的力学系统。有控飞行动力学一方面利用自动控制的理论、观点和方法来研究飞行动力学问题，把飞行器视为控制系统中的一个环节，即控制对象；另一方面，广泛采用主动控制技术(Active Control Technology，ACT)来改善飞行器的动力学特性，实现对飞行器的各种控制。

有控飞行动力学解决了现代飞行器发展中的一个带有普遍意义的、共性的问题，解决了飞行动力学发展中的一个普遍性的矛盾，体现了现代飞行动力学研究中起主导作用的边缘交叉的本质。因此，“有控”或“无控”就形成了现代飞行动力学与传统飞行动力学的重要区别。从本质上说，现代飞行动力学可视为有控飞行动力学。

由此可见，有控飞行动力学(Auto-Flight Dynamics)可定义为：“有控飞行动力学是在传统飞行动力学基础上，利用自动控制的理论、方法和技术手段来研究有控飞行器总体性能、运动规律及其伴随现象的科学方法，是一般力学的一个新的分支，是现代飞行器设计、试验、训练和运用研究的理论基础。”

飞行动力学中的一些特殊问题，例如静不稳定问题，直接力控制问题，倾斜转弯(Bank To Turn，BTT)控制问题，惯性交感问题，大迎(攻)角问题，大气紊流扰动问题，伺服气动(热)弹性问题，液体晃动问题，制导规律或导引规律问题，发射动力学、分离动力学、回收动力学问题，等等，都是飞行动力学中的一些特殊性矛盾(问题)或个别性矛盾(问题)，都可以在有控飞行动力学的理论框架内获得解决。实践表明，只要抓住了“力学+控制”这一对基本的、主要的矛盾，其他的矛盾就可以迎刃而解。

1.2.1.3　计算飞行动力学

从1946年发明第一台电子数字计算机以来，计算机科学和技术已经取得了突飞猛进的发展，这就大大改变了力学研究的面貌，因而也就大大改变了飞行动力学研究的面貌。

1960年左右，出现了计算力学，并首先在固体力学和流体力学中得到应用。这就预示着计算飞行力学将成为未来起主导作用的一个飞行力学分支。

在有控飞行动力学中的许多带大扰动、非线性、多变量、滞后变量、变系数、大机动和随机干扰，并带有“病态”微分方程组的、大规模的实际问题，要想通过理论方法获得解析解是十分困难的。而高速计算机出现以后，在满足一定工程规范和技术要求的前提下，这些十分复杂的飞行动力学问题，往往可以通过科学计算获得比较满意的解决。同时，科学计算可视化等技术可生成飞行器运动的逼真图像，为飞行动力学的研究和应用提供表达工具和交互手段。

在多年工程实践的基础上，本章参考文献[6]给出了计算飞行（动）力学[Computational Flight Mechanics (Dynamics)]的定义："计算飞行（动）力学是一门运用电子计算机技术、试验设计和计算数学等手段和方法，对飞行器的复杂运动及其伴随现象进行定量化和（或）可视化研究的、边缘交叉性很强的应用力学学科，是飞行（动）力学的一个新的分支，是现代飞行器设计、试验和应用研究的有力工具。"

计算飞行动力学是信息时代的飞行动力学，是飞行动力学的一个新的发展阶段。

由于飞行动力学与飞行器及其相关系统的设计、试验，飞行环境，以及飞行器的训练、运用等有着十分密切的关系，因此，同其他计算力学分支比较，计算飞行动力学作为飞行器总体技术（系统工程学）不可分割的组成部分，具有如下一些显著特点：

（1）研究对象的复杂性。飞行问题通常涉及飞行器系统及其相关分系统（特别是飞行器的制导、导航、控制系统），飞行地理环境和战场环境，人机工程，多个智能体系的协同或对抗，等等。因此，这是一个多学科交叉的问题，其中也包括固体力学和流体力学的一些问题。

（2）研究问题类型的广泛性。其中包括飞行动力学的优化设计问题（如飞行器的受控轨道问题，飞行器的飞行稳定性、操纵性、机动性和敏捷性问题，飞行器的发射、分离和回收问题，两个飞行器的对接问题，飞行精度问题，使用效能问题，等等）；飞行仿真问题（如实时、超实时的弹道仿真，模拟打靶，攻防对抗仿真，等等）；飞行任务规划问题（如飞行器的弹道或航迹规划及其检验）；飞行器的参数辨识问题；运用研究问题；等等。

（3）建模技术的特殊重要性。数学模型是计算飞行动力学的基础。通常，飞行器运动的数学模型比较复杂，其中包括大规模，大范围（大机动、大扰动），多回路，多变量，多交联（惯性交联、运动交联、气动交联和控制交联），随机干扰，滞后变量，变系数，病态（刚性）的强非线性常微分方程组，代数方程组和超越方程组；飞行器的数学模型需要经过检验、验证和确认。

（4）试验设计（Experiment Design）技术的广泛应用。飞行动力学问题的解决与给定的初始条件、试验条件或使用条件及其变化范围有关，其中包括诸多参数（因素）及其不同取值（水平），在进行试验时，需要进行大量的统计计算。因此，欲取得具有实用价值的成果，试验方案的确定往往具有重要的意义。

（5）定量化与可视化并重。对于实际飞行问题的研究，不仅需要获得正确的定量化的数值计算结果，而且还特别强调，需要提供尽可能逼真的可视化的动态飞行图像，二者相辅相成，相得益彰。

（6）统计试验法（统计仿真法，随机抽签法，或 Monte Carlo 法）的广泛应用。这一部分也被一些飞行动力学工作者称为统计飞行动力学。过去，该方法仅仅是一个"不得已而为之"的方法，在其他方法无可奈何的情况下才使用。但是，随着计算机技术的发展，以及实际问题的日趋复杂化，统计试验法已经被普遍应用，或者说已经成为飞行动力学研究中的一种例行公事。所要解决的问题越是复杂，越显示该方法的优越性，模拟打靶就是一个典型例子。

（7）计算机硬件与软件平台并重。为了建立一个高效、多功能、多媒体、智能化的飞行动力学计算系统，必须提供先进的计算机（网络）硬件平台以及相应的软件平台。

如上所述，计算飞行动力学是飞行动力学第三个发展阶段的主要特征和标志，但并不是说计算飞行动力学可以代替一切。相反，在一些比较复杂的飞行条件下，飞行器运动及其飞行环境还难以获得比较正确的、可靠的数学描述。这时，还需要通过实验方法来对飞行器的运动进行研究。另外，在某些情况下，定性的理论分析有助于获得关于飞行器运动的一般性结论，也是不可忽视的。当然，即使在这两种情况下，高速计算也会起着重要的作用。

1.2.1.4 未来发展趋势

随着航空航天科学技术的发展，先进飞行器气动/结构/控制/运动间呈现出高度非线性耦合的特性，要求飞行动力学与空气动力学、结构力学、飞行控制等学科紧密结合开展研究。目前，国内外飞行动力学研究在理论和方法研究方面，主要向气动/结构/控制/飞行动力学一体化研究方向发展，以飞行器动力学特性及任务能力最优为设计目标，分析其耦合特性，开展多学科、综合化、定量化、精细化、数字化设计，建立一体化的设计技术和方法；在工程应用方面，主要致力于解决新概念飞行器涉及的特殊飞行动力学问题。

1. 气动/飞行动力学一体化计算、试验、分析技术

在未来先进飞行器飞行动力学问题研究中，由于非定常气动力与机体运动间存在非线性动力学耦合特性，发展气动/飞行动力学一体化计算方法及气动/运动耦合的风洞试验技术，揭示非定常流动机理，并发展非定常气动建模技术和非线性飞行动力学分析技术，是未来重要的研究趋势。

2. 气动/结构/飞行动力学一体化计算、试验、分析技术

在弹性飞行器飞行动力学研究中，发展气动/结构/飞行动力学的一体化分析方法，在飞行器初步设计阶段，将气动、结构耦合动力学模型纳入飞行动力学大平台中，研究弹性变形对飞行动力学特性的影响，采用变体技术提高飞行性能，开展精细化设计和评估，为未来弹性、柔性及变体飞行器的研究提供重要的技术基础。

3. 飞行动力学/飞行控制一体化设计技术

控制律设计已成为先进飞行器设计不可或缺的环节，是保障飞行品质、实现任务能力的重要技术手段。目前，传统的线化分析和设计方法不能完全满足先进飞行器的设计需求，将飞行动力学系统的分叉分析方法和先进控制方法相结合，基于任务性能、飞行品质、控制效能、鲁棒性等多目标需求，发展非线性飞行动力学/飞行控制的一体化设计技术，是飞行动力学未来重要的发展方向。

4. 飞行动力学/空气动力学/结构力学/飞行控制一体化设计技术

一方面，在飞行器子系统设计技术研究的基础上，发展飞行动力学/空气动力学/结构力学/飞行控制一体化设计技术，构建虚拟飞行动力学样机，开展飞行仿真、人在环路模拟飞行，同时发展风洞虚拟飞行试验技术，缩比及全机空中试飞技术，进行半物理/物理试验研究，有利于尽早发现设计缺陷，提高设计质量，缩短设计周期，降低设计成本。

另一方面，建立未来战场环境，开展作战效能仿真、战场指挥、战术决策等研究，将是飞行动力学在飞行器应用领域拓展的重要方向。

5. 无人飞行器飞行动力学问题

无人飞行器包括高超声速飞行器、组合飞行器、智能变形飞行器、微型飞行器、隐身飞行器、诱饵飞行器等，为飞行动力学提出新的问题；同时，有关攻防对抗中的飞行动力学、计算飞

行动力学等也是重要的发展趋势。

6. 空间机动飞行动力学问题

空间机动与操作所要求的飞行器运动不同于模仿自然天体的开普勒运动，具有快速、自主、精确、大范围、协同等特征，需要在空间飞行动力学、制导导航与控制、推进等创新研究的基础上，延伸和拓展传统轨道计算与飞行规划、轨道测定、空间变轨、轨道保持和空间交会等技术，探索空间机动的新机理、新理论、新方法和新技术，完善和发展航天动力学与控制的理论和方法。

1.2.1.5 飞行动力学的重要作用及地位

随着航空航天科学技术的发展，飞行动力学作为一门具有显著航空航天特色的学科，在先进飞行器设计、研制、试验及使用等领域的作用日益重要。从狭义上来说，传统飞行动力学主要采用力学原理研究飞行器的运动规律和特性，是力学学科的分支。但从广义上来说，由于飞行器运动特性与飞行器所受的空气动力、发动机推力及飞行器结构弹性变形、飞行控制等密切相关，直接决定了飞行器的总体特性、任务能力和使用需求，已成为飞行器设计的出发点和归宿点，为此飞行动力学正逐步发展为一门飞行器设计领域的系统、综合性学科，同时为飞行器的使用提供基础理论指导。飞行动力学研究结果还是各类飞行器总体设计、气动外形设计、控制系统设计、动力系统设计以及效能分析的重要依据。

图 1.1 描述了飞行动力学与飞行器设计中其他学科的关系，体现了多学科交叉的特点。随着科学技术的发展，许多学科势必交叉(见图 1.1)，你中有我，我中有你。因此研究一个问题，一定要从学科交叉和跨学科的角度去思考。由图 1.1 可见，研究飞行动力学问题，是需要懂得自动控制、结构力学、飞行器总体、空气动力学和一般力学的。而反过来，研究飞行器的控制问题、总体设计问题、结构问题、气动问题、动力系统和有效载荷设计问题、导航制导与控制(Guidance Navigation and Control，GNC)系统设计问题等也离不开飞行动力学。

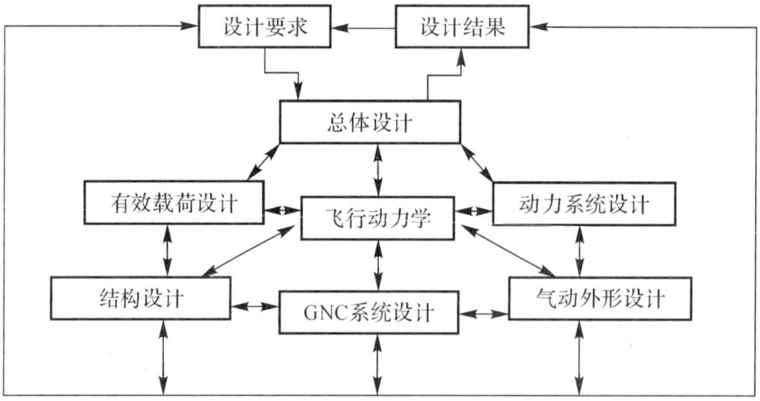

图 1.1　飞行器设计中各学科之间的关系

另外，在飞行器设计、型号研制以及使用中，飞行动力学的重要作用和地位同样是不可忽视的。其原因主要在于：

(1)飞行动力学是型号设计的重要理论基础；

(2)飞行动力学是新型号设计或改型设计的关键技术之一，它决定了型号的飞行性能和使用条件，与飞行器的总体布局、部位安排、载荷、强度、结构、动力装置、战斗部、控制和制导系统设计等有着密切的关系；

(3)飞行动力学是研究飞行器的可靠性、精度、攻防对抗、作战效能和飞行任务规划的理论基础；

(4)飞行动力学是飞行器的计算机辅助设计(Computer Aided Design，CAD)、飞行仿真和飞行试验的理论基础；

(5)飞行动力学是研究飞行器相关应用问题的理论基础。

1.2.2　飞行器制导规律设计技术

导引问题涉及运动体的轨迹优化与控制，主要是探讨导引控制律的设计与实现方法。目的是控制追踪器按优化轨迹运动，以实现预定的优化目标(使目标函数最小或最大)。

导引不同于导航，追击或截获目标中，未必需要目标的即时和未来的绝对位置信息，而用相对运动信息。导引控制律研究的是如何根据目标的相对运动，调整追踪器的运动指令(经常选为控制轨迹变化的加速度量)，以所定的指标追上或截获目标。

1.2.2.1　导引律研究现状

1. 比例导引律

比例导引律(Proportional Navigation Guidance，PNG)是指导弹在攻击目标的导引过程中，导弹速度矢量 $\boldsymbol{v}$ 的转动角速度与目标瞄准线(视线)的转动角速度成比例的一种导引律，是最基本的导引方法。它最初由美军方研究用于反卫星拦截，是在假设追踪器与目标的运动速度为常值，目标非机动条件下得到的最优导引律。

根据导引系数与指令加速度方向的不同，有不同形式的比例导引控制律。例如，按比例导引指令加速度的作用方向可将它分为真比例导引(True Proportional Navigation，TPN)和纯比例导引(Pure Proportional Navigation，PPN)。指令方向与视线(Line of Sight，LOS)垂直，大小与 LOS 角速度成比例的导引方式称作 TPN；指令方向与追踪器的速度方向垂直，大小与 LOS 角速度、追踪器速度成比例的导引方式称作 PPN。TPN 的性能次于 PPN。但是，PPN 用追踪器的速度信息，而 TPN 用相对速度信息。因此 TPN 实现较方便，用得较普遍，并有许多改进方法。又如，考虑指令加速度作用方向的变化，以实现更好的比例导引，人们提出了广义比例导引(Generalized True Proportional Navigation，GTPN)。GTPN 是 TPN 的推广，通过调整指令加速度与 LOS 法线的夹角，以改变相对运动中沿 LOS 径向和法向的指令分量。GTPN 的捕获域比 TPN 大，导引性能更优。

比例导引追踪大机动目标的能力欠佳。对引起目标转动的因数进行补偿，使追踪器更好地追踪目标，常有以下改进方法。

(1)理想比例导引(Ideal Proportional Navigation，IPN)。它的导引指令加速度垂直于追踪器与目标的相对速度，大小正比于 LOS 角速度和相对速度的乘积，力图使相对运动速度方向与 LOS 线一致。

研究表明，IPN 比 PN、TPN 和 GTPN 都好。与 TPN 相比，IPN 的捕获域大，且与初始条件和目标机动与否无关；它们的 LOS 角速度响应类似，但是待飞距离响应显著不同，因 IPN 沿 LOS 线的加速度分量的作用，它接近目标的速度随待飞距离的减少单调增加。因此，相同初始条件下,IPN 的截获速度比 TPN 快得多。

IPN 比 GTPN 更便捷适用,GTPN 的指令加速度方向与 LOS 的法线的夹角为常值(截获中),IPN 总与相对速度垂直,因而与 LOS 的垂线的夹角是变化的,并和相对速度矢量与 LOS 之间的夹角有关。IPN 比 GTPN 的捕获域更大,可视为 GTPN 的次优解。

(2)增强比例导引(Augemeated Proportinal Navigation, APN)。它的特点是指令加速度作用方向与 LOS 方向有一定的夹角,并考虑目标机动加速度的变化,以提高跟踪机动目标的能力,实现机动目标的最优截获。研究表明,APN 可显著降低截获机动目标的指令加速度。比例导引为截获机动目标,需要三倍于目标加速能力,而 APN 只需一半。

(3)切换偏置比例导引(Switched Biased Proportional Navigation,SBPN)。上述改进 PN 的主要不足是需要获得目标加速度等信息,因目标加速度信息难以可靠地获得,故削弱了应用 PN 导引律追踪高机动目标的有效性。为此有学者提出运用滑模变结构控制理论克服这一不足,即在 PN 中附加偏置项——LOS 角速度的函数,以估计目标加速度,当系统处于滑模状态时,导引律就像 APN 那样具有好的性能。这种导引过程中,LOS 角速度量总能保持在零附近,以削弱目标加速度和未建模动态的影响。导引律不显含目标加速度项,如同 PN 那样便于实现。

经过几十年的发展,为了适应现代战争的需要,比例导引律无论从形式上还是从内涵上都发生了深刻的变化。比例导引形式简单、技术上易于实现,所以被广泛应用,但由于其存在过载太大、抗干扰能力不强等缺点,难于满足现代战争条件下攻击大机动目标的客观需要。

2. 最优导引律

为克服目标机动和测量噪声等不确定因素的影响,提高追踪导引性能,20 世纪 60 年代最优控制技术被广泛应用于导引律的研究而出现了各种形式的最优导引律(Optimal Guidance Law, OGL)。

最优导引律的优点是它可以考虑导弹目标的动力学问题,以及起点或终点的约束条件或其他约束条件,根据给出的性能指标(泛函)寻求最优制导规律。根据具体要求性能指标的不同可以有不同形式的导引律,战术导弹考虑的性能指标主要是导弹在飞行中付出的总法向过载最小、终端脱靶量最小、控制能量最小、时间最短、导弹和目标的交汇角具有特定的要求等。但是由于导弹的制导规律是一个变参数并受到随机干扰的非线性问题,其求解非常困难,所以通常只好把导弹拦截目标的过程作线性化处理,这样可以获得系统的近似最优解,在工程上也易于实现,并且在性能上接近于最优制导规律。

3. 微分对策导引律

最优导引律往往要求知道目标的未来机动信息,而目标机动是由其自身独立控制的,在大多情况下是很难预测的,这使得最优导引律的应用受到一定的限制。分析对机动目标的追踪-逃逸问题的有效方法是对策论,其中微分对策是一种最常用的数学分析方法。微分对策导引律是基于微分对策理论而发展起来的一类对策型导引律。

相对最优导引律,微分对策导引律的主要优点是对目标加速度的估计误差较不敏感,这是因为微分对策导引律仅要求知道目标的机动能力,而最优导引律要求预测目标的未来加速度。因此,对于大机动目标,微分对策导引律性能将会明显优于最优导引律。微分对策是在假设对抗双方都很精明的最坏情况下采用的对策值。但若对抗双方一方采取,一方不采取时,会因采取微分对策的一方过于保守，而使得微分对策导引的性能下降。由于微分对策问题的求解常涉及两点边值问题，一般求解困难，使得微分对策导引律在工程上尚未得到广泛应用。

4. 基于现代控制理论的导引律

未来战机具有速度快、机动性和敏捷性强等特点，加之空战环境的日趋复杂，会使得目标的机动大小和方式难以准确测量和预测。经典的比例导引以及最优导引律对于不确定的机动性目标难于获得理想的拦截效果，微分对策导引律也存在着应用条件和求解困难等的限制。为此，目前大量的研究主要是针对作任意机动飞行的目标以及具有不确定参数摄动情况下的追踪非线性导引律。研究方法一般采用非线性控制理论和人工智能方法，目的是提高导引算法在各种不确定因素条件下的有效性和鲁棒性，并且可处理复杂的非线性追踪动态问题。

1.2.2.2 导引律研究的发展趋势

在制导技术领域，对无人机而言，目前主要围绕航迹在线重规划、制导与控制一体化机动轨迹、多平台协同控制等方面开展研究，重点是面向无人机自主飞行中的各种不确定性问题，聚焦于新的自主能力提升手段与技术研究。对导弹而言，一方面红外制导、激光制导、毫米波制导、多模复合制导等传统制导技术有了新的发展，另一方面以协同制导为代表的新型制导技术初现端倪，其研究重点在于探索各种新的导引能力增强方法和途径。

另外，新的作战需求及目标特性给末制导系统带来了新的问题和挑战，主要体现在：①高速大机动目标的拦截需求；②复杂战场环境的适应需求；③直接碰撞杀伤的需求。一些新技术的应用也给末制导控制带来了新的问题和挑战，主要体现在：①体系化作战方式的应用；②特殊探测技术的应用；③特殊执行机构的应用。针对由这些新的作战需求及新技术带来的问题，未来还需要在以下方面开展进一步的研究工作。

1. 多源信息条件下的制导控制问题

随着临近空间高超声速飞行器等高速、大机动、强突防能力目标的出现，传统的单传感器探测飞行器已难以快速、准确地感知战场态势和提取目标运动信息。为实现对这类目标的高精度拦截，需要综合利用不同传感器得到的多源信息提取目标运动信息。另外，战场环境日益复杂，受自然环境干扰、弹载环境干扰、目标释放诱饵或其他干扰装置等因素的影响，会产生很多无用的测量信息，甚至是诱骗信息。这部分测量信息与有用的测量信息并存，因此在研究多源信息条件下的制导控制问题时，亦须考虑这部分测量信息造成的影响 。

多源信息条件下的制导控制研究主要包括多源信息下的运动描述、多源信息的预处理、多源探测信息的估计融合以及多源信息条件下的制导控制等问题。

2. 多飞行器协同制导控制问题

随着未来战场环境的愈加复杂和目标智能化程度的提高，目标具有释放诱饵或其他干扰装置的能力，且机动能力也越来越高。在此情况下，单个飞行器探测能力和拦截能力难以满足高精度的拦截需求。在末制导拦截过程中，采用多飞行器协同拦截：一方面可以通过飞行器间的协同探测提高对目标运动信息的估计精度；另一方面可以扩大拦截区域，弥补预警系统对目标探测和预报的不准确以及飞行器机动能力的不足。因此，研究多飞行器协同制导控制问题具有重要的现实意义，多飞行器协同拦截技术也逐渐得到了广泛的关注。

多飞行器协同制导控制主要涉及多飞行器协同策略、多飞行器协同探测以及多飞行器协同制导控制等关键问题。

3. 特殊限制条件下的制导控制问题

随着战场环境的日益复杂，作战需求及飞行器探测和动力配置方式的多样化等给飞行器的制导控制问题带来了一些特殊的限制。为完成作战任务，在研究制导控制问题时需考虑这些限制条件带来的影响。就目前的作战场景而言，特殊限制条件下的制导控制主要涉及三类问题：①多约束条件下的制导控制，如考虑终端交会角约束或侧窗视场约束的作战情形等；②输入不理想条件下的制导控制，如飞行器部分执行机构故障下的作战情形等；③特殊需求下的制导控制，如偏置制导需求下的作战情形等。

4. 制导控制综合设计与评估问题

为应对拦截高速大机动目标的作战需求，要求飞行器具有快速响应能力，且可快速、准确地估计目标机动并进行补偿。对于目标机动估计问题，为应对拦截高速大机动目标的作战需求，要求飞行器具有快速响应能力，且可快速、准确地估计目标机动并进行补偿。对于目标机动估计问题而言，传统的估计器与制导律均基于分离定理(Separation Theorem，ST)进行设计，虽然 ST 仅在线性高斯系统中得到了证明，但是长久以来由于飞行器的机动能力相对于目标具有绝对优势，单独设计估计器和制导律仍然能获得较小的脱靶量。然而，随着目标机动能力的不断提高，飞行器相对于目标的机动优势不再明显，且复杂战场环境下探测噪声较强，末制导系统成为强非线性、非高斯系统。在这样的末制导系统中，不存在能够满足全局最优单独设计的估计器与制导律组合，即基于 ST 的估计器与制导律设计无法满足制导精度需求。因此，需要充分考虑估计器与制导律之间的相互影响，对估计器与制导律进行综合设计。

为应对拦截问题中的快速响应需求，飞行器往往采用直/气复合控制技术以提高动态性能。在此条件下，制导律与姿态控制律间的时间尺度分离已无法满足，故在研究制导问题时需考虑姿态控制律(或自动驾驶仪)的动态特性。在传统的制导控制设计中，往往将姿态控制的动态特性简化为一个一阶惯性环节，但随着对拦截精度和飞行器动态性能需求的进一步提升，这种简化的建模因无法准确描述飞行器的动态特性已不能满足设计需求。同时，在一些带有复杂约束条件的制导控制问题中，约束亦会造成制导回路和姿态控制回路间的耦合。因此，需考虑这种相互作用，对制导律与姿态控制律进行综合设计。

此外，面对层出不穷的新型探测技术、控制技术与制导方法，如何在不同的作战需求和战场环境下选择合适的技术方案并进行合理的指标分配，也成为了末制导系统分析和设计的关键问题。因此，需要对末制导系统综合评估问题进行研究。

综上，对高速大机动目标的拦截需求和飞行器的特殊配置方式，造成了制导控制问题中估计器、制导律和姿态控制律间复杂的耦合关系，因此，有必要对制导控制系统进行综合设计和评估。

随着现代战争中攻击作战导引的条件越来越复杂，目标机动性与回避手段的提高，对导引控制策略的实时性规划计算以及智能化实现提出了更高的要求。导引控制律研究，将向着贴近应用、实现智能控制的方向发展。因此，导引控制研究的发展趋势是，运用包括智能控制在内的现代控制理论和技术，探讨可靠性好、智能化程度高的实时动态优化算法，设计满足实际运用需要的导引控制律。

值得重视的是，目前飞行器所处的信息化、网络化环境也给制导技术的发展带来了新的挑战，衍生出网络化制导、网络化协同控制等新的研究和应用方向。

参考文献

[1] 关世义.关于飞行力学的再思考.战术导弹技术,2003(2):1－12.

[2] 张有济.战术导弹飞行力学设计.北京:宇航出版社,1996.

[3] 沈宏良,唐硕,唐胜景. 飞行力学学科发展研究//中国科学技术协会.2010—2011年航空科学技术学科发展报告.北京:中国科学技术出版社,2011:47－54,160－161.

[4] 关世义.有控飞行力学在无人飞行器研制和使用中的作用.宇航学报,1995,16(4):29－35.

[5] BABISTER A W. Aircraft Dynamics Stability and Response. Oxford: Pergamon Press,1980.

[6] 关世义.计算飞行力学的产生和发展.航空学报,2001,22(1):1－5.

[7] 龚正,沈宏良,吴根兴.非定常气动力对飞行动力学特性影响分析.南京航空航天大学学报,2009,41(3):291－295.

[8] 关世义,张克,马洪忠.未来无人飞行器发展可能面临的飞行力学问题//中国宇航学会.2010年飞行力学学术年会论文集.北京:中国宇航学会,2010:54－58.

[9] 方群,李新国,朱战霞,等.航天飞行动力学.西安:西北工业大学出版社,2015.

[10] 潘云芝,潘传勇.导引律研究现状及其发展.科教前沿,2009(13):40－41.

[11] 姚郁,郑天宇,贺风华,等.飞行器末制导中的几个热点问题与挑战.航空学报,2015,36(8):2696－2716.

第2章 战术有翼导弹运动方程组的建立

导弹是一种携带战斗部，依靠自身动力装置推进，由制导系统导引控制飞行航迹的飞行器。导弹分类方法很多，但每一种方法都应该概括地反映出它们的主要特征，一般的分类原则由两个部分构成：发射载具特性和攻击目标性质。发射载具特性包括空射、面射、潜射等，攻击目标性质包括对空、对面、对潜。把这两项原则合并在一起就是目前最常见的各类导弹的分类系统。

另外，按照作战使命和作战任务不同，导弹可以分为战略导弹和战术导弹两大类。

战略导弹是指用于打击战略目标的导弹，是战略武器的主要组成部分，通常携带核弹头。战略导弹射程通常在1 000 km以上，用于打击敌方导弹或核武器发射基地、军事指挥部门、军用机场、港口、防空和反导基地、重要军需仓库、工业和能源基地、交通和通信枢纽、政府部门等战略目标，以及拦截来袭目标以保卫我方重要城市和具有战略意义的要地和设施。战略导弹按发射点与目标位置分为地地战略导弹、潜（舰）地战略导弹、空地战略导弹等；按作战使用分为进攻型战略导弹、防御型战略导弹（反弹道导弹）；按飞行弹道分为战略弹道导弹和战略巡航导弹；按射程分为中程导弹、远程导弹和洲际导弹，中程导弹射程为1 000～3 000 km，远程导弹射程为3 000～8 000 km，洲际导弹射程在8 000 km以上。战略导弹常见类型包括中国的东风系列洲际地地战略导弹、俄罗斯SS-20地地战略导弹、美国"民兵3"地地战略导弹、美国"三叉戟"潜地战略导弹等等。

战术导弹主要指用于毁伤战役战术目标的导弹，其射程通常在1 000 km以内，多属近程导弹。战术导弹采用的动力装置有固体火箭发动机、液体火箭发动机和各种喷气发动机，其弹头（战斗部）有普通装药弹头、核弹头和化学、生物战剂弹头等，主要用于打击敌方战役战术纵深内的核袭击兵器、集结的部队、坦克、飞机、舰船、雷达、指挥所、机场、港口、铁路枢纽和桥梁等目标。战术导弹种类繁多，包括打击地面目标的地地导弹、空地导弹、舰地导弹、反雷达导弹和反坦克导弹，打击水域目标的岸舰导弹、空舰导弹、舰舰导弹、潜舰导弹和反潜导弹，打击空中目标的地空导弹、舰空导弹和空空导弹，等等。20世纪50年代以后，常规战术导弹曾在多次局部战争中被大量使用，成为现代战争中的重要武器之一，例如海湾战争中服役的阿达姆导弹。

若按照外形结构是否有弹翼，导弹又可以分为有翼导弹（飞航式）和无翼导弹（弹道式）。

有翼导弹是指配置有弹翼，主要依靠其所产生的空气动力作机动飞行的导弹。有翼导弹作为一个整体直接攻击目标。巡航导弹和大多数战术导弹，如反飞机导弹、反舰导弹、反坦克导弹等均为有翼导弹。有翼导弹要求有良好的气动外形，其气动布局形式由翼面（弹翼、舵面、尾翼）在弹身上的相互位置来表征，按照弹翼和舵面（尾翼）沿弹身纵轴的相互位置，其气动布局形式主要有：①舵面配置在弹翼之后的正常式。②舵面配置在弹翼之前的鸭式。③舵面配置在弹翼内部的无尾式。④弹翼旋转起舵的作用、尾翼固定的旋转翼式。按照翼面相对弹身横向配置，其气动布局形式主要有一字形、×字形、十字形。按前后两组翼面的组合配置，其气动布局形式主要有＋＋、××、＋×和×＋形。其弹翼主要有三角翼、后掠翼、边条组合式鳍翼等。有翼导弹只能在高度 30 km 以下使用，其特点是机动性好，便于控制，在飞行弹道的主动段、被动段均能进行控制，但大攻角飞行时，弹翼的作用明显减小。

无翼导弹的典型代表是弹道导弹，它沿着一条预定的弹道飞行，到预定高度和位置后弹体与弹头分离，由弹头执行攻击目标的任务，主要用于攻击地面固定目标。弹道导弹的大部分弹道处于稀薄大气层或外大气层内，采用火箭发动机，自身携带氧化剂和燃烧剂，不依赖大气层中的氧气助燃。弹道导弹通常采用垂直发射方式，使导弹平稳起飞上升，能缩短在大气层中飞行的距离，以最少的能量损失克服作用于导弹上的空气阻力和地心引力。这类导弹飞行姿态的修正，不依赖于空气动力，而是用改变推力方向的方法实现。根据射程远近，弹道导弹可以分为近程、中程、远程和洲际四种。

无论哪种类型的导弹，在其设计和研制过程中，都离不开运动轨迹设计和飞行性能研究与分析，这就需要建立描述导弹系统的数学模型。基于所建立的数学模型，通过在数字计算机上进行仿真实验，可以分析、计算或模拟导弹的运动轨迹及其动态特性和飞行性能。若数学模型中的变量不含时间因素，则为静态模型；如与时间有关，则为动态模型。表征导弹运动规律的数学模型称为导弹运动方程组，是分析、计算或模拟导弹运动的基础。导弹运动方程组的建立，是学习本课程的重要理论基础，贯穿于本课程的各个章节。

建立导弹运动方程组的理论以牛顿定律为主，同时涉及变质量力学、空气动力学、推进原理和自动控制理论等学科。本章以大气层内飞行的战术有翼导弹为对象，介绍导弹运动方程组的建立方法，主要包括导弹运动建模基础、常用坐标系及其变换关系、完整的导弹运动方程、简化的导弹运动方程（平面运动和质心运动）、过载及其与运动的关系等。

针对运载火箭和弹道导弹的建模方法，将于第 3 章进行介绍。

2.1　建模基础

由理论力学可知，任何自由刚体在空间的任意运动，都可视为刚体质心的平移运动和绕质心旋转运动的合成，其中平移运动由刚体质心瞬时位置的 3 个自由度描述，可以用牛顿定律来研究，旋转运动用刚体瞬时姿态的 3 个自由度描述，可以用动量矩定理来研究。

若 m 表示刚体的质量，$\boldsymbol{v}$ 表示刚体质心的速度，$\boldsymbol{H}$ 表示刚体相对于质心的动量矩，则基于以上两个定律，描述刚体质心移动和绕质心转动的动力学基本方程为

$$m\frac{\mathrm{d}\boldsymbol{v}}{\mathrm{d}t}=\boldsymbol{F}$$

$$\frac{\mathrm{d}\boldsymbol{H}}{\mathrm{d}t}=\boldsymbol{M}$$

式中：$\boldsymbol{F}$ 为作用于刚体上的合外力；$\boldsymbol{M}$ 为外力对刚体质心的合力矩。

值得注意的是，上述定律的应用是有条件限制的：第一，运动物体是常质量的刚体；第二，运动是在惯性坐标系中考察的，即描述刚体运动应采用绝对运动参数，而不是相对运动参数。

然而，在导弹飞行过程中，操纵机构、控制系统的电气和机械部件都可能有相对于弹体的运动；况且，产生推力的火箭发动机也不断喷出推进剂的燃烧介质，使导弹质量随时间不断变化。因此，研究导弹的运动不能直接应用经典的动力学定理，而应采用变质量力学定理，这比研究刚体运动要复杂得多。

另外，在现代导弹的设计中，总是力图减小弹体的结构重量，致使柔性成为不可避免的导弹结构特性。许多导弹在接近其最大飞行速度时，总会出现所谓的"气动弹性"现象。这种现象是由空气动力所造成的弹体外形变化与空气动力的耦合效应所致，对飞行器的稳定性和操纵性有较大影响。从设计的观点来看，弹性现象会影响导弹的运动特性和结构的整体性，但是，这种弹性变形及其对导弹运动的影响均可视为小量，大都采用线性化理论进行处理。

由于实际物理系统的物理现象或过程往往比较复杂，因此建立描绘系统的数学模型时，应抓住反映物理系统最本质和最主要的因素，舍去那些非本质、非主要因素。当然，在不同的研究阶段，描述系统的数学模型也不相同。例如，在导弹的方案论证或初步设计阶段，可将其视为一个质点，建立一组简单的数学模型，用以估算运动轨迹。随着设计工作的进行，以及研究导弹运动和分析动态特性的需要，就必须把描述导弹运动的数学模型建立得更加复杂、更加完善。

一般在研究导弹运动规律时，为使问题简化，可以把导弹质量与喷射出的燃气质量合在一起考虑，转换为一个常质量系，即采用所谓的"固化原理(或刚化原理)"：在任意研究瞬时，将变质量系的导弹视为虚拟刚体，把该瞬时导弹所包含的所有物质固化在虚拟的刚体上。同时，忽略一些影响导弹运动的次要因素，如弹体结构的弹性变形、哥氏惯性力(液体发动机内流动液体因导弹的转动而产生的惯性力)、变分力(由液体发动机内流体的非定常运动引起的力)等。

"固化原理"隐含的物理意义在于：在任一研究瞬时，可将导弹视为一个质量不变的，在重力、推力、空气动力等外力作用下的运动刚体来处理。采用"固化原理"后，某一研究瞬时的变质量导弹运动方程可简化成常质量刚体的方程形式，用该瞬时的导弹质量 $m(t)$ 取代刚体的常质量 m。这样，导弹运动方程的矢量表达式可写为

$$m(t)\frac{\mathrm{d}\boldsymbol{v}}{\mathrm{d}t}=\boldsymbol{F}$$

$$\frac{\mathrm{d}\boldsymbol{H}}{\mathrm{d}t}=\boldsymbol{M}$$

大量实践表明，采用上述简化方法，具有较高的精度，能满足大多数情况下研究问题的需要。

另外，对于近程战术有翼导弹而言，在建立导弹运动方程时，通常将大地当作静止的平面，也就是不考虑地球的曲率和旋转。这样的处理可以大大简化导弹运动方程的形式。

2.2　常用坐标系及其变换

描述导弹运动的矢量方程无法直接求解，需要在选定的坐标系下转换成标量方程的形式，因此，需要定义一些坐标系。由于选取不同的坐标系，所建立的导弹运动方程组的形式和复杂程度也会有所不同，因此，选取合适的坐标系是十分重要的。选取坐标系的原则是，既能正确地描述导弹的运动，又要使描述导弹运动的方程形式简单且清晰明了。下面介绍近程战术有翼导弹研究中常用的几个坐标系。

2.2.1　坐标系定义

在研究近程战术有翼导弹飞行力学问题时，经常用到的坐标系有地面坐标系 $Axyz$、弹体坐标系 $Ox_1y_1z_1$、弹道坐标系 $Ox_2y_2z_2$ 和速度坐标系 $Ox_3y_3z_3$，它们都是右手直角坐标系。

1. 地面坐标系 $Axyz$

地面坐标系 $Axyz$ 与地球固连，原点 A 通常取发射瞬时导弹质心在地面（水平面）上的投影点；Ax 轴在水平面内，指向目标（或目标在地面的投影）为正；Ay 轴与地面垂直，向上为正；Az 轴按右手定则确定（见图 2.1）。为了便于进行坐标变换，通常将地面坐标系平移，即：原点 A 移至导弹质心 O 处，各坐标轴平行移动。

对于近程战术有翼导弹而言，常忽略地球曲率和旋转的影响，则地面坐标系可以视为惯性坐标系，该坐标系主要作为确定导弹质心位置和空间姿态的基准。

2. 弹体坐标系 $Ox_1y_1z_1$

该坐标系的原点 O 取在导弹的质心上；Ox_1 轴与弹体纵轴重合，指向头部为正；Oy_1 轴在弹体纵向对称平面内，垂直于 Ox_1 轴，向上为正；Oz_1 轴垂直于 x_1Oy_1 平面，方向按右手定则确定（见图 2.2）。此坐标系与弹体固连，是动坐标系。它与地面坐标系配合，可以确定弹体的姿态。另外，一般研究作用在导弹上的推力、推力偏心形成的力矩以及气动力矩时，利用该坐标系也比较方便。

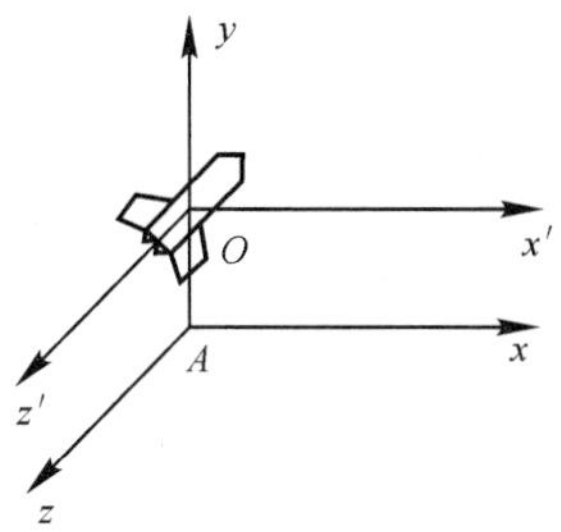

图 2.1　地面坐标系 $Axyz$ 示意图

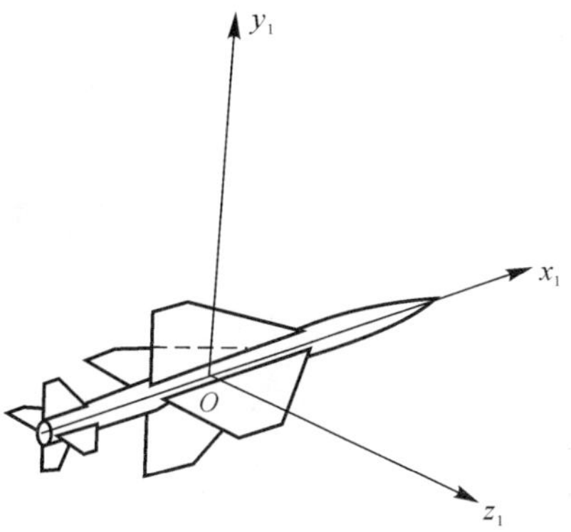

图 2.2　弹体坐标系 $Ox_1y_1z_1$ 示意图

3. 弹道坐标系 $Ox_2y_2z_2$

该坐标系的原点 O 取在导弹的质心上；Ox_2 轴同导弹质心的速度矢量 $\boldsymbol{v}$ 重合；Oy_2 轴位于包含速度矢量 $\boldsymbol{v}$ 的铅垂平面内，且垂直于 Ox_2 轴，向上为正；Oz_2 轴按照右手定则确定(见图 2.3)。显然，弹道坐标系与导弹的速度矢量 $\boldsymbol{v}$ 固连，是一个动坐标系。该坐标系主要用于研究导弹质心的运动特性，在以后的研究中将会发现，利用该坐标系建立的导弹质心移动的动力学方程，在分析、研究弹道特性时比较简单清晰。

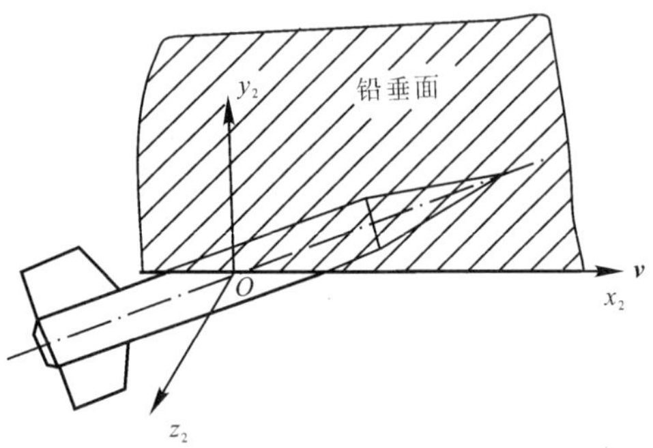

图 2.3　弹道坐标系 $Ox_2y_2z_2$ 示意图

4. 速度坐标系 $Ox_3y_3z_3$

该坐标系的原点 O 取在导弹的质心上；Ox_3 轴与导弹质心的速度矢量 $\boldsymbol{v}$ 重合(即，与弹道坐标系 $Ox_2y_2z_2$ 的 Ox_2 完全一致)；Oy_3 轴位于弹体纵向对称面内与 Ox_3 轴垂直，向上为正；Oz_3 轴垂直于 x_3Oy_3 平面，其方向按右手定则确定(见图 2.4)。此坐标系与导弹速度矢量固连，是一个动坐标系，常用来研究作用于导弹上的空气动力，该力在速度坐标系各轴上的投影分量就是所谓的阻力、升力和侧向力。

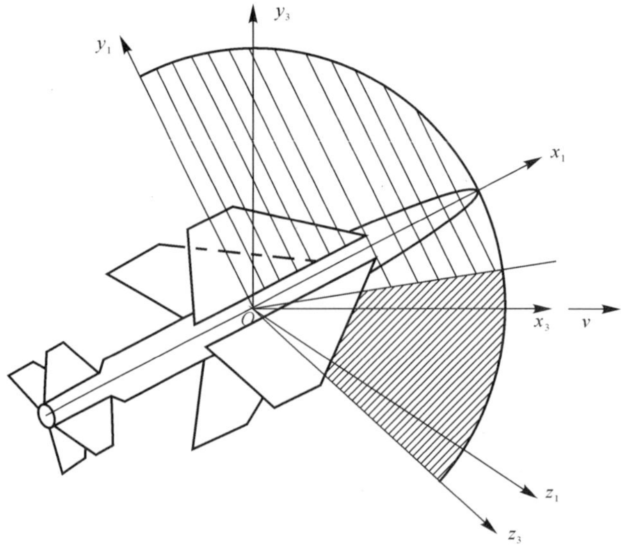

图 2.4　速度坐标系 $Ox_3y_3z_3$ 示意图

2.2.2　坐标系之间的变换关系

导弹在飞行过程中，作用在其上的力包括空气动力、推力和重力。一般情况下，各个力分别定义在上述不同的坐标系中。要建立描绘导弹质心运动的动力学方程，必须将分别定义在各坐标系中的力变换(投影)到某个选定的、能够表征导弹运动特征的动坐标系中。为此，需要建立各坐标系之间的变换关系。

实际上，只要知道任意两个坐标系各对应轴的相互方位，就可以用一个确定的变换矩阵给出它们之间的变换关系。下面以地面坐标系与弹体坐标系为例，介绍坐标变换的过程以及相应的坐标变换矩阵。

1. 地面坐标系与弹体坐标系之间的变换矩阵

将地面坐标系 $Axyz$ 平移，使原点 A 与弹体坐标系的原点 O 重合。弹体坐标系 $Ox_1y_1z_1$ 相对地面坐标系 $Axyz$ 的方位，可用三个姿态角来确定，它们分别为偏航角 ψ、俯仰角 ϑ、滚转角(又称倾斜角)γ，如图 2.5 所示。

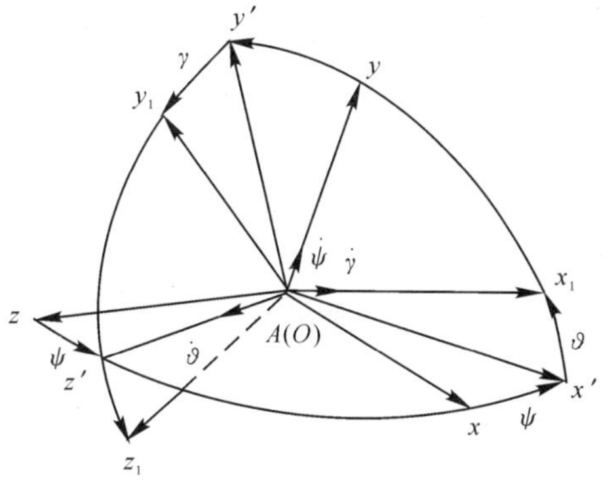

图 2.5　地面坐标系 $Axyz$ 与弹体坐标系 $Ox_1y_1z_1$ 之间的角度

各姿态角定义如下：

偏航角 ψ①：导弹的纵轴 Ox_1 在水平面上的投影与地面坐标系 Ax 轴之间的夹角。沿 Ay 轴向下看，由 Ax 轴逆时针方向转至导弹纵轴的投影线 Ox' 时(即：转动角速度方向与 Ay 轴的正向一致)，偏航角 ψ 为正；反之为负。

俯仰角 ϑ：导弹的纵轴 Ox_1 与水平面之间的夹角。若导弹纵轴在水平面之上，则俯仰角 ϑ 为正(即：从投影线 Ox' 转到 Ox_1 轴时其转动角速度方向与 Az' 轴的正向一致)，反之为负。

滚转角 γ：导弹的 Oy_1 轴与包含弹体纵轴 Ox_1 的铅垂平面之间的夹角。从弹体尾部沿 Ox_1 轴往前看，若 Oy_1 轴位于铅垂平面的右侧，形成的夹角 γ 为正(即：从 Oy' 轴转到 Oy_1 轴时其转动角速度方向与 Ox_1 轴的正向一致)；反之为负。

以上定义的三个角度，通常称为欧拉角，又称为弹体的姿态角。借助于它们可以推导出地面坐标系 $Axyz$ 到弹体坐标系 $Ox_1y_1z_1$ 的变换矩阵 $\boldsymbol{L}(\psi,\vartheta,\gamma)$。按照姿态角的定义，绕相应坐标轴依次旋转 ψ、ϑ 和 γ，每一次旋转称为基元旋转，相应地，得到三个基元变换矩阵(又称初

① 注：文中的 ψ 与图 2.5 中的 ψ 为同一符号，表示同一物理量，其形式不同的原因在于排版软件与描图软件不同。后续同类问题，不再赘述。

等变换矩阵)，这三个基元变换矩阵的乘积，就是坐标变换矩阵 $\boldsymbol{L}(\psi,\vartheta,\gamma)$。具体过程如下：

先将地面坐标系 $Axyz$ 绕 Ay 轴旋转 ψ 角，形成过渡坐标系 $Ax'yz'$（见图 2.6）。

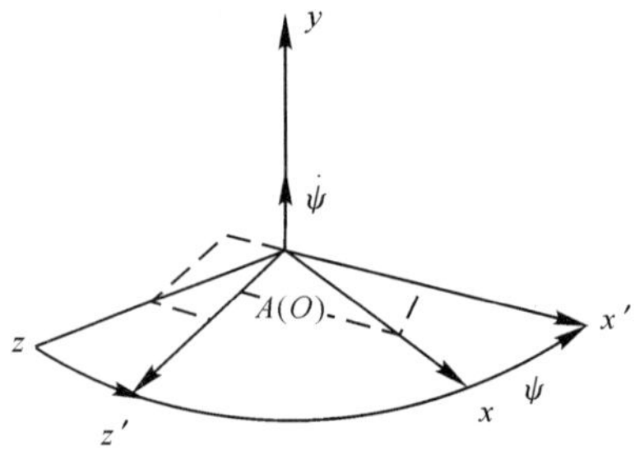

图 2.6　第一次旋转成过渡坐标系 $Ax'yz'$

若某矢量在地面坐标系 $Axyz$ 中的分量列阵为$[x \quad y \quad z]^{\mathrm{T}}$，则转换到坐标系 $Ax'yz'$ 后的分量列阵为

$$\begin{bmatrix} x' \\ y \\ z' \end{bmatrix} = \boldsymbol{L}_y(\psi) \begin{bmatrix} x \\ y \\ z \end{bmatrix} \tag{2.1}$$

式中

$$\boldsymbol{L}_y(\psi) = \begin{bmatrix} \cos\psi & 0 & -\sin\psi \\ 0 & 1 & 0 \\ \sin\psi & 0 & \cos\psi \end{bmatrix} \tag{2.2}$$

称为绕 Ay 轴转过 ψ 角的基元变换矩阵。

再将坐标系 $Ax'yz'$ 绕 Az' 轴旋转 ϑ 角，组成新的坐标系 $Ax_1y'z'$（见图 2.7）。

同样可以得到

$$\begin{bmatrix} x_1 \\ y' \\ z' \end{bmatrix} = \boldsymbol{L}_z(\vartheta) \begin{bmatrix} x' \\ y \\ z' \end{bmatrix} \tag{2.3}$$

其中，基元变换矩阵

$$\boldsymbol{L}_z(\vartheta) = \begin{bmatrix} \cos\vartheta & \sin\vartheta & 0 \\ -\sin\vartheta & \cos\vartheta & 0 \\ 0 & 0 & 1 \end{bmatrix} \tag{2.4}$$

最后将坐标系 $Ax_1y'z'$ 绕 Ax_1 轴转过 γ 角，即得到弹体坐标系 $Ox_1y_1z_1$（见图 2.8）。

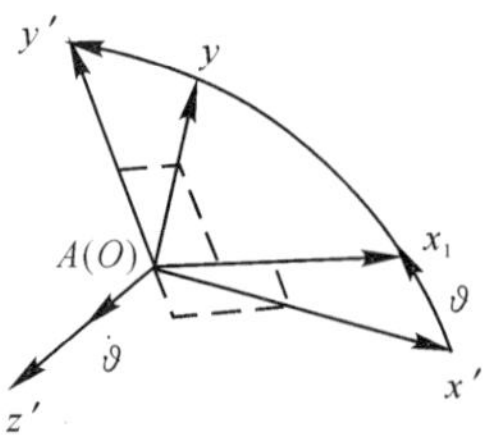

图 2.7　第二次旋转形成过渡坐标系 $Ax_1y'z'$

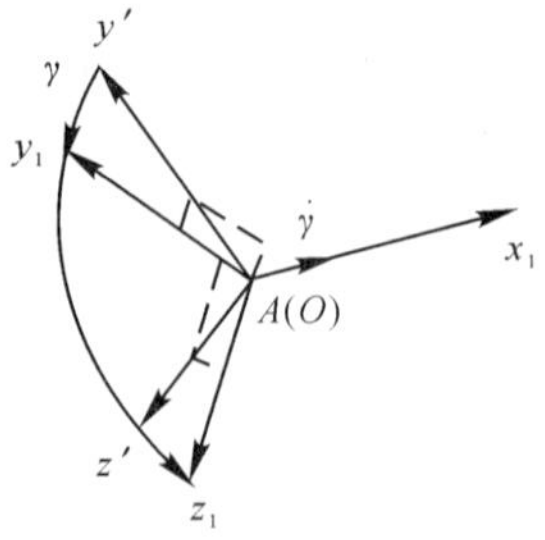

图 2.8　第三次旋转得到弹体坐标系 $Ox_1y_1z_1$

相应的分量列阵存在如下关系：

$$\begin{bmatrix} x_1 \\ y_1 \\ z_1 \end{bmatrix} = \boldsymbol{L}_x(\gamma) \begin{bmatrix} x_1 \\ y' \\ z' \end{bmatrix} \tag{2.5}$$

式中

$$\boldsymbol{L}_x(\gamma) = \begin{bmatrix} 1 & 0 & 0 \\ 0 & \cos\gamma & \sin\gamma \\ 0 & -\sin\gamma & \cos\gamma \end{bmatrix} \tag{2.6}$$

由以上推导可知，要将某矢量在地面坐标系 $Axyz$ 三轴上的分量 $[x \quad y \quad z]^{\mathrm{T}}$ 转换到弹体坐标系 $Ox_1y_1z_1$ 三轴的分量 $[x_1 \quad y_1 \quad z_1]^{\mathrm{T}}$，只需将式(2.1)和式(2.3)代入式(2.5)，即有

$$\begin{bmatrix} x_1 \\ y_1 \\ z_1 \end{bmatrix} = \boldsymbol{L}_x(\gamma)\boldsymbol{L}_z(\vartheta)\boldsymbol{L}_y(\psi) \begin{bmatrix} x \\ y \\ z \end{bmatrix} \tag{2.7}$$

令

$$\boldsymbol{L}(\psi,\vartheta,\gamma) = \boldsymbol{L}_x(\gamma)\boldsymbol{L}_z(\vartheta)\boldsymbol{L}_y(\psi) \tag{2.8}$$

则式(2.7)又可写为

$$\begin{bmatrix} x_1 \\ y_1 \\ z_1 \end{bmatrix} = \boldsymbol{L}(\psi,\vartheta,\gamma) \begin{bmatrix} x \\ y \\ z \end{bmatrix} \tag{2.9}$$

$\boldsymbol{L}(\psi,\vartheta,\gamma)$ 称为地面坐标系到弹体坐标系的坐标变换矩阵。将式(2.2)、式(2.4)、式(2.6)代入式(2.8)中，则有

$$\boldsymbol{L}(\psi,\vartheta,\gamma) = \begin{bmatrix} \cos\vartheta\cos\psi & \sin\vartheta & -\cos\vartheta\sin\psi \\ -\sin\vartheta\cos\psi\cos\gamma + \sin\psi\sin\gamma & \cos\vartheta\cos\gamma & \sin\vartheta\sin\psi\cos\gamma + \cos\psi\sin\gamma \\ \sin\vartheta\cos\psi\sin\gamma + \sin\psi\cos\gamma & -\cos\vartheta\sin\gamma & -\sin\vartheta\sin\psi\sin\gamma + \cos\psi\cos\gamma \end{bmatrix} \tag{2.10}$$

地面坐标系与弹体坐标系之间的变换关系也可用方向余弦表给出，如表 2.1 所示。

表 2.1　地面坐标系与弹体坐标系之间的坐标变换方向余弦表

	Ax	Ay	Az
Ox_1	$\cos\vartheta\cos\psi$	$\sin\vartheta$	$-\cos\vartheta\sin\psi$
Oy_1	$-\sin\vartheta\cos\psi\cos\gamma+\sin\psi\sin\gamma$	$\cos\vartheta\cos\gamma$	$\sin\vartheta\sin\psi\cos\gamma+\cos\psi\sin\gamma$
Oz_1	$\sin\vartheta\cos\psi\sin\gamma+\sin\psi\cos\gamma$	$-\cos\vartheta\sin\gamma$	$-\sin\vartheta\sin\psi\sin\gamma+\cos\psi\cos\gamma$

表 2.1 中，行和列交叉所对应的项，就是行列对应的坐标轴正向间的夹角的余弦值。例如，若角 α 为 Ax 轴正向和 Ox_1 轴正向之间的夹角，则有 $\cos\alpha=\cos\vartheta\cos\psi$，因此，该表也称为方向余弦关系表。由上述过程可以看出，两个坐标系之间的坐标变换矩阵就是各基元变换矩阵的乘积，且基元变换矩阵相乘的顺序与坐标系旋转的顺序相反(左乘)。根据这一规律，可以直接写出任何两个坐标系之间的变换矩阵。

如果已知某矢量在弹体坐标系中的分量为 x_1, y_1, z_1，那么，在地面坐标系中的分量可按下式计算：

$$\begin{bmatrix} x \\ y \\ z \end{bmatrix} = \boldsymbol{L}^{-1}(\psi, \vartheta, \gamma) \begin{bmatrix} x_1 \\ y_1 \\ z_1 \end{bmatrix} \tag{2.11}$$

而且，$\boldsymbol{L}^{-1}(\psi, \vartheta, \gamma) = \boldsymbol{L}^{\mathrm{T}}(\psi, \vartheta, \gamma)$，因此，坐标变换矩阵是规范化正交矩阵，它的元素满足如下条件：

$$\left.\begin{aligned} &\sum_{k=1}^{3} l_{ik} l_{jk} = \delta_{ij} \\ &\sum_{k=1}^{3} l_{ki} l_{kj} = \delta_{ij} \\ &\delta_{ij} = 1, i = j \\ &\delta_{ij} = 0, i \neq j \end{aligned}\right\} \tag{2.12}$$

另外，坐标变换矩阵还具有传递性：设想有三个坐标系 A、B、C，若 A 到 B、B 到 C 的变换矩阵分别为 $\boldsymbol{L}_{AB}$、$\boldsymbol{L}_{BC}$，则 A 到 C 的变换矩阵

$$\boldsymbol{L}_{AC} = \boldsymbol{L}_{AB} \boldsymbol{L}_{BC} \tag{2.13}$$

2. 地面坐标系与弹道坐标系之间的变换矩阵

地面坐标系 $Axyz$ 与弹道坐标系 $Ox_2y_2z_2$ 之间的相互方位可由两个角度确定，如图 2.9 所示。

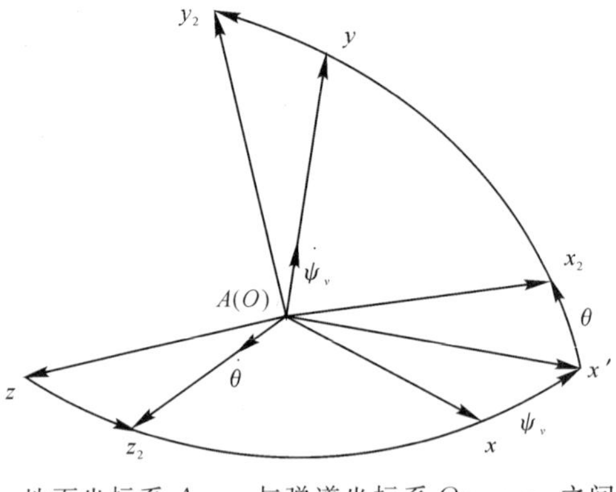

图 2.9　地面坐标系 $Axyz$ 与弹道坐标系 $Ox_2y_2z_2$ 之间的角度

这两个角度分别定义如下：

弹道倾角 θ：导弹的速度矢量 $\boldsymbol{v}$（即 Ox_2 轴）与水平面 xAz 之间的夹角。若速度矢量 $\boldsymbol{v}$ 在水平面之上，则 θ 为正；反之为负。

弹道偏角 ψ_v：导弹的速度矢量 $\boldsymbol{v}$ 在水平面 xAz 上的投影 Ox' 与 Ax 轴之间的夹角，沿 Ay 轴向下看，当 Ax 轴逆时针方向转到投影线 Ox' 上时，弹道偏角 ψ_v 为正；反之为负。

显然，地面坐标系到弹道坐标系的变换矩阵可通过两次旋转求得。首先将地面坐标系绕 Ay 轴旋转一个 ψ_v 角，形成过渡坐标系 $Ax'yz_2$，得到基元变换矩阵

$$\boldsymbol{L}_y(\psi_v)=\begin{bmatrix}\cos\psi_v & 0 & -\sin\psi_v\\ 0 & 1 & 0\\ \sin\psi_v & 0 & \cos\psi_v\end{bmatrix} \tag{2.14}$$

然后，使过渡坐标系 $Ax'yz_2$ 绕 Az_2 轴旋转一个 θ 角，基元变换矩阵为

$$\boldsymbol{L}_z(\theta)=\begin{bmatrix}\cos\theta & \sin\theta & 0\\ -\sin\theta & \cos\theta & 0\\ 0 & 0 & 1\end{bmatrix} \tag{2.15}$$

因此，地面坐标系与弹道坐标系之间的坐标变换矩阵为

$$\boldsymbol{L}(\psi_v,\theta)=\boldsymbol{L}_z(\theta)\boldsymbol{L}_y(\psi_v)=\begin{bmatrix}\cos\theta\cos\psi_v & \sin\theta & -\cos\theta\sin\psi_v\\ -\sin\theta\cos\psi_v & \cos\theta & \sin\theta\sin\psi_v\\ \sin\psi_v & 0 & \cos\psi_v\end{bmatrix}$$

若已知地面坐标系 $Axyz$ 中的列矢量 $[x \quad y \quad z]^{\mathrm{T}}$，求在弹道坐标系 $Ox_2y_2z_2$ 各轴上的分量 x_2，y_2，z_2，则利用上式可得

$$\begin{bmatrix}x_2\\ y_2\\ z_2\end{bmatrix}=\boldsymbol{L}(\psi_v,\theta)\begin{bmatrix}x\\ y\\ z\end{bmatrix} \tag{2.16}$$

地面坐标系与弹道坐标系之间的变换关系也可用方向余弦表给出，如表 2.2 所示。

表 2.2　地面坐标系与弹道坐标系之间的坐标变换方向余弦表

	Ax	Ay	Az
Ox_2	$\cos\theta\cos\psi_v$	$\sin\theta$	$-\cos\theta\sin\psi_v$
Oy_2	$-\sin\theta\cos\psi_v$	$\cos\theta$	$\sin\theta\sin\psi_v$
Oz_2	$\sin\psi_v$	0	$\cos\psi_v$

3. 速度坐标系与弹体坐标系之间的变换矩阵

根据这两个坐标系的定义，速度坐标系与弹体坐标系之间的相互方位可由两个角度确定（见图 2.10），分别定义如下：

攻角 α：速度矢量 $\boldsymbol{v}$ 在纵向对称平面上的投影与纵轴 Ox_1 的夹角，当纵轴位于投影线的上方时，攻角 α 为正；反之为负。

侧滑角 β：速度矢量 $\boldsymbol{v}$ 与纵向对称平面之间的夹角，若来流从右侧（沿飞行方向观察）流向弹体，则所对应的侧滑角 β 为正；反之为负。

显然它们之间的变换矩阵可通过两次旋转求得。首先将速度坐标系 $Ox_3y_3z_3$ 绕 Oy_3 轴旋转一个 β 角，得到过渡坐标系 $Ox'y_3z_1$，其基元变换矩阵为

$$\boldsymbol{L}_y(\beta)=\begin{bmatrix}\cos\beta & 0 & -\sin\beta\\ 0 & 1 & 0\\ \sin\beta & 0 & \cos\beta\end{bmatrix}$$

然后，再将坐标系 $Ox'y_3z_1$ 绕 Oz_1 轴旋转一个 α 角，即得到弹体坐标系 $Ox_1y_1z_1$，对应的基元变换矩阵为

$$\boldsymbol{L}_z(\alpha)=\begin{bmatrix}\cos\alpha & \sin\alpha & 0\\ -\sin\alpha & \cos\alpha & 0\\ 0 & 0 & 1\end{bmatrix}$$

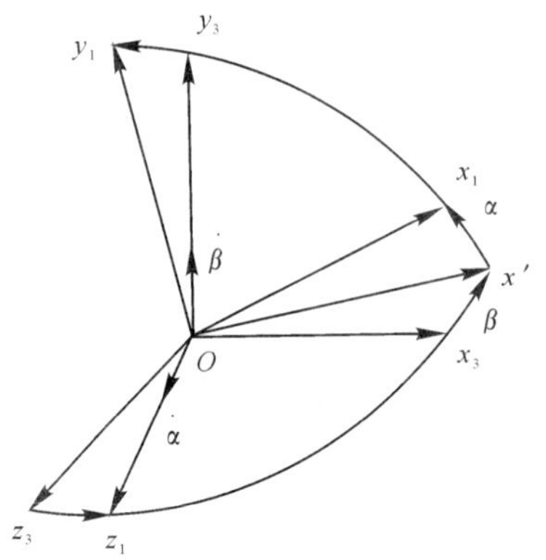

图 2.10　速度坐标系 $Ox_3y_3z_3$ 与弹体坐标系 $Ox_1y_1z_1$ 之间的角度

因此，速度坐标系 $Ox_3y_3z_3$ 到弹体坐标系 $Ox_1y_1z_1$ 的坐标变换矩阵可写为

$$\boldsymbol{L}(\beta,\alpha)=\boldsymbol{L}_z(\alpha)\boldsymbol{L}_y(\beta)=\begin{bmatrix}\cos\alpha\cos\beta & \sin\alpha & -\cos\alpha\sin\beta\\ -\sin\alpha\cos\beta & \cos\alpha & \sin\alpha\sin\beta\\ \sin\beta & 0 & \cos\beta\end{bmatrix}$$

利用上式，可将速度坐标系中的分量 x_3,y_3,z_3 转换到弹体坐标系中，即

$$\begin{bmatrix}x_1\\ y_1\\ z_1\end{bmatrix}=\boldsymbol{L}(\beta,\alpha)\begin{bmatrix}x_3\\ y_3\\ z_3\end{bmatrix}\tag{2.17}$$

速度坐标系与弹体坐标系的坐标变换关系也可用方向余弦表给出，如表 2.3 所示。

表 2.3　速度坐标系与弹体坐标系的坐标变换方向余弦表

	Ox_3	Oy_3	Oz_3
Ox_1	$\cos\alpha\cos\beta$	$\sin\alpha$	$-\cos\alpha\sin\beta$
Oy_1	$-\sin\alpha\cos\beta$	$\cos\alpha$	$\sin\alpha\sin\beta$
Oz_1	$\sin\beta$	0	$\cos\beta$

4. 弹道坐标系与速度坐标系之间的变换矩阵

由这两个坐标系的定义可知，Ox_2 轴和 Ox_3 轴都与速度矢量 $\boldsymbol{v}$ 重合，因此，它们之间的相互方位只用一个角参数 γ_v 即可确定。γ_v 称为速度滚转角，定义成位于导弹纵向对称平面 x_1Oy_1 内的 Oy_3 轴与包含速度矢量 $\boldsymbol{v}$ 的铅垂面之间的夹角(即 Oy_2 轴与 Oy_3 轴的夹角)，沿着速度方向(从导弹尾部)看，Oy_2 轴顺时针方向转到 Oy_3 轴时，γ_v 为正；反之为负(见图 2.11)。

这两个坐标系之间的变换矩阵就是绕 Ox_2 轴旋转 γ_v 角所得的基元变换矩阵，即

$$\boldsymbol{L}(\gamma_v)=\boldsymbol{L}_x(\gamma_v)=\begin{bmatrix}1 & 0 & 0\\ 0 & \cos\gamma_v & \sin\gamma_v\\ 0 & -\sin\gamma_v & \cos\gamma_v\end{bmatrix}$$

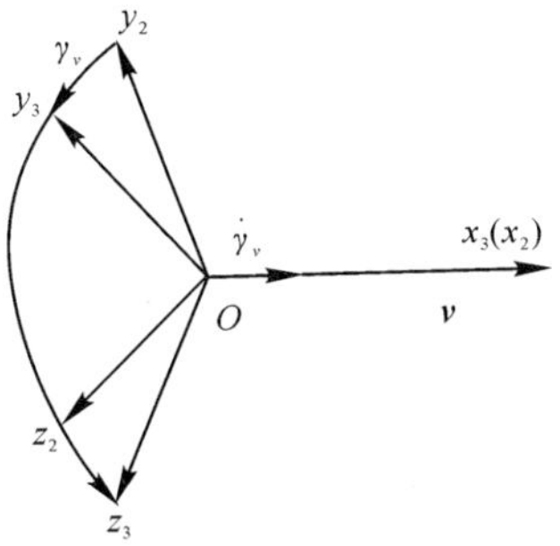

图 2.11　弹道坐标系 $Ox_2y_2z_2$ 与速度坐标系 $Ox_3y_3z_3$ 之间的角度

应用上式，可将弹道坐标系中的坐标分量变换到速度坐标系中去，即

$$\begin{bmatrix} x_3 \\ y_3 \\ z_3 \end{bmatrix} = \boldsymbol{L}(\gamma_v) \begin{bmatrix} x_2 \\ y_2 \\ z_2 \end{bmatrix} \tag{2.18}$$

两坐标系之间的方向余弦表如表 2.4 所示。

表 2.4　弹道坐标系与速度坐标系之间的坐标变换方向余弦表

	Ox_2	Oy_2	Oz_2
Ox_3	1	0	0
Oy_3	0	$\cos\gamma_v$	$\sin\gamma_v$
Oz_3	0	$-\sin\gamma_v$	$\cos\gamma_v$

5. 地面坐标系与速度坐标系之间的变换矩阵

以弹道坐标系作为过渡坐标系，将式(2.16)代入式(2.18)，即可得到地面坐标系与速度坐标系之间的变换关系

$$\begin{bmatrix} x_3 \\ y_3 \\ z_3 \end{bmatrix} = \boldsymbol{L}(\gamma_v)\boldsymbol{L}(\psi_v, \theta) \begin{bmatrix} x \\ y \\ z \end{bmatrix} \tag{2.19}$$

因此，地面坐标系到速度坐标系的坐标变换矩阵为

$$\boldsymbol{L}(\psi_v, \theta, \gamma_v) = \boldsymbol{L}(\gamma_v)\boldsymbol{L}(\psi_v, \theta)$$

将 $\boldsymbol{L}(\psi_v, \theta, \gamma_v)$ 展开，写成方向余弦表的形式，如表 2.5 所示。

表 2.5　地面坐标系与速度坐标系之间的坐标变换方向余弦表

	Ax	Ay	Az
Ox_3	$\cos\theta\cos\psi_v$	$\sin\theta$	$-\cos\theta\sin\psi_v$
Oy_3	$-\sin\theta\cos\psi_v\cos\gamma_v + \sin\psi_v\sin\gamma_v$	$\cos\theta\cos\gamma_v$	$\sin\theta\sin\psi_v\cos\gamma_v + \cos\psi_v\sin\gamma_v$
Oz_3	$\sin\theta\cos\psi_v\sin\gamma_v + \sin\psi_v\cos\gamma_v$	$-\cos\theta\sin\gamma_v$	$-\sin\theta\sin\psi_v\sin\gamma_v + \cos\psi_v\cos\gamma_v$

6. 弹道坐标系与弹体坐标系之间的变换矩阵

以速度坐标系作为过渡坐标系，将式(2.18) 代入式(2.17)，即可得到弹道坐标系与弹体坐标系之间的变换关系

$$\begin{bmatrix} x_1 \\ y_1 \\ z_1 \end{bmatrix} = \boldsymbol{L}(\beta, \alpha)\boldsymbol{L}(\gamma_v) \begin{bmatrix} x_2 \\ y_2 \\ z_2 \end{bmatrix} \tag{2.20}$$

因此，弹道坐标系到弹体坐标系的坐标变换矩阵为

$$\boldsymbol{L}(\gamma_v, \beta, \alpha) = \boldsymbol{L}(\beta, \alpha)\boldsymbol{L}(\gamma_v)$$

将 $\boldsymbol{L}(\gamma_v, \beta, \alpha)$ 展开，写成方向余弦表的形式，如表 2.6 所示。

表 2.6　弹道坐标系与弹体坐标系之间的坐标变换方向余弦表

	Ox_2	Oy_2	Oz_2
Ox_1	$\cos\alpha\cos\beta$	$\sin\alpha\cos\gamma_v + \cos\alpha\sin\beta\sin\gamma_v$	$\sin\alpha\sin\gamma_v - \cos\alpha\sin\beta\cos\gamma_v$
Oy_1	$-\sin\alpha\cos\beta$	$\cos\alpha\cos\gamma_v - \sin\alpha\sin\beta\sin\gamma_v$	$\cos\alpha\sin\gamma_v + \sin\alpha\sin\beta\cos\gamma_v$
Oz_1	$\sin\beta$	$-\cos\beta\sin\gamma_v$	$\cos\beta\cos\gamma_v$

由以上变换过程可以看出，基元变换矩阵的写法也是有规律可循的，请读者自行总结。另外注意：坐标系旋转的顺序并不是唯一的。

2.3　运动模型的建立

导弹运动方程组是描述作用在导弹上的力、力矩与导弹运动参数之间关系的一组方程。它由描述导弹质心运动和弹体姿态变化的动力学方程、运动学方程、导弹质量变化方程、角度几何关系方程和描述控制系统工作的方程所组成。

下面从作用在导弹上的力与力矩开始介绍，之后给出各种方程的建立方法。

2.3.1　作用在导弹上的力

对于近程战术有翼导弹，其主要飞行环境为地球稠密大气环境，该环境会对在其中飞行的导弹产生作用力，另外导弹也会受到地球引力场的作用，除此之外，还有作用在导弹上的推力以及外界干扰力，等等。在初步研究中，忽略外界干扰，则作用在导弹上的力主要有空气动力、发动机推力和重力。

1. 空气动力 $\boldsymbol{R}$

空气动力(简称为气动力) 是空气对在其中运动的物体的作用力。当可压缩的黏性气流流过导弹各部件的表面时，由于整个表面上压强分布的不对称，出现了压强差；空气对导弹表面又有黏性摩擦，产生黏性摩擦力。这两部分力合在一起，就形成了作用在导弹上的空气动力。

空气动力 $\boldsymbol{R}$ 沿速度坐标系分解为三个分量，分别称为阻力 $\boldsymbol{X}$(沿 Ox_3 轴负向定义为正)、升力 $\boldsymbol{Y}$(沿 Oy_3 轴正向定义为正) 和侧向力 $\boldsymbol{Z}$(沿 Oz_3 轴正向定义为正)。实验分析表明：空气

动力的大小与来流的动压头 q 和导弹的特征面积(又称参考面积)S 成正比,即

$$\left.\begin{aligned} X &= C_x qS \\ Y &= C_y qS \\ Z &= C_z qS \\ q &= \frac{1}{2}\rho v^2 \end{aligned}\right\} \tag{2.21}$$

式中:C_x,C_y,C_z 为无量纲比例系数,分别称为阻力系数、升力系数和侧向力系数(总称为气动力系数);ρ 为空气密度;v 为导弹的飞行速度;S 为参考面积,通常取弹翼面积或弹身最大横截面积。

由式(2.21)看出,在导弹外形尺寸、飞行速度和高度(影响空气密度)给定(即 qS 给定)的情况下,研究导弹飞行中所受的气动力,可简化成研究这些气动力的系数 C_x,C_y,C_z。

由空气动力学知识知,在导弹气动布局和外形尺寸给定的条件下,升力系数 C_y 基本上取决于马赫数 Ma、攻角 α 和升降舵的舵面偏转角 δ_z(简称为舵偏角,按照通常的符号规则,升降舵的后缘相对于中立位置向下偏转时,其舵偏角定义为正),即

$$C_y = f(Ma,\alpha,\delta_z) \tag{2.22}$$

在攻角和舵偏角不大的情况下,升力系数可以表示为 α 和 δ_z 的线性函数,即

$$C_y = C_{y0} + C_y^{\alpha}\alpha + C_y^{\delta_z}\delta_z \tag{2.23}$$

式中:C_{y0} 为攻角和升降舵偏角均为零时的升力系数,简称零升力系数,主要是由导弹气动外形不对称产生的;$C_y^{\alpha}=\partial C_y/\partial\alpha$ 为升力系数对攻角的偏导数,又称升力线斜率,它表示当攻角变化单位角度时,升力系数的变化量;$C_y^{\delta_z}=\partial C_y/\partial\delta_z$ 为升力系数对舵偏角的偏导数,它表示当舵偏角变化单位角度时,升力系数的变化量。根据 α 和 δ_z 正负的规定,在攻角和舵偏角较小的情况下(失速之前),$C_y^{\alpha}>0$,$C_y^{\delta_z}>0$。

当已知系数 C_y^{α} 和 $C_y^{\delta_z}$,飞行高度 H(用于确定空气密度 ρ)和速度 $\boldsymbol{v}$,以及导弹的飞行攻角 α 和舵偏角 δ_z 之后,就可以确定升力的大小,即

$$Y = Y_0 + (C_y^{\alpha}\alpha + C_y^{\delta_z}\delta_z)\frac{\rho v^2}{2}S$$

或写为

$$Y = Y_0 + Y^{\alpha}\alpha + Y^{\delta_z}\delta_z \tag{2.24}$$

式中

$$Y^{\alpha} = C_y^{\alpha}\frac{\rho v^2}{2}S$$

$$Y^{\delta_z} = C_y^{\delta_z}\frac{\rho v^2}{2}S$$

对于气动外形轴对称的导弹而言,$C_{y0}=0$,$Y_0=0$,因此有

$$\left.\begin{aligned} C_y &= C_y^{\alpha}\alpha + C_y^{\delta_z}\delta_z \\ Y &= Y^{\alpha}\alpha + Y^{\delta_z}\delta_z \end{aligned}\right\} \tag{2.25}$$

由以上分析可见,对于给定的导弹气动布局和外形尺寸,升力可以看作是导弹速度、飞行高度、飞行攻角和升降舵偏角四个参数的函数。

侧向力(简称侧力)$\boldsymbol{Z}$ 与升力 $\boldsymbol{Y}$ 类似,在导弹气动布局和外形尺寸给定的情况下,侧向力系

数基本上取决于马赫数 Ma、侧滑角 β 和方向舵的偏转角 δ_y(后缘向右偏转为正)。

当 β、δ_y 较小时,侧向力系数 C_z 可以表示为

$$C_z = C_z^{\beta}\beta + C_z^{\delta_y}\delta_y \tag{2.26}$$

根据所采用的符号规则,正的 β 值对应于负的 C_z 值,正的 δ_y 值也对应于负的 C_z 值,因此,系数 C_z^{β} 和 $C_z^{\delta_y}$ 是负值。

对于气动轴对称的导弹,侧向力的求法和升力是相同的。如果将导弹看作是绕 Ox_3 轴转过了 90°,这时侧滑角将起攻角的作用,方向舵偏角 δ_y 起升降舵偏角 δ_z 的作用,而侧向力则起升力的作用(见图 2.12)。

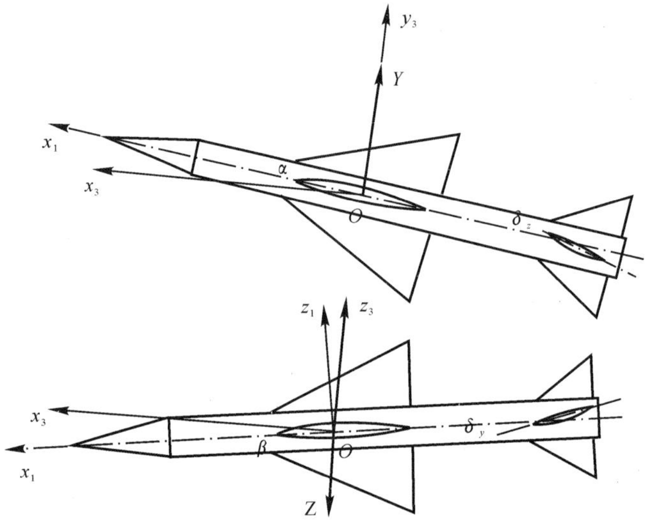

图 2.12　轴对称导弹的升力和侧向力

由于所采用的符号规则不同,所以在计算公式中应该用$(-\beta)$代替 α,而用$(-\delta_y)$代替 δ_z,于是对气动轴对称的导弹,有

$$C_z^{\beta} = -C_y^{\alpha}$$
$$C_z^{\delta_y} = -C_y^{\delta_z}$$

导弹的空气阻力通常分成两部分来进行研究。一部分与升力无关,称为零升阻力(即升力为零时的阻力);另一部分取决于升力的大小,称为诱导阻力。即导弹的空气阻力为

$$X = X_0 + X_i$$

式中:X_0 为零升阻力;X_i 为诱导阻力。

零升阻力包括摩擦阻力和压差阻力,是由于气体的黏性引起的。在超声速情况下,空气还会产生另一种形式的压差阻力 —— 波阻。大部分诱导阻力是由弹翼产生的,弹身和舵面产生的诱导阻力较小。必须指出:当有侧向力时,与侧向力大小有关的那部分阻力也是诱导阻力。影响诱导阻力的因素与影响升力和侧力的因素相同。

计算分析表明,导弹的诱导阻力近似地与攻角、侧滑角的二次方成正比。定义阻力系数

$$C_x = \frac{X}{\frac{1}{2}\rho v^2 S}$$

阻力系数 C_x 可通过理论计算或实验确定，相应地也可表示成两部分，即

$$C_x = C_{x0} + C_{xi} \tag{2.27}$$

式中：C_{x0} 为零升阻力系数；C_{xi} 为诱导阻力系数。

2. 推力 $\boldsymbol{P}$

推力是发动机工作时，发动机内燃气流高速喷出，从而在导弹上形成与喷流方向相反的作用力，它是导弹飞行的动力。

战术有翼导弹常采用固体火箭发动机或空气喷气发动机。发动机的类型不同，推力特性也不一样。

固体火箭发动机的推力可在地面试验台上测定，推力的表达式为

$$P = m_s u_e + S_e(p_e - p_H) \tag{2.28}$$

式中：m_s 为单位时间内的燃料消耗量；u_e 为燃气介质相对弹体的喷出速度；S_e 为发动机喷管出口处的横截面积；p_e 为发动机喷管出口处燃气流的压强；p_H 为导弹所处高度的大气压强。

由式(2.28)看出，火箭发动机推力的大小主要取决于发动机性能参数，也与导弹的飞行高度有关，而与导弹的飞行速度无关。式(2.28)中：等号右边第一项是燃气介质高速喷出而产生的推力，称为动力学推力或动推力；等号右边第二项是发动机喷管截面处的燃气流压强 p_e 与大气压强 p_H 的压差引起的推力，一般称为静力学推力或静推力，它与导弹的飞行高度有关。

空气喷气发动机的推力，不仅与导弹飞行高度有关，还与导弹的飞行速度 $\boldsymbol{v}$、攻角 α、侧滑角 β 等运动参数有关。

3. 重力 $\boldsymbol{G}$

导弹在空间飞行将会受到地球、太阳、月球等星球的引力。对于战术有翼导弹而言，由于它是在近地球的大气层内飞行，所以只需考虑地球对导弹的引力。在考虑地球自转的情况下，导弹除受地心的引力 $\boldsymbol{G}_1$ 外，还要受到因地球自转所产生的离心惯性力 $\boldsymbol{F}_e$，因而作用于导弹上的重力就是地心引力和离心惯性力的矢量和，即

$$\boldsymbol{G} = \boldsymbol{G}_1 + \boldsymbol{F}_e \tag{2.29}$$

重力 $\boldsymbol{G}$ 的大小和方向与导弹所处的地理位置有关。根据牛顿万有引力定律，引力 $\boldsymbol{G}_1$ 的大小与地心至导弹的距离的二次方成反比。而离心惯性力 $\boldsymbol{F}_e$ 的大小则与导弹至地球极轴的距离有关。

实际上，地球的外形是个凸凹不平的不规则几何体，其质量分布也不均匀。为了研究方便，通常把它看作是均质的椭球体，如图 2.13 表示的那样。若物体在椭球形地球表面上的质量为 m，地心至该物体的矢径为 $\boldsymbol{R}_e$，地理纬度为 φ_e，地球绕极轴的旋转角速度大小为 Ω_e，则地球对物体的引力 $\boldsymbol{G}_1$ 与 $\boldsymbol{R}_e$ 共线，方向相反；而离心惯性力的大小则为

$$F_e = mR_e\Omega_e^2\cos\varphi_e \tag{2.30}$$

式中：$\Omega_e = 7.292\ 1 \times 10^{-5}\ \mathrm{s}^{-1}$。

重力的作用方向与悬锤线的方向一致，即与物体所在处的地面法线 $\boldsymbol{n}$ 共线，方向相反，如图 2.13 所示。

计算表明，离心惯性力 $\boldsymbol{F}_e$ 比地心引力 $\boldsymbol{G}_1$ 的量值小得多，因此，通常把引力 $\boldsymbol{G}_1$ 的大小就视为重力的大小，即

$$G = G_1 = mg \tag{2.31}$$

这时，作用在物体上的重力总是指向地心，事实上也就是把地球看作是圆球形状（圆球模

型),如图 2.14 所示。

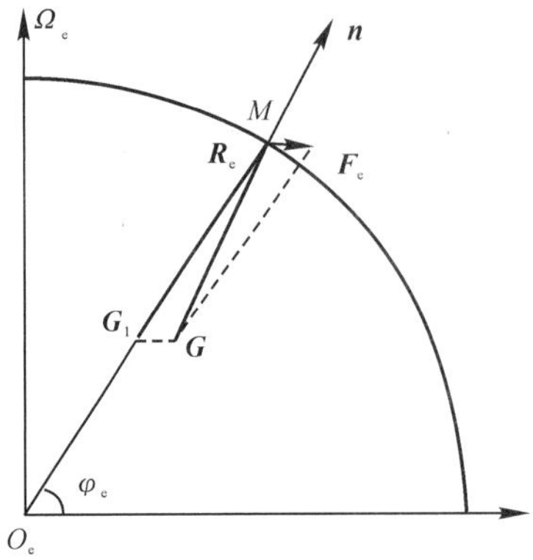

图 2.13　椭球模型上 M 点的重力方向

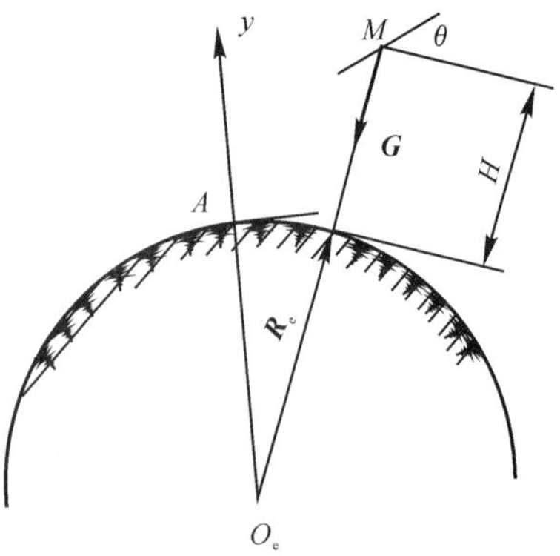

图 2.14　圆球模型上 M 点的重力方向

重力加速度 $\boldsymbol{g}$ 的大小与导弹的飞行高度有关,即

$$g = g_0 \frac{R_e^2}{(R_e + H)^2} \tag{2.32}$$

式中:g_0 为地球表面处的重力加速度大小,一般取值为 9.81 m/s^2;R_e 为地球半径,一般取值为 6 371 km;H 为导弹离地球表面的高度。

由式(2.32)可知,重力加速度大小 g 是高度 H 的函数。例如,当 $H=32$ km时,$g=0.99g_0$,重力加速度仅减小 1%。因此,对于近程战术有翼导弹,在整个飞行过程中,重力加速度可认为是常量,且可视航程内的地面为平面,即重力场是平行力场。

2.3.2　作用在导弹上的力矩

前面介绍了作用于导弹上的三大力,即空气动力、推力和重力。它们相对于导弹质心的力矩该如何描述?首先,对于重力而言,通过导弹的质心(本章中认为质心和重心重合),因此不产生力矩。

然后,对于推力 $\boldsymbol{P}$ 而言,推力矢量通常沿着弹体纵轴方向并通过导弹质心,因此不存在推力矩。如果推力矢量不通过导弹质心,且与弹体纵轴构成某夹角,将产生对质心的推力矩。

设推力作用线至质心的偏心矢径为 $\boldsymbol{R}_p$,它在弹体坐标系三轴上的投影分量为 $[x_{1p}\quad y_{1p}\quad z_{1p}]^{\mathrm{T}}$,那么,推力 $\boldsymbol{P}$ 产生的力矩 $\boldsymbol{M}_p$ 可表示为

$$\boldsymbol{M}_p = \boldsymbol{R}_p \times \boldsymbol{P} = \hat{\boldsymbol{R}}_p \boldsymbol{P} \tag{2.33}$$

式中

$$\hat{\boldsymbol{R}}_p \triangleq \begin{bmatrix} 0 & -z_{1p} & y_{1p} \\ z_{1p} & 0 & -x_{1p} \\ -y_{1p} & x_{1p} & 0 \end{bmatrix} \tag{2.34}$$

是矢量 $\boldsymbol{R}_p$ 的反对称阵。

因此,若推力矢量的作用线不通过导弹的质心,则其相对于质心的推力矩为

$$\begin{bmatrix} M_{Px1} \\ M_{Py1} \\ M_{Pz1} \end{bmatrix} = \begin{bmatrix} 0 & -z_{1p} & y_{1p} \\ z_{1p} & 0 & -x_{1p} \\ -y_{1p} & x_{1p} & 0 \end{bmatrix} \begin{bmatrix} P_{x1} \\ P_{y1} \\ P_{z1} \end{bmatrix} = \begin{bmatrix} P_{z1} y_{1p} - P_{y1} z_{1p} \\ P_{x1} z_{1p} - P_{z1} x_{1p} \\ P_{y1} x_{1p} - P_{x1} y_{1p} \end{bmatrix} \tag{2.35}$$

再看空气动力矩，空气动力的作用线一般不通过导弹的质心，因此，将形成对质心（或重心）的空气动力矩。

在确定空气动力相对于质心的气动力矩时，必须知道气动力的作用点。在这里为了便于分析空气动力矩，首先介绍两个重要的作用点，即压力中心和焦点。所谓压力中心，是指空气动力的作用线与导弹纵轴的交点，称为全弹的压力中心（简称压心）。在攻角不大的情况下，常近似地把全弹升力作用线与纵轴的交点作为全弹的压力中心。

对于有翼导弹，弹翼是产生升力的主要部件，因此，这类导弹的压心位置在很大程度上取决于弹翼相对于弹身的安装位置。此外，压心位置还与飞行马赫数 Ma、攻角 α、升降舵偏角 δ_z 等参数有关，这是因为这些参数变化时，改变了导弹上的压力分布的缘故。

在导弹气动力工程估算中，认为全弹的升力可以近似成弹身、弹翼、尾翼、舵面等部件产生的升力之和，再加上各个部件之间相互干扰所引起的附加升力。若每个部件产生的升力都作用在该部件的压心处，则导弹的压心位置可用下式估算：

$$x_p = \frac{\sum_{k=1}^{n} Y_k x_{pk}}{\sum_{k=1}^{n} Y_k} = \frac{\sum_{k=1}^{n} C_{yk} x_{pk} \dfrac{S_k}{S}}{C_y}$$

式中：x_p 是导弹的压力中心至导弹头部顶点的距离；Y_k 是第 k 个部件产生的升力；x_{pk} 是第 k 个部件的压力中心至导弹头部顶点的距离；C_y 是导弹的升力系数；C_{yk} 是第 k 个部件上的升力系数；S_k 是第 k 个部件的面积；S 为导弹的特征面积。

所谓焦点，是指由攻角 α 所引起的那部分升力 $Y^{\alpha}\alpha$ 的作用点。同样地，工程中可以用下式估算焦点的位置：

$$x_{\mathrm{f}} = \frac{\sum_{k=1}^{n} Y_k^{\alpha} x_{\mathrm{f}k}}{\sum_{k=1}^{n} Y_k^{\alpha}} = \frac{\sum_{k=1}^{n} C_{yk}^{\alpha} x_{\mathrm{f}k} \dfrac{S_k}{S}}{C_y^{\alpha}}$$

式中：x_{f} 表示导弹的焦点至导弹头部顶点的距离，Y_k^{α} 是第 k 个部件产生的升力对攻角的斜率；$x_{\mathrm{f}k}$ 是第 k 个部件的焦点至导弹头部顶点的距离；C_{yk}^{α} 是第 k 个部件上的升力系数对攻角的斜率；C_y^{α} 是导弹的升力系数对攻角的斜率；S_k 是第 k 个部件的面积；S 为导弹的特征面积。

一般情况下，焦点并不与压力中心重合，仅当 $\delta_z = 0$ 且导弹相对于 x_1Oz_1 平面完全对称（即 $C_{y0} = 0$）时，焦点才与压力中心重合。

有了压力中心和焦点的概念后，接下来就可以描述和研究气动力矩了。为了便于分析，把总的气动力矩矢量 $\boldsymbol{M}$ 沿弹体坐标系 $Ox_1y_1z_1$ 分解为三个分量，分别称为滚转力矩 $\boldsymbol{M}_{x1}$（与 Ox_1 轴的正向一致时定义为正）、偏航力矩 $\boldsymbol{M}_{y1}$（与 Oy_1 轴的正向一致时定义为正）和俯仰力矩 $\boldsymbol{M}_{z1}$（与 Oz_1 轴的正向一致时定义为正）。与研究气动力时一样，引入气动力矩系数的概念，则气动力矩的大小可以用下式表示：

$$\left.\begin{aligned} M_{x1} &= m_{x1} qSL \\ M_{y1} &= m_{y1} qSL \\ M_{z1} &= m_{z1} qSL \end{aligned}\right\} \tag{2.36}$$

式中：m_{x1}、m_{y1}、m_{z1} 为无量纲系数，分别称为滚转力矩系数、偏航力矩系数和俯仰力矩系数（统称为气动力矩系数)；L 为特征长度，工程应用通常选用弹身长度为特征长度，也有将弹翼的翼展长度或平均气动力弦长作为特征长度的。

必须指出，当涉及气动力、气动力矩的具体数值时，应注意它们所对应的特征尺寸。另外，在不产生混淆的情况下，为了书写方便，通常将与弹体坐标系相关的下标“1”省略。

下面简要介绍空气动力矩及其特性。

2.3.2.1 俯仰力矩

俯仰力矩 $\boldsymbol{M}_z$ 又称纵向力矩，它的作用是使导弹绕横轴 Oz_1 作抬头或低头的转动。在气动布局和外形参数给定的情况下，俯仰力矩的大小不仅与飞行马赫数 Ma、飞行高度 H 有关，还与飞行攻角 α、升降舵偏转角 δ_z、导弹绕 Oz_1 轴的旋转角速度 ω_z(下标“1”也省略，以下同)、攻角的变化率 $\dot{\alpha}$ 以及升降舵的偏转角速度 $\dot{\delta}_z$ 等有关。因此，俯仰力矩的大小可表示成如下的函数形式：

$$M_z = f(Ma, H, \alpha, \delta_z, \omega_z, \dot{\alpha}, \dot{\delta}_z)$$

当 $\alpha, \delta_z, \dot{\alpha}, \dot{\delta}_z$ 和 ω_z 较小时，俯仰力矩与这些量的关系是近似线性的，其一般表达式为

$$M_z = M_{z0} + M_z^{\alpha}\alpha + M_z^{\delta_z}\delta_z + M_z^{\omega_z}\omega_z + M_z^{\dot{\alpha}}\dot{\alpha} + M_z^{\dot{\delta}_z}\dot{\delta}_z \tag{2.37}$$

严格地说，俯仰力矩还取决于其他一些参数，例如侧滑角 β，副翼偏转角 δ_x，导弹绕 Ox_1 轴的旋转角速度 ω_x 等，通常这些参数的影响不大，一般予以忽略。

为了讨论方便，俯仰力矩用无量纲力矩系数来表示，即

$$m_z = m_{z0} + m_z^{\alpha}\alpha + m_z^{\delta_z}\delta_z + m_z^{\bar{\omega}_z}\bar{\omega}_z + m_z^{\bar{\dot{\alpha}}}\bar{\dot{\alpha}} + m_z^{\bar{\dot{\delta}}_z}\bar{\dot{\delta}}_z \tag{2.38}$$

式中：$\bar{\omega}_z = \omega_z L/v$，$\bar{\dot{\alpha}} = \dot{\alpha}L/v$，$\bar{\dot{\delta}}_z = \dot{\delta}_z L/v$，分别是与旋转角速度 ω_z、攻角变化率 $\dot{\alpha}$ 以及升降舵的偏转角速度 $\dot{\delta}_z$ 对应的无量纲参数；m_{z0} 是当 $\alpha = \delta_z = \bar{\omega}_z = \bar{\dot{\alpha}} = \bar{\dot{\delta}}_z = 0$ 时的俯仰力矩系数，是由导弹气动外形不对称引起的，主要取决于飞行马赫数、导弹的几何形状、弹翼(或安定面)的安装角等；$m_z^{\alpha}, m_z^{\delta_z}, m_z^{\bar{\omega}_z}, m_z^{\bar{\dot{\alpha}}}, m_z^{\bar{\dot{\delta}}_z}$ 分别是 m_z 关于 $\alpha, \delta_z, \bar{\omega}_z, \bar{\dot{\alpha}}, \bar{\dot{\delta}}_z$ 的偏导数。

由攻角 α 引起的力矩 $M_z^{\alpha}\alpha$ 是俯仰力矩中最重要的一项，是作用在焦点的导弹升力 $Y_z^{\alpha}\alpha$ 对质心的力矩，即

$$M_z^{\alpha}\alpha = Y_z^{\alpha}\alpha(x_g - x_f) = C_y^{\alpha}qS\alpha(x_g - x_f) \tag{2.39}$$

式中：x_f、x_g 分别为导弹的焦点、重心(质心)至头部顶点的距离。

又因为

$$M_z^{\alpha}\alpha = m_z^{\alpha}qSL\alpha$$

于是有

$$m_z^{\alpha} = C_y^{\alpha}(x_g - x_f)/L = C_y^{\alpha}(\bar{x}_g - \bar{x}_f) \tag{2.40}$$

式中：$\bar{x}_f$、$\bar{x}_g$ 分别为导弹的焦点、重心位置对应的无量纲值。

为方便起见，先讨论定常飞行情况下(此时 $\omega_z = \dot{\alpha} = \dot{\delta}_z = 0$)的俯仰力矩，然后再研究由 ω_z，$\dot{\alpha}$，$\dot{\delta}_z$ 引起的俯仰力矩。

1. 定常直线飞行时的俯仰力矩

所谓定常飞行，是指导弹的飞行速度 $\boldsymbol{v}$、攻角 α、舵偏角 δ_z 等不随时间变化的飞行状态。但是，导弹几乎不会有严格的定常飞行。即使导弹作等速直线飞行，由于燃料的消耗使导弹质

量发生变化，保持等速直线飞行所需的攻角也要随之改变，因此只能说导弹在一段比较小的距离上接近于定常飞行。

若导弹作定常飞行，即 $\omega_z = \dot{\alpha} = \dot{\delta}_z = 0$，则俯仰力矩系数的表达式变为

$$m_z = m_{z0} + m_z^{\alpha}\alpha + m_z^{\delta_z}\delta_z \tag{2.41}$$

对于轴对称外形的导弹，$m_{z0} = 0$，则有

$$m_z = m_z^{\alpha}\alpha + m_z^{\delta_z}\delta_z \tag{2.42}$$

实验表明：只有在小攻角和小舵偏角的情况下，上述线性关系才成立。随着 α，δ_z 增大，线性关系将被破坏，如图 2.15 所示。

偏导数 m_z^{α} 和 $m_z^{\delta_z}$ 主要取决于马赫数、重心位置和导弹的几何外形。对应于一组 δ_z 值，可画出一组 m_z 随 α 的变化曲线，如图 2.15 所示。这些曲线与横坐标轴的交点满足 $m_z = 0$；偏导数 m_z^{α} 表示这些曲线的斜率；m_{z0} 值代表 $\delta_z = 0$ 时的 $m_z = f(\alpha)$ 曲线在纵轴上所截的线段长度。

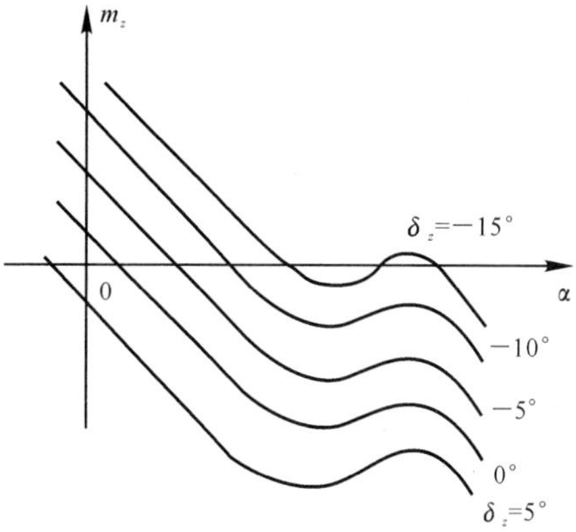

图 2.15　$m_z = f(\alpha)$ 曲线示意图

2. 纵向平衡状态

$m_z = f(\alpha)$ 曲线与横坐标轴的交点称为纵向静平衡点，对应于 $m_z = 0$，即作用在导弹上的升力对重心的力矩为零，亦即导弹处于力矩平衡状态。这种俯仰力矩的平衡又称为导弹的纵向静平衡。

为使导弹在某一飞行攻角下处于平衡状态，必须使升降舵偏转一个相应的角度，这个角度称为升降舵的平衡舵偏角，以符号 δ_{zb} 表示。类似的，在某一舵偏角下，为保持导弹的纵向静平衡所需要的攻角就是平衡攻角，以 α_b 表示。下面以轴对称导弹为例来说明平衡攻角、平衡舵偏角的关系，以及平衡升力系数的表达。平衡舵偏角与平衡攻角的关系可令式(2.42) 等号右端为零求得，即

$$\left(\frac{\delta_z}{\alpha}\right)_b = -\frac{m_z^{\alpha}}{m_z^{\delta_z}} \tag{2.43}$$

或

$$\delta_{zb} = -\frac{m_z^{\alpha}}{m_z^{\delta_z}}\alpha_b$$

式中的比值($-m_z^{\alpha}/m_z^{\delta_z}$)除了与飞行马赫数有关外，还随导弹气动布局的不同而不同。在弹道各段上，这个比值一般是变化的，因为导弹飞行过程中马赫数和重心位置均要变化，m_z^{α} 和 $m_z^{\delta_z}$ 也要相应地改变。

平衡状态时的全弹升力，称为平衡升力。对于轴对称导弹，平衡升力系数的计算方法如下：

$$C_{yb} = C_y^{\alpha}\alpha_b + C_y^{\delta_z}\delta_{zb} = \left(C_y^{\alpha} - C_y^{\delta_z}\frac{m_z^{\alpha}}{m_z^{\delta_z}}\right)\alpha_b \tag{2.44}$$

在进行弹道计算时，若假设每一瞬时导弹都处于上述平衡状态，则可用式(2.44) 计算导弹在弹道各点上的平衡升力。这种假设，通常称为“瞬时平衡”假设，即认为导弹从某一平衡状

态改变到另一平衡状态是瞬时完成的,也就是忽略了导弹绕质心的旋转运动。此时作用在导弹上的俯仰力矩只有 $m_z^\alpha \alpha$ 和 $m_z^{\delta_z}\delta_z$,而且这两个力矩总是处于平衡状态,即满足:

$$m_z^\alpha \alpha_b + m_z^{\delta_z}\delta_{zb} = 0 \tag{2.45}$$

对于面对称导弹,与以上过程相似,可得平衡状态下:

$$\delta_{zb} = -\frac{m_{z0} + m_z^\alpha \alpha_b}{m_z^{\delta_z}}$$

$$C_{yb} = C_{y0} - C_y^{\delta_z}\frac{m_{z0}}{m_z^{\delta_z}} + \left(C_y^\alpha - C_y^{\delta_z}\frac{m_z^\alpha}{m_z^{\delta_z}}\right)\alpha_b$$

$$m_{z0} + m_z^\alpha \alpha_b + m_z^{\delta_z}\delta_{zb} = 0$$

导弹初步设计阶段采用瞬时平衡假设,可大大减少计算工作量(将在 2.5 节中详述)。

3. 纵向静稳定性

导弹的平衡有稳定平衡和不稳定平衡。在稳定平衡中,导弹由于某一小扰动的瞬时作用而破坏了它的平衡之后,在扰动消失之后经过某一过渡过程仍能恢复到原来的平衡状态。在不稳定平衡中,即便是很小的扰动瞬时作用于导弹,使其偏离平衡位置,也没有恢复到原来平衡位置的能力。判别导弹纵向静稳定性的方法是看导数 m_z^α 的性质,即:

当$m_z^\alpha \big|_{\alpha=\alpha_b} < 0$ 时,为纵向静稳定;

当$m_z^\alpha \big|_{\alpha=\alpha_b} > 0$ 时,为纵向静不稳定;

当$m_z^\alpha \big|_{\alpha=\alpha_b} = 0$ 时,为纵向静中立稳定。

图 2.16 给出了 $m_z = f(\alpha)$ 的三种典型情况,它们分别对应于静稳定、静不稳定和静中立稳定的三种气动特性。

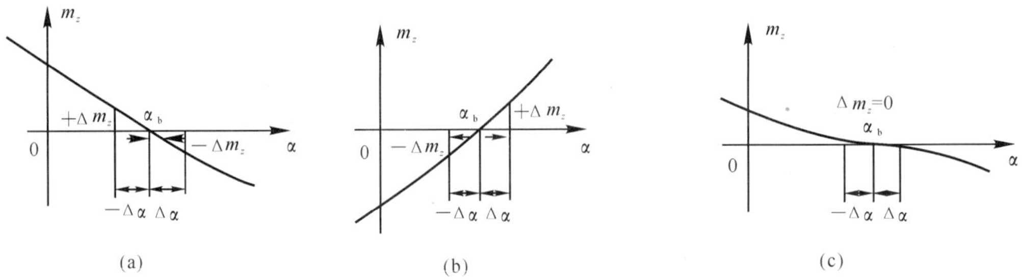

图 2.16　$m_z = f(\alpha)$ 的三种典型情况

(a) 静稳定;(b) 静不稳定;(c) 静中立稳定

图 2.16(a) 中力矩特性曲线 $m_z = f(\alpha)$ 显示$m_z^\alpha \big|_{\alpha=\alpha_b} < 0$。若导弹在平衡状态($\alpha = \alpha_b$)下飞行,由于某一微小扰动的瞬时作用,攻角 α 偏离平衡攻角 α_b,增加一个小量 $\Delta\alpha > 0$,则在焦点上将有一附加升力 ΔY 产生,它对重心形成附加俯仰力矩

$$\Delta M_z = m_z^\alpha \Delta\alpha qSL$$

由于$m_z^\alpha < 0$,故 ΔM_z 是个负值,它使导弹低头,即力图减小攻角,使攻角由($\alpha_b + \Delta\alpha$)恢复到原来的 α_b 值。导弹的这种物理属性称为纵向静稳定性。力图使导弹恢复到原来平衡状态的气动力矩 ΔM_z 称为纵向静稳定力矩或纵向恢复力矩。

图 2.16(b) 表示导弹静不稳定的情况($m_z^\alpha \big|_{\alpha=\alpha_b} > 0$)。若导弹偏离平衡状态,则所产生的

附加力矩将使导弹更加偏离平衡状态。

图 2.16(c) 表示导弹静中立稳定的情况($m_z^{\alpha}\big|_{\alpha=\alpha_b}=0$)。若导弹偏离平衡状态后不产生附加力矩，则干扰造成的攻角偏量 $\Delta\alpha$ 既不增大也不能被消除，干扰消失后，导弹攻角保持为($\alpha_b+\Delta\alpha$)。

综上所述，静稳定性的定义可概述如下：导弹在平衡状态下飞行时，受到外界干扰作用而偏离原来平衡状态，在外界干扰消失的瞬间，若导弹不经操纵能产生附加气动力矩，使导弹具有恢复到原来平衡状态的趋势，则称导弹是静稳定的；若产生的附加气动力矩使导弹更加偏离原平衡状态，则称导弹是静不稳定的；若附加气动力矩为零，导弹既无恢复到原平衡状态的趋势，也不再继续偏离，则称导弹是中立稳定的。必须指出，静稳定性只是说明导弹偏离平衡状态那一瞬间的力矩特性，并不能说明整个飞行过程导弹最终是否具有稳定性。

工程上也常用 $m_z^{C_y}$ 评价导弹的纵向静稳定性。与偏导数 m_z^{α} 一样，偏导数 $m_z^{C_y}$ 也能对导弹的纵向静稳定性给出质和量的估计，其计算表达式为

$$m_z^{C_y}=\frac{\partial m_z}{\partial C_y}=\frac{\partial m_z}{\partial \alpha}\frac{\partial \alpha}{\partial C_y}=\frac{m_z^{\alpha}}{C_y^{\alpha}}=\bar{x}_g-\bar{x}_f \tag{2.46}$$

显然，对于具有纵向静稳定性的导弹，存在关系式：$m_z^{C_y}<0$(因为 $C_y^{\alpha}>0$)，这时，重心位于焦点之前($\bar{x}_g<\bar{x}_f$)。当重心后移到与焦点重合($\bar{x}_g=\bar{x}_f$)时，$m_z^{C_y}=0$，导弹是中立稳定的。当重心后移到焦点之后($\bar{x}_g>\bar{x}_f$)时，$m_z^{C_y}>0$，导弹则是静不稳定的。因此把焦点位置的无量纲坐标与重心位置的无量纲坐标之间的差值($\bar{x}_f-\bar{x}_g$)称为静稳定度。

导弹的静稳定度与飞行性能有关。为了保证导弹具有适当的静稳定度，设计过程中常采用两种办法：一是改变导弹的气动布局，从而改变焦点的位置，如改变弹翼的外形、面积以及相对弹身的安装位置，改变尾翼面积，添置小前翼，等等；二是改变导弹内部器件的部位安排，以调整重心的位置。

4. 俯仰操纵力矩

对于采用正常式气动布局(舵面安装在弹身尾部)，当舵面向上偏转一个角度 $\delta_z<0$ 时，舵面上会产生向下的操纵力，并形成相对于导弹重心的抬头力矩 $M_z(\delta_z)>0$，从而使攻角增大，对于纵向静稳定导弹，则对应的升力对重心形成一低头力矩(见图 2.17)。舵面偏转形成的气动力对重心的力矩称为操纵力矩。由升降舵偏转所引起的升力 $Y^{\delta_z}\delta_z$ 作用在舵面的压力中心上，其对重心的力矩称为俯仰操纵力矩，其表达式为

$$M_z^{\delta_z}\delta_z=m_z^{\delta_z}\delta_z qSL=C_y^{\delta_z}\delta_z qS(x_g-x_r) \tag{2.47}$$

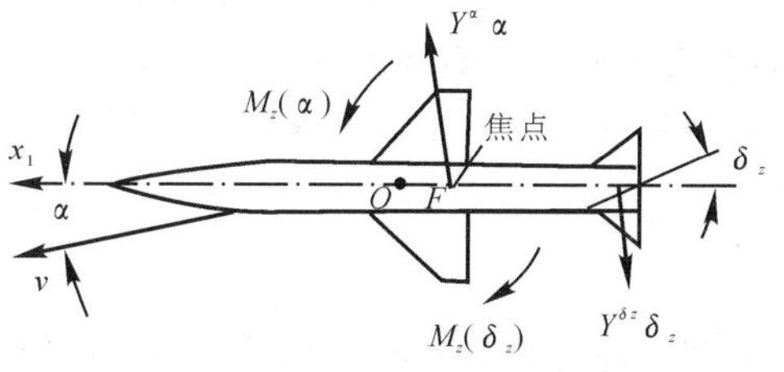

图 2.17　操纵力矩的示意图

由此得

$$m_z^{\delta_z} = C_y^{\delta_z}(\bar{x}_g - \bar{x}_r) \tag{2.48}$$

式中：$\bar{x}_r = x_r/L$ 为升降舵的舵面压力中心至弹身头部顶点距离的无量纲值；$m_z^{\delta_z}$ 为升降舵的舵面偏转单位角度时所引起的操纵力矩系数，称为升降舵的舵面效率；$C_y^{\delta_z}$ 为升降舵的舵面偏转单位角度时所引起的升力系数。

因此，对于正常式导弹，$m_z^{\delta_z} < 0$；这也可以由式(2.48)看出，对于正常式导弹，重心总在舵面之前，因此 $\bar{x}_g < \bar{x}_r$，$C_y^{\delta_z} > 0$，故 $m_z^{\delta_z} < 0$；而对于鸭式导弹，则 $m_z^{\delta_z} > 0$。

5. 俯仰阻尼力矩

俯仰阻尼力矩是由导弹绕 Oz_1 轴的旋转运动所引起的，其大小与旋转角速度 ω_z 成正比，而方向与 $\boldsymbol{\omega}_z$ 相反。该力矩总是阻止导弹的旋转运动，故称为俯仰阻尼力矩(或纵向阻尼力矩)。

假定导弹质心速度为 $\boldsymbol{v}$，同时又以角速度 $\boldsymbol{\omega}_z$ 绕 Oz_1 轴旋转。旋转使导弹表面上各点均获得一附加速度，其方向垂直于连接重心与该点的矢径 $\boldsymbol{r}$，大小等于 $r\omega_z$(见图2.18)。若 $\omega_z > 0$，则重心之前的导弹表面上各点的攻角将减小一个 $\Delta\alpha$，其值为

$$\Delta\alpha = \arctan\frac{r\omega_z}{v} \tag{2.49}$$

而处于重心之后的导弹表面上各点将增加一个 $\Delta\alpha$ 值。攻角的变化导致附加升力的出现，在重心之前附加升力向下，而在重心之后，附加升力向上，因此所产生的俯仰力矩与 $\boldsymbol{\omega}_z$ 的方向相反，即力图阻止导弹绕 Oz_1 轴的旋转运动。

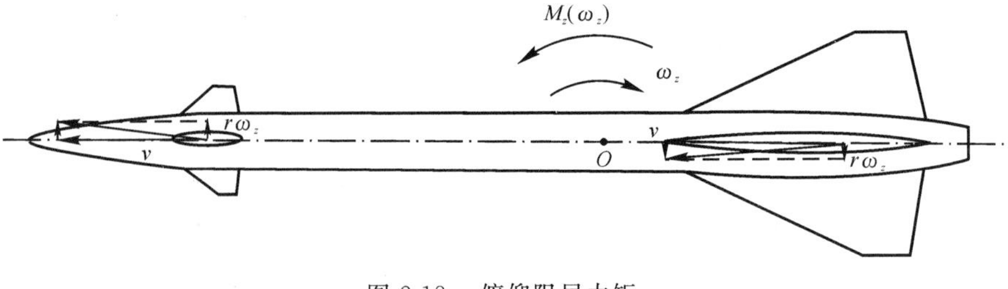

图 2.18　俯仰阻尼力矩

俯仰阻尼力矩常用无量纲俯仰阻尼力矩系数来表示，即有

$$M_z^{\omega_z}\omega_z = m_z^{\bar{\omega}_z}\bar{\omega}_z qSL \tag{2.50}$$

式中：$m_z^{\bar{\omega}_z}$ 总是一个负值，它的大小主要取决于飞行马赫数、导弹的几何外形和质心位置。通常为书写方便，将 $m_z^{\bar{\omega}_z}$ 简记作 $m_z^{\omega_z}$，但它的原意并不因此而改变。

一般情况下，阻尼力矩相对于稳定力矩和操纵力矩来说是比较小的。对某些旋转角速度 ω_z 较小的导弹来说，甚至可以忽略它对导弹运动的影响。但是，它对导弹运动的过渡过程品质的影响却不能忽略。

6. 下洗延迟俯仰力矩

前面所述关于计算升力和俯仰力矩的方法，严格地说，仅适用于导弹定常飞行这一特殊情况。在一般情况下，导弹的飞行是非定常飞行，其运动参数、空气动力和力矩都是时间的函数。这时的空气动力系数和力矩系数不仅取决于该瞬时的 α，δ_z，ω_z，Ma 等参数值，还取决于这些参数随时间变化的特性。但是，作为初步的近似计算，可以认为作用在导弹上的空气动力

和力矩仅取决于该瞬时的运动参数，这个假设通常称为“定常假设”。采用此假设，不但可以大大减少计算工作量，而且由此所求得的空气动力和力矩也非常接近实际值。但在某些情况下，例如在研究下洗对导弹飞行的影响时，按“定常假设”计算的结果是有偏差的。

对于正常式布局的导弹，流经弹翼和弹身的气流，受到弹翼、弹身的反作用力，导致气流速度方向发生偏斜，这种现象称为“下洗”。由于下洗，尾翼处的实际攻角将小于导弹的飞行攻角。若导弹以速度 v 和随时间变化的攻角（例如 $\dot{\alpha}>0$）作非定常飞行，则弹翼后的气流也是随时间变化的，但是被弹翼下压了的气流不可能瞬间到达尾翼，而必须经过某一时间间隔 Δt（其大小取决于弹翼与尾翼间的距离和气流速度），此即所谓“下洗延迟”现象。因此，尾翼处的实际下洗角 $\varepsilon(t)$ 是与 Δt 间隔以前的攻角 $\alpha(t-\Delta t)$ 相对应的。例如，在 $\dot{\alpha}>0$ 的情况下，实际下洗角 $\varepsilon(t)=\varepsilon^{\alpha}[\alpha(t)-\dot{\alpha}\Delta t]$ 将比定常飞行时的下洗角 $\varepsilon^{\alpha}\alpha(t)$ 要小些，也就是说，按“定常假设”计算得到的尾翼升力偏小，应在尾翼上增加一个向上的附加升力，由此形成的附加气动力矩将使导弹低头，其作用是使攻角减小（阻止 α 值的增大）；当 $\dot{\alpha}<0$ 时，“下洗延迟”引起的附加力矩将使导弹抬头以阻止 α 值的减小。总之，“下洗延迟”引起的附加气动力矩相当于一种阻尼力矩，力图阻止 α 值的变化。

同样，若导弹的气动布局为鸭式或旋转弹翼式，当舵面或旋转弹翼的偏转角速度 $\dot{\delta}_z\neq 0$ 时，也存在“下洗延迟”现象。同理，由 $\dot{\delta}_z$ 引起的附加气动力矩也是一种阻尼力矩。

当 $\dot{\alpha}\neq 0$ 和 $\dot{\delta}_z\neq 0$ 时，由下洗延迟引起的两个附加俯仰力矩系数分别写成 $m_z^{\bar{\dot{\alpha}}}\bar{\dot{\alpha}}$ 和 $m_z^{\bar{\dot{\delta}}_z}\bar{\dot{\delta}}_z$，为书写方便，简记作 $m_z^{\dot{\alpha}}\dot{\alpha}$ 和 $m_z^{\dot{\delta}_z}\dot{\delta}_z$，它们都是无量纲量。

在分析了俯仰力矩的各项组成以后，必须强调的是，尽管影响俯仰力矩的因素很多，但通常情况下，起主要作用的是由攻角引起的 $m_z^{\alpha}\alpha$ 和由舵偏角引起的 $m_z^{\delta_z}\delta_z$。

2.3.2.2　偏航力矩

偏航力矩 $\boldsymbol{M}_y$ 使导弹绕 Oy_1 轴转动。偏航力矩与俯仰力矩产生的物理成因是相似的。

对于轴对称导弹而言，偏航力矩特性与俯仰力矩特性类似。偏航力矩系数的表达式可仿照式(2.38) 写为

$$m_y=m_y^{\beta}\beta+m_y^{\delta_y}\delta_y+m_y^{\bar{\omega}_y}\bar{\omega}_y+m_y^{\bar{\dot{\beta}}}\bar{\dot{\beta}}+m_y^{\bar{\dot{\delta}}_y}\bar{\dot{\delta}}_y \tag{2.51}$$

式中：$\bar{\omega}_y=\omega_y L/v$，$\bar{\dot{\beta}}=\dot{\beta}L/v$，$\bar{\dot{\delta}}_y=\dot{\delta}_y L/v$ 是无量纲参数；m_y^{β}，$m_y^{\delta_y}$，$m_y^{\bar{\omega}_y}$，$m_y^{\bar{\dot{\beta}}}$，$m_y^{\bar{\dot{\delta}}_y}$ 是 m_y 关于 β，δ_y，ω_y，$\bar{\dot{\beta}}$，$\bar{\dot{\delta}}_y$ 的偏导数。

由于所有有翼导弹外形相对于 x_1Oy_1 平面都是对称的，故在偏航力矩系数中不存在 m_{y0} 这一项。

m_y^{β} 表征着导弹航向静稳定性，若 $m_y^{\beta}<0$，则是航向静稳定的。对于正常式导弹，$m_y^{\delta_y}<0$；而对于鸭式导弹，则 $m_y^{\delta_y}>0$。

对于面对称（飞机型）导弹，当存在绕 Ox_1 轴的滚动角速度 ω_x 时，安装在弹身上方的垂直尾翼的各个剖面上将产生附加的侧滑角 $\Delta\beta$（见图 2.19），且

$$\tan\Delta\beta=\frac{\omega_x}{v}y_t \tag{2.52}$$

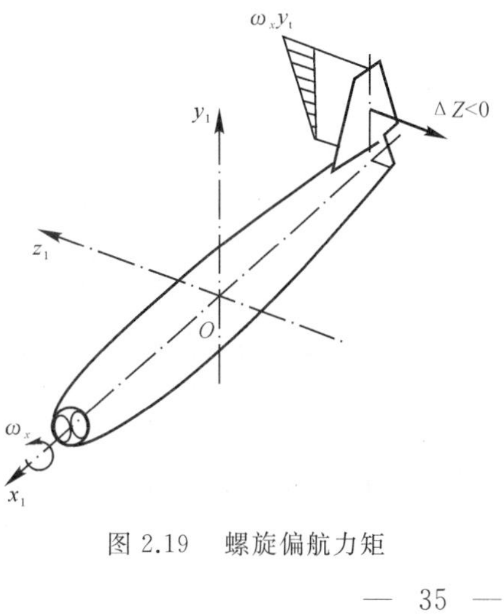

图 2.19　螺旋偏航力矩

式中：y_t 是由弹身纵轴到垂直尾翼所选剖面的距离。

由于附加侧滑角 $\Delta\beta$ 的存在，垂直尾翼将产生侧向力，从而产生相对于 Oy_1 轴的偏航力矩。这个力矩对于面对称的导弹是不可忽视的，因为它的力臂大。该力矩有使导弹作螺旋运动的趋势，故称之为螺旋偏航力矩（又称交叉导数，其值总为负）。因此，对于面对称导弹，式(2.51)等号右端必须加上一项 $m_y^{\bar{\omega}_x}\bar{\omega}_x$，即

$$m_y = m_y^\beta\beta + m_y^{\delta_y}\delta_y + m_y^{\bar{\omega}_y}\bar{\omega}_y + m_y^{\bar{\omega}_x}\bar{\omega}_x + m_y^{\bar{\dot{\beta}}}\bar{\dot{\beta}} + m_y^{\bar{\dot{\delta}}_y}\bar{\dot{\delta}}_y \tag{2.53}$$

式中：$\bar{\omega}_x = \omega_x L/v$；$m_y^{\bar{\omega}_x} = \partial m_y/\partial\bar{\omega}_x$，是无量纲的旋转导数。

2.3.2.3 滚转力矩

滚转力矩（又称滚动力矩或倾斜力矩）$\boldsymbol{M}_x$ 是绕导弹纵轴 Ox_1 的气动力矩，它是由于气流不对称地流过导弹所产生的。当存在侧滑角、操纵机构的偏转或导弹绕 Ox_1 轴及 Oy_1 轴旋转时，均会使气流流动的对称性受到破坏。此外，因生产工艺误差造成的弹翼（或安定面）不对称安装或尺寸大小的不一致，也会破坏气流流动的对称性。因此，滚转力矩的大小取决于导弹的形状和尺寸、飞行速度和高度、攻角、侧滑角、舵面偏转角、角速度及制造误差等多种因素。

与分析其他气动力矩一样，只讨论滚动力矩的无量纲力矩系数：

$$m_x = \frac{M_x}{qSL} \tag{2.54}$$

当影响滚转力矩的上述参数都比较小时，可略去一些次要因素，则滚转力矩系数可用如下线性关系近似地表示：

$$m_x = m_{x0} + m_x^\beta\beta + m_x^{\delta_x}\delta_x + m_x^{\delta_y}\delta_y + m_x^{\bar{\omega}_x}\bar{\omega}_x + m_x^{\bar{\omega}_y}\bar{\omega}_y \tag{2.55}$$

式中：m_{x0} 是由制造误差引起的外形不对称产生的；m_x^β，$m_x^{\delta_x}$，$m_x^{\delta_y}$，$m_x^{\bar{\omega}_x}$，$m_x^{\bar{\omega}_y}$ 是滚转力矩系数 m_x 关于 β，δ_x，δ_y，$\bar{\omega}_x$，$\bar{\omega}_y$ 的偏导数，主要与导弹的几何参数和马赫数有关。

1. 横向静稳定性

偏导数 m_x^β 表征导弹的横向静稳定性，它对面对称导弹来说具有重要意义。为了说明这一概念，以导弹作水平直线飞行为例，假定由于某种原因导弹突然向右倾斜了某一角度 γ（见图 2.20），因升力 $\boldsymbol{Y}$ 总在纵向对称平面内，故当导弹倾斜时，会产生水平分量 $Y\sin\gamma$，它使导弹作侧滑飞行，产生正的侧滑角。若 $m_x^\beta < 0$，则 $m_x^\beta\beta < 0$，于是该力矩使导弹具有消除由于某种原因所产生的向右倾斜运动的趋势，因此，若 $m_x^\beta < 0$，则导弹具有横向静稳定性；若 $m_x^\beta > 0$，则导弹是横向静不稳定的。

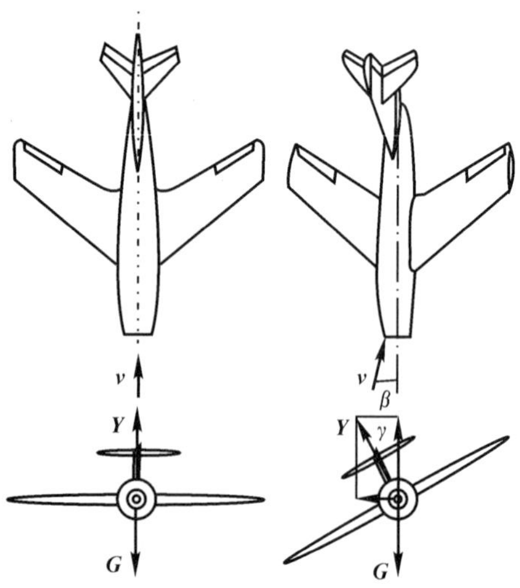

图 2.20 倾斜时产生的侧滑

影响面对称导弹横向静稳定性的因素比较复杂，但静稳定性主要取决于弹翼和垂直尾翼。而弹翼的 m_x^β 又主要与弹翼的后掠角和上反角有关。

(1) 弹翼后掠角的影响。导弹空气动力学中曾指出，弹翼的升力与弹翼的后掠角和展弦比有关。设气流以某侧滑角流经具有后掠角的平置弹翼，

左、右两侧弹翼的实际后掠角和展弦比将不同，如图 2.21 所示。当 $\beta > 0$ 时，左翼的实际后掠角为$(\chi+\beta)$，而右翼的实际后掠角则为$(\chi-\beta)$，所以，来流速度 v 在右翼前沿的垂直速度分量(称有效速度) $v\cos(\chi-\beta)$ 大于左翼前缘的垂直速度分量 $v\cos(\chi+\beta)$，此外，右翼的有效展弦比也比左翼的大，而且右翼的侧缘一部分变成了前缘，左翼侧缘的一部分却变成了后缘。综合这些因素，右翼产生的升力大于左翼，这就导致弹翼产生负的滚动力矩，即 $m_x^\beta < 0$，由此增加了横向静稳定性。

(2) 弹翼上反角的影响。弹翼上反角 ψ_w 是翼弦平面与 x_1Oz_1 平面之间的夹角(见图 2.22)。

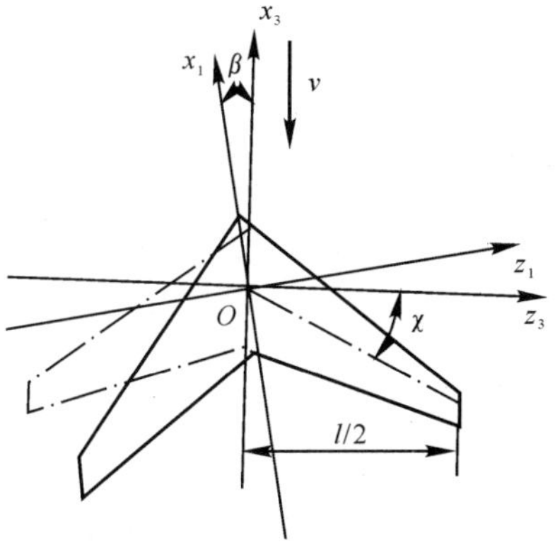

图 2.21　弹翼后掠角的影响

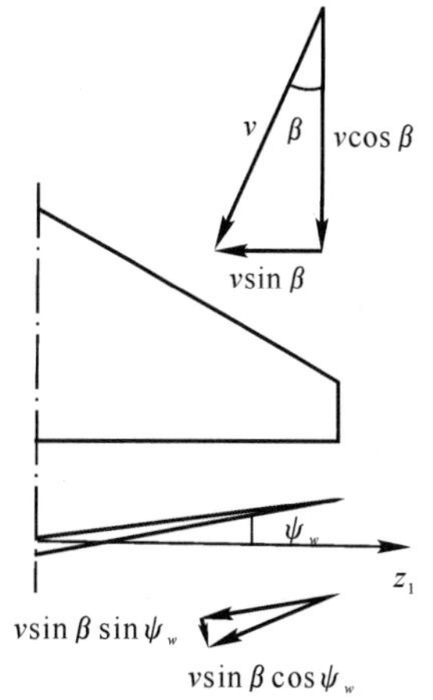

图 2.22　弹翼上反角的影响

翼弦平面在 x_1Oz_1 平面之上时，ψ_w 角为正。设导弹以 $\beta > 0$ 作侧滑飞行，由于上反角 ψ_w 的存在，垂直于右翼面的速度分量 $v\sin\beta\sin\psi_w$ 将使该翼面的攻角有一个增量，其值为

$$\Delta\alpha = \arcsin\left(\frac{v\sin\beta\sin\psi_w}{v}\right) = \arcsin(\sin\beta\sin\psi_w) \tag{2.56}$$

当 β 和 ψ_w 都较小时，式(2.56) 可写为

$$\Delta\alpha = \beta\psi_w$$

左翼则有与其大小相等、方向相反的攻角变化量。

不难看出，在 $\beta > 0$ 和 $\psi_w > 0$ 的情况下，右翼 $\Delta\alpha > 0$，$\Delta Y > 0$，左翼 $\Delta\alpha < 0$，$\Delta Y < 0$，于是产生负的滚转力矩，即 $m_x^\beta < 0$，因此，正上反角将增强横向静稳定性。

2. 滚动阻尼力矩

当导弹绕纵轴 Ox_1 旋转时，将产生滚转阻尼力矩 $M_x^{\omega_x}\omega_x$，该力矩的物理成因与俯仰阻尼力矩类似。滚动阻尼力矩主要是由弹翼产生。

从图 2.23 可以看出，导弹绕 Ox_1 轴的旋转使得弹翼的每个剖面均获得相应的附加速度

$$v_y = \omega_x z \tag{2.57}$$

式中：z 为弹翼所选剖面至导弹纵轴 Ox_1 的垂直距离。

当 $\omega_x > 0$ 时，左翼(前视) 每个剖面的附加速度方向是向下的，而右翼与之相反。因此，左翼任一剖面上的攻角增量为

$$\Delta\alpha = \arctan\frac{\omega_x z}{v} \tag{2.58}$$

而右翼对称剖面上的攻角则减小了同样的数值。

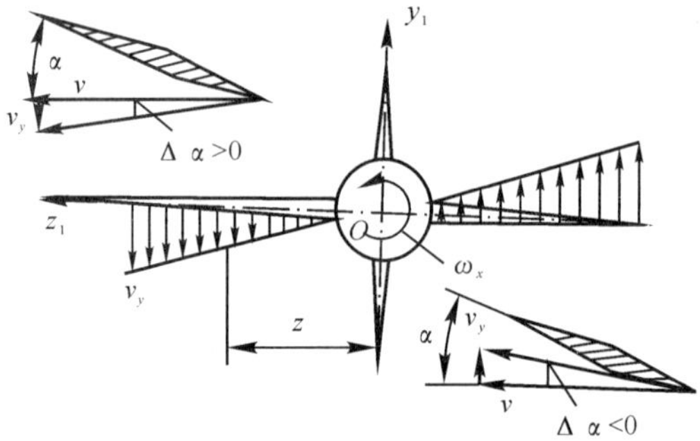

图 2.23　滚动阻尼力矩成因示意图

左、右翼攻角的差别将引起两侧升力的不同，从而产生滚转力矩，该力矩总是阻止导弹绕纵轴 Ox_1 转动，故称该力矩为滚动阻尼力矩。不难证明，滚动阻尼力矩系数与无量纲角速度 $\bar{\omega}_x$ 成正比，即

$$m_x(\omega_x) = m_x^{\bar{\omega}_x}\bar{\omega}_x \tag{2.59}$$

3. 交叉导数 $m_x^{\bar{\omega}_y}$

我们以无后掠弹翼为例，解释 $m_x^{\bar{\omega}_y}$ 产生的物理成因。当导弹绕 Oy_1 轴转动时，弹翼的每一个剖面将获得沿 Ox_1 轴方向的附加速度（见图 2.24）为

$$\Delta v = \omega_y z \tag{2.60}$$

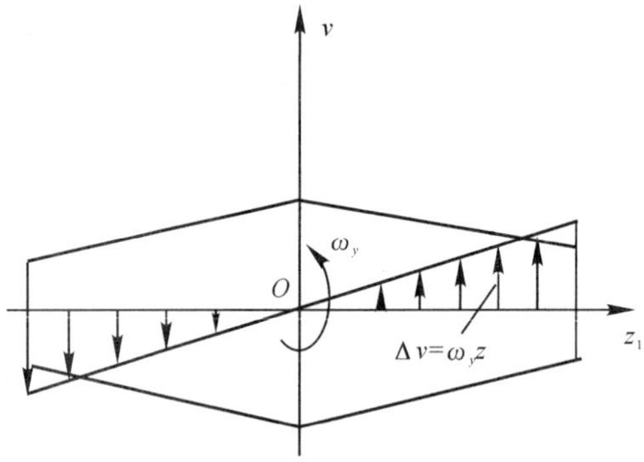

图 2.24　导弹绕 Oy_1 轴转动时弹翼上的附加速度

如果 $\omega_y > 0$，则附加速度在右翼上是正的，而在左翼上是负的。这就导致右翼的绕流速度大于左翼的绕流速度，使左、右弹翼对称剖面的攻角发生变化，即右翼的攻角减小了 $\Delta\alpha$，而左翼则增加了一个 $\Delta\alpha$ 角。但更主要的还是由于左、右翼动压头的改变引起左、右翼面的升力差，综合效应是：右翼面升力大于左翼面升力，形成了负的滚动力矩；当 $\omega_y < 0$ 时，将产生正的滚动力矩。因此，$m_x^{\bar{\omega}_y} < 0$。滚动力矩系数与无量纲角速度 $\bar{\omega}_y$ 成正比，即

$$m_x(\omega_y) = m_x^{\bar{\omega}_y}\bar{\omega}_y \tag{2.61}$$

4. 滚转操纵力矩

面对称导弹绕纵轴 Ox_1 转动或保持倾斜稳定，主要是由一对副翼产生滚转操纵力矩实现的。副翼一般安装在弹翼后缘的翼梢处，两边副翼的偏转角方向相反。

轴对称导弹则利用升降舵和方向舵的差动实现副翼的功能。如果升降舵的一对舵面上下对称偏转（同时向上或向下），那么它将产生俯仰力矩；如果方向舵的一对舵面左右对称偏转（同时向左或向右），那么它将产生偏航力矩；如果升降舵或方向舵不对称偏转（方向相反或大小不同），那么它们将产生滚转力矩。

现以副翼偏转一个 δ_x 角后产生的滚转操纵力矩为例进行分析。由图 2.25 看出，后缘向下偏转的右副翼产生正的升力增量 ΔY，而后缘向上偏转的左副翼则使升力减小了 ΔY，由此产生了负的滚转操纵力矩，因此 $M_x < 0$。

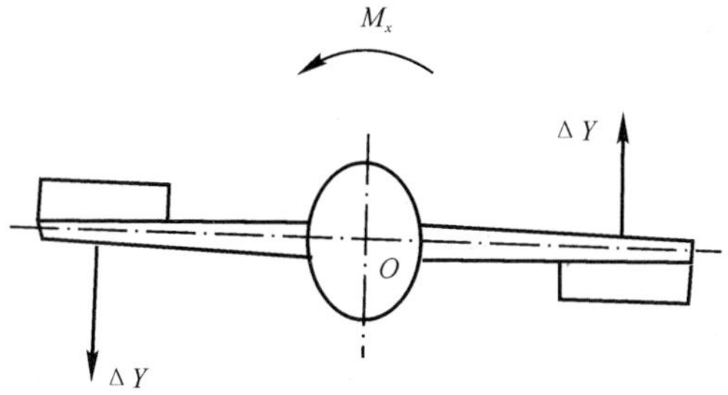

图 2.25　副翼工作原理示意图（从尾部向前看）

该力矩一般与副翼的偏转角 δ_x 成正比，即

$$m_x(\delta_x) = m_x^{\delta_x}\delta_x \tag{2.62}$$

式中：$m_x^{\delta_x}$ 为副翼的操纵效率。通常定义右副翼下偏、左副翼上偏时 δ_x 为正，因此 $m_x^{\delta_x} < 0$。

对于面对称导弹，垂直尾翼相对于 x_1Oz_1 平面是非对称的。如果在垂直尾翼后缘安装有方向舵，那么，当舵面偏转 δ_y 角时，作用于舵面上的侧向力不仅使导弹绕 Oy_1 轴转动，还将产生一个与舵偏角 δ_y 成比例的滚转力矩，即

$$m_x(\delta_y) = m_x^{\delta_y}\delta_y \tag{2.63}$$

式中：$m_x^{\delta_y}$ 为滚转力矩 m_x 对 δ_y 的偏导数，$m_x^{\delta_y} < 0$。

2.3.3　动力学模型

前面已经提到，导弹的空间运动可看成变质量物体的六自由度运动，由 $m(t)\dfrac{\mathrm{d}\boldsymbol{v}}{\mathrm{d}t} = \boldsymbol{F}$ 和 $\dfrac{\mathrm{d}\boldsymbol{H}}{\mathrm{d}t} = \boldsymbol{M}$ 两个矢量方程描述。为研究方便，通常将矢量方程投影到选定的坐标系上，写成三个描述导弹质心移动的动力学标量方程和三个描述导弹绕质心转动的动力学标量方程。坐标系的选取方法，将直接影响到所建立的标量方程的繁简程度。

2.3.3.1　导弹质心移动的动力学方程

工程实践表明：研究近程战术有翼导弹质心移动的动力学问题时，将矢量方程投影到弹道坐标系 $Ox_2y_2z_2$ 是最方便的。此时地面坐标系视为惯性坐标系，弹道坐标系 $Ox_2y_2z_2$ 为动坐标系。

动坐标系 $Ox_2y_2z_2$ 与导弹质心相连，其相对于地面坐标系既有位移运动（其速度即为导弹质心的速度 $\boldsymbol{v}$），又有转动运动（假设其转动角速度为 $\boldsymbol{\Omega}$），则在动坐标系中建立动力学方程时，需要引用矢量的绝对导数和相对导数之间的关系，即

$$\frac{\mathrm{d}\boldsymbol{v}}{\mathrm{d}t}=\frac{\partial \boldsymbol{v}}{\partial t}+\boldsymbol{\Omega}\times\boldsymbol{v}$$

式中：$\mathrm{d}\boldsymbol{v}/\mathrm{d}t$ 为在惯性坐标系（地面坐标系）中矢量 $\boldsymbol{v}$ 的绝对导数；$\partial\boldsymbol{v}/\partial t$ 为在动坐标系（弹道坐标系）中矢量 $\boldsymbol{v}$ 的相对导数。

导弹质心移动的动力学方程的矢量形式可写为

$$m\left(\frac{\partial \boldsymbol{v}}{\partial t}+\boldsymbol{\Omega}\times\boldsymbol{v}\right)=\boldsymbol{F} \tag{2.64}$$

式中，各矢量在弹道坐标系 $Ox_2y_2z_2$ 各轴上的投影定义为 $\begin{bmatrix}\frac{\mathrm{d}v_{x2}}{\mathrm{d}t} & \frac{\mathrm{d}v_{y2}}{\mathrm{d}t} & \frac{\mathrm{d}v_{z2}}{\mathrm{d}t}\end{bmatrix}^{\mathrm{T}}$，$\begin{bmatrix}\Omega_{x2} & \Omega_{y2} & \Omega_{z2}\end{bmatrix}^{\mathrm{T}}$，$\begin{bmatrix}v_{x2} & v_{y2} & v_{z2}\end{bmatrix}^{\mathrm{T}}$，$\begin{bmatrix}F_{x2} & F_{y2} & F_{z2}\end{bmatrix}^{\mathrm{T}}$。

将式(2.64)展开，得到

$$m\begin{bmatrix}\frac{\mathrm{d}v_{x2}}{\mathrm{d}t}+\Omega_{y2}v_{z2}-\Omega_{z2}v_{y2}\\ \frac{\mathrm{d}v_{y2}}{\mathrm{d}t}+\Omega_{z2}v_{x2}-\Omega_{x2}v_{z2}\\ \frac{\mathrm{d}v_{z2}}{\mathrm{d}t}+\Omega_{x2}v_{y2}-\Omega_{y2}v_{x2}\end{bmatrix}=\begin{bmatrix}F_{x2}\\ F_{y2}\\ F_{z2}\end{bmatrix} \tag{2.65}$$

根据弹道坐标系 $Ox_2y_2z_2$ 的定义，速度矢量 $\boldsymbol{v}$ 与 Ox_2 轴重合，故 $\boldsymbol{v}$ 在弹道坐标系各轴上的投影分量为

$$\begin{bmatrix}v_{x2}\\ v_{y2}\\ v_{z2}\end{bmatrix}=\begin{bmatrix}v\\ 0\\ 0\end{bmatrix} \tag{2.66}$$

由 2.2 节可知，地面坐标系经过两次旋转后与弹道坐标系重合，两次旋转的角速度大小分别为 $\dot{\psi}_v$，$\dot{\theta}$，则弹道坐标系相对地面坐标系的旋转角速度为两次旋转的角速度合成。它在 $Ox_2y_2z_2$ 各轴上的投影可利用变换矩阵得到

$$\begin{bmatrix}\Omega_{x2}\\ \Omega_{y2}\\ \Omega_{z2}\end{bmatrix}=\boldsymbol{L}(\psi_v,\theta)\begin{bmatrix}0\\ \dot{\psi}_v\\ 0\end{bmatrix}+\begin{bmatrix}0\\ 0\\ \dot{\theta}\end{bmatrix}=\begin{bmatrix}\dot{\psi}_v\sin\theta\\ \dot{\psi}_v\cos\theta\\ \dot{\theta}\end{bmatrix} \tag{2.67}$$

将式(2.66)和式(2.67)代入式(2.65)中，得

$$\begin{bmatrix}m\frac{\mathrm{d}v}{\mathrm{d}t}\\ mv\frac{\mathrm{d}\theta}{\mathrm{d}t}\\ -mv\cos\theta\frac{\mathrm{d}\psi_v}{\mathrm{d}t}\end{bmatrix}=\begin{bmatrix}F_{x2}\\ F_{y2}\\ F_{z2}\end{bmatrix} \tag{2.68}$$

式中：$\mathrm{d}v/\mathrm{d}t$ 为加速度矢量在弹道切线（Ox_2）上的投影，又称为切向加速度；$v\mathrm{d}\theta/\mathrm{d}t$ 为加速度

矢量在弹道法线(Oy_2)上的投影,又称法向加速度;$-v\cos\theta(\mathrm{d}\psi_v/\mathrm{d}t)$ 为加速度矢量在 Oz_2 轴上的投影分量,也称为侧向加速度。

如图 2.26 所示,法向加速度 $v\mathrm{d}\theta/\mathrm{d}t$ 使导弹质心在铅垂平面内作曲线运动。若在 t 瞬时,导弹位于 A 点,经 $\mathrm{d}t$ 时间间隔,导弹飞过弧长 $\mathrm{d}s$ 到达 B 点,弹道倾角的变化量为 $\mathrm{d}\theta$,那么,这时的法向加速度为 $a_{y2}=v^2/\rho$,其中,曲率半径又可写成

$$\rho=\frac{\mathrm{d}s}{\mathrm{d}\theta}=\frac{\mathrm{d}s}{\mathrm{d}t}\frac{\mathrm{d}t}{\mathrm{d}\theta}=\frac{v}{\dfrac{\mathrm{d}\theta}{\mathrm{d}t}}=\frac{v}{\dot{\theta}}$$

故

$$a_{y2}=\frac{v^2}{\rho}=v\frac{\mathrm{d}\theta}{\mathrm{d}t}=v\dot{\theta} \tag{2.69}$$

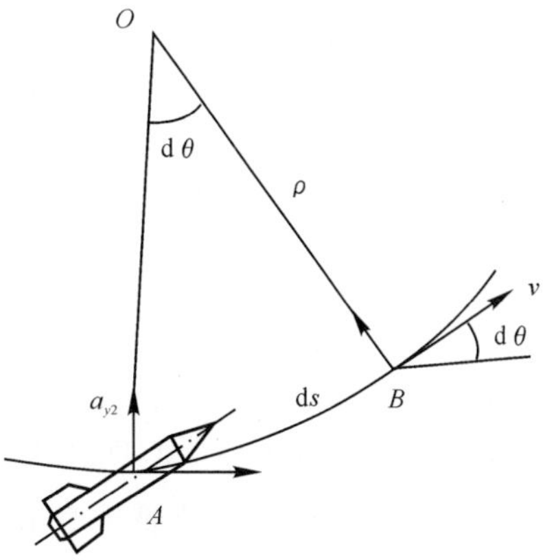

图 2.26　导弹在铅锤平面内作曲线运动

侧向加速度 $a_{z2}=-v\cos\theta(\mathrm{d}\psi_v/\mathrm{d}t)$ 的"负"号表明,根据弹道偏角 ψ_v 所采用的正负号定义,当 $-\pi/2<\theta<\pi/2$ 时,正的侧向力将产生负的角速度 $\mathrm{d}\psi_v/\mathrm{d}t$。

下面将讨论式(2.68)等号右端项,即合外力在弹道坐标系各轴上的投影分量。前面已经指出,作用于导弹上的力一般包括空气动力、推力和重力等。它们在弹道坐标系各轴上的投影分量可利用坐标变换矩阵得到。

1. 空气动力在弹道坐标系上的投影

作用在导弹上的空气动力 $\boldsymbol{R}$ 在速度坐标系 $Ox_3y_3z_3$ 的分量形式最为简单,分别与阻力 X、升力 Y 和侧向力 Z 相对应。根据弹道坐标系和速度坐标系之间的坐标变换矩阵式(2.18)或方向余弦表 2.4,空气动力在弹道坐标系 $Ox_2y_2z_2$ 各轴上的投影分量为

$$\begin{bmatrix}R_{x2}\\R_{y2}\\R_{z2}\end{bmatrix}=\boldsymbol{L}^{-1}(\gamma_v)\begin{bmatrix}-X\\Y\\Z\end{bmatrix}=\boldsymbol{L}^{\mathrm{T}}(\gamma_v)\begin{bmatrix}-X\\Y\\Z\end{bmatrix}=\begin{bmatrix}-X\\Y\cos\gamma_v-Z\sin\gamma_v\\Y\sin\gamma_v+Z\cos\gamma_v\end{bmatrix} \tag{2.70}$$

2. 推力在弹道坐标系上的投影

假设发动机的推力 $\boldsymbol{P}$ 与弹体纵轴 Ox_1 重合,那么,推力 $\boldsymbol{P}$ 在弹道坐标系 $Ox_2y_2z_2$ 各轴上的投影表达式只要作两次坐标变换即可得到。首先,利用速度坐标系与弹体坐标系之间的变换矩阵式(2.17),将推力 $\boldsymbol{P}$ 投影到速度坐标系 $Ox_3y_3z_3$ 各轴上;然后利用弹道坐标系与速度坐标系之间的变换关系式(2.18),即可得到推力 $\boldsymbol{P}$ 在弹道坐标系各轴上的投影。若推力 $\boldsymbol{P}$ 在 $Ox_1y_1z_1$ 系中的分量用 P_{x1}、P_{y1}、P_{z1} 表示,则有

$$\begin{bmatrix}P_{x1}\\P_{y1}\\P_{z1}\end{bmatrix}=\begin{bmatrix}P\\0\\0\end{bmatrix} \tag{2.71}$$

利用 $\boldsymbol{L}^{\mathrm{T}}(\beta,\alpha)$,得到推力 $\boldsymbol{P}$ 在速度坐标系各轴上的投影分量

$$\begin{bmatrix}P_{x3}\\P_{y3}\\P_{z3}\end{bmatrix}=\boldsymbol{L}^{\mathrm{T}}(\beta,\alpha)\begin{bmatrix}P_{x1}\\P_{y1}\\P_{z1}\end{bmatrix}$$

再利用弹道坐标系与速度坐标系之间的变换关系，得到推力在弹道坐标系上的投影分量

$$\begin{bmatrix} P_{x2} \\ P_{y2} \\ P_{z2} \end{bmatrix} = \boldsymbol{L}^{\mathrm{T}}(\gamma_v) \begin{bmatrix} P_{x3} \\ P_{y3} \\ P_{z3} \end{bmatrix} = \boldsymbol{L}^{\mathrm{T}}(\gamma_v)\boldsymbol{L}^{\mathrm{T}}(\beta,\alpha) \begin{bmatrix} P_{x1} \\ P_{y1} \\ P_{z1} \end{bmatrix} \tag{2.72}$$

将相应坐标变换矩阵的转置代入式(2.72)，并考虑到式(2.71)，则有

$$\begin{bmatrix} P_{x2} \\ P_{y2} \\ P_{z2} \end{bmatrix} = \begin{bmatrix} P\cos\alpha\cos\beta \\ P(\sin\alpha\cos\gamma_v + \cos\alpha\sin\beta\sin\gamma_v) \\ P(\sin\alpha\sin\gamma_v - \cos\alpha\sin\beta\cos\gamma_v) \end{bmatrix} \tag{2.73}$$

3. 重力在弹道坐标系上的投影

对于近程战术导弹，常把重力场视为平行力场，即重力与地面坐标系的 Ay 轴平行，且其大小为 mg[见式(2.31)]，故有

$$\begin{bmatrix} G_{Ax} \\ G_{Ay} \\ G_{Az} \end{bmatrix} = \begin{bmatrix} 0 \\ -G \\ 0 \end{bmatrix} = \begin{bmatrix} 0 \\ -mg \\ 0 \end{bmatrix}$$

显然，重力 $\boldsymbol{G}$ 在弹道坐标系各轴的投影只要利用变换矩阵式(2.16) 或方向余弦表 2.2 即可得到

$$\begin{bmatrix} G_{x2} \\ G_{y2} \\ G_{z2} \end{bmatrix} = \boldsymbol{L}(\psi_v,\theta) \begin{bmatrix} G_{Ax} \\ G_{Ay} \\ G_{Az} \end{bmatrix} = \begin{bmatrix} -mg\sin\theta \\ -mg\cos\theta \\ 0 \end{bmatrix} \tag{2.74}$$

将式(2.70)、式(2.73) 和式(2.74) 代入式(2.68)，即可得到描述导弹质心移动的动力学方程

$$\begin{bmatrix} m\dfrac{\mathrm{d}v}{\mathrm{d}t} \\ mv\dfrac{\mathrm{d}\theta}{\mathrm{d}t} \\ -mv\cos\theta\dfrac{\mathrm{d}\psi_v}{\mathrm{d}t} \end{bmatrix} = \begin{bmatrix} P\cos\alpha\cos\beta - X - mg\sin\theta \\ P(\sin\alpha\cos\gamma_v + \cos\alpha\sin\beta\sin\gamma_v) + Y\cos\gamma_v - Z\sin\gamma_v - mg\cos\theta \\ P(\sin\alpha\sin\gamma_v - \cos\alpha\sin\beta\cos\gamma_v) + Y\sin\gamma_v + Z\cos\gamma_v \end{bmatrix} \tag{2.75}$$

2.3.3.2 导弹绕质心转动的动力学方程

导弹绕质心转动的动力学矢量方程投影到弹体坐标系上的标量形式最为简单。

弹体坐标系 $Ox_1y_1z_1$ 是动坐标系，假设弹体坐标系相对地面坐标系的转动角速度为 $\boldsymbol{\omega}$，在弹体坐标系中，导弹绕质心转动的动力学方程的矢量形式为

$$\frac{\mathrm{d}\boldsymbol{H}}{\mathrm{d}t} = \frac{\partial \boldsymbol{H}}{\partial t} + \boldsymbol{\omega} \times \boldsymbol{H} = \boldsymbol{M} \tag{2.76}$$

式中：$\mathrm{d}\boldsymbol{H}/\mathrm{d}t$ 和 $\partial\boldsymbol{H}/\partial t$ 分别为动量矩的绝对导数和相对导数。

设 $\boldsymbol{i}_1$、$\boldsymbol{j}_1$、$\boldsymbol{k}_1$ 分别为沿弹体坐标系各轴的单位矢量，ω_{x1}、ω_{y1}、ω_{z1} 为弹体坐标系转动角速度 $\boldsymbol{\omega}$ 沿弹体坐标系各轴的分量。动量矩可表示成

$$\boldsymbol{H} = \boldsymbol{J}\boldsymbol{\omega}$$

式中:$\boldsymbol{J}$ 为惯性张量,其矩阵表示形式为

$$\boldsymbol{J}=\begin{bmatrix} J_{x1} & -J_{x1y1} & -J_{z1x1} \\ -J_{x1y1} & J_{y1} & -J_{y1z1} \\ -J_{z1x1} & -J_{y1z1} & J_{z1} \end{bmatrix}$$

式中:J_{x1}、J_{y1}、J_{z1} 分别为导弹对弹体坐标系各轴的转动惯量;J_{x1y1}、J_{y1z1}、J_{z1x1} 分别为导弹对弹体坐标系各轴的惯性积。

若导弹为轴对称型,则弹体坐标系的轴 Ox_1、Oy_1 与 Oz_1 就是导弹的惯性主轴。此时,导弹对弹体坐标系各轴的惯性积为零。于是,动量矩 $\boldsymbol{H}$ 沿弹体坐标系各轴的分量为

$$\begin{bmatrix} H_{x1} \\ H_{y1} \\ H_{z1} \end{bmatrix}=\begin{bmatrix} J_{x1} & 0 & 0 \\ 0 & J_{y1} & 0 \\ 0 & 0 & J_{z1} \end{bmatrix}\begin{bmatrix} \omega_{x1} \\ \omega_{y1} \\ \omega_{z1} \end{bmatrix}=\begin{bmatrix} J_{x1}\omega_{x1} \\ J_{y1}\omega_{y1} \\ J_{z1}\omega_{z1} \end{bmatrix}$$

而

$$\frac{\partial \boldsymbol{H}}{\partial t}=\frac{\mathrm{d}H_{x1}}{\mathrm{d}t}\boldsymbol{i}_1+\frac{\mathrm{d}H_{y1}}{\mathrm{d}t}\boldsymbol{j}_1+\frac{\mathrm{d}H_{z1}}{\mathrm{d}t}\boldsymbol{k}_1=J_{x1}\frac{\mathrm{d}\omega_{x1}}{\mathrm{d}t}\boldsymbol{i}_1+J_{y1}\frac{\mathrm{d}\omega_{y1}}{\mathrm{d}t}\boldsymbol{j}_1+J_{z1}\frac{\mathrm{d}\omega_{z1}}{\mathrm{d}t}\boldsymbol{k}_1 \tag{2.77}$$

$$\boldsymbol{\omega}\times\boldsymbol{H}=\begin{vmatrix} \boldsymbol{i}_1 & \boldsymbol{j}_1 & \boldsymbol{k}_1 \\ \omega_{x1} & \omega_{y1} & \omega_{z1} \\ H_{x1} & H_{y1} & H_{z1} \end{vmatrix}=\begin{vmatrix} \boldsymbol{i}_1 & \boldsymbol{j}_1 & \boldsymbol{k}_1 \\ \omega_{x1} & \omega_{y1} & \omega_{z1} \\ J_{x1}\omega_{x1} & J_{y1}\omega_{y1} & J_{z1}\omega_{z1} \end{vmatrix}=$$

$$(J_{z1}-J_{y1})\omega_{z1}\omega_{y1}\boldsymbol{i}_1+(J_{x1}-J_{z1})\omega_{x1}\omega_{z1}\boldsymbol{j}_1+(J_{y1}-J_{x1})\omega_{y1}\omega_{x1}\boldsymbol{k}_1 \tag{2.78}$$

将式(2.77)、式(2.78) 代入式(2.76),则导弹绕质心转动的动力学方程就可化成(为了书写方便,将注脚“1” 省略)

$$\begin{bmatrix} J_x\dfrac{\mathrm{d}\omega_x}{\mathrm{d}t}+(J_z-J_y)\omega_z\omega_y \\ J_y\dfrac{\mathrm{d}\omega_y}{\mathrm{d}t}+(J_x-J_z)\omega_x\omega_z \\ J_z\dfrac{\mathrm{d}\omega_z}{\mathrm{d}t}+(J_y-J_x)\omega_y\omega_x \end{bmatrix}=\begin{bmatrix} M_x \\ M_y \\ M_z \end{bmatrix} \tag{2.79}$$

式中:M_x、M_y、M_z 分别为作用于弹上的所有外力对重心的力矩在弹体坐标系 $Ox_1y_1z_1$ 各轴上的分量。若推力矢量 $\boldsymbol{P}$ 与 Ox_1 轴完全重合,则只考虑气动力矩就可以了。

如果导弹是面对称型的(关于导弹纵向平面 x_1Oy_1 对称),即 $J_{yz}=J_{zx}=0$,那么,导弹绕质心转动的动力学方程可写为

$$\begin{bmatrix} J_x\dfrac{\mathrm{d}\omega_x}{\mathrm{d}t}-J_{xy}\dfrac{\mathrm{d}\omega_y}{\mathrm{d}t}+(J_z-J_y)\omega_z\omega_y+J_{xy}\omega_x\omega_z \\ J_y\dfrac{\mathrm{d}\omega_y}{\mathrm{d}t}-J_{xy}\dfrac{\mathrm{d}\omega_x}{\mathrm{d}t}+(J_x-J_z)\omega_x\omega_z-J_{xy}\omega_z\omega_y \\ J_z\dfrac{\mathrm{d}\omega_z}{\mathrm{d}t}+(J_y-J_x)\omega_y\omega_x+J_{xy}(\omega_y^2-\omega_x^2) \end{bmatrix}=\begin{bmatrix} M_x \\ M_y \\ M_z \end{bmatrix} \tag{2.80}$$

2.3.4　运动学模型

研究导弹质心移动的运动学方程和绕质心转动的运动学方程,其目的是确定质心每一瞬

时的坐标位置以及导弹相对地面坐标系的瞬时姿态。

2.3.4.1 导弹质心移动的运动学方程

在地面坐标系中，导弹速度分量为

$$\begin{bmatrix} v_x \\ v_y \\ v_z \end{bmatrix} = \begin{bmatrix} \dfrac{\mathrm{d}x}{\mathrm{d}t} \\ \dfrac{\mathrm{d}y}{\mathrm{d}t} \\ \dfrac{\mathrm{d}z}{\mathrm{d}t} \end{bmatrix}$$

根据弹道坐标系 $Ox_2y_2z_2$ 的定义可知，速度矢量 $\boldsymbol{v}$ 与 Ox_2 轴重合，利用弹道坐标系和地面坐标系之间的变换矩阵又可得到

$$\begin{bmatrix} v_x \\ v_y \\ v_z \end{bmatrix} = \boldsymbol{L}^{\mathrm{T}}(\psi_v,\theta) \begin{bmatrix} v_{x2} \\ v_{y2} \\ v_{z2} \end{bmatrix} = \boldsymbol{L}^{\mathrm{T}}(\psi_v,\theta) \begin{bmatrix} v \\ 0 \\ 0 \end{bmatrix} = \begin{bmatrix} v\cos\theta\cos\psi_v \\ v\sin\theta \\ -v\cos\theta\sin\psi_v \end{bmatrix}$$

比较上述两式，得到导弹质心移动的运动学方程为

$$\begin{bmatrix} \dfrac{\mathrm{d}x}{\mathrm{d}t} \\ \dfrac{\mathrm{d}y}{\mathrm{d}t} \\ \dfrac{\mathrm{d}z}{\mathrm{d}t} \end{bmatrix} = \begin{bmatrix} v\cos\theta\cos\psi_v \\ v\sin\theta \\ -v\cos\theta\sin\psi_v \end{bmatrix} \tag{2.81}$$

通过积分，可以求得导弹质心相对于地面坐标系 $Axyz$ 的位置坐标 x,y,z。

2.3.4.2 导弹绕质心转动的运动学方程

要确定导弹在空间的姿态，就需要建立描述导弹相对地面坐标系姿态变化的运动学方程，即建立导弹姿态角 ψ、ϑ、γ 对时间的导数与转动角速度分量 ω_{x1}、ω_{y1}、ω_{z1} 之间的关系式。

根据弹体坐标系与地面坐标系之间的变换关系，我们知道，导弹相对地面坐标系的旋转角速度 $\boldsymbol{\omega}$ 实际上是三次旋转的转动角速度的矢量合成(见图 2.5)。这三次转动的角速度在弹体坐标系中的分量分别为 $\boldsymbol{L}_x(\gamma)\boldsymbol{L}_z(\theta)\begin{bmatrix}0 & \dot{\psi} & 0\end{bmatrix}^{\mathrm{T}}$、$\boldsymbol{L}_x(\gamma)\begin{bmatrix}0 & 0 & \dot{\vartheta}\end{bmatrix}^{\mathrm{T}}$、$\begin{bmatrix}\dot{\gamma} & 0 & 0\end{bmatrix}^{\mathrm{T}}$，因此，导弹转动角速度在弹体坐标系中的分量为

$$\begin{bmatrix} \omega_{x1} \\ \omega_{y1} \\ \omega_{z1} \end{bmatrix} = \boldsymbol{L}_x(\gamma)\boldsymbol{L}_z(\vartheta) \begin{bmatrix} 0 \\ \dot{\psi} \\ 0 \end{bmatrix} + \boldsymbol{L}_x(\gamma) \begin{bmatrix} 0 \\ 0 \\ \dot{\vartheta} \end{bmatrix} + \begin{bmatrix} \dot{\gamma} \\ 0 \\ 0 \end{bmatrix} =$$

$$\begin{bmatrix} \dot{\psi}\sin\vartheta + \dot{\gamma} \\ \dot{\psi}\cos\vartheta\cos\gamma + \dot{\vartheta}\sin\gamma \\ -\dot{\psi}\cos\vartheta\sin\gamma + \dot{\vartheta}\cos\gamma \end{bmatrix} = \begin{bmatrix} 1 & \sin\vartheta & 0 \\ 0 & \cos\vartheta\cos\gamma & \sin\gamma \\ 0 & -\cos\vartheta\sin\gamma & \cos\gamma \end{bmatrix} \begin{bmatrix} \dot{\gamma} \\ \dot{\psi} \\ \dot{\vartheta} \end{bmatrix}$$

经变换后得

$$\begin{bmatrix}\dot{\gamma}\\ \dot{\psi}\\ \dot{\vartheta}\end{bmatrix}=\begin{bmatrix}1 & -\tan\vartheta\cos\gamma & \tan\vartheta\sin\gamma\\ 0 & \dfrac{\cos\gamma}{\cos\vartheta} & -\dfrac{\sin\gamma}{\cos\vartheta}\\ 0 & \sin\gamma & \cos\gamma\end{bmatrix}\begin{bmatrix}\omega_{x1}\\ \omega_{y1}\\ \omega_{z1}\end{bmatrix}$$

将上式展开，就得到了导弹绕质心转动的运动学方程(同样将注脚“1”省略)

$$\begin{bmatrix}\dfrac{\mathrm{d}\vartheta}{\mathrm{d}t}\\ \dfrac{\mathrm{d}\psi}{\mathrm{d}t}\\ \dfrac{\mathrm{d}\gamma}{\mathrm{d}t}\end{bmatrix}=\begin{bmatrix}\omega_y\sin\gamma+\omega_z\cos\gamma\\ \dfrac{1}{\cos\vartheta}(\omega_y\cos\gamma-\omega_z\sin\gamma)\\ \omega_x-\tan\vartheta(\omega_y\cos\gamma-\omega_z\sin\gamma)\end{bmatrix} \tag{2.82}$$

要注意：上述方程在某些情况下是不能应用的。例如：当俯仰角 $\vartheta=90°$ 时，方程是奇异的，偏航角 ψ 是不确定的。此时，可采用四元数来表示导弹的姿态，并用四元数建立导弹绕质心转动的运动学方程；也可用双欧法克服运动学方程的奇异性，但较复杂。

2.3.5　质量方程

导弹在飞行过程中，由于发动机不断地消耗燃料，导弹的质量不断减小，所以，在描述导弹运动的方程组中，还需有描述导弹质量变化的微分方程，即

$$\frac{\mathrm{d}m}{\mathrm{d}t}=-m_s(t) \tag{2.83}$$

式中：$\mathrm{d}m/\mathrm{d}t$ 为导弹质量变化率，其值总为负；$m_s(t)$ 为导弹在单位时间内的质量消耗量(燃料秒流量)。$m_s(t)$ 的大小主要取决于发动机的性能，通常认为 m_s 是时间的已知函数，可能是常量，也可能是变量。这样，式(2.83) 可独立于导弹运动方程组之外单独求解，即

$$m=m_0-\int_{t_0}^{t_f}m_s(t)\,\mathrm{d}t$$

式中：m_0 为导弹的初始质量；t_0 为发动机开始工作时间；t_f 为发动机结束工作时间。

2.3.6　角度几何关系方程

从研究四个常用的坐标系之间的变换矩阵可知，这四个坐标系之间的关系是由八个角度参数 θ、ψ_v、γ_v、ϑ、ψ、γ、α、β 联系起来的(见图 2.27)。但是，这八个角度并不是完全独立的。例如，速度坐标系相对于地面坐标系 $Axyz$ 的方位，既可以通过 θ、ψ_v 和 γ_v 确定(弹道坐标系作为过渡坐标系)，也可以通过 ϑ、ψ、γ、α、β 来确定(弹体坐标系作为过渡坐标系)。这就说明，八个角参数中，只有五个是独立的，其余三个角参数可以由这五个独立的角参数来表示，相应的三个表达式称为角度几何关系方程。这三个几何关系可以根据需要表示成不同的形式，也就是说，角度几何关系方程并不是唯一的。

由于在式(2.75) 和式(2.82) 中，对 θ、ψ_v 和 ϑ、ψ、γ 角已有相应的方程来描述，因此，就可用这五个角参量分别求 α、β、γ_v，从而建立三个相应的几何关系方程。

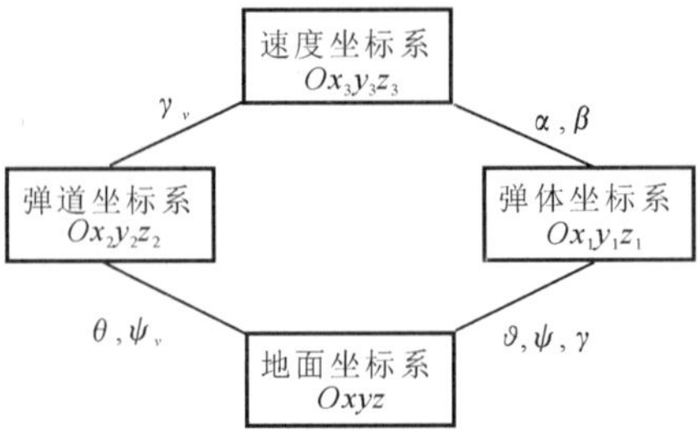

图 2.27　四个坐标系之间的关系

建立角度几何关系方程，可采用球面三角、四元数和方向余弦等方法。下面介绍如何利用方向余弦和有关矢量运算的知识来建立三个角度的几何关系方程。

我们知道，过参考坐标系原点的任意两个单位矢量夹角 φ 的余弦，等于它们各自与坐标系对应轴的方向余弦乘积之和(见图 2.28)，即

$$\cos\varphi = \cos\alpha_1\cos\alpha_2 + \cos\beta_1\cos\beta_2 + \cos\gamma_1\cos\gamma_2 \tag{2.84}$$

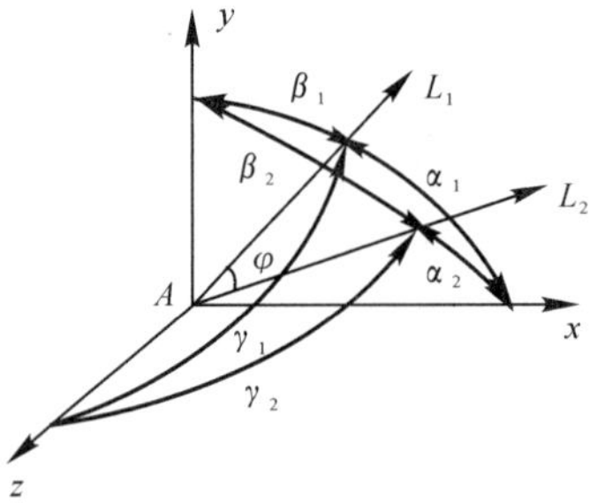

图 2.28　过坐标原点两矢量的夹角

设 $\boldsymbol{i}$、$\boldsymbol{j}$、$\boldsymbol{k}$ 分别为参考坐标系 $Axyz$ 各对应轴的单位矢量，过原点 A 的两个单位矢量夹角的余弦记作 $\langle \boldsymbol{l}_1 \cdot \boldsymbol{l}_2 \rangle$，则式(2.84) 又可写为

$$\langle \boldsymbol{l}_1 \cdot \boldsymbol{l}_2 \rangle = \langle \boldsymbol{l}_1 \cdot \boldsymbol{i} \rangle\langle \boldsymbol{l}_2 \cdot \boldsymbol{i} \rangle + \langle \boldsymbol{l}_1 \cdot \boldsymbol{j} \rangle\langle \boldsymbol{l}_2 \cdot \boldsymbol{j} \rangle + \langle \boldsymbol{l}_1 \cdot \boldsymbol{k} \rangle\langle \boldsymbol{l}_2 \cdot \boldsymbol{k} \rangle \tag{2.85}$$

若把弹体坐标系的 Oz_1 轴和弹道坐标系的 Ox_2 轴的单位矢量分别视为 $\boldsymbol{l}_1$ 和 $\boldsymbol{l}_2$，以地面坐标系 $Axyz$ 为参考坐标系，将 $Ox_2y_2z_2$ 和 $Ox_1y_1z_1$ 两坐标系平移至参考系，使其原点 O 与原点 A 重合，查表 2.1、表 2.2 和表 2.6，可得式(2.85) 的各单位矢量夹角的余弦项，经整理得

$$\sin\beta = \cos\theta\left[\cos\gamma\sin(\psi - \psi_v) + \sin\vartheta\sin\gamma\cos(\psi - \psi_v)\right] - \sin\theta\cos\vartheta\sin\gamma \tag{2.86}$$

若把弹体坐标系的 Ox_1 轴和弹道坐标系的 Ox_2 轴的单位矢量分别视为 $\boldsymbol{l}_1$ 和 $\boldsymbol{l}_2$，则可得

$$\cos\alpha = \left[\cos\vartheta\cos\theta\cos(\psi - \psi_v) + \sin\vartheta\sin\theta\right]/\cos\beta \tag{2.87}$$

若把弹体坐标系的 Oz_1 轴和弹道坐标系的 Oz_2 轴的单位矢量分别视为 $\boldsymbol{l}_1$ 和 $\boldsymbol{l}_2$，同样可得

$$\cos\gamma_v = \left[\cos\gamma\cos(\psi - \psi_v) - \sin\vartheta\sin\gamma\sin(\psi - \psi_v)\right]/\cos\beta \tag{2.88}$$

式(2.86) ～ 式(2.88) 即为三个角度几何关系方程。

有时几何关系方程显得很简单，例如，当导弹作无侧滑、无滚转飞行时，存在 $\alpha = \vartheta - \theta$；当导弹作无侧滑、零攻角飞行时，存在 $\gamma = \gamma_v$；当导弹在水平面内作无滚转、小攻角($\alpha \approx 0$) 飞行

时，则有 $\beta=\psi-\psi_v$。

至此，已建立了描述导弹质心移动的动力学方程式(2.75)、绕质心转动的动力学方程式(2.79)、式(2.80)、导弹质心移动的运动学方程式(2.81)、绕质心转动的运动学方程式(2.82)、质量变化方程式(2.83)和角度几何关系方程式(2.86)～式(2.88)，以上 16 个方程，构成了无控弹的运动方程组。如果不考虑外界干扰，只要给出初始条件，求解这组方程，就可唯一地确定一条无控弹道，并得到 16 个相应的参数：$v(t)$、$\theta(t)$、$\psi_v(t)$、$\vartheta(t)$、$\psi(t)$、$\gamma(t)$、$\omega_x(t)$、$\omega_y(t)$、$\omega_z(t)$、$x(t)$、$y(t)$、$z(t)$、$m(t)$、$\alpha(t)$、$\beta(t)$、$\gamma_v(t)$ 随时间的变化规律，故方程组是封闭的。但是，对于可控导弹来说，仅有上述 16 个方程还不能求解，因为方程组中的力和力矩不仅与上述一些运动参数有关，还与操纵机构的偏转角 $\delta_x(t)$、$\delta_y(t)$、$\delta_z(t)$ 和发动机的调节参数 $\delta_p(t)$ 有关。也就是说，仅给出起始参数，还不能唯一地确定可控导弹的飞行弹道。要想唯一确定导弹的飞行弹道，还必须增加约束导弹运动的操纵关系方程。

2.3.7　操纵关系方程

2.3.7.1　操纵飞行原理

按照导弹命中目标的要求，改变导弹速度方向和大小的飞行，称为操纵飞行。导弹是在控制系统作用下，遵循一定的操纵关系来飞行的。要想改变飞行速度的大小和方向，就必须改变作用于导弹上的外力大小和方向。作用于导弹上的力主要有空气动力 $\boldsymbol{R}$、推力 $\boldsymbol{P}$ 和重力 $\boldsymbol{G}$。由于重力 $\boldsymbol{G}$ 始终指向地心，其大小和方向也不能随意改变，因此，控制导弹的飞行只能依靠改变空气动力 $\boldsymbol{R}$ 和推力 $\boldsymbol{P}$，其合力称为控制力 $\boldsymbol{N}$，即

$$\boldsymbol{N}=\boldsymbol{P}+\boldsymbol{R} \tag{2.89}$$

控制力 $\boldsymbol{N}$ 可分解为沿速度方向和垂直于速度方向的两个分量(见图 2.29)，分别称为切向控制力和法向控制力。因此，控制力 $\boldsymbol{N}$ 可表达为

$$\boldsymbol{N}=\boldsymbol{N}_\tau+\boldsymbol{N}_n$$

切向控制力 $\boldsymbol{N}_\tau$ 用来改变速度大小，其计算关系式为

$$\boldsymbol{N}_\tau=\boldsymbol{P}_\tau-\boldsymbol{X}$$

式中：$\boldsymbol{P}_\tau$、$\boldsymbol{X}$ 分别为推力 $\boldsymbol{P}$ 在弹道切向的投影和空气阻力。

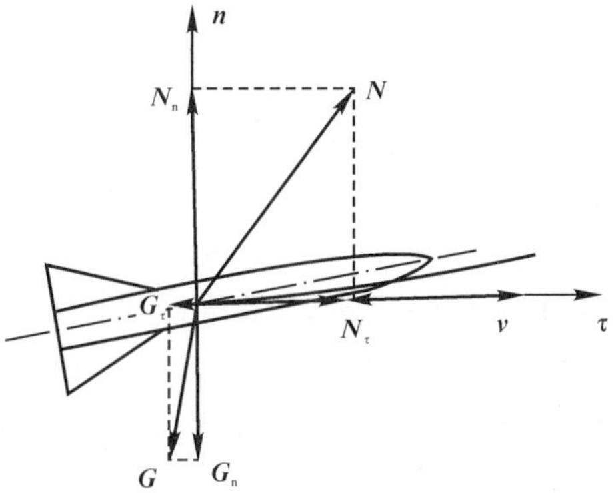

图 2.29　导弹所受的切向力和法向力

速度大小的改变，通常采用推力控制来实现，即控制发动机节气阀偏角 δ_p 达到调节发动机推力大小的目的。

法向控制力 $\boldsymbol{N}_n$ 用来改变速度的方向，即导弹的飞行方向，其计算关系式为

$$\boldsymbol{N}_n = \boldsymbol{P}_n + \boldsymbol{Y} + \boldsymbol{Z}$$

式中：$\boldsymbol{P}_n$、$\boldsymbol{Y}$、$\boldsymbol{Z}$ 分别为推力 $\boldsymbol{P}$ 的法向分量、升力和侧向力。

法向控制力的改变主要是依靠改变空气动力的法向力(升力和侧向力)来实现。当导弹上的操纵机构(如空气舵、气动扰流片等)偏转时，操纵面上会产生相应的操纵力，它对导弹质心形成操纵力矩，使得弹体绕质心转动，从而导致导弹在空中的姿态发生变化。而导弹姿态的改变，将会引起气流与弹体的相对流动状态的改变，攻角、侧滑角亦将随之变化，从而改变作用在导弹上的空气动力。

另外，还可以通过偏转燃气舵或摆动发动机等改变法向力。偏转燃气舵、直接摆动小发动机或发动机喷管都会改变发动机推力的方向，形成对导弹质心的操纵力矩，由此改变导弹的飞行姿态，从而改变作用在导弹上的法向力。

对于轴对称型导弹，它装有两对弹翼，并沿纵轴对称分布，所以，气动效应也是对称的。通过改变升降舵的偏转角 δ_z 来改变攻角 α 的大小，从而改变升力 $\boldsymbol{Y}$ 的大小和方向；而改变方向舵的偏转角 δ_y，则可改变侧滑角 β，使侧向力 $\boldsymbol{Z}$ 的大小和方向发生变化；若同时使 δ_z、δ_y 各自获得任意角度，那么 α、β 都将改变，这时将得到任意方向和大小的空气动力。另外，当 α、β 改变时，推力的法向分量也随之变化。

对于面对称型导弹，外形与飞机相似，有一对较大的水平弹翼，其升力要比侧向力大得多。俯仰运动的操纵仍是通过改变升降舵的偏转角 δ_z 的大小来实现；偏航运动的操纵则是通过差动副翼，使弹体倾斜来实现。当升力转到某一方向(不在铅垂面内)时，升力的水平分量使导弹进行偏航运动，如图 2.30 所示。

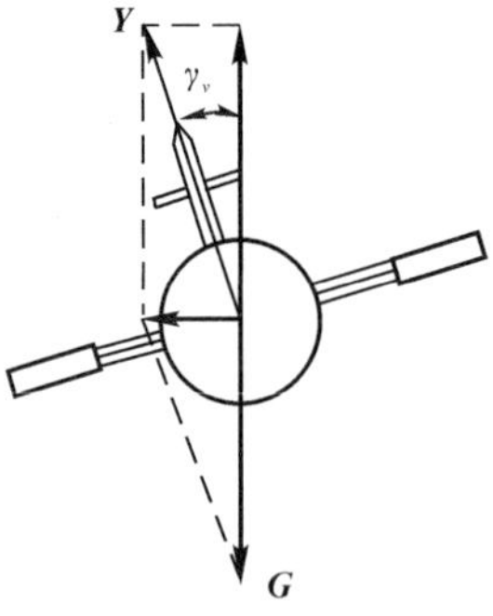

图 2.30　面对称型导弹的倾斜运动

2.3.7.2　操纵关系方程

导弹制导系统和其他自动控制系统一样也是误差控制系统。当导弹的实际运动参数与导引关系所要求的运动参数不一致时，就会产生控制信号。例如，导弹飞行中的俯仰角 ϑ 与要求的俯仰角 ϑ_* 不相等，即存在偏差角 $\Delta\vartheta = \vartheta - \vartheta_*$ 时，控制系统将根据 $\Delta\vartheta$ 的大小使升降舵偏转相应的角度 δ_z，即

$$\Delta\delta_z = K_\vartheta(\vartheta_* - \vartheta) = K_\vartheta \Delta\vartheta \tag{2.90}$$

式中：K_ϑ 为由控制系统决定的比例系数，或称增益系数。

导弹在飞行过程中，控制系统总是作出消除误差信号 $\Delta\vartheta$ 的反应。制导系统越准确，运动参数的误差就越小。假设制导系统的误差用 ε 表示，x_* 为导引关系要求的运动参数值，x 为实际运动参数值，则有

$$\varepsilon = x - x_*$$

在一般情况下，ε 不可能为零。此时控制系统将偏转相应的舵面和发动机调节机构，以求消除误差。舵面偏转角的大小和方向取决于误差 ε 的数值和正负号，通常情况下，操纵关系方程可写为

$$\left.\begin{aligned} \delta_x &= f_1(\varepsilon) \\ \delta_y &= f_2(\varepsilon) \\ \delta_z &= f_3(\varepsilon) \\ \delta_p &= f_4(\varepsilon) \end{aligned}\right\} \tag{2.91}$$

在设计导弹弹道时，需要综合考虑导弹的运动方程与控制系统加在导弹上的约束方程，问题比较复杂。在导弹初步设计时，可作近似处理：假设控制系统是按“无误差工作”的理想控制系统，运动参数始终能保持导引关系所要求的变化规律，则有

$$\varepsilon = x - x_* = 0 \tag{2.92}$$

该式称为理想操纵关系方程。在某些特殊情况下，理想操纵关系方程的形式非常简单，例如，当轴对称导弹作直线等速飞行时，理想操纵关系方程为

$$\left.\begin{aligned} \varepsilon_1 &= \theta - \theta_* = 0 \\ \varepsilon_2 &= \psi_v - \psi_{v*} = 0 \\ \varepsilon_3 &= \gamma = 0 \\ \varepsilon_4 &= v - v_* = 0 \end{aligned}\right\} \tag{2.93}$$

再如，面对称导弹作正常盘旋时，理想操纵关系方程为

$$\left.\begin{aligned} \varepsilon_1 &= \theta = 0 \\ \varepsilon_2 &= \gamma - \gamma_* = 0 \\ \varepsilon_3 &= \beta = 0 \\ \varepsilon_4 &= v - v_* = 0 \end{aligned}\right\} \tag{2.94}$$

式(2.93) 和式(2.94) 中的 θ_*、ψ_{v*}、γ_*、v_*、β_* 为导引关系要求的运动参数值，θ、ψ_v、γ、v、β 为导弹飞行过程中的实际运动参数值。

2.3.8　运动模型

综上所述，前面所得到的方程式(2.75)、式(2.79) ～ 式(2.83)、式(2.86) ～ 式(2.88) 和式(2.91)，即构成了描述导弹飞行的运动方程组：

$$
\left.\begin{aligned}
& m\frac{\mathrm{d}v}{\mathrm{d}t}=P\cos\alpha\cos\beta-X-mg\sin\theta \\
& mv\frac{\mathrm{d}\theta}{\mathrm{d}t}=P(\sin\alpha\cos\gamma_v+\cos\alpha\sin\beta\sin\gamma_v)+Y\cos\gamma_v-Z\sin\gamma_v-mg\cos\theta \\
& -mv\cos\theta\frac{\mathrm{d}\psi_v}{\mathrm{d}t}=P(\sin\alpha\sin\gamma_v-\cos\alpha\sin\beta\cos\gamma_v)+Y\sin\gamma_v+Z\cos\gamma_v \\
& J_x\frac{\mathrm{d}\omega_x}{\mathrm{d}t}+(J_z-J_y)\omega_y\omega_z=M_x \\
& J_y\frac{\mathrm{d}\omega_y}{\mathrm{d}t}+(J_x-J_z)\omega_z\omega_x=M_y \\
& J_z\frac{\mathrm{d}\omega_z}{\mathrm{d}t}+(J_y-J_x)\omega_x\omega_y=M_z \\
& \frac{\mathrm{d}x}{\mathrm{d}t}=v\cos\theta\cos\psi_v \\
& \frac{\mathrm{d}y}{\mathrm{d}t}=v\sin\theta \\
& \frac{\mathrm{d}z}{\mathrm{d}t}=-v\cos\theta\sin\psi_v \\
& \frac{\mathrm{d}\vartheta}{\mathrm{d}t}=\omega_y\sin\gamma+\omega_z\cos\gamma \\
& \frac{\mathrm{d}\psi}{\mathrm{d}t}=\frac{1}{\cos\vartheta}(\omega_y\cos\gamma-\omega_z\sin\gamma) \\
& \frac{\mathrm{d}\gamma}{\mathrm{d}t}=\omega_x-\tan\vartheta(\omega_y\cos\gamma-\omega_z\sin\gamma) \\
& \frac{\mathrm{d}m}{\mathrm{d}t}=-m_s \\
& \sin\beta=\cos\theta[\cos\gamma\sin(\psi-\psi_v)+\sin\vartheta\sin\gamma\cos(\psi-\psi_v)]-\sin\theta\cos\vartheta\sin\gamma \\
& \cos\alpha=[\cos\vartheta\cos\theta\cos(\psi-\psi_v)+\sin\vartheta\sin\theta]/\cos\beta \\
& \cos\gamma_v=[\cos\gamma\cos(\psi-\psi_v)-\sin\vartheta\sin\gamma\sin(\psi-\psi_v)]/\cos\beta \\
& \delta_x=f_1(\varepsilon) \\
& \delta_y=f_2(\varepsilon) \\
& \delta_z=f_3(\varepsilon) \\
& \delta_p=f_4(\varepsilon)
\end{aligned}\right\} \tag{2.95}
$$

式(2.95)给出了导弹空间运动的方程组，它是一组非线性常微分方程。在这20个方程中，除了要计算出推力 P、气动力 X、Y、Z 和力矩 M_x、M_y、M_z 以外，还包含有20个未知参数：$v(t)$、$\theta(t)$、$\psi_v(t)$、$\omega_x(t)$、$\omega_y(t)$、$\omega_z(t)$、$\vartheta(t)$、$\psi(t)$、$\gamma(t)$、$x(t)$、$y(t)$、$z(t)$、$\alpha(t)$、$\beta(t)$、$\gamma_v(t)$、$m(t)$、$\delta_x(t)$、$\delta_y(t)$、$\delta_z(t)$、$\delta_p(t)$。因此，式(2.95)是可以封闭求解的。在给定各参数的初始条件之后，即可用数值积分法求解式(2.95)，从而获得可控弹道及其相应参数的变化规律。

2.4　运动模型的简化与分解

在上一节里，用了 20 个方程来描述导弹的空间运动。在工程上，实际用于弹道计算的导弹运动方程个数远不止这些。一般而言，运动方程组的方程数目越多，导弹运动就描述得越完整、越准确，但研究和解算也就越麻烦。在导弹设计的某些阶段，特别是在导弹和制导系统的初步设计阶段，通常在求解精度允许范围内，应用一些近似方法对导弹运动方程组进行简化求解。实践证明，在一定的假设条件下，把导弹运动方程组分解为纵向运动和侧向运动的方程组，或简化为在铅垂平面和水平面内的运动方程组，都具有一定的实用价值。

2.4.1　纵向运动和侧向运动

所谓纵向运动，是指导弹运动参数 β、γ、γ_v、ψ、ψ_v、ω_x、ω_y、z 恒为零的运动。

导弹的纵向运动，是由导弹质心在飞行平面或对称平面 x_1Oy_1 内的平移运动和绕 Oz_1 轴的旋转运动所组成。在纵向运动中，参数 v、θ、ϑ、ω_z、α、x、y 是随时间变化的，通常称为纵向运动参数。

在纵向运动中等于零的参数 β、γ、γ_v、ψ、ψ_v、ω_x、ω_y、z 等称为侧向运动参数。所谓侧向运动，是指侧向运动参数 β、γ、γ_v、ω_x、ω_y、ψ、ψ_v、z 随时间变化的运动。它由导弹质心沿 Oz_1 轴的平移运动和绕弹体 Ox_1 轴与 Oy_1 轴的旋转运动所组成。

由式(2.95) 不难看出，导弹的运动是由纵向运动和侧向运动所组成，它们之间相互关联、相互影响。但当导弹在给定的铅垂面内运动时，只要不破坏运动的对称性(不进行偏航、滚转操纵，且无干扰)，纵向运动是可以独立存在的。这时，描述侧向运动参数的方程可以去掉，只剩下 10 个描述纵向运动参数的方程，其中包含 v、θ、ϑ、ω_z、α、x、y、m、δ_z、δ_p 等 10 个参数。然而，描述侧向运动参数的方程则不能离开纵向运动参数而单独存在。

若将导弹的一般运动方程式(2.95) 分解成两个独立的方程组，即描述纵向运动参数变化的方程组和描述侧向运动参数变化的方程组，则当研究导弹运动规律时，就会使联立求解的方程数目减少。要把纵向运动和侧向运动分开，应满足以下假设条件：

(1) 侧向运动参数 β、γ、γ_v、ψ、ψ_v、ω_x、ω_y、z 及舵偏角 δ_x、δ_y 都是小量，这样可以令 $\cos\beta=\cos\gamma=\cos\gamma_v\approx 1$，并略去各小量的乘积如 $\sin\beta\sin\gamma$、$\omega_y\sin\gamma$、$\omega_y\omega_x$、$z\sin\gamma_v$ 等，以及 β、δ_x、δ_y 对空气阻力的影响。

(2) 导弹基本上在某个铅垂面内飞行，即其飞行弹道与铅垂面内的弹道差别不大。

(3) 俯仰操纵机构的偏转仅取决于纵向运动参数，而偏航、滚转操纵机构的偏转仅取决于侧向运动参数。

利用上述假设，导弹的运动就可以分开成纵向运动和侧向运动，同时也可以将导弹运动方程组分为描述纵向运动的方程组和描述侧向运动的方程组。

描述导弹纵向运动的方程组为

$$\left.\begin{aligned}
&m\frac{\mathrm{d}v}{\mathrm{d}t}=P\cos\alpha-X-mg\sin\theta\\
&mv\frac{\mathrm{d}\theta}{\mathrm{d}t}=P\sin\alpha+Y-mg\cos\theta\\
&J_z\frac{\mathrm{d}\omega_z}{\mathrm{d}t}=M_z\\
&\frac{\mathrm{d}x}{\mathrm{d}t}=v\cos\theta\\
&\frac{\mathrm{d}y}{\mathrm{d}t}=v\sin\theta\\
&\frac{\mathrm{d}\vartheta}{\mathrm{d}t}=\omega_z\\
&\frac{\mathrm{d}m}{\mathrm{d}t}=-m_s\\
&\alpha=\vartheta-\theta\\
&\delta_z=f_3(\varepsilon)\\
&\delta_p=f_4(\varepsilon)
\end{aligned}\right\}\tag{2.96}$$

式(2.96)就是描述导弹纵向运动的方程组，也是描述导弹在铅垂平面内运动的方程组。它共有10个方程，包含10个未知参数：v、θ、ϑ、ω_z、α、x、y、m、δ_z、δ_p。因此，式(2.96)是封闭的，可以独立求解。

描述导弹侧向运动的方程组为

$$\left.\begin{aligned}
&-mv\cos\theta\frac{\mathrm{d}\psi_v}{\mathrm{d}t}=P(\sin\alpha+Y)\sin\gamma_v-(P\cos\alpha\sin\beta-Z)\cos\gamma_v\\
&J_x\frac{\mathrm{d}\omega_x}{\mathrm{d}t}=M_x-(J_z-J_y)\omega_z\omega_y\\
&J_y\frac{\mathrm{d}\omega_y}{\mathrm{d}t}=M_y-(J_x-J_z)\omega_z\omega_x\\
&\frac{\mathrm{d}z}{\mathrm{d}t}=-v\cos\theta\sin\psi_v\\
&\frac{\mathrm{d}\psi}{\mathrm{d}t}=\frac{1}{\cos\vartheta}(\omega_y\cos\gamma-\omega_z\sin\gamma)\\
&\frac{\mathrm{d}\gamma}{\mathrm{d}t}=\omega_x-\tan\vartheta(\omega_y\cos\gamma-\omega_z\sin\gamma)\\
&\sin\beta=\cos\theta\left[\cos\gamma\sin(\psi-\psi_v)+\sin\vartheta\sin\gamma\cos(\psi-\psi_v)\right]-\sin\theta\cos\vartheta\sin\gamma\\
&\cos\gamma_v=\left[\cos\gamma\cos(\psi-\psi_v)-\sin\vartheta\sin\gamma\sin(\psi-\psi_v)\right]/\cos\beta\\
&\delta_x=f_1(\varepsilon)\\
&\delta_y=f_2(\varepsilon)
\end{aligned}\right\}\tag{2.97}$$

式(2.97)就是描述导弹侧向运动的方程组，共有10个方程，除了含有ψ_v、ψ、γ、γ_v、β、ω_x、

ω_y、z、δ_x、δ_y 等 10 个侧向运动参数之外，还包括纵向运动参数 v、θ、ϑ、ω_z、α、y 等。无论怎样简化式(2.97)，也不能从中消去这些纵向参数。因此，若要由式(2.97) 求得侧向运动参数，就必须首先求解纵向运动方程组，然后，将解出的纵向运动参数代入侧向运动方程组中，才可解出侧向运动参数的变化规律。

将导弹运动分解为纵向运动和侧向运动，能使联立求解的方程组数目降低一半，同时，也能获得比较准确的计算结果。但是，当侧向运动参数不满足上述假设条件时，即侧向运动参数变化较大时，就不能再将导弹的运动分为纵向运动和侧向运动来研究，而应该直接研究完整的运动方程组。

2.4.2　平面运动

通常情况下，导弹是在三维空间内运动的，平面运动只是导弹运动的一种特殊情况。在某些情况下，导弹的运动可近似地视为在一个平面内，例如：地空导弹在许多场合是在铅垂面或倾斜平面内飞行；飞航式导弹在爬升段和末制导段也可近似地认为是在铅垂平面内运动；空空导弹的运动，在许多场合也可看作是在水平面内。因此，在导弹的初步设计阶段，研究、解算导弹的平面弹道，具有一定的应用价值。

导弹在铅垂平面内运动时，导弹的速度矢量 $\boldsymbol{v}$ 始终处于该平面内，弹道偏角 ψ_v 为常值(若选地面坐标系的 Ax 轴位于该铅垂平面内，则 $\psi_v=0$)。设弹体纵向对称平面 x_1Oy_1 与飞行平面重合，推力矢量 $\boldsymbol{P}$ 与弹体纵轴重合。若要保证导弹在铅垂平面内飞行，那么在水平方向的侧向力应恒等于零。此时，导弹只有在铅垂面内的质心平移运动和绕 Oz_1 轴的转动。导弹在铅垂平面内的运动方程组与式(2.96) 完全相同，这里不再赘述。

导弹在水平面内运动时，它的速度矢量 $\boldsymbol{v}$ 始终处于该平面之内，即弹道倾角 θ 恒等于零。此时，作用于导弹上在铅垂方向的法向控制力应与导弹的重力相平衡，因此，要保持导弹在水平面内飞行，导弹应具有一定的攻角，以产生所需的法向控制力。导弹在主动段飞行过程中，质量不断减小，要想保持法向力平衡，就必须不断改变攻角的大小，也就是说，导弹要偏转升降舵 δ_z，使弹体绕 Oz_1 轴转动。

若要使导弹在水平面内作机动飞行，则要求在水平方向上产生一定的侧向力，该力通常是借助于侧滑(轴对称型) 或倾斜(面对称型) 运动形成的。若导弹飞行既有侧滑又有倾斜，则将使控制复杂化，一般的轴对称导弹通常是采用有侧滑、无倾斜的控制飞行，而面对称导弹则是采用有倾斜、无侧滑的控制飞行。

由于导弹在水平面内作机动飞行时，在水平方向上产生侧向控制力的方式不同，因此，描述导弹在水平面内运动的方程组也不同。

1. 有侧滑、无倾斜的导弹水平面内运动方程组

导弹在水平面内作有侧滑、无倾斜的机动飞行时，$\theta\equiv 0$，y 为常值，且 $\gamma=\gamma_v\equiv 0$，$\omega_x\equiv 0$，因此，根据式(2.95) 的第二个方程，可得法向力平衡关系式为

$$mg=P\sin\alpha+Y \tag{2.98}$$

由式(2.95)得到导弹在水平面内作有侧滑、无倾斜飞行的运动方程组为

$$
\left.\begin{aligned}
& m\frac{\mathrm{d}v}{\mathrm{d}t}=P\cos\alpha\cos\beta-X \\
& mg=P\sin\alpha+Y \\
& -mv\frac{\mathrm{d}\psi_v}{\mathrm{d}t}=-P\cos\alpha\sin\beta+Z \\
& J_y\frac{\mathrm{d}\omega_y}{\mathrm{d}t}=M_y \\
& J_z\frac{\mathrm{d}\omega_z}{\mathrm{d}t}=M_z \\
& \frac{\mathrm{d}x}{\mathrm{d}t}=v\cos\psi_v \\
& \frac{\mathrm{d}z}{\mathrm{d}t}=-v\sin\psi_v \\
& \frac{\mathrm{d}\vartheta}{\mathrm{d}t}=\omega_z \\
& \frac{\mathrm{d}\psi}{\mathrm{d}t}=\frac{\omega_y}{\cos\vartheta} \\
& \frac{\mathrm{d}m}{\mathrm{d}t}=-m_s \\
& \beta=\psi-\psi_v \\
& \alpha=\vartheta \\
& \delta_y=f_2(\varepsilon) \\
& \delta_p=f_4(\varepsilon)
\end{aligned}\right\} \tag{2.99}
$$

式(2.99)共14个方程,其中包含14个未知参数 v、ψ_v、ω_y、ω_z、x、z、ϑ、ψ、m、α、β、δ_z、δ_y、δ_p,故方程组是封闭的。

2. 有倾斜、无侧滑的导弹水平运动方程组

导弹在水平面内作有倾斜、无侧滑的机动飞行时,$\theta\equiv0$,y 为常值,且 $\beta\equiv0$,由式(2.95)简化得到导弹在水平面内作有倾斜、无侧滑飞行的运动方程组为

$$
\left.\begin{aligned}
&m\frac{\mathrm{d}v}{\mathrm{d}t}=P\cos\alpha-X\\
&mg=P\sin\alpha\cos\gamma_v+Y\cos\gamma_v-Z\sin\gamma_v\\
&-mv\frac{\mathrm{d}\psi_v}{\mathrm{d}t}=P\sin\alpha\sin\gamma_v+Y\sin\gamma_v+Z\cos\gamma_v\\
&J_x\frac{\mathrm{d}\omega_x}{\mathrm{d}t}-J_{xy}\frac{\mathrm{d}\omega_y}{\mathrm{d}t}+(J_z-J_y)\omega_z\omega_y+J_{xy}\omega_x\omega_z=M_x\\
&J_y\frac{\mathrm{d}\omega_y}{\mathrm{d}t}-J_{xy}\frac{\mathrm{d}\omega_x}{\mathrm{d}t}+(J_x-J_z)\omega_x\omega_z-J_{xy}\omega_z\omega_y=M_y\\
&J_z\frac{\mathrm{d}\omega_z}{\mathrm{d}t}+(J_y-J_x)\omega_y\omega_x+J_{xy}(\omega_y^2-\omega_x^2)=M_z\\
&\frac{\mathrm{d}x}{\mathrm{d}t}=v\cos\psi_v\\
&\frac{\mathrm{d}z}{\mathrm{d}t}=-v\sin\psi_v\\
&\frac{\mathrm{d}\vartheta}{\mathrm{d}t}=\omega_y\sin\gamma+\omega_z\cos\gamma\\
&\frac{\mathrm{d}\psi}{\mathrm{d}t}=\frac{1}{\cos\vartheta}(\omega_y\cos\gamma-\omega_z\sin\gamma)\\
&\frac{\mathrm{d}\gamma}{\mathrm{d}t}=\omega_x-\tan\vartheta(\omega_y\cos\gamma-\omega_z\sin\gamma)\\
&\frac{\mathrm{d}m}{\mathrm{d}t}=-m_s\\
&\sin\alpha=\sin\vartheta\cos\gamma\cos(\psi-\psi_v)+\sin\gamma\sin(\psi-\psi_v)\\
&\cos\gamma_v=\cos\gamma\cos(\psi-\psi_v)-\sin\vartheta\sin\gamma\sin(\psi-\psi_v)\\
&\delta_x=f_1(\varepsilon)\\
&\delta_y=f_2(\varepsilon)\\
&\delta_p=f_4(\varepsilon)
\end{aligned}\right\}\tag{2.100a}
$$

假设攻角 α、俯仰角 ϑ、角速度 ω_y、角速度 ω_z 都比较小，用弧度表示小角度的正弦值，并略去二阶小量，则式(2.100a) 变为

$$\left.\begin{aligned}
&m\frac{\mathrm{d}v}{\mathrm{d}t}=P-X\\
&mg=P\alpha\cos\gamma_v+Y\cos\gamma_v-Z\sin\gamma_v\\
&-mv\frac{\mathrm{d}\psi_v}{\mathrm{d}t}=P\alpha\sin\gamma_v+Y\sin\gamma_v+Z\cos\gamma_v\\
&J_x\frac{\mathrm{d}\omega_x}{\mathrm{d}t}-J_{xy}\frac{\mathrm{d}\omega_y}{\mathrm{d}t}+J_{xy}\omega_x\omega_z=M_x\\
&J_y\frac{\mathrm{d}\omega_y}{\mathrm{d}t}-J_{xy}\frac{\mathrm{d}\omega_x}{\mathrm{d}t}+(J_x-J_z)\omega_x\omega_z=M_y\\
&J_z\frac{\mathrm{d}\omega_z}{\mathrm{d}t}+(J_y-J_x)\omega_y\omega_x-J_{xy}\omega_x^2=M_z\\
&\frac{\mathrm{d}x}{\mathrm{d}t}=v\cos\psi_v\\
&\frac{\mathrm{d}z}{\mathrm{d}t}=-v\sin\psi_v\\
&\frac{\mathrm{d}\vartheta}{\mathrm{d}t}=\omega_y\sin\gamma+\omega_z\cos\gamma\\
&\frac{\mathrm{d}\psi}{\mathrm{d}t}=\frac{1}{\cos\vartheta}(\omega_y\cos\gamma-\omega_z\sin\gamma)\\
&\frac{\mathrm{d}\gamma}{\mathrm{d}t}=\omega_x-\tan\vartheta(\omega_y\cos\gamma-\omega_z\sin\gamma)\\
&\frac{\mathrm{d}m}{\mathrm{d}t}=-m_s\\
&\alpha=\vartheta\cos\gamma\\
&\gamma_v=\gamma\\
&\delta_x=f_1(\varepsilon)\\
&\delta_y=f_2(\varepsilon)\\
&\delta_p=f_4(\varepsilon)
\end{aligned}\right\}\tag{2.100b}$$

该方程组共有 17 个方程，含有 17 个未知参数 v、ψ、ψ_v、ω_x、ω_y、ω_z、x、z、ϑ、γ、m、α、γ_v、δ_x、δ_y、δ_z、δ_p，故式(2.100b) 是封闭的。

2.5 质心运动

2.5.1 “瞬时平衡”假设

导弹的运动由其质心移动和绕其质心的转动所组成。在导弹初步设计阶段，为了能够简捷地获得导弹的飞行弹道及其主要的飞行特性，研究过程通常分两步进行：首先，暂不考虑导弹绕质心的转动，而将导弹当作一个可操纵质点来研究；然后，在此基础上再研究导弹绕其质心的转动运动。这种简化的处理方法，通常基于以下假设：

(1) 导弹绕弹体轴的转动是无惯性的,即

$$J_x = J_y = J_z = 0 \tag{2.101}$$

(2) 导弹控制系统理想地工作,既无误差,也无时间延迟;

(3) 不考虑各种干扰因素对导弹的影响。

前两点假设的实质,就是认为导弹在整个飞行期间的任一瞬时都处于平衡状态,即导弹操纵机构偏转时,作用在导弹上的力矩在每一瞬时都处于平衡状态,这就是所谓的“瞬时平衡”假设。

对于轴对称导弹,根据纵向静平衡关系式(2.45)和对偏航运动的类似处理,可得俯仰和偏航力矩的平衡关系式:

$$\left.\begin{aligned} m_z^{\alpha}\alpha_b + m_z^{\delta_z}\delta_{zb} = 0 \\ m_y^{\beta}\beta_b + m_y^{\delta_y}\delta_{yb} = 0 \end{aligned}\right\} \tag{2.102}$$

式中:α_b、β_b、δ_{zb}、δ_{yb} 分别为相应参数的平衡值。该式也可写为

$$\left.\begin{aligned} \delta_{zb} = -\frac{m_z^{\alpha}}{m_z^{\delta_z}}\alpha_b \\ \delta_{yb} = -\frac{m_y^{\beta}}{m_y^{\delta_y}}\beta_b \end{aligned}\right\} \tag{2.103}$$

或

$$\left.\begin{aligned} \alpha_b = -\frac{m_z^{\delta_z}}{m_z^{\alpha}}\delta_{zb} \\ \beta_b = -\frac{m_y^{\delta_y}}{m_y^{\beta}}\delta_{yb} \end{aligned}\right\} \tag{2.104}$$

由此可见,关于导弹转动无惯性的假设意味着:当操纵机构偏转时,参数 α、β 都瞬时达到其平衡值。

利用“瞬时平衡”假设中的“控制系统理想地工作”,则操纵关系方程可写为

$$\varepsilon_1 = 0,\quad \varepsilon_2 = 0,\quad \varepsilon_3 = 0,\quad \varepsilon_4 = 0 \tag{2.105}$$

实际上,导弹的运动是一个可控过程,由于导弹控制系统及其控制对象(弹体)都存在惯性,导弹从操纵机构偏转到运动参数发生变化,并不是在瞬间完成的,而是要经过一段时间。例如,当升降舵偏转一个 δ_z 角之后,将引起弹体绕 Oz_1 轴产生振荡运动,攻角的变化过程也是振荡的(见图 2.31),直到过渡过程结束时,攻角 α 才能达到它的稳态值。而利用“瞬时平衡”假设之后,认为在舵面偏转的同时,运动参数就立即达到它的稳态值,即过渡过程的时间为零。

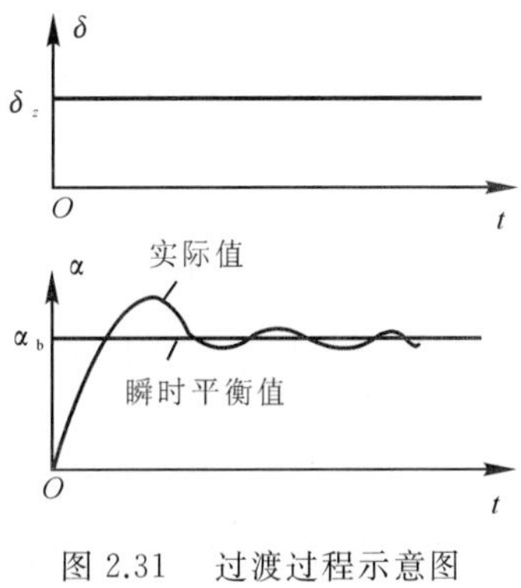

图 2.31　过渡过程示意图

另外,导弹的振荡运动会引起升力 **Y** 和侧向力 **Z** 的附加增量以及阻力 **X** 的增大。而阻力的增大,会使飞行速度减小,因此,在采用“瞬时平衡”假设研究导弹的质心运动时,为尽可能接近真实弹道,应适当加大阻力。

2.5.2 质心运动模型

基于“瞬时平衡”假设和式(2.95)，可以得到如下描述导弹质心运动的方程组：

$$
\left.
\begin{aligned}
& m\frac{\mathrm{d}v}{\mathrm{d}t}=P\cos\alpha_{\mathrm{b}}\cos\beta_{\mathrm{b}}-X_{\mathrm{b}}-mg\sin\theta \\
& mv\frac{\mathrm{d}\theta}{\mathrm{d}t}=P(\sin\alpha_{\mathrm{b}}\cos\gamma_v+\cos\alpha_{\mathrm{b}}\sin\beta_{\mathrm{b}}\sin\gamma_v)+Y_{\mathrm{b}}\cos\gamma_v-Z_{\mathrm{b}}\sin\gamma_v-mg\cos\theta \\
& -mv\cos\theta\frac{\mathrm{d}\psi_v}{\mathrm{d}t}=P(\sin\alpha_{\mathrm{b}}\sin\gamma_v-\cos\alpha_{\mathrm{b}}\sin\beta_{\mathrm{b}}\cos\gamma_v)+Y_{\mathrm{b}}\sin\gamma_v+Z_{\mathrm{b}}\cos\gamma_v \\
& \frac{\mathrm{d}x}{\mathrm{d}t}=v\cos\theta\cos\psi_v \\
& \frac{\mathrm{d}y}{\mathrm{d}t}=v\sin\theta \\
& \frac{\mathrm{d}z}{\mathrm{d}t}=-v\cos\theta\sin\psi_v \\
& \frac{\mathrm{d}m}{\mathrm{d}t}=-m_{\mathrm{s}} \\
& \alpha_{\mathrm{b}}=-\frac{m_z^{\delta_z}}{m_z^{\alpha}}\delta_{z\mathrm{b}} \\
& \beta_{\mathrm{b}}=-\frac{m_y^{\delta_y}}{m_y^{\beta}}\delta_{y\mathrm{b}} \\
& \varepsilon_1=0 \\
& \varepsilon_2=0 \\
& \varepsilon_3=0 \\
& \varepsilon_4=0
\end{aligned}
\right\}
\tag{2.106}
$$

式中：α_{b}、β_{b} 分别为平衡攻角、平衡侧滑角；X_{b}、Y_{b}、Z_{b} 分别为与 α_{b}、β_{b} 对应的平衡阻力、平衡升力、平衡侧向力。

式(2.106)共有13个方程，其中含有13个未知参数 v、θ、ψ_v、x、y、z、m、α_{b}、β_{b}、γ_v、$\delta_{z\mathrm{b}}$、$\delta_{y\mathrm{b}}$、δ_p，故方程组是封闭的。对于固体火箭发动机，其推力一般是不可调节的，m_{s} 可以认为是时间的已知函数，那么，式(2.106)中的第七个方程可以独立求解，且 $\varepsilon_4=0$ 也就不存在了。这样，方程的个数就减少为11个，未知参数也去掉 m、δ_p，方程组仍是可封闭求解的。

控制系统理想工作情况下，利用式(2.106)计算导弹飞行弹道，所得结果就是导弹运动参数的“稳态值”，它对导弹总体和导引系统设计都具有重要意义。

值得指出的是：对于操纵性能比较好，绕质心旋转运动不太剧烈的导弹，利用式(2.106)进行弹道计算，可以得到令人满意的结果。但当导弹的操纵性能较差，并且绕质心的旋转运动比较剧烈时，必须考虑导弹旋转运动对质心运动的影响。

2.5.2.1 导弹在铅垂平面内的质心运动方程组

基于“瞬时平衡”假设，忽略随机干扰影响，简化式(2.96)，可以得到描述导弹在铅垂平面

内运动的质心运动方程组为

$$\left.\begin{aligned}
&m\frac{\mathrm{d}v}{\mathrm{d}t}=P\cos\alpha_{\mathrm{b}}-X_{\mathrm{b}}-mg\sin\theta\\
&mv\frac{\mathrm{d}\theta}{\mathrm{d}t}=P\sin\alpha_{\mathrm{b}}+Y_{\mathrm{b}}-mg\cos\theta\\
&\frac{\mathrm{d}x}{\mathrm{d}t}=v\cos\theta\\
&\frac{\mathrm{d}y}{\mathrm{d}t}=v\sin\theta\\
&\frac{\mathrm{d}m}{\mathrm{d}t}=-m_{\mathrm{s}}\\
&\delta_{z\mathrm{b}}=-\frac{m_z^{\alpha}}{m_z^{\delta_z}}\alpha_{\mathrm{b}}\\
&\varepsilon_1=0\\
&\varepsilon_4=0
\end{aligned}\right\}\tag{2.107}$$

式(2.107)共有 8 个方程，包含 8 个未知参数 v、θ、x、y、m、α_{b}、δ_z、δ_p，故方程组是封闭的。

2.5.2.2　导弹在水平面内的质心运动方程组

基于"瞬时平衡"假设，忽略随机干扰影响，根据式(2.99)和式(2.100b)，可以简化得到导弹在水平面内运动的质心运动方程组。以导弹利用侧滑产生侧向控制力为例，在攻角和侧滑角较小的情况下，导弹在水平面内的质心运动方程组为

$$\left.\begin{aligned}
&m\frac{\mathrm{d}v}{\mathrm{d}t}=P-X_{\mathrm{b}}\\
&mg=P\alpha_{\mathrm{b}}+Y_{\mathrm{b}}\\
&-mv\frac{\mathrm{d}\psi_v}{\mathrm{d}t}=-P\beta_{\mathrm{b}}+Z_{\mathrm{b}}\\
&\frac{\mathrm{d}x}{\mathrm{d}t}=v\cos\psi_v\\
&\frac{\mathrm{d}z}{\mathrm{d}t}=-v\sin\psi_v\\
&\frac{\mathrm{d}m}{\mathrm{d}t}=-m_{\mathrm{s}}\\
&\delta_{z\mathrm{b}}=-\frac{m_z^{\alpha}}{m_z^{\delta_z}}\alpha_{\mathrm{b}}\\
&\delta_{y\mathrm{b}}=-\frac{m_y^{\beta}}{m_y^{\delta_y}}\beta_{\mathrm{b}}\\
&\varepsilon_2=0\\
&\varepsilon_4=0
\end{aligned}\right\}\tag{2.108}$$

式(2.108)共有 10 个方程，其中含有 10 个未知参数 v、ψ_v、x、z、m、α_{b}、β_{b}、δ_z、δ_y、δ_p，故方程组是封闭的。

2.5.3 理想弹道、理论弹道和实际弹道

所谓“理想弹道”，就是将导弹视为一个可操纵的质点，认为控制系统理想工作，且不考虑弹体绕质心的转动以及外界的各种干扰，求解质心运动方程组得到的飞行弹道。

所谓“理论弹道”，是指将导弹视为某一力学模型(可操纵质点、刚体、弹性体)，作为控制系统的一个环节(控制对象)，将动力学方程、运动学方程、控制系统方程以及其他方程(质量变化方程、角度几何关系方程等)综合在一起，通过数值积分求得的弹道，而且方程中所用的弹体结构参数、外形几何参数、发动机的特性参数均取设计值，大气参数取标准大气值，控制系统的参数取额定值，方程组的初值符合规定条件。

由此可知，理想弹道是理论弹道的一种简化情况。

导弹在真实情况下的飞行弹道称为“实际弹道”，它与理想弹道和理论弹道的最大区别在于，导弹在飞行过程中会受到各种随机干扰和误差的影响，因此，每发导弹的实际弹道是不可能完全相同的。

2.6 过　　载

导弹在飞行过程中受到的作用力和产生的加速度可以用过载来衡量。导弹的机动性是评价导弹飞行性能的重要指标之一。导弹的机动性也可以用过载进行评定。过载与弹体结构、制导系统的设计存在密切的关系。本节将介绍过载和机动性的有关概念、过载的投影、过载与导弹运动的关系等内容。

2.6.1 机动性与过载的概念

所谓机动性，是指导弹在单位时间内改变飞行速度大小和方向的能力。如果要攻击活动目标，特别是攻击空中的机动目标，导弹必须具有良好的机动性。导弹的机动性可以用切向和法向加速度来表征。但人们通常用过载矢量的概念来评定导弹的机动性。

所谓过载 $\boldsymbol{n}$，是指作用在导弹上除重力之外的所有外力的合力 $\boldsymbol{N}$（即控制力）与导弹重力值 G 的比值，即

$$\boldsymbol{n}=\frac{\boldsymbol{N}}{G} \tag{2.109}$$

由过载定义可知，过载是个矢量，它的方向与控制力 $\boldsymbol{N}$ 的方向一致，其模值表示控制力大小为重力值的多少倍。这就是说，过载矢量表征了控制力 $\boldsymbol{N}$ 的大小和方向。

过载的概念，除用于研究导弹的运动之外，在弹体结构强度和控制系统设计中，也常用到，因为过载矢量决定了弹上各个部件或仪表所承受的作用力。例如，导弹以加速度 $\boldsymbol{a}$ 作平移运动时，相对弹体固定的某个质量为 m_i 的部件，除受到随导弹作加速运动引起的惯性力 $-m_i\boldsymbol{a}$ 之外，还要受到重力 $\boldsymbol{G}_i=m_i\boldsymbol{g}$ 和连接力 $\boldsymbol{F}_i$ 的作用，部件在这三个力的作用下处于相对平衡状态，即

$$-m_i\boldsymbol{a}+\boldsymbol{G}_i+\boldsymbol{F}_i=\boldsymbol{0}$$

导弹运动的加速度 $\boldsymbol{a}$ 为

$$\boldsymbol{a}=\frac{\boldsymbol{N}+\boldsymbol{G}}{m}$$

所以

$$F_i = m_i \frac{N+G}{m} - m_i g = G_i \frac{N}{G} = G_i n$$

可以看出：弹上任何部件所承受的连接力等于本身重力值 G_i 乘以导弹的过载矢量。因此，如果已知导弹在飞行时的过载，就能确定其上任何部件所承受的作用力。

过载这一概念，还有另外的定义（在第 5 章中用到），即把过载定义为作用在导弹上的所有外力的合力（包括重力）与导弹重力值的比值。显然，在同样的情况下，过载的定义不同，其值也不同。

2.6.2　过载的投影

过载矢量的大小和方向，通常是由它在某坐标系上的投影来确定的。研究导弹运动的机动性时，需要给出过载矢量在弹道坐标系 $Ox_2y_2z_2$ 中的标量表达式；而在研究弹体或部件受力情况和进行强度分析时，又需要知道过载矢量在弹体坐标系 $Ox_1y_1z_1$ 中的投影。

如前所示，作用在导弹上的控制力主要包括推力和空气动力，根据过载的定义，将推力和空气动力都投影到速度坐标系 $Ox_3y_3z_3$，得到过载矢量 $\boldsymbol{n}$ 在速度坐标系 $Ox_3y_3z_3$ 各轴上的投影为

$$\begin{bmatrix} n_{x3} \\ n_{y3} \\ n_{z3} \end{bmatrix} = \frac{1}{G}\begin{bmatrix} P\cos\alpha\cos\beta - X \\ P\sin\alpha + Y \\ -P\cos\alpha\sin\beta + Z \end{bmatrix} \tag{2.110}$$

过载矢量 $\boldsymbol{n}$ 在弹道坐标系 $Ox_2y_2z_2$ 各轴上的投影为

$$\begin{bmatrix} n_{x2} \\ n_{y2} \\ n_{z2} \end{bmatrix} = \boldsymbol{L}^{\mathrm{T}}(\gamma_v)\begin{bmatrix} n_{x3} \\ n_{y3} \\ n_{z3} \end{bmatrix} = \frac{1}{G}\begin{bmatrix} P\cos\alpha\cos\beta - X \\ P(\sin\alpha\cos\gamma_v + \cos\alpha\sin\beta\sin\gamma_v) + Y\cos\gamma_v - Z\sin\gamma_v \\ P(\sin\alpha\sin\gamma_v + \cos\alpha\sin\beta\cos\gamma_v) + Ysin\gamma_v + Z\cos\gamma_v \end{bmatrix} \tag{2.111}$$

过载矢量在速度方向上的投影 n_{x2}、n_{x3} 称为切向过载，过载矢量在垂直于速度方向上的投影 n_{y2}、n_{z2} 和 n_{y3}、n_{z3} 称为法向过载。

导弹的机动性能可以用导弹的切向和法向过载来评定。切向过载越大，导弹产生的切向加速度就越大，说明导弹改变速度大小的能力越强；法向过载越大，导弹产生的法向加速度就越大，在同一速度下，导弹改变飞行方向的能力就越强，即导弹越能沿较弯曲的弹道飞行。因此，导弹过载越大，机动性能就越好。

对弹体强度进行分析计算时，需要知道过载 $\boldsymbol{n}$ 在弹体坐标系 $Ox_1y_1z_1$ 各轴上的投影分量。利用变换矩阵式(2.17) 和式(2.110) 即可求得过载 $\boldsymbol{n}$ 在弹体坐标系 $Ox_1y_1z_1$ 各轴上的投影

$$\begin{bmatrix} n_{x1} \\ n_{y1} \\ n_{z1} \end{bmatrix} = \boldsymbol{L}(\beta,\alpha)\begin{bmatrix} n_{x3} \\ n_{y3} \\ n_{z3} \end{bmatrix} = \begin{bmatrix} n_{x3}\cos\alpha\cos\beta + n_{y3}\sin\alpha - n_{z3}\cos\alpha\sin\beta \\ -n_{x3}\sin\alpha\cos\beta + n_{y3}\cos\alpha + n_{z3}\sin\alpha\sin\beta \\ n_{x3}\sin\beta + n_{z3}\cos\beta \end{bmatrix} \tag{2.112}$$

式中：过载 $\boldsymbol{n}$ 在弹体纵轴 Ox_1 上的投影分量 n_{x1} 称为纵向过载，在垂直于弹体纵轴方向上的投影分量 n_{y1}、n_{z1} 称为横向过载。

2.6.3 运动与过载

过载不仅是评定导弹机动性能的指标，而且和导弹的运动也存在密切的联系。

根据过载的定义，描述导弹质心移动的动力学方程可以写为

$$\begin{cases} m\dfrac{\mathrm{d}v}{\mathrm{d}t}=N_{x2}+G_{x2} \\ mv\dfrac{\mathrm{d}\theta}{\mathrm{d}t}=N_{y2}+G_{y2} \\ -mv\cos\theta\dfrac{\mathrm{d}\psi_v}{\mathrm{d}t}=N_{z2}+G_{z2} \end{cases}$$

将式(2.74)代入上式，方程两端同除以 mg，得到

$$\left.\begin{aligned} \frac{1}{g}\frac{\mathrm{d}v}{\mathrm{d}t}&=n_{x2}-\sin\theta \\ \frac{v}{g}\frac{\mathrm{d}\theta}{\mathrm{d}t}&=n_{y2}-\cos\theta \\ -\frac{v}{g}\cos\theta\frac{\mathrm{d}\psi_v}{\mathrm{d}t}&=n_{z2} \end{aligned}\right\} \tag{2.113}$$

式(2.113)左端表示导弹质心的无量纲加速度在弹道坐标系上的三个分量，该式描述了导弹质心移动与过载之间的关系。由此可见，用过载表示导弹质心移动的动力学方程，形式很简单。

同样，过载也可以用运动参数 v、θ、ψ_v 来表示：

$$\left.\begin{aligned} n_{x2}&=\frac{1}{g}\frac{\mathrm{d}v}{\mathrm{d}t}+\sin\theta \\ n_{y2}&=\frac{v}{g}\frac{\mathrm{d}\theta}{\mathrm{d}t}+\cos\theta \\ n_{z2}&=-\frac{v}{g}\cos\theta\frac{\mathrm{d}\psi_v}{\mathrm{d}t} \end{aligned}\right\} \tag{2.114}$$

式(2.114)中，参数 v、θ、ψ_v 表示飞行速度的大小和方向，方程的右端含有这些参数对时间的导数。由此看出，过载矢量在弹道坐标系上的投影表征着导弹改变飞行速度大小和方向的能力。

由式(2.114)可以得到导弹在某些特殊飞行情况下所对应的过载，例如：

(1) 导弹在铅垂平面内飞行时：$n_{z2}=0$。

(2) 导弹在水平面内飞行时：$n_{y2}=1$。

(3) 导弹作直线飞行时：$n_{y2}=\cos\theta=$常数，$n_{z2}=0$。

(4) 导弹作等速直线飞行时：$n_{x2}=\sin\theta=$常数，$n_{y2}=\cos\theta=$常数，$n_{z2}=0$。

(5) 导弹作水平直线飞行时：$n_{y2}=1$，$n_{z2}=0$。

(6) 导弹作水平等速直线飞行时：$n_{x2}=0$，$n_{y2}=1$，$n_{z2}=0$。

利用过载矢量在弹道坐标系上的投影还能定性地表示弹道上各点的切向加速度和弹道的形状。由式(2.113)可得

$$\left.\begin{aligned}\frac{\mathrm{d}v}{\mathrm{d}t}&=g\,(n_{x2}-\sin\theta)\\\frac{\mathrm{d}\theta}{\mathrm{d}t}&=\frac{g}{v}(n_{y2}-\cos\theta)\\\frac{\mathrm{d}\psi_v}{\mathrm{d}t}&=-\frac{g}{v\cos\theta}n_{z2}\end{aligned}\right\}\tag{2.115}$$

根据式(2.115)，可以建立过载在弹道坐标系中的投影与导弹切向加速度之间的关系：

当 $n_{x2}=\sin\theta$ 时，导弹作等速飞行；

当 $n_{x2}>\sin\theta$ 时，导弹作加速飞行；

当 $n_{x2}<\sin\theta$ 时，导弹作减速飞行。

在铅垂平面 x_2Oy_2 内(见图 2.32)：

当 $n_{y2}>\cos\theta$ 时，则$\dfrac{\mathrm{d}\theta}{\mathrm{d}t}>0$，此时弹道向上弯曲；

当 $n_{y2}=0$ 时，则$\dfrac{\mathrm{d}\theta}{\mathrm{d}t}=0$，弹道在该点处曲率为零；

当 $n_{y2}<\cos\theta$ 时，则$\dfrac{\mathrm{d}\theta}{\mathrm{d}t}<0$，此时弹道向下弯曲。

同样，在水平面 x_2Oz_2 内 (见图 2.33)：

当 $n_{z2}>0$ 时，$\dfrac{\mathrm{d}\psi_v}{\mathrm{d}t}<0$，弹道向右弯曲；

当 $n_{z2}=0$ 时，$\dfrac{\mathrm{d}\psi_v}{\mathrm{d}t}=0$，弹道在该点处曲率为零；

当 $n_{z2}<0$ 时，$\dfrac{\mathrm{d}\psi_v}{\mathrm{d}t}>0$，弹道向左弯曲。

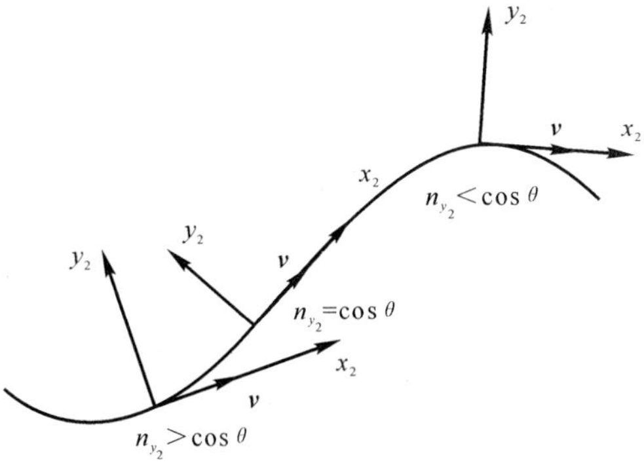

图 2.32　过载 n_{y2} 与弹道特性之间的关系

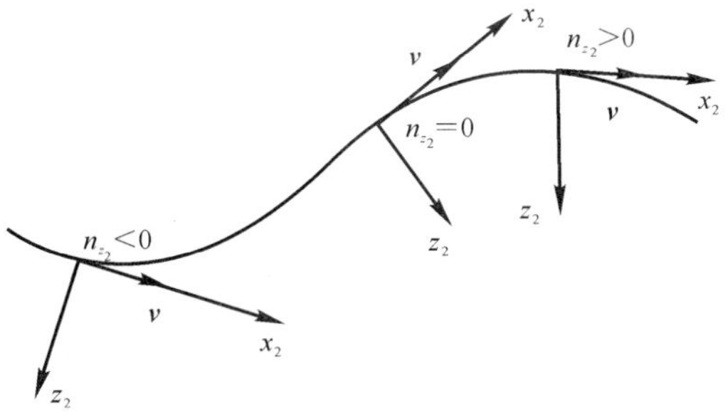

图 2.33　过载 n_{z2} 与弹道特性之间的关系

2.6.4　弹道曲率半径与法向过载的关系

建立弹道曲率半径与法向过载之间的关系，对研究弹道特性也是必要的。如果导弹是在铅垂平面 x_2Oy_2 内运动，那么，弹道上某点的曲率就是该点处的弹道倾角 θ 对弧长 s 的导数，即

$$K=\frac{\mathrm{d}\theta}{\mathrm{d}s}$$

而该点的曲率半径 ρ_{y2} 则为曲率的倒数，所以有

$$\rho_{y2}=\frac{\mathrm{d}s}{\mathrm{d}\theta}=\frac{\mathrm{d}s}{\mathrm{d}t}\frac{\mathrm{d}t}{\mathrm{d}\theta}=\frac{v}{\mathrm{d}\theta/\mathrm{d}t}$$

将式(2.115)的第二个方程代入上式，可得

$$\rho_{y2}=\frac{v^2}{g(n_{y2}-\cos\theta)} \tag{2.116}$$

式中：$\rho_{y2}>0$，表示导弹向上转弯；$\rho_{y2}<0$，表示导弹向下转弯。

通过该式可见：在给定速度 $\boldsymbol{v}$ 的情况下，法向过载越大，曲率半径越小，导弹转弯速率

$$\mathrm{d}\theta/\mathrm{d}t=\frac{v}{\rho_{y2}}$$

就越大；若 n_{y2} 值不变，随着飞行速度 v 的增大，弹道曲率半径就增大，这说明速度越大，导弹越不容易转弯。

同理，如果导弹在水平面 x_2Oz_2 内飞行，那么曲率半径 ρ_{z2} 可写为

$$\rho_{z2}=\frac{\mathrm{d}s}{\mathrm{d}\psi_v}=\frac{v}{\mathrm{d}\psi_v/\mathrm{d}t}$$

将式(2.115)的第三个方程代入上式，则有

$$\rho_{z2}=-\frac{v^2\cos\theta}{gn_{z2}} \tag{2.117}$$

式中：$\rho_{z2}>0$，表示导弹向左转弯；$\rho_{z2}<0$，表示导弹向右转弯。

2.6.5 过载与平衡攻角、侧滑角、舵偏角以及结构设计的关系

在2.5节介绍导弹质心运动时，基于"瞬时平衡"假设，即认为：导弹在整个飞行期间的任一瞬时都处于力矩平衡状态，也就是说导弹操纵机构偏转时，作用在导弹上的力矩在每一瞬时都处于平衡状态。那么此时作用在导弹上的力(过载)和平衡时的攻角、侧滑角、舵偏角有什么关系呢？是否可以用平衡时的攻角、侧滑角、舵偏角来描述过载？

在"瞬时平衡"假设下，导弹在任一瞬时都处于力矩平衡状态，因此有

$$\left.\begin{aligned}&m_{z0}+m_z^{\alpha}\alpha_{\mathrm{b}}+m_z^{\delta z}\delta_{z\mathrm{b}}=0\\&m_y^{\beta}\beta_{\mathrm{b}}+m_y^{\delta y}\delta_{y\mathrm{b}}=0\end{aligned}\right\} \tag{2.118}$$

即

$$\left.\begin{aligned}M_z&=M_{z0}+M_z^{\alpha}\alpha_{\mathrm{b}}+M_z^{\delta_z}\delta_{z\mathrm{b}}=0\\M_y&=M_y^{\beta}\beta_{\mathrm{b}}+M_y^{\delta y}\delta_{y\mathrm{b}}=0\end{aligned}\right\} \tag{2.119}$$

假定在较小的飞行迎角和侧滑角下，导弹具有线性空气动力学特性，平衡时的升力和侧向力可以表示为

$$\left.\begin{aligned}Y_{\mathrm{b}}&=qsC_{y\mathrm{b}}=qs(C_{y0}+C_y^{\alpha}\alpha_{\mathrm{b}}+C_y^{\delta_z}\delta_{z\mathrm{b}})=Y_0+Y^{\alpha}\alpha_{\mathrm{b}}+Y^{\delta_z}\delta_{z\mathrm{b}}\\Z_{\mathrm{b}}&=qsC_{z\mathrm{b}}=qs(C_z^{\beta}\beta_{\mathrm{b}}+C_z^{\delta_y}\delta_{y\mathrm{b}})=Z^{\beta}\beta_{\mathrm{b}}+Z^{\delta_y}\delta_{y\mathrm{b}}\end{aligned}\right\} \tag{2.120}$$

式(2.119)中的 M_{z0}、式(2.120)中的 Y_0 是当迎角和舵偏角为零时产生的俯仰力矩和升力，这是由于导弹的气动外形不对称所产生的零升力矩和零升力。

当攻角和侧滑角较小时，由式(2.110)可知，过载在速度坐标系上的投影(这里只研究法向

过载），可以近似表达为

$$\left.\begin{aligned} n_{y3} &= \frac{1}{G}\left(P\frac{\alpha^0}{57.3}+Y\right) \\ n_{z3} &= \frac{1}{G}\left(-P\frac{\beta^0}{57.3}+Z\right) \end{aligned}\right\} \tag{2.121}$$

由式(2.118)可知，平衡状态下攻角、侧滑角和舵偏角之间有如下关系：

$$\left.\begin{aligned} \alpha_b &= -\frac{m_{z0}+m_z^{\delta_z}\delta_{zb}}{m_z^\alpha} \\ \beta_b &= -\frac{m_y^{\delta_y}\delta_{yb}}{m_y^\beta} \end{aligned}\right\} \tag{2.122}$$

将式(2.120)和式(2.122)代入式(2.121)，并忽略下标 3，用下标 b 表示平衡状态的值，可得

$$\left.\begin{aligned} n_{yb} &= n_{yb}^{\delta_z}\delta_{zb}+(n_{yb})_{\delta_z=0} \\ n_{zb} &= n_{zb}^{\delta_y}\delta_{yb} \end{aligned}\right\} \tag{2.123}$$

式中

$$\left.\begin{aligned} n_{yb}^{\delta_z} &= \frac{1}{G}\left[-\frac{m_z^{\delta_z}}{m_z^\alpha}\left(\frac{P}{57.3}+Y^\alpha\right)+Y^{\delta_z}\right] \\ n_{zb}^{\delta_y} &= \frac{1}{G}\left[-\frac{m_y^{\delta_y}}{m_y^\beta}\left(-\frac{P}{57.3}+Z^\beta\right)+Z^{\delta_y}\right] \\ (n_{yb})_{\delta_z=0} &= \frac{1}{G}\left[-\frac{m_{z0}}{m_z^\alpha}\left(\frac{P}{57.3}+Y^\alpha\right)+Y_0\right] \end{aligned}\right\} \tag{2.124}$$

以上就得到了平衡状态下过载和平衡舵偏角间的关系，式(2.123)中的系数取决于导弹的外形结构参数、气动力参数、飞行速度和高度等。由推导过程可见，在飞行速度和飞行高度给定的情况下，平衡状态下作用在导弹上的法向过载取决于操纵机构的偏转角。

类似地，可以从表达式中消去舵偏角，得到平衡状态下过载和平衡时的攻角、侧滑角间的关系：

$$\left.\begin{aligned} n_{yb} &= n_{yb}^\alpha\alpha_b+(n_{yb})_{\alpha=0} \\ n_{zb} &= n_{zb}^\beta\beta_b \end{aligned}\right\} \tag{2.125}$$

式中

$$\left.\begin{aligned} n_{yb}^\alpha &= \frac{1}{G}\left(\frac{P}{57.3}+Y^\alpha-\frac{m_z^\alpha}{m_z^{\delta_z}}Y^{\delta_z}\right) \\ n_{zb}^\beta &= \frac{1}{G}\left(-\frac{P}{57.3}+Z^\beta-\frac{m_y^\beta}{m_y^{\delta_y}}Z^{\delta_y}\right) \\ (n_{yb})_{\alpha=0} &= \frac{1}{G}\left(Y_0-\frac{m_{z0}}{m_z^{\delta_z}}Y^{\delta_z}\right) \end{aligned}\right\} \tag{2.126}$$

式(2.125)中的系数同样取决于导弹的外形结构参数、气动力参数、飞行速度和高度等。在飞行速度和飞行高度给定的情况下，平衡状态下作用在导弹上的法向过载取决于平衡时的攻角、侧滑角。

反之，若已知平衡状态下的法向过载，则可以得到平衡状态下的攻角、侧滑角、舵偏角：

$$\left.\begin{aligned}\alpha_{\mathrm{b}} &= \frac{n_{y\mathrm{b}} - (n_{y\mathrm{b}})_{\alpha=0}}{n_{y\mathrm{b}}^{\alpha}} \\ \beta_{\mathrm{b}} &= \frac{n_{z\mathrm{b}}}{n_{z\mathrm{b}}^{\beta}}\end{aligned}\right\} \tag{2.127}$$

$$\left.\begin{aligned}\delta_{z\mathrm{b}} &= \frac{n_{y\mathrm{b}} - (n_{y\mathrm{b}})_{\delta z=0}}{n_{y\mathrm{b}}^{\delta_z}} \\ \delta_{y\mathrm{b}} &= \frac{n_{z\mathrm{b}}}{n_{z\mathrm{b}}^{\delta_y}}\end{aligned}\right\} \tag{2.128}$$

若导弹是轴对称的，$C_z^{\beta} = -C_y^{\alpha}$，$C_z^{\delta_y} = -C_y^{\delta_z}$，$m_z^{\alpha} = m_y^{\beta}$，$m_z^{\delta_z} = m_y^{\delta_y}$，则有

$$\left.\begin{aligned}n_{y\mathrm{b}}^{\alpha} &= -n_{z\mathrm{b}}^{\beta} \\ n_{y\mathrm{b}}^{\delta_z} &= -n_{z\mathrm{b}}^{\delta_y}\end{aligned}\right\} \tag{2.129}$$

2.6.6 需用过载、极限过载和可用过载

在弹体结构和控制系统设计中，常需要考虑导弹在飞行过程中可能承受的过载。根据战术技术要求，飞行过程中过载不得超过某一数值。这个数值决定了弹体结构和弹上各部件可能承受的最大载荷。为保证导弹能正常飞行，飞行中的过载也必须小于这个数值。

在导弹设计过程中，经常用到需用过载、极限过载和可用过载的概念，下面分别加以叙述。

1. 需用过载

所谓需用过载，是指导弹按给定的弹道飞行时所需要的法向过载，用 n_{R} 表示。导弹的需用过载是飞行弹道的一个重要特性。

一方面，需用过载必须满足导弹的战术技术要求，例如，导弹要攻击机动性强的空中目标，则导弹按一定的导引规律飞行时必须具有较大的法向过载（即需用过载）；另一方面，从设计和制造的观点来看，希望需用过载在满足导弹战技要求的前提下越小越好，因为需用过载越小，导弹在飞行过程中所承受的载荷越小，这对防止弹体结构破坏、保证弹上仪器和设备的正常工作以及减小导引误差都是有利的。

2. 极限过载

在给定飞行速度和高度的情况下，导弹在飞行中所能产生的过载取决于攻角 α、侧滑角 β 及操纵机构的偏转角。正如前面导弹气动力分析指出的那样，导弹在飞行中，当攻角达到临界值 α_{L} 时，对应的升力系数达到最大值 $C_{y\max}$，这是一种极限情况。若使攻角继续增大，则会出现所谓的“失速”现象。攻角或侧滑角达到临界值时的法向过载称为极限过载 n_{L}。

以纵向运动的 n_{y2} 为例，相应的极限过载可写成

$$n_{\mathrm{L}} = \frac{1}{G}(P\sin\alpha_{\mathrm{L}} + qSC_{y\max})$$

3. 可用过载

当操纵面的偏转角为最大时，导弹所能产生的法向过载称为可用过载 n_{P}。它表征着导弹产生法向控制力的实际能力。若要使导弹沿着导引规律所确定的弹道飞行，那么，在这条弹道的任一点上，导弹所能产生的可用过载都应大于需用过载。

例如，在某一时刻，从 O 点向运动着的目标 O' 发射一枚导弹，采用追踪法导引(见第 5 章)，亦即导弹的速度矢量始终跟随目标转动(见图 2.34)。这时导弹跟踪目标所需的过载，即为需用过载 n_R。如果在某时刻，操纵面偏转角达到最大允许值所产生的可用过载仍小于需用过载，则导弹速度矢量就不可能再跟随目标转动，从而导致脱靶。

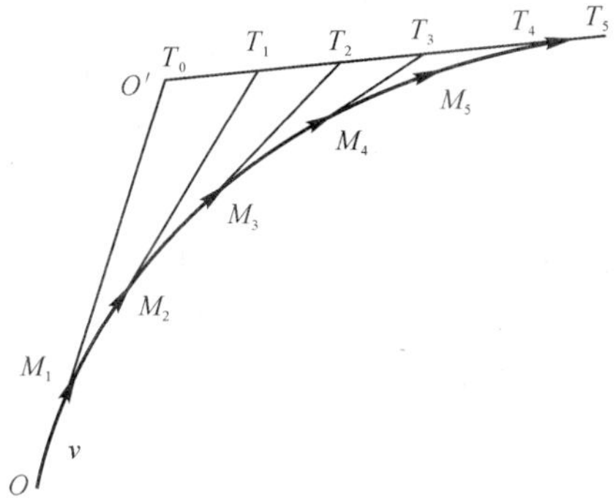

图 2.34　追踪导引弹道示意图

在实际飞行过程中，各种干扰因素总是存在的，导弹不可能完全沿着理论弹道飞行，因此，在导弹设计时，必须留有一定的过载余量，用以克服各种扰动因素导致的附加过载。

然而，考虑到弹体结构、弹上仪器设备的承载能力，可用过载也不是越大越好。实际上，导弹的舵面偏转总是会受到一定的限制，如操纵机构的输出限幅和舵面的机械限制等。

通过分析，不难发现：极限过载 $n_L >$ 可用过载 $n_P >$ 需用过载 n_R。

习　　题

1. 简述导弹运动建模的简化处理方法。
2. 地面坐标系、弹道坐标系如何定义？
3. 弹体坐标系、速度坐标系如何定义？
4. 攻角、侧滑角如何定义？
5. 压力中心和焦点如何定义？两者有何区别和联系？
6. 升降舵、方向舵的正负号是如何定义的？
7. 作用在导弹上的力有哪些？如何计算？
8. 什么叫纵向静稳定性？改变纵向静稳定性的途径有哪些？
9. 写出轴对称导弹定常飞行时的纵向平衡关系式。
10. 正常式导弹重心向后移动时，为保持平衡，舵偏角应如何偏转？如果是鸭式导弹呢？
11. 导弹的纵向阻尼力矩是如何产生的？
12. 什么叫横向静稳定性？影响横向静稳定性的因素有哪些？
13. 简述固体火箭发动机推力的计算方法。
14. 如何计算近程有翼导弹的重力？
15. 弹道倾角、弹道偏角、速度倾斜角如何定义？
16. 导弹的三个姿态角是如何定义的？

17. 导弹质心移动和绕质心转动的动力学方程一般分别投影到哪个坐标系？为什么？

18. 导弹质心移动和绕质心转动的运动学方程一般分别投影到哪个坐标系？为什么？

19. 总结任意两个坐标系之间坐标变换的规律，并以地面坐标系和弹体坐标系之间的变换为例加以说明。

20. 用矩阵法推导速度坐标系和地面坐标系之间的变换矩阵。

21. 导弹运动方程组由哪些方程构成？共有多少未知数？

22. 轴对称导弹和面对称导弹的操纵飞行过程有何不同？

23. 如何简化导弹运动方程？

24. 何谓纵向运动和侧向运动？各自包括哪些参数？

25. 何谓“瞬时平衡”假设？它隐含的意义是什么？

26. 写出导弹在铅垂面内运动的质心运动方程组。

27. 什么叫理想弹道、理论弹道和实际弹道？实际弹道和理想弹道有哪些区别？

28. 过载和机动性如何定义？两者有何联系？

29. 法向过载与弹道形状有何关系？

30. 弹道曲率半径、导弹转弯速率与导弹法向过载有何关系？

31. 需用过载、可用过载和极限过载如何定义？它们之间有何关系？

32. 导弹在铅垂平面内飞行，质量 $m=375$ kg，推力 $P=15$ kN，速度 $v=600$ m/s，弹道倾角 $\theta=30°$，攻角 $\alpha=3°$，飞行高度 $H=10$ km（对应的大气密度 $\rho=0.41$ kg/m^3，$g=9.78$ m/s^2），参考面积 $S=0.2$ m^2，参考长度 $L=3.5$ m，重心 $x_g=1.8$ m，相应气动参数 $C_y^{\alpha}=0.059°$，$C_y^{\delta_z}=0.59°$，$x_f=2.1$ m，$x_r=3.5$ m，$m_z^{\delta_z}=-5.2$。计算：推力、重力在弹道坐标系的分量，平衡舵偏角 δ_{zb}，导弹以半径 $R=3$ km 作转弯飞行的需用过载 n_{y2}。

33. 某轴对称导弹在铅垂平面内飞行，质量 $m=400$ kg，推力 $P=20$ kN，速度 $v=600$ m/s，弹道倾角 $\theta=15°$，攻角 $\alpha=30°$，飞行高度 $H=10$ km（对应的大气密度 $\rho=0.41$ kg/m^3，$g=9.78$ m/s^2），参考面积 $S=0.2$ m^2，参考长度 $L=3.5$ m，重心 $x_g=1.8$ m，相应气动参数 $C_y^{\alpha}=0.059°$，$C_y^{\delta_z}=0.59$，$x_f=2.2$ m，$x_r=3.5$ m，$m_z^{\omega_z}=-5.2$。计算：导弹以半径 $R=5$ km 作转弯飞行的转弯速率，与此对应的转动角加速度（假设 $J_z=6\ 400$ kg·m^2，$\omega_z=45°$/s），导弹保持等高飞行的舵偏角。

34. 某轴对称导弹在铅垂平面内做机动飞行，已知某时刻导弹速度为 400 m/s，转弯半径为 5 km，弹道倾角为 60°，计算此时导弹的法向过载。

参考文献

[1] 方群，李新国，朱战霞，等. 航天飞行动力学. 西安：西北工业大学出版社，2015.

[2] 李新国，方群. 有翼导弹飞行动力学. 西安：西北工业大学出版社，2005.

[3] 王海丽，方群. 导弹飞行力学基础. 西安：西北工业大学出版社，1996.

第3章　远程火箭及弹道导弹运动方程组的建立

3.1　坐标系及其转换关系

第2章针对战术有翼导弹，建立了四个坐标系，并忽略地球的自转和公转，选择地面坐标系为惯性坐标系，建立了导弹的运动方程。然而对于远程火箭和弹道导弹，其航程相对较远，地球的运动必须考虑，第2章的坐标系已经不足以正确且完全地描述其运动，为方便描述影响火箭运动的物理量及建立火箭运动方程，还需要建立一些坐标系。下面介绍其中常用的坐标系及这些坐标系之间的变换关系。

3.1.1　常用坐标系

1. 地心惯性坐标系 $O_E x_I y_I z_I$(I)

该坐标系的原点在地心 O_E 处。$O_E x_I$ 轴在赤道面内指向平春分点(由于春分点随时间变化而具有进动性，根据1976年国际天文协会决议，1984年起采用新的标准历元，以2000年1月1.5日的平春分点为基准)，$O_E z_I$ 轴垂直于赤道平面，与地球自转轴重合，指向北极。$O_E y_I$ 轴的方向是使得该坐标系成为右手直角坐标系。

该坐标系可用来描述洲际弹道导弹、运载火箭的飞行轨迹以及地球卫星、飞船等的轨道。

2. 地心坐标系 $O_E x_E y_E z_E$(E)

该坐标系的原点在地心 O_E，$O_E x_E$ 轴在赤道平面内指向某时刻 t_0 的起始子午线(通常取格林尼治天文台所在子午线)，$O_E z_E$ 轴垂直于赤道平面指向北极。$O_E y_E$ 轴的方向是使得该坐标系成为右手直角坐标系。由于坐标轴 $O_E x_E$ 与所指向的子午线随地球一起转动，因此这个坐标系是一个动参考系。

地心坐标系对确定火箭或弹道导弹等相地于地球表面的位置很适用。

3. 发射坐标系 $Axyz$(A)

该坐标系的原点与发射点 A 固连，Ax 轴在包含发射点的水平面内，指向发射瞄准方向，Ay 轴垂直于包含发射点的水平面指向上方，Axy 平面称为射击平面。Az 轴与 Axy 面相垂直并构成右手坐标系。由于发射点 A 随地球一起旋转，所以发射坐标系是动坐标系。该坐标系与第2章地面坐标系定义相似。

以上是该坐标系的一般定义。当把地球分别看成是圆球或椭球时，其坐标系的具体含意是不同的。因为过发射点的圆球表面的切平面与椭球表面的切平面不重合，即圆球时 Ay 轴

与过 A 点的半径 R 重合，如图 3.1 所示，而椭球时 Ay 轴与椭圆过 A 点的主法线重合，如图 3.2 所示。圆球与椭球情况下，Ay 轴与赤道平面的夹角分别称为地心纬度（记作 ϕ_0）和地理纬度（记作 φ_0）。Ay 轴在北半球时角度为正，Ay 轴在南半球时角度为负。Ax 轴与子午线切线北向的夹角分别称为地心方位角（记作 α_0）和发射方位角（记作 A_0），由 Ax 轴转到子午线切线北向时转动角速度方向与 Ay 轴正向一致，方位角为正。

利用该坐标系可建立火箭相对于地面的运动方程，便于描述火箭相对大气运动所受到的作用力。

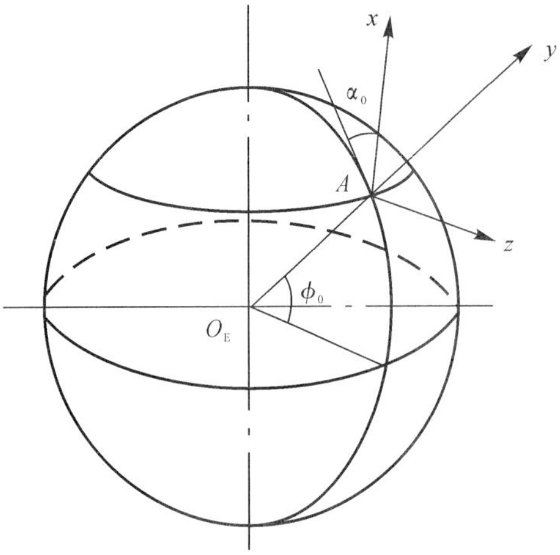

图 3.1　发射坐标系之一

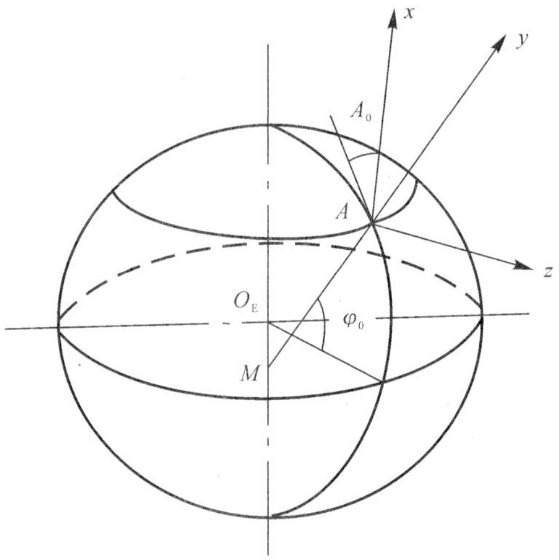

图 3.2　发射坐标系之二

4. 发射惯性坐标系 $A_A x_A y_A z_A$（A_A）

该坐标系原点 A_A 与火箭起飞瞬间的发射点 A 重合，各坐标轴与发射坐标系各轴也相应重合。火箭起飞后，A_A 点及坐标系各轴方向在惯性空间保持不动。

利用该坐标系可建立火箭在惯性空间的运动方程。

5. 平移坐标系 $A_T x_T y_T z_T$（T）

该坐标系原点 A_T 根据需要可选择在发射坐标系原点 A，或是火箭的质心 O，A_T 始终与 A 或 O 重合，但其坐标轴与发射惯性坐标系各轴始终保持平行。

该坐标系可用于进行惯性器件的对准和调平。

另外，还有箭体坐标系、速度坐标系，它们分别与第 2 章的弹体坐标系、速度坐标系的定义相同，这里不再重复。

3.1.2　坐标系之间的变换关系

1. 地心惯性坐标系与地心坐标系之间的变换关系

由定义可知这两个坐标系的 $O_E z_I$ 轴和 $O_E z_E$ 轴是重合的，而 $O_E x_I$ 轴指向平春分点，$O_E x_E$ 轴指向所讨论的时刻格林尼治天文台所在子午线与赤道的交点，$O_E x_I$ 轴与 $O_E x_E$ 轴的夹角可通过天文年历表查算得到，记该角为 Ω_G。显然，这两个坐标系之间仅存在一个欧拉角 Ω_G，因此不难得出两个坐标系的变换关系为

$$\begin{bmatrix} x_E \\ y_E \\ z_E \end{bmatrix} = \boldsymbol{L}_z(\Omega_G) \begin{bmatrix} x_I \\ y_I \\ z_I \end{bmatrix} = \boldsymbol{L}_{I-E} \begin{bmatrix} x_I \\ y_I \\ z_I \end{bmatrix} \tag{3.1}$$

其中坐标变换矩阵

$$\boldsymbol{L}_{I-E} = \begin{bmatrix} \cos\Omega_G & \sin\Omega_G & 0 \\ -\sin\Omega_G & \cos\Omega_G & 0 \\ 0 & 0 & 1 \end{bmatrix} \tag{3.2}$$

2. 地心坐标系与发射坐标系之间的变换关系

设地球为一圆球，发射点 A 在地球表面的位置可用经度 λ_0、地心纬度 ϕ_0 来表示，Ax 轴指向射击方向，该轴与过点 A 的子午北切线夹角为地心方位角 α_0，如图 3.3 所示。

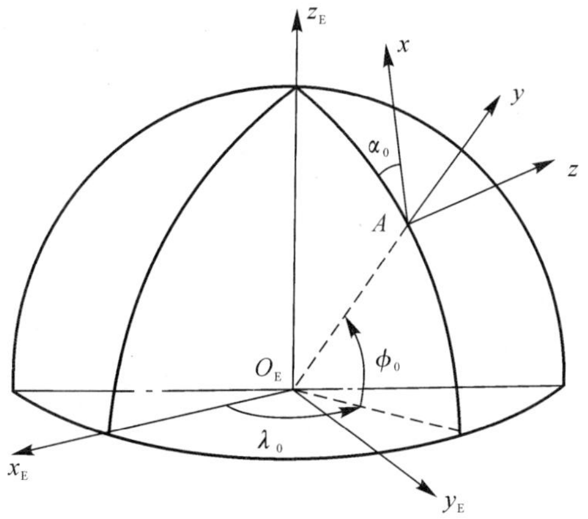

图 3.3　$O_E x_E y_E z_E$ 与 $Axyz$ 关系图

如图 3.3 所示，要使这两个坐标系各轴相应平行，可先绕 $O_E z_E$ 轴转 $\lambda_0 - 90°$，然后绕新坐标系 $O_E x'$ 轴正向转 ϕ_0，即可将 $O_E y_E$ 轴转至与 Ay 轴平行，此时再绕与 Ay 轴平行的新的第二轴转 $-(90° + \alpha_0)$，即使得两坐标系相应各轴平行。而 $(\lambda_0 - 90°)$、ϕ_0、$-(90° + \alpha_0)$ 即为三个欧拉角。其坐标变换关系为

$$\begin{bmatrix} x \\ y \\ z \end{bmatrix} = \boldsymbol{L}[\lambda_0 - 90°, \phi_0, -(90° + \alpha_0)] \begin{bmatrix} x_E \\ y_E \\ z_E \end{bmatrix} = \boldsymbol{L}_{E-A} \begin{bmatrix} x_E \\ y_E \\ z_E \end{bmatrix} \tag{3.3}$$

其中坐标变换矩阵

$$\boldsymbol{L}_{E-A} = \begin{bmatrix} -\sin\alpha_0\sin\lambda_0 - \cos\alpha_0\sin\phi_0\cos\lambda_0 & \sin\alpha_0\cos\lambda_0 - \cos\alpha_0\sin\phi_0\sin\lambda_0 & \cos\alpha_0\cos\phi_0 \\ \cos\phi_0\cos\lambda_0 & \cos\phi_0\sin\lambda_0 & \sin\phi_0 \\ -\cos\alpha_0\sin\lambda_0 + \sin\alpha_0\sin\phi_0\cos\lambda_0 & \cos\alpha_0\cos\lambda_0 + \sin\alpha_0\sin\phi_0\sin\lambda_0 & -\sin\alpha_0\cos\phi_0 \end{bmatrix} \tag{3.4}$$

若将地球考虑为椭球体，则发射点在椭球体上的位置可用经度 λ_0 和地理纬度 φ_0 确定，Ax 轴的方向则以发射方位角 A_0 表示。这样两坐标系间的方向余弦阵只需将式(3.4) 中的 ϕ_0、α_0 分别用 φ_0、A_0 代替，即可得到。

3. 发射坐标系与箭体坐标系间的变换关系

这两个坐标系的关系用以反映箭体相对于发射坐标系的姿态角。先将两个坐标系平移使原点重合，然后采用下列转动顺序：先绕 Oz 轴正向转动 ϑ_1 角，然后绕新的 Oy' 轴正向转动 ψ_1 角，最后绕 Ox_1 轴正向转 γ_1 角。两坐标系的欧拉角关系如图 3.4 所示，这样不难得出两个坐标系的坐标变换关系为

$$\begin{bmatrix} x_1 \\ y_1 \\ z_1 \end{bmatrix} = \boldsymbol{L}(\vartheta_1, \psi_1, \gamma_1) \begin{bmatrix} x \\ y \\ z \end{bmatrix} = \boldsymbol{L}_{\mathrm{A-B}} \begin{bmatrix} x \\ y \\ z \end{bmatrix} \tag{3.5}$$

其中坐标变换矩阵

$$\boldsymbol{L}_{\mathrm{A-B}} = \begin{bmatrix} \cos\vartheta_1\cos\psi_1 & \sin\vartheta_1\cos\psi_1 & -\sin\psi_1 \\ \cos\vartheta_1\sin\psi_1\sin\gamma_1 - \sin\vartheta_1\cos\gamma_1 & \sin\vartheta_1\sin\psi_1\sin\gamma_1 + \cos\vartheta_1\cos\gamma_1 & \cos\psi_1\sin\gamma_1 \\ \cos\vartheta_1\sin\psi_1\cos\gamma_1 + \sin\vartheta_1\sin\gamma_1 & \sin\vartheta_1\sin\psi_1\cos\gamma_1 - \cos\vartheta_1\sin\gamma_1 & \cos\psi_1\cos\gamma_1 \end{bmatrix} \tag{3.6}$$

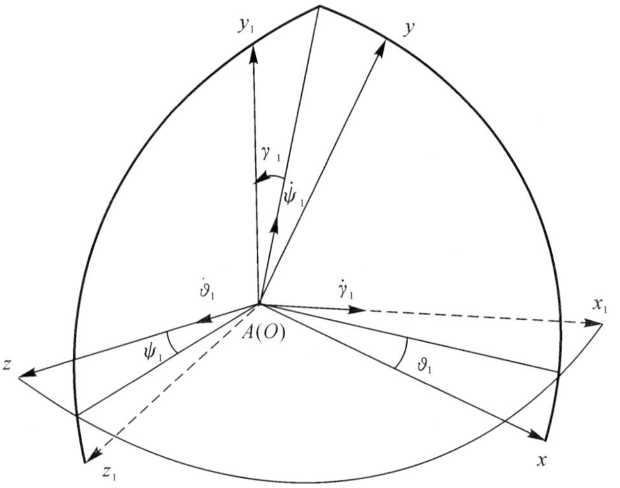

图 3.4　发射坐标系与箭体坐标系的欧拉角关系图

由图 3.4 可看出各欧拉角的物理意义。

ϑ_1 称为俯仰角，为火箭纵轴 Ox_1 在射击平面 Axy 上的投影与 Ax 轴的夹角，投影在 Ax 的上方为正角；

ψ_1 称为偏航角，为轴 Ox_1 与射击平面 Axy 的夹角，Ox_1 轴在射击平面的左方，角 ψ_1 取正值；

γ_1 称为滚转角，为火箭绕 Ox_1 轴旋转的角度，当旋转角速度矢量与 Ox_1 轴方向一致，则角 γ_1 取正值。

另外，发射坐标系与速度坐标系间的欧拉角及坐标变换矩阵、速度坐标系与箭体坐标系间的欧拉角及坐标变换矩阵，与第 2 章相类似，这里不再重复。

4. 平移坐标系或发射惯性坐标系与发射坐标系的变换关系

设地球为一圆球。据定义，发射惯性坐标系 $A_A x_A y_A z_A$ 在发射瞬时与发射坐标系 $Axyz$

是重合的，但是由于地球旋转，发射后与地球固连的发射坐标系在惯性空间的方位会发生变化。记从发射瞬时到所讨论时刻的时间间隔为 t，地球自转角速度为 $\boldsymbol{\omega}_e$，则 t 时刻发射坐标系绕地球自转轴转过的角度为 $\omega_e t$。

显然，如果发射坐标系与发射惯性坐标系各有一轴与地球自转轴相平行，那它们之间的坐标变换矩阵将很简单。但一般情况下，这两个坐标系对地球自转轴而言是处于任意的位置。因此，首先考虑将这两个坐标系经过一定的转动使得相应的新坐标系各有一轴与地球自转轴平行，而且要求所转过的欧拉角是已知参数，如图 3.5 所示。由此我们可先将 $A_A x_A y_A z_A$ 与 $Axyz$ 分别绕 $A_A y_A$ 轴、Ay 轴转动角 α_0，使得 Ax_A 轴、Ax 轴转到发射点 A_A、A 所在子午面内，此时 Az_A 轴与 Az 轴即转到垂直于各自子午面，并且在过发射点的纬圈的切线方向。然后再绕各自新的侧轴（$Az_A{}'$ 与 Az'）转 ϕ_0 角，从而得新的坐标系 $A_A\xi_A\eta_A\zeta_A$ 及 $A\xi\eta\zeta$，此时 $A_A\xi_A$ 轴与 $A\xi$ 轴均平行于地球的自转轴。最后，将新的坐标系与各自原有坐标系固连起来，这样，$A_A\xi_A\eta_A\zeta_A$ 仍然为惯性坐标系，$Axyz$ 也仍然为随地球一起转动的动坐标系。

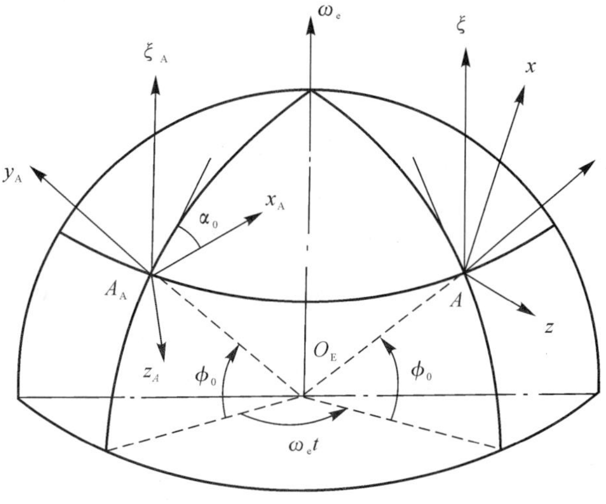

图 3.5　发射惯性坐标系与发射坐标系关系图

不难根据上述转动过程写出坐标变换关系如下：

$$\begin{bmatrix}\xi_A\\ \eta_A\\ \zeta_A\end{bmatrix}=\boldsymbol{L}_{A-\xi}\begin{bmatrix}x_A\\ y_A\\ z_A\end{bmatrix}\tag{3.7}$$

$$\begin{bmatrix}\xi\\ \eta\\ \zeta\end{bmatrix}=\boldsymbol{L}_{A-\xi}\begin{bmatrix}x\\ y\\ z\end{bmatrix}\tag{3.8}$$

其中坐标变换矩阵

$$\boldsymbol{L}_{A-\xi}=\begin{bmatrix}\cos\alpha_0\cos\phi_0 & \sin\phi_0 & -\sin\alpha_0\cos\phi_0\\ -\cos\alpha_0\sin\phi_0 & \cos\phi_0 & \sin\alpha_0\sin\phi_0\\ \sin\alpha_0 & 0 & \cos\alpha_0\end{bmatrix}\tag{3.9}$$

注意到在发射瞬时 $t=0$ 处，$A_A\xi_A\eta_A\zeta_A$ 与 $A\xi\eta\zeta$ 重合，且 $A_A\xi_A$ 轴、$A\xi$ 轴的方向与地球自转轴 $\boldsymbol{\omega}_e$ 的方向一致，那么在任意瞬时 t 处，这两个坐标系存在一个绕 $A_A\xi_A$ 轴的欧拉角 $\omega_e t$，故

它们之间的坐标变换关系为

$$\begin{bmatrix}\xi\\ \eta\\ \zeta\end{bmatrix}=\boldsymbol{L}_x(\omega_e t)\begin{bmatrix}\xi_A\\ \eta_A\\ \zeta_A\end{bmatrix}\tag{3.10}$$

其中坐标变换矩阵

$$\boldsymbol{L}_x(\omega_e t)=\begin{bmatrix}1 & 0 & 0\\ 0 & \cos\omega_e t & \sin\omega_e t\\ 0 & -\sin\omega_e t & \cos\omega_e t\end{bmatrix}\tag{3.11}$$

根据坐标变换矩阵的传递性，由式(3.7)、式(3.8)及式(3.10)可得

$$\begin{bmatrix}x\\ y\\ z\end{bmatrix}=\boldsymbol{L}_{AA-A}\begin{bmatrix}x_A\\ y_A\\ z_A\end{bmatrix}\tag{3.12}$$

其中 $\boldsymbol{L}_{AA-A}$ 为发射惯性坐标系与发射坐标系之间的坐标变换矩阵，即

$$\boldsymbol{L}_{AA-A}=\boldsymbol{L}_{A-\xi}^{-1}\boldsymbol{L}_x(\omega_e t)\boldsymbol{L}_{A-\xi}\tag{3.13}$$

因 $\boldsymbol{L}_{A-\xi}$ 为正交矩阵，故 $\boldsymbol{L}_{A-\xi}^{-1}=\boldsymbol{L}_{A-\xi}^{T}$。

将式(3.9)、式(3.11)代入式(3.13)，运用矩阵乘法可得到矩阵 $\boldsymbol{L}_{AA-A}$ 中的每个元素。令 L_{ij} 表示 $\boldsymbol{L}_{AA-A}$ 中的第 i 行第 j 列元素，则有

$$\left.\begin{aligned}
L_{11}&=\cos^2\alpha_0\cos^2\phi_0(1-\cos\omega_e t)+\cos\omega_e t\\
L_{12}&=\cos\alpha_0\sin\phi_0\cos\phi_0(1-\cos\omega_e t)-\sin\alpha_0\cos\phi_0\sin\omega_e t\\
L_{13}&=-\sin\alpha_0\cos\alpha_0\cos^2\phi_0(1-\cos\omega_e t)-\sin\phi_0\sin\omega_e t\\
L_{21}&=\cos\alpha_0\sin\phi_0\cos\phi_0(1-\cos\omega_e t)+\sin\alpha_0\cos\phi_0\sin\omega_e t\\
L_{22}&=\sin^2\phi_0(1-\cos\omega_e t)+\cos\omega_e t\\
L_{23}&=-\sin\alpha_0\sin\phi_0\cos\phi_0(1-\cos\omega_e t)+\cos\alpha_0\cos\phi_0\sin\omega_e t\\
L_{31}&=-\sin\alpha_0\cos\alpha_0\cos\phi_0(1-\cos\omega_e t)+\sin\phi_0\sin\omega_e t\\
L_{32}&=-\sin\alpha_0\sin\phi_0\cos\phi_0(1-\cos\omega_e t)-\cos\alpha_0\cos\phi_0\sin\omega_e t\\
L_{33}&=\sin^2\alpha_0\cos^2\phi_0(1-\cos\omega_e t)+\cos\omega_e t
\end{aligned}\right\}\tag{3.14}$$

将式(3.14)中含 $\omega_e t$ 的正弦、余弦函数展成 $\omega_e t$ 的幂级数，略去三阶及三阶以上的各项，即

$$\left.\begin{aligned}
\cos\omega_e t&=1-\frac{1}{2}(\omega_e t)^2\\
\sin\omega_e t&=\omega_e t
\end{aligned}\right\}\tag{3.15}$$

将 $\boldsymbol{\omega}_e$ 在地面坐标系内投影，如图3.6所示。各投影分量可按下列步骤求取：首先在过发射点 A 的子午面内将 $\boldsymbol{\omega}_e$ 分解为 Ay 轴方向和水平(垂直 Ay 轴)方向的两个分量，然后再将水平分量分解为沿 Ax 轴方向与 Az 轴方向的分量。由此可得 $\boldsymbol{\omega}_e$ 在地面坐标系的三个分量为

$$\begin{bmatrix}\omega_{ex}\\ \omega_{ey}\\ \omega_{ez}\end{bmatrix}=\omega_e\begin{bmatrix}\cos\phi_0\cos\alpha_0\\ \sin\phi_0\\ -\cos\phi_0\sin\alpha_0\end{bmatrix}\tag{3.16}$$

将式(3.15)、式(3.16)代入式(3.14)，则得 $\boldsymbol{L}_{AA-A}$ 准确至 $\omega_e t$ 的二次方项的形式为

$$
\boldsymbol{L}_{\mathrm{AA-A}}=\begin{bmatrix}1-\frac{1}{2}(\omega_{\mathrm{e}}^{2}-\omega_{\mathrm{e}x}^{2})t^{2} & \omega_{\mathrm{e}z}t+\frac{1}{2}\omega_{\mathrm{e}x}\omega_{\mathrm{e}y}t^{2} & -\omega_{\mathrm{e}y}t+\frac{1}{2}\omega_{\mathrm{e}x}\omega_{\mathrm{e}z}t^{2}\\ -\omega_{\mathrm{e}z}t+\frac{1}{2}\omega_{\mathrm{e}x}\omega_{\mathrm{e}y}t^{2} & 1-\frac{1}{2}(\omega_{\mathrm{e}}^{2}-\omega_{\mathrm{e}y}^{2})t^{2} & \omega_{\mathrm{e}x}t+\frac{1}{2}\omega_{\mathrm{e}y}\omega_{\mathrm{e}z}t^{2}\\ \omega_{\mathrm{e}y}t+\frac{1}{2}\omega_{\mathrm{e}x}\omega_{\mathrm{e}z}t^{2} & -\omega_{\mathrm{e}x}t+\frac{1}{2}\omega_{\mathrm{e}y}\omega_{\mathrm{e}z}t^{2} & 1-\frac{1}{2}(\omega_{\mathrm{e}}^{2}-\omega_{\mathrm{e}z}^{2})t^{2}\end{bmatrix} \tag{3.17}
$$

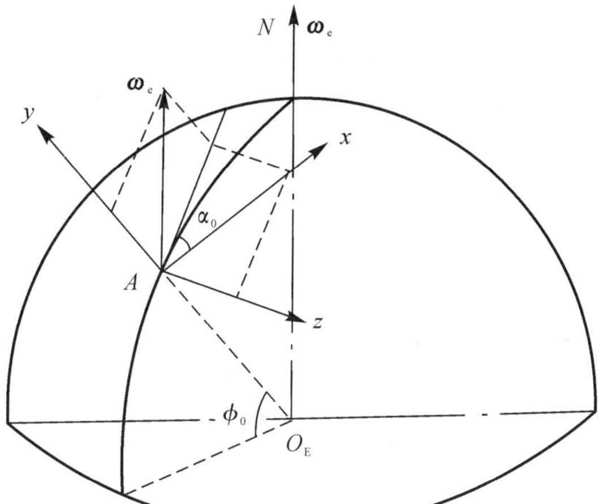

图 3.6　$\boldsymbol{\omega}_{\mathrm{e}}$ 在 $Axyz$ 上投影

如果将 $\boldsymbol{L}_{\mathrm{AA-A}}$ 进一步近似至 $\omega_{\mathrm{e}}t$ 的一次项，则由式(3.17) 可得

$$
\boldsymbol{L}_{\mathrm{AA-A}}=\begin{bmatrix}1 & \omega_{\mathrm{e}z}t & -\omega_{\mathrm{e}y}t\\ -\omega_{\mathrm{e}z}t & 1 & \omega_{\mathrm{e}x}t\\ \omega_{\mathrm{e}y}t & -\omega_{\mathrm{e}x}t & 1\end{bmatrix} \tag{3.18}
$$

不难理解，由于平移坐标系与发射惯性坐标系各轴始终保持平行，因此，这两个坐标系与地面坐标系之间的坐标变换矩阵应是相同的，即

$$
\boldsymbol{L}_{\mathrm{T-A}}=\boldsymbol{L}_{\mathrm{AA-A}}
$$

如果将地球考虑成标准椭球体，则只需将上述坐标变换矩阵元素中的地心方位角 α_0 和地心纬度 ϕ_0 分别以发射方位角 A_0 及地理纬度 φ_0 代替即可。

以上介绍了一些坐标系之间的坐标变换矩阵，虽未给出所有常用坐标系中任意两个坐标系间的坐标变换矩阵，但运用坐标变换矩阵的递推性是不难找到的。

3.2　变质量力学原理

第 2 章建立近程战术导弹运动方程和研究其运动规律的时候，基于“固化原理”，将导弹质量和喷射出的燃气质量合在一起考虑，即把每一瞬时的导弹看作常质量系的虚拟刚体，利用刚体动力学的经典理论进行研究。对于火箭来说，由于任务使然，一般需要很大的推力，带有大量的燃料(约占起飞时质量的 80% ～ 90%)，当发动机工作时燃料燃烧，形成的大量气体质点不断地由火箭内部喷出，火箭的质量不断减小，质心不断变化。另外，除燃料消耗外，火箭控制发动机系统及冷却系统工作的工质消耗，以及作为再入大气层的弹头或飞行器烧蚀等，使得火箭质量不断变化。这些都使火箭不再能近似成一个常质量系的刚体，研究过程中必须考虑质量变化的影响，将其作为一个变质量质点系。因此，第 2 章中关于刚体动力学的经典理论不能直接用来研究火箭的运动，下面我们对变质量系物体运动的基本力学原理进行介绍。

3.2.1 变质量质点运动的力学原理

先以最简单的变质量质点为例进行分析。设有一质量随时间变化的质点 M，其质量在 t 时刻为 $m(t)$，并具有绝对速度 $\boldsymbol{v}$，此时该质点的动量 $\boldsymbol{Q}(t)$ 为

$$\boldsymbol{Q}(t)=m(t)\boldsymbol{v} \tag{3.19}$$

在 $\mathrm{d}t$ 时间内，有外界作用在质点上的力 $\boldsymbol{F}$ 且质点 M 向外以相对速度 $\boldsymbol{v}_\mathrm{r}$ 喷射出元质量 $-\mathrm{d}m$，如图 3.7 所示。显然

$$-\mathrm{d}m=m(t)-m(t+\mathrm{d}t) \tag{3.20}$$

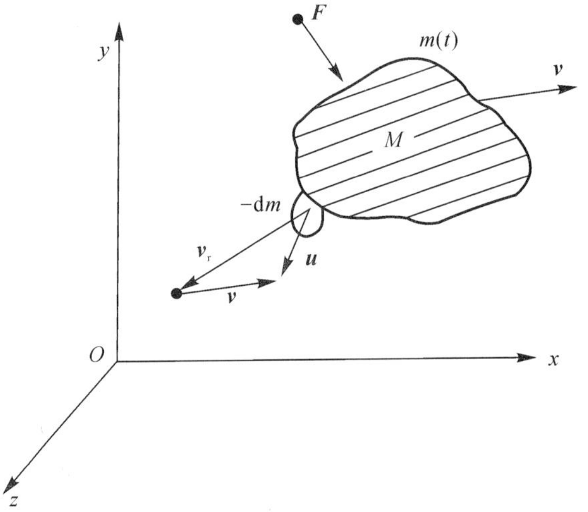

图 3.7 变质量质点示意图

假设在 $\mathrm{d}t$ 时间内质点 $m(t+\mathrm{d}t)$ 具有的速度增量为 $\mathrm{d}\boldsymbol{v}$，那么在 $t+\mathrm{d}t$ 时刻，质点的动量应为

$$\boldsymbol{Q}(t+\mathrm{d}t)=[m(t)-(-\mathrm{d}m)](\boldsymbol{v}+\mathrm{d}\boldsymbol{v})+(-\mathrm{d}m)(\boldsymbol{v}+\boldsymbol{v}_\mathrm{r}) \tag{3.21}$$

略去 $\mathrm{d}m\mathrm{d}\boldsymbol{v}$ 项，则

$$\boldsymbol{Q}(t+\mathrm{d}t)=m(t)(\boldsymbol{v}+\mathrm{d}\boldsymbol{v})-\mathrm{d}m\boldsymbol{v}_\mathrm{r} \tag{3.22}$$

比较式(3.19) 和式(3.22)，可得质点在 $\mathrm{d}t$ 时间内的动量变化量

$$\mathrm{d}\boldsymbol{Q}=m\mathrm{d}\boldsymbol{v}-\mathrm{d}m\boldsymbol{v}_\mathrm{r} \tag{3.23}$$

根据常质量质心动量定理有

$$\frac{\mathrm{d}\boldsymbol{Q}}{\mathrm{d}t}=\boldsymbol{F} \tag{3.24}$$

即有

$$m\frac{\mathrm{d}\boldsymbol{v}}{\mathrm{d}t}=\boldsymbol{F}+\frac{\mathrm{d}m}{\mathrm{d}t}\boldsymbol{v}_\mathrm{r} \tag{3.25}$$

该方程为密歇尔斯基方程，即变质量质点基本方程。

对于不变质量质点，$\mathrm{d}m/\mathrm{d}t=0$，则由式(3.25) 可得牛顿第二定律的一般表达式

$$m\frac{\mathrm{d}\boldsymbol{v}}{\mathrm{d}t}=\boldsymbol{F} \tag{3.26}$$

如果将式(3.25) 中具有力的量纲项$(\mathrm{d}m/\mathrm{d}t)\boldsymbol{v}_{\mathrm{r}}$ 视为作用在质点 M 上的力，记为 $\boldsymbol{P}_{\mathrm{r}}$，则可将式(3.25) 写为

$$m\frac{\mathrm{d}\boldsymbol{v}}{\mathrm{d}t}=\boldsymbol{F}+\boldsymbol{P}_{\mathrm{r}} \tag{3.27}$$

其中 $\boldsymbol{P}_{\mathrm{r}}$ 称为喷射反作用力。

由于质点 M 向外喷射物质，因此 $\mathrm{d}m/\mathrm{d}t<0$，故喷射反作用力的方向与 $\boldsymbol{v}_{\mathrm{r}}$ 方向相反，是一个加速力。

由上可知，对于一般物体而言，要想使物体产生运动状态的变化，除外界作用力外，还可通过物体本身向所需运动反方向喷射物质而获得加速度，这称为直接反作用原理。

根据密歇尔斯基方程，如果质点不受外力作用，则有

$$m\frac{\mathrm{d}\boldsymbol{v}}{\mathrm{d}t}=\frac{\mathrm{d}m}{\mathrm{d}t}\boldsymbol{v}_{\mathrm{r}}$$

若设 $\boldsymbol{v}$ 与 $\boldsymbol{v}_{\mathrm{r}}$ 正好反向，即有

$$m\frac{\mathrm{d}v}{\mathrm{d}t}=-\frac{\mathrm{d}m}{\mathrm{d}t}v_{\mathrm{r}}$$

则

$$\mathrm{d}v=-v_{\mathrm{r}}\frac{\mathrm{d}m}{m}$$

当喷射元质量的速度 v_{r} 为定值时，对上式积分可得

$$v-v_0=-v_{\mathrm{r}}\ln\frac{m}{m_0} \tag{3.28}$$

式中：v_0 为起始时刻质点所具有的速度；m_0 为起始时刻质点所具有的质量，其大小等于物体结构质量 m_{k} 与全部可喷射物质质量 m_{T} 之和。

若初始速度 $v_0=0$，在 m_{T} 全部喷射完时，物体具有的速度为

$$v_{\mathrm{k}}=-v_{\mathrm{r}}\ln\frac{m_{\mathrm{k}}}{m_0} \tag{3.29}$$

式(3.29) 即为著名的齐奥尔柯夫斯基公式。用该式可以计算出的速度为理想速度。齐奥尔柯夫斯基公式说明，当含有喷射物质的质点不受外力作用时，喷射元质量的速度 v_{r} 一定但喷射物质质量 m_{T} 在 m_0 中占有比例越多，或者喷射物质质量 m_{T} 一定但喷射元质量的速度 v_{r} 越大，则质点的理想速度就越大。

3.2.2　变质量质点系运动的力学原理

若物体为变质量质点系，当该质点系中一些质点随物体作牵连运动，同时物体内部还有一些质点相对于物体作相对运动时，运用密歇尔斯基方程建立该物体的运动方程，则存在近似性，因此必须对变质量质点系进行专门的讨论。

由理论力学可知，在某惯性参考系 $Oxyz$ 中，有一离散质点系 S(该质点系由 N 个离散质

点组成)，若其任一离散质点 m_i 在惯性坐标系中的矢径为 $\boldsymbol{r}_i$，外界作用于系统 S 上的总外力为 $\boldsymbol{F}_S$、外力矩为 $\boldsymbol{M}_S$，则系统 S 的平动方程及转动方程分别为

$$\boldsymbol{F}_S = \sum_{i=1}^{N} m_i \frac{d^2 \boldsymbol{r}_i}{dt^2} \tag{3.30}$$

$$\boldsymbol{M}_S = \sum_{i=1}^{N} m_i \boldsymbol{r}_i \times \frac{d^2 \boldsymbol{r}_i}{dt^2} \tag{3.31}$$

火箭和弹道导弹是物体(连续质点)，因此我们需要研究物体(连续质点)的运动方程。此时可以将物体看作是由无数个具有无穷小质量的质点组成的系统，于是式(3.30)和式(3.31)中的求和符号用积分符号来代替，则有

$$\boldsymbol{F}_S = \int_m \frac{d^2 \boldsymbol{r}}{dt^2} dm \tag{3.32}$$

$$\boldsymbol{M}_S = \int_m \boldsymbol{r} \times \frac{d^2 \boldsymbol{r}}{dt^2} dm \tag{3.33}$$

式(3.32)、式(3.33)中虽只有一个积分符号 $\int_m$，但因为 dm 可以写成 ρdV，其中 ρ 是质量密度，dV 是体积元，因此对于一个三维系统，该积分实质上是三重积分。

1. 连续质点系的质心移动方程

设系统 S 中的任一质点元 P 在惯性坐标系中的矢径 $\boldsymbol{r}$ 可以表示为系统 S 质心的矢径 $\boldsymbol{r}_{c.m}$ 与质心到质点元 P 的矢量 $\boldsymbol{\rho}$ 之和，如图 3.8 所示，即有

$$\boldsymbol{r} = \boldsymbol{\rho} + \boldsymbol{r}_{c.m} \tag{3.34}$$

所以

$$\frac{d^2 \boldsymbol{r}}{dt^2} = \frac{d^2 \boldsymbol{r}_{c.m}}{dt^2} + \frac{d^2 \boldsymbol{\rho}}{dt^2} \tag{3.35}$$

假定系统 S 相对坐标系 $Oxyz$ 有一个旋转角速度 $\boldsymbol{\omega}_T$，根据矢量运算关系：

$$\frac{d\boldsymbol{\rho}}{dt} = \frac{\delta \boldsymbol{\rho}}{\delta t} + \boldsymbol{\omega}_T \times \boldsymbol{\rho} \tag{3.36}$$

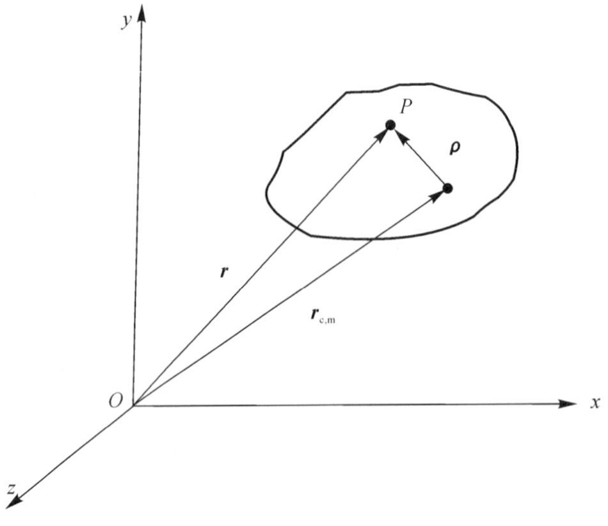

图 3.8　质点系矢量关系图

这里，$\frac{\mathrm{d}\boldsymbol{\rho}}{\mathrm{d}t}$ 为矢量 $\boldsymbol{\rho}$ 的绝对导数，$\frac{\delta\boldsymbol{\rho}}{\delta t}$ 为 $\boldsymbol{\rho}$ 的相对导数。对式(3.36) 再一次求导，得到

$$\frac{\mathrm{d}^2\boldsymbol{\rho}}{\mathrm{d}t^2}=\frac{\delta^2\boldsymbol{\rho}}{\delta t^2}+2\boldsymbol{\omega}_{\mathrm{T}}\times\frac{\delta\boldsymbol{\rho}}{\delta t}+\frac{\mathrm{d}\boldsymbol{\omega}_{\mathrm{T}}}{\mathrm{d}t}\times\boldsymbol{\rho}+\boldsymbol{\omega}_{\mathrm{T}}\times(\boldsymbol{\omega}_{\mathrm{T}}\times\boldsymbol{\rho})\tag{3.37}$$

将式(3.37) 代入式(3.35)，最后得到

$$\frac{\mathrm{d}^2\boldsymbol{r}}{\mathrm{d}t^2}=\frac{\mathrm{d}^2\boldsymbol{r}_{\mathrm{c.m}}}{\mathrm{d}t^2}+2\boldsymbol{\omega}_{\mathrm{T}}\times\frac{\delta\boldsymbol{\rho}}{\delta t}+\frac{\delta^2\boldsymbol{\rho}}{\delta t^2}+\frac{\mathrm{d}\boldsymbol{\omega}_{\mathrm{T}}}{\mathrm{d}t}\times\boldsymbol{\rho}+\boldsymbol{\omega}_{\mathrm{T}}\times(\boldsymbol{\omega}_{\mathrm{T}}\times\boldsymbol{\rho})\tag{3.38}$$

由于 $\boldsymbol{\rho}$ 表示系统 S 上的任一质点到质心的矢径，根据质心的定义有 $\int_m\boldsymbol{\rho}\,\mathrm{d}m=0$，因此，将式(3.38) 代入式(3.32)，有

$$\boldsymbol{F}_{\mathrm{S}}=m\frac{\mathrm{d}^2\boldsymbol{r}_{\mathrm{c.m}}}{\mathrm{d}t^2}+2\boldsymbol{\omega}_{\mathrm{T}}\times\int_m\frac{\delta\boldsymbol{\rho}}{\delta t}\mathrm{d}m+\int_m\frac{\delta^2\boldsymbol{\rho}}{\delta t^2}\mathrm{d}m\tag{3.39}$$

式(3.39) 为适用于任意变质量物体的质心移动方程，将式(3.39) 改写可得

$$m\frac{\mathrm{d}^2\boldsymbol{r}_{\mathrm{c.m}}}{\mathrm{d}t^2}=\boldsymbol{F}_{\mathrm{S}}+\boldsymbol{F}'_{\mathrm{k}}+\boldsymbol{F}'_{\mathrm{rel}}\tag{3.40}$$

其中

$$\boldsymbol{F}'_{\mathrm{k}}=-2\boldsymbol{\omega}_{\mathrm{T}}\times\int_m\frac{\delta\boldsymbol{\rho}}{\delta t}\mathrm{d}m$$

$$\boldsymbol{F}'_{\mathrm{rel}}=-\int_m\frac{\delta^2\boldsymbol{\rho}}{\delta t^2}\mathrm{d}m$$

$\boldsymbol{F}'_{\mathrm{k}}$、$\boldsymbol{F}'_{\mathrm{rel}}$ 分别称为系统 S 的附加哥氏力和附加相对力。

2. 连续质点系的转动方程

由式(3.33) 不难写出变质量质点系 S 在力 $\boldsymbol{F}_{\mathrm{S}}$ 的作用下所产生的绕惯性坐标系原点 O 和绕系统 S 质心的力矩方程

$$\boldsymbol{M}_0=\int_m\boldsymbol{r}\times\frac{\mathrm{d}^2\boldsymbol{r}}{\mathrm{d}t^2}\mathrm{d}m\tag{3.41}$$

$$\boldsymbol{M}_{\mathrm{c.m}}=\int_m\boldsymbol{\rho}\times\frac{\mathrm{d}^2\boldsymbol{r}}{\mathrm{d}t^2}\mathrm{d}m\tag{3.42}$$

考虑到研究火箭在空中的姿态变化是以绕质心的转动来进行的，因此，下面对式(3.42) 进行讨论。

将式(3.38) 代入式(3.42)，则力矩方程可写为

$$\begin{aligned}\boldsymbol{M}_{\mathrm{c.m}}=&\int_m\boldsymbol{\rho}\times\frac{\mathrm{d}^2\boldsymbol{r}_{\mathrm{c.m}}}{\mathrm{d}t^2}\mathrm{d}m+2\int_m\boldsymbol{\rho}\times\left(\boldsymbol{\omega}_{\mathrm{T}}\times\frac{\delta\boldsymbol{\rho}}{\delta t}\right)\mathrm{d}m+\\&\int_m\boldsymbol{\rho}\times\frac{\delta^2\boldsymbol{\rho}}{\delta t^2}\mathrm{d}m+\int_m\boldsymbol{\rho}\times\left(\frac{\mathrm{d}\boldsymbol{\omega}_{\mathrm{T}}}{\mathrm{d}t}\times\boldsymbol{\rho}\right)\mathrm{d}m+\\&\int_m\boldsymbol{\rho}\times[\boldsymbol{\omega}_{\mathrm{T}}\times(\boldsymbol{\omega}_{\mathrm{T}}\times\boldsymbol{\rho})]\mathrm{d}m\end{aligned}\tag{3.43}$$

注意到 $\boldsymbol{r}_{\mathrm{c.m}}$ 与质量 $\mathrm{d}m$ 无关，且按质心的定义有 $\int_m\boldsymbol{\rho}\,\mathrm{d}m=\boldsymbol{0}$，故式(3.43) 简化为

$$\boldsymbol{M}_{\mathrm{c.m}}=2\int_m\boldsymbol{\rho}\times\left(\boldsymbol{\omega}_{\mathrm{T}}\times\frac{\delta\boldsymbol{\rho}}{\delta t}\right)\mathrm{d}m+\int_m\boldsymbol{\rho}\times\frac{\delta^2\boldsymbol{\rho}}{\delta t^2}\mathrm{d}m+$$

$$\int_m \boldsymbol{\rho} \times \left(\frac{\mathrm{d}\boldsymbol{\omega}_T}{\mathrm{d}t} \times \boldsymbol{\rho}\right) \mathrm{d}m + \int_m \boldsymbol{\rho} \times [\boldsymbol{\omega}_T \times (\boldsymbol{\omega}_T \times \boldsymbol{\rho})] \mathrm{d}m \tag{3.44}$$

式(3.44)为适用于任意变质量物体的绕质心的一般转动方程。该式也可写成另一种形式，首先将式(3.44)移项写为

$$\int_m \boldsymbol{\rho} \times [\boldsymbol{\omega}_T \times (\boldsymbol{\omega}_T \times \boldsymbol{\rho})] \mathrm{d}m + \int_m \boldsymbol{\rho} \times \left(\frac{\mathrm{d}\boldsymbol{\omega}_T}{\mathrm{d}t} \times \boldsymbol{\rho}\right) \mathrm{d}m = \boldsymbol{M}_{\mathrm{c.m}} + \boldsymbol{M}'_{\mathrm{k}} + \boldsymbol{M}'_{\mathrm{rel}} \tag{3.45}$$

其中

$$\boldsymbol{M}'_{\mathrm{k}} = -2\int_m \boldsymbol{\rho} \times \left(\boldsymbol{\omega}_T \times \frac{\delta \boldsymbol{\rho}}{\delta t}\right) \mathrm{d}m$$

$$\boldsymbol{M}'_{\mathrm{rel}} = -\int_m \boldsymbol{\rho} \times \frac{\delta^2 \boldsymbol{\rho}}{\delta t^2} \mathrm{d}m$$

$\boldsymbol{M}'_{\mathrm{k}}$、$\boldsymbol{M}'_{\mathrm{rel}}$分别称为系统 S 的附加哥氏力矩和附加相对力矩。

根据矢量叉乘运算法则

$$\boldsymbol{A} \times (\boldsymbol{B} \times \boldsymbol{C}) = (\boldsymbol{A} \cdot \boldsymbol{C}) \cdot \boldsymbol{B} - (\boldsymbol{A} \cdot \boldsymbol{B}) \cdot \boldsymbol{C} = \boldsymbol{B} \times (\boldsymbol{A} \times \boldsymbol{C}) + \boldsymbol{C} \times (\boldsymbol{B} \times \boldsymbol{A})$$

可得式(3.45)左端的第一项

$$\int_m \boldsymbol{\rho} \times [\boldsymbol{\omega}_T \times (\boldsymbol{\omega}_T \times \boldsymbol{\rho})] \mathrm{d}m = \boldsymbol{\omega}_T \times \int_m \boldsymbol{\rho} \times (\boldsymbol{\omega}_T \times \boldsymbol{\rho}) \mathrm{d}m \tag{3.46}$$

记

$$\boldsymbol{H}_{\mathrm{c.m}} = \int_m \boldsymbol{\rho} \times (\boldsymbol{\omega}_T \times \boldsymbol{\rho}) \mathrm{d}m \tag{3.47}$$

式(3.47)是将系统视为刚体后，该刚体对质心的动量矩。

现以变质量物体的质心作为原点 O_1，建立一个与该物体固连的任意直角坐标系 O_1xyz，则由第 2 章知识，可知刚体动量矩 $\boldsymbol{H}_{\mathrm{c.m}}$ 可表示为

$$\boldsymbol{H}_{\mathrm{c.m}} = \boldsymbol{J}\boldsymbol{\omega}_T \tag{3.48}$$

式中：$\boldsymbol{\omega}_T = [\omega_{Tx} \quad \omega_{Ty} \quad \omega_{Tz}]^T$；$\boldsymbol{J}$ 为惯量张量，其矩阵表示见第 2 章。

将式(3.48)代入式(3.46)可得

$$\int_m \boldsymbol{\rho} \times [\boldsymbol{\omega}_T \times (\boldsymbol{\omega}_T \times \boldsymbol{\rho})] \mathrm{d}m = \boldsymbol{\omega}_T \times (\boldsymbol{J}\boldsymbol{\omega}_T) \tag{3.49}$$

同理，可将式(3.45)左端第二项写为

$$\int_m \boldsymbol{\rho} \times \left(\frac{\mathrm{d}\boldsymbol{\omega}_T}{\mathrm{d}t} \times \boldsymbol{\rho}\right) \mathrm{d}m = \boldsymbol{J}\frac{\mathrm{d}\boldsymbol{\omega}_T}{\mathrm{d}t} \tag{3.50}$$

最终可将式(3.45)写为

$$\boldsymbol{J}\frac{\mathrm{d}\boldsymbol{\omega}_T}{\mathrm{d}t} + \boldsymbol{\omega}_T \times (\boldsymbol{J}\boldsymbol{\omega}_T) = \boldsymbol{M}_{\mathrm{c.m}} + \boldsymbol{M}'_{\mathrm{k}} + \boldsymbol{M}'_{\mathrm{rel}} \tag{3.51}$$

显然，式(3.51)左端是惯性力矩。

式(3.40)及式(3.51)是变质量物体的一般质心移动方程和绕质心转动方程，形式上与适用于刚体的方程式相同。因此，引出一条重要的原理——刚化原理，叙述如下：

在一般情况下，任意一个变质量系统在 t 瞬时的质心移动方程和绕质心转动方程，能用这样一个刚体的相应方程来表示，这个刚体的质量等于系统在 t 瞬时的质量，而它受的力除了真实的外力和力矩外，还要加两个附加力和两个附加力矩，即附加哥氏力、附加相对力和附加哥氏力矩、附加相对力矩。

3.3　附加力与附加力矩

当研究火箭或者弹道导弹(以下为了书写简便,将省去弹道导弹)的运动时,在每一瞬时,只将在该瞬时位于"规定"表面以内的质点作为它的组成。这一"规定"的表面,通常是取火箭的外表面和发动机喷管的出口截面。设火箭为一轴对称体,发动机喷管出口截面积为 S_e,火箭的质心记为 O_1,燃料燃烧过程中 t 时刻质心 O_1 相对于箭体的运动速度矢量为 $\boldsymbol{v}_{rc}$,而箭体内质点相对于箭体的速度矢量为 $\boldsymbol{v}_{rb}$,则该质点相对于可变质心的速度矢量为 $\delta\boldsymbol{\rho}/\delta t$,它与 $\boldsymbol{v}_{rb}$、$\boldsymbol{v}_{rc}$ 有如下关系:

$$\frac{\delta\boldsymbol{\rho}}{\delta t}=\boldsymbol{v}_{rb}-\boldsymbol{v}_{rc} \tag{3.52}$$

由雷诺迁移定理有

$$\int_m \frac{\delta\boldsymbol{U}}{\delta t}\mathrm{d}m=\frac{\delta}{\delta t}\int_m \boldsymbol{U}\mathrm{d}m+\int_{S_e}\boldsymbol{U}(\rho_m\boldsymbol{v}_{rb}\cdot\boldsymbol{n})\,\mathrm{d}S_e \tag{3.53}$$

式中:$\boldsymbol{U}$ 为某一矢量点函数;ρ_m 为流体质量密度;$\boldsymbol{n}$ 为喷管截面 S_e 的外法向单位矢量。

式(3.53)表示被积函数的导数与积分导数之间的关系。利用式(3.53),可将作用于火箭上的附加力和力矩的具体表达式导出如下:

附加相对力为

$$\boldsymbol{F}'_{rel}=-\ddot{m}\boldsymbol{\rho}_e-\dot{m}\dot{\boldsymbol{\rho}}_e-\dot{m}\boldsymbol{u}_e+\dot{m}\boldsymbol{v}_{rc} \tag{3.54}$$

其中,$\dot{m}=-\dfrac{\mathrm{d}m}{\mathrm{d}t}$ 称为质量秒耗量;$\boldsymbol{u}_e$ 为 S_e 面上质点的排出速度,若各质点排出速度相同,则 $\boldsymbol{u}_e=\boldsymbol{v}_{rb}(\mathrm{d}S_e)$,若各质点排出速度不同,则 $\boldsymbol{u}_e=\dfrac{1}{\dot{m}}\int_{S_e}\boldsymbol{v}_{rb}(\rho_m\boldsymbol{v}_{rb}\cdot\boldsymbol{n})\mathrm{d}S_e$;$\boldsymbol{\rho}_e$ 为火箭质心 O_1 到喷口截面中心的矢径,称为喷口截面中心矢径。

考虑到火箭质点相对流动的非定常性很小,特别是在火箭发动机稳定工作后,可认为是定常流动,即认为 $\ddot{m}=0$;而质心的相对速度 $\boldsymbol{v}_{rc}$ 及喷口截面中心矢径 $\boldsymbol{\rho}_e$ 的变化率 $\dot{\boldsymbol{\rho}}_e$ 远小于 $\boldsymbol{u}_e$,因此,$\dot{m}\dot{\boldsymbol{\rho}}_e$ 及 $\dot{m}\boldsymbol{v}_{rc}$ 均可忽略不计。这样,附加相对力就可写为

$$\boldsymbol{F}'_{rel}=-\dot{m}\boldsymbol{u}_e \tag{3.55}$$

由此得出结论:附加相对力的大小与通过出口面 S_e 的线动量通量相等,而方向相反。

附加哥氏力表达式为

$$\boldsymbol{F}'_k=-2\dot{m}\boldsymbol{\omega}_T\times\boldsymbol{\rho}_e \tag{3.56}$$

附加哥氏力矩的完整表达式为

$$\boldsymbol{M}'_k=-\frac{\delta\boldsymbol{J}}{\delta t}\cdot\boldsymbol{\omega}_T-\dot{m}\boldsymbol{\rho}_e\times(\boldsymbol{\omega}_T\times\boldsymbol{\rho}_e)-\int_{S_e}\boldsymbol{\rho}_s\times(\boldsymbol{\omega}_T\times\boldsymbol{\rho}_s)(\rho_m\boldsymbol{v}_{rb}\cdot\boldsymbol{n})\,\mathrm{d}S_e+$$
$$\boldsymbol{\omega}_T\times\int_m\frac{\delta\boldsymbol{\rho}}{\delta t}\times\boldsymbol{\rho}\,\mathrm{d}m \tag{3.57}$$

式中:$\boldsymbol{\rho}_s$ 为喷口截面中心到该截面上任意一点的距离矢量,且有 $\boldsymbol{\rho}=\boldsymbol{\rho}_e+\boldsymbol{\rho}_s$。注意到火箭喷口截面尺寸相对于火箭的纵向尺寸小得多,因此式(3.57)中在 S_e 上的积分项可略去不计。式(3.57)的最后一项表示火箭内部质量对质心相对运动所造成的角动量。由于火箭中液体介质

的相对速度很小，燃烧产物的气体质量也很小，且可将燃烧室的平均气流近似看成与纵轴平行，因此，该项积分也可略去不计。则附加哥氏力矩为

$$\boldsymbol{M}'_{\mathrm{k}}=-\frac{\delta \boldsymbol{J}}{\delta t}\cdot\boldsymbol{\omega}_{\mathrm{T}}-\dot{m}\boldsymbol{\rho}_{\mathrm{e}}\times(\boldsymbol{\omega}_{\mathrm{T}}\times\boldsymbol{\rho}_{\mathrm{e}}) \tag{3.58}$$

该力矩的第二项是由于单位时间内喷出的气流所造成的力矩，它起到阻尼作用，通常称为喷气阻尼力矩。第一项为转动惯量变化引起的力矩，对火箭来说，因为 $\delta\boldsymbol{J}/\delta t$ 各分量为负值，所以该项起减小阻尼的作用，该力矩的量级约为喷气阻尼力矩的 30%。

附加相对力矩的完整表达式为

$$\boldsymbol{M}'_{\mathrm{rel}}=-\frac{\delta}{\delta t}\int_{m}\left(\boldsymbol{\rho}\times\frac{\delta\boldsymbol{\rho}}{\delta t}\right)\mathrm{d}m-\int_{S_{\mathrm{e}}}(\boldsymbol{\rho}_{\mathrm{s}}\times\boldsymbol{v}_{n})(\rho_{m}\boldsymbol{v}_{\mathrm{rb}}\cdot\boldsymbol{n})\,\mathrm{d}S_{\mathrm{e}}-\dot{m}\boldsymbol{\rho}_{\mathrm{e}}\times(\boldsymbol{u}_{\mathrm{e}}-\boldsymbol{v}_{\mathrm{rc}}) \tag{3.59}$$

式中：$\boldsymbol{v}_{n}$ 为截面上速度矢量，满足 $\boldsymbol{v}_{\mathrm{rb}}=\boldsymbol{u}_{\mathrm{e}}+\boldsymbol{v}_{n}$。

与前述相同的理由，略去上式中含有体积分的项。同时，考虑到 $\boldsymbol{\rho}_{\mathrm{s}}$ 的绝对值与 $\boldsymbol{\rho}_{\mathrm{e}}$ 的绝对值相比、$\boldsymbol{v}_{\mathrm{rc}}$ 及 $\boldsymbol{v}_{n}$ 的绝对值与 $\boldsymbol{u}_{\mathrm{e}}$ 的绝对值相比均很小而略去，因此附加相对力矩可用下式近似表示：

$$\boldsymbol{M}'_{\mathrm{rel}}=-\dot{m}\boldsymbol{\rho}_{\mathrm{e}}\times\boldsymbol{u}_{\mathrm{e}} \tag{3.60}$$

注意：式(3.55)、式(3.56)、式(3.58) 和式(3.60) 中，在发动机确定后，质量秒耗量 $\dot{m}$、平均排气速度 $\boldsymbol{u}_{\mathrm{e}}$ 为已知，惯量张量 $\boldsymbol{J}$ 及 t 瞬时质心 O_1 至喷口截面中心的距离矢量 $\boldsymbol{\rho}_{\mathrm{e}}$ 则取决于火箭总体设计及火箭燃烧情况，而火箭转动角速度 $\boldsymbol{\omega}_{\mathrm{T}}$ 为火箭运动方程中的一个变量。

3.4 选定坐标系中的动力学建模

为了严格、全面地描述远程火箭的运动，提供准确的运动状态参数，需要在选定的坐标系中建立火箭空间运动方程及相应的空间轨迹计算方程。

3.4.1 质心移动的动力学模型

式(3.40) 给出了任一变质量质点系在惯性坐标系中的质心移动动力学矢量方程：

$$m\frac{\mathrm{d}^2\boldsymbol{r}_{\mathrm{c.m}}}{\mathrm{d}t^2}=\boldsymbol{F}_{\mathrm{s}}+\boldsymbol{F}'_{\mathrm{k}}+\boldsymbol{F}'_{\mathrm{rel}}$$

作用在火箭上的外力包括地球引力、气动力、静推力、控制力，因此

$$\boldsymbol{F}_{\mathrm{s}}=m\boldsymbol{g}+\boldsymbol{R}+\boldsymbol{P}_{\mathrm{st}}+\boldsymbol{F}_{\mathrm{c}} \tag{3.61}$$

式中：$m\boldsymbol{g}$ 为作用在火箭上的引力矢量；$\boldsymbol{R}$ 为作用在火箭上的气动力矢量；$\boldsymbol{P}_{\mathrm{st}}$ 为发动机静推力矢量；$\boldsymbol{F}_{\mathrm{c}}$ 为作用在火箭上的控制力矢量。

由式(3.55)、式(3.56) 可知

$$\boldsymbol{F}'_{\mathrm{rel}}=-\dot{m}\boldsymbol{u}_{\mathrm{e}}$$

$$\boldsymbol{F}'_{\mathrm{k}}=-2\dot{m}\boldsymbol{\omega}_{\mathrm{T}}\times\boldsymbol{\rho}_{\mathrm{e}}$$

考虑到推力 $\boldsymbol{P}=-\dot{m}\boldsymbol{u}_{\mathrm{e}}+\boldsymbol{P}_{\mathrm{st}}$，则可得火箭在惯性坐标系中以矢量描述的质心移动动力学方程为(为书写方便，以后 $\boldsymbol{r}_{\mathrm{c.m}}$ 均写成 $\boldsymbol{r}$)

$$m\frac{\mathrm{d}^2\boldsymbol{r}}{\mathrm{d}t^2}=\boldsymbol{P}+\boldsymbol{R}+\boldsymbol{F}_{\mathrm{c}}+m\boldsymbol{g}+\boldsymbol{F}'_{\mathrm{k}} \tag{3.62}$$

用矢量描述的火箭质心移动动力学方程给人以简洁、清晰的概念，但对这些微分方程求解还必须将其投影到选定的坐标系中来进行。

通常选择发射坐标系为描述火箭运动的参考系，因此这里选择发射坐标系建立火箭运动的标量形式方程。

由于发射坐标系为动参考系，其相对于惯性坐标系以角速度 $\boldsymbol{\omega}_e$ 转动，故由矢量导数法则可知

$$m\frac{\mathrm{d}^2\boldsymbol{r}}{\mathrm{d}t^2}=m\frac{\delta^2\boldsymbol{r}}{\delta t^2}+2m\boldsymbol{\omega}_e\times\frac{\delta\boldsymbol{r}}{\delta t}+m\boldsymbol{\omega}_e\times(\boldsymbol{\omega}_e\times\boldsymbol{r})$$

将其代入式(3.62) 并整理得

$$m\frac{\delta^2\boldsymbol{r}}{\delta t^2}=\boldsymbol{P}+\boldsymbol{R}+\boldsymbol{F}_c+m\boldsymbol{g}+\boldsymbol{F}'_k-m\boldsymbol{\omega}_e\times(\boldsymbol{\omega}_e\times\boldsymbol{r})-2m\boldsymbol{\omega}_e\times\frac{\delta\boldsymbol{r}}{\delta t}\tag{3.63}$$

下面将式(3.63) 各项在发射坐标系中分解。

1. 相对加速度项

$$\frac{\delta^2\boldsymbol{r}}{\delta t^2}=\begin{bmatrix}\dfrac{\mathrm{d}v_x}{\mathrm{d}t}\\[2mm]\dfrac{\mathrm{d}v_y}{\mathrm{d}t}\\[2mm]\dfrac{\mathrm{d}v_z}{\mathrm{d}t}\end{bmatrix}\tag{3.64}$$

2. 推力 $\boldsymbol{P}$ 项

推力 $\boldsymbol{P}$ 在箭体坐标系内描述形式最简单，即

$$\boldsymbol{P}=\begin{bmatrix}\dot{m}u_e+S_e(p_e-p_H)\\0\\0\end{bmatrix}=\begin{bmatrix}P\\0\\0\end{bmatrix}\tag{3.65}$$

已知发射坐标系(A) 到箭体坐标系(B) 的坐标变换矩阵 $\boldsymbol{L}_{A-B}$，可得推力 $\boldsymbol{P}$ 在发射坐标系的分量为

$$\begin{bmatrix}P_x\\P_y\\P_z\end{bmatrix}=\boldsymbol{L}_{A-B}{}^{T}\begin{bmatrix}P\\0\\0\end{bmatrix}\tag{3.66}$$

3. 气动力 $\boldsymbol{R}$ 项

火箭飞行中所受气动力在速度坐标系中的分量为

$$\boldsymbol{R}=\begin{bmatrix}-X\\Y\\Z\end{bmatrix}$$

已知速度坐标系(V) 到地面坐标系(A) 的坐标变换矩阵 $\boldsymbol{L}_{V-A}$，则气动力 $\boldsymbol{R}$ 在地面坐标系的分量为

$$\begin{bmatrix}R_x\\R_y\\R_z\end{bmatrix}=\boldsymbol{L}_{V-A}\begin{bmatrix}-X\\Y\\Z\end{bmatrix}=\boldsymbol{L}_{V-A}\begin{bmatrix}-C_xqS\\C_y^{\alpha}qS\alpha\\-C_z^{\beta}qS\beta\end{bmatrix}\tag{3.67}$$

4. 控制力 $\boldsymbol{F}_c$ 项

无论执行机构是燃气舵还是不同配置形式的摇摆发动机，均可将控制力以箭体坐标系的分量表示为同一形式：

$$\boldsymbol{F}_c=\begin{bmatrix}-X_{1c}\\Y_{1c}\\Z_{1c}\end{bmatrix}\tag{3.68}$$

而各力的具体计算公式则根据采用何种执行机构而定，因此控制力在发射坐标系的三分量不难用下式求得：

$$\begin{bmatrix}F_{cx}\\F_{cy}\\F_{cz}\end{bmatrix}=\boldsymbol{L}_{A-B}{}^{T}\begin{bmatrix}-X_{1c}\\Y_{1c}\\Z_{1c}\end{bmatrix}\tag{3.69}$$

5. 引力 $m\boldsymbol{g}$ 项

如图3.9所示，假设空间任意点 P 在地心球坐标系中的位置可以表示为 $P(r,\lambda,\varphi)$，其中 r 为点 P 与地心的距离，λ 为点 P 所在的经度，φ 为点 P 所在的纬度。对于椭球体的地球，点 P 处的引力加速度 $\boldsymbol{g}$ 不指向地心。设 $\boldsymbol{g}$ 在矢径方向和地球自转轴方向的投影分别为 g'_r 和 $g_{\omega e}$，则

$$m\boldsymbol{g}=mg'_r\frac{\boldsymbol{r}}{r}+mg_{\omega e}\frac{\boldsymbol{\omega}_e}{\omega_e}\tag{3.70}$$

其中

$$g'_r=-\frac{f_m M_e}{r^2}\left[1+\frac{3}{2}J_2\left(\frac{a_e}{r}\right)^2(1-5\sin^2\varphi)\right]$$

$$g_{\omega e}=-2\frac{f_m M_e}{r^2}\frac{3}{2}J_2\left(\frac{a_e}{r}\right)^2\sin\varphi$$

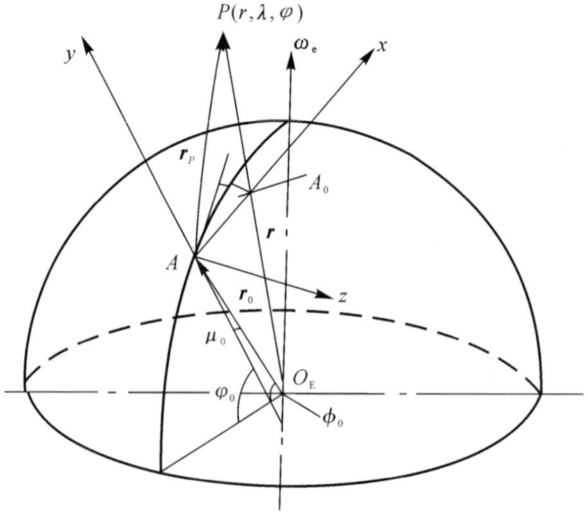

图3.9　弹道上任一点的地心矢径和发射点的地心矢径

式中：f_m 为万有引力常数，其值为 $6.670\times10^{-11}\ \mathrm{m^3/(kg\cdot s^2)}$；$M_e$ 为地球的质量，其值为 5.977×10^{24} kg；$J_2=1.082\ 626\ 683\times10^{-3}$，称为 J_2 项系数；a_e 为地球是椭球体时的长半轴。

由图 3.9 可知，弹道上任一点的地心矢径为

$$\boldsymbol{r}=\boldsymbol{r}_0+\boldsymbol{r}_P \tag{3.71}$$

式中：$\boldsymbol{r}_0$ 为发射点地心矢径；$\boldsymbol{r}_P$ 为发射点到弹道上任一点 P 的矢径。

$\boldsymbol{r}_0$ 在发射坐标系上的三分量为

$$\begin{bmatrix} r_{Ax} \\ r_{Ay} \\ r_{Az} \end{bmatrix}=\begin{bmatrix} -r_0\sin\mu_0\cos A_0 \\ r_0\cos\mu_0 \\ r_0\sin\mu_0\sin A_0 \end{bmatrix} \tag{3.72}$$

其中 A_0 为发射方位角，μ_0 为发射点地理纬度与地心纬度之差，即

$$\mu_0=\varphi_0-\phi_0$$

由于假设地球为椭球体，故 $\boldsymbol{r}_0$ 的长度可由子午椭圆方程求取：

$$r_0=\frac{a_e b_e}{\sqrt{a_e^2\sin^2\phi_0+b_e^2\cos^2\phi_0}}$$

其中 b_e 为地球是椭球体时的短半轴。

假设 $\boldsymbol{r}_P$ 在发射坐标系三轴上的分量为 x、y、z，由式(3.71) 可得 $\boldsymbol{r}$ 在发射坐标系中的表示为

$$\boldsymbol{r}=(x+r_{Ax})\boldsymbol{i}+(y+r_{Ay})\boldsymbol{j}+(z+r_{Az})\boldsymbol{k} \tag{3.73}$$

显然，$\boldsymbol{\omega}_e$ 在发射坐标系三轴上的分量可写成为

$$\boldsymbol{\omega}_e=\omega_{ex}\boldsymbol{i}+\omega_{ey}\boldsymbol{j}+\omega_{ez}\boldsymbol{k} \tag{3.74}$$

其中 ω_{ex}、ω_{ey}、ω_{ez} 和 ω_e 之间有如下关系：

$$\begin{bmatrix} \omega_{ex} \\ \omega_{ey} \\ \omega_{ez} \end{bmatrix}=\omega_e\begin{bmatrix} \cos\varphi_0\cos A_0 \\ \sin\varphi_0 \\ -\cos\varphi_0\sin A_0 \end{bmatrix} \tag{3.75}$$

于是可将式(3.70) 写成发射坐标系分量形式：

$$m\begin{bmatrix} g_x \\ g_y \\ g_z \end{bmatrix}=m\frac{g'_r}{r}\begin{bmatrix} x+r_{Ax} \\ y+r_{Ay} \\ z+r_{Az} \end{bmatrix}+m\frac{g_{\omega e}}{\omega}\begin{bmatrix} \omega_{ex} \\ \omega_{ey} \\ \omega_{ez} \end{bmatrix} \tag{3.76}$$

6. 附加哥氏力 $\boldsymbol{F}'_k$ 项

由式(3.56) 可知

$$\boldsymbol{F}'_k=-2\dot{m}\boldsymbol{\omega}_T\times\boldsymbol{\rho}_e$$

其中，$\boldsymbol{\omega}_T$ 为箭体相对于惯性(或平移) 坐标系的转动角速度矢量，它在箭体坐标系的分量可表示为

$$\boldsymbol{\omega}_T=[\omega_{Tx1}\quad \omega_{Ty1}\quad \omega_{Tz1}]^T$$

$\boldsymbol{\rho}_e$ 为火箭质心到喷口截面中心的矢径，它在箭体坐标系的分量可表示为

$$\boldsymbol{\rho}_e=[-x_{1e}\quad 0\quad 0]^T$$

因此可得 $\boldsymbol{F}'_k$ 在箭体坐标系的三分量为

$$\begin{bmatrix} F'_{kx1} \\ F'_{ky1} \\ F'_{kz1} \end{bmatrix}=2\dot{m}x_{1e}\begin{bmatrix} 0 \\ \omega_{Tz1} \\ -\omega_{Ty1} \end{bmatrix} \tag{3.77}$$

从而 $\boldsymbol{F}'_{\mathrm{k}}$ 在发射坐标系中的分量可由下式来描述：

$$\begin{bmatrix} F'_{\mathrm{k}x} \\ F'_{\mathrm{k}y} \\ F'_{\mathrm{k}z} \end{bmatrix} = \boldsymbol{L}_{\mathrm{A-B}}{}^{\mathrm{T}} \begin{bmatrix} F'_{\mathrm{k}x1} \\ F'_{\mathrm{k}y1} \\ F'_{\mathrm{k}z1} \end{bmatrix} \tag{3.78}$$

7. 离心惯性力 $-m\boldsymbol{\omega}_{\mathrm{e}}\times(\boldsymbol{\omega}_{\mathrm{e}}\times\boldsymbol{r})$ 项

记

$$\boldsymbol{a}_{\mathrm{e}} = \boldsymbol{\omega}_{\mathrm{e}}\times(\boldsymbol{\omega}_{\mathrm{e}}\times\boldsymbol{r}) \tag{3.79}$$

为牵连加速度。

由式(3.73)和式(3.74)可得，牵连加速度在发射坐标系中的分量形式为

$$\begin{bmatrix} a_{\mathrm{e}x} \\ a_{\mathrm{e}y} \\ a_{\mathrm{e}z} \end{bmatrix} = \begin{bmatrix} a_{11} & a_{12} & a_{13} \\ a_{21} & a_{22} & a_{23} \\ a_{31} & a_{32} & a_{33} \end{bmatrix} \begin{bmatrix} x + r_{\mathrm{A}x} \\ y + r_{\mathrm{A}y} \\ z + r_{\mathrm{A}z} \end{bmatrix} \tag{3.80}$$

其中

$$a_{11} = \omega_{\mathrm{e}x}^2 - \omega_{\mathrm{e}}^2$$

$$a_{12} = a_{21} = \omega_{\mathrm{e}x}\omega_{\mathrm{e}y}$$

$$a_{22} = \omega_{\mathrm{e}y}^2 - \omega_{\mathrm{e}}^2$$

$$a_{23} = a_{32} = \omega_{\mathrm{e}y}\omega_{\mathrm{e}x}$$

$$a_{33} = \omega_{\mathrm{e}z}^2 - \omega_{\mathrm{e}}^2$$

$$a_{13} = a_{31} = \omega_{\mathrm{e}z}\omega_{\mathrm{e}x}$$

则离心惯性力 $\boldsymbol{F}_{\mathrm{e}}$ 在发射坐标系上的分量为

$$\begin{bmatrix} F_{\mathrm{e}x} \\ F_{\mathrm{e}y} \\ F_{\mathrm{e}z} \end{bmatrix} = -m \begin{bmatrix} a_{\mathrm{e}x} \\ a_{\mathrm{e}y} \\ a_{\mathrm{e}z} \end{bmatrix} \tag{3.81}$$

8. 哥氏惯性力 $-2m\boldsymbol{\omega}_{\mathrm{e}}\times\dfrac{\delta\boldsymbol{r}}{\delta t}$ 项

记

$$\boldsymbol{a}_{\mathrm{k}} = 2\boldsymbol{\omega}_{\mathrm{e}}\times\frac{\delta\boldsymbol{r}}{\delta t} \tag{3.82}$$

为哥氏加速度，$\dfrac{\delta\boldsymbol{r}}{\delta t}$ 为火箭相对于发射坐标系的速度，即有

$$\frac{\delta\boldsymbol{r}}{\delta t} = [\dot{x} \quad \dot{y} \quad \dot{z}]^{\mathrm{T}} \tag{3.83}$$

并注意到式(3.75)，则式(3.82)可写为

$$\begin{bmatrix} a_{\mathrm{k}x} \\ a_{\mathrm{k}y} \\ a_{\mathrm{k}z} \end{bmatrix} = \begin{bmatrix} b_{11} & b_{12} & b_{13} \\ b_{21} & b_{22} & b_{23} \\ b_{31} & b_{32} & b_{33} \end{bmatrix} \begin{bmatrix} \dot{x} \\ \dot{y} \\ \dot{z} \end{bmatrix} \tag{3.84}$$

其中

$$b_{11}=b_{22}=b_{33}=0$$

$$b_{12}=-b_{21}=-2\omega_{ez}$$

$$b_{31}=-b_{13}=-2\omega_{ey}$$

$$b_{23}=-b_{32}=-2\omega_{ex}$$

从而可得哥氏惯性力 $\boldsymbol{F}_k$ 在发射坐标系的分量形式为

$$\begin{bmatrix} F_{kx} \\ F_{ky} \\ F_{kz} \end{bmatrix}=-m\begin{bmatrix} a_{kx} \\ a_{ky} \\ a_{kz} \end{bmatrix} \tag{3.85}$$

将式(3.64)、式(3.66)、式(3.67)、式(3.69)、式(3.76)、式(3.78)、式(3.81)、式(3.85) 代入式(3.63)，并令 $\boldsymbol{P}_e=\boldsymbol{P}-\boldsymbol{X}_{1c}$(称为有效推力)，则在发射坐标系中建立的质心移动的动力学方程为

$$m\begin{bmatrix} \dfrac{dv_x}{dt} \\ \dfrac{dv_y}{dt} \\ \dfrac{dv_z}{dt} \end{bmatrix}=\boldsymbol{L}_{A-B}{}^{T}\begin{bmatrix} P_e \\ Y_{1c}+2\dot{m}\omega_{Tz1}x_{1e} \\ Z_{1c}-2\dot{m}\omega_{Ty1}x_{1e} \end{bmatrix}+\boldsymbol{L}_{V-A}\begin{bmatrix} -C_x qS \\ C_y^{\alpha}qS\alpha \\ -C_z^{\beta}qS\beta \end{bmatrix}+$$

$$m\frac{g'_r}{r}\begin{bmatrix} x+r_{Ax} \\ y+r_{Ay} \\ z+r_{Az} \end{bmatrix}+m\frac{g_{\omega e}}{\omega_e}\begin{bmatrix} \omega_{ex} \\ \omega_{ey} \\ \omega_{ez} \end{bmatrix}-m\begin{bmatrix} a_{11} & a_{12} & a_{13} \\ a_{21} & a_{22} & a_{23} \\ a_{31} & a_{32} & a_{33} \end{bmatrix}\begin{bmatrix} x+r_{Ax} \\ y+r_{Ay} \\ z+r_{Az} \end{bmatrix}-$$

$$m\begin{bmatrix} b_{11} & b_{12} & b_{13} \\ b_{21} & b_{22} & b_{23} \\ b_{31} & b_{32} & b_{33} \end{bmatrix}\begin{bmatrix} \dot{x} \\ \dot{y} \\ \dot{z} \end{bmatrix} \tag{3.86}$$

3.4.2　绕质心转动的动力学模型

由变质量质点系绕质心转动的方程式(3.51) 可知

$$\boldsymbol{J}\frac{d\boldsymbol{\omega}_T}{dt}+\boldsymbol{\omega}_T\times(\boldsymbol{J}\boldsymbol{\omega}_T)=\boldsymbol{M}_{c.m}+\boldsymbol{M}'_k+\boldsymbol{M}'_{rel}$$

考虑火箭所受到的外界力矩为

$$\boldsymbol{M}_{c.m}=\boldsymbol{M}_R+\boldsymbol{M}_c+\boldsymbol{M}_d \tag{3.87}$$

式中：$\boldsymbol{M}_R$ 为作用在火箭上的气动力矩；$\boldsymbol{M}_c$ 为控制力矩；$\boldsymbol{M}_d$ 为火箭相对大气有转动时引起的阻尼力矩。

并注意到附加相对力矩、附加哥氏力矩为

$$\boldsymbol{M}'_{rel}=-\dot{m}\boldsymbol{\rho}_e\times\boldsymbol{u}_e$$

$$\boldsymbol{M}'_{\mathrm{k}}=-\frac{\delta \boldsymbol{J}}{\delta t}\boldsymbol{\omega}_{\mathrm{T}}-\dot{m}\boldsymbol{\rho}_{\mathrm{e}}\times(\boldsymbol{\omega}_{\mathrm{T}}\times\boldsymbol{\rho}_{\mathrm{e}})$$

即可得到用矢量描述的火箭绕质心转动的动力学方程为

$$\boldsymbol{J}\frac{\mathrm{d}\boldsymbol{\omega}_{\mathrm{T}}}{\mathrm{d}t}+\boldsymbol{\omega}_{\mathrm{T}}\times(\boldsymbol{J}\boldsymbol{\omega}_{\mathrm{T}})=\boldsymbol{M}_{\mathrm{R}}+\boldsymbol{M}_{\mathrm{c}}+\boldsymbol{M}_{\mathrm{d}}+\boldsymbol{M}'_{\mathrm{rel}}+\boldsymbol{M}'_{\mathrm{k}} \tag{3.88}$$

用矢量描述的火箭绕质心转动的动力学方程，还必须投影到选定的坐标系中才能进行求解。一般选择箭体坐标系来建立标量形式的方程。

由于箭体坐标系为中心惯量主轴坐标系，因此惯性张量矩阵可简化为

$$\boldsymbol{J}=\begin{bmatrix} J_{x1} & 0 & 0 \\ 0 & J_{y1} & 0 \\ 0 & 0 & J_{z1} \end{bmatrix} \tag{3.89}$$

由气动计算可得静稳定力矩、阻尼力矩在箭体坐标系中各分量为

$$\boldsymbol{M}_{\mathrm{R}}=\begin{bmatrix} 0 \\ M_{y1\mathrm{R}} \\ M_{z1\mathrm{R}} \end{bmatrix}=\begin{bmatrix} 0 \\ m_{y1}^{\beta}qSL\beta \\ m_{z1}^{\alpha}qSL\alpha \end{bmatrix} \tag{3.90}$$

$$\boldsymbol{M}_{\mathrm{d}}=\begin{bmatrix} M_{x1\mathrm{d}} \\ M_{y1\mathrm{d}} \\ M_{z1\mathrm{d}} \end{bmatrix}=\begin{bmatrix} m_{x1}^{\bar{\omega}_{x1}}qSL\bar{\omega}_{x1} \\ m_{y1}^{\bar{\omega}_{y1}}qSL\bar{\omega}_{y1} \\ m_{z1}^{\bar{\omega}_{z1}}qSL\bar{\omega}_{z1} \end{bmatrix} \tag{3.91}$$

式中：S 为火箭最大横截面积，即特征面积；L 为火箭长度，即特征长度；其他参数与第 2 章定义相似。由于控制力矩与所采用的执行机构有关，这里以燃气舵作为执行机构，则其控制力矩可表示为

$$\boldsymbol{M}_{\mathrm{c}}=\begin{bmatrix} M_{x1\mathrm{c}} \\ M_{y1\mathrm{c}} \\ M_{z1\mathrm{c}} \end{bmatrix}=\begin{bmatrix} -2R'r_{\mathrm{c}}\delta_{\gamma1} \\ -R'(x_{\mathrm{c}}-x_{g})\delta_{\psi1} \\ -R'(x_{\mathrm{c}}-x_{g})\delta_{\vartheta1} \end{bmatrix} \tag{3.92}$$

式中：$\delta_{\gamma1}$、$\delta_{\psi1}$、$\delta_{\vartheta1}$ 分别为控制滚转、偏航、俯仰的等效舵偏角；R' 为一对燃气舵的升力梯度；r_{c} 为燃气舵压心到箭体纵轴的距离；x_{c} 为燃气舵压心位置；x_{g} 为火箭重心位置。

附加相对力矩及附加哥氏力矩的矢量表达式为

$$\boldsymbol{M}'_{\mathrm{rel}}=-\dot{m}\boldsymbol{\rho}_{\mathrm{e}}\times\boldsymbol{u}_{\mathrm{e}}$$

$$\boldsymbol{M}'_{\mathrm{k}}=-\frac{\delta \boldsymbol{J}}{\delta t}\boldsymbol{\omega}_{\mathrm{T}}-\dot{m}\boldsymbol{\rho}_{\mathrm{e}}\times(\boldsymbol{\omega}_{\mathrm{T}}\times\boldsymbol{\rho}_{\mathrm{e}})$$

注意到在标准条件下，即发动机安装无误差，其推力轴线与箭体轴 x_1 平行，则附加相对力矩为 0，而如果控制系统中采用摇摆发动机为执行机构，该附加相对力矩即为控制力矩。附加哥氏力矩向箭体坐标系分解时，只要注意到

$$\boldsymbol{\rho}_{\mathrm{e}}=[-x_{1\mathrm{e}} \quad 0 \quad 0]^{\mathrm{T}}$$

则不难写出

$$\boldsymbol{M}'_{\mathrm{k}}=-\begin{bmatrix}\dot{J}_{x1}\omega_{\mathrm{T}x1}\\ \dot{J}_{y1}\omega_{\mathrm{T}y1}\\ \dot{J}_{z1}\omega_{\mathrm{T}z1}\end{bmatrix}+\dot{m}\begin{bmatrix}0\\ -x_{1\mathrm{e}}^{2}\omega_{\mathrm{T}y1}\\ -x_{1\mathrm{e}}^{2}\omega_{\mathrm{T}z1}\end{bmatrix} \tag{3.93}$$

则式(3.88) 即可写成箭体坐标系内的分量形式为

$$\begin{bmatrix}J_{x1} & 0 & 0\\ 0 & J_{y1} & 0\\ 0 & 0 & J_{z1}\end{bmatrix}\begin{bmatrix}\dfrac{\mathrm{d}\omega_{\mathrm{T}x1}}{\mathrm{d}t}\\ \dfrac{\mathrm{d}\omega_{\mathrm{T}y1}}{\mathrm{d}t}\\ \dfrac{\mathrm{d}\omega_{\mathrm{T}z1}}{\mathrm{d}t}\end{bmatrix}+\begin{bmatrix}(J_{z1}-J_{y1})\omega_{\mathrm{T}z1}\omega_{\mathrm{T}y1}\\ (J_{x1}-J_{z1})\omega_{\mathrm{T}x1}\omega_{\mathrm{T}z1}\\ (J_{y1}-J_{x1})\omega_{\mathrm{T}y1}\omega_{\mathrm{T}x1}\end{bmatrix}=\begin{bmatrix}0\\ m_{y1}^{\beta}qSL\beta\\ m_{z1}^{\alpha}qSL\alpha\end{bmatrix}+$$

$$\begin{bmatrix}m_{x1}^{\bar{\omega}_{x1}}qSL\bar{\omega}_{x1}\\ m_{y1}^{\bar{\omega}_{y1}}qSL\bar{\omega}_{y1}\\ m_{z1}^{\bar{\omega}_{z1}}qSL\bar{\omega}_{z1}\end{bmatrix}+\begin{bmatrix}-2R'r_{\mathrm{c}}\delta_{\gamma1}\\ -R'(x_{\mathrm{c}}-x_{g})\delta_{\psi1}\\ -R'(x_{\mathrm{c}}-x_{g})\delta_{\vartheta1}\end{bmatrix}-\begin{bmatrix}\dot{J}_{x1}\omega_{\mathrm{T}x1}\\ \dot{J}_{y1}\omega_{\mathrm{T}y1}\\ \dot{J}_{z1}\omega_{\mathrm{T}z1}\end{bmatrix}+\dot{m}\begin{bmatrix}0\\ -x_{1\mathrm{e}}^{2}\omega_{\mathrm{T}y1}\\ -x_{1\mathrm{e}}^{2}\omega_{\mathrm{T}z1}\end{bmatrix} \tag{3.94}$$

3.5　补充方程及附加方程

3.5.1　补充方程

上面所建立的质心移动动力学方程和绕质心转动的动力学方程,其未知参数个数远大于方程的数目,因此要求解火箭运动参数还必须补充有关方程。

1. 运动学方程

利用质心速度与位置参数关系,可得质心移动的运动学方程为

$$\left.\begin{aligned}\frac{\mathrm{d}x}{\mathrm{d}t}&=v_x\\ \frac{\mathrm{d}y}{\mathrm{d}t}&=v_y\\ \frac{\mathrm{d}z}{\mathrm{d}t}&=v_z\end{aligned}\right\} \tag{3.95}$$

利用火箭相对于惯性(平移) 坐标系的转动角速度 $\boldsymbol{\omega}_{\mathrm{T}}$ 在箭体坐标系的分量,可得绕质心转动的运动学方程。由于

$$\boldsymbol{\omega}_{\mathrm{T}}=\dot{\boldsymbol{\vartheta}}_{1\mathrm{T}}+\dot{\boldsymbol{\psi}}_{1\mathrm{T}}+\dot{\boldsymbol{\gamma}}_{1\mathrm{T}} \tag{3.96}$$

不难得到

$$\left.\begin{aligned}\omega_{\mathrm{T}x1}&=\dot{\gamma}_{1\mathrm{T}}-\dot{\vartheta}_{1\mathrm{T}}\sin\psi_{1\mathrm{T}}\\ \omega_{\mathrm{T}y1}&=\dot{\psi}_{1\mathrm{T}}\cos\gamma_{1\mathrm{T}}+\dot{\vartheta}_{1\mathrm{T}}\cos\psi_{1\mathrm{T}}\sin\gamma_{1\mathrm{T}}\\ \omega_{\mathrm{T}z1}&=\dot{\vartheta}_{1\mathrm{T}}\cos\psi_{1\mathrm{T}}\cos\gamma_{1\mathrm{T}}-\dot{\psi}_{1\mathrm{T}}\sin\gamma_{1\mathrm{T}}\end{aligned}\right\} \tag{3.97}$$

求解以上方程可得 ϑ_{1T}、ψ_{1T}、γ_{1T}。

箭体相对于发射坐标系的转动角速度 $\boldsymbol{\omega}$ 与箭体相对于惯性(平移)坐标系的转动角速度 $\boldsymbol{\omega}_T$ 以及地球自转角速度 $\boldsymbol{\omega}_e$ 之间有下列关系:

$$\boldsymbol{\omega}=\boldsymbol{\omega}_T-\boldsymbol{\omega}_e \tag{3.98}$$

根据发射坐标系的定义,$\boldsymbol{\omega}_e$ 在发射坐标系内的 3 个分量为

$$\begin{bmatrix}\omega_{ex}\\ \omega_{ey}\\ \omega_{ez}\end{bmatrix}=\omega_e\begin{bmatrix}\cos\phi_0\cos\alpha_0\\ \sin\phi_0\\ -\cos\phi_0\sin\alpha_0\end{bmatrix} \tag{3.99}$$

则 $\boldsymbol{\omega}$ 在箭体坐标系的投影分量表示为

$$\begin{bmatrix}\omega_{x1}\\ \omega_{y1}\\ \omega_{z1}\end{bmatrix}=\begin{bmatrix}\omega_{Tx1}\\ \omega_{Ty1}\\ \omega_{Tz1}\end{bmatrix}-\boldsymbol{L}_{A-B}\begin{bmatrix}\omega_{ex}\\ \omega_{ey}\\ \omega_{ez}\end{bmatrix} \tag{3.100}$$

2. 控制方程

第 2 章已给出控制方程的一般形式,即

$$\left.\begin{aligned}\delta_{\vartheta1}&=f_{\vartheta1}(x,\ y,\ z,\ \dot{x},\ \dot{y},\ \dot{z},\ \vartheta_{1T},\ \dot{\vartheta}_{1T},\ \cdots)\\ \delta_{\psi1}&=f_{\psi1}(x,\ y,\ z,\ \dot{x},\ \dot{y},\ \dot{z},\ \psi_{1T},\ \dot{\psi}_{1T},\cdots)\\ \delta_{\gamma1}&=f_{\gamma1}(x,\ y,\ z,\ \dot{x},\ \dot{y},\ \dot{z},\ \gamma_{1T},\ \dot{\gamma}_{1T},\cdots)\end{aligned}\right\} \tag{3.101}$$

此控制方程是由控制系统设计提供的,由于火箭角运动的动态过程非常快,对质心运动的影响很小,因此在研究火箭的质心运动时,常采用略去动态变化过程(瞬时平衡假设)的控制方程,最简单的控制方程形式为

$$\left.\begin{aligned}\delta_{\vartheta1}&=a_0^{\vartheta1}\Delta\vartheta_{1T}\\ \delta_{\psi1}&=a_0^{\psi1}\Delta\psi_{1T}\\ \delta_{\gamma1}&=a_0^{\gamma1}\Delta\gamma_{1T}\end{aligned}\right\} \tag{3.102}$$

式中:$a_0^{\vartheta1}$、$a_0^{\psi1}$、$a_0^{\gamma1}$ 分别称为俯仰、偏航和滚动通道的静放大系数;$\Delta\vartheta_{1T}$、$\Delta\psi_{1T}$、$\Delta\gamma_{1T}$ 为实际姿态角与预定的程序姿态角的误差,即

$$\left.\begin{aligned}\Delta\vartheta_{1T}&=\vartheta_{1T}-\tilde{\vartheta}_{1T}\\ \Delta\psi_{1T}&=\psi_{1T}-\tilde{\psi}_{1T}\\ \Delta\gamma_{1T}&=\gamma_{1T}-\tilde{\gamma}_{1T}\end{aligned}\right\} \tag{3.103}$$

其中 $\tilde{\vartheta}_{1T}$、$\tilde{\psi}_{1T}$、$\tilde{\gamma}_{1T}$ 为预定的程序姿态角,通常取

$$\left.\begin{aligned}\tilde{\vartheta}_{1T}&=\vartheta_{1pr}\\ \tilde{\psi}_{1T}&=0\\ \tilde{\gamma}_{1T}&=0\end{aligned}\right\} \tag{3.104}$$

其中 ϑ_{1pr} 为程序给定的俯仰角。

这里要强调指出的是，控制方程式(3.102)对解算标准飞行条件下的火箭质心运动参数是适用的。在实际飞行条件下，控制方程还取决于火箭采用何种制导方法。例如，对于显式制导方法，控制方程中 $\tilde{\vartheta}_{1T}$、$\tilde{\psi}_{1T}$、$\tilde{\gamma}_{1T}$ 则要根据火箭飞行实际状态参数及控制泛函(如射程、速度等)来适时计算得到；对于开环制导，有时为保证火箭在射击平面内飞行及关机点速度倾角为要求值，需要在偏航及俯仰通道中加入控制导引信号，例如可采用如下控制方程：

$$\left.\begin{aligned}\delta_{\vartheta 1} &= a_0^{\vartheta 1}\Delta\vartheta_{1T} + k_{\vartheta 1}u_{\vartheta 1}\\ \delta_{\psi 1} &= a_0^{\psi 1}\Delta\psi_{1T} + k_{\psi 1}u_{\psi 1}\end{aligned}\right\}\tag{3.105}$$

其中 $k_{\vartheta 1}u_{\vartheta 1}$ 和 $k_{\psi 1}u_{\psi 1}$ 两项分别为与横向和法向导引相应的附加偏转角。

3. 欧拉角之间的关系方程

箭体坐标系相对于发射坐标系的欧拉角为 ϑ_1、ψ_1、γ_1，若考虑地球自转角速度，则箭体坐标系相对于不随地球转动的发射坐标系的欧拉角 ϑ_{1T}、ψ_{1T}、γ_{1T} 为

$$\left.\begin{aligned}\vartheta_{1T} &= \vartheta_1 + \omega_{ez}t\\ \psi_{1T} &= \psi_1 + \omega_{ey}t\cos\vartheta_1 - \omega_{ex}t\sin\vartheta_1\\ \gamma_{1T} &= \gamma_1 + \omega_{ey}t\sin\vartheta_1 + \omega_{ex}t\cos\vartheta_1\end{aligned}\right\}\tag{3.106}$$

注意到弹道倾角 θ 及弹道偏角 ψ_v 可由

$$\left.\begin{aligned}\theta &= \arctan\frac{v_y}{v_x}\\ \psi_v &= -\arcsin\frac{v_z}{v}\end{aligned}\right\}\tag{3.107}$$

解算，则箭体坐标系、速度坐标系及地面发射坐标系中的 8 个欧拉角已知 5 个，其余 3 个可由下面三个方向余弦关系得到：

$$\left.\begin{aligned}&\sin\beta = \cos(\theta-\vartheta_1)\cos\psi_v\sin\psi_1\cos\gamma_1 + \sin(\vartheta_1-\theta)\cos\psi_v\sin\gamma_1 - \sin\psi_v\cos\psi_1\cos\gamma_1\\ &-\sin\alpha\cos\beta = \cos(\theta-\vartheta_1)\cos\psi_v\sin\psi_1\sin\gamma_1 + \sin(\theta-\vartheta_1)\cos\psi_v\cos\gamma_1 - \sin\psi_v\cos\psi_1\sin\gamma_1\\ &\sin\gamma_v = (\cos\alpha\cos\psi_1\sin\gamma_1 - \sin\psi_1\sin\alpha)/\cos\psi_v\end{aligned}\right\}\tag{3.108}$$

这里需要说明的是，这 3 个方向余弦关系式并不是唯一的，例如在第 2 章得到的 3 个关系式就与式(3.108)不太一样，但它们都是等价的。为了提高计算精度，有的文献中还采用欧拉角(α、β、γ_v)的微分形式来代替方向余弦关系，只要推导无误，采用哪种形式都是可以的。

3.5.2　附加方程

1. 速度计算方程

$$v = \sqrt{v_x^2 + v_y^2 + v_z^2}\tag{3.109}$$

2. 质量方程

$$m = m_0 - \dot{m}t\tag{3.110}$$

其中 t 为火箭离开发射台瞬间 $t=0$ 起的计时。

3. 高度计算公式

因为需要计算气动力影响，则必须知道火箭飞行轨迹上任一点距地面的高度 H，故要补充有关方程。

已知轨迹上任一点距地心的距离为

$$r=\sqrt{(x+r_{Ax})^2+(y+r_{Ay})^2+(z+r_{Az})^2} \tag{3.111}$$

因设地球为一旋转球体，则地球表面任一点距地心的距离与该点的地心纬度 ϕ_0 有关。由图 3.9 可知空间任一点矢量 $\boldsymbol{r}$ 与赤道平面的夹角即为该点在地球上星下点所在的地心纬度 ϕ_0，该角可由 $\boldsymbol{r}$ 与地球自动角速度矢量 $\boldsymbol{\omega}_e$ 之间的关系求得：

$$\sin\phi_0=\frac{\boldsymbol{r}\cdot\boldsymbol{\omega}_e}{r\omega_e}$$

根据式(3.71) 及式(3.75) 即可写出

$$\sin\phi_0=\frac{(x+r_{Ax})\omega_{ex}+(y+r_{Ay})\omega_{ey}+(z+r_{Az})\omega_{ez}}{r\omega_e} \tag{3.112}$$

则对应于地心纬度 ϕ_0 处的椭球表面距地心的距离为

$$r_0=\frac{a_e b_e}{\sqrt{a_e^2\sin^2\phi_0+b_e^2\cos^2\phi_0}} \tag{3.113}$$

若忽略椭球地球与圆球地球表面上任意一点的地心距大小的差别，则空间任一点距地球表面的距离为

$$H=r-r_0 \tag{3.114}$$

综上所述，火箭的完整六自由度运动模型由式(3.86)、式(3.94)、式(3.95)、式(3.97)、式(3.100)、式(3.101)、式(3.106) ~ 式(3.114) 共 32 个方程组成，共有 32 个未知量：$v_x,v_y,v_z,x,z,y,\omega_{Tx1},\omega_{Ty1},\omega_{Tz1},\psi_{1T},\vartheta_{1T},\gamma_{1T},\omega_{x1},\omega_{y1},\omega_{z1},\delta_{\vartheta1},\delta_{\psi1},\delta_{\gamma1},\vartheta_1,\psi_1,\gamma_1,\theta,\psi_v,\gamma_v,\alpha,\beta,r,\phi_0,r_0,H,v,m$。理论上，在已知控制方程的具体形式后给出 32 个起始条件，即可进行求解。事实上，由于其中有些方程使得确定量之间具有明确的关系，因此这些量不能任意给出，而当有关的参数起始条件给出时，它们也即相对应地确定，如 $\omega_{x1},\omega_{y1},\omega_{z1},\beta,\alpha,\gamma_v,\vartheta_1,\psi_1,\gamma_1,r,\phi_0,r_0,H,v$ 等 14 个参数即属此种情况。在动力学方程中，一些有关力和力矩(或力矩导数)的参数均可用上述方程组中解得的参数进行计算，其计算式在第 2 章已列出，这里不再赘述。

3.6 三自由度质点运动模型

火箭六自由度运动模型较精确地描述了火箭在主动段的运动规律。为了计算方便，在研究火箭质心运动时，根据火箭飞行的情况，可作如下的假设：

(1) 在一般方程中的一些欧拉角，如 $\psi_{1T},\gamma_{1T},\psi_1,\gamma_1,\psi_v,\gamma_v,\alpha,\beta$ 等，控制条件下在火箭主动段的数值均很小，因此可将一般方程中上述这些角度的正弦值取为该角弧度值，余弦值取为 1；当上述角度出现两个及以上的乘积时，则作为高阶项略去。据此，一般方程中的坐标变换矩

阵及附加方程中的相关欧拉角关系即可简化。当然，附加哥氏力项亦可略去。

(2) 火箭绕质心转动的动力学方程反映了火箭飞行过程中姿态角的动态变化过程。对姿态稳定的火箭，这一动态过程很快，几乎不影响火箭质心运动。因此在研究火箭质心运动时，可不考虑此动态过程，即将质心运动方程中与姿态角速度和角加速度有关的项予以忽略，采用“瞬时平衡”假设，则力矩平衡，有

$$\boldsymbol{M}_{\mathrm{R}}+\boldsymbol{M}_{\mathrm{c}}=0$$

与第 2 章相似，俯仰和偏航的力矩平衡关系式为

$$\left.\begin{aligned}M_{z1}^{\alpha}\alpha+M_{z1}^{\delta}\delta_{\vartheta1}&=0\\M_{y1}^{\beta}\beta+M_{y1}^{\delta}\delta_{\psi1}&=0\end{aligned}\right\}\tag{3.115}$$

滚转通道稳定，若取如式(3.105)的控制方程，则有

$$\left.\begin{aligned}\delta_{\vartheta1}&=a_0^{\vartheta1}\Delta\vartheta_{1\mathrm{T}}+k_{\vartheta1}u_{\vartheta1}\\\delta_{\psi1}&=a_0^{\psi1}\Delta\psi_{1\mathrm{T}}+k_{\psi1}u_{\psi1}\\\delta_{\gamma1}&=a_0^{\gamma1}\Delta\gamma_{1\mathrm{T}}\end{aligned}\right\}\tag{3.116}$$

将式(3.106)代入式(3.116)，即得略去动态过程的控制方程为

$$\left.\begin{aligned}\delta_{\vartheta1}&=a_0^{\vartheta1}(\vartheta_1+\omega_{ez}t-\vartheta_{1\mathrm{pr}})+k_{\vartheta1}u_{\vartheta1}\\\delta_{\psi1}&=a_0^{\psi1}[\psi_1+(\omega_{ey}\cos\vartheta_1-\omega_{ex}\sin\vartheta_1)t]+k_{\psi1}u_{\psi1}\\\delta_{\gamma1}&=a_0^{\gamma1}[\gamma_1+(\omega_{ey}\sin\vartheta_1+\omega_{ex}\cos\vartheta_1)t]\end{aligned}\right\}\tag{3.117}$$

并据假设(1)可知，有下列欧拉角关系式：

$$\begin{cases}\beta=\psi_1-\psi_v\\\alpha=\vartheta_1-\theta\\\gamma=\gamma_1\end{cases}$$

将式(3.117)代入式(3.115)，则在“瞬时平衡”假设条件下，整理可得

$$\left.\begin{aligned}\alpha&=A_{\vartheta1}\left[(\vartheta_{1\mathrm{pr}}-\omega_{ez}t-\theta)-\frac{k_{\vartheta1}}{a_0^{\vartheta1}}u_{\vartheta1}\right]\\\beta&=A_{\psi1}\left[(\omega_{ex}\sin\vartheta_1-\omega_{ey}\cos\vartheta_1)t-\psi_v-\frac{k_{\psi1}}{a_0^{\psi1}}u_{\psi1}\right]\\\gamma_1&=-(\omega_{ey}\sin\vartheta_1+\omega_{ex}cos\vartheta_1)t\end{aligned}\right\}\tag{3.118}$$

其中

$$\left.\begin{aligned}A_{\vartheta1}&=\frac{a_0^{\vartheta1}M_{z1}^{\delta}}{M_{z1}^{\alpha}+a_0^{\vartheta1}M_{z1}^{\delta}}\\A_{\psi1}&=\frac{a_0^{\psi1}M_{y1}^{\delta}}{M_{y1}^{\beta}+a_0^{\psi1}M_{y1}^{\delta}}\end{aligned}\right\}\tag{3.119}$$

若忽略γ_v,γ_1的影响,可得在发射坐标系中的火箭轨迹计算方程为

$$
\left.\begin{aligned}
&m\begin{bmatrix}\dfrac{dv_x}{dt}\\ \dfrac{dv_y}{dt}\\ \dfrac{dv_z}{dt}\end{bmatrix}=\begin{bmatrix}\cos\vartheta_1\cos\psi_1 & -\sin\vartheta_1 & \cos\vartheta_1\sin\psi_1\\ \cos\vartheta_1\cos\psi_1 & \cos\vartheta_1 & \sin\vartheta_1\sin\psi_1\\ -\sin\psi_1 & 0 & \cos\psi_1\end{bmatrix}\begin{bmatrix}P_e\\ Y_{1c}\\ Z_{1c}\end{bmatrix}+\\
&\quad\begin{bmatrix}\cos\theta\cos\psi_v & -\sin\theta & \cos\theta\sin\psi_v\\ \sin\theta\cos\psi_v & \cos\theta & \sin\theta\sin\psi_v\\ -\sin\psi_v & 0 & \cos\psi_v\end{bmatrix}\begin{bmatrix}-C_x qS\\ C_y^{\alpha} qS\alpha\\ -C_z^{\beta} qS\beta\end{bmatrix}+m\frac{g'_r}{r}\begin{bmatrix}x+r_{Ax}\\ y+r_{Ay}\\ z+r_{Az}\end{bmatrix}+m\frac{g_{\omega e}}{\omega_e}\begin{bmatrix}\omega_{ex}\\ \omega_{ey}\\ \omega_{ez}\end{bmatrix}-\\
&\quad m\begin{bmatrix}a_{11} & a_{12} & a_{13}\\ a_{21} & a_{22} & a_{23}\\ a_{31} & a_{32} & a_{33}\end{bmatrix}\begin{bmatrix}x+r_{Ax}\\ y+r_{Ay}\\ z+r_{Ay}\end{bmatrix}-m\begin{bmatrix}b_{11} & b_{12} & b_{13}\\ b_{21} & b_{22} & b_{23}\\ b_{31} & b_{32} & b_{33}\end{bmatrix}\begin{bmatrix}\dot{x}\\ \dot{y}\\ \dot{z}\end{bmatrix}\\
&\begin{bmatrix}\dfrac{dx}{dt}\\ \dfrac{dy}{dt}\\ \dfrac{dz}{dt}\end{bmatrix}=\begin{bmatrix}v_x\\ v_y\\ v_z\end{bmatrix}\\
&\alpha=A_{\vartheta_1}\left[(\vartheta_{1pr}-\omega_{ez}t-\theta)-\frac{k_{\vartheta_1}}{a_0^{\vartheta_1}}u_{\vartheta_1}\right]\\
&\beta=A_{\psi_1}\left[(\omega_{ex}\sin\vartheta_1-\omega_{ey}\cos\vartheta_1)t-\psi_v-\frac{k_{\psi_1}}{a_0^{\psi_1}}u_{\psi_1}\right]\\
&\theta=\arctan\frac{v_y}{v_x}\\
&\psi_v=-\arcsin\frac{v_z}{v}\\
&\vartheta_1=\theta+\alpha\\
&\psi_1=\psi_v+\beta\\
&\delta_{\vartheta_1}=a_0^{\vartheta_1}(\vartheta_1+\omega_{ez}t-\vartheta_{1pr})+k_{\vartheta_1}u_{\vartheta_1}\\
&\delta_{\psi_1}=a_0^{\psi_1}[\psi_1+(\omega_{ey}\cos\vartheta_1-\omega_{ex}\sin\vartheta_1)t]+k_{\psi_1}u_{\psi_1}\\
&v=\sqrt{v_x^2+v_y^2+v_z^2}\\
&r=\sqrt{(x+r_{Ax})^2+(y+r_{Ay})^2+(z+r_{Az})^2}\\
&\sin\phi_0=\frac{(x+r_{Ax})\omega_{ex}+(y+r_{Ay})\omega_{ey}+(z+r_{Az})\omega_{ez}}{r\omega_e}\\
&r_0=\frac{a_e b_e}{\sqrt{a_e^2\sin^2\phi_0+b_e^2\cos^2\phi_0}}\\
&H=r-r_0\\
&m=m_0-\dot{m}t
\end{aligned}\right\}\tag{3.120}
$$

式(3.120) 即为火箭的空间轨迹计算方程，前 6 个为微分方程，只要给出相应的起始条件就可求得火箭质心运动参数。

3.7　纵向运动方程和侧向运动方程

在新型号火箭的初步设计阶段，由于各分系统参数未定，因而只需进行轨迹的粗略计算。为此，可在给定假设下，对上述空间轨迹方程进行简化。假设：

(1) 地球视为一均质圆球，忽略地球扁率的影响。此时引力 $\boldsymbol{g}$ 沿矢径 $\boldsymbol{r}$ 的反向，且服从二次方反比定律，即 $g'_r=g_r=-\dfrac{f_m M_e}{r^2}$，$g_{\omega e}=0$。

(2) 由于工程设计人员在初步设计阶段只关心平均状态下的参数，故通常忽略地球旋转的影响，认为 $\boldsymbol{\omega}_e=\boldsymbol{0}$。显然，此时平移坐标系与发射坐标系始终重合。

(3) 忽略由于火箭内部介质相对于箭体流动所引起的附加哥氏力和全部附加力矩。

(4) 认为在控制系统作用下，每一瞬时火箭都处于力矩平衡状态。

(5) 将欧拉角 α、β、ψ_1、γ_1、ψ_v、γ_v 及 $(\theta-\vartheta_1)$ 视为小量，这些角度的正弦即取其角度的弧度值，其余弦取为 1，且在等式中出现这些角度值之间的乘积时，则作为二阶以上项略去。

(6) 考虑到控制力较小，故将控制力与 α、β、γ_v 的乘积项略去。

(7) 由于引力在 x 轴、z 轴方向的分量远小于引力在 y 轴方向的分量，故将它们与 ψ_v 的乘积项略去。

根据以上假设，即可将质心运动方程简化成两组方程。

第一组方程为

$$\left.\begin{aligned}
&m\dot{v}=P_e-C_x qS+mg_r\frac{y+r_0}{r}\sin\theta+mg_r\frac{x}{r}\cos\theta\\
&mv\dot{\theta}=(P_e+C_y^\alpha qS)\alpha+mg_r\frac{y+r_0}{r}\cos\theta-mg_r\frac{x}{r}\sin\theta+R'\delta_{\vartheta 1}\\
&\dot{x}=v\cos\theta\\
&\dot{y}=v\sin\theta\\
&\alpha=A_{\vartheta 1}(\vartheta_{1\mathrm{pr}}-\theta)\\
&A_{\vartheta 1}=\frac{a_0^{\vartheta 1}M_{z1}^\delta}{M_{z1}^\alpha+a_0^{\vartheta 1}M_{z1}^\delta}\\
&\vartheta_1=\theta+\alpha\\
&\delta_{\vartheta 1}=a_0^{\vartheta 1}(\vartheta_1-\vartheta_{1pr})\\
&r=\sqrt{x^2+(y+r_0)^2+z^2}=\sqrt{x^2+(y+r_0)^2}\\
&H=r-r_0\\
&m=m_0-\dot{m}t
\end{aligned}\right\}\tag{3.121}$$

该方程当取 $r=\sqrt{x^2+(y+r_0)^2}$ 后，则与侧向参数无关，称为纵向运动方程式。给定起始条件即可求解。

第二组方程为

$$\left.\begin{aligned}
&mv\dot{\psi}_v=(P_e+C_z^{\beta}qS)\beta-mg_r\frac{y+r_0}{r}\sin\theta\cdot\psi_v-mg_r\frac{z}{r}+R'\delta_{\psi1}\\
&\dot{z}=-v\psi_v\\
&\beta=-A_{\psi1}\cdot\psi_v\\
&A_{\psi1}=\frac{a_0^{\psi1}M_{y1}^{\delta}}{M_{y1}^{\beta}+a_0^{\psi1}M_{y1}^{\delta}}\\
&\psi_1=\psi_v+\beta\\
&\delta_{\psi1}=a_0^{\psi1}\psi_1
\end{aligned}\right\}\tag{3.122}$$

在第一组方程解得后，即可由第二组方程解得侧向参数，称式(3.122)所列的方程为侧向运动方程。

3.8 火箭各飞行阶段的运动方程

按火箭飞行中的受力特性，可以把火箭的飞行阶段分为主动段、自由段与再入段。主动段是指火箭在发动机推力作用下的飞行阶段，此飞行段内火箭都是按照预定的程序作方案飞行；到达预定关机点后发动机关机，火箭进入自由飞行段，然后按自由抛物体轨迹飞行(此时其质心运动轨迹是一个近似椭圆的部分弧段)；之后到达给定的大气层边界后进入再入段，通过再入机动实现飞行的最终目的。下面分别建立每一个阶段的运动方程。

3.8.1 主动段运动方程

在火箭方案论证阶段，主要关心各分系统设计参数对射程的影响，此时可在一定假设下对方程进行简化，以便分析主要因素的影响。由于主动段飞行特性对火箭射程起决定性的影响，而主动段的飞行一般处于铅垂面内，可近似认为是纵向运动，因此，可通过研究火箭纵向运动来分析主动段的运动特性。

由于主动段射程相比于火箭全射程来说较小，此时可以近似认为主动段火箭所受的地球引力只有沿 y 轴的分量，且近似认为火箭高度 $H=y$。则在“瞬时平衡”假设下，有

$$\delta_{\vartheta1}=-\frac{M_{z1}^{\alpha}}{M_{z1}^{\delta}}\alpha=-\frac{Y_1^{\alpha}(x_g-x_f)}{R'(x_g-x_c)}\alpha\tag{3.123}$$

在近似认为 $Y_1^{\alpha}=Y^{\alpha}$ 后，则有

$$Y+R'\delta_{\vartheta1}=\left(1-\frac{x_g-x_f}{x_g-x_c}\right)Y^{\alpha}\alpha\tag{3.124}$$

若记

$$C=\frac{x_f-x_c}{x_g-x_c}\tag{3.125}$$

则有

$$Y+R'\delta_{\vartheta1}=CY^{\alpha}\alpha\tag{3.126}$$

则纵向运动方程式(3.121)变为

$$\left.\begin{aligned}
&\dot{v}=\frac{P_{\mathrm{e}}}{m}-\frac{1}{m}C_{x}qS-g\sin\theta\\
&\dot{\theta}=\frac{1}{mv}(P_{\mathrm{e}}+CY^{\alpha})\alpha-\frac{g}{v}\cos\theta\\
&\dot{x}=v\cos\theta\\
&\dot{y}=v\sin\theta\\
&\alpha=A_{\vartheta1}(\vartheta_{1\mathrm{pr}}-\theta)\\
&A_{\vartheta1}=\frac{a_{0}^{\vartheta1}M_{z1}^{\delta}}{M_{z1}^{\alpha}+a_{0}^{\vartheta1}M_{z1}^{\delta}}\\
&H=y\\
&m=m_{0}-\dot{m}t
\end{aligned}\right\}\tag{3.127}$$

式(3.127)中，$g=-g_r$，$A_{\vartheta1}$ 是一个系数表达式，实际是7个方程式，只要给定 $t=0$ 时刻的参数 $v=x=y=H=\alpha=0$，$\theta=90°$，$m=m_0$，即可进行数值积分求解。积分至 $m=m_k$，即得 v_k、θ_k、x_k、y_k，基于此，可以计算出关机点的参数，即矢径 $\boldsymbol{r}_k$ 及速度矢量 $\boldsymbol{v}_k$（大小和方向），最后运用椭圆轨迹计算出被动段射程，从而得全射程。

3.8.2　自由飞行段运动方程

火箭的载荷（卫星）经过主动段的动力飞行，在关机点具有了一定的位置和速度后，接着转入无动力、无控制的自由飞行状态。

为了分析载荷在自由飞行段的运动规律，通常作如下基本假设：载荷在自由飞行段中是处于真空飞行状态，即不受空气动力作用；自由飞行段不考虑载荷在空间的姿态，将载荷看成质量集中于质心的质点；认为载荷只受地球（看作均质圆球）的引力作用，而不考虑其他星球对载荷所产生的引力影响。

设载荷质量为 m，自由飞行段载荷的矢径为 $\boldsymbol{r}$，绝对速度矢量为 $\boldsymbol{v}$。根据上述基本假设，载荷在自由飞行段所受的地球引力为

$$\boldsymbol{F}_{\mathrm{T}}=-\frac{\mu m}{r^{3}}\boldsymbol{r}\tag{3.128}$$

其中，$\mu=f_{\mathrm{m}}M_{\mathrm{e}}$，称为地球引力常数，其值为 $3.986\,005\times10^{14}\ \mathrm{m^3/s^2}$。显然，载荷所受的引力始终指向矢径 $\boldsymbol{r}$ 的反方向，这里 $\boldsymbol{r}$ 是指由地球中心 O_{E} 至载荷质心的矢径。

由牛顿第二定律有

$$\boldsymbol{F}_{\mathrm{T}}=m\frac{\mathrm{d}^{2}\boldsymbol{r}}{\mathrm{d}t^{2}}$$

将其代入式(3.128)，即得

$$\frac{\mathrm{d}^{2}\boldsymbol{r}}{\mathrm{d}t^{2}}=-\frac{\mu}{r^{3}}\boldsymbol{r}\tag{3.129}$$

用速度 $\boldsymbol{v}$ 右点乘式(3.129)两端，有

$$\ddot{\boldsymbol{r}}\cdot\dot{\boldsymbol{r}}=-\frac{\mu}{r^{3}}\boldsymbol{r}\cdot\dot{\boldsymbol{r}}\tag{3.130}$$

式(3.130)左边可以进一步写为

$$\ddot{\boldsymbol{r}} \cdot \dot{\boldsymbol{r}} = \frac{1}{2}\frac{\mathrm{d}}{\mathrm{d}t}(\dot{\boldsymbol{r}} \cdot \dot{\boldsymbol{r}}) = \frac{1}{2}\frac{\mathrm{d}}{\mathrm{d}t}(\boldsymbol{v} \cdot \boldsymbol{v}) = \frac{1}{2}\frac{\mathrm{d}}{\mathrm{d}t}(v^2) = \frac{\mathrm{d}}{\mathrm{d}t}\left(\frac{v^2}{2}\right)$$

式(3.130)右边可以写为

$$-\frac{\mu}{r^3}\boldsymbol{r} \cdot \dot{\boldsymbol{r}} = -\frac{\mu}{r^3}r\dot{r} = -\frac{\mu}{r^2}\dot{r} = \frac{\mathrm{d}}{\mathrm{d}t}\left(\frac{\mu}{r}\right)$$

将其代入式(3.130),可得

$$\frac{\mathrm{d}}{\mathrm{d}t}\left(\frac{v^2}{2} - \frac{\mu}{r}\right) = 0$$

则有

$$\frac{v^2}{2} - \frac{\mu}{r} = E \tag{3.131}$$

式中:E 为常数,称为能量常量;$\frac{v^2}{2}$ 为单位质量的动能;$-\frac{\mu}{r}$ 为航天器在地球引力场作用下每单位质量所具有的势能。式(3.131)说明载荷所具有的机械能守恒,它可用轨迹上任一点的参数代入,故整个轨迹上各点参数 r、v 均满足机械能守恒。

用 $\boldsymbol{r}$ 左叉乘式(3.129),有

$$\boldsymbol{r} \times \frac{\mathrm{d}^2\boldsymbol{r}}{\mathrm{d}t^2} = \boldsymbol{0}$$

亦即

$$\frac{\mathrm{d}}{\mathrm{d}t}\left(\boldsymbol{r} \times \frac{\mathrm{d}\boldsymbol{r}}{\mathrm{d}t}\right) = \boldsymbol{0}$$

上式括号内为一常矢量,记

$$\boldsymbol{h} = \boldsymbol{r} \times \frac{\mathrm{d}\boldsymbol{r}}{\mathrm{d}t} = \boldsymbol{r} \times \boldsymbol{v} \tag{3.132}$$

$\boldsymbol{h}$ 称为比角动量(单位质量的角动量)。$\boldsymbol{h}$ 为常值矢量,说明载荷在自由飞行段角动量守恒,即载荷在这一段中,不仅角动量的大小不变,而且方向也不变。这样,载荷在自由飞行段的运动为平面运动,该平面由自由飞行段起点参数 $\boldsymbol{r}_k$、$\boldsymbol{v}_k$ 所决定。

对式(3.129)两端右叉乘角动量矢量 $\boldsymbol{h}$,有

$$\frac{\mathrm{d}\boldsymbol{v}}{\mathrm{d}t} \times \boldsymbol{h} + \frac{\mu}{r^3}(\boldsymbol{r} \times \boldsymbol{h}) = \boldsymbol{0} \tag{3.133}$$

式(3.133)左端第一项中由于 $\frac{\mathrm{d}}{\mathrm{d}t}(\boldsymbol{v} \times \boldsymbol{h}) = \frac{\mathrm{d}\boldsymbol{v}}{\mathrm{d}t} \times \boldsymbol{h} + \dot{\boldsymbol{r}} \times \dot{\boldsymbol{h}}$,所以

$$\frac{\mathrm{d}\boldsymbol{v}}{\mathrm{d}t} \times \boldsymbol{h} = \frac{\mathrm{d}}{\mathrm{d}t}(\boldsymbol{v} \times \boldsymbol{h}) - \dot{\boldsymbol{r}} \times \dot{\boldsymbol{h}}$$

又由于角动量守恒,$\dot{\boldsymbol{h}} = \boldsymbol{0}$,所以

$$\frac{\mathrm{d}\boldsymbol{v}}{\mathrm{d}t} \times \boldsymbol{h} = \frac{\mathrm{d}}{\mathrm{d}t}(\boldsymbol{v} \times \boldsymbol{h}) \tag{3.134}$$

式(3.133)左端第二项中由于 $\boldsymbol{h} = \boldsymbol{r} \times \dot{\boldsymbol{r}} = \boldsymbol{r} \times \boldsymbol{v}$,根据 $\boldsymbol{a} \times (\boldsymbol{b} \times \boldsymbol{c}) = \boldsymbol{b}(\boldsymbol{a} \cdot \boldsymbol{c}) - \boldsymbol{c}(\boldsymbol{a} \cdot \boldsymbol{b})$,变换后可得

$$\frac{1}{r^3}(\boldsymbol{r}\times\boldsymbol{h})=\frac{1}{r^3}[\boldsymbol{r}\times(\boldsymbol{r}\times\boldsymbol{v})]=\frac{1}{r^3}[\boldsymbol{r}(\boldsymbol{r}\cdot\dot{\boldsymbol{r}})-\dot{\boldsymbol{r}}(\boldsymbol{r}\cdot\boldsymbol{r})]=$$

$$\frac{1}{r^3}\left[\boldsymbol{r}r\frac{\mathrm{d}r}{\mathrm{d}t}-\dot{\boldsymbol{r}}r^2\right]=\frac{\boldsymbol{r}\dot{r}-\dot{\boldsymbol{r}}r}{r^2}=-\frac{\mathrm{d}}{\mathrm{d}t}\left(\frac{\boldsymbol{r}}{r}\right) \tag{3.135}$$

将式(3.134) 和式(3.135) 代入式(3.133) 得

$$\frac{\mathrm{d}}{\mathrm{d}t}(\boldsymbol{v}\times\boldsymbol{h})-\frac{\mathrm{d}}{\mathrm{d}t}\left(\mu\frac{\boldsymbol{r}}{r}\right)=\boldsymbol{0}$$

所以

$$\boldsymbol{v}\times\boldsymbol{h}-\mu\frac{\boldsymbol{r}}{r}=\boldsymbol{L} \tag{3.136}$$

该式是运动方程式$\frac{\mathrm{d}^2\boldsymbol{r}}{\mathrm{d}t^2}=-\frac{\mu}{r^3}\boldsymbol{r}$ 的一次积分表达，常矢量 $\boldsymbol{L}$ 称为拉普拉斯常量。

对式(3.136) 进行变换，可得

$$\dot{\boldsymbol{r}}\times\boldsymbol{h}=\mu\left(\frac{\boldsymbol{r}}{r}+\boldsymbol{e}\right) \tag{3.137}$$

其中的 $\boldsymbol{e}=\frac{\boldsymbol{L}}{\mu}$ 为特定的积分常矢量，也称为偏心率矢量。

为获得轨迹方程，以 $\boldsymbol{r}$ 左点乘式(3.137) 两端，则有

$$\frac{\boldsymbol{r}\cdot(\dot{\boldsymbol{r}}\times\boldsymbol{h})}{\mu}=\frac{\boldsymbol{r}\cdot\boldsymbol{r}}{r}+\boldsymbol{r}\cdot\boldsymbol{e} \tag{3.138}$$

利用矢量的叉乘与点乘的交换性 $\boldsymbol{a}\cdot(\boldsymbol{b}\times\boldsymbol{c})=(\boldsymbol{a}\times\boldsymbol{b})\cdot\boldsymbol{c}$ 简化等式的左边，可得

$$\boldsymbol{r}\cdot(\dot{\boldsymbol{r}}\times\boldsymbol{h})=(\boldsymbol{r}\times\dot{\boldsymbol{r}})\cdot\boldsymbol{h}=\boldsymbol{h}\cdot\boldsymbol{h}=h^2$$

又由于 $\boldsymbol{r}\cdot\boldsymbol{r}=r^2$，因此有

$$r+\boldsymbol{r}\cdot\boldsymbol{e}=\frac{h^2}{\mu}$$

根据点乘的定义有

$$\boldsymbol{r}\cdot\boldsymbol{e}=re\cos f$$

其中 e 为偏心率(即偏心率矢量 $\boldsymbol{e}$ 的模)，f 为真近点角(即 $\boldsymbol{r}$ 和 $\boldsymbol{e}$ 之间的夹角)。于是，上式变为

$$h^2=\mu(r+re\cos f) \tag{3.139}$$

也可以写为

$$r=\frac{h^2/\mu}{1+e\cos f} \tag{3.140}$$

其中 μ、h、e 均为常数，且当偏心率为负值时无意义，即 $e\geqslant 0$。若设 $p=h^2/\mu$，代入式(3.140)后可得

$$r=\frac{p}{1+e\cos f} \tag{3.141}$$

这就是火箭自由飞行段的轨迹方程，也称为轨道方程，其定义了火箭相对于地球的运动轨迹。这是一个圆锥曲线方程，地球位于圆锥曲线的一个焦点上。由圆锥曲线性质知：当 $e=0$ 时，该式描述的是圆周运动；当 $0<e<1$ 时，对应轨迹为椭圆运动；当 $e=1$ 时，对应轨迹为抛物线；当

$e > 1$ 时，对应轨迹为双曲线。式(3.141)中的 p 也为常量，称为椭圆(圆或者双曲线)的半通径。另外，偏心率矢量 $\boldsymbol{e}$ 和拉普拉斯常量 $\boldsymbol{L}$ 的方向一致，都沿着椭圆(圆或者双曲线)拱线方向并指向近地点。

那么，若已知载荷在关机点的矢径 $\boldsymbol{r}_k$ 及速度矢量 $\boldsymbol{v}_k$，如何运用椭圆轨道计算出被动段射程呢？椭圆可以采用式(3.141)中的参数即 p、e、f 描述，则问题就转变成了已知矢径 $\boldsymbol{r}_k$ 及速度矢量 $\boldsymbol{v}_k$，如何求 p、e、f？

然而只利用椭圆轨道的3个参数，只能确定某一平面内的椭圆大小和形状，并不能明确该椭圆平面相对于惯性坐标系的空间方位，因此还不足以描述火箭自由飞行段的空间轨道。为此，引入另外3个参数，即升交点赤经 Ω、轨道倾角 i、近地点幅角 ω。这3个角度定义如下：

升交点赤经 Ω，定义为自地心赤道惯性坐标系 $O_E x_I y_I z_I$ 的 $O_E x_I$ 轴(春分点)在赤道面内沿逆时针方向度量到升交点的地心张角。如图3.9所示，标出了轨道平面与赤道平面的相交线，称为交线。交线上轨道自下而上穿过赤道平面的点为升交点。交线矢量 $\boldsymbol{N}$ 定义为自原点出发向外延伸穿过升交点的方向。在交线的另一端，轨道自上而下穿越赤道平面形成降交点。因此，$O_E x_I y_I z_I$ 的 $O_E x_I$ 轴与交线矢量 $\boldsymbol{N}$ 之间的夹角便是升交点赤经，从春分点向东度量，其值在 $[0°, 360°]$ 内。

轨道倾角 i，定义为轨道平面和地球赤道平面的夹角，方向由右手法则确定，即由赤道平面向轨道平面绕交线矢量 $\boldsymbol{N}$ 逆时针测量的角度，如图3.10所示。此倾角也是 $O_E x_I y_I z_I$ 的 $O_E z_I$ 轴与轨道平面法线之间的夹角，角动量矢量 $\boldsymbol{h}$ 沿着轨道平面法线方向，因此，i 亦为 $O_E x_I y_I z_I$ 的 $O_E z_I$ 轴与 $\boldsymbol{h}$ 之间的夹角，i 取 $0° \sim 180°$ 的值。

近地点幅角 ω，定义为轨道平面内自升交点沿卫星运动方向度量到近地点的角度，也是交线矢量 $\boldsymbol{N}$ 和偏心率矢量 $\boldsymbol{e}$ 之间的夹角，在轨道平面内从升交点顺轨道运行方向度量，其值在 $[0°, 360°]$ 内。

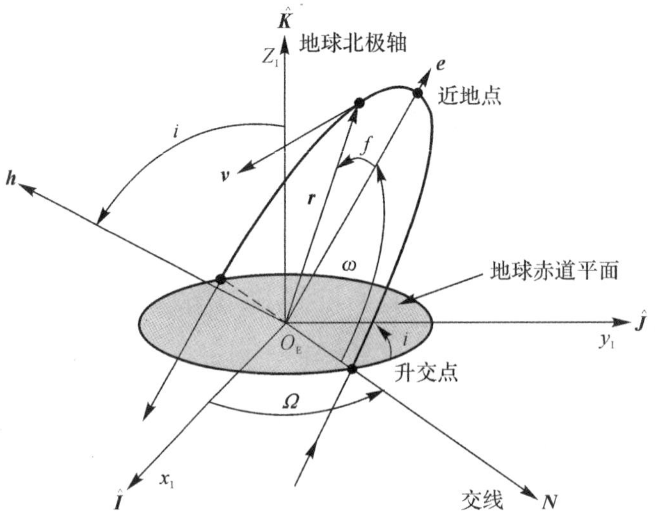

图3.10　轨道六要素图

采用以上所给的6个参数(p 或者 h、e、f、Ω、i、ω)，可以确切地描述航天器在空间的位置，将这些参数称为轨道六要素或者轨道六根数。如图 3.10 所示，在轨道的 6 个要素中：i 和 Ω 决定了轨道面在惯性空间的位置；ω 决定了轨道在轨道面内的指向，即近地点到升交点的角矩；p 和 e 决定了轨道的大小和形状；f 决定了火箭在轨道上的位置。它们共同确定了轨道平面在空间的取向、轨道在轨道平面中的取向、轨道的大小形状以及火箭在轨道上的位置。

既然轨道六要素可以描述火箭在空间的位置，则它们与地心赤道坐标系中用位置 $\boldsymbol{r}$ 和速度 $\boldsymbol{v}$ 描述的火箭的状态之间将存在对应关系。那么若已知火箭的任一状态向量(即位置 $\boldsymbol{r}$ 和速度 $\boldsymbol{v}$)，如何求得轨道六要素呢？下面直接给出求解步骤。

1. 计算距离

$$r = \sqrt{\boldsymbol{r} \cdot \boldsymbol{r}} = \sqrt{x^2 + y^2 + z^2}$$

2. 计算速度

$$v = \sqrt{\boldsymbol{v} \cdot \boldsymbol{v}} = \sqrt{v_x{}^2 + v_y{}^2 + v_z{}^2}$$

3. 计算速度的径向分量(即径向速度)

$$v_r = \frac{\boldsymbol{r} \cdot \boldsymbol{v}}{r} = \frac{(xv_x + yv_y + zv_z)}{r}$$

注意：若 $v_r > 0$，则火箭正飞离近地点；若 $v_r < 0$，则火箭正飞向近地点。

4. 计算比角动量

$$\boldsymbol{h} = \boldsymbol{r} \times \boldsymbol{v} = \begin{vmatrix} \hat{\boldsymbol{I}} & \hat{\boldsymbol{J}} & \hat{\boldsymbol{K}} \\ x & y & z \\ v_x & v_y & v_z \end{vmatrix}$$

5. 计算角动量的模

$$h = \sqrt{\boldsymbol{h} \cdot \boldsymbol{h}}$$

即第一个轨道根数。

6. 计算轨道倾角

$$i = \arccos\left(\frac{h_z}{h}\right)$$

此为第二个轨道根数。

注意：i 位于 $0° \sim 180°$，不存在象限不清问题。若 $90° < i \leqslant 180°$，则此轨道为逆行轨道，否则，为顺行轨道。

7. 计算中间变量

$$\boldsymbol{N} = \hat{\boldsymbol{K}} \times \boldsymbol{h} = \begin{vmatrix} \hat{\boldsymbol{I}} & \hat{\boldsymbol{J}} & \hat{\boldsymbol{K}} \\ 0 & 0 & 1 \\ h_x & h_y & h_z \end{vmatrix}$$

该矢量定义了交线。

8. 计算 $\boldsymbol{N}$ 的模

$$N = \sqrt{\boldsymbol{N} \cdot \boldsymbol{N}}$$

9. 计算升交点赤经

$$\Omega = \arccos\left(\frac{N_x}{N}\right)$$

这是第三个轨道根数。若$\left(\frac{N_x}{N}\right) > 0$，则$\Omega$位于第一或第四象限；若$\left(\frac{N_x}{N}\right) < 0$，则$\Omega$位于第二或第三象限。要将$\Omega$放置于合适的象限，注意到：若$N_y > 0$，则升交点位于$x_1 O_E z_1$垂直平面的正方向（$0 \leqslant \Omega < 180°$）；反之，若$N_y < 0$，则升交点位于$x_1 O_E z_1$平面的负方向（$180° \leqslant \Omega < 360°$）。因此，$N_y > 0$时，$0 \leqslant \Omega < 180°$；$N_y < 0$时，$180° \leqslant \Omega < 360°$。总结如下：

$$\Omega = \begin{cases} \arccos\left(\dfrac{N_x}{N}\right), & N_y \geqslant 0 \\ 360° - \arccos\left(\dfrac{N_x}{N}\right), & N_y < 0 \end{cases}$$

10. 计算偏心率矢量

由式$\frac{\boldsymbol{r}}{r} + \boldsymbol{e} = \frac{\dot{\boldsymbol{r}} \times \boldsymbol{h}}{\mu}$可知

$$\boldsymbol{e} = \frac{1}{\mu}\left[\boldsymbol{v} \times \boldsymbol{h} - \mu \frac{\boldsymbol{r}}{r}\right] = \frac{1}{\mu}\left[\boldsymbol{v} \times (\boldsymbol{r} \times \boldsymbol{v}) - \mu \frac{\boldsymbol{r}}{r}\right] = \frac{1}{\mu}\left[\boldsymbol{r} v^2 - \boldsymbol{v}(\boldsymbol{r} \cdot \boldsymbol{v}) - \mu \frac{\boldsymbol{r}}{r}\right]$$

即

$$\boldsymbol{e} = \frac{1}{\mu}\left[\left(v^2 - \frac{\mu}{r}\right)\boldsymbol{r} - r v_r \boldsymbol{v}\right]$$

11. 计算偏心率

$$e = \sqrt{\boldsymbol{e} \cdot \boldsymbol{e}}$$

即第四个轨道根数。代入$\boldsymbol{e} = \frac{1}{\mu}\left[\left(v^2 - \frac{\mu}{r}\right)\boldsymbol{r} - r v_r \boldsymbol{v}\right]$，可得仅由标量组成的等式为

$$e = \frac{1}{\mu}\sqrt{(2\mu - r v^2) r v_r + (\mu - r v^2)^2}$$

12. 计算近地点幅角

$$\omega = \arccos\left(\frac{\boldsymbol{N} \cdot \boldsymbol{e}}{Ne}\right)$$

这是第五个轨道根数。若$\boldsymbol{N} \cdot \boldsymbol{e} > 0$，则$\omega$位于第一或第四象限；若$\boldsymbol{N} \cdot \boldsymbol{e} < 0$，则$\omega$位于第二或第四象限。若$\boldsymbol{e}$方向向上（$O_E z_1$轴正半轴），则近地点位于赤道平面上方（$0 \leqslant \omega < 180°$）；若$\boldsymbol{e}$方向向下，则近地点位于赤道平面下方（$180° \leqslant \omega < 360°$）。因此，$e_z \geqslant 0$时，$0 \leqslant \omega < 180°$；$e_z < 0$时，$180° \leqslant \omega < 360°$。总结如下：

$$\omega = \begin{cases} \arccos\left(\dfrac{\boldsymbol{N} \cdot \boldsymbol{e}}{Ne}\right), & e_z \geqslant 0 \\ 360° - \arccos\left(\dfrac{\boldsymbol{N} \cdot \boldsymbol{e}}{Ne}\right), & e_z < 0 \end{cases}$$

13. 计算真近点角

$$f=\arccos\left(\frac{\boldsymbol{e}\cdot\boldsymbol{r}}{er}\right)$$

这是第六个也是最后一个轨道根数。若 $\boldsymbol{e}\cdot\boldsymbol{r}>0$，则 f 位于第一或第四象限；若 $\boldsymbol{e}\cdot\boldsymbol{r}<0$，则 f 位于第二或第三象限。若航天器正飞离近地点（$\boldsymbol{r}\cdot\boldsymbol{v}\geqslant 0$），则 $0\leqslant f<180^\circ$；若航天器正飞向近地点（$\boldsymbol{r}\cdot\boldsymbol{v}<0$），则 $180^\circ\leqslant f<360^\circ$。因此，由第 3.步的结果可知

$$f=\begin{cases}\arccos\left(\dfrac{\boldsymbol{e}\cdot\boldsymbol{r}}{er}\right), & v_r\geqslant 0\\[2ex] 360^\circ-\arccos\left(\dfrac{\boldsymbol{e}\cdot\boldsymbol{r}}{er}\right), & v_r<0\end{cases}$$

代入 $\boldsymbol{e}=\dfrac{1}{\mu}\left[\left(v^2-\dfrac{\mu}{r}\right)\boldsymbol{r}-rv_r\boldsymbol{v}\right]$，此表达式可另写为

$$f=\begin{cases}\arccos\left[\dfrac{1}{e}\left(\dfrac{h^2}{\mu r}-1\right)\right], & v_r\geqslant 0\\[2ex] 360^\circ-\arccos\left[\dfrac{1}{e}\left(\dfrac{h^2}{\mu r}-1\right)\right], & v_r<0\end{cases}$$

上述计算轨道根数的方法并不是唯一的。

值得一提的是，利用以上计算步骤，不但可以求出火箭自由段飞行的轨道要素，而且可以求解近地航天器的轨道根数，还可以求解其他行星或太阳轨道根数，此时只需重新定义一个坐标系并代入适当的引力参数 μ 即可。

至此，就回答了已知载荷在关机点的矢径 $\boldsymbol{r}_k$ 及速度矢量 $\boldsymbol{v}_k$，如何求 p（或者 h）、e、f 以及 Ω、i、ω 的问题。将所求结果代入式(3.141) 中，可以求得火箭自由段飞行的椭圆轨道。根据自由飞行段结束的条件，通过式(3.141) 还可以求得火箭自由飞行段的射程。

很多时候我们也需要将轨道六要素转换为地心赤道坐标系中的状态向量，为此，首先需要定义一个中间坐标系——近焦点坐标系。

近焦点坐标系 $O\bar{x}\bar{y}\bar{z}$：坐标原点位于椭圆轨道的焦点，$\bar{x}O\bar{y}$ 平面为轨道平面，$O\bar{x}$ 轴从焦点指向近地点，其单位矢量记为 $\hat{\boldsymbol{p}}$，$O\bar{y}$ 轴沿着半通径且与 $O\bar{x}$ 轴间真近点角为 90°，其单位矢量记为 $\hat{\boldsymbol{q}}$，$O\bar{z}$ 轴垂直于轨道平面与角动量矢量方向一致，其单位矢量记为 $\hat{\boldsymbol{w}}$。

另外，如图 3.10 所示，地心赤道惯性坐标系 $O_\mathrm{E}x_\mathrm{I}y_\mathrm{I}z_\mathrm{I}$ 三轴的单位向量分别记为 $\hat{\boldsymbol{I}}$，$\hat{\boldsymbol{J}}$，$\hat{\boldsymbol{K}}$，则利用地心赤道惯性坐标系和近焦点坐标系间的坐标变换，可以很方便地将轨道六要素转换为地心赤道惯性坐标系中的状态向量。为此，下面首先给出地心赤道惯性坐标系和近焦点坐标系间的坐标变换。

由于轨道位于近焦点坐标系的 $\bar{x}O\bar{y}$ 平面，火箭状态向量在近焦点坐标系中的表达式为

$$\boldsymbol{r}=\frac{h^2}{\mu}\frac{1}{1+e\cos f}(\cos f\hat{\boldsymbol{p}}+\sin f\hat{\boldsymbol{q}})$$

$$\boldsymbol{v}=\frac{\mu}{h}[-\sin f\hat{\boldsymbol{p}}+(e+\cos f)\hat{\boldsymbol{q}}]$$

因此可知相对于近焦点坐标系，火箭的状态向量为

$$\boldsymbol{r} = \bar{x}\hat{\boldsymbol{p}} + \bar{y}\hat{\boldsymbol{q}} = \frac{h^2}{\mu}\frac{1}{1+e\cos f}(\cos f\hat{\boldsymbol{p}} + \sin f\hat{\boldsymbol{q}})$$

$$\boldsymbol{v} = \dot{\bar{x}}\hat{\boldsymbol{p}} + \dot{\bar{y}}\hat{\boldsymbol{q}} = \frac{\mu}{h}[-\sin f\hat{\boldsymbol{p}} + (e+\cos f)\hat{\boldsymbol{q}}]$$

写成矩阵的形式为

$$\boldsymbol{r}_{\bar{x}} = \frac{h^2}{\mu}\frac{1}{1+e\cos f}\begin{bmatrix}\cos f\\ \sin f\\ 0\end{bmatrix} \tag{3.142}$$

$$\boldsymbol{v}_{\bar{x}} = \frac{\mu}{h}\begin{bmatrix}-\sin f\\ e+\cos f\\ 0\end{bmatrix} \tag{3.143}$$

下标 $\bar{x}$ 为 $O\bar{x}\bar{y}\bar{z}$ 坐标系的缩写，用来表明这些状态向量是相对于近焦点坐标系表达的，以区别于地心赤道坐标系（$\boldsymbol{r} = x\hat{\boldsymbol{I}} + y\hat{\boldsymbol{J}} + z\hat{\boldsymbol{K}}$ 和 $\boldsymbol{v} = v_x\hat{\boldsymbol{I}} + v_y\hat{\boldsymbol{J}} + v_z\hat{\boldsymbol{K}}$）的情形。

对于地心赤道坐标系到近焦点坐标系的变换，可通过如图 3.11 所示的三次旋转完成，即分别绕 $\hat{\boldsymbol{K}}$、过渡坐标系的 $\hat{\boldsymbol{I}}'$ 以及 $\hat{\boldsymbol{w}}$ 三轴旋转 Ω、i 和 ω。

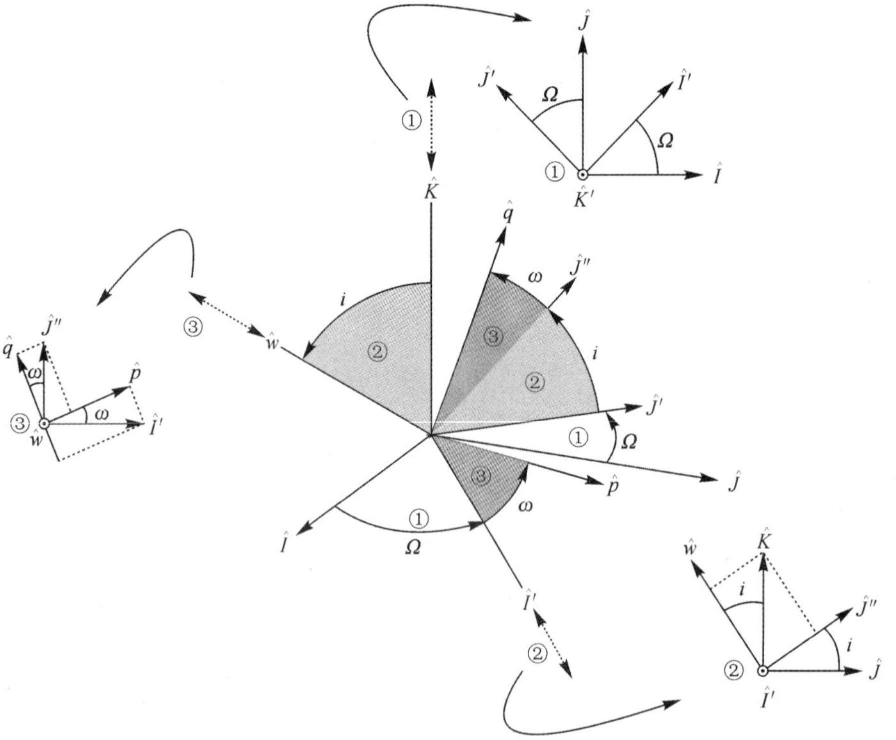

图 3.11　地心赤道坐标系至近焦点坐标系的三次旋转变换顺序

则地心赤道坐标系(I) 至近焦点坐标系($\bar{\mathrm{X}}$) 的正交变换矩阵 $\boldsymbol{L}_{\mathrm{I}-\bar{\mathrm{X}}}$ 为

$$\boldsymbol{L}_{\mathrm{I}-\bar{\mathrm{X}}}=\boldsymbol{L}_z(\omega)\boldsymbol{L}_x(i)\boldsymbol{L}_z(\Omega)$$

将相应的基元矩阵代入，可得

$$\boldsymbol{L}_{\mathrm{I}-\bar{\mathrm{X}}}=\begin{bmatrix}\cos\Omega\cos\omega-\sin\Omega\sin\omega\cos i & \sin\Omega\cos\omega+\cos\Omega\cos i\sin\omega & \sin i\sin\omega\\ -\cos\Omega\sin\omega-\sin\Omega\cos i\cos\omega & -\sin\Omega\sin\omega+\cos\Omega\cos i\cos\omega & \sin i\cos\omega\\ \sin\Omega\sin i & -\cos\Omega\sin i & \cos i\end{bmatrix}\tag{3.144}$$

若地心赤道坐标系中状态向量的分量为

$$\boldsymbol{r}=\boldsymbol{r}_x=\begin{bmatrix}x\\y\\z\end{bmatrix},\quad \boldsymbol{v}=\boldsymbol{v}_x=\begin{bmatrix}v_x\\v_y\\v_z\end{bmatrix}$$

则近焦点坐标系中相应的各分量，可通过矩阵相乘得到：

$$\boldsymbol{r}_{\bar{x}}=\begin{bmatrix}\bar{x}\\ \bar{y}\\ 0\end{bmatrix}=\boldsymbol{L}_{\mathrm{I}-\bar{\mathrm{X}}}\boldsymbol{r}_x,\quad \boldsymbol{v}_{\bar{\mathrm{X}}}=\begin{bmatrix}\dot{\bar{x}}\\ \dot{\bar{y}}\\ 0\end{bmatrix}=\boldsymbol{L}_{\mathrm{I}-\bar{\mathrm{X}}}\boldsymbol{v}_x$$

同样地，从近焦点坐标系到地心赤道坐标系的变换为

$$\boldsymbol{r}_x=\boldsymbol{L}_{\mathrm{I}-\bar{\mathrm{X}}}{}^{\mathrm{T}}\boldsymbol{r}_{\bar{x}},\quad \boldsymbol{v}_x=\boldsymbol{L}_{\mathrm{I}-\bar{\mathrm{X}}}{}^{\mathrm{T}}\boldsymbol{v}_{\bar{x}}\tag{3.145}$$

基于以上坐标变换关系，给出轨道六要素到状态向量的详细计算过程如下：

(1) 利用式(3.142) 计算出近焦点坐标系中的位置矢量 $\boldsymbol{r}_{\bar{x}}$。

(2) 利用式(3.143) 计算出近焦点坐标系中的速度矢量 $\boldsymbol{v}_{\bar{x}}$。

(3) 利用式(3.144) 计算出由地心赤道坐标系到近焦点坐标系的变换矩阵 $\boldsymbol{L}_{I-\bar{x}}$。

(4) 利用式(3.145) 将 $\boldsymbol{r}_{\bar{x}}$ 和 $\boldsymbol{v}_{\bar{x}}$ 转换为地心赤道坐标中的表述。

3.8.3　再入段运动方程

大气对远程火箭或者航天器的运动参数产生影响的高度约为 80 ～ 100 km，通常取 80 km 作为再入段起点，有时为了讨论问题的方便，也以主动段终点高度作为划分的界限。

在再入段，航天器仅受地球引力和空气动力 / 力矩的作用，处于一种无推力和无控制作用的常质量飞行段，并具有以下特点：

(1) 再入段的运动参数与椭圆轨道上真空飞行时有较大区别。

(2) 航天器以高速进入稠密大气层，受到强大的空气动力作用，会产生很大过载，且其表面也显著加热，对落点精度、结构强度、热防护等产生影响，设计时要予以重视。

(3) 利用再入段的空气动力特性，可以实现再入机动飞行。

根据上述再入段特点，在式(3.62)中，取$\boldsymbol{P}=\mathbf{0}$，$\boldsymbol{F}_{\mathrm{c}}=\mathbf{0}$，$\boldsymbol{F}'_{\mathrm{k}}=\mathbf{0}$，便得到在惯性空间中以矢量形式描述的再入段质心移动的动力学方程为

$$m\frac{\mathrm{d}^2\boldsymbol{r}}{\mathrm{d}t^2}=\boldsymbol{R}+m\boldsymbol{g} \tag{3.146}$$

在式(3.88)中，取$\boldsymbol{M}_{\mathrm{c}}=\mathbf{0}$，$\boldsymbol{M}'_{\mathrm{rel}}=\mathbf{0}$，$\boldsymbol{M}'_{\mathrm{k}}=\mathbf{0}$，可得绕质心转动的动力学方程为

$$\boldsymbol{J}\frac{\mathrm{d}\boldsymbol{\omega}_{\mathrm{T}}}{\mathrm{d}t}+\boldsymbol{\omega}_{T}\times(\boldsymbol{J}\boldsymbol{\omega}_{\mathrm{T}})=\boldsymbol{M}_{\mathrm{R}}+\boldsymbol{M}_{\mathrm{d}} \tag{3.147}$$

对式(3.146)、式(3.147)进行求解须将其投影到选定的坐标系中。当把地球看作均质旋转球体时，再入段空间运动方程可由完整的六自由度运动方程进行简化得到：

(1) 由于是无动力飞行，故可在质心移动的动力学方程式(3.86)中，取$P_{\mathrm{e}}=0$。

(2) 当再入是无控制飞行状态时，可去掉式(3.101)所列的3个控制方程，且在动力学方程中，取

$$Y_{1\mathrm{c}}=Z_{1\mathrm{c}}=0$$

$$\delta_{\vartheta 1}=\delta_{\psi 1}=\delta_{\gamma 1}=0$$

(3) 再入飞行器无燃料消耗，即$\dot{m}=0$，在理想条件下为常质量质点系，故可去掉质量方程式(3.110)，且$\dot{J}_{x1}=\dot{J}_{y1}=\dot{J}_{z1}=0$。

(4) 考虑到再入段飞行的时间很短，且ω_{e}为10^{-4}量级，故式(3.100)可近似为

$$\begin{bmatrix}\omega_{\mathrm{T}x1}\\ \omega_{\mathrm{T}y1}\\ \omega_{\mathrm{T}z1}\end{bmatrix}=\begin{bmatrix}\omega_{x1}\\ \omega_{y1}\\ \omega_{z1}\end{bmatrix}$$

式(3.106)可近似为

$$\begin{bmatrix}\vartheta_{1\mathrm{T}}\\ \psi_{1\mathrm{T}}\\ \gamma_{1\mathrm{T}}\end{bmatrix}=\begin{bmatrix}\vartheta_{1}\\ \psi_{1}\\ \gamma_{1}\end{bmatrix}$$

则可去掉描述$\omega_{\mathrm{T}x1}$，$\omega_{\mathrm{T}y1}$，$\omega_{\mathrm{T}z1}$与ω_{x1}，ω_{y1}，ω_{z1}之间关系的方程和描述ϑ_{T}，ψ_{T}，γ_{T}与ϑ_{1}，ψ_{1}，γ_{1}之间关系的方程，共6个。

综上所述，在由32个方程描述的完整六自由度运动模型的基础上，去掉10个方程，并简化剩余22个方程，得到火箭再入段空间运动方程为

$$
\left.
\begin{aligned}
& m\begin{bmatrix}\dfrac{\mathrm{d}v_x}{\mathrm{d}t}\\ \dfrac{\mathrm{d}v_y}{\mathrm{d}t}\\ \dfrac{\mathrm{d}v_z}{\mathrm{d}t}\end{bmatrix}=\boldsymbol{L}_{\mathrm{V-A}}\begin{bmatrix}-C_x qS\\ C_y^{\alpha}qS\alpha\\ -C_z^{\beta}qS\beta\end{bmatrix}+m\frac{g'_r}{r}\begin{bmatrix}x+r_{\mathrm{A}x}\\ y+r_{\mathrm{A}y}\\ z+r_{\mathrm{A}z}\end{bmatrix}+m\frac{g_{\omega \mathrm{e}}}{\omega_{\mathrm{e}}}\begin{bmatrix}\omega_{\mathrm{e}x}\\ \omega_{\mathrm{e}y}\\ \omega_{\mathrm{e}z}\end{bmatrix}-\\
&\qquad m\begin{bmatrix}a_{11} & a_{12} & a_{13}\\ a_{21} & a_{22} & a_{23}\\ a_{31} & a_{32} & a_{33}\end{bmatrix}\begin{bmatrix}x+r_{\mathrm{A}x}\\ y+r_{\mathrm{A}y}\\ z+r_{\mathrm{A}z}\end{bmatrix}-m\begin{bmatrix}b_{11} & b_{12} & b_{13}\\ b_{21} & b_{22} & b_{23}\\ b_{31} & b_{32} & b_{33}\end{bmatrix}\begin{bmatrix}\dot{x}\\ \dot{y}\\ \dot{z}\end{bmatrix}\\
& \begin{bmatrix}J_{x1}\dfrac{\mathrm{d}\omega_{x1}}{\mathrm{d}t}\\ J_{y1}\dfrac{\mathrm{d}\omega_{y1}}{\mathrm{d}t}\\ J_{z1}\dfrac{\mathrm{d}\omega_{z1}}{\mathrm{d}t}\end{bmatrix}+\begin{bmatrix}(J_{z1}-J_{y1})\omega_{z1}\omega_{y1}\\ (J_{x1}-J_{z1})\omega_{x1}\omega_{z1}\\ (J_{y1}-J_{x1})\omega_{y1}\omega_{x1}\end{bmatrix}=\begin{bmatrix}0\\ m_{y1}^{\beta}qSL\beta\\ m_{z1}^{\alpha}qSL\alpha\end{bmatrix}+\begin{bmatrix}m_{x1}^{\bar{\omega}_{x1}}qSL\bar{\omega}_{x1}\\ m_{y1}^{\bar{\omega}_{y1}}qSL\bar{\omega}_{y1}\\ m_{z1}^{\bar{\omega}_{z1}}qSL\bar{\omega}_{z1}\end{bmatrix}\\
& \begin{bmatrix}\dfrac{\mathrm{d}x}{\mathrm{d}t}\\ \dfrac{\mathrm{d}y}{\mathrm{d}t}\\ \dfrac{\mathrm{d}z}{\mathrm{d}t}\end{bmatrix}=\begin{bmatrix}v_x\\ v_y\\ v_z\end{bmatrix}\\
& \begin{bmatrix}\dot{\vartheta}_1\\ \dot{\psi}_1\\ \dot{\gamma}_1\end{bmatrix}=\begin{bmatrix}\dfrac{1}{\cos\psi_1}(\omega_{y1}\sin\gamma_1+\omega_{z1}\cos\gamma_1)\\ \omega_{y1}\cos\gamma_1-\omega_{z1}\sin\gamma_1\\ \omega_{x1}+\tan\psi_1(\omega_{x1}\sin\gamma_1+\omega_{z1}\cos\gamma_1)\end{bmatrix}\\
& \theta=\arctan\frac{v_y}{v_x}\\
& \psi_v=-\arcsin\frac{v_z}{v}\\
& \sin\beta=\cos(\theta-\vartheta_1)\cos\psi_v\sin\psi_1\cos\gamma_1-\sin(\theta-\vartheta_1)\cos\psi_v\sin\gamma_1-\sin\psi_v\cos\psi_1\cos\gamma_1\\
& -\sin\alpha\cos\beta=\cos(\theta-\vartheta_1)\cos\psi_v\sin\psi_1\sin\gamma_1+\sin(\theta-\vartheta_1)\cos\psi_v\cos\gamma_1-\sin\psi_v\cos\psi_1\sin\gamma_1\\
& \sin\gamma_v=\frac{1}{\cos\psi_v}(\cos\alpha\cos\psi_1\sin\gamma_1-\sin\psi_1\sin\alpha)\\
& r=\sqrt{(x+r_{\mathrm{A}x})^2+(y+r_{\mathrm{A}y})^2+(z+r_{\mathrm{A}z})^2}\\
& \sin\phi_0=\frac{(x+r_{\mathrm{A}x})\omega_{\mathrm{e}x}+(y+r_{\mathrm{A}y})\omega_{\mathrm{e}y}+(z+r_{\mathrm{A}z})\omega_{\mathrm{e}z}}{r\omega_{\mathrm{e}}}\\
& r_0=\frac{a_{\mathrm{e}}b_{\mathrm{e}}}{\sqrt{a_{\mathrm{e}}^2\sin^2\phi_0+b_{\mathrm{e}}^2\cos^2\phi_0}}\\
& H=r-r_0\\
& v=\sqrt{v_x^2+v_y^2+v_z^2}
\end{aligned}
\right\}
\tag{3.148}
$$

式(3.148)共 22 个方程,包含 22 个未知量:$v_x,v_y,v_z,\omega_{x1},\omega_{y1},\omega_{z1},x,y,z,\vartheta_1,\psi_1,\gamma_1,\theta,\psi_v,\beta,\alpha,\gamma_v,r,\phi_0,r_0,H,v$。

给定初始条件,便可进行弹道计算,值得注意的是,22 个起始条件不是任意给定的,只要给前12个微分方程求解所需的参数 $v_x, v_y, v_z, \omega_{x1}, \omega_{y1}, \omega_{z1}, x, y, z, \vartheta_1, \psi_1, \gamma_1$ 的初值，则后10个方程的参数 $\theta, \psi_v, \beta, \alpha, \gamma_v, r, \phi_0, r_0, H, v$ 的初值可相应地算出。

习　　题

1. 试推导发射坐标系与箭体坐标系间的坐标变换矩阵。

2. 什么是直接反作用原理？

3. 推导变质量质点基本方程(密歇尔斯基方程)。

4. 推导齐奥尔柯夫斯基公式(理想速度与质量变化的关系)。

5. 什么是刚化原理？

6. 推导变质量质点系的质心运动方程和绕质心转动方程。

7. 叙述变质量系统的力学原理。

8. 火箭在运动过程中受到哪些力和力矩的作用？写出各自的计算公式。

9. 一般在地面发射坐标系中，空间轨迹方程是如何得到的？由哪几类方程组成？各有几个方程？

10. 一般在什么条件下，空间轨迹方程可以分解成纵向运动方程和侧向运动方程？

11. 自由飞行段的运动有哪些基本特征？轨迹是什么形状？特征参数有哪些？特征参数与主动段终点参数有什么关系？

12. 再入段的运动有哪些特点？

参考文献

[1]　方群，李新国，朱战霞，等. 航天飞行动力学. 西安：西北工业大学出版社，2015.

[2]　贾沛然，陈克俊，何力. 远程火箭弹道学. 长沙：国防科技大学出版社，1993.

[3]　王希季. 航天器进入与返回技术. 北京：宇航出版社，1991.

[4]　王志刚，施志佳. 远程火箭与卫星轨道力学基础. 西安：西北工业大学出版社，2005.

[5]　张毅，肖龙旭，王顺宏. 弹道导弹弹道学. 长沙：国防科技大学出版社，2005.

第 4 章　方案飞行与方案弹道

导弹的弹道可以分为两大类:方案弹道和导引弹道。本章介绍导弹的方案弹道。

所谓方案弹道,是指导弹按照预定的飞行方案飞行时的弹道。那么,什么是飞行方案呢?飞行方案是指设计弹道时所选定的某些运动参数随时间的变化规律。这里的某些运动参数是指能够直接或者间接表征导弹弹道特性的参数,例如表征铅垂平面运动特性的弹道倾角、俯仰角、攻角或高度等,表征水平平面运动特性的弹道偏角、偏航角、侧滑角等等。

导弹按照给定的飞行方案飞行时所需的舵面偏转规律,是通过其上装有的程序自动控制装置实现的。我们把导弹按预定的飞行方案所作的飞行称为方案飞行。值得注意的是,一旦飞行方案选定以后,导弹的飞行弹道也就随之确定,导弹发射出去后,它的飞行轨迹就不能随意变更。

方案飞行的情况是经常遇到的。许多导弹的弹道除了引向目标的导引段之外,也具有方案飞行段。例如,攻击静止或缓慢运动目标的飞航式导弹,其弹道的爬升段(或称起飞段)、平飞段(或称巡航段),甚至在俯冲攻击的初段都是方案飞行段(见图 4.1)。反坦克导弹的某些飞行段也有按方案飞行的。某些垂直发射的地空导弹的初始段、空地导弹的下滑段以及弹道式导弹的主动段通常也采用方案飞行(见图 4.2)。此外,方案飞行在一些无人驾驶靶机、侦察机上也被广泛采用。

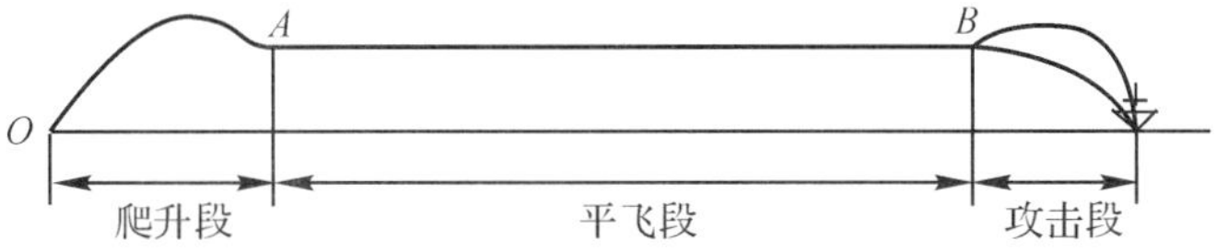

图 4.1　飞航式导弹的典型弹道

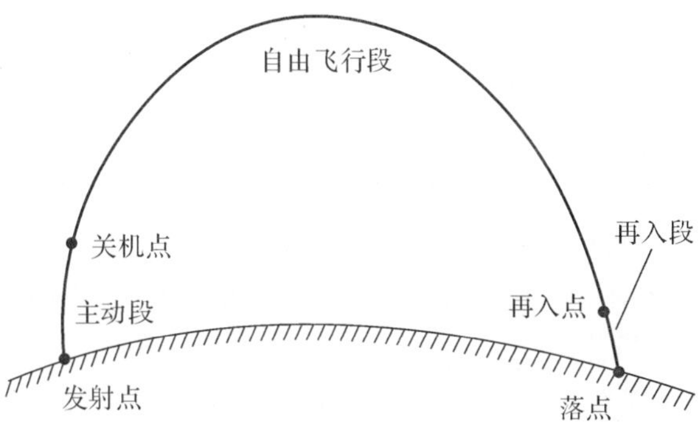

图 4.2　弹道式导弹的典型弹道

飞行方案设计也就是导弹飞行轨迹设计。飞行方案设计的主要依据是使用部门提出的技战术指标和使用要求，包括发射载体、射程、巡航速度和高度、制导体制、动力装置、导弹几何尺寸和重量、目标类型等。在进行飞行方案设计时，除了要掌握导弹本身的总体特性外，还要了解发射载体和目标特性。只有充分发挥各系统的优点，扬长避短，才能设计出理想的飞行方案。

需要说明一下，方案弹道的设计都是基于理想弹道（质点弹道），也就是说，采用了“瞬时平衡”假设。

4.1 铅垂平面内的方案飞行

飞航式导弹、空地导弹和弹道式导弹的方案飞行段，基本上是在铅垂平面内。本节讨论导弹在铅垂平面内的方案飞行。

4.1.1 导弹运动基本方程

设地面坐标系的 Ax 轴选取在飞行平面（铅垂平面）内，则导弹质心的坐标 z 和弹道偏角 ψ_v 恒等于零。假定导弹的纵向对称面 x_1Oy_1 始终与飞行平面重合，则速度滚转角 γ_v 和侧滑角 β 也等于零，这样，导弹在铅垂平面内的质心运动方程组为

$$\left.\begin{aligned}
&m\frac{\mathrm{d}v}{\mathrm{d}t}=P\cos\alpha-X-mg\sin\theta\\
&mv\frac{\mathrm{d}\theta}{\mathrm{d}t}=P\sin\alpha+Y-mg\cos\theta\\
&\frac{\mathrm{d}x}{\mathrm{d}t}=v\cos\theta\\
&\frac{\mathrm{d}y}{\mathrm{d}t}=v\sin\theta\\
&\frac{\mathrm{d}m}{\mathrm{d}t}=-m_s\\
&\varepsilon_1=0\\
&\varepsilon_4=0
\end{aligned}\right\}\tag{4.1}$$

在导弹气动外形给定的情况下，平衡状态的阻力 X、升力 Y 取决于 v、α、y，因此，式(4.1)中共含有 7 个未知数：v、θ、α、x、y、m、P。

导弹在铅垂平面内的方案飞行取决于：① 飞行速度的方向，其理想控制关系式为 $\varepsilon_1=0$；② 发动机的工作状态，其理想控制关系式为 $\varepsilon_4=0$。

飞行速度的方向或者直接用弹道倾角 $\theta_*(t)$ 给出，或者间接地用俯仰角 $\vartheta_*(t)$、攻角 $\alpha_*(t)$、法向过载 $n_{y2*}(t)$、高度变化率 $\dot{H}_*(t)$ 给出。

因为式(4.1)各式右端项均与坐标 x 无关，所以在积分时，可以将第 3 式从中独立出来，在其余各式求解之后再进行积分。

如果导弹采用固体火箭发动机，则燃料的质量秒流量 m_s 为已知（在许多情况下 m_s 可视为常值）；发动机的推力 P 仅与飞行高度有关，在计算弹道时，它们之间的关系通常也是给定

的。因此，在采用固体火箭发动机的情况下，式(4.1)中的第5式和第7式可以用已知的关系式 $m(t)$ 和 $P(t,y)$ 代替。

对于涡轮风扇发动机或冲压发动机，m_s 和 P 不仅与飞行速度和高度有关，而且还与发动机的工作状态有关。因此，式(4.1)中必须给出约束方程 $\varepsilon_4=0$。

但在计算弹道时，常会遇到发动机产生额定推力的情况，而燃料的质量秒流量可以取常值，即等于秒流量的平均值。这时，式(4.1)中的第5式和第7式也可以去掉(无需积分)。

4.1.2　几种典型飞行方案

理论上，可采取的飞行方案有弹道倾角 $\theta_*(t)$、俯仰角 $\vartheta_*(t)$、攻角 $\alpha_*(t)$、法向过载 $n_{y2*}(t)$、高度 $H_*(t)$。下面分别给出各种飞行方案的理想控制关系式。

1. 给定弹道倾角

如果给出弹道倾角的飞行方案 $\theta_*(t)$，则理想控制关系式为

$$\varepsilon_1=\theta-\theta_*(t)=0[\text{即 }\theta=\theta_*(t)]$$

或

$$\varepsilon_1=\dot{\theta}-\dot{\theta}_*(t)=0[\text{即 }\dot{\theta}=\dot{\theta}_*(t)]$$

式中：θ 为导弹实际飞行的弹道倾角。

选择飞行方案的目的是为了使导弹按所要求的弹道飞行。例如飞航式导弹以 θ_0 发射并逐渐爬升，然后转入平飞，这时飞行方案 $\theta_*(t)$ 可以设计成各种变化规律，可以是直线，也可以是曲线(见图 4.3)。

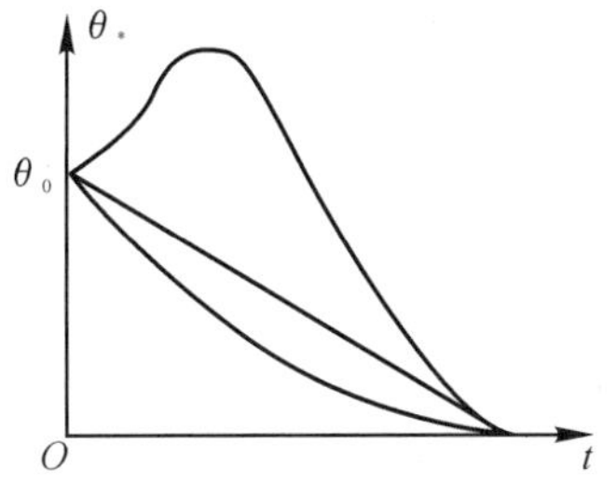

图 4.3　爬升段 $\theta_*(t)$ 的示意图

利用函数 $\theta_*(t)$ 对时间求导，得到 $\dot{\theta}_*(t)$ 的表达式，改写式(4.1)中的第 2 式，得

$$\frac{\mathrm{d}\theta}{\mathrm{d}t}=\frac{g}{v}(n_{y2}-\cos\theta)$$

无倾斜飞行时，$\gamma_v=0$，故 $n_{y2}=n_{y3}$。

平衡状态下的法向过载为

$$n_{y3}=n_{y3\mathrm{b}}^{\alpha}\alpha+(n_{y3b})_{\alpha=0} \tag{4.2}$$

其中

$$n_{y3\mathrm{b}}^{\alpha}=\frac{1}{mg}\left(P+Y^{\alpha}-\frac{m_z^{\alpha}}{m_z^{\delta_z}}Y^{\delta_z}\right) \tag{4.3}$$

$$(n_{y3\mathrm{b}})_{\alpha=0}=\frac{1}{mg}\left(Y_0-\frac{m_{z0}}{m_z^{\delta_z}}Y^{\delta_z}\right) \tag{4.4}$$

由式(4.2)求出

$$\alpha=\frac{1}{n_{y3b}^{\alpha}}\left[\frac{v}{g}\frac{\mathrm{d}\theta}{\mathrm{d}t}+\cos\theta-(n_{y3b})_{\alpha=0}\right]$$

对于轴对称导弹

$$(n_{y3b})_{\alpha=0}=0$$

于是，描述按给定弹道倾角的方案飞行的运动方程组为

$$\left.\begin{aligned}&\frac{\mathrm{d}v}{\mathrm{d}t}=\frac{P\cos\alpha-X}{m}-g\sin\theta\\&\alpha=\frac{1}{n_{y3b}^{\alpha}}\left[\frac{v}{g}\frac{\mathrm{d}\theta}{\mathrm{d}t}+\cos\theta-(n_{y3b})_{\alpha=0}\right]\\&\frac{\mathrm{d}x}{\mathrm{d}t}=v\cos\theta\\&\frac{\mathrm{d}y}{\mathrm{d}t}=v\sin\theta\\&\theta=\theta_*(t)\end{aligned}\right\}\tag{4.5}$$

联立上述方程组的第1、2、4、5式，进行数值积分，就可以解得其中的未知数 v、α、y、θ。然后再积分第3式，就可以解出 $x(t)$，从而得到按给定弹道倾角飞行的方案弹道。

如果 $\theta_*(t)=C$(常数)，则方案飞行弹道为直线。如果 $\theta_*(t)=0$，则方案飞行弹道为水平直线(等高飞行)。如果 $\theta_*(t)=\pi/2$，则导弹作垂直上升飞行。

2. 给定俯仰角

如果给出俯仰角的飞行方案 $\vartheta_*(t)$，则理想控制关系式为

$$\varepsilon_1=\vartheta-\vartheta_*(t)=0$$

即

$$\vartheta=\vartheta_*(t)$$

式中：ϑ 为导弹飞行过程中的实际俯仰角。

在进行弹道计算时，还需引入角度关系式：

$$\alpha=\vartheta-\theta$$

于是，描述按给定俯仰角的方案飞行的运动方程组为

$$\left.\begin{aligned}&\frac{\mathrm{d}v}{\mathrm{d}t}=\frac{P\cos\alpha-X}{m}-g\sin\theta\\&\frac{\mathrm{d}\theta}{\mathrm{d}t}=\frac{1}{mv}(P\sin\alpha+Y-G\cos\theta)\\&\frac{\mathrm{d}x}{\mathrm{d}t}=v\cos\theta\\&\frac{\mathrm{d}y}{\mathrm{d}t}=v\sin\theta\\&\alpha=\vartheta-\theta\\&\vartheta=\vartheta_*(t)\end{aligned}\right\}\tag{4.6}$$

此方程组包含6个未知参量；v、θ、α、x、y 和 ϑ。解算这组方程就能得到这些参量随时间的变化规律，同时也就得到了按给定俯仰角的方案弹道。

这种飞行方案的控制系统最容易实现。利用三自由度陀螺测量，或者通过捷联惯导系统测量、解算得到导弹实际飞行时的俯仰角，与飞行方案 $\vartheta_*(t)$ 比较，形成角偏差信号，经放大送至舵机。升降舵的偏转规律如下：

$$\delta_z = K_\vartheta[\vartheta - \vartheta_*(t)]$$

式中：ϑ 为导弹的实际俯仰角；K_ϑ 为放大因数。

3. 给定攻角

给定攻角的飞行方案，是为了使导弹爬升得最快，即希望飞行所需的攻角始终等于允许的最大值；或者是为了防止需用过载超过可用过载而对攻角加以限制。若导弹采用冲压发动机，为了保证发动机能正常工作，也必须将攻角限制在一定范围内。

如果给出了攻角的飞行方案 $\alpha_*(t)$，则理想控制关系式为

$$\varepsilon_1 = \alpha - \alpha_*(t) = 0$$

即

$$\alpha = \alpha_*(t)$$

式中：α 为导弹飞行过程中实际的攻角。

由于目前测量导弹实际攻角的传感器的精度比较低，所以一般不直接采用控制导弹攻角参量，而是将 $\alpha_*(t)$ 折算成俯仰角 $\vartheta_*(t)$，通过对俯仰角的控制来实现对攻角的控制。

4. 给定法向过载

给定法向过载的飞行方案，往往是为了保证导弹不会出现结构破坏。此时，理想控制关系式为

$$\varepsilon_1 = n_{y2} - n_{y2*}(t) = 0$$

即

$$n_{y2} = n_{y2*}(t)$$

式中：n_{y2} 为导弹飞行过程中实际的法向过载。

在平衡状态下，由式(4.2)得

$$\alpha = \frac{n_{y2} - (n_{y2b})_{\alpha=0}}{n_{y2b}^{\alpha}}$$

按给定法向过载的方案飞行可以用下列方程组来描述：

$$\left.\begin{aligned}
&\frac{dv}{dt} = \frac{P\cos\alpha - X}{m} - g\sin\theta\\
&\frac{d\theta}{dt} = \frac{g}{v}(n_{y2} - \cos\theta)\\
&\frac{dx}{dt} = v\cos\theta\\
&\frac{dy}{dt} = v\sin\theta\\
&\alpha = \frac{n_{y2} - (n_{y2b})_{\alpha=0}}{n_{y2b}^{\alpha}}\\
&n_{y2} = n_{y2*}(t)
\end{aligned}\right\} \tag{4.7}$$

这组方程包含未知参量 v、θ、α、x、y 及 n_{y2}。解算这组方程，就能得到这些参量随时间的

变化量，并可得到按给定法向过载飞行的方案弹道。

由式(4.7) 可见，按给定法向过载的方案飞行实际上是通过相应的 α 来实现的。

5. 给定高度

如果给出导弹高度的飞行方案 $H_*(t)$，则理想控制关系式为

$$\varepsilon_1 = H - H_*(t) = 0$$

即

$$H = H_*(t)$$

式中：H 为导弹的实际飞行高度。

将上式对时间求导，可以得到关系式

$$\frac{dH}{dt} = \frac{dH_*(t)}{dt} \tag{4.8}$$

式中：$dH_*(t)/dt$ 为给定的导弹飞行高度变化率。

对于近程战术导弹，在不考虑地球曲率时，存在关系式

$$\frac{dH}{dt} = \frac{dy}{dt} = v\sin\theta \tag{4.9}$$

由式(4.8) 和式(4.9) 解得

$$\theta = \arcsin\left[\frac{1}{v}\frac{dH_*(t)}{dt}\right] \tag{4.10}$$

参照给定弹道倾角方案飞行的运动方程组，可知，描述给定高度的方案飞行的运动方程组为

$$\left.\begin{aligned}
&\frac{dv}{dt} = \frac{P\cos\alpha - X}{m} - g\sin\theta \\
&\alpha = \frac{1}{n_{y3b}^{\alpha}}\left[\frac{v}{g}\frac{d\theta}{dt} + \cos\theta - (n_{y3b})_{\alpha=0}\right] \\
&\frac{dx}{dt} = v\cos\theta \\
&\frac{dy}{dt} = \frac{dH_*(t)}{dt} \\
&\theta = \arcsin\left[\frac{1}{v}\frac{dH_*(t)}{dt}\right]
\end{aligned}\right\} \tag{4.11}$$

解式(4.11)，就可以求出其中的未知数 v、α、x、y、θ，从而得到按给定高度飞行的方案弹道。

4.1.3 直线弹道问题

直线飞行的情况是常见的，例如，飞航式导弹在平飞段(巡航段) 的飞行，空地导弹、巡航导弹在巡航段的飞行，地空导弹在初始弹道段的飞行等。前面已经介绍，如果给定飞行方案 $\theta_*(t) = C$(常数)，则方案飞行弹道为直线。如果 $\theta_*(t) = 0(\pi/2)$，则方案飞行弹道为水平(垂直) 直线；另外，如果给定高度飞行方案且 $dH_*(t)/dt = 0$，则方案飞行弹道为水平直线(等高飞行)。下面以飞航式导弹在爬升段的飞行为例，讨论两种其他形式的直线弹道问题。

1. 直线爬升时的飞行方案 $\vartheta_*(t)$

导弹作直线爬升飞行时，弹道倾角应为常值，即 $\mathrm{d}\theta_*(t)/\mathrm{d}t=0$，将其代入式(4.1)的第2式可以得到

$$P\sin\alpha+Y=G\cos\theta \tag{4.12}$$

式(4.12)表明：直线爬升时，作用在导弹上的法向控制力必须和重力的法向分量平衡。在飞行攻角不大的情况下，攻角可表示成

$$\alpha=\frac{G\cos\theta}{P+Y^{\alpha}} \tag{4.13}$$

这样直线爬升时的俯仰角飞行方案为

$$\vartheta_*(t)=\theta+\frac{G\cos\theta}{P+Y^{\alpha}} \tag{4.14}$$

显然，如果能按式(4.14)给定俯仰角的飞行方案，导弹就会直线爬升。

2. 等速直线爬升

若要求导弹作等速直线爬升飞行，则必须使 $\dot{v}=0,\dot{\theta}=0$，代入式(4.1)的第1、2式可得

$$\left.\begin{aligned}P\cos\alpha-X&=G\sin\theta\\P\sin\alpha+Y&=G\cos\theta\end{aligned}\right\} \tag{4.15}$$

式(4.15)表明：导弹要实现等速直线飞行，发动机推力在弹道切线方向上的分量与阻力之差必须等于重力在弹道切线方向上的分量；同时，作用在导弹上的法向力应等于重力在法线方向上的分量。下面就来讨论同时满足这两个条件的可能性。

根据式(4.15)第1式，导弹等速爬升时的攻角为

$$\alpha_1=\arccos\frac{X+G\sin\theta}{P} \tag{4.16}$$

根据式(4.15)第2式，在飞行攻角不大的情况下，导弹直线爬升时的攻角为

$$\alpha_2=\frac{G\cos\theta}{P+Y^{\alpha}} \tag{4.17}$$

为使导弹等速直线爬升，必须同时满足式(4.16)和式(4.17)，因此，导弹等速直线爬升的条件应是 $\alpha_1=\alpha_2$，即

$$\arccos\frac{X+G\sin\theta}{P}=\frac{G\cos\theta}{P+Y^{\alpha}} \tag{4.18}$$

且 $\theta=C$(常数)。

实际上，上述条件是很难满足的，因为通过精心设计或许能找到一组参数(v、θ、P、G、C_x、C_y^{α} 等)满足式(4.18)，可是在飞行过程中，导弹不可避免地受到各种干扰，一旦某一参数偏离了它的设计值，导弹就不可能真正实现等速直线爬升飞行。特别是在发动机不能自动调节的情况下，要使导弹时刻都严格地按等速直线爬升飞行是不可能的。即使发动机推力可以自动调节，要实现等速直线爬升飞行也只能是近似的。

4.1.4　等高飞行的实现问题

飞航式导弹的平飞段(巡航段)，空地导弹、巡航导弹的巡航段，都要求等高飞行。从理论

上讲，实现等高飞行有两种飞行方案：$\theta_*(t)\equiv 0$ 或 $H_*(t)=$ 常值。等高飞行应满足

$$P\sin\alpha + Y = mg$$

据此求出

$$\alpha = \frac{mg}{P + Y^\alpha}$$

再由平衡条件，可求得保持等高飞行所需要的升降舵偏转角为

$$\delta_z = -\frac{m_{z0} + \dfrac{mgm_z^\alpha}{P + Y^\alpha}}{m_z^{\delta_z}} \tag{4.19}$$

由于在等高飞行过程中，导弹的重量和速度(影响 Y^α) 都在变化，因此，升降舵的偏转角 δ_z 也是变化的。

若发动机推力基本上与空气阻力相平衡，则等高飞行段内的速度变化较为缓慢，且导弹在等高飞行中所需的攻角变化不大，那么，升降舵偏转角的变化也就不大，在它的变化范围内选定一个常值偏转角 δ_{z0}。如果导弹始终以这个偏转角飞行，显然，不可能实现等高飞行。为了实现等高飞行，就必须在常值偏转角 δ_{z0} 的基础上进行调节。调节的方式是多种多样的，例如，利用高度差进行调节是常采用的一种方式。这时升降舵偏转角的变化规律可以写为

$$\delta_z = \delta_{z0} + K_H(H - H_0) \tag{4.20}$$

式中：H 为导弹的实际飞行高度；H_0 为给定的常值飞行高度；K_H 是放大系数，表示为了消除单位高度偏差，升降舵应该偏转的角度。

式(4.20) 表明：如果导弹在预定的高度上飞行(即 $\Delta H = H - H_0 = 0$)，则维持常值偏转角 δ_{z0} 即可。若导弹偏离了预定的飞行高度，要想回到原来的预定高度上飞行，则舵面的偏转角应为

$$\delta_z = \delta_{z0} + \Delta\delta_z$$

其中附加舵偏角为

$$\Delta\delta_z = K_H(H - H_0) = K_H\Delta H \tag{4.21}$$

式(4.21) 中的高度差 ΔH 可以采用微动气压计或无线电高度表等弹上设备来测量。

现在来讨论 K_H 值的符号。对于正常式导弹：当飞行的实际高度小于预定高度 H_0(即高度差 $\Delta H < 0$) 时，为使导弹恢复到预定的飞行高度，则要使导弹产生一个附加的向上升力，即附加攻角 $\Delta\alpha$ 应为正，亦即要有一个使导弹抬头的附加力矩，为此，升降舵的附加偏转角应是一个负值，即 $\Delta\delta_z < 0$；反之，当 $\Delta H > 0$ 时，则要求 $\Delta\delta_z > 0$。因此，对于正常式导弹，放大系数 K_H 为正值。同理，对于鸭式导弹，放大系数 K_H 则为负值。

式(4.21) 中的 $\Delta\delta_z$ 角是使导弹保持等高飞行所必需的。由于控制系统和弹体具有惯性，在导弹恢复到预定飞行高度的过程中，会不可避免地出现超高和掉高的现象，使导弹在预定高度的某一范围内处于振荡状态(见图 4.4 中虚线)，而不能很快地进入预定高度稳定飞行。因此，为了使导弹能尽快地稳定在预定的高度上，必须在式(4.20) 中再引入一项与高度变化率 $\Delta\dot{H} = \mathrm{d}\Delta H/\mathrm{d}t$ 有关的量，即

$$\delta_z = \delta_{z0} + K_H\Delta H + K_{\dot{H}}\Delta\dot{H} \tag{4.22}$$

式中：$K_{\dot{H}}$ 表示为了消除单位高度变化率升降舵所应偏转的角度，可称为放大系数。

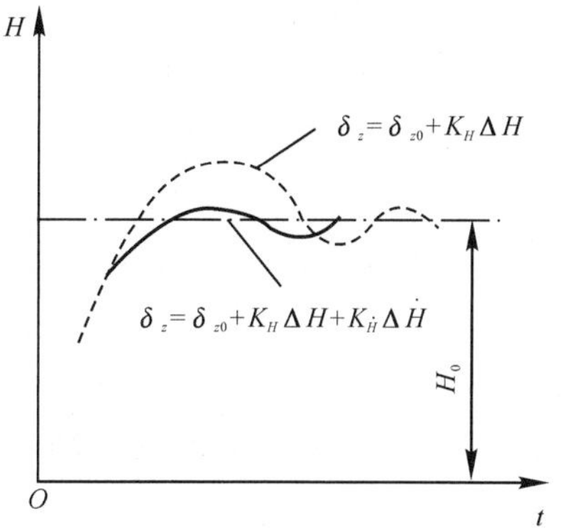

图 4.4　等高飞行的过渡过程

此时，附加舵偏转角则为

$$\Delta\delta_z = K_H\Delta H + K_{\dot{H}}\Delta\dot{H}$$

与式(4.21)相比，上式增加了一项 $K_{\dot{H}}\Delta\dot{H}$，它将产生阻尼力矩，以减小导弹在进入预定高度飞行过程中产生超高和掉高现象，使导弹较平稳地恢复到预定的高度飞行(见图 4.4 中实线)，从而改善了过渡过程的品质。

下面以正常式导弹为例，来具体说明引入 $K_{\dot{H}}\Delta\dot{H}$ 的作用。为了对比说明简单起见，均不考虑常值舵偏角 δ_{z0}，而只研究附加舵偏角的规律分别为 $\Delta\delta_z = K_H\Delta H$ 和 $\Delta\delta_z = K_H\Delta H + K_{\dot{H}}\Delta\dot{H}$ 时，对等高飞行带来的差异。

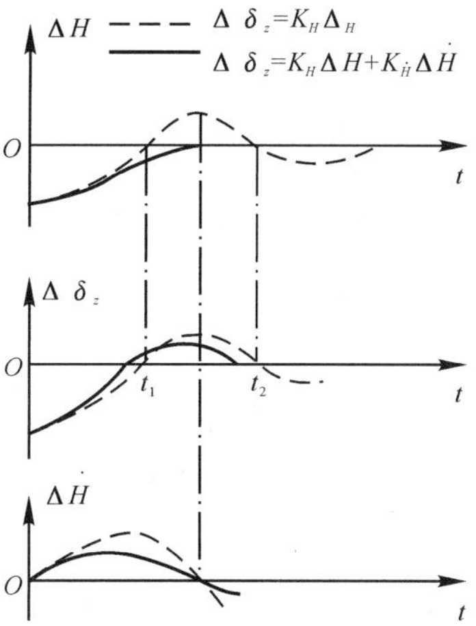

图 4.5　ΔH 的变化曲线

首先分析 $\Delta\delta_z = K_H\Delta H$ 时导弹飞行高度的变化情况。如果导弹的实际飞行高度低于预定高度($\Delta H < 0$)，则 $\Delta\delta_z$ 应为负值，这时 ΔH 和 $\Delta\delta_z$ 的对应关系如图 4.5 中虚线所示。在 $t = t_1$ 时，虽然飞行高度已经达到了预定高度 H_0，但此时 $\Delta\dot{H} > 0$，导弹的惯性使其飞行高度继续上升，超过了预定飞行高度 H_0，从而使得 $\Delta H > 0$。这时，舵面附加偏角 $\Delta\delta_z$ 也应变号，即 $\Delta\delta_z > 0$，而当 $t = t_2$ 时，再次出现 $H = H_0$，但此时 $\Delta\dot{H} < 0$，导弹的惯性又会使其飞行高度继续下降。导弹在预定飞行高度 H_0 附近经过几次振荡之后才能稳定在预定的飞行高度上。

下面再来分析 $\Delta\delta_z = K_H\Delta H + K_{\dot{H}}\Delta\dot{H}$ 时的导弹飞行高度的变化值况。只要放大系数 $K_{\dot{H}}$ 和 K_H 之间比值选择合理，就可以很快地稳定在预定的飞行高度上，得到比较满意的过渡过程。例如，当 $\Delta\dot{H} < 0$ 时，由 $K_{\dot{H}}\Delta\dot{H}$ 产生的附加舵偏角为负值，相应地 $\Delta\dot{H} > 0$，由 $K_{\dot{H}}\Delta\dot{H}$ 产生的附加偏角为正值，它相对于附加舵偏角调节规律 $\Delta\delta_z = K_H\Delta H$ 来说，可以提前改变舵面偏转方向，于是就降低了导弹的爬升率 $\Delta\dot{H}$，使导弹能较平稳地恢复到预定的高度上飞行(见图 4.5 中实线)。

4.2 水平面内的方案飞行

4.2.1 水平面内飞行的方程组

当攻角和侧滑角较小时，导弹在水平面内的质心运动方程组为

$$\left.\begin{aligned}
&m\frac{\mathrm{d}v}{\mathrm{d}t} = P - X \\
&(P\alpha + Y)\cos\gamma_v - (-P\beta + Z)\sin\gamma_v - G = 0 \\
&-mv\frac{\mathrm{d}\psi_v}{\mathrm{d}t} = (P\alpha + Y)\sin\gamma_v + (-P\beta + Z)\cos\gamma_v \\
&\frac{\mathrm{d}x}{\mathrm{d}t} = v\cos\psi_v \\
&\frac{\mathrm{d}z}{\mathrm{d}t} = -v\sin\psi_v \\
&\frac{\mathrm{d}m}{\mathrm{d}t} = -m_s \\
&\varepsilon_2 = 0 \\
&\varepsilon_3 = 0 \\
&\varepsilon_4 = 0
\end{aligned}\right\} \tag{4.23}$$

在这方程组中含有 9 个未知数：v、ψ_v、α、β、γ_v、x、z、m、P。

在水平面内的方案飞行取决于下列给定的条件：

(1) 给定飞行方向，其相应的理想控制关系式为 $\varepsilon_2 = 0$，$\varepsilon_3 = 0$。

飞行速度的方向可以由下面三组约束关系 ——$\psi_{v*}(t)$[或 $\dot{\psi}_{v*}(t)$ 或 $n_{z2*}(t)$]、$\beta_*(t)$[或 $\psi_*(t)$]、$\gamma_{v*}(t)$ 中的任意两个参量的组合给出。

但是，导弹通常不作既操纵倾斜又操纵侧滑的水平面飞行，因为这样将使控制系统复杂化。

(2) 给定发动机的工作状态，其相应的理想控制关系式为 $\varepsilon_4 = 0$。

如果飞行方案是由偏航角的变化规律 $\psi_*(t)$ 给出的，或者需要确定偏航角，则式(4.23)中还需要补充一个方程，即

$$\psi = \psi_v + \beta$$

因为式(4.23)右端与坐标 x、z 无关，所以积分此方程组时，第 4 个和第 5 个方程可以独立出来，在其余方程积分之后，单独进行积分。

当导弹采用固体火箭发动机时，式(4.23)中的第6式和第9式可以用$m(t)$和$P(t)$的已知关系式来代替。

下面讨论水平面内飞行的攻角。由式(4.23)中的第2式可以看出：水平飞行时，导弹的重力被空气动力和推力在沿铅垂方向上的分量所平衡。该式可改写为

$$n_{y3}\cos\gamma_v - n_{z3}\sin\gamma_v = 1$$

攻角可以用平衡状态下的法向过载来表示，即

$$\alpha = \frac{n_{y3} - (n_{y3b})_{\alpha=0}}{n_{y3b}^{\alpha}}$$

在无倾斜飞行时，$\gamma_v = 0$，则$n_{y2} = n_{y3} = 1$，于是

$$\alpha = \frac{1 - (n_{y3b})_{\alpha=0}}{n_{y3b}^{\alpha}} \tag{4.24}$$

在无侧滑飞行时，$\beta = 0$，则$n_{z3} = 0$，于是

$$n_{y3} = 1/\cos\gamma_v$$

$$\alpha = \frac{1/\cos\gamma_v - (n_{y3b})_{\alpha=0}}{n_{y3b}^{\alpha}} \tag{4.25}$$

比较式(4.24)和式(4.25)可知：在具有相同动压头时，作倾斜的水平曲线飞行所需攻角比侧滑飞行时要大些。这是因为倾斜飞行时，需使升力和推力的铅垂分量$(P\alpha + Y)\cos\gamma_v$与重力相平衡。同时还可看出，在作倾斜的水平机动飞行时，因受导弹临界攻角和可用法向过载的限制，速度倾斜角γ_v不能太大。

4.2.2　无倾斜的机动飞行

假设导弹在水平面内作侧滑而无倾斜的曲线飞行，导弹质心运动方程组可由式(4.23)改写为

$$\left.\begin{aligned}
&\frac{\mathrm{d}v}{\mathrm{d}t} = \frac{P - X}{m}\\
&\alpha = \frac{1 - (n_{y3b})_{\alpha=0}}{n_{y3b}^{\alpha}}\\
&\frac{\mathrm{d}\psi_v}{\mathrm{d}t} = \frac{1}{mv}(P\beta - Z)\\
&\frac{\mathrm{d}x}{\mathrm{d}t} = v\cos\psi_v\\
&\frac{\mathrm{d}z}{\mathrm{d}t} = -v\sin\psi_v\\
&\varepsilon_2 = 0
\end{aligned}\right\} \tag{4.26}$$

此方程组含有7个未知参量：v、ψ_v、α、β、x、z和ψ。

上述方程组中描述飞行速度方向的理想控制关系方程$\varepsilon_2 = 0$可以用下列不同的参量表示：弹道偏角ψ_v或弹道偏角的变化率$\dot{\psi}_v$、侧滑角β或偏航角ψ、法向过载n_{z2}，现在分别讨论按以上三种的方案飞行。

1. 给定弹道偏角的方案飞行

如果给出弹道偏角的变化规律$\psi_{v*}(t)$，则理想控制关系式为

$$\varepsilon_2 = \psi_v - \psi_{v*}(t) = 0$$

或

$$\varepsilon_2 = \dot{\psi}_v - \dot{\psi}_{v*}(t) = 0$$

按给定弹道偏角的方案飞行的运动方程组为

$$\left.\begin{aligned}
&\frac{\mathrm{d}v}{\mathrm{d}t} = \frac{P - X}{m} \\
&\alpha = \frac{1 - (n_{y3\mathrm{b}})_{\alpha=0}}{n_{y3\mathrm{b}}^{\alpha}} \\
&\beta = -\frac{v}{g}\frac{\dfrac{\mathrm{d}\psi_v}{\mathrm{d}t}}{n_{z3\mathrm{b}}^{\beta}} \\
&\frac{\mathrm{d}x}{\mathrm{d}t} = v\cos\psi_v \\
&\frac{\mathrm{d}z}{\mathrm{d}t} = -v\sin\psi_v \\
&\psi_v = \psi_{v*}(t)
\end{aligned}\right\} \tag{4.27}$$

式中

$$n_{z3\mathrm{b}}^{\beta} = \frac{1}{mg}\{[-P + Z^{\beta} - (m_y^{\beta}/m_y^{\delta_y})Z^{\delta_y}]\}$$

式(4.27)含有6个未知参量：v、α、β、ψ_v、x 和 z。解算这组方程，就能获得这些参量随时间的变化的关系，并由 $x(t)$、$z(t)$ 画出按给定弹道偏角飞行的方案弹道。

2. 给定侧滑角或偏航角的方案飞行

如果给出侧滑角的变化规律 $\beta_*(t)$，则理想控制关系式为

$$\varepsilon_2 = \beta - \beta_*(t) = 0$$

按给定侧滑角的方案飞行的运动方程组可写成

$$\left.\begin{aligned}
&\frac{\mathrm{d}v}{\mathrm{d}t} = \frac{P - X}{m} \\
&\alpha = \frac{1 - (n_{y3\mathrm{b}})_{\alpha=0}}{n_{y3\mathrm{b}}^{\alpha}} \\
&\frac{\mathrm{d}\psi_v}{\mathrm{d}t} = \frac{1}{mv}(P\beta - Z) \\
&\frac{\mathrm{d}x}{\mathrm{d}t} = v\cos\psi_v \\
&\frac{\mathrm{d}z}{\mathrm{d}t} = -v\sin\psi_v \\
&\beta = \beta_*(t)
\end{aligned}\right\} \tag{4.28}$$

如果给出偏航角的变化规律 $\psi_*(t)$，则理想控制关系式为

$$\varepsilon_2 = \psi - \psi_*(t) = 0$$

按给定偏航角的方案飞行的运动方程组为

$$\left.\begin{aligned}
&\frac{\mathrm{d}v}{\mathrm{d}t}=\frac{P-X}{m}\\
&\alpha=\frac{1-(n_{y3\mathrm{b}})_{\alpha=0}}{n_{y3\mathrm{b}}^{\alpha}}\\
&\frac{\mathrm{d}\psi_v}{\mathrm{d}t}=\frac{1}{mv}(P\beta-Z)\\
&\frac{\mathrm{d}x}{\mathrm{d}t}=v\cos\psi_v\\
&\frac{\mathrm{d}z}{\mathrm{d}t}=-v\sin\psi_v\\
&\beta=\psi-\psi_v\\
&\psi=\psi_*(t)
\end{aligned}\right\}\tag{4.29}$$

3. 给定法向过载的方案飞行

如果给出法向过载的变化规律 $n_{z2*}(t)$，则理想控制关系式为

$$\varepsilon_2=n_{z2}-n_{z2*}(t)=0$$

按给定法向过载的方案飞行的运动方程组为

$$\left.\begin{aligned}
&\frac{\mathrm{d}v}{\mathrm{d}t}=\frac{P-X}{m}\\
&\alpha=\frac{1-(n_{y3\mathrm{b}})_{\alpha=0}}{n_{y3\mathrm{b}}^{\alpha}}\\
&\frac{\mathrm{d}\psi_v}{\mathrm{d}t}=-\frac{g}{v}n_{z2}\\
&\beta=\frac{n_{z2}}{n_{z3\mathrm{b}}^{\beta}}\\
&\frac{\mathrm{d}x}{\mathrm{d}t}=v\cos\psi_v\\
&\frac{\mathrm{d}z}{\mathrm{d}t}=-v\sin\psi_v\\
&n_{z2}=n_{z2*}(t)
\end{aligned}\right\}\tag{4.30}$$

4.2.3　无侧滑的机动飞行

导弹在水平面内作倾斜而无侧滑的机动飞行时，导弹质心的运动方程组为

$$\left.\begin{aligned}
&\frac{\mathrm{d}v}{\mathrm{d}t}=\frac{P-X}{m}\\
&(P\alpha+Y)\cos\gamma_v-G=0\\
&\frac{\mathrm{d}\psi_v}{\mathrm{d}t}=-\frac{1}{mv}(P\alpha+Y)\sin\gamma_v\\
&\frac{\mathrm{d}x}{\mathrm{d}t}=v\cos\psi_v\\
&\frac{\mathrm{d}z}{\mathrm{d}t}=-v\sin\psi_v\\
&\varepsilon_3=0
\end{aligned}\right\}\tag{4.31}$$

在该方程组中含有6个未知参量：v、α、γ_v、ψ_v、x 和 z。

上述方程组中描述飞行速度方向的理想控制关系方程 $\varepsilon_3=0$ 可以由下列两组参量表示：速度滚转角 γ_v，或法向过载 n_{y3}，或者攻角 α；弹道偏角 ψ_v，或者弹道偏角的变化率 $\dot{\psi}_v$，或者弹道曲率半径 ρ。

1. 给定速度滚转角的方案飞行

如果给出速度倾斜角的变化规律 $\gamma_{v*}(t)$，则理想控制关系方程为

$$\varepsilon_3=\gamma_v-\gamma_{v*}(t)=0$$

改写式(4.31)，就可得到按给定速度滚转角的方案飞行的运动方程组为

$$\left.\begin{aligned}
&\frac{\mathrm{d}v}{\mathrm{d}t}=\frac{P-X}{m}\\
&\alpha=\frac{\dfrac{1}{\cos\gamma_v}-(n_{y3\mathrm{b}})_{\alpha=0}}{n_{y3\mathrm{b}}^{\alpha}}\\
&\frac{\mathrm{d}\psi_v}{\mathrm{d}t}=-\frac{g}{v}\sin\gamma_v\left[n_{y3\mathrm{b}}^{\alpha}\alpha+(n_{y3\mathrm{b}})_{\alpha=0}\right]\\
&\frac{\mathrm{d}x}{\mathrm{d}t}=v\cos\psi_v\\
&\frac{\mathrm{d}z}{\mathrm{d}t}=-v\sin\psi_v\\
&\gamma_v=\gamma_{v*}(t)
\end{aligned}\right\}\tag{4.32}$$

2. 给定法向过载 n_{y3} 的方案飞行

如果给定法向过载的变化规律 $n_{y3*}(t)$，则理想控制关系方程为

$$\varepsilon_3=n_{y3}-n_{y3*}(t)=0$$

在水平面内作无侧滑飞行时，法向过载 n_{y3} 与速度滚转角 γ_v 之间的关系为

$$n_{y3}=\frac{1}{\cos\gamma_v}$$

改写式(4.31)，就可得到按给定法向过载的方案飞行的运动方程组

$$\left.\begin{aligned}
&\frac{\mathrm{d}v}{\mathrm{d}t}=\frac{P-X}{m}\\
&\alpha=\frac{n_{y3}-(n_{y3\mathrm{b}})_{\alpha=0}}{n_{y3\mathrm{b}}^{\alpha}}\\
&\frac{\mathrm{d}\psi_v}{\mathrm{d}t}=-\frac{g}{v}n_{y3}\sin\gamma_v\\
&\frac{\mathrm{d}x}{\mathrm{d}t}=v\cos\psi_v\\
&\frac{\mathrm{d}z}{\mathrm{d}t}=-v\sin\psi_v\\
&n_{y3}=n_{y3*}(t)
\end{aligned}\right\}\tag{4.33}$$

3. 给定弹道偏角的方案飞行

如果给定弹道偏角的变化规律 $\psi_{v*}(t)$，求一次导数得到 $\dot{\psi}_{v*}(t)$，则相应的理想控制关系方程为

$$\varepsilon_3=\psi_v-\psi_{v*}(t)=0$$

改写式(4.31)，就可得到按给定弹道偏角的方案飞行的运动方程组为

$$\left.\begin{aligned}
&\frac{\mathrm{d}v}{\mathrm{d}t}=\frac{P-X}{m}\\
&\alpha=\frac{\dfrac{1}{\cos\gamma_v}-(n_{y3\mathrm{b}})_{\alpha=0}}{n_{y3\mathrm{b}}^{\alpha}}\\
&\tan\gamma_v=-\frac{v}{g}\frac{\mathrm{d}\psi_v}{\mathrm{d}t}\\
&\frac{\mathrm{d}x}{\mathrm{d}t}=v\cos\psi_v\\
&\frac{\mathrm{d}z}{\mathrm{d}t}=-v\sin\psi_v\\
&\psi_v=\psi_{v*}(t)
\end{aligned}\right\}\tag{4.34}$$

4. 给定弹道曲率半径的方案飞行

若给定水平面内转弯飞行的曲率半径 $\rho_*(t)$，则理想控制关系方程为

$$\varepsilon_3=\rho-\rho_*(t)=0$$

导弹在水平面内曲线飞行时，曲率半径与弹道切线的转动角速度 $\dot{\psi}_v$ 之间的关系为

$$\rho_*=\frac{v}{\dfrac{\mathrm{d}\psi_v}{\mathrm{d}t}}$$

改写式(4.34)，就可得到按给定弹道曲率半径的方案飞行的运动方程组为

$$\left.\begin{aligned}
&\frac{\mathrm{d}v}{\mathrm{d}t}=\frac{P-X}{m}\\
&\alpha=\frac{\dfrac{1}{\cos\gamma_v}-(n_{y3\mathrm{b}})_{\alpha=0}}{n_{y3\mathrm{b}}^{\alpha}}\\
&\tan\gamma_v=-\frac{v}{g}\frac{\mathrm{d}\psi_v}{\mathrm{d}t}\\
&\frac{\mathrm{d}\psi_v}{\mathrm{d}t}=\frac{v}{\rho}\\
&\frac{\mathrm{d}x}{\mathrm{d}t}=v\cos\psi_v\\
&\frac{\mathrm{d}z}{\mathrm{d}t}=-v\sin\psi_v\\
&\rho=\rho_*(t)
\end{aligned}\right\}\tag{4.35}$$

4.3 远程火箭的方案飞行

4.3.1 远程火箭飞行阶段及特点

远程火箭不论是作为人造地球卫星的运载工具，还是作为远程导弹使用，其飞行过程和特点基本相同，如3.8节所述，分为主动段、自由飞行段、再入段。

按照发动机是否工作也可以分为主动段和被动段。主动段(又称动力飞行段或助推段)是火箭在发动机推力和制导系统作用下，从发射点起飞到发动机关机时的飞行阶段；被动段包括自由飞行段和再入段，是火箭按照在主动段终点获得的速度和弹道倾角作惯性飞行，到飞抵目标的飞行阶段。

火箭在主动段通常是从地面垂直发射，平稳起飞上升，以缩短在大气层中飞行的距离，用最少的能量损失克服空气阻力和地心引力，一般经过几秒到十几秒后，在控制系统作用下开始转弯。主动段的特点是发动机和控制系统一直处于工作状态，作用于火箭的力有发动机推力、空气动力、控制力(摆动发动机喷管或操纵舵面产生)和地球引力，其中发动机推力起主要作用。在这些力的作用下，火箭的飞行速度、飞行高度和飞行距离逐渐增大，而弹道倾角则逐渐减小。当火箭的运动参数达到实现任务目标所要求的数值时，控制系统发出发动机关机信号，载荷(运载火箭的载荷舱或者上面级、弹道导弹的弹头等)和箭体分离，开始被动段飞行。

被动段轨迹实际上就是载荷的轨迹，又分为自由飞行段和再入段。从载荷与弹体分离到载荷再入大气层之前称为自由飞行段。在这段轨迹上，载荷是在接近于真空的环境中飞行，作用在载荷上的力主要是地球引力。自由飞行段的射程(即地面两点之间大圆弧)和飞行时间占全轨迹的80%以上。

再入段就是载荷重新进入稠密大气层后飞行的一段轨迹。载荷高速进入大气层后，将受到巨大的空气动力作用，可达到地球引力的几十倍。由于空气动力的制动作用远远大于重力的影响，这既会引起载荷剧烈的气动加热，也会使载荷作急剧的减速运动，所以载荷的再入段轨迹与自由段有着完全不同的特性。值得注意的是，相比自由段飞行，再入段可以利用所受到的空气动力的升力特性，进行再入机动飞行。

下面分析主动段运动特性，在此基础上介绍如何设计主动段的飞行方案。

4.3.2 主动飞行段运动分析

由于火箭主动段的飞行轨迹基本上处于某一铅垂平面内，因此，采用火箭的纵向运动方程式(3.127)，虽然此式在形式上已大大简化，但它仍是一组非线性变系数微分方程组，只有采用数值积分方法进行求解。

式(3.127)的第1个方程为

$$\dot{v}=\frac{P_{\mathrm{e}}}{m}-\frac{1}{m}C_{x}qS-g\sin\theta \tag{4.36}$$

由第3章知有效推力$\boldsymbol{P}_{\mathrm{e}}=\boldsymbol{P}-\boldsymbol{X}_{1\mathrm{c}}$，而$\boldsymbol{P}=-\dot{m}\boldsymbol{u}_{\mathrm{e}}+\boldsymbol{P}_{\mathrm{st}}$，因此有$\boldsymbol{P}_{\mathrm{e}}=-\dot{m}\boldsymbol{u}_{\mathrm{e}}+\boldsymbol{P}_{\mathrm{st}}-\boldsymbol{X}_{1\mathrm{c}}$，则由式(3.65)知在弹体坐标系下，有效推力可表示为

$$\boldsymbol{P}_{e}=\begin{bmatrix}\dot{m}u_{e}+S_{e}(p_{e}-p_{H})-X_{1c}\\0\\0\end{bmatrix}=\begin{bmatrix}P_{e}\\0\\0\end{bmatrix}$$

令 $u'_{e}=u_{e}+S_{e}\dfrac{p_{e}}{\dot{m}}$，$u'_{e}$称为有效排气速度，则有

$$P_{e}=\dot{m}u'_{e}-S_{e}p_{H}-X_{1c} \tag{4.37}$$

式(4.37) 中略去舵阻力或是摇摆发动机的推力损失 X_{1c}，并代入式(4.36)，则有

$$\dot{v}=\frac{\dot{m}}{m}u'_{e}-g\sin\theta-\frac{X}{m}-\frac{S_{e}p_{H}}{m} \tag{4.38}$$

将式(4.38) 在 $t=0\sim t_{k}$ 上积分，并记

$$\left.\begin{aligned}v_{idk}&=\int_{0}^{t_{k}}\frac{\dot{m}}{m}u'_{e}\mathrm{d}t\\\Delta v_{1k}&=\int_{0}^{t_{k}}g\sin\theta\,\mathrm{d}t\\\Delta v_{2k}&=\int_{0}^{t_{k}}\frac{X}{m}\mathrm{d}t\\\Delta v_{3k}&=\int_{0}^{t_{k}}\frac{S_{e}p_{H}}{m}\mathrm{d}t\end{aligned}\right\} \tag{4.39}$$

则

$$v(t_{k})=v_{idk}-\Delta v_{1k}-\Delta v_{2k}-\Delta v_{3k} \tag{4.40}$$

式中：v_{idk} 为火箭在真空无引力作用下推力所产生的速度，称为理想速度。注意到

$$\dot{m}=-\frac{\mathrm{d}m}{\mathrm{d}t}$$

而 u'_{e}为一常数，则 v_{idk} 可直接积分得到

$$v_{idk}=-u'_{e}\ln\frac{m_{k}}{m_{0}} \tag{4.41}$$

记

$$\mu_{k}=\frac{m_{k}}{m_{0}}$$

如果至 t_{k} 时刻燃料全部烧完，则 m_{k} 即为火箭的结构质量，故 μ_{k} 称为结构比。

由式(4.41) 可知，减小 μ_{k} 和增大 u'_{e}可提高理想速度。

Δv_{1k} 为引力加速度分量引起的速度损失，称为引力损失。不难理解，引力损失在主动段飞行时间较长时损失就较大，反之则较小；主动段弹道越陡，即 θ 角变化越缓慢，损失就越大，反之则越小。对中程导弹而言，Δv_{1k} 约为理想速度的 20% ～ 30%。

Δv_{2k} 为阻力造成的速度损失。阻力与飞行速度的二次方成正比，但还与大气密度及阻力系数有关。主动段飞行过程中，开始虽在稠密大气层内飞行，但火箭速度很低，而后尽管速度增加，但大气密度又显著下降，所以在主动段的阻力变化是两头小中间大的变化过程。阻力造成的速度损失 Δv_{2k}，对于中程导弹而言，约占理想速度的 3% ～ 5%。

Δv_{3k} 为发动机在大气中工作时大气静压力所引起的速度损失，该损失对中程导弹也约占

理想速度的5%。

对于远程导弹而言，由于要求关机点的速度倾角较小，其弹道曲线也比中近程导弹的弹道曲线要平缓，故引力引起的速度损失相对比例要减小。另外远程导弹主动段中，大气层外的飞行时间增长，因此，阻力及大气静压所引起的速度损失的相对比例也将减小。

远程火箭发射时通常采用竖直发射，火箭起飞后，箭体 Ox_1 轴及速度轴 Ox_3 轴均沿发射点垂直向上，即 $\vartheta_1 = \theta = 90°$。作为火箭，根据其射程或入轨点参数要求，应于关机点将速度轴转到某一个角度值 θ_k。

由式(3.127)知法向加速度方程

$$\dot{\theta} = \frac{1}{mv}(P_e + CY^{\alpha})\alpha - \frac{g}{v}\cos\theta \tag{4.42}$$

可见，要使速度矢量转动，必须提供垂直于速度矢量的法向力。显然引力 g 可使 θ 减小，但垂直起飞后 $\theta = 90°$，因此不能靠引力首先使速度轴转弯。即使速度轴处于 $\theta < 90°$ 的状态，由于 g 本身只随高度变化，也不能作为一个控制量，此外，g 对 θ 的影响很小，而主动段发动机工作时间有一定的限制，因此不能依靠引力分量作为速度轴转弯的主要法向力。从法向加速度方程可知，只有将升力和推力在法向的分量作为主要法向力，且该法向力与攻角 α 有关。注意到攻角 α 是反映速度轴 Ox_3 与纵轴 Ox_1 的夹角，当转动 Ox_1 轴使 Ox_1 与 Ox_3 不重合时，即可产生 α 以提供法向力。显然，要使 Ox_1 轴转动就必须提供绕 Oz_1 轴的转动力矩。这可通过控制系统的执行机构(如燃气舵或摇摆发动机)提供控制力矩来实现。已知

$$M_{z1c} = M_{z1c}^{\delta}\delta_{\vartheta1} = R'(x_g - x_c)\delta_{\vartheta1} \tag{4.43}$$

由式(3.102)知，$\delta_{\vartheta1}$ 的值是按所要求的程序规律 ϑ_{1pr} 来赋予的，即

$$\delta_{\vartheta1} = a_0^{\vartheta1}(\vartheta_1 - \vartheta_{1pr}) \tag{4.44}$$

在给定 $\delta_{\vartheta1}$ 值后，根据“瞬时平衡”假设，可得对应的攻角 α 为

$$\alpha = -\frac{M_{z1c}^{\delta}}{M_{z1c}^{\alpha}}\delta_{\vartheta1} = -\frac{R'(x_g - x_c)}{Y^{\alpha}(x_g - x_f)}\delta_{\vartheta1} \tag{4.45}$$

从而产生法向力使得速度轴 Ox_3 转动，直至保证关机时刻 t_k，其倾角值为 θ_k。

观察式(4.45)可知，对于静稳定火箭($x_g - x_f < 0$)和静不稳定火箭($x_g - x_f > 0$)，在 $\delta_{\vartheta1}$ 取定后，相应的 α 的表现值是不同号的。因此，它们转弯过程中的物理现象也有区别。现根据图4.6中程序角 ϑ_{1pr} 的分段，逐段对两种火箭的转弯过程及 $\Delta\vartheta_{1pr}$、α、$\delta_{\vartheta1}$ 的变化进行讨论。

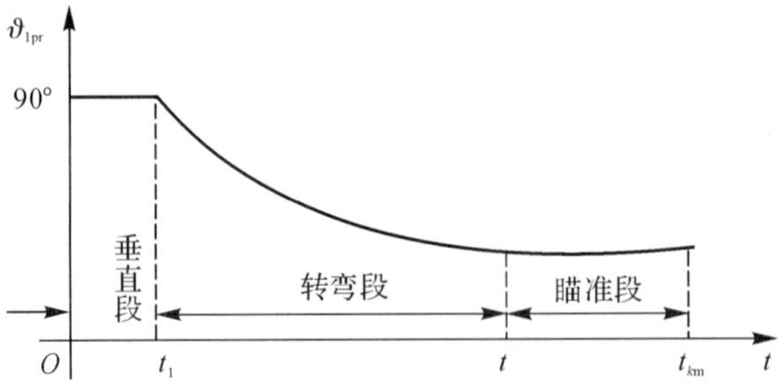

图4.6　弹道导弹主动段的飞行程序

1. 垂直段

火箭垂直起飞段约几秒到十余秒。在此段 $\vartheta_{1pr}=90°$，对应程序角设有一虚拟的程序轴 Ox_{1pr}，则此时程序轴 Ox_{1pr} 与实际纵轴 Ox_1 重合，且均垂直于地面坐标系 Ax 轴，故 $\Delta\vartheta_{1pr}=0$，$\delta_{\vartheta 1}=0$。而速度轴 Ox_3 的起始状态也与 Ox_1 重合，即 $\alpha=0$。因此，在垂直起飞段，既没有使纵轴 Ox_1 转弯的力矩，也没有使速度轴转弯的法向力，所以 Ox_{1pr}、Ox_1、Ox_3 三轴始终重合，亦即 $\vartheta_1=\vartheta_{1pr}=\theta=90°$。

2. 转弯段

(1) 静稳定火箭。垂直段结束后，首先程序机构赋予虚拟的程序轴 Ox_{1pr} 一个小于 90° 的程序角 ϑ_{1pr}，使处于垂直状态的 Ox_1 轴与 Ox_{1pr} 轴形成正的程序误差角 $\Delta\vartheta_{1pr}$。此时，执行机构相应地产生一个正的等效舵偏角 $\delta_{\vartheta 1}$，从而使火箭受到负的控制力矩 M_{z1c} 作用，促使纵轴 Ox_1 向地面坐标系 Ax 轴方向偏转，则 $\vartheta_1<90°$。但此时速度轴 Ox_3 仍处于垂直状态，这就产生一个负攻角。由式(4.42)可知，负攻角 α 将产生负的法向力，在该力作用下，速度轴 Ox_3 向地面坐标系 Ax 轴偏转，亦即 $\dot{\theta}<0$。由于负攻角的出现，对于静稳定火箭，则相应产生正的安定力矩 M_{z1st}，该力矩与负的控制力矩 M_{z1c} 平衡，抑制 Ox_1 轴不再继续转动。但程序机构在转弯段不断使程序角减小，则上述物理过程自连续进行。事实上，θ 还取决于引力分量的作用，该项的效应也使 Ox_3 轴向 Ax 轴方向偏转。如图 4.7 所示。

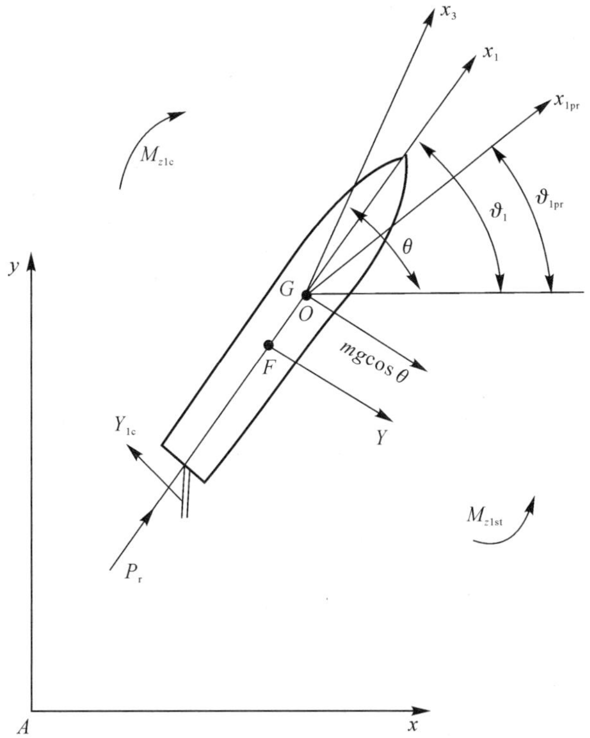

图 4.7　静稳定火箭转弯段情况

(2) 静不稳定火箭。转弯段开始时，也是先形成正的程序误差角 $\Delta\vartheta_{1pr}$，相应即有正的等效舵偏角 $\delta_{\vartheta 1}$，使 Ox_1 轴向 Ax 轴偏转，从而出现负的攻角 α，产生负的法向力，使速度轴 Ox_3 也

向 Ax 轴偏转。但对静不稳定火箭而言，负攻角产生负升力，相应形成负的安定力矩 M_{z1st}。该力矩与正舵偏角 $\delta_{\vartheta 1}$ 所产生的负的控制力矩同时作用在火箭上，加快了纵轴 Ox_1 向 Ax 轴的偏转，直至 $\vartheta_1 < \vartheta_{1pr}$，从而出现负的程序误差角，而使 $\delta_{\vartheta 1}$ 由正值变为负值，这样就造成正的控制力矩 M_{z1c} 与负的安定力矩平衡。此后，程序角 ϑ_{1pr} 不断减小，致使 $\Delta\vartheta_{1pr}$(—) 的绝对值减小，$\delta_{\vartheta 1}$(—) 的绝对值减小，相应的正的控制力矩减小。从而使绕 Oz_1 轴的负向安定力矩大于绕 Oz_1 轴的正向控制力矩，促使 Ox_1 轴继续向 Ax 轴偏转。而负攻角的存在，则使 Ox_3 轴不断地偏转。如图 4.8 所示。

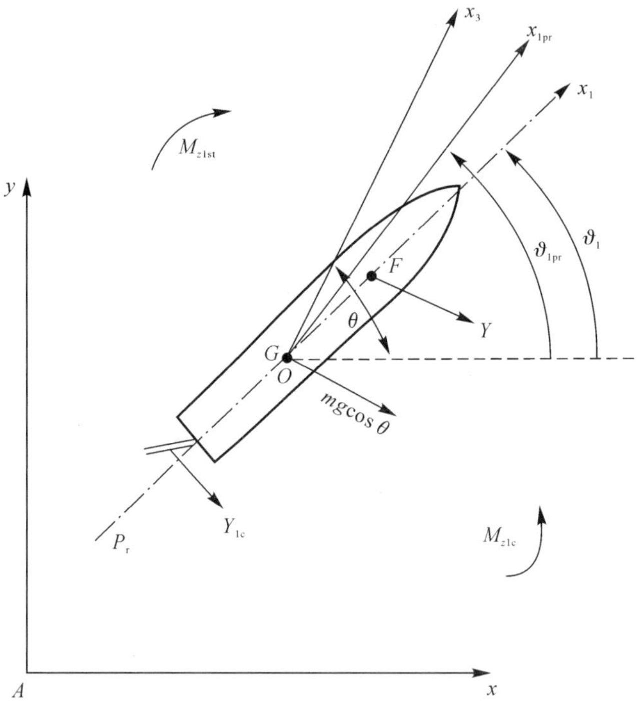

图 4.8　静不稳定火箭转弯段情况

当转弯段快结束时，程序角取为正值，两种(静稳定、静不稳定)火箭速度轴 Ox_3 在负法向力作用下继续偏转，逐渐向 Ox_1 轴靠拢，从而使气动力矩减小，则控制力矩较安定力矩大，促使 Ox_1 轴向 Ox_{1pr} 轴转，直至 Ox_1、Ox_3、Ox_{1pr} 三轴重合，形成在转弯段末点 $\Delta\vartheta_{1pr} = \delta_{\vartheta 1} = \alpha = 0$。

3. 瞄准段

该段的特点是程序角 ϑ_{1pr} 为一常值。而这一段起始状态是 Ox_1、Ox_3、Ox_{1pr} 三轴重合，因此 Ox_1 保持与 Ox_{1pr} 重合。但速度轴 Ox_3 在引力法向分量作用下偏离 Ox_{1pr} 轴，θ 角在减小，其结果使得火箭出现正攻角 α。对静稳定火箭则形成负的安定力矩，使纵轴 Ox_1 向 ϑ_1 减小的方向转动而形成负的程序误差角 $\Delta\vartheta_{1pr}$。但对静不稳定火箭则形成正的安定力矩，使纵轴 Ox_1 向 ϑ_1 增大的方向转动而形成正的程序误差角 $\Delta\vartheta_{1pr}$。这时，两种火箭便会产生与 $\Delta\vartheta_{1pr}$ 符号一致的舵偏角。从而这两种火箭均处于安定力矩 M_{z1st} 与控制力矩 M_{z1c} 瞬时平衡的状态。在该段中，Ox_{1pr}、Ox_1、Ox_3 三轴的位置状态和作用在火箭上的力和力矩，如图 4.9、图 4.10 所示。

在整个瞄准段，引力在速度法向方向的分量始终作用，故正攻角总是存在，似乎有不断增大的趋势。但正攻角出现，会使推力与升力的正法向分量增大，且推力远大于引力，故必然会对引力法向分量起抵消作用，以致超过引力法向分量，从而使得速度轴 Ox_3 又向 θ 增大的方向偏转，减小了正攻角。

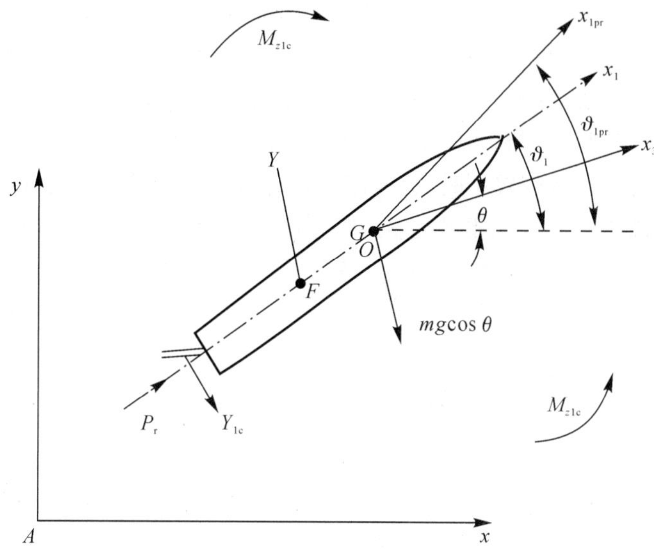

图 4.9　静稳定火箭瞄准段情况

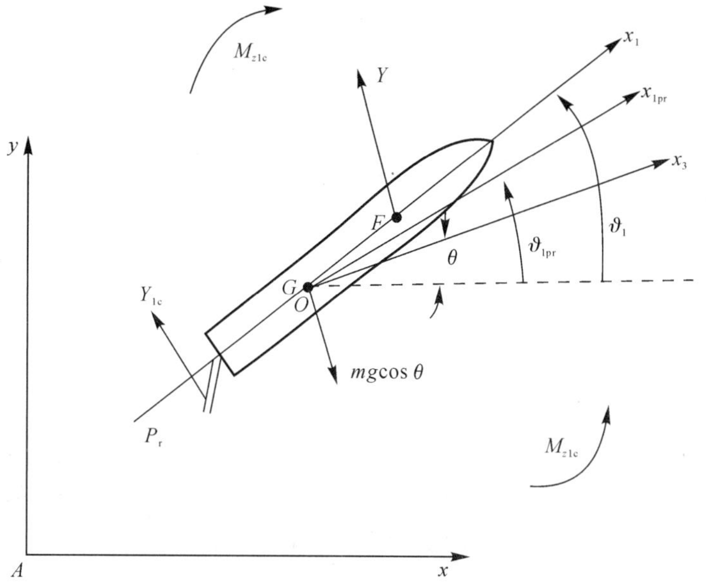

图 4.10　静不稳定火箭瞄准段情况

图 4.11、图 4.12 分别为静稳定火箭与静不稳定火箭在整个主动段中攻角 α、舵偏角 $\delta_{\vartheta 1}$ 及程序误差角 $\Delta\vartheta_{1pr}$ 变化关系示意图。

图 4.13、图 4.14 分别为对应图 4.11、图 4.12 的程序角 ϑ_{1pr}、弹道倾角 θ 及火箭俯仰角 ϑ_1 变化关系示意图。

由法向加速度方程

$$v\dot{\theta}=\frac{1}{m}(P_{e}+CY^{\alpha})\alpha-g\cos\theta$$

可知，法向加速度 $v\dot{\theta}$ 的大小反映火箭在主动段飞行时所受法向力的大小。由于攻角 α 较小，故该力基本与 y_1 轴平行。为了减少火箭的结构重量，设计者应考虑减小法向加速度，避免因承受较大法向力而对火箭采取横向加固措施。由于法向加速度与飞行速度 v 及弹道倾角的变化率 $\dot{\theta}$ 有关，而 θ 的变化与程序角 ϑ_{1pr} 有关，程序角 ϑ_{1pr} 的变化规律可由设计者进行选择，因此，通过设计可使火箭在飞行速度较小时，让速度轴转得快些，而在速度较大时，转得慢些，这样既使火箭在整个主动段法向加速度不致过大，也可使主动段终点时速度轴 Ox_3 能转到预定的 θ_k 值。

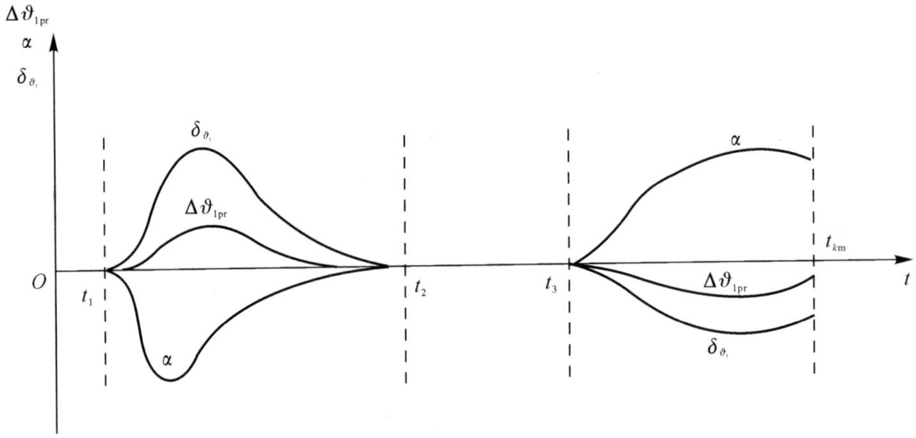

图 4.11　静稳定弹在飞行过程中的 $\alpha(t)$、$\delta_{\vartheta 1}(t)$ 和 $\Delta\vartheta_{1pr}(t)$

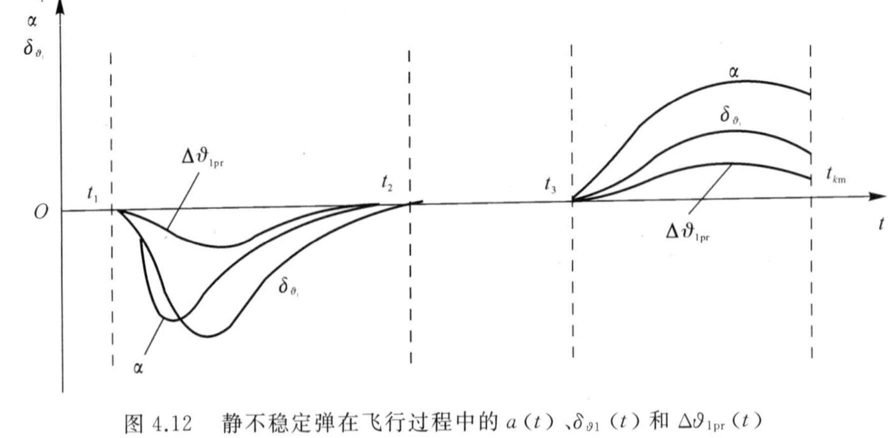

图 4.12　静不稳定弹在飞行过程中的 $\alpha(t)$、$\delta_{\vartheta 1}(t)$ 和 $\Delta\vartheta_{1pr}(t)$

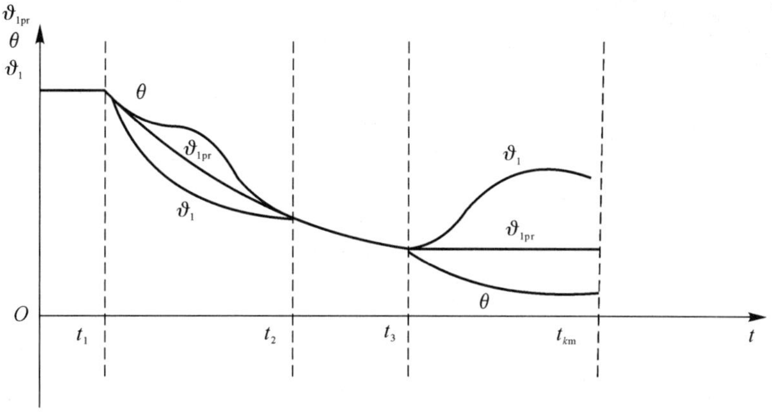

图 4.13　静稳定弹在飞行过程中的 ϑ_{1pr}、θ、ϑ_1

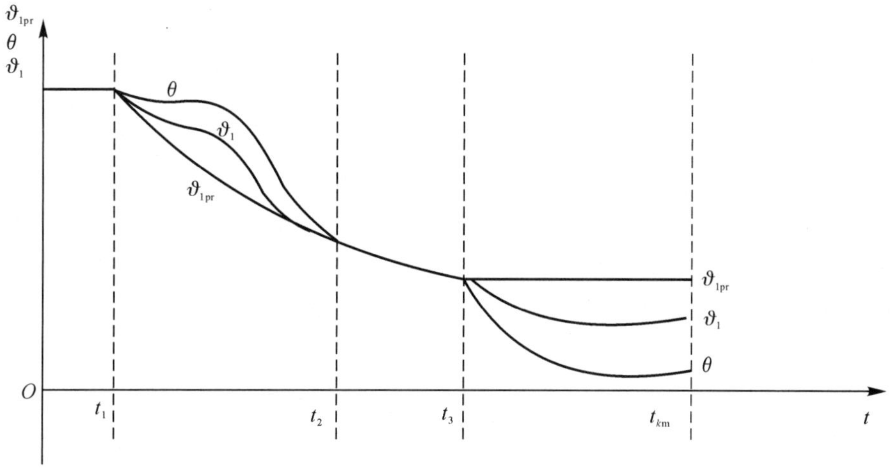

图 4.14　静不稳定弹在飞行过程中的 ϑ_{1pr}、θ、ϑ_1

4.3.3　主动段飞行方案设计

远程火箭不论是作为人造地球卫星的运载工具，还是作为远程导弹使用，其飞行轨迹设计在总体设计中都起着极其重要的作用。火箭总体方案、设计参数、运载特性分析等，在方案论证、方案设计、初步设计、研制试验阶段，都与轨迹密切相关。而主动段飞行方案和飞行程序的设计和选择是轨迹设计中的重要组成部分，其关系到能否正确使用和充分发挥远程火箭的战术技术性能。一些重要的战术技术性能，例如最大射程、落点散布、受热和载荷情况等都与所选择的飞行方案(程序)有关。

远程火箭主动段飞行时，其飞行方案(程序)通常是指俯仰角的变化规律，即 ϑ_{1pr} 的变化规律。飞行程序设计时首先要考虑与真空飞行段的衔接，满足提出的入轨条件，同时还应遵循下述原则。

(1) 垂直发射。相对于倾斜发射，垂直发射技术成熟，发射设备简单，射向调整容易，同时使火箭在起飞时刻保持稳定。垂直起飞段的时间应合理选择，此段时间过长就会增大速度的重力损失，并且速度过大会使转弯时需要较大的法向力。但如果在垂直起飞段时间过短，那么很可能发动机还未达到额定工作状态，控制系统的执行元件还不能产生足够大的控制力，从而会影响弹道性能。因此，通常垂直段应至少保证延续到发动机进入额定工作状态的时刻，此时控制机构也能正常地控制转弯。初始设计的时候可以根据垂直上升时间和火箭推重比的经验关系确定。

(2) 攻角要有限制。运载火箭在稠密大气层内飞行时，要求保持尽可能小的攻角，以减小气动载荷和气动干扰。起飞推重比越大，运载火箭速度增加越快，小攻角条件越重要。

(3) 动压和穿越稠密大气层的时间要有限制。动压和穿越稠密大气层的时间对法向过载和运载火箭热流密度有重大影响。大动压会引起气动载荷增加，造成箭体结构质量增加，进而引起发动机设计指标下降，最终造成运载能力损失。

(4) 飞行程序角应该是时间的连续函数。若飞行程序角间断，则与其物理意义相矛盾。因此，对不连续的飞行程序角要作平滑处理，以使俯仰角速率限制在控制系统实际工作状态之内。

(5) 避免跨声速段有攻角转弯。由于跨声速段空气动力特性极为复杂，因而应避免在跨声速段实施有攻角转弯。运载火箭亚声速段有攻角转弯一般应在飞行速度达到 $Ma=0.7\sim0.8$ 时结束。

(6) 应考虑有合适的再入条件。再入大气层时的弹道参数与主动段终点的弹道参数密切相关。为增加射程，通常选择主动段终点的弹道倾角很小，因此，再入时再入角的绝对值也将很小，这样就会使弹头在大气层中的飞行时间增大，弹头气动加热就更严重，对弹头的防热涂层性能要求更高。同时，较小的再入角也使落速更低，增加了对敌方反导防御系统突防的难度。

(7) 大气层内级间分离高度和攻角受限。为保证大气层内级间分离的可靠性，尽量减小分离时产生的气动扰动，要保证分离时有一定高度(一般不低于 20 km)，并使分离时攻角尽可能小(一般要求小于 0.5°)。

通常火箭飞行程序取为图 4.6 所示的三段，即垂直起飞段、转弯段、瞄准段。传统运载火箭大气层内飞行段一般只进行一次攻角转弯，且转弯设计在亚声速段。下面给出 4 种适用于传统小型运载火箭大气层内一级飞行段的飞行方案。

1. 指数斜率型飞行方案

运载火箭在攻角转弯段采用指数斜率形式变化的攻角，一级飞行段的飞行程序角变化规律为

$$\vartheta_{1\mathrm{pr}}=\begin{cases}\dfrac{\pi}{2}, & 0\leqslant t\leqslant t_1\\ \theta(t)-4\alpha_{\mathrm{m}}\mathrm{e}^{-a(t-t_1)}\left[1-\mathrm{e}^{-a(t-t_1)}\right], & t_1\leqslant t\leqslant t_2\\ \vartheta_{1\mathrm{pr}}(t_2), & t>t_2\end{cases}\tag{4.46}$$

式中：t_1 为有攻角转弯开始时刻；t_2 为攻角转弯结束时刻；$\theta(t)$ 为弹道倾角；α_{m} 为亚声速段攻角绝对值的最大值；a 为选取的某一常系数，用来调整攻角达到极值 α_{m} 的时间 t_{m}。

$$t_{\mathrm{m}}=t_1+\frac{\ln 2}{a}$$

2. 三角函数型飞行方案

运载火箭在攻角转弯段采用三角函数形式变化的攻角，一级飞行段的飞行程序角变化规律为

$$\vartheta_{1pr}=\begin{cases}\dfrac{\pi}{2}, & 0\leqslant t\leqslant t_1\\ \theta(t)-4\alpha_m\sin^2 f(t), & t_1\leqslant t\leqslant t_2\\ \vartheta_{1pr}(t_2), & t>t_2\end{cases}\tag{4.47}$$

其中

$$f(t)=\frac{\pi(t-t_1)}{k(t_2-t)+(t-t_1)}$$

式中：k 为选取的某一常系数，用来调整攻角达到极值 α_m 的时间 t_m。

$$k=\frac{t_m-t_1}{t_2-t_m}$$

3. 两段直线型飞行方案

运载火箭在攻角转弯段，不通过预先给出攻角来推求 ϑ_{1pr}，而是直接给出直线斜率形式变化的飞行程序角：

$$\vartheta_{1pr}=\begin{cases}\dfrac{\pi}{2}, & 0\leqslant t\leqslant t_1\\ \dfrac{\pi}{2}-\dot{\vartheta}_{1pr1}(t-t_1), & t_1\leqslant t\leqslant t_c\\ \vartheta_{1pr}(t_c)-\dot{\vartheta}_{1pr2}(t-t_1), & t_c\leqslant t\leqslant t_2\\ \vartheta_{1pr}(t_2), & t>t_2\end{cases}\tag{4.48}$$

式中：$\dot{\vartheta}_{1pr1}$、$\dot{\vartheta}_{1pr2}$ 分别为两直线段程序角的变化率。

4. 抛物线型飞行方案

也可以设计抛物线型的飞行程序，此时 ϑ_{1pr} 的变化规律为

$$\vartheta_{1pr}=\begin{cases}\dfrac{\pi}{2}, & 0\leqslant t\leqslant t_1\\ \dfrac{\pi}{2}+\left(\dfrac{\pi}{2}-C\right)f(t), & t_1\leqslant t\leqslant t_2\\ \theta(t), & t>t_2\end{cases}\tag{4.49}$$

其中

$$f(t)=\left(\frac{t-t_1}{t_2-t_1}\right)^2-2\left(\frac{t-t_1}{t_2-t_1}\right)$$

式(4.49)中 C 为选取的某一常系数，对于方案设计阶段的运载火箭上升段轨迹优化问题，采用抛物线型的飞行程序时，一级飞行阶段程序段待优化的变量可选 C，有些情况下也可以选择三个设计变量，即将 t_1、t_2 也作为待优化变量。

对于起飞推重比较大的运载火箭，若要通过一次转弯达到预定轨迹要求，必须采用大攻角。对于在稠密大气层内飞行的一级飞行段，大攻角必然带来大过载，从而对运载火箭的气动稳定性设计、结构设计、控制系统设计带来极大挑战，此时可以采用大气层内多次有攻角转弯技术方案。

运载火箭多次有攻角转弯设计，除了要满足之前提到的设计原则之外，还要尽量减小运载能力损失。当然，在满足飞行约束条件的前提下，从降低控制系统设计复杂性角度出发，应尽可能减少大气层内有攻角转弯次数。

下面以一级飞行段两次转弯为例说明，一次亚声速转弯，一次超声速转弯。

采用抛物线型飞行方案，设 t_3 为超声速段有攻角转弯开始时刻，t_4 为超声速段有攻角转弯结束时刻，则整个一级飞行段飞行方案为

$$\vartheta_{1\mathrm{pr}}=\begin{cases}\dfrac{\pi}{2}, & 0\leqslant t\leqslant t_1\\ \dfrac{\pi}{2}+\left(\dfrac{\pi}{2}-C_1\right)f_1(t), & t_1\leqslant t\leqslant t_2\\ \theta(t), & t_2\leqslant t\leqslant t_3\\ \vartheta_{1\mathrm{pr}}(t_3)+[\vartheta_{1\mathrm{pr}}(t_3)-C_2]f_2(t), & t_3\leqslant t\leqslant t_4\\ \theta(t), & t>t_4\end{cases}\tag{4.50}$$

其中

$$f_1(t)=\left(\frac{t-t_1}{t_2-t_1}\right)^2-2\left(\frac{t-t_1}{t_2-t_1}\right)$$

$$f_2(t)=\left(\frac{t-t_3}{t_4-t_3}\right)^2-2\left(\frac{t-t_3}{t_4-t_3}\right)$$

式中：C_1、C_2 分别为根据轨迹设计需要选择的常数。

习　　题

1. 何谓“方案飞行”？有何研究意义？
2. 导弹在铅垂面内运动时，典型的飞行方案有哪些？
3. 写出按给定俯仰角的方案飞行的导弹运动方程组。
4. 导弹在水平面内作侧滑而无倾斜飞行的方案有哪些？
5. 导弹垂直飞行时的攻角是否一定等于零？如不等于零，怎样才能使导弹作垂直飞行？
6. 远程火箭一般包括哪几个飞行阶段？各有什么特点？
7. 远程火箭主动段飞行方案设计的基本原则有哪些？

参考文献

[1] 方群，李新国，朱战霞，等. 航天飞行动力学. 西安：西北工业大学出版社，2015.

[2] 李新国，方群.有翼导弹飞行动力学. 西安：西北工业大学出版社，2005.

[3] 贾沛然，陈克俊，何力. 远程火箭弹道学. 长沙：国防科技大学出版社，1993.

[4] 王志刚，施志佳. 远程火箭与卫星轨道力学基础. 西安：西北工业大学出版社，2005.

[5] 张毅，肖龙旭，王顺宏. 弹道导弹弹道学. 长沙：国防科技大学出版社，2005.

[6] 王海丽，方群. 导弹飞行力学基础. 西安：西北工业大学出版社，1996.

[7] 杨希祥，江振宇，张为华.小型运载火箭大气层飞行段飞行程序设计研究. 飞行力学，2010，28(4)：68－72.

第 5 章　导引飞行与弹道

5.1　导引飞行综述

导弹的制导系统有三种基本类型：自主制导、自动瞄准（又称自动寻的）和遥控制导。

所谓自主制导是指导弹不需任何来自目标或指挥站的能量，完全依靠其弹载设备，参照弹内或外界某些预先固定的基准，拟制出制导控制信号，使导弹按预定弹道飞行，直击目标的制导技术。其特点是实施简单，一般不受时间、距离的限制，抗干扰性较强，但精度低。第 4 章的方案飞行采用的就是自主制导方式。

所谓自动瞄准制导是由导引头（弹上敏感器）感受目标辐射或反射的能量，自动形成制导指令，控制导弹飞向目标的制导技术。其特点是比较机动灵活，接近目标时精度较高，但导弹本身装置较复杂，作用距离也较短。

所谓遥控制导是指由制导站测量、计算导弹和目标运动参数，形成制导指令，导弹接收指令后，通过弹上控制系统的作用，飞向目标。制导站可设在地面、空中或海上，导弹上只安装接收指令和执行指令的装置。因此，导弹内装置比较简单，作用距离较远。但在制导过程中，制导站不能撤离，易被敌方攻击，而且制导站离导弹较远时，制导精度下降。

按制导系统的不同，弹道分为方案弹道和导引弹道。与自主制导对应的方案弹道已在第 4 章作过讨论。导引弹道是根据目标运动特性，以某种导引方法将导弹导向目标的导弹质心运动轨迹。空空导弹、地空导弹、空地导弹的弹道以及飞航导弹、巡航导弹的末段弹道都是导引弹道。导引弹道的制导系统有自动瞄准和遥控两种类型，也有两种兼用的（称为复合制导）。

5.1.1　导引方法的分类

根据导弹和目标的相对运动关系，自动瞄准导弹的导引方法可分为以下几种：

（1）按导弹速度矢量与目标线（又称视线，即导弹-目标连线）的相对位置分为追踪法（导弹速度矢量与视线重合，即导弹速度方向始终指向目标）和常值前置角法（导弹速度矢量超前视线一个常值角度）；

（2）按目标线在空间的变化规律分为平行接近法（目标线在空间平行移动）和比例导引法（导弹速度矢量的转动角速度与目标线的转动角速度成比例）；

（3）按导弹纵轴与目标线的相对位置分为直接法（两者重合）和常值方位角法（纵轴超前一个常值角度）。

而遥控制导导弹的引导方法，按制导站-导弹连线和制导站-目标连线的相对位置，一般分为三点法（两连线重合）和前置量法（又称角度法或矫直法，制导站-导弹连线超前一个角度）。

5.1.2 导引弹道的研究方法

导引弹道的特性主要取决于导引方法和目标运动特性。对应某种确定的导引方法，导引弹道的研究内容包括需用过载、导弹飞行速度、飞行时间、射程和脱靶量等，这些参数将直接影响导弹的命中精度。

在导弹和制导系统初步设计阶段，为简化起见，通常采用运动学分析方法研究导引弹道。导引弹道的运动学分析基于以下假设：①导弹、目标和制导站视为质点；②制导系统理想工作；③导弹速度（大小）是已知函数；④目标和制导站的运动规律是已知的；⑤导弹、目标和制导站始终在同一个平面内运动，该平面称为攻击平面，它可能是水平面、铅垂平面或倾斜平面。

为了研究导引弹道的特性，需要建立能够正确描述导弹和目标之间相对运动的方程。下面以自动瞄准导弹为例，介绍相对运动方程的建立方法。

建立相对运动方程时，常采用极坐标 (r, q) 来表示导弹和目标的相对位置，如图 5.1 所示。

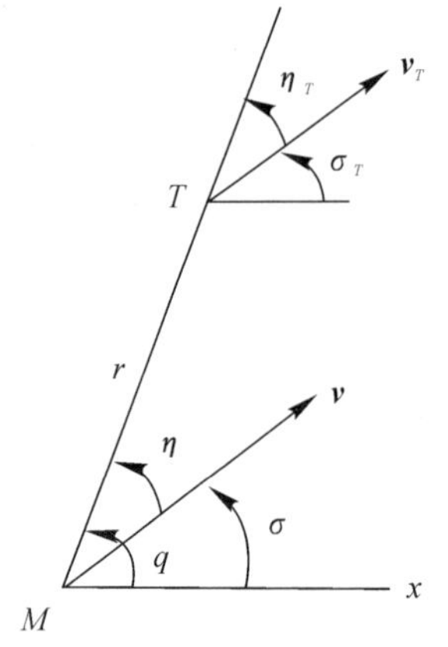

图 5.1　导弹与目标的相对位置

r 表示导弹(M)与目标(T)之间的相对距离，当导弹命中目标时，$r=0$。导弹和目标的连线$\overline{MT}$ 称为目标瞄准线，简称目标线或瞄准线。

q 表示目标瞄准线与攻击平面内某一基准线$\overline{Mx}$之间的夹角，称为目标线方位角（简称视角），从基准线逆时针转向目标线为正。

σ、σ_T 分别表示导弹速度矢量、目标速度矢量与基准线之间的夹角，从基准线逆时针转向速度矢量为正。当攻击平面为铅垂平面时，σ 就是弹道倾角 θ；当攻击平面是水平面时，σ 就是弹道偏角 ψ_v。η、η_T 分别表示导弹速度矢量、目标速度矢量与目标线之间的夹角，称为导弹速度矢量前置角和目标速度矢量前置角，速度矢量逆时针转到目标线时，前置角为正。

由图 5.1 可见，导弹速度矢量 $\boldsymbol{v}$ 在目标线上的分量 $v\cos\eta$，是指向目标的，它使相对距离 r 缩短；而目标速度矢量 $\boldsymbol{v}_T$ 在目标线上的分量 $v_T\cos\eta_T$，它使 r 增大。$\mathrm{d}r/\mathrm{d}t$ 为导弹到目标的距离变化率。显然，相对距离 r 的变化率 $\mathrm{d}r/\mathrm{d}t$ 等于目标速度矢量和导弹速度矢量在目标线上

分量的代数和，即

$$\frac{\mathrm{d}r}{\mathrm{d}t}=v_T\cos\eta_T-v\cos\eta$$

$\mathrm{d}q/\mathrm{d}t$ 表示目标线的旋转角速度。显然，导弹速度矢量 $\boldsymbol{v}$ 在垂直于目标线方向上的分量 $v\sin\eta$，使目标线逆时针旋转，q 角增大；而目标速度矢量 $\boldsymbol{v}_T$ 在垂直于目标线方向上的分量 $v_T\sin\eta_T$，使目标线顺时针旋转，q 角减小。由理论力学可知，目标线的旋转角速度 $\mathrm{d}q/\mathrm{d}t$ 等于导弹速度矢量和目标速度矢量在垂直于目标线方向上分量的代数和除以相对距离 r，即

$$\frac{\mathrm{d}q}{\mathrm{d}t}=\frac{1}{r}(v\sin\eta-v_T\sin\eta_T)$$

再考虑图 5.1 中的几何关系，可以列出自动瞄准的相对运动方程组为

$$\left.\begin{aligned}&\frac{\mathrm{d}r}{\mathrm{d}t}=v_T\cos\eta_T-v\cos\eta\\&r\frac{\mathrm{d}q}{\mathrm{d}t}=v\sin\eta-v_T\sin\eta_T\\&q=\sigma+\eta\\&q=\sigma_T+\eta_T\\&\varepsilon_1=0\end{aligned}\right\}\tag{5.1}$$

式(5.1)中包含 8 个参数：r、q、v、η、σ、v_T、η_T、σ_T。$\varepsilon_1=0$ 是导引关系式，与导引方法有关，它反映出各种不同导引弹道的特点。

分析相对运动方程式(5.1)可以看出，导弹相对目标的运动特性由以下三个因素决定：

(1) 目标的运动特性，如飞行高度、速度及机动性能。

(2) 导弹飞行速度的变化规律。

(3) 导弹所采用的导引方法。

在导弹研制过程中，不能预先确定目标的运动特性，一般只能根据所要攻击的目标，在其性能范围内选择若干条典型轨迹。例如，等速直线飞行或等速盘旋等。只要典型轨迹选得合适，导弹的导引特性大致可以估算出来。这样，在研究导弹的导引特性时，认为目标运动的特性是已知的。

导弹的飞行速度取决于发动机特性、结构参数和气动外形，由求解导弹运动方程组得到。当需要简便地确定弹道特性，以便选择导引方法时，一般采用比较简单的运动学方程。可以用近似计算方法，预先求出导弹速度的变化规律。因此，在研究导弹的相对运动特性时，速度可以作为时间的已知函数。这样，相对运动方程组中就可以不考虑动力学方程，而仅需单独求解式(5.1)。显然，该方程组与作用在导弹上的力无关，称为运动学方程组。单独求解该方程组所得的轨迹，称为运动学弹道。

那么，如何求解式(5.1)呢？通常的方法有三种：数值积分法、解析法、图解法。

数值积分法的优点是可以获得运动参数随时间逐渐变化的函数，求得任何飞行情况下的轨迹。它的局限性即给定一组初始条件得到相应的一组特解，而得不到包含任意待定常数的一般解。高速计算机的出现，使数值解可以得到较高的计算精度，而且大大提高了计算效率。

解析法即用解析式表达的方法。满足一定初始条件的解析解，只有在特定条件下才能得

到,其中最基本的假设是,导弹和目标在同一平面内运动,目标作等速直线飞行,导弹的速度大小是已知的。这种解法可以提供导引方法的某些一般性能。

采用图解法可以得到任意飞行情况下的轨迹,图解法比较简单直观,但是精确度不高。作图时,比例尺选得大些,细心些,就能得到较为满意的结果。图解法也是在目标运动特性和导弹速度大小已知的条件下进行的,它所得到的轨迹是给定初始条件下的运动学弹道,其实质是数值积分法的一种近似。一般按照以下步骤求解:

(1) 选定惯性参考坐标系,已知目标运动特性,画出目标的运动轨迹。

(2) 取适当的时间间隔,把各瞬时目标的位置 $0', 1', 2', 3', \cdots$ 标注出来。

(3) 根据给定的初始条件(r_0, q_0),确定导弹初始位置,并将该初始位置标为 0,连接 0 和 $0'$,得到初始时刻的目标线以及目标线方位角。

(4) 根据导引方法的定义,确定导弹速度 $\boldsymbol{v}(t_0)$ 的指向,导弹沿此方向飞行,经过 Δt,飞行距离为 $\overline{01} = v(t_0)\Delta t$,确定导弹的位置,并将其标为 1。

(5) 再把 1 与 $1'$ 连线,重复步骤(3) 和步骤(4),确定导弹的位置,标为 2。

(6) 依此类推,直至到达目标点。

(7) 将点 $1, 2, 3, \cdots$ 连接成光滑的曲线,就得到给定导引方法下的图解弹道。

以上是绝对弹道的图解法步骤。至于相对弹道,是导弹相对于目标的运动轨迹,或者说,相对弹道就是观察者在活动目标上所能看到的导弹运动轨迹。相对弹道也可以用图解法作出,作图时,与绝对弹道的步骤相似,不同之处在于假设目标固定不动,在第(3) 步的时候,需要按导引关系确定相对速度 $\boldsymbol{v}_r = \boldsymbol{v} - \boldsymbol{v}_T$,这样可以得到此时导弹相对目标的位置。

在接下来的导引法中,会举例求解具体导引关系下的图解法弹道。

5.2 追踪法

所谓追踪法是指导弹在攻击目标的导引过程中,导弹的速度矢量始终指向目标的一种导引方法。这种方法要求导弹速度矢量的前置角 η 始终等于零。因此,追踪法导引关系方程为

$$\varepsilon_1 = \eta = 0$$

5.2.1 弹道方程

追踪法导引时,由式(5.1) 可得导弹与目标之间的相对运动方程为

$$\left.\begin{aligned} \frac{\mathrm{d}r}{\mathrm{d}t} &= v_T \cos\eta_T - v \\ r\frac{\mathrm{d}q}{\mathrm{d}t} &= -v_T \sin\eta_T \\ q &= \sigma_T + \eta_T \end{aligned}\right\} \tag{5.2}$$

若 v、v_T 和 σ_T 为已知的时间函数,则式(5.2) 还包含 3 个未知参数:r、q 和 η_T。给出初始值 r_0、q_0,用数值积分法可以得到相应的特解。

为了得到解析解,以便了解追踪法的一般特性,作以下假定:目标作等速直线运动,导弹作等速运动。

取基准线$\overline{Ax}$平行于目标的运动轨迹，这时，$\sigma_T=0$，$q=\eta_T$（见图 5.2），则式(5.2)可改写为

$$\left.\begin{aligned}\frac{\mathrm{d}r}{\mathrm{d}t}&=v_T\cos q-v\\ r\frac{\mathrm{d}q}{\mathrm{d}t}&=-v_T\sin q\end{aligned}\right\}\tag{5.3}$$

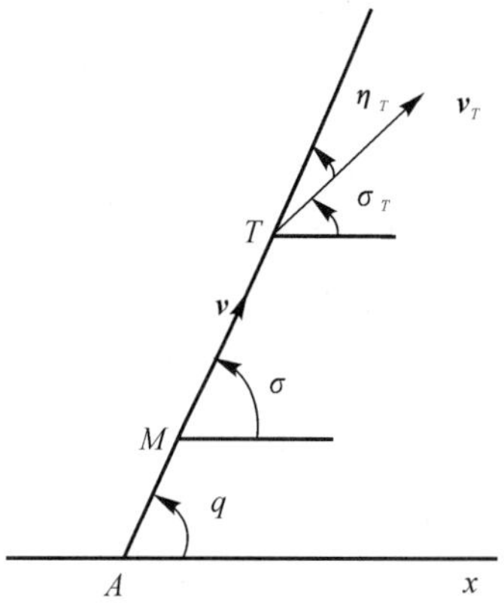

图 5.2　追踪法导引导弹与目标的相运动关系

由式(5.3)可以导出相对弹道方程 $r=f(q)$。用式(5.3)的第 1 式除以第 2 式得

$$\frac{\mathrm{d}r}{r}=\frac{v_T\cos q-v}{-v_T\sin q}\mathrm{d}q\tag{5.4}$$

令 $p=v/v_T$，称为速度比。因假设导弹和目标作等速运动，所以 p 为一常值。于是

$$\frac{\mathrm{d}r}{r}=\frac{-\cos q+p}{\sin q}\mathrm{d}q\tag{5.5}$$

积分得

$$r=r_0\frac{\tan^p\dfrac{q}{2}\sin q_0}{\tan^p\dfrac{q_0}{2}\sin q}\tag{5.6}$$

令

$$c=r_0\frac{\sin q_0}{\tan^p\dfrac{q_0}{2}}\tag{5.7}$$

式中：(r_0,q_0)为开始导引瞬时导弹相对目标的位置。

最后得到以目标为原点的极坐标形式的相对弹道方程为

$$r=c\frac{\tan^p\dfrac{q}{2}}{\sin q}=c\frac{\sin^{p-1}\dfrac{q}{2}}{2\cos^{p+1}\dfrac{q}{2}}\tag{5.8}$$

由式(5.8)即可画出追踪法导引的相对弹道（又称追踪曲线）。步骤如下：

(1) 求命中目标时的 q_f 值。命中目标时 $r_f=0$，当 $p>1$，由式(5.8)得到 $q_f=0$。

(2) 在 q_0 到 q_f 之间取一系列 q 值，由目标所在位置(T)相应引出射线。

(3) 将一系列 q 值分别代入式(5.8)中，可以求得相对应的 r 值，并在射线上截取相应线段长度，则可求得导弹的对应位置。

(4) 逐点描绘即可得到相对弹道。

5.2.2 图解法弹道

追踪法导引时绝对弹道的求解：

(1) 选定惯性参考坐标系，已知目标运动特性，画出目标的运动轨迹。

(2) 取适当的时间间隔，把各瞬时目标的位置 $0',1',2',3',\cdots$ 标注出来。

(3) 根据给定的初始条件(r_0,q_0)，确定导弹初始位置，并将该初始位置标为 0，连接 0 和 $0'$，得到初始时刻的目标线以及目标线方位角。

(4) 根据追踪法的定义，导弹的速度始终指向目标，也就是从初始时刻开始的 Δt 时间段内，导弹始终沿着初始时刻的目标线飞行，经过 Δt，飞行距离为$\overline{01}=v(t_0)\Delta t$，在目标线上从初始时刻位置开始截取$\overline{01}$ 长度，就确定导弹的位置，标为 1。

(5) 再把 1 与 $1'$ 连线，重复步骤(3) 和步骤(4)，确定导弹的位置，标为 2。

(6) 依此类推，直至到达目标点。

(7) 将点 $1,2,3,\cdots$ 连接成光滑的曲线。

图 5.3 所示为目标作等速飞行，按追踪法导引时的绝对弹道。

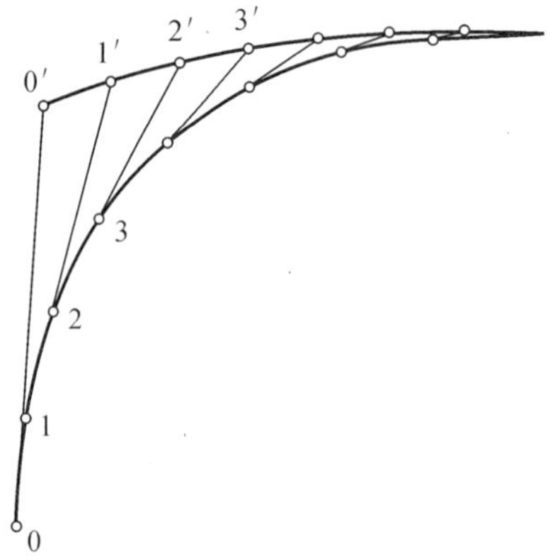

图 5.3　追踪法导引时的绝对弹道

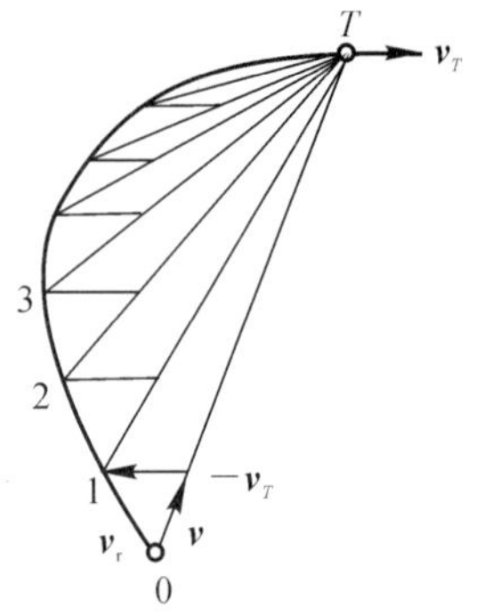

图 5.4　追踪法导引时的相对弹道

追踪法导引时相对弹道的求解：

(1) 选定参考坐标系，假设目标固定不动，在 T 点。

(2) 根据给定的初始条件(r_0,q_0)，确定导弹初始位置，并将该初始位置标为 0，连接 0 和 $0'$，得到初始时刻的目标线以及目标线方位角。

(3) 根据追踪法的定义，初始时刻导弹速度指向目标(弹道速度大小已知)，利用矢量相减，$\boldsymbol{v}_r=\boldsymbol{v}-\boldsymbol{v}_T$，得到在一个时间间隔内的相对速度大小和方向。导弹从 O 点出发，沿着此相对速度方向飞行，经过 Δt 时间段，飞行距离为$\overline{01}=v_r(t_0)\Delta t$，确定导弹相对于目标的位置，标为 1。

(4) 连接 1 与 T，得到此时的目标线，重复步骤(3)，确定导弹相对于目标的位置，标为 2。

(5) 依此类推，直至到达目标点。

(6) 将点 1,2,3,… 连接成光滑的曲线。

图 5.4 所示为目标作等速直线飞行,按追踪法导引时的相对弹道。显然,导弹相对速度的方向就是相对弹道的切线方向。由图 5.4 看出,按追踪法导引时,导弹的相对速度总是落后于目标线,而且总要绕到目标正后方去攻击,因而它的轨迹比较弯曲,要求导弹具有较高的机动性。

5.2.3　直接命中目标的条件

从式(5.3) 的第 2 式可以看出:$\dot{q}$ 总和 q 的符号相反。这表明不管导弹开始追踪时的 q_0 为何值,导弹在整个导引过程中 $|q|$ 是不断减小的,即导弹总是绕到目标的正后方去命中目标(见图 5.4)。因此,$q \to 0$。

由式(5.8) 可以得到:

若 $p > 1$,且 $q \to 0$,则 $r \to 0$;

若 $p = 1$,且 $q \to 0$,则 $r \to r_0 \dfrac{\sin q_0}{2\tan^p \dfrac{q_0}{2}}$;

若 $p < 1$,且 $q \to 0$,则 $r \to \infty$。

显然,只有导弹的速度大于目标的速度才有可能直接命中目标;若导弹的速度等于或小于目标的速度,则导弹与目标最终将保持一定的距离或距离越来越远而不能直接命中目标。由此可见,导弹直接命中目标的必要条件是导弹的速度大于目标的速度(即 $p > 1$)。

5.2.4　命中目标需要的飞行时间

导弹命中目标所需的飞行时间直接关系到控制系统及弹体参数的选择,它是导弹武器系统设计的必要数据。

式(5.3) 中的第 1 式和第 2 式分别乘以 $\cos q$ 和 $\sin q$,然后相减,经整理得

$$\cos q \frac{\mathrm{d}r}{\mathrm{d}t} - r\sin q \frac{\mathrm{d}q}{\mathrm{d}t} = v_T - v\cos q \tag{5.9}$$

式(5.3) 的第 1 式可改写为

$$\cos q = \frac{\dfrac{\mathrm{d}r}{\mathrm{d}t} + v}{v_T}$$

将该式代入式(5.9) 中,整理后得

$$(p + \cos q)\frac{\mathrm{d}r}{\mathrm{d}t} - r\sin q \frac{\mathrm{d}q}{\mathrm{d}t} = v_T - pv$$

$$\mathrm{d}[r(p + \cos q)] = (v_T - pv)\mathrm{d}t$$

积分得

$$t = \frac{r_0(p + \cos q_0) - r(p + \cos q)}{pv - v_T} \tag{5.10}$$

将命中目标的条件(即 $r \to 0, q \to 0$) 代入式(5.10) 中,可得导弹从开始追踪至命中目标所需的飞行时间为

$$t_f = \frac{r_0(p + \cos q_0)}{pv - v_T} = \frac{r_0(p + \cos q_0)}{(v - v_T)(1 + p)} \tag{5.11}$$

由式(5.11)可以看出：

当迎面攻击($q_0=\pi$)时，$t_f=\dfrac{r_0}{v+v_T}$；

当尾追攻击($q_0=0$)时，$t_f=\dfrac{r_0}{v-v_T}$；

当侧面攻击($q_0=\dfrac{\pi}{2}$)时，$t_f=\dfrac{r_0 p}{(v-v_T)(1+p)}$。

因此，在 r_0、v 和 v_T 相同的条件下，q_0 在 $0\sim\pi$ 范围内，随着 q_0 的增加，命中目标所需的飞行时间将缩短。当迎面攻击($q_0=\pi$)时，所需飞行时间为最短。

5.2.5 法向过载

导弹的过载特性是评定导引方法优劣的重要标志之一。过载的大小直接影响制导系统的工作条件和导引误差，也是计算导弹弹体结构强度的重要条件。沿导引弹道飞行的需用法向过载必须小于可用法向过载。否则，导弹的飞行将脱离追踪曲线并按着可用法向过载所决定的弹道曲线飞行，在这种情况下，直接命中目标是不可能的。

本章的法向过载定义为法向加速度与重力加速度之比(第2章中第二种定义)，即

$$n=\frac{a_n}{g} \tag{5.12}$$

式中：a_n 为作用在导弹上所有外力(包括重力)的合力所产生的法向加速度。

追踪法导引导弹的法向加速度为

$$a_n=v\frac{\mathrm{d}\sigma}{\mathrm{d}t}=v\frac{\mathrm{d}q}{\mathrm{d}t}=-\frac{vv_T\sin q}{r} \tag{5.13}$$

将式(5.6)代入式(5.13)得

$$a_n=-\frac{vv_T\sin q}{r_0\dfrac{\tan^p\dfrac{q}{2}\sin q_0}{\tan^p\dfrac{q_0}{2}\sin q}}=-\frac{vv_T\tan^p\dfrac{q_0}{2}}{r_0\sin q_0}\frac{4\cos^p\dfrac{q}{2}\sin^2\dfrac{q}{2}\cos^2\dfrac{q}{2}}{\sin^p\dfrac{q}{2}}=$$

$$-\frac{4vv_T}{r_0}\frac{\tan^p\dfrac{q_0}{2}}{\sin q_0}\cos^{p+2}\frac{q}{2}\sin^{2-p}\frac{q}{2} \tag{5.14}$$

将式(5.14)代入式(5.12)中，且法向过载只考虑其绝对值，则过载可表示为

$$n=\frac{4vv_T}{gr_0}\left|\frac{\tan^p\dfrac{q_0}{2}}{\sin q_0}\cos^{p+2}\frac{q}{2}\sin^{2-p}\frac{q}{2}\right| \tag{5.15}$$

导弹命中目标时，$q\to 0$，由式(5.15)可以看出：

当 $p>2$ 时，$\lim\limits_{q\to 0}n=\infty$；

当 $p=2$ 时，$\lim\limits_{q\to 0}n=\dfrac{4vv_T}{gr_0}\left|\dfrac{\tan^p\dfrac{q_0}{2}}{\sin q_0}\right|$；

当 $p < 2$ 时，$\lim\limits_{q \to 0} n = 0$。

由此可见：对于追踪法导引，考虑到命中点的法向过载，只有当速度比满足 $1 < p \leqslant 2$ 时，导弹才有可能命中目标。

5.2.6　允许攻击区

所谓允许攻击区，是指导弹在此区域内按追踪法导引飞行，其飞行弹道上的需用法向过载均不超过可用法向过载。

由式(5.13)得

$$r = -\frac{v v_T \sin q}{a_n}$$

将式(5.12)代入该式，如果只考虑其绝对值，则该式可改写为

$$r = \frac{v v_T}{g n} |\sin q| \tag{5.16}$$

在 v、v_T 和 n 给定的条件下，在由 r、q 所组成的极坐标系中，式(5.16)是一个圆的方程，即追踪曲线上过载相同点的连线(简称等过载曲线)是个圆。圆心在$(v v_T/2gn, \pm\pi/2)$上，圆的半径等于 $v v_T/2gn$。在 v、v_T 一定时，给出不同的 n 值，就可以绘出圆心在 $q = \pm\pi/2$ 上，半径大小不同的圆族，且 n 越大，等过载圆半径越小。这族圆正通过目标，与目标的速度相切(见图 5.5)。

假设可用法向过载为 n_p，相应地有一等过载圆。现在要确定追踪导引起始时刻导弹-目标相对距离 r_0 为某一给定值的允许攻击区。设导弹的初始位置分别在点 M_{01}、M_{02}^*、M_{03}，各自对应的追踪曲线为 1、2、3(见图 5.6)。追踪曲线 1 不与 n_p 决定的圆相交，因而追踪曲线 1 上的任意一点的法向过载 $n < n_p$；追踪曲线 3 与 n_p 决定的圆相交，因而追踪曲线 3 上有一段法向过载 $n > n_p$，显然，导弹从 M_{03} 点开始追踪导引是不允许的，因为它不能直接命中目标；追踪曲线 2 与 n_p 决定的圆正好相切，切点 E 的过载最大，且 $n = n_p$，追踪曲线 2 上任意一点均满足 $n \leqslant n_p$。因此，点 M_{02}^* 是追踪法导引的极限初始位置，它由 r_0、q_0^* 确定。于是 r_0 值给定时，允许攻击区必须满足

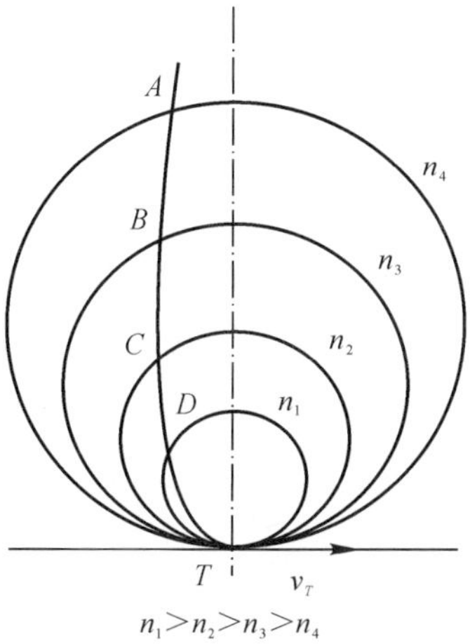

图 5.5　等过载圆族

$$|q_0| \leqslant |q_0^*|$$

(r_0, q_0^*)对应的追踪曲线2把攻击平面分成两个区域，$|q_0| \leqslant |q_0^*|$的那个区域就是由导弹可用法向过载所决定的允许攻击区，如图5.7中阴影线所示的区域。因此，要确定允许攻击区，在r_0值给定时，首先必须确定q_0^*值。

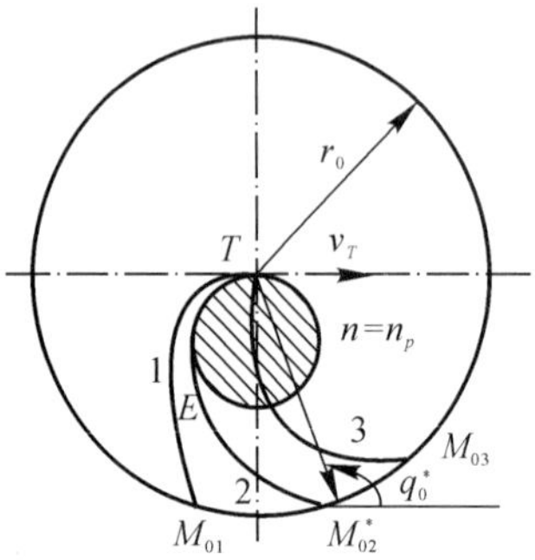

图5.6　确定极限起始位置

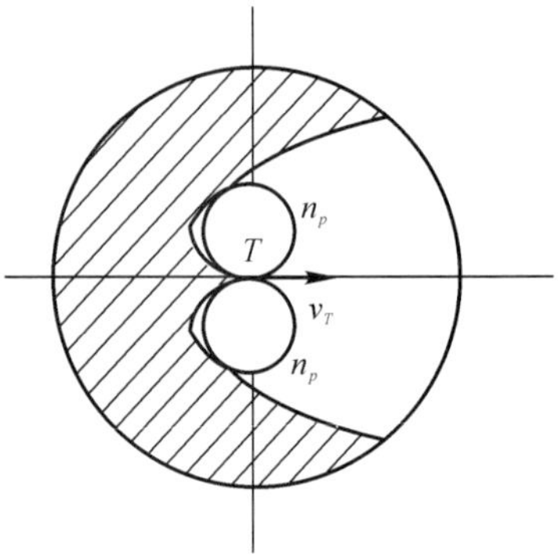

图5.7　追踪法导引的允许攻击区

追踪曲线2上，点E过载最大，此点所对应的坐标为(r^*, q^*)。q^*值可以由$\mathrm{d}n/\mathrm{d}q=0$求得。由式(5.15)可得

$$\frac{\mathrm{d}n}{\mathrm{d}q}=\frac{2vv_T}{r_0 g \dfrac{\sin q_0}{\tan^p \dfrac{q_0}{2}}}\left[(2-p)\sin^{1-p}\frac{q}{2}\cos^{p+3}\frac{q}{2}-(2+p)\sin^{3-p}\frac{q}{2}\cos^{p+1}\frac{q}{2}\right]=0$$

即

$$(2-p)\sin^{1-p}\frac{q^*}{2}\cos^{p+3}\frac{q^*}{2}=(2+p)\sin^{3-p}\frac{q^*}{2}\cos^{p+1}\frac{q^*}{2}$$

整理后得

$$(2-p)\cos^2\frac{q^*}{2}=(2+p)\sin^2\frac{q^*}{2}$$

又可以写为

$$2\left(\cos^2\frac{q^*}{2}-\sin^2\frac{q^*}{2}\right)=p\left(\sin^2\frac{q^*}{2}+\cos^2\frac{q^*}{2}\right)$$

于是

$$\cos q^*=\frac{p}{2}$$

由此可知，追踪曲线上法向过载最大值处的视线角q^*仅取决于速度比p的大小。

因点E在n_p决定的等过载圆上，且所对应的r^*值满足式(5.16)，于是

$$r^*=\frac{vv_T}{gn_p}|\sin q^*|$$

因为

$$\sin q^*=\sqrt{1-\frac{p^2}{4}}$$

所以

$$r^{*}=\frac{vv_{T}}{gn_{p}}\left(1-\frac{p^{2}}{4}\right)^{\frac{1}{2}} \tag{5.17}$$

点 E 在追踪曲线 2 上，r^{*} 也同时满足弹道方程式(5.6)，即

$$r^{*}=r_{0}\frac{\tan^{p}\frac{q^{*}}{2}\sin q_{0}^{*}}{\tan^{p}\frac{q_{0}^{*}}{2}\sin q^{*}}=\frac{r_{0}\sin q_{0}^{*}\,2\,(2-p)^{\frac{p-1}{2}}}{\tan^{p}\frac{q_{0}^{*}}{2}\,(2+p)^{\frac{p+1}{2}}} \tag{5.18}$$

由式(5.17) 和式(5.18) 得

$$\frac{vv_{T}}{gn_{p}}\left(1-\frac{p}{2}\right)^{\frac{1}{2}}\left(1+\frac{p}{2}\right)^{\frac{1}{2}}=\frac{r_{0}\sin q_{0}^{*}}{\tan^{p}\frac{q_{0}^{*}}{2}}\frac{2\,(2-p)^{\frac{p-1}{2}}}{(2+p)^{\frac{p+1}{2}}} \tag{5.19}$$

显然，当 v、v_T、n_p 和 r_0 给定时，由式(5.19) 解出 q^{*} 值，那么允许攻击区也就相应确定了。

如果导弹发射时刻就开始实现追踪法导引，那么 $|q_0|\leqslant|q_0^{*}|$ 所确定的范围也就是允许发射区。

追踪法是最早提出的一种导引方法，技术上实现追踪法导引是比较简单的。例如，只要在弹内装一个“风标”装置，再将目标位标器安装在风标上，使其轴线与风标指向平行，由于风标的指向始终沿着导弹速度矢量的方向，只要目标影像偏离了位标器轴线，这时，导弹速度矢量没有指向目标，制导系统就会形成控制指令，以消除偏差，实现追踪法导引。由于追踪法导引在技术实施方面比较简单，部分空地导弹、激光制导炸弹采用了这种导引方法。但这种导引方法的弹道特性存在着严重的缺点。因为导弹的绝对速度始终指向目标，相对速度总是落后于目标线，不管从哪个方向发射，导弹总是要绕到目标的后面去命中目标，这样导致导弹的弹道较弯曲(特别在命中点附近)，需用法向过载较大，要求导弹要有很高的机动性。由于受到可用法向过载的限制，导弹不能实现全向攻击。同时，考虑到追踪法导引命中点的法向过载，速度比受到严格的限制，$1<p\leqslant 2$。因此，追踪法目前应用很少。

5.3　平行接近法

前文所讲的追踪法的根本缺点，在于它的相对速度落后于目标线，总要绕到目标正后方去攻击。为了克服追踪法的这一缺点，人们又研究出了新的导引方法 —— 平行接近法。

平行接近法是指在整个导引过程中，目标线在空间保持平行移动的一种导引方法。其导引关系式(即理想操纵关系式) 为

$$\varepsilon_{1}=\frac{\mathrm{d}q}{\mathrm{d}t}=0 \tag{5.20}$$

或

$$\varepsilon_{1}=q-q_{0}=0$$

代入式(5.1) 的第 2 式，可得

$$r\frac{\mathrm{d}q}{\mathrm{d}t}=v\sin\eta-v_{T}\sin\eta_{T}=0 \tag{5.21}$$

即

$$\sin\eta=\frac{v_T}{v}\sin\eta_T=\frac{1}{p}\sin\eta_T \tag{5.22}$$

式(5.21)表示，不管目标作何种机动飞行，导弹速度矢量 $\boldsymbol{v}$ 和目标速度矢量 $\boldsymbol{v}_T$ 在垂直于目标线方向上的分量相等。因此，导弹的相对速度 $\boldsymbol{v}_r$ 正好在目标线上，它的方向始终指向目标(见图 5.8)。

综上所述，按平行接近法导引时，导弹与目标的的相对运动方程组为

$$\left.\begin{aligned}&\frac{dr}{dt}=v_T\cos\eta_T-v\cos\eta\\&r\frac{dq}{dt}=v\sin\eta-v_T\sin\eta_T\\&q=\eta+\sigma\\&q=\eta_T+\sigma_T\\&\varepsilon_1=\frac{dq}{dt}=0\end{aligned}\right\} \tag{5.23}$$

平行接近法导引时绝对弹道(见图 5.9)的作图步骤如下：

(1) 选定惯性参考坐标系，已知目标运动特性，画出目标的运动轨迹。

(2) 取适当的时间间隔，把各瞬时目标的位置 $0',1',2',3',\cdots$ 标注出来。

(3) 根据给定的初始条件(r_0,q_0)，确定导弹初始位置，并将该初始位置标为 0，连接 0 和 $0'$，得到初始时刻的目标线以及目标线方位角。

(4) 根据平行接近法的定义，目标线方位角为常值，从目标的位置 $0',1',2',3',\cdots$ 作平行于 $\overline{00'}$ 的线 $\overline{11'},\overline{22'},\overline{33'},\cdots$，导弹从 0 时刻开始以 $v(t_0)$ 大小运动，经过 Δt 后，运行了 $v(t_0)\Delta t$ 的距离，则以点 0 为圆心，以 $v(t_0)\Delta t$ 为半径作圆，该圆与 $\overline{11'}$ 相交于点 1，就确定了导弹的位置 1。

(5) 再以点 1 为圆心，以 $v(t_1)\Delta t$ 为半径作圆，与 $\overline{22'}$ 相交于点 2，就确定了导弹的位置 2。

(6) 依此类推，重复步骤(5)，直至到达目标点。

(7) 将点 $1,2,3,\cdots$ 连接成光滑的曲线。

图 5.9 所示为目标作等速飞行，按平行接近法导引时的绝对弹道。

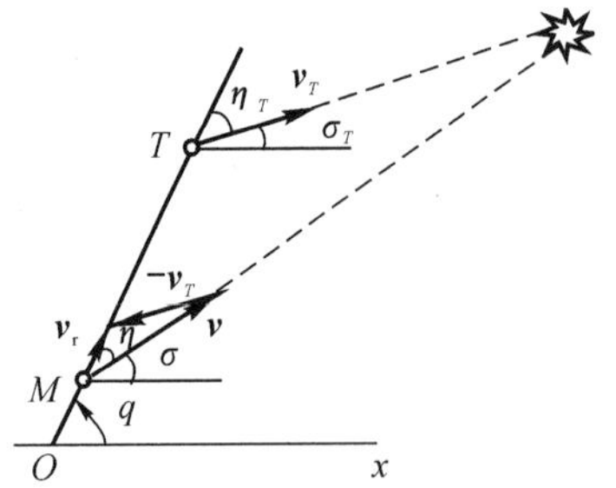

图 5.8　平行接近法相对运动关系

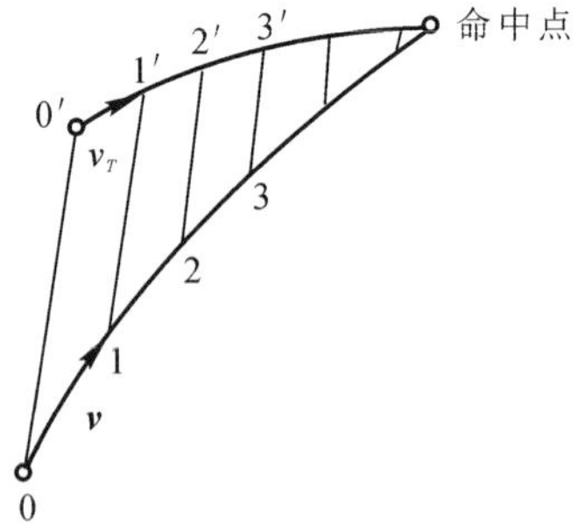

图 5.9　平行接近法的绝对弹道

5.3.1　直线弹道问题

按平行接近法导引时，在整个导引过程中视线角 q 为常值，因此，如果导弹速度矢量的前

置角 η 保持不变，则导弹弹道倾角(或弹道偏角) 为常值，导弹的飞行轨迹(绝对弹道) 就是一条直线弹道。由式(5.22) 可以看出，只要满足 p 和 η_T 为常值，则 η 为常值，此时导弹就沿着直线弹道飞行。因此，对于平行接近法导引，在目标直线飞行情况下，只要速度比保持为常数，且 $p > 1$，那么导弹无论从什么方向攻击目标，它的飞行弹道都是直线弹道。

5.3.2　法向过载

当目标作机动飞行，且导弹速度也不断变化时，如果速度比 $p = v/v_T =$ 常数，且 $p > 1$，则导弹按平行接近法导引的需用法向过载总是比目标的过载小。证明如下：对式(5.22) 求导，p 为常数时，有

$$\dot{\eta}\cos\eta = \frac{1}{p}\dot{\eta}_T\cos\eta_T$$

或

$$v\dot{\eta}\cos\eta = v_T\dot{\eta}_T\cos\eta_T \tag{5.24}$$

设攻击平面为铅垂平面，则

$$q = \eta + \theta = \eta_T + \theta_T = \text{常数}$$

因此

$$\dot{\eta} = -\dot{\theta},\ \dot{\eta}_T = -\dot{\theta}_T$$

用 $\dot{\theta}$、$\dot{\theta}_T$ 置换 $\dot{\eta}$、$\dot{\eta}_T$，改写式(5.24)，得

$$\frac{v\dot{\theta}}{v_T\dot{\theta}_T} = \frac{\cos\eta_T}{\cos\eta} \tag{5.25}$$

因要求 $p > 1$，即 $v > v_T$，由式(5.22) 可得 $\eta_T > \eta$，于是有

$$\cos\eta_T < \cos\eta$$

从式(5.25) 显然可得

$$v\dot{\theta} < v_T\dot{\theta}_T \tag{5.26}$$

为了保持 q 值为某一常数，当 $\eta_T > \eta$ 时，必须有 $\theta > \theta_T$，因此有不等式

$$\cos\theta < \cos\theta_T \tag{5.27}$$

导弹和目标的需用法向过载可表示为

$$\left.\begin{aligned} n_y &= \frac{v\dot{\theta}}{g} + \cos\theta \\ n_{yT} &= \frac{v_T\dot{\theta}_T}{g} + \cos\theta_T \end{aligned}\right\} \tag{5.28}$$

注意到式(5.26) 和式(5.27)，比较式(5.28) 右端，有

$$n_y < n_{yT} \tag{5.29}$$

由此可以得到以下结论：无论目标作何种机动飞行，采用平行接近法导引时，导弹的法向过载总是小于目标的法向过载，即导弹弹道的弯曲程度比目标弹道弯曲的程度小。因此，导弹的机动性就可以小于目标的机动性。

由以上讨论可以看出，当目标机动时，按平行接近法导引的弹道需用过载将小于目标的机动过载。进一步的分析表明，与其他导引方法相比，用平行接近法导引的弹道最为平直，还可实行全向攻击。因此，从这个意义上说，平行接近法是最好的导引方法。

但是，到目前为止，平行接近法并未得到广泛应用。其主要原因是，这种导引方法对制导系统提出了严格的要求，使制导系统复杂化。它要求制导系统在每一瞬时都要精确地测量目标及导弹的速度和前置角，并严格保持平行接近法的导引关系。而实际上，由于发射偏差或干扰的存在，不可能绝对保证导弹的相对速度 $\boldsymbol{v}_r$ 始终指向目标，因此，平行接近法很难实现。

5.4 比例导引法

比例导引法是指导弹飞行过程中速度矢量 $\boldsymbol{v}$ 的转动角速度与目标线的转动角速度成比例的一种导引方法。其导引关系式为

$$\varepsilon_1 = \frac{d\sigma}{dt} - K\frac{dq}{dt} = 0 \tag{5.30}$$

式中：K 为比例系数，又称导航比。

即

$$\frac{d\sigma}{dt} = K\frac{dq}{dt} \tag{5.31}$$

假定比例系数 K 为一常数，对式(5.30)进行积分，就得到比例导引关系式的另一种形式为

$$\varepsilon_1 = (\sigma - \sigma_0) - K(q - q_0) = 0 \tag{5.32}$$

由式(5.32)不难看出：如果比例系数 $K=1$，且 $q_0=\sigma_0$，即导弹前置角 $\eta=0$，这就是追踪法；如果比例系数 $K=1$，且 $q_0=\sigma_0+\eta_0$，则 $q=\sigma+\eta_0$，即导弹前置角 $\eta=\eta_0=$常值，这就是常值前置角法（显然，追踪法则是常值前置角法的一个特例）。

当比例系数 $K\to\infty$ 时，由式(5.30)可知：$dq/dt\to 0$，$q=q_0=$常值，说明目标线只是平行移动，这就是平行接近法。

由此不难得出结论：追踪法、常值前置角法和平行接近法都可看作是比例导引法的特殊情况。由于比例导引法的比例系数 K 在$(1,\infty)$范围内，因此，它是介于常值前置角法和平行接近法之间的一种导引方法。它的弹道性质，也介于常值前置角法和平行接近法的弹道性质之间。

5.4.1 比例导引法的相对运动方程组

按比例导引法时，导弹-目标的相对运动方程组为

$$\left.\begin{aligned}
&\frac{dr}{dt} = v_T\cos\eta_T - v\cos\eta \\
&r\frac{dq}{dt} = v\sin\eta - v_T\sin\eta_T \\
&q = \eta + \sigma \\
&q = \eta_T + \sigma_T \\
&\frac{d\sigma}{dt} = K\frac{dq}{dt}
\end{aligned}\right\} \tag{5.33}$$

如果知道了 v、v_T、σ_T 的变化规律以及三个初始条件 r_0、q_0、σ_0（或 η_0），就可以用数值积分法或图解法求解这组方程。采用解析法解此方程组则比较困难。

5.4.1.1　特殊条件下的解析解

对于式(5.33)，当比例系数 $K=2$，目标等速直线飞行，导弹等速飞行时，可以求得解析解。此时，式(5.33) 可改写为

$$\left.\begin{aligned}&\frac{\mathrm{d}r}{\mathrm{d}t}=v_T\cos q-v\cos\eta\\&r\frac{\mathrm{d}q}{\mathrm{d}t}=v\sin\eta-v_T\sin q\\&\frac{\mathrm{d}\sigma}{\mathrm{d}t}=2\frac{\mathrm{d}q}{\mathrm{d}t}\\&q=\sigma+\eta=\eta_T\end{aligned}\right\}\tag{5.34}$$

利用式(5.34) 的第 3 式和第 4 式，可得

$$\dot{\eta}=\dot{q}-\dot{\sigma}=\dot{q}-2\dot{q}=-\dot{q}\tag{5.35}$$

对式(5.35) 两边积分，有

$$q+\eta=q_0+\eta_0=2q_0-\sigma_0=\varepsilon_0\tag{5.36}$$

式中：ε_0 为只取决于初始条件的常值。

由式(5.36) 可得

$$q=\varepsilon_0-\eta\tag{5.37}$$

将式(5.37) 代入式(5.34) 的第 1 式和第 2 式，有

$$\left.\begin{aligned}&\frac{\mathrm{d}r}{\mathrm{d}t}=v_T\cos(\varepsilon_0-\eta)-v\cos\eta\\&r\frac{\mathrm{d}q}{\mathrm{d}t}=-v_T\sin(\varepsilon_0-\eta)+v\sin\eta\end{aligned}\right\}\tag{5.38}$$

结合式(5.35)，式(5.38) 可改写为

$$\left.\begin{aligned}&\frac{\mathrm{d}r}{\mathrm{d}t}=-(v-v_T\cos\varepsilon_0)\cos\eta+v_T\sin\varepsilon_0\sin\eta\\&r\frac{\mathrm{d}\eta}{\mathrm{d}t}=-(v+v_T\cos\varepsilon_0)\sin\eta+v_T\sin\varepsilon_0\cos\eta\end{aligned}\right\}\tag{5.39}$$

式(5.39) 的第 1 式与第 2 式相除，整理后得

$$\frac{\mathrm{d}r}{r}=\frac{-(p-\cos\varepsilon_0)\cos\eta+\sin\varepsilon_0\sin\eta}{-(p+\cos\varepsilon_0)\sin\eta+\sin\varepsilon_0\cos\eta}\mathrm{d}\eta$$

将上式两边对时间积分，得

$$r=r_0\left[\frac{p\sin\eta+\sin(\eta-\varepsilon_0)}{p\sin\eta_0+\sin(\eta_0-\varepsilon_0)}\right]^{\frac{p^2-1}{p^2+2p\cos\varepsilon_0+1}}\mathrm{e}^{\frac{2p(\eta_0-\eta)\sin\varepsilon_0}{p^2+2p\cos\varepsilon_0+1}}\tag{5.40}$$

分析式(5.40)，由于 $p>1$，$-1\leqslant\cos\varepsilon_0\leqslant 1$，$-1\leqslant\sin\varepsilon_0\leqslant 1$，因此$\dfrac{2p(\eta_0-\eta)\sin\varepsilon_0}{p^2+2p\cos\varepsilon_0+1}$为有限值，$\dfrac{p^2-1}{p^2+2p\cos\varepsilon_0+1}>1$，此时，为了命中目标，即为了使 $r\to 0$，则只有使 $p\sin\eta+\sin(\eta-\varepsilon_0)=0$。因此，导弹直接命中目标的条件为命中的前置角 η_f 满足 $p\sin\eta_f+\sin(\eta_f-\varepsilon_0)=0$。

又由式(5.35) 和式(5.38) 可知，目标线的转动角速度可以写为

$$\frac{\mathrm{d}q}{\mathrm{d}t}=-\frac{\mathrm{d}\eta}{\mathrm{d}t}=\frac{v_T}{r}[p\sin\eta+\sin(\eta-\varepsilon_0)] \tag{5.41}$$

由式(5.40)可以得到 $p\sin\eta+\sin(\eta-\varepsilon_0)$ 的表达式，代入式(5.41)，有

$$\frac{\mathrm{d}q}{\mathrm{d}t}=\frac{\mathrm{d}q_0}{\mathrm{d}t}\left(\frac{r}{r_0}\right)^{\frac{2(p\cos\varepsilon_0+1)}{p^2-1}}\mathrm{e}^{\frac{2p(\eta-\eta_0)\sin\varepsilon_0}{p^2-1}} \tag{5.42}$$

式中：$\frac{\mathrm{d}q_0}{\mathrm{d}t}=\frac{v_T}{r_0}(p\sin\eta_0-\sin q_0)$ 为导弹发射瞬时的目标线旋转角速度，是由初始条件确定的。

式(5.42)给出了目标线转动角速度随 r 的变化规律，为了使导弹能够按照给定的弹道飞行，必须满足可用过载大于需用过载，因此，比例导引法得到的弹道需用过载不能太大。由本章过载定义知 $n=\frac{v}{g}\dot{\sigma}=\frac{2v}{g}\dot{q}$，因此，为了保证命中目标，$\dot{q}$ 不能过大。

分析式(5.42)，由于 $p>1$，$-1\leqslant\cos\varepsilon_0\leqslant1$，$-1\leqslant\sin\varepsilon_0\leqslant1$，因此 $\frac{2p(\eta-\eta_0)\sin\varepsilon_0}{p^2-1}$ 为有限值，$\mathrm{e}^{\frac{2p(\eta-\eta_0)\sin\varepsilon_0}{p^2-1}}$ 也为有限值。则 $\dot{q}$ 的极限值取决于 $\left(\frac{r}{r_0}\right)^{\frac{2(p\cos\varepsilon_0+1)}{p^2-1}}$，由于命中目标时刻，$r\to0$，因此，$\dot{q}$ 的极限值取决于 $1+p\cos\varepsilon_0$，分析如下：

当 $1+p\cos\varepsilon_0>0$ 时，$\dot{q}_f\to0$；

当 $1+p\cos\varepsilon_0=0$ 时，$\dot{q}_f=$常值；

当 $1+p\cos\varepsilon_0<0$ 时，$\dot{q}_f\to\infty$。

因此，在比例系数为2，目标等速直线飞行，导弹等速飞行时，为了保证命中目标，对速度比有一定限制，且应该满足

$$1+p\cos\varepsilon_0\geqslant0 \tag{5.43}$$

下面分析不同攻击方向，满足式(5.43)的速度比条件。

当 $\frac{\pi}{2}\leqslant|\varepsilon_0|\leqslant\frac{3\pi}{2}$ 时，$\cos\varepsilon_0\leqslant0$，则要使 $1+p\cos\varepsilon_0\geqslant0$，对 p 有一定的限制：$1<p\leqslant\frac{1}{|\cos\varepsilon_0|}$。此时，导弹初始时刻处于目标的前方，称为前半球攻击。

当 $-\frac{\pi}{2}\leqslant|\varepsilon_0|\leqslant\frac{\pi}{2}$ 时，$\cos\varepsilon_0\geqslant0$，由于 $p>1$，则 $1+p\cos\varepsilon_0\geqslant0$ 自然满足，因此对 p 没有限制。此时，导弹初始时刻处于目标的后方，称为后半球攻击。

5.4.1.2 图解法弹道

比例导引法图解弹道的解法，这里简要陈述如下：

对于绝对弹道：首先确定目标的位置 $0',1',2',3',\cdots$，导弹初始位置在0点。连接 $\overline{00'}$，就确定了初始时刻目标线方向 q_0，导弹初始的速度方向 σ_0 假设已知，则沿此方向经过第一个 Δt 飞过的路程 $\overline{01}=v(t_0)\Delta t$，可以确定导弹的位置1。连接 $1'$ 和1，得到第一个时刻之后的目标线 $q(1)$；通过 $\sigma(1)=\sigma_0+K(q(1)-q_0)$ 可以得到此时导弹速度方向 $\sigma(1)$，则沿此方向经过第二个 Δt 内飞过的路程 $\overline{12}=v(t_1)\Delta t$，可以确定导弹的位置2；同样可以确定 $3,4,\cdots$，这样就得到导弹的绝对弹道。

对于相对弹道：首先假设目标在点 T，位置不动但是每时每刻的速度大小和方向已知，则导弹相对于目标的相对弹道就是相对于点 T 的弹道。若导弹初始位置在点 0，则连接$\overline{0T}$，就确定了初始时刻目标线方向 q_0。导弹初始的速度大小和方向 σ_0 假设已知，则在点 0 的导弹相对速度大小和方向通过矢量相减可得，沿此方向经过第一个 Δt 内的相对弹道$\overline{01}=v_r(t_0)\Delta t$，得到第一时段导弹相对目标的位置 1。然后，连接$\overline{1T}$，确定了第一时刻的目标线方向 $q(1)$，通过 $\sigma(1)=\sigma_0+K[q(1)-q_0]$ 可得导弹绝对速度方向，在点 1 的导弹相对速度大小和方向通过矢量相减可得，沿此方向经过第二个 Δt 内的相对弹道$\overline{12}=v_r(t_1)\Delta t$，得到第二时段导弹相对目标的位置 2。依次确定瞬时导弹相对目标的位置 3，4，…。最后，光滑连接 0，1，2，3，… 各点，就得到比例法导引时的相对弹道。

5.4.2　弹道特性的讨论

解算运动方程式(5.33)，可以获得导弹的运动特性。下面着重讨论采用比例导引法时，导弹的直线弹道和需用法向过载。

5.4.2.1　直线弹道

对导弹-目标的相对运动方程式(5.33) 的第 3 式求导，得

$$\dot{q}=\dot{\eta}+\dot{\sigma}$$

将导引关系式 $\dot{\sigma}=K\dot{q}$ 代入该式，得到

$$\dot{\eta}=(1-K)\dot{q} \tag{5.44}$$

直线弹道的条件为 $\dot{\sigma}=0$，即

$$\dot{q}=\dot{\eta} \tag{5.45}$$

在 $K\neq 0,1$ 的条件下，式(5.44) 和式(5.45) 若要同时成立，必须满足

$$\dot{q}=0,\quad \dot{\eta}=0 \tag{5.46}$$

亦即

$$\left.\begin{aligned} q&=q_0=\text{常数}\\ \eta&=\eta_0=\text{常数}\end{aligned}\right\} \tag{5.47}$$

考虑到式(5.33) 中的第 2 式，导弹直线飞行的条件亦可写为

$$\left.\begin{aligned} &v\sin\eta-v_T\sin\eta_T=0\\ &\eta_0=\arcsin\left(\frac{v_T}{v}\sin\eta_T\right)\Bigg|_{t=t_0}\end{aligned}\right\} \tag{5.48}$$

式(5.48) 表明：导弹和目标的速度矢量在垂直于目标线方向上的分量相等，即导弹的相对速度要始终指向目标。

直线弹道要求导弹速度矢量的前置角始终保持其初始值 η_0，而前置角的起始值 η_0 有两种情况：一种是导弹发射装置不能调整的情况，此时 η_0 为确定值；另一种是 η_0 可以调整的，发射装置可根据需要改变 η_0 的数值。

在第一种情况下，η_0 为定值，由直线弹道条件式(5.48) 解得

$$\eta_T=\arcsin\frac{v\sin\eta_0}{v_T}\quad \text{或}\quad \eta_T=\pi-\arcsin\frac{v\sin\eta_0}{v_T}$$

将 $q_0=\sigma_T+\eta_T$ 代入，可得发射时目标线的方位角为

$$\left.\begin{aligned} q_{01}&=\sigma_T+\arcsin\frac{v\sin\eta_0}{v_T}\\ q_{02}&=\sigma_T+\pi-\arcsin\frac{v\sin\eta_0}{v_T}\end{aligned}\right\}\tag{5.49}$$

式(5.49)说明，只有在两个方向发射导弹才能得到直线弹道，即直线弹道只有两条。

在第二种情况下，η_0 可以根据 q_0 的大小加以调整，此时，只要满足条件

$$\eta_0=\arcsin\left[\frac{v_T\sin(q_0-\sigma_T)}{v}\right]\tag{5.50}$$

导弹沿任何方向发射都可以得到直线弹道。

当 $\eta_0=\pi-\arcsin\left[\dfrac{v_T\sin(q_0-\sigma_T)}{v}\right]$时，也可满足式(5.50)，但此时 $|\eta_0|>90°$，表示导弹背向目标，因而没有实际意义。

下面讨论直接瞄准发射后沿直线弹道击中目标时方位角的变化。

为了以直线弹道飞行，需要导弹在发射的初始时刻就满足式(5.48)的条件，但是，实际情况下，并不一定要使导弹整个飞行过程中弹道都为直线，只需弹道比较平直，在接近目标附近为直线即可。瞄准发射比较简单，易于执行，但此时，初始时刻的目标线方位角和前置角一般不满足直线弹道的条件，若要使导弹在目标附近沿直线弹道飞行，则目标线必将在空间旋转一个 Δq。

由导引关系和几何关系可知 $\dot\eta=\dot q-\dot\sigma=\dot q-K\dot q=(1-K)\dot q$，两边积分后有

$$\eta_f=\eta_0+(1-K)(q_f-q_0)$$

瞄准发射时有 $\eta_0=0$，同时由 $v\sin\eta_f-v_T\sin(q_f-\sigma_{Tf})=0$ 得 η_f，然后代入上式，有

$$q_f-q_0=\frac{1}{1-K}\arcsin\left[\frac{v_T}{v}\sin(q_f-\sigma_{Tf})\right]$$

因速度比 $p=\dfrac{v}{v_T}$，则上式可以改写为

$$q_f-q_0=\frac{1}{1-K}\arcsin\frac{\sin(q_f-\sigma_{Tf})}{p}$$

对于给定的 K 和 p，当 $\sin(q_f-\sigma_{Tf})=\pm1$ 时，目标线转过角度的最大值为

$$\Delta q_{\max}=|q_f-q_0|_{\max}=\frac{1}{K-1}\arcsin\frac{1}{p}\tag{5.51}$$

可见，直接瞄准发射后沿直线击中目标，目标线在空间旋转的角度不仅与导航增益比有关，而且与速度比有关。导航增益比越大，速度比越大，目标线转过的角度越小。

5.4.2.2 需用法向过载

比例导引法要求导弹的转弯角速度 $\dot\sigma$ 与目标线旋转角速度 $\dot q$ 成正比，因而导弹的需用法向过载也与 $\dot q$ 成正比，即

$$n=\frac{v}{g}\frac{d\sigma}{dt}=\frac{vK}{g}\frac{dq}{dt}\tag{5.52}$$

因此，要了解弹道上各点需用法向过载的变化规律，只需讨论 $\dot q$ 的变化规律。

式(5.33)的第二式对时间求导，得

$$\dot{r}\dot{q} + r\ddot{q} = \dot{v}\sin\eta + v\dot{\eta}\cos\eta - \dot{v}_T\sin\eta_T - v_T\dot{\eta}_T\cos\eta_T$$

将

$$\left.\begin{aligned}\dot{\eta} &= \dot{q} - \dot{\sigma} = (1-K)\dot{q} \\ \dot{\eta}_T &= \dot{q} - \dot{\sigma}_T \\ \dot{r} &= v_T\cos\eta_T - v\cos\eta\end{aligned}\right\}$$

代入上式，经整理后得

$$r\ddot{q} = -(Kv\cos\eta + 2\dot{r})(\dot{q} - \dot{q}^*) \tag{5.53}$$

式中

$$\dot{q}^* = \frac{\dot{v}\sin\eta - \dot{v}_T\sin\eta_T + v_T\dot{\sigma}_T\cos\eta_T}{Kv\cos\eta + 2\dot{r}} \tag{5.54}$$

以下分两种情况讨论。

1. 目标等速直线飞行，导弹等速飞行

此时，由式(5.54)可知

$$\dot{q}^* = 0$$

于是，式(5.53)可改写为

$$\ddot{q} = -\frac{1}{r}(Kv\cos\eta + 2\dot{r})\dot{q} \tag{5.55}$$

由式(5.55)可知，当$(Kv\cos\eta + 2\dot{r}) > 0$时，$\ddot{q}$的符号与$\dot{q}$相反。当$\dot{q} > 0$时，$\ddot{q} < 0$，即$\dot{q}$值将减小；当$\dot{q} < 0$时，$\ddot{q} > 0$，即$\dot{q}$值将增大。总之，$|\dot{q}|$总是减小的(见图5.10)。$\dot{q}$随时间的变化规律是向横坐标轴接近，弹道的需用法向过载随$|\dot{q}|$的不断减小而减小，弹道变得平直，这种情况称为$\dot{q}$“收敛”。

当$(Kv\cos\eta + 2\dot{r}) < 0$时，$\ddot{q}$与$\dot{q}$同号，$|\dot{q}|$将不断增大，弹道的需用法向过载随$|\dot{q}|$的不断增大而增大，弹道变得弯曲，这种情况称为$\dot{q}$“发散”(见图5.11)。

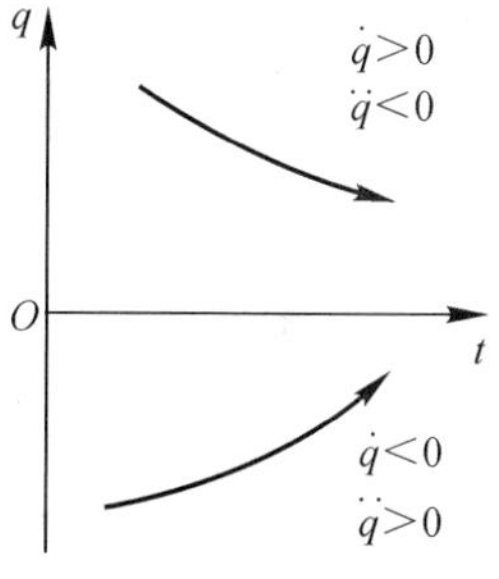

图5.10　$(Kv\cos\eta + 2\dot{r}) > 0$时$\dot{q}$的变化趋势

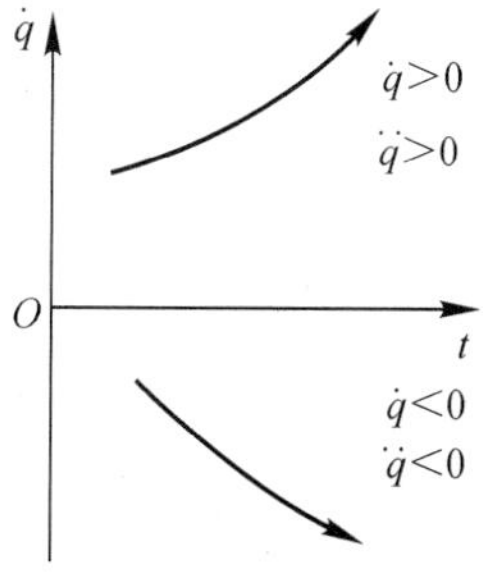

图5.11　$(Kv\cos\eta + 2\dot{r}) < 0$时$\dot{q}$的变化趋势

显然，要使导弹转弯较为平缓，就必须使$\dot{q}$收敛，这时应满足条件

$$K > \frac{2|\dot{r}|}{v\cos\eta} \tag{5.56}$$

由此得出结论：只要比例系数K选得足够大，使其满足式(5.56)，$|\dot{q}|$就可逐渐减小而趋向于零；相反，如不能满足式(5.56)，则$|\dot{q}|$将逐渐增大，在接近目标时，导弹要以无穷大的速率转弯，这实际上是无法实现的，最终将导致脱靶。

2. 目标机动飞行，导弹变速飞行

由式(5.54)可知，$\dot{q}^*$ 与目标的切向加速度 $\dot{v}_T$、法向加速度 $v_T\dot{\sigma}_T$ 和导弹的切向加速度 $\dot{v}$ 有关，$\dot{q}^*$ 不再为零。当 $(Kv\cos\eta+2\dot{r})\neq 0$ 时，$\dot{q}^*$ 是有限值。

由式(5.53)可知，当 $(Kv\cos\eta+2\dot{r})>0$ 时，若 $\dot{q}<\dot{q}^*$，则 $\ddot{q}>0$，这时 $\dot{q}$ 将不断增大；若 $\dot{q}>\dot{q}^*$，则 $\ddot{q}<0$，此时 $\dot{q}$ 将不断减小。总之，$\dot{q}$ 有接近 $\dot{q}^*$ 的趋势。

当 $(Kv\cos\eta+2\dot{r})<0$ 时，$\dot{q}$ 有逐渐离开 $\dot{q}^*$ 的趋势，弹道变得弯曲。在接近目标时，导弹要以极大的速率转弯。

5.4.2.3　命中点的需用法向过载

前面已经提到，如果 $(Kv\cos\eta+2\dot{r})>0$，那么，$\dot{q}$ 是有限值。由式(5.53)可以看出，在命中点，$r=0$，因此

$$\dot{q}_f=\dot{q}_f^*=\left.\frac{\dot{v}\sin\eta-\dot{v}_T\sin\eta_T+v_T\dot{\sigma}_T\cos\eta_T}{Kv\cos\eta+2\dot{r}}\right|_{t=t_f}\tag{5.57}$$

导弹的需用法向过载为

$$n_f=\frac{v_f\dot{\sigma}_f}{g}=\frac{Kv_f\dot{q}_f}{g}=\frac{1}{g}\left[\frac{\dot{v}\sin\eta-\dot{v}_T\sin\eta_T+v_T\dot{\sigma}_T\cos\eta_T}{\cos\eta-\dfrac{2|\dot{r}|}{Kv}}\right]_{t=t_f}\tag{5.58}$$

从式(5.58)可知，导弹命中目标时的需用法向过载与命中点的导弹速度 v_f 和接近速度 $|\dot{r}|_f$ 有直接关系。如果命中点导弹的速度较小，则需用法向过载将增大。由于空空导弹通常在被动段攻击目标，因此，很有可能出现上述情况。值得注意的是，导弹从不同方向攻击目标，$|\dot{r}|$ 的值是不同的。例如，迎面攻击时，$|\dot{r}|=v+v_T$；尾追攻击时，$|\dot{r}|=v-v_T$。

另外，从式(5.58)还可看出：目标机动($\dot{v}_T,\dot{\sigma}_T$)对命中点导弹的需用法向过载也是有影响的。

当 $(Kv\cos\eta+2\dot{r})<0$ 时，$\dot{q}$ 是发散的，$|\dot{q}|$ 不断增大，因此

$$\dot{q}_f\to\infty$$

这意味着 K 较小时，在接近目标的瞬间，导弹要以无穷大的速率转弯，命中点的需用法向过载也趋于无穷大，这实际上是不可能的。因此，当 $K<(2|\dot{r}|/v\cos\eta)$ 时，导弹就不能直接命中目标。

5.4.2.4　与平行接近法命中点需用法向过载的比较

根据平行接近法定义，有 $\dot{q}=0$，由式(5.1)的第2式可知，$v\sin\eta=v_T\sin\eta_T$，两边对时间求导，有

$$\dot{v}\sin\eta+v\dot{\eta}\cos\eta=\dot{v}_T\sin\eta_T+v_T\dot{\eta}_T\cos\eta_T$$

则

$$\dot{\eta}=-\frac{1}{v\cos\eta}(\dot{v}\sin\eta-\dot{v}_T\sin\eta_T-v_T\dot{\eta}_T\cos\eta_T)$$

又因为

$$\dot{\sigma}=-\dot{\eta},\dot{\sigma}_T=-\dot{\eta}_T$$

则需用法向过载为

$$n=\frac{v}{g}\dot{\sigma}=-\frac{v}{g}\dot{\eta}=\frac{1}{g}\frac{(\dot{v}\sin\eta-\dot{v}_T\sin\eta_T+v_T\dot{\sigma}_T\cos\eta_T)}{\cos\eta} \tag{5.59}$$

对比式(5.58)和式(5.59)可见，在其他条件相同的情况下，比例导引法的命中法向过载大于平行接近法的命中法向过载。K 越大，二者越接近。对于相同的目标机动所引起的导弹机动，比例导引法的大于平行接近法的。

5.4.3　比例导引弹道的稳定性分析

制导控制系统在实现导引规律时，如果参数选取不合适，不仅不能保证命中目标，有时甚至导弹的飞行弹道也可能是不稳定的。这里所谓的弹道不稳定，是指制导控制系统不能将导弹导向目标并最终命中目标，而是使导弹远离目标飞行。弹道不稳定不是指导弹不能按这种弹道飞行，也不是指按这种弹道飞行的导弹是不稳定的，而仅仅是指如果导弹一直按这种弹道飞行，那么导弹是不能命中目标的。

相对运动方程式(5.1)的第 2 式两边对时间求导，并假设攻击平面为铅垂平面，导弹系统动力学无惯性，控制系统理想工作，可得

$$\dot{r}\dot{q}+r\ddot{q}=-\dot{v}\sin(\theta-q)-v\cos(\theta-q)\cdot(\dot{\theta}-\dot{q})+\dot{v}_T\sin(\theta_T-q)+v_T\cos(\theta_T-q)\cdot(\dot{\theta}_T-\dot{q})$$

将式(5.1)的第 1 式代入上式，并取 $K'=\dfrac{vK\cos(\theta-q)}{|\dot{r}|}=\dfrac{vK\cos\eta}{|\dot{r}|}$，则有

$$\ddot{q}+(K'-2)\frac{|\dot{r}|}{r}\dot{q}=\frac{1}{r}[-\dot{v}\sin(\theta-q)+\dot{v}_T\sin(\theta_T-q)+v_T\dot{\theta}_T\cos(\theta_T-q)]$$

假设 $\dfrac{r}{|\dot{r}|}=t_s$ 为击中目标所需的待飞时间，它表示导弹和目标从现时刻起到遭遇时止的剩余飞行时间，则上式变为

$$t_s\ddot{q}+(K'-2)\dot{q}=\frac{1}{|\dot{r}|}[-\dot{v}\sin(\theta-q)+\dot{v}_T\sin(\theta_T-q)+v_T\dot{\theta}_T\cos(\theta_T-q)] \tag{5.60}$$

为了判断式(5.60)所表示的系统的稳定性，这里采用古尔维茨稳定判据，系统的特征方程为

$$t_sP+(K'-2)=0$$

则由古尔维茨稳定判据，由于 $t_s>0$，则弹道稳定的充要条件是 $(K'-2)>0$。由 $K'=\dfrac{vK\cos\eta}{|\dot{r}|}$ 和弹道收敛条件知，$K'>2$，也就是说，在不考虑导弹动力学系统惯性的条件下，此时 K 的取值若满足弹道收敛条件，则比例导引弹道就是稳定的。

当然，考虑导弹动力学系统惯性的时候，例如将导弹动力学系统等效为一阶惯性系统或者二阶振荡系统时，以上条件有所变化，但是分析过程类似。

5.4.4　比例系数 *K* 的选择

由上述讨论可知，比例系数 K 的大小，直接影响弹道特性，影响导弹能否命中目标。因此，如何选择合适的 K 值，是需要研究的一个重要问题。K 值的选择不仅要考虑弹道特性，还要考虑导弹结构强度所允许承受的过载，以及制导系统能否稳定工作等因素。

5.4.4.1　$\dot{q}$ 收敛的限制

$\dot{q}$ 收敛使导弹在接近目标的过程中目标线的旋转角速度 $|\dot{q}|$ 不断减小，弹道各点的需用法向过载也不断减小。$\dot{q}$ 收敛的条件为

$$K > \frac{2\,|\dot{r}|}{v\cos\eta}$$

上式给出了 K 的下限。由于导弹从不同的方向攻击目标时，$|\dot{r}|$ 是不同的，因此，K 的下限也是变化的。这就要求根据具体情况选择适当的 K 值，使导弹从各个方向攻击的性能都能兼顾，不至于优劣悬殊；或者重点考虑导弹在主攻方向上的性能。

5.4.4.2 可用过载的限制

$\dot{q}$ 收敛的条件限制了比例系数 K 的下限。但是，这并不是意味着 K 值可以取任意大。如果 K 取得过大，则由 $n = vK\dot{q}/g$ 可知，即使 $\dot{q}$ 值不大，也可能使需用法向过载值很大。导弹在飞行中的可用过载受到最大舵偏角的限制，若需用过载超过可用过载，则导弹便不能沿比例导引弹道飞行。因此，可用过载限制了 K 的最大值(上限)。

5.4.4.3 制导系统的要求

如果比例系数 K 选得过大，那么外界干扰信号的作用会被放大，这将影响导弹的正常飞行。由于 $\dot{q}$ 的微小变化将会引起 $\dot{\sigma}$ 的很大变化，因此，从制导系统稳定工作的角度出发，K 值的上限值也不能选得太大。

综合考虑上述因素，才能选择出一个合适的 K 值。它可以是一个常数，也可以是一个变数。一般认为，K 值通常在 $3 \sim 6$ 范围内。

5.4.5 比例导引法的优缺点

比例导引法的优点是：可以得到较为平直的弹道；在满足 $K > (2\,|\dot{r}|/v\cos\eta)$ 的条件下，$|\dot{q}|$ 逐渐减小，弹道前段较弯曲，能充分利用导弹的机动能力；弹道后段较为平直，导弹具有较充裕的机动能力；只要 K、η_0、q_0、p 等参数组合适当，就可以使全弹道上的需用过载均小于可用过载，从而实现全向攻击。另外，与平行接近法相比，它对发射瞄准时的初始条件要求不严，在技术实施上是可行的，因为只需测量 $\dot{q}$、$\dot{\sigma}$。因此，比例导引法得到了广泛的应用。

但是，比例导引法还存在明显的缺点，即命中点导弹需用法向过载受导弹速度和攻击方向的影响。这一点由式(5.58)不难发现。

为了消除比例导引法的缺点，多年来人们一直致力于比例导引法的改进，研究出了很多形式的比例导引方法。例如，需用法向过载与目标线旋转角速度成比例的广义比例导引法，其导引关系式为

$$n = K_1\dot{q}$$

或

$$n = K_2\,|\dot{r}|\,\dot{q}$$

式中：K_1、K_2 为比例系数；$|\dot{r}|$ 为导弹接近速度。

5.5 三点法

遥控制导与自动瞄准导引的不同点在于：导弹和目标的运动参数都由制导站来测量。在研究遥控弹道时，既要考虑导弹相对于目标的运动，还要考虑制导站运动对导弹运动的影响。制导站可以是活动的，如发射空空导弹的载机，也可以是固定不动的，如设在地面的地空导弹的遥控制导站。

在讨论遥控弹道特性时，把导弹、目标、制导站都看成质点，并设目标、制导站的运动特性是已知的，导弹速度大小的变化规律也是已知的。

在讨论遥控导弹运动特性前，先介绍一下遥控制导所采用的坐标系。遥控制导习惯上采用雷达坐标系 $Ox_Ry_Rz_R$，如图 5.12 所示。取地面制导站为坐标原点；Ox_R 轴指向目标方向；Oy_R 轴位于铅垂平面内并与 Ox_R 轴相垂直；Oz_R 轴与 Ox_R 轴、Oy_R 轴组成右手直角坐标系。雷达坐标系与地面坐标系之间的关系由两个角度确定：高低角 ε，定义为 Ox_R 轴与地平面 xAz 的夹角；方位角 ξ，即 Ox_R 轴在地平面上的投影 Ox'_R 与地面坐标系 Ax 轴的夹角。以 Ax 逆时针转到 Ox'_R 为正。空间任一点的位置可以用（x_R，y_R，z_R）表示，也可用（R，ε，ξ）表示，其中 R 表示该点到坐标原点的距离，称为矢径。

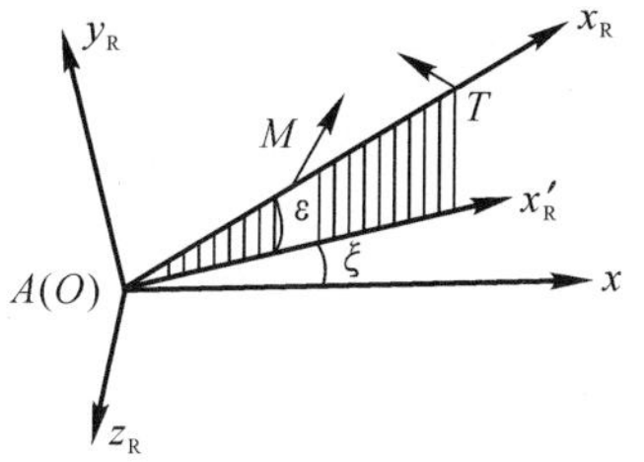

图 5.12　雷达坐标系

如 5.1.1 节所述，遥控导弹的导引方法可以分为三点法和前置量法，本节先介绍三点法。

5.5.1　三点法导引关系式

三点法导引是指导弹在攻击目标过程中始终位于目标和制导站的连线上。如果观察者从制导站上看，则目标和导弹的影像彼此重合。故三点法又称为目标覆盖法或重合法（见图 5.13）。

以铅垂平面为例，由于导弹始终处于目标和制导站的连线上，故导弹与制导站连线的高低角 ε 和目标与制导站连线的高低角 ε_T 必须相等。因此，三点法的导引关系为

$$\varepsilon = \varepsilon_T \tag{5.61}$$

在技术上实施三点法比较容易。例如，可以用一根雷达波束跟踪目标，同时又控制导弹，使导弹在波束中心线上运动（见图 5.14）。如果导弹偏离了波束中心线，则制导系统将发出指令控制导弹回到波束中心线上来。

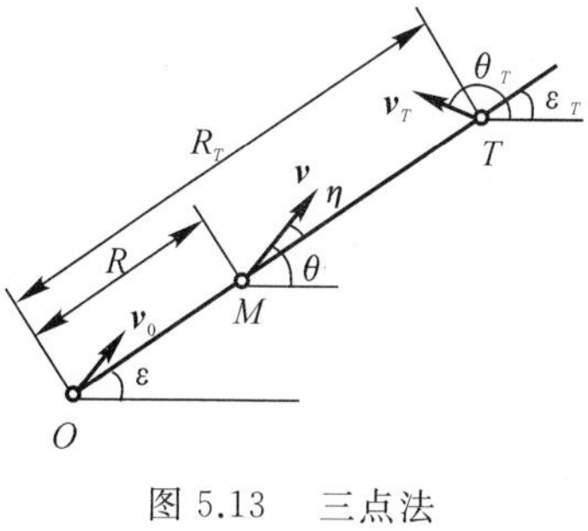

图 5.13　三点法

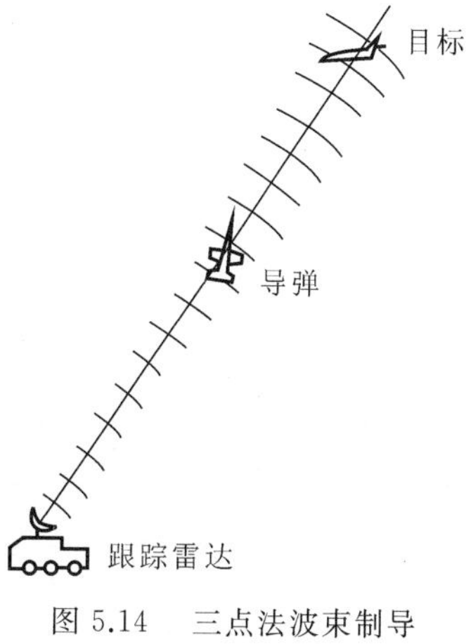

图 5.14　三点法波束制导

5.5.2 相对运动方程组

在讨论三点法弹道特性前，首先要建立三点法导引的相对运动方程组。以地空导弹为例，设导弹在铅垂平面内飞行，制导站固定不动(见图 5.13)。三点法导引的相对运动方程建立过程与自动瞄准的相似，但需注意，其并非如自动瞄准是导弹与目标间的相对运动方程，而是导弹与制导站、目标与制导站的相对运动方程。具体如下：

$$\left.\begin{aligned}
&\frac{\mathrm{d}R}{\mathrm{d}t}=v\cos\eta\\
&R\frac{\mathrm{d}\varepsilon}{\mathrm{d}t}=-v\sin\eta\\
&\varepsilon=\theta+\eta\\
&\frac{\mathrm{d}R_T}{\mathrm{d}t}=v_T\cos\eta_T\\
&R_T\frac{\mathrm{d}\varepsilon_T}{\mathrm{d}t}=-v_T\sin\eta_T\\
&\varepsilon_T=\theta_T+\eta_T\\
&\varepsilon=\varepsilon_T
\end{aligned}\right\}\tag{5.62}$$

式(5.62)中，目标运动参数 v_T、θ_T 以及导弹速度 v 的变化规律是已知的。方程组的求解可用数值积分法、图解法和解析法。在应用数值积分法解算方程组时，可先积分方程组中的第 4 ～ 6 式，求出目标运动参数 R_T、ε_T。然后积分其余方程，解出导弹运动参数 R、ε、η、θ 等。

三点法导引时图解弹道的求解步骤如下。

(1) 绝对弹道。按三点法的导引关系，制导系统应使导弹时刻处于制导站与目标的连线上。在初始时刻，导弹处于 0 点。经过 Δt 时间后，导弹飞经的距离为$\overline{01}=v(t_0)\Delta t$，$\Delta t$ 时间后导弹又必须在$\overline{01'}$ 线段上，按照这两个条件确定导弹的位置，标为 1。类似地，确定对应时刻导弹的位置 2，3，…。最后用光滑曲线连接 1，2，3，… 各点，就得到三点法导引时的运动学弹道。导弹飞行速度的方向就是沿着轨迹各点的切线方向。图 5.15 所示为制导站固定不动时三点法的绝对弹道。

(2) 相对弹道。① 假设目标不动[但是其速度 $\boldsymbol{v}_T(t)$ 的大小和方向已知]，制导站的运动规律已知，即 $\boldsymbol{v}_0(t)$ 的大小和方向已知。则每一时刻制导站相对于目标的相对速度大小和方向可以通过矢量相减得到，即 $\boldsymbol{v}_{0\text{-}T}(t)=\boldsymbol{v}_0(t)-\boldsymbol{v}_T(t)$，假设在每一时间间隔内相对速度大小方向不变，则可以确定每一个时间段上制导站相对于目标的位置。将这些位置与目标相连，就可以得到每一时刻的目标线位置。② 设定初始时刻导弹的位置为 0，该时刻导弹速度大小已知，由于导弹相对于制导站的速度为 $\boldsymbol{v}_{0\text{-}M}(t)=\boldsymbol{v}_0(t)-\boldsymbol{v}(t)$，在一个时间间隔 Δt 内有 $\boldsymbol{v}_{0\text{-}M}(t)\Delta t=\boldsymbol{v}_0(t)\Delta t-\boldsymbol{v}(t)\Delta t$，由此可以按照以下方法确定导弹经过 Δt 后的位置。首先在 0 时刻以导弹的位置为中心，以 $\boldsymbol{v}(t)\cdot\Delta t$ 长度为半径画圆，接下来沿着 $\boldsymbol{v}_T(t)$ 的反方向作 $\boldsymbol{v}_T(t)\cdot\Delta t$ 并将此矢量沿着第二根目标线向下平移，直至其与圆刚好相交，此时该矢量与第二时刻的目标线相交于 1 点，则 1 点就是第二时刻导弹相对于目标的位置。③ 依次类推，可以得到每一个时刻导弹相对于目标的位置。④ 将这些位置用光滑的曲线连接，就得到导弹相对于目标的相对弹道。

在特定情况(目标水平等速直线飞行，导弹速度大小不变) 下，可用解析法求出式(5.62)

的解为

$$\left.\begin{aligned}&y=\sqrt{\sin\theta}\left\{\frac{y_0}{\sqrt{\sin\theta_0}}+\frac{pH}{2}[F(\theta_0)-F(\theta)]\right\}\\&\cot\varepsilon=\cot\theta+\frac{y}{pH\sin\theta}\\&R=\frac{y}{\sin\varepsilon}\end{aligned}\right\}\tag{5.63}$$

式中：y_0、θ_0 为导引开始的导弹飞行高度和弹道倾角；H 为目标飞行高度（见图 5.16）；$F(\theta_0)$、$F(\theta)$ 为椭圆函数，可查表，计算公式为 $F(\theta)=\int_{\theta}^{\frac{\pi}{2}}\frac{\mathrm{d}\theta}{\sin^{3/2}\theta}$。

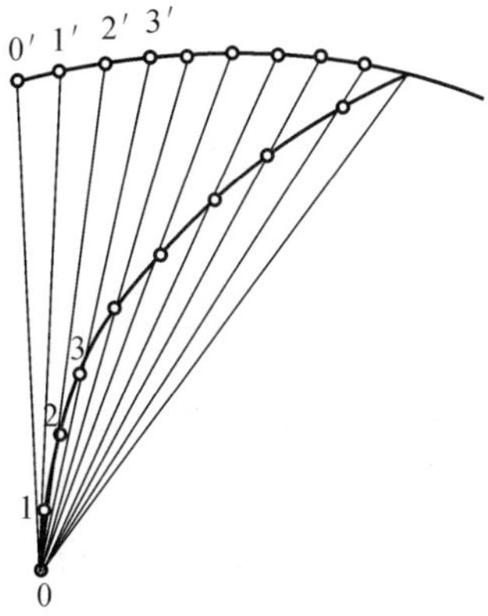

图 5.15　三点法的绝对弹道

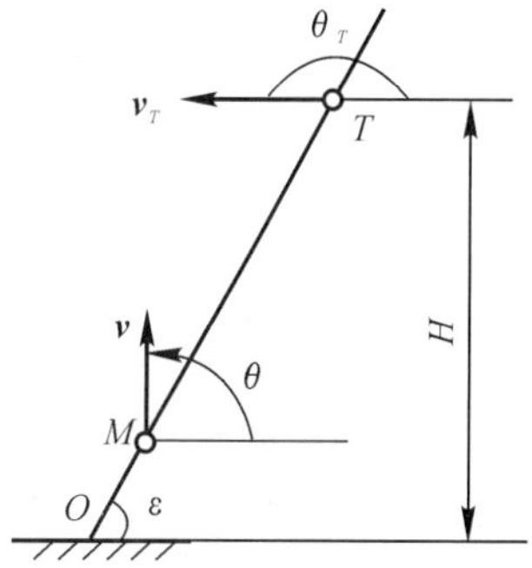

图 5.16　目标水平等速直线飞行

5.5.3　导弹转弯速率

如果知道了导弹的转弯速率，就可获得需用法向过载在弹道各点的变化规律。因此，我们从研究导弹的转弯速率 $\dot{\theta}$ 入手，分析三点法导引时的弹道特性。

5.5.3.1　目标水平等速直线飞行，导弹速度为常值的情况

设目标作水平等速直线飞行，飞行高度为 H，导弹在铅垂平面内迎面拦截目标，如图 5.16 所示。在这种情况下，将式(5.62) 中的第 3 式代入第 2 式，得到

$$R\frac{\mathrm{d}\varepsilon}{\mathrm{d}t}=v\sin(\theta-\varepsilon)\tag{5.64}$$

求导得

$$\dot{R}\dot{\varepsilon}+R\ddot{\varepsilon}=v(\dot{\theta}-\dot{\varepsilon})\cos(\theta-\varepsilon)\tag{5.65}$$

将式(5.62) 中的第 1 式代入上式，整理后得

$$\dot{\theta}=2\dot{\varepsilon}+\frac{R}{\dot{R}}\ddot{\varepsilon}\tag{5.66}$$

式(5.66) 中的 $\dot{\varepsilon}$、$\ddot{\varepsilon}$ 可用已知量 v_T、H 来表示。根据导引关系 $\varepsilon=\varepsilon_T$，易知

$$\dot{\varepsilon}=\dot{\varepsilon}_T$$

考虑到 $H=R_T\sin\varepsilon_T$，有

$$\dot{\varepsilon}=\dot{\varepsilon}_T=\frac{v_T}{R_T}\sin\varepsilon_T=\frac{v_T}{H}\sin^2\varepsilon_T \tag{5.67}$$

对时间求导,得

$$\ddot{\varepsilon}=\frac{v_T\dot{\varepsilon}_T}{H}\sin 2\varepsilon_T \tag{5.68}$$

而

$$\dot{R}=v\cos\eta=v\sqrt{1-\sin^2\eta}=v\sqrt{1-\left(\frac{R\dot{\varepsilon}}{v}\right)^2} \tag{5.69}$$

将式(5.67) ~ 式(5.69) 代入式(5.66),经整理后得

$$\dot{\theta}=\frac{v_T}{H}\sin^2\varepsilon_T\left(2+\frac{R\sin 2\varepsilon_T}{\sqrt{p^2H^2-R^2\sin^4\varepsilon_T}}\right) \tag{5.70}$$

式(5.70) 表明,在已知 v_T、v、H 的情况下,导弹按三点法飞行所需要的 $\dot{\theta}$ 完全取决于导弹所处的位置 R 及 ε。在已知目标轨迹和速度比 p 的情况下,$\dot{\theta}$ 是导弹矢径 R 与高低角 ε 的函数。

假如给定 $\dot{\theta}$ 为某一常值,则由式(5.70) 得到一个只包含 ε_T(或 ε) 与 R 的关系式

$$f=(\varepsilon,R)=0 \tag{5.71}$$

式(5.71) 在极坐标系(ε,R) 中表示一条曲线。在这条曲线上,弹道上各点的 $\dot{\theta}$ 为常数。而在速度 v 为常值的情况下,该曲线上各点的法向加速度 a_n 也是常值,所以称这条曲线为等法向加速度曲线或等 $\dot{\theta}$ 曲线。如果给出一系列的 $\dot{\theta}$ 值,就可以在极坐标系中画出相应的等加速度曲线族,如图 5.17 中实线所示。

图 5.17 中序号 1,2,3,… 表示曲线具有不同的 $\dot{\theta}$ 值,且 $\dot{\theta}_1<\dot{\theta}_2<\dot{\theta}_3\cdots$ 或 $a_{n1}<a_{n2}<a_{n3}<\cdots$。图 5.17 中虚线是等加速度曲线最低点的连线,称为主梯度线,它表示法向加速度的变化趋势。沿这条虚线越往上,法向加速度值越大。

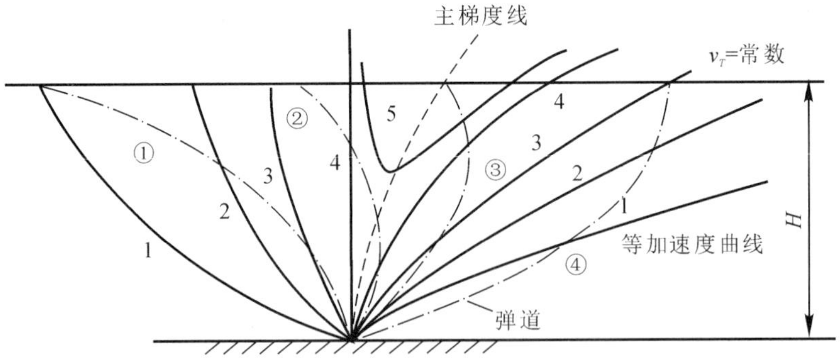

图 5.17　三点法弹道与等法向加速度曲线

等法向加速度曲线是在已知 v_T、H、p 值下画出来的。当另给一组 v_T、H、p 值时,得到的将是与之对应的另一族等法向加速度曲线,而曲线的形状将是类似的。

把各种不同初始条件(ε_0,R) 下的弹道,画在相应的等法向加速度曲线图上,如图 5.17 中的点画线所示。可以发现,所有的弹道按其相对于主梯度线的位置可以分成三组:一组在其右,一组在其左,另一组则与主梯度线相交。在主梯度线左边的弹道(见图 5.17 中的弹道 ①),

首先与 $\dot{\theta}$ 较大的等法向加速度曲线相交，然后与 $\dot{\theta}$ 较小的相交，此时弹道的法向加速度随矢径 R 增大而递减，在发射点的法向加速度最大，命中点的法向加速度最小。初始发射的高低角 $\varepsilon_0 \geqslant \pi/2$。从式(5.70) 可以求出弹道上的最大法向加速度(发生在导引弹道的始端) 为

$$a_{n\max} = \frac{2vv_T \sin^2\varepsilon_0}{H} = 2v\dot{\varepsilon}_0$$

式中：$\dot{\varepsilon}_0$ 表示按三点法导引初始高低角的变化率，其绝对值与目标速度成正比，与目标飞行高度成反比。当目标速度与高度为定值时，$\dot{\varepsilon}_0$ 取决于矢径的高低角。越接近正顶上空时，$a_{n\max}$ 值越大。因此，这一组弹道中，最大的法向加速度发生在初始高低角 $\varepsilon_0 = \pi/2$ 时，即

$$(a_{n\max})_{\max} = \frac{2vv_T}{H}$$

这种情况相当于目标飞临正顶上空时才发射导弹。

上面讨论的这组弹道对应于尾追攻击的情况。

在主梯度线右边的弹道(见图 5.17 中的弹道 ③④)，首先与 $\dot{\theta}$ 较小的等法向加速度曲线相交，然后与 $\dot{\theta}$ 较大的相交。此时弹道的法向加速度随矢径 R 的增大而增大，在命中点法向加速度最大。弹道各点的高低角 $\varepsilon < \pi/2$，$\sin 2\varepsilon > 0$。由式(5.60) 得到命中点的法向加速度为

$$a_{n\max} = \frac{vv_T}{H}\sin^2\varepsilon_f\left(2 + \frac{R_f \sin 2\varepsilon_f}{\sqrt{p^2H^2 - R_f^2\sin^4\varepsilon_f}}\right)$$

式中：ε_f、R_f 为命中点的高低角和矢径。这组弹道相当于迎击的情况，即目标尚未飞到制导站顶空时，便将其击落。在这组弹道中，末段都比较弯曲。其中，以弹道 ③ 的法向加速度为最大，它与主梯度线正好在命中点相会。

与主梯度线相交的弹道(见图 5.17 中的弹道 ②)，介于以上两组弹道之间，最大法向加速度出现在弹道中段的某一点上。这组弹道的法向加速度沿弹道非单调地变化。

5.5.3.2　目标机动飞行对 $\dot{\theta}$ 的影响

实战中，目标为了逃脱对它的攻击，要不断作机动飞行，而且，导弹飞行速度在整个导引过程中往往变化亦比较大。因此，下面我们研究目标在铅垂平面内作机动飞行，导弹速度不是常值的情况下，导弹的转弯速率。将式(5.62) 的第 2、5 式改写为

$$\sin(\theta - \varepsilon) = \frac{R}{v}\dot{\varepsilon} \tag{5.72}$$

$$\dot{\varepsilon}_T = \frac{v_T}{R_T}\sin(\theta_T - \varepsilon) \tag{5.73}$$

考虑到

$$\dot{\varepsilon} = \dot{\varepsilon}_T$$

于是由式(5.72)、式(5.73) 得到

$$\sin(\theta - \varepsilon) = \frac{v_T}{v}\frac{R}{R_T}\sin(\theta_T - \varepsilon) \tag{5.74}$$

改写为

$$vR_T\sin(\theta - \varepsilon) = v_T R\sin(\theta_T - \varepsilon)$$

将上式两边对时间求导，有

$$(\dot{\theta}-\dot{\varepsilon})vR_T\cos(\theta-\varepsilon)+\dot{v}R_T\sin(\theta-\varepsilon)+v\dot{R}_T\sin(\theta-\varepsilon)=$$

$$(\dot{\theta}_T-\dot{\varepsilon})v_TR\cos(\theta_T-\varepsilon)+\dot{v}_TR\sin(\theta_T-\varepsilon)+v_T\dot{R}\sin(\theta_T-\varepsilon)$$

再将运动学关系式

$$\cos(\theta-\varepsilon)=\frac{\dot{R}}{v}$$

$$\cos(\theta_T-\varepsilon)=\frac{\dot{R}_T}{v_T}$$

$$\sin(\theta-\varepsilon)=\frac{R\dot{\varepsilon}}{v}$$

$$\sin(\theta_T-\varepsilon)=\frac{R_T\dot{\varepsilon}_T}{v_T}$$

代入，并整理后得

$$\dot{\theta}=\frac{R\dot{R}_T}{R_T\dot{R}}\dot{\theta}_T+\left(2-\frac{2R\dot{R}_T}{R_T\dot{R}}-\frac{R\dot{v}}{\dot{R}v}\right)\dot{\varepsilon}+\frac{\dot{v}_T}{v_T}\tan(\theta-\varepsilon)$$

或者

$$\dot{\theta}=\frac{R\dot{R}_T}{R_T\dot{R}}\dot{\theta}_T+\left(2-\frac{2R\dot{R}_T}{R_T\dot{R}}-\frac{R\dot{v}}{\dot{R}v}\right)\dot{\varepsilon}_T+\frac{\dot{v}_T}{v_T}\tan(\theta-\varepsilon_T) \tag{5.75}$$

当命中目标时，有 $R=R_T$，此时导弹的转弯速率 $\dot{\theta}_f$ 为

$$\dot{\theta}_f=\left[\frac{\dot{R}_T}{\dot{R}}\dot{\theta}_T+\left(2-\frac{2\dot{R}_T}{\dot{R}}-\frac{R\dot{v}}{\dot{R}v}\right)\dot{\varepsilon}_T+\frac{\dot{v}_T}{v_T}\tan(\theta-\varepsilon_T)\right]_{t=t_f} \tag{5.76}$$

由此可以看出，导弹按三点法导引时，弹道受目标机动($\dot{v}_T$，$\dot{\theta}_T$)的影响很大，尤其在命中点附近将造成相当大的导引误差。

5.5.4 攻击禁区

所谓攻击禁区是指在此区域内导弹的需用法向过载将超过可用法向过载，导弹无法沿要求的导引弹道飞行，因而不能命中目标。

影响导弹攻击目标的因素很多，其中导弹的法向过载是基本因素之一。如果导弹的需用过载超过了可用过载，导弹就不能沿理想弹道飞行，从而大大减小其击毁目标的可能性，甚至不能击毁目标。下面以地空导弹为例，讨论按三点法导引时的攻击禁区。

如果知道了导弹的可用法向过载，就可以算出相应的法向加速度 a_n 或转弯速率 $\dot{\theta}$。然后按式(5.70)，在已知 $\dot{\theta}$ 下求出各组对应的 ε 和 R 值，作出等法向加速度曲线，如图 5.18 所示。如果由导弹可用过载决定的等法向加速度曲线为曲线 2，设目标轨迹与该曲线在 D、F 两点相交，则存在由法向加速度决定的攻击禁区，即图 5.18 中的阴影部分。现在来考察阴影区边界外的两条弹道：一条为 OD，与阴影区交于点 D；另一条为 OC，与阴影区相切于点 C。于是，攻击平面被这两条弹道分割成 Ⅰ、Ⅱ、Ⅲ 三个部分。可以看出，位于 Ⅰ、Ⅲ 区域内的任一条弹道，都不会与曲线 2 相交，即理想弹道所要求的法向加速度值，都小于导弹可用法向加速度

值。此区域称为有效发射区。位于 Ⅱ 区域内的任一条弹道，在命中目标之前，必然要与等法向加速度曲线相交，这表示需用法向过载将超过可用法向过载。因此，应禁止导弹进入阴影区。我们把通过 C、D 两点的弹道称为极限弹道。显然，应当这样来选择初始发射角 ε_0，使它比 OC 弹道所要求的大或者比 OD 弹道所要求的还小。如果用 ε_{OC}、ε_{OD} 分别表示 OC、OD 两条弹道的初始高低角，则应有

$$\varepsilon_0 \leqslant \varepsilon_{OD}$$

或

$$\varepsilon_0 \geqslant \varepsilon_{OC}$$

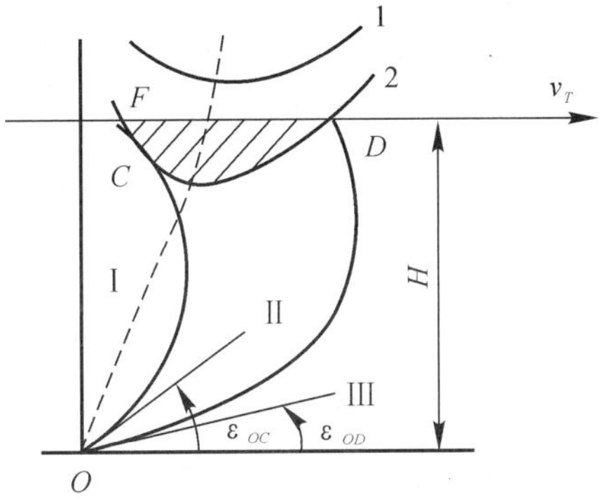

图 5.18　由可用法向过载决定的攻击禁区

但是，对于地空导弹来说，为了阻止目标进入阴影区，总是尽可能迎击目标，所以这时就要选择小于 ε_{OD} 的初始发射高低角，即

$$\varepsilon_0 \leqslant \varepsilon_{OD}$$

以上讨论的是等法向加速度曲线与目标轨迹相交的情况。如果 a_n 值相当大，它与目标轨迹不相交(见图 5.18 中曲线 1)，这说明以任何一个初始高低角发射，弹道各点的需用法向过载都将小于可用法向过载。从过载角度上说，这种情况下就不存在攻击禁区。

5.5.5　三点法的优缺点

三点法最显著的优点就是技术实施简单，抗干扰性能好。由引导方程式(5.61)可知，三点法引导时，制导设备只需测量目标、导弹的角位置即可。因此，许多遥控制导的近、中程导弹都采用三点法，如“RBS－70”、“长剑”(Rapier)、“响尾蛇”(Crotale)、“罗兰特”(Roland)、“SA－2”等地空导弹。

但三点法也存在明显的缺点：

(1)弹道比较弯曲。当迎击目标时，越是接近目标，弹道越弯曲，且命中点的需用法向过载较大。这对攻击高空目标非常不利，因为随着高度增加，空气密度迅速减小，由空气动力所提供的法向力也大大下降，使导弹的可用过载减小。这样，在接近目标时，可能出现导弹的可用法向过载小于需用法向过载的情况，从而导致脱靶。

(2)动态误差难以补偿。所谓动态误差，是指制导系统在过渡响应过程中复现输入时的误

差。由于目标机动、外界干扰以及制导系统的惯性等影响，制导回路很难达到稳定状态，因此，导弹实际上不可能严格地沿理想弹道飞行，即存在动态误差。而且，理想弹道越弯曲，相应的动态误差就越大。为了消除误差，必须在指令信号中加入补偿信号，这需要测量目标机动时的位置坐标及其一阶和二阶导数。来自目标的反射信号有起伏误差，以及接收机存在干扰等原因，使得制导站测量的坐标不准确；如果再引入坐标的一阶、二阶导数，就会出现更大的误差，致使形成的补偿信号不准确，甚至很难形成。因此，对于三点法导引，由目标机动引起的动态误差难以补偿，往往会形成偏离波束中心线有十几米的动态误差。

(3)弹道下沉现象。按三点法导引迎击低空目标时，导弹的发射角很小，导弹离轨时的飞行速度也很小，操纵舵面产生的法向力也较小，因此，导弹离轨后可能会出现下沉现象。若导弹下沉太大，则有可能碰到地面。为了克服这一缺点，某些地空导弹采用了小高度三点法，其目的主要是提高初始段弹道高度。所谓小高度三点法，是指在三点法的基础上，加入一项前置偏差量，其导引关系式为

$$\varepsilon = \varepsilon_T + \Delta\varepsilon$$

式中：$\Delta\varepsilon$ 为前置偏差量，随时间衰减，当导弹接近目标时，趋于零。其具体表示形式为

$$\Delta\varepsilon = \frac{h_\varepsilon}{R} e^{-\frac{t-t_0}{\tau}} \text{ 或 } \Delta\varepsilon = \Delta\varepsilon_0 e^{-k\left(1-\frac{\Delta R}{R_T}\right)}$$

式中：h_ε、τ、k 为在给定弹道上取为常值($k>0$)；t_0 为导弹进入波束时间；t 为导弹飞行时间。

5.6 前置量法

上节已经分析过，三点法的弹道比较弯曲，需用法向过载较大。为了改善遥控制导导弹的弹道特性，必须研究能使弹道(特别是弹道末段)变得比较平直的导引方法。前置量法就是根据这个要求提出来的。

前置量法也称角度法或矫直法，采用这种导引方法导引导弹时，在整个飞行过程中，导弹与制导站的连线始终提前于目标与制导站连线，而两条连线之间的夹角 $\Delta\varepsilon=\varepsilon-\varepsilon_T$ 则按某种规律变化。

实现前置量法导引一般采用双波束制导：一根波束用于跟踪目标，测量目标位置；另一根波束用于跟踪和控制导弹，测量导弹的位置。也可以采用单波束制导，此时需要满足 $\Delta\varepsilon$ 小于波束中心角的一半，以保证导弹始终处于波束范围内。

5.6.1 前置量法

按前置量法导引时，导弹的高低角 ε 和方位角 ξ 应分别超前目标的高低角 ε_T 和方位角 ξ_T 一个角度。下面研究攻击平面为铅垂面的情况。根据前置量法的定义有

$$\varepsilon = \varepsilon_T + \Delta\varepsilon \tag{5.77}$$

式中：$\Delta\varepsilon$ 为前置角。必须注意，遥控中的前置角是指导弹的位置矢径与目标矢径的夹角，而自动瞄准中的前置角是指导弹速度矢量与目标线的夹角。

根据命中点的条件，当 R_T 与 R 之差 $\Delta R=R_T-R=0$ 时，$\Delta\varepsilon$ 也应等于零。因此，如果令 $\Delta\varepsilon$

与 ΔR 成比例关系变化，则可以达到这一目的，即

$$\Delta\varepsilon = F(\varepsilon, t)\Delta R \tag{5.78}$$

式中：$F(\varepsilon, t)$ 为与 ε、t 有关的函数。

将式(5.78) 代入式(5.77)，得

$$\varepsilon = \varepsilon_T + F(\varepsilon, t)\Delta R \tag{5.79}$$

显然，当式(5.79) 中的函数 $F(\varepsilon, t) = 0$ 时，它就是三点法的导引关系式。

前置量法中，对 $F(\varepsilon, t)$ 的选择，应尽量使得弹道平直。若导弹高低角的变化率 $\dot{\varepsilon}$ 为零，则弹道是一条直线弹道。当然，要求整条弹道上 $\dot{\varepsilon} \equiv 0$ 是不现实的，只能要求导弹在接近目标时 $\dot{\varepsilon} \to 0$，使得弹道末段平直一些。下面根据这一要求确定 $F(\varepsilon, t)$ 的表达式。

式(5.79) 对时间求一阶导数，得

$$\dot{\varepsilon} = \dot{\varepsilon}_T + \dot{F}(\varepsilon, t)\Delta R + F(\varepsilon, t)\Delta\dot{R}$$

在命中点，$\Delta R = 0$，要求使 $\dot{\varepsilon} = 0$，代入上式后得到

$$F(\varepsilon, t) = -\frac{\dot{\varepsilon}_T}{\Delta\dot{R}} \tag{5.80}$$

将式(5.80) 代入式(5.79)，就得到前置量法的导引关系式为

$$\varepsilon = \varepsilon_T - \frac{\dot{\varepsilon}_T}{\Delta\dot{R}}\Delta R \tag{5.81}$$

由于前置量法能使飞行弹道的末段变得较为平直，所以它又称为矫直法。

前面已指出，按三点法导引时，导弹在命中点的过载受目标机动的影响，那么按前置量法导引时，导弹命中点过载是否受目标机动的影响呢？

式(5.72) 对时间求一阶导数，得

$$\dot{R}\dot{\varepsilon} + R\ddot{\varepsilon} = \dot{v}\sin(\theta - \varepsilon) + v(\dot{\theta} - \dot{\varepsilon})\cos(\theta - \varepsilon) \tag{5.82}$$

将 $\sin(\theta - \varepsilon) = \dfrac{R\dot{\varepsilon}}{v}$，$v\cos(\theta - \varepsilon) = \dot{R}$ 代入式(5.82)，可解得

$$\dot{\theta} = \left(2 - \frac{\dot{v}R}{v\dot{R}}\right)\dot{\varepsilon} + \frac{R}{\dot{R}}\ddot{\varepsilon} \tag{5.83}$$

可见 $\dot{\theta}$ 不仅与 $\dot{\varepsilon}$ 有关，还与 $\ddot{\varepsilon}$ 有关。令 $\dot{\varepsilon} = 0$，可得导弹按前置量法导引时，在命中点的转弯速率为

$$\dot{\theta}_f = \left(\frac{R}{\dot{R}}\ddot{\varepsilon}\right)_{t=t_f} \tag{5.84}$$

为了比较前置量法与三点法在命中点的法向过载，对式(5.81) 所表示的导引关系求二阶导数，再把式(5.62) 中的第五式对时间求一阶导数，然后一并代入式(5.83)，同时考虑到在命中点 $\Delta R = 0$，$\varepsilon = \varepsilon_T$，$\dot{\varepsilon} = 0$，经整理后可得

$$\ddot{\varepsilon}_f = \left(-\ddot{\varepsilon}_T + \frac{\dot{\varepsilon}_T\Delta\ddot{R}}{\Delta\dot{R}}\right)_{t=t_f} \tag{5.85}$$

$$\ddot{\varepsilon}_{Tf} = \frac{1}{R_T}\left(-2\dot{R}_T\dot{\varepsilon}_T + \frac{\dot{v}_T R_T}{v_T}\dot{\varepsilon}_T + \dot{R}_T\dot{\theta}_T\right)_{t=t_f} \tag{5.86}$$

将式(5.85) 与式(5.86) 代入式(5.83)，得

$$\dot{\theta}_{\mathrm{f}}=\left[\left(2\frac{\dot{R}_T}{\dot{R}}+\frac{R\Delta\ddot{R}}{\dot{R}\Delta\dot{R}}\right)\dot{\varepsilon}_T-\frac{\dot{v}_T}{\dot{R}}\sin(\theta_T-\varepsilon_T)-\frac{\dot{R}_T}{\dot{R}}\dot{\theta}_T\right]_{t=t_{\mathrm{f}}} \tag{5.87}$$

由式(5.87)可见，按前置量法导引时，导弹在命中点的法向过载仍受目标机动的影响，这是不利的。因为目标机动参数 $\dot{v}_T$、$\dot{\theta}_T$ 不易测量，难以形成补偿信号来修正弹道，从而引起动态误差，特别是 $\dot{\theta}_T$ 的影响较大。它与三点法比较，所不同的是，同样的目标机动动作，即同样的 $\dot{\theta}_T$，在三点法中造成的影响与前置量法中造成的影响却刚好相反。

通过比较式(5.76)和式(5.87)，不难发现，同样的机动动作，即同样的 $\dot{\theta}_T$、$\dot{v}_T$ 值，对导弹命中点的转弯速率的影响在三点法和前置量法中刚好相反，若在三点法中为正，则在前置量法中为负。这就说明，在三点法和前置量法之间，还存在着另一种导引方法，按此导引方法，目标机动对导弹命中点的转弯速率的影响正好是零。它就是半前置量法。

5.6.2 半前置量法

三点法和前置量法的导引关系式可以写成通式为

$$\varepsilon=\varepsilon_T+\Delta\varepsilon=\varepsilon_T-C_\varepsilon\frac{\dot{\varepsilon}_T}{\Delta\dot{R}}\Delta R \tag{5.88}$$

显然，当 $C_\varepsilon=0$ 时，式(5.88)就是三点法；而 $C_\varepsilon=1$ 时，它就是前置量法。半前置量法介于三点法与前置量法之间，其系数 C_ε 也应介于 0 与 1 之间。

为求出 C_ε，将式(5.88)对时间 t 求二阶导数，并代入式(5.83)，得

$$\dot{\theta}_{\mathrm{f}}=\left\{\left(2-\frac{\dot{v}R}{v\dot{R}}\right)(1-C_\varepsilon)\dot{\varepsilon}_T+\frac{R}{\dot{R}}\left[(1-2C_\varepsilon)\ddot{\varepsilon}_T+C_\varepsilon\frac{\Delta\ddot{R}}{\Delta\dot{R}}\dot{\varepsilon}_T\right]\right\}_{t=t_{\mathrm{f}}} \tag{5.89}$$

由式(5.86)知，目标机动参数 $\dot{\theta}_T$、$\dot{v}_T$ 影响着 $\ddot{\varepsilon}_{T\mathrm{f}}$，为使 $\dot{\theta}_T$、$\dot{v}_T$ 不影响命中点过载，可令式(5.89)中与 $\dot{\theta}_T$、$\dot{v}_T$ 有关的系数 $(1-2C_\varepsilon)$ 等于零，即

$$C_\varepsilon=\frac{1}{2}$$

于是，半前置量法的导引关系式为

$$\varepsilon=\varepsilon_T-\frac{1}{2}\frac{\dot{\varepsilon}_T}{\Delta\dot{R}}\Delta R \tag{5.90}$$

其命中点的转弯速率为

$$\dot{\theta}_{\mathrm{f}}=\left[\left(1-\frac{R\dot{v}}{2\dot{R}v}+\frac{R\Delta\ddot{R}}{2\dot{R}\Delta\dot{R}}\right)\dot{\varepsilon}_T\right]_{t=t_{\mathrm{f}}} \tag{5.91}$$

将式(5.91)与前置量法的式(5.87)相比较，我们看到，在半前置量法中，不包含影响导弹命中点法向过载的目标机动参数 $\dot{\theta}_T$、$\dot{v}_T$，这就减小了动态误差，提高了导引精度，所以从理论上来说，半前置量法是一种比较好的导引方法。

综上所述，半前置量法的主要优点是，命中点过载不受目标机动的影响。但是要实现这种导引方法，就必须不断地测量导弹和目标的位置矢径 R、R_T，高低角 ε、ε_T，及其导数 $\dot{R}$、$\dot{R}_T$、$\dot{\varepsilon}$、$\dot{\varepsilon}_T$ 等参数，以便不断形成制导指令信号。这就使得制导系统的结构比较复杂，技术实施比较困难。在目标发出积极干扰，造成假像的情况下，导弹的抗干扰性能较差，甚至可能造成很大的起伏误差。

5.7　导引飞行的发展

本章讨论了包括自动瞄准和遥控制导在内的几种常见的导引方法及其弹道特性。显然，导弹的弹道特性与选用的导引方法密切相关。如果导引方法选择得合适，就能改善导弹的飞行特性，充分发挥导弹武器系统的作战性能。因此，选择合适的导引方法、改进完善现有导引方法或研究新的导引方法是导弹设计的重要课题之一。

5.7.1　选择导引方法的基本原则

正如我们看到的那样，每种导引方法都有它产生和发展的过程，都具有一定的优点和缺点。那么，在实践中应该怎样来选用它们呢？一般而言，在选择导引方法时，需要从导弹的飞行性能、作战空域、技术实施、制导精度、制导设备、战术使用等方面的要求进行综合考虑。

(1) 弹道需用法向过载要小，变化要均匀，特别是在与目标相遇区，需用法向过载应趋近于零。需用法向过载小：一方面可以提高制导精度、缩短导弹攻击目标的航程和飞行时间，进而扩大导弹的作战空域；另一方面，可用法向过载可以相应减小，从而降低对导弹结构强度、控制系统的设计要求。

(2) 作战空域尽可能大。空中活动目标的飞行高度和速度可在相当大的范围内变化，因此，在选择导引方法时，应考虑目标运动参数的可能变化范围，尽量使导弹能在较大的作战空域内攻击目标。对于空空导弹来说，所选导引方法应使导弹具有全向攻击能力；对于地空导弹来说，不仅能迎击目标，而且还能尾追或侧击目标。

(3) 目标机动对导弹弹道(特别是末段)的影响要小。例如，半前置量法的命中点法向过载就不受目标机动的影响，这将有利于提高导弹的命中精度。

(4) 抗干扰能力要强。空中目标为了逃避导弹的攻击，常常施放干扰来破坏导弹对目标的跟踪，因此，所选导引方法应能保证在目标施放干扰的情况下，使导弹能顺利攻击目标。例如，(半)前置量法抗干扰性能就不如三点法好，当目标发出积极干扰时应转而选用三点法来制导。

(5) 技术实施要简单可行。导引方法即使再理想，但一时不能实施，还是无用。从这个意义上说，比例导引法就比平行接近法好。遥控中的三点法，技术实施比较容易，而且可靠。

总之，各种导引方法都有它自己的优缺点，只有根据武器系统的主要矛盾，综合考虑各种因素，灵活机动地予以取舍，才能克敌制胜。例如，现在采用较多的方法就是根据导弹特点实行复合制导。

5.7.2　复合导引

每一种导引律都有自己独特的优点和缺点，如遥远控制的无线电指令制导和无线电波束制导，作用距离较远，但制导精度较差。自动瞄准，无论采用红外导引头，还是雷达导引头或电视导引头，其作用距离太近，但命中精度较高。因此，为了弥补单一导引方法的缺点，并满足战术技术要求，提高导弹的命中准确度，在攻击较远距离的活动目标时，常把各种导引规律组合起来应用,这就是多种导引规律的复合制导。复合制导又分为串联复合制导和并联复合制导。

所谓串联复合制导就是在一段弹道上利用一种导引方法,而在另一段弹道上利用另一种导引方法,包括初制导、中制导和末制导。相应的弹道可分为四段:发射起飞段、巡航段(中制导)、过渡段和攻击段(末制导段)。例如:遥控中制导+自动瞄准末制导,自主中制导+自动瞄准末制导,等等。

并联复合制导一般指导引头的复合,即同时采用两种导引头的信号进行处理,从而获得目标信息。

到目前为止,应用最多的是串联复合制导,例如:"萨姆-4"采用"无线电指令+雷达半主动自动瞄准","飞鱼"采用"自主制导+雷达主动自动瞄准"。关于复合制导的弹道特性研究,主要是不同导引弹道的转接问题,例如:弹道平滑过渡、目标截获、制导误差补偿等。

5.7.3 现代制导律

前面讨论的导引方法都是经典制导律。一般而言,经典制导律需要的信息量少,结构简单,易于实现,因此,现役的战术导弹大多数使用经典的导引律或其改进形式。但是对于高性能的大机动目标,尤其在目标采用各种干扰措施的情况下,经典导引律就不太适用了。随着计算机技术的迅速发展,基于现代控制理论的现代制导律(如最优制导律、微分对策制导律、自适应制导律、微分几何制导律、反馈线性化制导律、神经网络制导律、H_∞制导律等)得到迅速发展。与经典导引律相比,现代制导律有许多优点,如:脱靶量小,导弹命中目标时姿态角满足特定要求,对抗目标机动和干扰能力强,弹道平直,弹道需用法向过载分布合理,作战空域增大,等等。因此,用现代制导律制导的导弹截击未来战场上出现的高速度、大机动、有施放干扰能力的目标是非常有效的。但是,现代制导律结构复杂,需要测量的参数较多,给制导律的实现带来了困难。随着微型计算机的不断发展,现代制导律的应用是可以实现的。

5.8 现代制导律设计方法

近年来,现代制导律研究中,出现了应用智能技术的非线性制导律,其中在变结构制导律中,滑模理论的引入可以用来补偿外界未知干扰和建模误差,当系统处于滑动模态时,具有对参数摄动的不变性和对外界干扰的鲁棒性,得到了广泛的应用和关注。因此,这一节以基于滑模理论的三维空间制导律设计为例,介绍现代制导律设计的一般过程。

5.8.1 相对运动动力学方程的建立

一般来说,现代制导律的设计基于某种控制理论,动力学模型是控制系统设计的基础,那么现代制导律设计过程中,就必须首先建立可以描述导弹-目标相对运动的动力学方程。

这里以三维制导律设计为例,为方便讨论,引入一个新的坐标系——视线坐标系($Ox_4y_4z_4$)。定义如下:坐标原点O位于导弹质心,Ox_4轴与导弹-目标视线重合,由导弹指向目标为正方向;Oy_4轴位于包含Ox_4轴的纵向平面内,垂直于Ox_4轴,方向向上为正;Oz_4轴垂直于x_4Oy_4平面,方向按右手定则确定。目标在此坐标系中的位置矢量用$\boldsymbol{r}$表示,$\boldsymbol{r}$也表示了导弹与目标之间的相对矢径。另外,将惯性系 $\boldsymbol{Axyz}$ 平移,使其坐标原点与视线坐标系的坐标原点固连,记为 $Oxyz$,其坐标轴与惯性坐标系 $Axyz$ 平行,称其为牵连惯性坐标系。

图 5.19 为牵连惯性坐标系 $Oxyz$ 与视线坐标系 $Ox_4y_4z_4$ 之间的空间方位关系图,图中 $O_{t2}x_{t2}y_{t2}z_{t2}$ 为目标的体坐标系。定义视线倾角 q_ε 为 $\boldsymbol{r}$ 与惯性坐标系水平面之间的夹角,$\boldsymbol{r}$ 在水平面之上时为正。定义视线偏角 q_β 为 $\boldsymbol{r}$ 在惯性坐标系水平面内的投影与惯性系 Ox 轴之间的夹角,从投影逆时针转到 Ox 轴时为正。

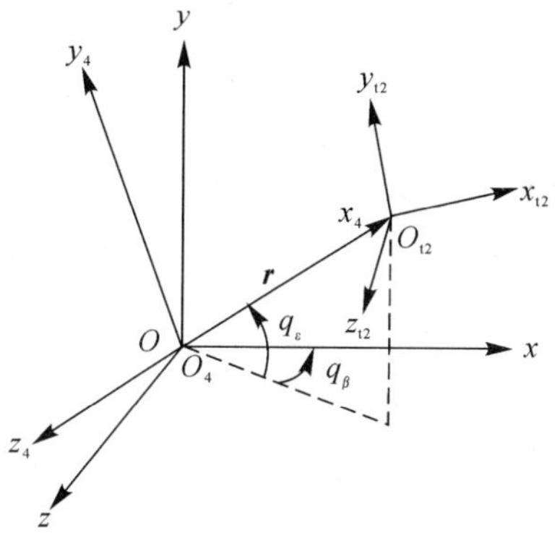

图 5.19　导弹与目标之间的相对运动描述

不难发现,在视线坐标系下,用位置矢量 $\boldsymbol{r}$、视线角 q_ε 及 q_β 三个状态量即可表征导弹与目标的相对运动特性。故下面我们在视线坐标系下建立导弹与目标之间的相对运动方程。

记 $\boldsymbol{r}$ 在 $Oxyz$ 坐标系三轴分量为 r_x, r_y, r_z,由图 5.19 几何关系可得

$$\left.\begin{aligned} r\cos q_\varepsilon \cos q_\beta &= r_x \\ r\sin q_\varepsilon &= r_y \\ -r\cos q_\varepsilon \sin q_\beta &= r_z \end{aligned}\right\} \tag{5.92}$$

由式(5.92)可得

$$q_\varepsilon = \arcsin\left(\frac{r_y}{\sqrt{r_x^2 + r_y^2 + r_z^2}}\right) \tag{5.93}$$

$$q_\beta = \arctan\left(\frac{-r_z}{r_x}\right) \tag{5.94}$$

$$\dot{q}_\varepsilon = \frac{(r_x^2 + r_z^2)\dot{r}_y - r_y(r_x\dot{r}_x + r_z\dot{r}_z)}{(r_x^2 + r_y^2 + r_z^2)\sqrt{r_x^2 + r_z^2}} \tag{5.95}$$

$$\dot{q}_\beta = \frac{r_z\dot{r}_x - r_x\dot{r}_z}{r_x^2 + r_z^2} \tag{5.96}$$

若导弹质心和目标质心在惯性坐标系 $Axyz$ 中的坐标分别记为 (x, y, z) 和 (x_t, y_t, z_t),则有

$$\left.\begin{aligned} r_x &= x_t - x \\ r_y &= y_t - y \\ r_z &= z_t - z \end{aligned}\right\} \tag{5.97}$$

导弹与目标的相对速度为

$$\left.\begin{aligned}\dot{r}_x&=\dot{x}_t-\dot{x}\\ \dot{r}_y&=\dot{y}_t-\dot{y}\\ \dot{r}_z&=\dot{z}_t-\dot{z}\end{aligned}\right\}\tag{5.98}$$

设视线坐标系绕惯性坐标系的转动角速度为 $\boldsymbol{\omega}_s$，则

$$\boldsymbol{\omega}_s=\dot{\boldsymbol{q}}_\varepsilon+\dot{\boldsymbol{q}}_\beta\tag{5.99}$$

视线坐标系的单位矢量为 $\boldsymbol{i}_4$、$\boldsymbol{j}_4$、$\boldsymbol{k}_4$，则相对位置矢量 $\boldsymbol{r}$ 表示为

$$\boldsymbol{r}=r\boldsymbol{i}_4\tag{5.100}$$

相对速度矢量可以表示为

$$\boldsymbol{v}=\frac{\mathrm{d}\boldsymbol{r}}{\mathrm{d}t}=\dot{r}\boldsymbol{i}_4+r\frac{\mathrm{d}\boldsymbol{i}_4}{\mathrm{d}t}=\dot{r}\boldsymbol{i}_4+r\boldsymbol{\omega}_s\times\boldsymbol{i}_s=\dot{r}\boldsymbol{i}_4+r(\dot{\boldsymbol{q}}_\varepsilon+\dot{\boldsymbol{q}}_\beta)\times\boldsymbol{i}_s\tag{5.101}$$

则相对速度矢量为

$$\boldsymbol{v}=\dot{r}\boldsymbol{i}_4+r\dot{q}_\varepsilon\boldsymbol{j}_4-rq_\beta\cos q_\varepsilon\boldsymbol{k}_4\tag{5.102}$$

对式(5.102)求导，得到相对加速度矢量为

$$\begin{aligned}\boldsymbol{a}=&\frac{\mathrm{d}}{\mathrm{d}t}(\dot{r}\boldsymbol{i}_4+r\dot{q}_\varepsilon\boldsymbol{j}_4-rq_\beta\cos q_\varepsilon\boldsymbol{k}_4)=(\ddot{r}-r(\dot{q}_\varepsilon)^2-r(\dot{q}_\beta)^2\cos^2q_\varepsilon)\boldsymbol{i}_4+\\&(2\dot{r}\dot{q}_\varepsilon+r\ddot{q}_\varepsilon+r(\dot{q}_\beta)^2\sin q_\varepsilon\cos q_\varepsilon)\boldsymbol{j}_4+(r\ddot{q}_\beta\cos q_\varepsilon+2\dot{r}\dot{q}_\beta\cos q_\varepsilon-2r\dot{q}_\beta\dot{q}_\varepsilon\sin q_\varepsilon)\boldsymbol{k}_4\end{aligned}\tag{5.103}$$

则视线坐标系三轴方向的加速度为

$$\ddot{r}-r(\dot{q}_\varepsilon)^2-r(\dot{q}_\beta)^2\cos^2q_\varepsilon=a_{tx4}-a_{x4}\tag{5.104}$$

$$2\dot{r}\dot{q}_\varepsilon+r\ddot{q}_\varepsilon+r(\dot{q}_\beta)^2\sin q_\varepsilon\cos q_\varepsilon=a_{ty4}-a_{y4}\tag{5.105}$$

$$r\ddot{q}_\beta\cos q_\varepsilon+2\dot{r}\dot{q}_\beta\cos q_\varepsilon-2r\dot{q}_\beta\dot{q}_\varepsilon\sin q_\varepsilon=a_{tz4}-a_{z4}\tag{5.106}$$

其中，a_{x4}，a_{y4}，a_{z4} 和 a_{tx4}，a_{ty4}，a_{tz4} 分别为导弹质心加速度和目标质心加速度在视线坐标系三轴上的分量。

由式(5.104)～式(5.106)可得

$$\ddot{q}_\varepsilon=-\frac{2\dot{r}\dot{q}_\varepsilon}{r}-(\dot{q}_\beta)^2\sin q_\varepsilon\cos q_\varepsilon+\frac{a_{ty4}-a_{y4}}{r}\tag{5.107}$$

$$\ddot{q}_\beta=2\dot{q}_\varepsilon\dot{q}_\beta\tan q_\varepsilon-\frac{2\dot{r}\dot{q}_\beta}{r}+\frac{a_{tz4}-a_{z4}}{r\cos q_\varepsilon}\tag{5.108}$$

$$\ddot{r}=r(\dot{q}_\varepsilon)^2+r(\dot{q}_\beta)^2\cos^2q_\varepsilon+a_{tx4}-a_{x4}\tag{5.109}$$

令 $x_1=r$，$x_2=\dot{r}$，$x_3=q_\varepsilon$，$x_4=\dot{q}_\varepsilon$，$x_5=q_\beta$，$x_6=\dot{q}_\beta$，将上述方程表示成状态方程为

$$\dot{x}_1=x_2\tag{5.110}$$

$$\dot{x}_2=x_1x_4^2+x_1x_6^2\cos^2x_3+a_{tx4}-a_{x4}\tag{5.111}$$

$$\dot{x}_3=x_4\tag{5.112}$$

$$\dot{x}_4=-2\frac{x_2x_4}{x_1}-x_6^2\sin x_3\cos x_3+\frac{a_{ty4}-a_{y4}}{x_1}\tag{5.113}$$

$$\dot{x}_5=x_6\tag{5.114}$$

$$\dot{x}_6=2x_4x_6\tan x_3-\frac{2x_2x_6}{x_1}+\frac{a_{tz4}-a_{z4}}{x_1\cos x_3}\tag{5.115}$$

将式(5.110) ～ 式(5.115) 表达为矩阵形式

$$\dot{\boldsymbol{x}}(t)=\boldsymbol{f}[\boldsymbol{x}(t)]+\boldsymbol{B}\boldsymbol{u}(t)+\boldsymbol{D}\boldsymbol{w}(t) \tag{5.116}$$

其中,状态量为 $\boldsymbol{x}(t)$,导弹控制量为 $\boldsymbol{u}(t)$,将目标机动视为干扰量 $\boldsymbol{w}(t)$,$\boldsymbol{B}$ 矩阵及 $\boldsymbol{D}$ 矩阵为控制量 $\boldsymbol{u}(t)$ 及干扰量 $\boldsymbol{w}(t)$ 的系数矩阵。

$$\boldsymbol{x}(t)=\begin{bmatrix} r \\ \dot{r} \\ q_\varepsilon \\ \dot{q}_\varepsilon \\ q_\beta \\ \dot{q}_\beta \end{bmatrix},\quad \boldsymbol{f}(\boldsymbol{x}(t))=\begin{bmatrix} \dot{r} \\ r(\dot{q}_\varepsilon)^2+r(\dot{q}_\beta)^2\cos^2 q_\varepsilon \\ \dot{q}_\varepsilon \\ -\dfrac{2\dot{r}\dot{q}_\varepsilon}{r}-(\dot{q}_\beta)^2\sin q_\varepsilon\cos q_\varepsilon \\ \dot{q}_\beta \\ 2\dot{q}_\varepsilon\dot{q}_\beta\tan q_\varepsilon-\dfrac{2\dot{r}\dot{q}_\beta}{r} \end{bmatrix},\quad \boldsymbol{u}(t)=\begin{bmatrix} a_{x4} \\ a_{y4} \\ a_{z4} \end{bmatrix}$$

$$\boldsymbol{B}=\begin{bmatrix} 0 & 0 & 0 \\ -1 & 0 & 0 \\ 0 & 0 & 0 \\ 0 & -\dfrac{1}{x_1} & 0 \\ 0 & 0 & 0 \\ 0 & 0 & -\dfrac{1}{x_1\cos x_3} \end{bmatrix},\quad \boldsymbol{w}(t)=\begin{bmatrix} a_{tx4} \\ a_{ty4} \\ a_{tz4} \end{bmatrix},\quad \boldsymbol{D}=\begin{bmatrix} 0 & 0 & 0 \\ 1 & 0 & 0 \\ 0 & 0 & 0 \\ 0 & \dfrac{1}{x_1} & 0 \\ 0 & 0 & 0 \\ 0 & 0 & \dfrac{1}{x_1\cos x_3} \end{bmatrix}$$

上述推导中,式(5.107)、式(5.108)、式(5.109)即为基于视线坐标系下的相对运动动力学方程。在此动力学方程组中,将导弹-目标的相对距离,视线坐标系下定义的视线倾角及视线偏角视为被控状态量,既能完整的表达相对接近问题,而且又不引入绝对坐标信息,简化了数值解算的复杂度。

5.8.2　自适应滑模变结构制导律设计

变结构控制(variable structure control)本质是一类特殊的非线性控制,其非线性表现为控制的不连续性,这类控制方法与其他控制的不同在于系统的“结构”不固定。变结构控制可以在动态过程中,根据系统当前的状态,有目的地改变系统“结构”,迫使系统按照预定的“滑动模态”的状态轨迹运动,故又称为滑动模态控制(sliding mode control)。由于滑动模态可设计,且与系统对象参数及扰动无关,这就使滑模变结构控制具有快速响应、对参数变化及扰动不敏感等优点。此方法的缺点是当状态轨迹到达滑模面后,很难严格沿着滑模面向平衡点滑动,而是在滑模面两侧振荡。

变结构控制出现于 20 世纪 60 年代,经过几十年的发展,已成为自动控制系统一种普遍使用的设计方法,适用于线性及非线性系统,连续及离散系统,确定及不确定系统,集中控制及分散控制等。在实际的工程控制中,变结构控制也得到了广泛的应用,如电机与电力系统的控制,机器人的控制,航空航天系统中的控制,等等。

在一般情况下,系统

$$\dot{\boldsymbol{x}} = f(\boldsymbol{x}), \quad \boldsymbol{x} \in \mathbf{R}^n \tag{5.117}$$

的状态空间中，有一个如图 5.20 所示的超曲面。

这个超曲面将状态空间分为两部分，$s>0$ 和 $s<0$，在此切换面上存在如图 5.20 所示的三种情况：通常点如 Q，系统运动点穿越点 Q；起始点如 M，系统运动点到达切换面附近时，运动点向此点的两边离开；终止点如 N，系统运动点到达切换面附近时，运动点从切换面两边趋近于此点。

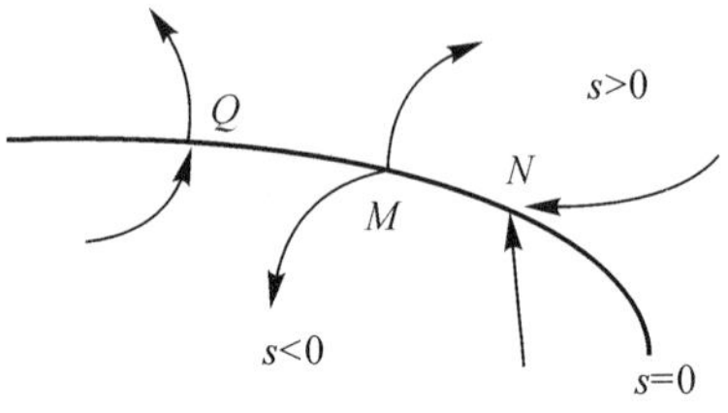

图 5.20　滑模切换面示意图

在切换面 $s=0$ 上的所有运动点均是终止点的区域为“滑动模态”区，系统在此区域内的运动称为“滑模运动”。

由于系统的滑动模态区上的运动点均为终止点，则当运动点到达切换面 $s(\boldsymbol{x})=0$ 附近时，有

$$\lim_{s\to 0^+} \dot{s} \leqslant 0 \quad 及 \quad \lim_{s\to 0^-} \dot{s} \geqslant 0 \tag{5.118}$$

该式也可表达为

$$\lim_{s\to 0} s\dot{s} \leqslant 0 \tag{5.119}$$

针对一般的线性系统

$$\dot{\boldsymbol{x}} = \boldsymbol{A}\boldsymbol{x} + \boldsymbol{b}\boldsymbol{u}, \quad \boldsymbol{x} \in \mathbf{R}^n, \boldsymbol{u} \in \mathbf{R}^m \tag{5.120}$$

滑模面设计为

$$s(\boldsymbol{x}) = \boldsymbol{C}^{\mathrm{T}}\boldsymbol{x} = \sum_{i=1}^{n} c_i x_i = \sum_{i=1}^{n-1} c_i x_i + x_n \tag{5.121}$$

这里，$\boldsymbol{x}$ 为状态向量，$\boldsymbol{x}$ 满足 $\dot{x}_i = x_{i+1}$，$i=1,2,\cdots,n-1$，$\boldsymbol{C}=[c_1 \quad \cdots \quad c_{n-1} \quad 1]^{\mathrm{T}}$。在滑模控制中，参数 $c_1, c_2, \cdots, c_{n-1}$ 应满足多项式 $p^{n-1}+c_{n-1}p^{n-2}+\cdots+c_2 p+c_1$ 为 Hurwitz 多项式，即多项式 $p^{n-1}+c_{n-1}p^{n-2}+\cdots+c_2 p+c_1=0$ 的特征值实数部分为负，其中 p 为 Laplace 算子。

事实上，滑模控制最基本的思想运用了数学上最朴素的理论：对于一个系统 $f(x)$，当 $f(x)>0$ 时，只有 $f'(x)<0$ 才能使系统趋于稳定，当 $f(x)<0$ 时，只有 $f'(x)>0$ 才能使系统趋于稳定，即系统趋于稳定的判定条件为 $f(x)f'(x)<0$。

理论上说，滑模控制的鲁棒性要比一般常规的连续系统控制的鲁棒性好，因为运用滑模控制的系统的滑模运动与被控制对象的参数变化及系统干扰偏差无关。但是，滑模控制本身的不连续开关特性会引起系统的抖振。简要地讲，滑模控制抖振产生的原因在于：当系统的轨迹到达切换面上时，其速度是有限大的，惯性会使系统的运动点穿过切换面，从而形成抖振，叠加在理想的滑动模态上。对于计算机仿真而言，时滞及空间滞后基本不存在，抖振的发生主要还是执行机构的切换动作所造成的控制的不连续性引起的。因此，对于实际中的一个滑模系统，抖振必然存在，在一定范围内对系统抖振问题削弱，也是滑模控制器设计中的一个重要问题。

对于空间拦截这样的实际问题，在设计滑模制导律时，基于准平行接近原理，希望视线角速率 $\dot{q}_\varepsilon$ 及 $\dot{q}_\beta$ 在制导过程中趋于零。故可以利用在拦截中零化视线角速率的思想设计滑模面。

在视线坐标系下将拦截的状态方程表达为如式(5.110) ~ 式(5.115) 所示，对于状态方程的前两式，由于视线方向不施加轨道控制，故前两式仅参与制导计算即可。对于后四式，虽然是一个多输入多输出系统，但每一个状态方程中的被控量是唯一的，将状态方程中的交叉耦合项作为干扰项处理，设计导弹变结构系统滑模制导的滑模函数为

$$\left.\begin{aligned} s_1 &= \dot{q}_\varepsilon \\ s_2 &= \dot{q}_\beta \end{aligned}\right\} \tag{5.122}$$

系统的滑模面为

$$\left.\begin{aligned} s_1 &= \dot{q}_\varepsilon = 0 \\ s_2 &= \dot{q}_\beta = 0 \end{aligned}\right\} \tag{5.123}$$

先研究关于视线倾角 q_ε 的滑模制导问题，构造李雅普诺夫函数如下：

$$V_1 = \frac{1}{2}s_1^2 = \frac{1}{2}q_\varepsilon^2 \tag{5.124}$$

显然，此函数是正定的，为了保证系统的运动点保持在 $s_1 = 0$ 的滑模面上，需满足如式(5.119) 所述条件，即

$$\dot{V}_1 = s_1\dot{s}_1 < 0 \tag{5.125}$$

将 $s_1 = \dot{q}_\varepsilon$，$\dot{s}_1 = \ddot{q}_\varepsilon$ 代入式(5.125)，可得

$$\dot{V}_1 = \dot{q}_\varepsilon\ddot{q}_\varepsilon = \dot{q}_\varepsilon\left[-(\dot{q}_\beta)^2\sin q_\varepsilon\cos q_\varepsilon - 2\frac{\dot{r}\dot{q}_\varepsilon}{r} + \frac{a_{ty4} - a_{y4}}{r}\right] < 0 \tag{5.126}$$

这里，需设计合适的 a_{y4}，保证 $\dot{V}_1 < 0$，为此，令

$$a_{y4} = k\dot{q}_\varepsilon - 2\dot{r}\dot{q}_\varepsilon - r\,(\dot{q}_\beta)^2\sin q_\varepsilon\cos q_\varepsilon + \delta_1\operatorname{sgn}(\dot{q}_\varepsilon) \tag{5.127}$$

其中，增益系数 $k > 0$。

将式(5.127) 等号右端的第一项与第二项合并，得

$$a_{y4} = -k_1\dot{r}\dot{q}_\varepsilon - r\,(\dot{q}_\beta)^2\sin q_\varepsilon\cos q_\varepsilon + \delta_1\operatorname{sgn}(\dot{q}_\varepsilon) \tag{5.128}$$

其中，增益系数 $k_1 > 0$。

类似地，对于视线偏角角速率 $\dot{q}_\beta$ 的滑模变结构制导律设计为

$$a_{z4} = -k_2\dot{r}\dot{q}_\beta\cos q_\varepsilon - 2r\dot{q}_\varepsilon\dot{q}_\beta\sin q_\varepsilon - \delta_2\operatorname{sgn}(\dot{q}_\beta) \tag{5.129}$$

其中，增益系数 $k_2 > 0$。

则纵向平面与侧向平面运动的控制加速度为

$$\left.\begin{aligned} a_{y4} &= -k_1\dot{r}\dot{q}_\varepsilon - r(\dot{q}_\beta)^2\sin q_\varepsilon\cos q_\varepsilon + \delta_1\operatorname{sgn}(\dot{q}_\varepsilon) \\ a_{z4} &= -k_2\dot{r}\dot{q}_\beta\cos q_\varepsilon - 2r\dot{q}_\varepsilon\dot{q}_\beta\sin q_\varepsilon - \delta_2\operatorname{sgn}(\dot{q}_\beta) \end{aligned}\right\} \tag{5.130}$$

导弹的轨控发动机安装在弹体坐标系中，其产生的控制加速度为 u_{y1} 及 u_{z1}，需与视线坐标系下的控制加速度进行坐标转换，视线系与导弹弹体系的坐标变换关系为

$$[u_{x4} \quad u_{y4} \quad u_{z4}]^{\mathrm{T}} = \boldsymbol{L}_4\boldsymbol{L}_1^{-1}[u_{x1} \quad u_{y1} \quad u_{z1}]^{\mathrm{T}} \tag{5.131}$$

式中：$\boldsymbol{L}_4$ 为惯性系与视线系的坐标变换矩阵；$\boldsymbol{L}_1$ 为惯性系与导弹弹体系的坐标变换矩阵。

控制加速度表达式式(5.130) 中，含有符号函数项 $\operatorname{sgn}(\dot{q}_\varepsilon)$ 和 $\operatorname{sgn}(\dot{q}_\beta)$，由于控制力的作用

总会存在延时，符号函数的非连续开关特性很容易激发系统的抖振。故为了消除抖振，将符号函数项用饱和函数项代替，即

$$\left.\begin{aligned} a_{y4} &= -k_1 \dot{r}\dot{q}_\varepsilon - r(\dot{q}_\beta)^2 \sin q_\varepsilon \cos q_\varepsilon + \delta_1 \frac{\dot{q}_\varepsilon}{|\dot{q}_\varepsilon| + \mu_1} \\ a_{z4} &= -k_2 \dot{r}\dot{q}_\beta \cos q_\varepsilon - 2r\dot{q}_\varepsilon \dot{q}_\beta \sin q_\varepsilon - \delta_2 \frac{\dot{q}_\beta}{|\dot{q}_\beta| + \mu_2} \end{aligned}\right\} \tag{5.132}$$

参数 k_1，k_2 所在项理论上可视为比例导引项，故这两个参数的选择可参照比例导引律的参数选择原则。参数 μ_1，μ_2 所在项为饱和函数项，其取值为一个小的正值。这里若 $|\dot{q}_\varepsilon|$ 的值比较大，则饱和函数的取值近似于 1，导弹所受控制力也会比较大。若 $|\dot{q}_\varepsilon|$ 的值比较小，取极端情况，$|\dot{q}_\varepsilon| \ll \mu_1$，则饱和函数的值亦十分小。这样，理论上所需控制力也比较小。从零化视线角速率的角度来看，视线角速率 $|\dot{q}_\varepsilon|$ 很小，则实际上所需的控制力也是比较小，说明了饱和函数的引入是十分合理的。

5.9 弹道导弹再入段制导方法

对于远程火箭或者弹道导弹这类飞行器，都涉及再入弹道问题。飞行器以什么样的弹道再入，再入过程中是否对升力进行控制，与飞行器的特性和所要完成的任务有关。

一般来说，飞行器是以任意姿态进入大气层的，其运动包含质心的移动运动和绕质心的转动运动，但对于静稳定的再入飞行器，当有攻角时，稳定力矩将使其减小，通常在气动力较小时就使飞行器稳定下来。此时速度方向与飞行器纵轴重合，飞行器不再受到升力的作用，这样的再入称为“弹道式再入”或称“零攻角再入”，“零升力再入”。反之，如果在再入过程中，飞行器受到升力的作用，那么这种再入称为“有升力再入”。

弹道式再入主要是洲际弹道导弹的再入方式。升力式再入广泛应用于高超声速飞行器、跨大气层飞行器等。

5.9.1 弹道式再入

对于弹道式再入，由于飞行器在大气层的运动处于无控状态，落点位置的准确程度主要取决于制动火箭的姿态和推力，而在制动结束后的降落过程中没有修正偏差的可能，因此着陆点散布大。另外，再入轨道的形状完全取决于飞行器进入大气层时的初始条件，即取决于再入时的速度大小 v_e 和再入角 θ_e（$\boldsymbol{v}_e$ 与再入点当地水平面的夹角），由自由段运动特性可知，最小负加速度与运动参数 v_e、θ_e 有关，理论上讲，适当地控制再入角 θ_e 和速度 v_e 的大小，可以使最大过载不超过允许值。实际上，用减小速度 v_e 的办法来减小最大过载值是不可取的。因为速度 v_e 的减小有赖于制动速度的增大，这将使制动火箭的总冲增加，使火箭质量增大，所以控制弹道式再入最大过载的主要办法就是控制再入角 θ_e。

若 $|\theta_e|$ 过大，则轨道过陡，受到的空气动力作用过大，减速过于激烈，会使飞行器受到的减速过载和气动热超过其结构、仪器设备或宇航员所能承受的过载，或使飞行器严重烧蚀，从而不能正常再入，因此存在一个最大再入角 $|\theta_e|_{max}$。若 $|\theta_e|$ 过小，使飞行器进入大气层后受到的空气动力作用过小，可能会在稠密大气层的边缘掠过而进入不了大气层，也不能正常再

入。因此，存在一个最小再入角 $|\theta_e|_{min}$。可见，为了实现正常再入，再入角 θ_e 应满足：

$$|\theta_e|_{min} \leqslant |\theta_e| \leqslant |\theta_e|_{max}$$

称这个范围为再入走廊(见图 5.21)。$\Delta\theta_e = |\theta_e|_{max} - |\theta_e|_{min}$ 为再入走廊的宽度。

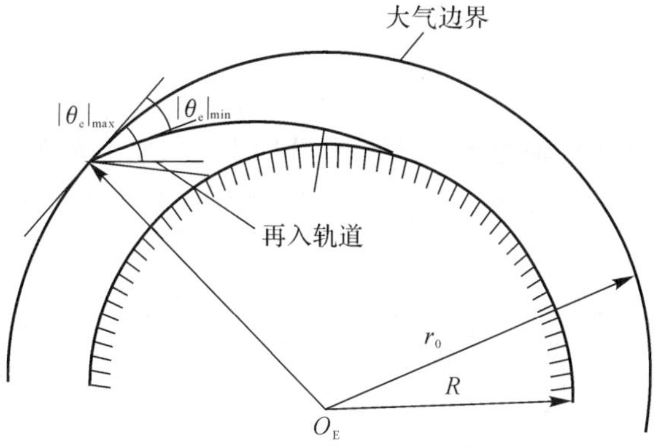

图 5.21　再入走廊示意图

不同的飞行器有不同的气动特性、不同的防热结构和最大过载允许值，因而有不同的再入走廊。一般来说，飞行器的再入走廊都比较狭窄。为了加宽再入走廊，可通过使飞行器再入时具有一定的升力来实现。当飞行器有一定的负攻角，那么它将以一定的负升力进入大气层，负升力使飞行器的再入轨道向内弯曲，从而可以使飞行器在 $|\theta_e| < |\theta_e|_{min}$ 的某些情况下也可实现再入。与此类似，一个具有升力的飞行器，以一定的正攻角再入，其正升力可以使轨道变缓，从而可以降低最大过载和热流峰值。这样就加大了再入走廊的宽度。

综上所述，采用弹道式再入的飞行器存在落点散布大、再入走廊狭窄等问题，而解决问题的方法就是利用升力实现再入弹道的机动。另外，在大气层中的再入突防，一种有效的办法是进行再入弹道机动，即在导弹接近目标时，突然改变其原来的弹道作机动飞行，亦称机动变轨，其目的是造成反导导弹的脱靶量，或避开反导导弹的拦截区攻击目标。

5.9.2　再入弹道机动方案

为实现再入弹道的机动，可调节升力，即通过改变飞行器(或者弹头)的姿态产生一定的攻角来完成。

常用的方法是在弹道式再入的基础上，通过配置质心的办法，使飞行器进入大气层时产生一定升力，称为弹道-升力式再入。其质心不配置在再入飞行器的中心轴线上，而配置在偏离中心轴线一段很小的距离处，同时使质心在压心之前。这样，飞行器在大气中飞行时，在某一个攻角下，空气动力对质心的力矩为零，这个攻角称为配平攻角，记作 α_{tr}，如图 5.22 所示。在配平攻角飞行状态下，飞行器相应地产生一定的升力，此升力一般不大于阻力的一半，即升阻比小于 0.5。

以配平攻角飞行时的特性如下：

(1) 根据配平攻角的定义，空气动力 $\boldsymbol{R}$ 对质心 O_1 的力矩为零，而 $\boldsymbol{R}$ 的压心为 O_2，故空气动力 $\boldsymbol{R}$ 通过飞行器的压心和质心。

(2) 由于 $\boldsymbol{R}$ 通过飞行器的压心和质心，且再入飞行器为旋成体，其压心 O_2 在再入飞行器的几何纵轴上，所以 $\boldsymbol{R}$ 在 $x_1O_1y_1$ 平面内，又 $\boldsymbol{R}$ 在 $x_3O_1y_1$ 平面内(称为总攻角平面)，故 x_3O_1

轴在 $x_1O_1y_1$ 平面内，即侧滑角

$$\beta = 0$$

（3）以配平攻角飞行时，由图 5.22 知

$$N(x_p - x_g) = X_1\delta$$

即

$$C_N(x_p - x_g) = C_{x1}\delta \tag{5.133}$$

式中：δ 为质心 O_1 偏离几何纵轴的距离；X_1、N 分别为空气动力 $\boldsymbol{R}$ 在 $x_1O_1x_3$ 平面内沿着纵轴 x_1 方向和垂直于纵轴 x_1 方向上的分量；X_1 称为轴向力，N 称为总法向力；C_{x1}、C_N 分别为轴向力系数、总法向力系数。

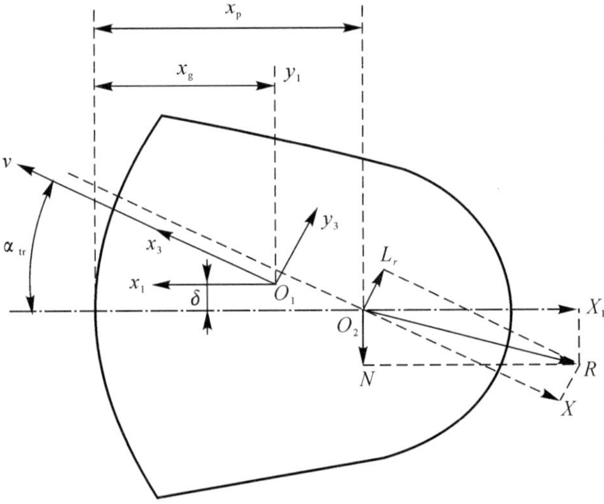

图 5.22　以配平攻角飞行时作用在飞行器上的空气动力

（4）以配平攻角飞行时，有

$$\alpha < 0$$

这是因为，以配平攻角飞行时，$\beta = 0$，轴 x_3O_1 在 $x_3O_1x_1$ 平面内，此时轴 O_1x_3 的正向必在轴 O_1x_1 正向及轴 O_1y_1 正向所夹角之内，否则 $\boldsymbol{R}$ 不能通过质心，故由 α 的定义，得到 $\alpha < 0$。

关于配平攻角 α_{tr} 的求取，注意到式(5.133)，C_N，C_{x1}，x_p 为攻角(即 α)、马赫数 Ma 及飞行高度 H 的函数。因此，对于一定的 Ma 及 H 值，若某一 α 对应的 C_N，C_{x1} 及 x_p 满足式(5.133)，则该 α 值就是再入飞行器在该 Ma 及 H 下的配平攻角 α_{tr}。

弹道-升力式再入飞行过程中，通过姿态控制系统将再入飞行器绕本身纵轴转动一个角度，就可以改变升力在当地铅垂平面和水平平面的分量。因此，以一定的逻辑程序控制滚动角 γ，就可以控制飞行器在大气中的运动轨道，从而在一定范围内可以控制飞行器的着陆点位置，其最大过载也可以小于弹道式再入时的最大过载。

5.9.3　再入走廊的确定

应当指出，随着航天技术的发展，再入走廊的定义已发展为多样化，例如，可将再入走廊定义为导向预定着陆目标的“管子”。在此“管子”内，再入飞行器满足所有的限制，如过载限制、

热流限制、动压限制等。图 5.23 所示是某一飞行器的再入走廊示意图和在此走廊内设计的一条再入基准轨道。图中横坐标 v 为飞行速度，纵坐标 D 为阻力加速度，四条边界分别为满足法向过载限制、动压限制、最大热流限制和平衡滑翔条件边界，基准轨道给出了满足边界条件限制的阻力加速度 D 随速度 v 的变化曲线。

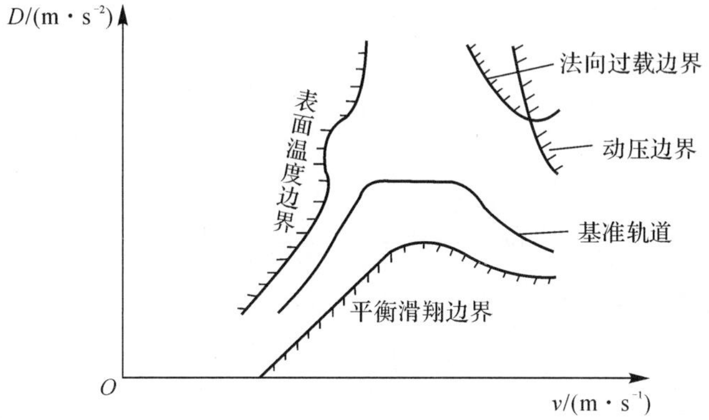

图 5.23　再入走廊示意图

对一事先装订好总攻角 α_N（速度轴与纵轴之间的夹角）与飞行速度 v 的关系的飞行器，下面介绍其再入走廊的确定方法。

1. 法向过载的限制

法向过载 n_y 应满足

$$n_y \leqslant n_{\max} \tag{5.134}$$

由于讨论中设侧滑角 $\beta = 0$，故

$$n_y = \frac{Y}{mg} = \frac{C_y qS}{mg} \tag{5.135}$$

$$D = \frac{X}{m} = \frac{C_x qS}{m} \tag{5.136}$$

将式(5.136) 除以式(5.135)，即得

$$\frac{D}{n_y} = \frac{C_x g}{C_y}$$

于是，满足法向过载限制的边界为

$$D = \frac{C_x}{C_y} g n_{y\max} \tag{5.137}$$

由于已装订好总攻角 α_N 与飞行速度 v 的关系，于是，给定 v 值，可得到相应的 C_y，C_x 值，从而得到阻力加速度 D 与飞行速度 v 的对应关系，故由式(5.137) 得到满足法向过载限制的边界。

2. 动压的限制

动压 q 应满足

$$q \leqslant q_{\max} \tag{5.138}$$

由式(5.136) 可知，满足动压限制的边界为

$$D = \frac{C_x}{m} S q_{\max} \tag{5.139}$$

3. 最大热流限制

驻点热流是最严重的情况，应满足

$$q_s \leqslant (q_s)_{\max} \tag{5.140}$$

由于

$$q_s = k_s \sqrt{\rho v^3}$$

于是

$$\rho = \frac{q_s^2}{k_s^2 v^6}$$

而阻力加速度

$$D = \frac{C_x}{m} S \frac{1}{2} \rho v^2 = \frac{C_x S}{2m} \frac{q_s^2}{k_s^2 v^4}$$

所以，满足最大热流限制的边界为

$$D = \frac{C_x S}{2m} \frac{(q_s)_{\max}^2}{k_s^2 v^4} \tag{5.141}$$

4. 平衡滑翔边界

为使再入航天器返回地面，再入大气层时应使 $\mathrm{d}\theta/\mathrm{d}t \leqslant 0$，即存在一个平衡滑翔边界

$$\frac{\mathrm{d}\theta}{\mathrm{d}t} = 0 \tag{5.142}$$

由质心移动的动力学方程式(3.127) 的第 2 式知

$$\frac{Y}{mv} + \left(\frac{v}{r} - \frac{g}{v}\right)\cos\theta = 0$$

当 θ 较小时，可近似地认为 $\cos\theta = 1$，于是

$$\frac{Y}{mv} = \frac{g}{v} - \frac{v}{r}$$

即

$$\frac{qS}{m} = \frac{g - \dfrac{v^2}{r}}{C_y}$$

所以，平衡滑翔边界为

$$D = \left(g - \frac{v^2}{r}\right)\frac{C_x}{C_y} \tag{5.143}$$

其中 r 为飞行器质心到地心的距离，可近似取为地球半径，便得到 D 与 v 的对应关系。

以上给出了满足法向过载限制的边界式(5.137)，满足动压限制的边界式(5.139)，满足最大热流限制的边界式(5.141) 以及平衡滑翔边界式(5.143)，它们都是 D 与 v 的关系式。对于给定的飞行器，当攻角与飞行速度给定，则基于以上方程式，可以得到阻力 D，绘制出与 D 与 v 的关系曲线，可得再入走廊。在再入走廊内的弹道，都是满足以上约束的方案弹道。

5.10　升力式再入制导方法

5.9 节已经指出了弹道式再入存在的不足和问题，解决以上问题最可行的办法是在再入过程中，利用空气动力的升力特性来改变轨道，也即通过控制升力，使航天器具有一定的纵向机

动和侧向机动的能力。这一节以高超声速滑翔飞行器为例介绍升力式航天器再入制导方法。

高超声速滑翔飞行器在高度为 20 ～ 100 km 的临近空间内飞行，具有较高的速度和较大的升阻比，可以依靠气动升力实现远距离非弹道式再入飞行，具有远程快速到达能力。高超声速滑翔飞行器的再入段具有速度高、速度变化范围大、航程远、机动能力强、机动范围广等特点。由于在快速到达能力和机动能力方面的优势，高超声速滑翔式飞行器被认为是实现远程快速精确打击和力量投送的、具有广阔应用前景的再入飞行器。

高超声速滑翔飞行器的纵向轨迹如图 5.24 所示，整个飞行过程可分为助推上升段、调整段、再入初始段、再入滑翔段及下压攻击段等 5 个部分。其中，再入滑翔段是飞行距离最远、空域跨度最大、气动特性变化最为剧烈的一段，因而其制导与控制系统设计也最为复杂。

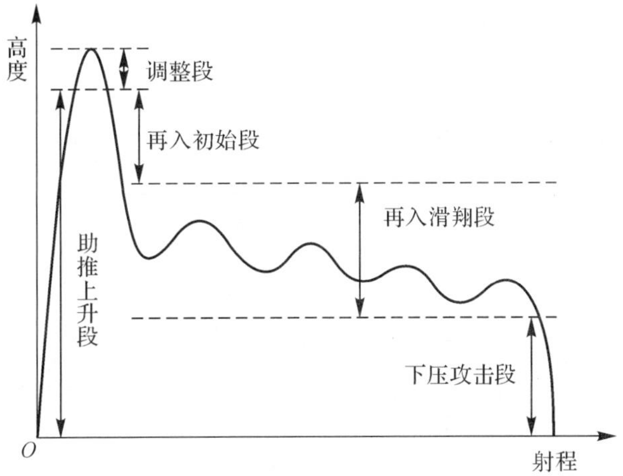

图 5.24　高超声速滑翔飞行器纵向轨迹示意

对于纵向飞行平面，现有再入制导的传统典型方法主要分为两类：一类是利用标准轨道的制导方法，称标准轨迹法；另一类是利用预测能力对落点航程进行预测的制导方法，称预测-校正制导法，简称预测制导法。对于侧向平面，高超声速滑翔飞行器采用倾斜转弯（Bank To Turn，BTT）模式，通过速度滚转角 γ_v（有些参考资料也称之为倾侧角，用 ν 表示）反转逻辑来控制飞行器侧向机动，故侧向制导问题主要在于反转逻辑的设计。

标准轨迹法是一种比较简单的制导方法，主要分为轨迹规划和轨迹跟踪两部分。首先，设计人员事先优化一条标准轨迹并存储在机载计算机中。当飞行器进入再入段后，由于存在偏差和扰动，实际飞行轨迹可能偏离标准轨迹。此时，制导系统接受偏差信号并根据预先设计的跟踪律给出制导指令，通过调整飞行状态消除实际轨迹与标准轨迹之间的偏差。标准轨迹制导方法的原理如图 5.25 所示。标准轨迹法着眼于实测轨迹与标准轨迹参数的比较，实时形成误差，以该误差信号为输入，实现飞行器的再入轨迹控制，达到控制着陆点的目的。其中在飞行器的计算机中预先装订的标准再入轨道参数既可以是时间 t 的函数，也可以是速度的函数，甚至是参数组合 $u=v\cos\theta/\sqrt{gr}$ 的函数。标准轨迹法具有控制律简单、容易实现、对计算机的速度和容量要求都可以适当降低的优点，但也存在以下缺点：落点控制精度较低，落点控制精度受再入初始条件误差以及再入过程气动系数偏差的影响较大。

预测制导法是以消除实际飞行轨迹的预测落点和期望落点之间的偏差为目的的制导方法。该方法的基本思想是利用机载计算机在线预测飞行轨迹的终端点状态，并将预测求解出的终端点状态与期望的理想状态比较得出预测终端误差，制导系统根据预测终端误差校正制导指令，使得飞行轨迹的预测终端误差为零，其工作原理如图 5.26 所示。预测制导法前者着眼于每时每刻实际轨道对应的落点与理论设计落点的误差，并根据这一误差值和过载、加热量的限制产生控制指令，对飞行器再入轨道实现制导控制。因此，预测制导法可以达到比标准轨迹法更高的落点精度，并且对再入时的初始条件误差不敏感。但是预测制导法要求飞行器计算机有较快的计算速度和比较大的存储容量，而且控制方案比较复杂。

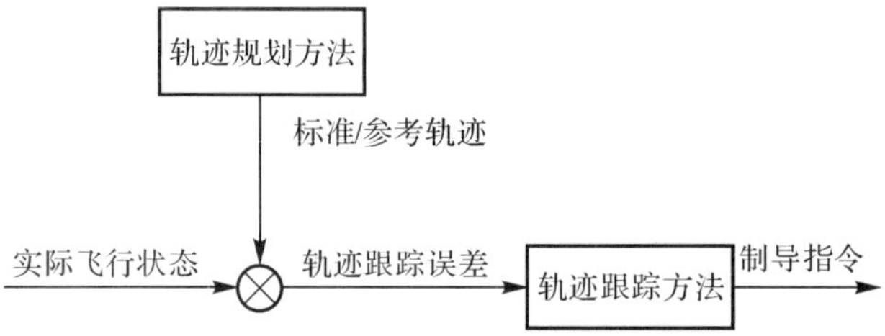

图 5.25　标准轨迹制导方法原理

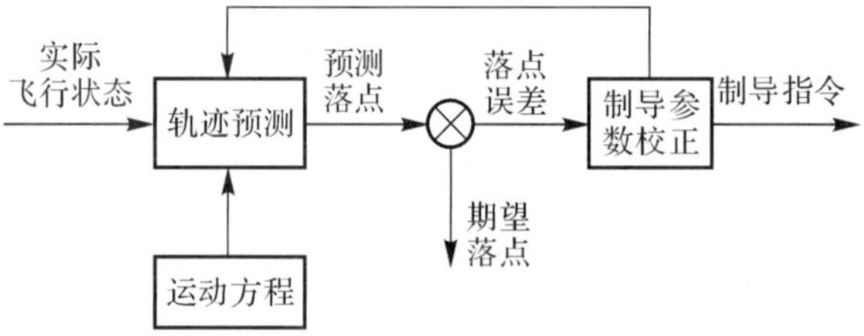

图 5.26　预测制导方法原理

为了克服以上两种传统典型制导方法各自的弊端，将标准轨迹法与预测制导法相结合的混合制导方法是一种可行途径。混合再入制导方法的关键在于两种制导方法之间的切换，根据切换方法设计的不同，可分为预先分段式与自主选择式两类。

预先分段式混合制导方法是预先将再入过程分为两段或多段，在不同阶段采用不同的制导方法。例如在新一代乘员返回舱(Crew Exploration Vehicle，CEV)的跳跃式再入制导中，将 Draper 实验室提出的 PredGuid 制导方法与 Apollo 飞行器采用的制导方法分段结合，可以解决远程飞行任务制导精度低的问题。再如针对可重复使用运载器，可以先采用轨迹在线生成方法得到参考轨迹，而后切换至阻力加速度剖面跟踪制导以满足热流约束，最后又切换至预测-校正制导方法并导引飞行器到达目标点，以实现较高的制导精度。

自主选择式混合制导方法是指在飞行过程中实时根据飞行轨迹与标准轨迹之间的偏差选择采用哪种制导方法。当偏差较小时，采用标准轨迹跟踪方法；当偏差较大时，即飞行轨迹严重偏离参考轨迹时，采用预测-校正制导方法。例如，可以将基于线性二次型调节器(Linear Quadratic Reyulator, LQR)的轨迹跟踪方法和基于模糊逻辑的预测-校正制导方法相混合，在每个弹道特征点处，通过考察高度、速度、弹道倾角误差的大小，设计两种方法的切换律，可以根据实际状态自主选择一种制导方法，实现更快的制导指令求解速度和更高的制导精度。

5.10.1　标准轨迹制导方法

采用这种制导方法必须选取一条标准返回再入轨迹，标准返回再入轨迹应满足对过载、热流的限制。标准轨迹的制导方法，要求存储状态变量为给定自变量的函数，在某些情况下也存储反馈增益系数。自变量可以是时间或是速度，也可以是一个状态变量或是一组状态变量。标准轨迹再入制导的目的是使运动参数接近所设计的标准再入轨迹参数，使其着陆点满足要求。

利用标准轨迹的再入制导在实现中分成纵向制导和侧向制导，且以纵向制导为主。为了便于分析，将气动力 $\boldsymbol{R}$ 在总攻角平面内沿速度轴方向及垂直于速度轴的方向分解为 X 和 L_Y，如图 5.22 所示，X 为阻力，L_Y 称为总升力，则总升力矢量可以表示为

$$\boldsymbol{L}_Y = L_Y\cos\gamma_v\boldsymbol{j}_3 + L_Y\sin\gamma_v\boldsymbol{k}_3 \tag{5.144}$$

式中：$\boldsymbol{j}_3$ 和 $\boldsymbol{k}_3$ 分别为速度坐标系 Oy_3 和 Oz_3 两个坐标轴方向上的单位矢量。

$L_Y\cos\gamma_v$ 是总升力在纵向的投影，它的大小直接影响到飞行器升降的快慢。$L_Y\sin\gamma_v$ 是总升力在侧向的投影，它影响飞行器的横向运动和横程。

再入飞行器受到的热负荷、过载，主要取决于飞行器的下降速度，而下降速度又主要取决于总升力的纵向投影 $L_Y\cos\gamma_v$，$L_Y\cos\gamma_v$ 的大小取决于攻角 α 和速度滚转角 γ_v，配平攻角不可调，所以控制 $L_Y\cos\gamma_v$ 的大小仅有控制变量 γ_v。

标准轨迹的再入制导过程中，纵向制导决定 γ_v 的大小，而侧向制导决定 γ_v 的正负号。

1. 纵向制导

在标准返回再入轨迹选定之后，就可以根据此轨迹，通过对运动方程组的积分，解析求解得到航程，且高度变化律和升阻比都可以根据标称轨迹解析得到。由于实际情况下有干扰存在，从而使实际的状态参数不同于标准轨迹的状态参数，因此应通过控制改变速度滚转角的大小，使实际再入轨迹接近标准再入轨迹。设标准再入轨迹纵向升阻比为 $(L_Y/X)_0$，有误差时纵向控制升阻比为 $(L_Y/X)_c$，二者之间的偏差为 $\Delta(L_Y/X)$，三者的关系可以表示为

$$(L_Y/X)_c = (L_Y/X)_0 + \Delta(L_Y/X) \tag{5.145}$$

制导的目的就是为了跟踪所设计的标称轨迹，因此要求通过控制将实际的升阻比控制到标称轨迹所对应的升阻比。因此，如何控制 $\Delta(L_Y/X)$ 是纵向制导的关键。

为了保证纵向制导过渡过程良好，并使最终的纵程偏差 Δx_R 较小，通常基于高度偏差和纵程偏差进行纵向升阻比控制，升阻比控制形式可以表示为

$$(L_Y/X)_c = (L_Y/X)_0 + K_1\Delta h + K_2\Delta\dot{h} + K_3\Delta x_R + K_4\Delta\dot{x}_R \tag{5.146}$$

式中：Δh、$\Delta\dot{h}$、Δx_R、$\Delta\dot{x}_R$ 分别为高度偏差、高度偏差变化率、纵程偏差、纵程偏差变化率。

从式(5.146)不难看出，所谓制导规律设计就是如何确定参数 K_1、K_2、K_3 和 K_4（称为反馈增益系数），使落点纵程偏差满足设计要求。

反馈增益系数 K_1、K_2、K_3、K_4 可以通过试验法确定。即取 K_1、K_2、K_3、K_4 为常数，然后对初始误差及其他误差进行仿真计算，通过试验不断调整 K_1、K_2、K_3 和 K_4 的数值，直至满足落点精度要求，显然该方法理论分析不够且与经验有关。

另外，也可以通过固化系数法确定 K_1、K_2、K_3 和 K_4 的值。采用这种方法时，首先需要将

再入飞行器制导系统简化成二阶或三阶系统，再采用固化系数法将系统看成常系数系统，对该常系数系统用古典方法求解反馈增益系数。当然，随着现代控制理论的应用，也可以采用最优二次型性能指标，选择满足落点精度要求的最佳反馈增益系数。

当选定了反馈增益系数 K_1、K_2、K_3、K_4 之后，由式(5.146)可得控制升阻比 $(L_Y/X)_c$，然后根据下式计算对应的速度滚转角 γ_v：

$$\cos\gamma_v=\frac{(L_Y/X)_c}{(L_Y/X)}=\frac{(L_Y/X)_0+\Delta(L_Y/X)}{(L_Y/X)} \tag{5.147}$$

其中 (L_Y/X) 为实际升阻比。

而沿着标准再入轨道的速度滚转角为 γ_{v0} 为

$$\cos\gamma_{v0}=\frac{(L_Y/X)_0}{(L_Y/X)} \tag{5.148}$$

当有误差时，实际的速度滚转角 γ_v 同标准再入轨道的速度滚转角 γ_{v0} 不一样。纵向制导方程式(5.146)决定了 γ_v 的大小，它满足了纵向制导的要求。

2. 侧向制导

当满足纵向制导要求之后，总升力 $\boldsymbol{L}_Y$ 的侧向分量 $L_Y\sin\gamma_v=(L_Y/X)_c D\sin\gamma_v$ 的大小也就确定了，不能调整。但侧向力 $L_Y\sin\gamma_v$ 的符号还可以改变。由于 γ_v 反号时，它不影响 $(L_Y/X)_c$ 的大小和正负，也不影响侧向力的大小，但可以改变侧向力的方向。利用这个特点可以在侧向制导设计中设计一个区间，使再入飞行器在此区间内自由飞行，当碰到边界时，让 γ_v 反号，使侧向运动向相反方向进行，因此侧向制导实现的是开关控制。

因为最终横程要小于某一值，而开始偏差可能很大，为此将边界设计成漏斗式边界。该边界值为 $\bar{Z}$，当横程超过边界时，γ_v 就反号，实现开关控制，则侧向控制方程为

$$\gamma_v(t)=\begin{cases}-|\gamma_v|\,\mathrm{sign}(Z+K_5\dot{Z}), & |Z+K_5\dot{Z}|\geqslant\bar{Z}\\ |\gamma_v|\,\mathrm{sign}[\gamma_v(t_{k-1})], & |Z+K_5\dot{Z}|<\bar{Z}\end{cases} \tag{5.149}$$

其中 Z 是侧向运动参数，例如是前面定义的横程，$\bar{Z}$ 为侧向控制边界。$\bar{Z}$ 可以设计成速度的线性函数，再入速度基本上是递减的，故侧向控制边界呈“漏斗形”。

在侧向控制方程中，$K_5\dot{Z}$ 项的引进是为了防止侧向运动的过调，因为 γ_v 的反号并不等于 Z 的反号，而近似等于 $\dot{Z}$ 的反号，式中加上一个微分项可以改善侧向运动性能。

5.10.2 预测制导方法

根据计算落点位置的不同方法，预测制导方法分两种，一种是快速预测法，另一种是近似预测法。

1. 快速预测法

快速预测法就是通过飞行器上的计算机，实时对飞行器的运动方程进行快速运算来确定未来的飞行轨迹和落点位置，并根据落点偏差对升力进行调整，即改变速度滚转角 $\gamma_v(t)$，以使最终的落点偏差较小。

快速预测法的主要优点是：它能处理任何可能的飞行条件，能提前预测落程、过载、热流的

情况，使之具有很强的适应能力。但是由于要快速预测，它对飞行器上的计算提出了严格的要求。

2. 近似预测法

近似预测法是从所有可能的飞行轨道或部分轨道中找出一个近似的解析解。近似预测法主要针对再入轨迹相对简单的飞行器，解析解的推导过程通常要依赖于多种假设，以及对运动方程的大量简化。对于升阻比不大的再入弹头或飞行器返回舱，采用解析解可以实现较高的精度。然而，对于升阻比较大的飞行器，解析解可能无法准确描述其轨迹，因而，近似预测法的使用范围相对有限。

大气层外可用椭圆轨道的解析解法，大气层内在某些条件下可以得到近似解，例如通过控制以保持负加速度不变的再入飞行器，从初速$\bar{u}_\mathrm{i}$到末速$\bar{u}_\mathrm{f}$范围内的射程近似解为

$$\frac{x}{r}=\frac{\bar{u}_\mathrm{i}^2-\bar{u}_\mathrm{f}^2}{2(X/G)} \tag{5.150}$$

式中：x 为落点航程；r 为地心距离；G 为重力值。

还有其他一些近似解，详见相关参考文献。

将再入轨道分成若干段，每一段用近似解析解求解，因是解析解，计算轨道和落点将十分方便。

利用近似解析解进行再入制导，对弹载计算机要求不太高是其优点，但其不能灵活地处理脱离设计要求的情况是其明显的缺点。

5.11　再入轨迹优化

一般来说，飞行器再入过程中受到复杂多变的飞行环境影响及飞行器硬件条件的限制，因此，再入飞行轨迹会受到各种约束。为了满足这些约束，通常采用的方法就是：把飞行约束描述为飞行走廊，在飞行走廊内离线或在线设计标准飞行轨迹，实际再入飞行过程中利用控制方法实现对参考标称轨迹的跟踪。

对于再入飞行器，其再入段质心运动方程一般可以描述为

$$\frac{\mathrm{d}\boldsymbol{X}(t)}{\mathrm{d}t}=f[t,\boldsymbol{X}(t),\boldsymbol{u}(t),Y(t),X(t)]$$

式中：t 为飞行时间；$\boldsymbol{X}(t)=[r\quad v\quad \lambda\quad \varphi\quad \theta\quad \psi_v]$为飞行器的状态变量，依次为地心距、速度、经度、纬度、弹道倾角和弹道偏角；f 为状态变量的非线性微分方程；$\boldsymbol{u}(t)$ 为控制量，包括飞行器的攻角、侧滑角和速度滚转角，再入飞行器一般采用零侧滑角飞行以减少气动加热；$Y(t)$ 和 $X(t)$ 分别为飞行器的升力和阻力，与飞行状态和气动参数相关。

飞行器再入段受到的约束主要包括三类：路径约束、终端约束、地理约束。其中，路径约束与终端约束属于常规约束，一般的再入飞行器均需考虑；而地理约束主要针对执行远程侦查或规避任务的飞行器。

1. 路径约束

再入飞行过程中，飞行器受到的路径约束主要包括热流约束、过载约束和动压约束，一旦

超出这些约束将严重影响飞行安全。这三种路径约束一般表达为

$$\left.\begin{aligned} K_Q\rho^{0.5}v^{3.15} &\leqslant Q_{\max} \\ \sqrt{Y^2+X^2} &\leqslant n_{\max} \\ 0.5\rho v^2 &\leqslant q_{\max} \end{aligned}\right\} \tag{5.151}$$

式中：K_Q 为常数；ρ 为大气密度；$Q_{\max}$、$n_{\max}$、$q_{\max}$ 分别为热流密度、过载、动压的最大允许值。

2. 终端约束

飞行器到达终端时需要满足一定的约束条件：在纵向平面，通常要求飞行器在进入终端区域时具有特定的高度、速度和待飞航程；在侧向平面，通常要求飞行器进入终端区域时速度方向角偏差在一定范围内，即速度方向大致指向目标点。终端约束为

$$\left.\begin{aligned} & H(t_f)=H_f \\ & v(t_f)=v_f \\ & s_{togo}(t_f)=s_{togo,f} \\ & |\Delta\psi_v(t_f)| \leqslant \Delta\psi_{v\ \max} \end{aligned}\right\} \tag{5.152}$$

式中：H_f、v_f、$s_{togo,f}$ 分别为终端高度、速度、待飞航程的期望值；$\Delta\psi_{v\max}$ 为所允许的最大航向角偏差。

3. 地理约束

再入飞行器受到的地理约束主要包括两种：匹配点约束、规避区约束。匹配点（或称路径点）是指飞行器为了完成地形匹配或地面目标侦察而必须经过的点，飞行轨迹的地面投影必须准确通过该点。规避区（或称禁飞区）是指飞行器不允许进入的区域，该区域一般为政治敏感区域或敌方防空系统的有效覆盖区域。匹配点约束与规避区约束为

$$\left.\begin{aligned} \lambda(t_i)-\lambda_{wi}=0, \quad i=1,2,\cdots,N \\ \varphi(t_i)-\varphi_{wi}=0, \quad i=1,2,\cdots,N \end{aligned}\right\} \tag{5.153}$$

$$S[(\lambda,\varphi),(\lambda_{Nj},\varphi_{Nj})] \geqslant R_j, \quad j=1,2,\cdots,M \tag{5.154}$$

式中：$(\lambda_{wi},\varphi_{wi})$ 为第 i 个匹配点的经纬度坐标；$(\lambda_{Nj},\varphi_{Nj})$ 为第 j 个规避区的圆心经纬度坐标；R_j 为第 j 个规避区的半径；N 和 M 分别为匹配点和规避区的个数。

由于计算方法和机载计算设备的技术限制，早期的标准轨迹设计都是在地面离线设计完成后，装载在机载计算机中，在再入过程中作为参考标准提供给飞行器。在设计标准轨迹时，可以选取某个指标对其进行优化，如最大有效载荷、最小总吸热量、最小总过载、最小驻点热流、最小能量损耗、最大终端速度、最远滑翔距离、最短飞行时间等。

通常情况下，描述最优化问题的数学模型就包括目标函数、状态约束和边界条件，一般采用下列形式描述：

$$\left.\begin{aligned} & J=\min f(x) \\ & h_i(x)=0, \quad i=1,2,\cdots,m \\ & g_j(x)\leqslant 0, \quad j=1,2,\cdots,n \end{aligned}\right\} \tag{5.155}$$

式中：x 表示决策变量；$J=\min f(x)$ 表示目标函数为 $f(x)$ 的最小值；对于最大值 $J=\max f(x)$，可以转化为 $J=-\min f(x)$ 来处理；$h_i(x)=0$ 表示边界条件；$g_j(x)\leqslant 0$ 表示状态约束条件。下面给出几种常用的再入轨迹最优化模型。

在飞行器再入飞行过程中，有些情况下为了增强其突防能力和终端机动能力，需要在满足其他约束条件的同时，终端的速度能够最大。结合飞行器的再入运动模型、约束条件以及最优化模型，可以将再入飞行的速度最大模型归结为

$$\left.\begin{aligned}&\min J=-v(t_f)\\&\dot{X}=f(X(t),U(t),t)\\&\psi[X(t_0),t_0,X(t_f),t_f]=0\\&C[X(t),U(t),t]\leqslant 0\end{aligned}\right\}\tag{5.156}$$

式中：$X(t)=[H(t),\lambda(t),\varphi(t),v(t),\theta(t),\psi_v(t)]$ 为状态变量；$U(t)=[\alpha(t),\gamma_v(t)]$ 为控制变量；$\dot{X}=f[X(t),U(t),t]$ 为再入运动模型约束；$\psi[X(t_0),t_0,X(t_f),t_f]=0$ 对应于初始和终端状态约束；$C[X(t),U(t),t]\leqslant 0$ 对应于路径和地理约束。

在飞行器执行货物运输或者全球精确打击任务时，要求飞行器的航程尽可能大，这样才能够满足全球全天候的战术任务需求。为了问题研究的方便性，一般情况下可以将航程最大简化为横向航程最大问题来处理，假设飞行器的初始纬度 $\varphi=0$，那么飞行器的航程大小可以用 φ 的大小来表示，可以得到飞行宽度最大的再入轨迹优化模型

$$\left.\begin{aligned}&\min J=-\varphi(t_f)\\&\dot{X}=f[X(t),U(t),t])\\&\psi[X(t_0),t_0,X(t_f),t_f]=0\\&C[X(t),U(t),t]\leqslant 0\end{aligned}\right\}\tag{5.157}$$

由于再入飞行速度比较大，会造成飞行器与大气层之间产生巨大的摩擦。对于天地运输系统的再入，由于飞行成本的限制，往往希望再入飞行器能够多次重复使用，所以必须考虑气动加热对飞行器热防护系统的损伤。为了延长飞行器的使用寿命以及减少防热材料的损耗，需要使再入过程中的气动加热的总量达到最小，其最优化模型可以表述为

$$\left.\begin{aligned}&\min J=\int_{t_0}^{t_f}\dot{Q}(t)\,\mathrm{d}t\\&\dot{X}=f[X(t),U(t),t]\\&\psi[X(t_0),t_0,X(t_f),t_f]=0\\&C[X(t),U(t),t]\leqslant 0\end{aligned}\right\}\tag{5.158}$$

另外，由于飞行任务的需求，会对高超声速飞行器的控制系统提出很高的要求。如果弹道振荡越大，那么飞行器的控制系统以及操纵机构的响应就需要更加的频繁，这可能对操纵机构造成一定的损伤，而且对控制系统的设计提出了更高的要求。为了使再入飞行控制能够更容易的实现以及保护飞行器的操纵执行机构的寿命，往往要求飞行弹道能够尽可能平滑，即弹道振荡最小。此时最优化模型可以描述为

$$\left.\begin{aligned}&\min J=\int_{t_0}^{t_f}\dot{\theta}^2(t)\,\mathrm{d}t\\&\dot{X}=f[X(t),U(t),t]\\&\psi[X(t_0),t_0,X(t_f),t_f]=0\\&C[X(t),U(t),t]\leqslant 0\end{aligned}\right\}\tag{5.159}$$

由于再入运动模型为非线性函数，所以飞行器再入轨迹优化问题也属于一种非线性规划问题，可以按照非线性规划问题的处理方法进行求解。现有的方法包括内点法、信赖域法、并行计算、稀疏牛顿法等，这里不再赘述。

习　　题

1. 导引弹道运动学分析的假设条件是什么？

2. 导引弹道的特点是什么？

3. 写出自动瞄准导弹相对目标运动的方程组。

4. 何谓相对弹道、绝对弹道？

5. 要保持导弹-目标线在空间的方位不变，应满足什么条件？

6. 导弹和目标的相对运动关系如图 5.27 所示。设某瞬时 $v_T=300$ m/s，$v=490$ m/s，$|\eta|=12°$，$q=48°$，$r=5\ 260$ m。试求接近速度 $\dot{r}$ 及目标线的转动角速度 $\dot{q}$。

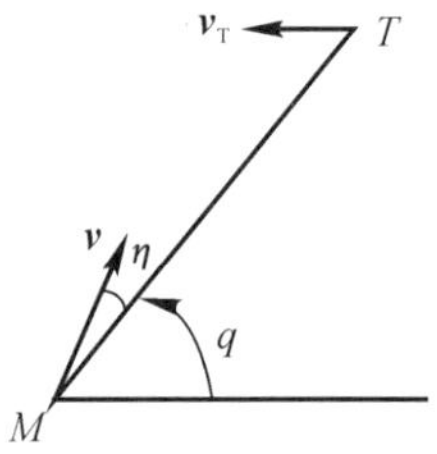

图 5.27　题 6 参考图

7. 设目标作等速直线飞行，已知导弹的相对弹道，能否作出其绝对弹道？

8. 什么叫平行接近法？它有哪些优缺点？

9. 写出铅垂平面内比例导引法的导弹-目标相对运动方程组。

10. 采用比例导引法，$\dot{q}$ 的变化对过载有什么影响？

11. 比例导引法中的比例系数与制导系统有什么关系？应如何选取比例系数？

12. 选择比例系数需要考虑哪些问题？为什么？

13. 导弹发射瞬时目标的航迹倾角 $\theta_{T0}=0$，以后目标以 $\dot{\theta}_T=0.05$/s 作机动飞行，导弹按 $\dot{\theta}=4\dot{q}$ 导引规律飞行，在 $t_f=10$ s 时命中目标。命中目标瞬时，$v_T=250$ m/s，$\dot{v}_T=0$，$v=500$ m/s，$\dot{v}=0$，$q_f=25°$。求命中瞬时导弹的弹道倾角与需用法向过载。

14. 如何用雷达坐标系确定导弹在空间的位置？

15. 什么是三点法导引的等加速度曲线？如何用等加速度曲线分析弹道特性？

16. 目标机动飞行是如何影响三点法导引弹道的？

17. 什么叫攻击禁区？攻击禁区与哪些因素有关？

18. 试以三点法为例，画出相对弹道与绝对弹道。

19. 设敌机迎面向制导站水平飞来，且作等速直线运动，$v_T=400$ m/s，$H_T=20$ km，地空导弹发射时目标的高低角 $\varepsilon_{T0}=30°$，导弹按三点法导引。试求发射后 10 s 时导弹的高低角。

20. 写出三点法、前置量法和半前置量法的导引关系式。

21. 试比较三点法、前置量法和半前置量法的优缺点。

22. 选择导引方法的基本原则是什么？

23. 目标作等速平飞，$\theta_T = 180^\circ$，高度 $H_T = 20$ km，速度 $v_T = 300$ m/s，导弹先按三点法导引飞行，在下列条件下转为比例导引：$v = 600$ m/s，$\varepsilon_T = 45^\circ$，$R = 25$ km，$\dot{\theta} = 3\dot{q}$，求按比例导引法飞行的起始需用过载。

24. 三维空间内的导弹-目标的相对运动方程如何建立？

25. 用图解法求解导引弹道的已知条件有哪些？

26. 用图解法求解绝对弹道 / 相对弹道的关键是什么？

27. 自动瞄准导弹采用平行接近法导引，试用图解法给出绝对弹道的画法和步骤，并在绘图纸上绘制图解法弹道，试述该方法导引弹道有什么特性。

28. 详细论述比例导引法绝对弹道的图解步骤。

29. 采用追踪法导引，已知目标等速直线运动，导弹等速运动，目标速度为 500 m/s，导弹速度为 700 m/s，某瞬时目标和导弹之间的距离为 5 000 m，从这一时刻起到导弹命中目标最短需要多长时间？最长需要多长时间？

30. 采用追踪法导引时，为什么导弹总是要绕到目标的后方去攻击？

31. 采用追踪法导引时，导弹的等法向过载圆是如何定义的？该圆的圆心在什么地方？圆半径是什么？这些结论是在什么条件下得到的？

32. 若取参考基准线平行于目标运动轨迹，假设 $K = 2$，目标等速水平直线飞行，导弹速度不变，采用比例导引法导引，考虑到命中目标时相对距离必须为零，试分析导弹命中目标的条件。

33. 若取参考基准线平行于目标运动轨迹，假设 $K = 2$，目标等速水平直线飞行，导弹速度不变，采用比例导引法导引，要使命中目标的需用过载趋于零，要求满足 $1 + p\cos\varepsilon_0 \geqslant 0$ 的条件，其中 $\varepsilon_0 = \eta + q = \eta_0 + q_0 =$ 常数，试分析讨论前半球攻击（导弹始终在目标前方）和后半球攻击（导弹始终在目标后方）时速度比 p 应该满足的条件。

34. 已知导弹和目标在某一铅垂平面飞行，导弹按比例导引法攻击目标。导弹和目标的速度分别为 500 m/s 和 320 m/s，目标航迹倾角为 25°，导弹初始前置角为 30°。在导弹发射装置不可调情况下，若导弹沿直线弹道攻击目标，则初始发射时刻的目标线方位角为多少？

35. 目标作等速直线运动，导弹速度不变，初始时刻沿着目标线发射导弹，发射时相对速度不指向目标，导弹按比例导引法导引，当 $K = 5$，$\dfrac{v}{v_T} = 3$ 时，导弹飞行过程中目标线转过的最大角度是多少？

36. 已知某瞬时目标速度为 400 m/s，导弹速度为 800 m/s，目标作等速水平直线飞行，$\theta_T = 0^\circ$，导弹作等速飞行，$q_0 = 30^\circ$，采用比例导引，要获得直线弹道，初始前置角（铅垂平面内）为多少？

37. 在相同条件下，若分别采用比例导引法和平行接近法攻击相同的机动目标，试分析两种方法下导弹的命中法向过载的大小有何不同。

38. 遥控导弹采用三点法导引，试用图解法给出绝对弹道的画法和步骤，并在绘图纸上绘制图解法弹道，试述该方法导引弹道有什么特性。

39. 最优制导律有何优缺点?

40. 航天器再入轨道有哪些类型? 各有什么特点?

41. 再入段设计分析中主要考虑的因素有哪些? 如何确定?

43. 再入走廊是如何确定的?

44. 升力式再入制导的基本方法有哪些? 各有什么特点?

参考文献

[1] 方群,李新国,朱战霞,等. 航天飞行动力学. 西安:西北工业大学出版社,2015.

[2] 李新国,方群.有翼导弹飞行动力学. 西安:西北工业大学出版社,2005.

[3] 贾沛然,陈克俊,何力. 远程火箭弹道学. 长沙:国防科技大学出版社,1993.

[4] 王志刚,施志佳. 远程火箭与卫星轨道力学基础. 西安:西北工业大学出版社, 2005.

[5] 张毅, 肖龙旭,王顺宏. 弹道导弹弹道学. 长沙:国防科技大学出版社, 2005.

[6] 王海丽,方群. 导弹飞行力学基础. 西安:西北工业大学出版社, 1996.

[7] 王梁.大气层内弹道滑翔导弹弹道设计与制导方法研究. 长沙:国防科技大学,2013.

[8] 赵汉元.飞行器再入动力学与制导. 长沙:国防科技大学出版社, 1997.

[9] 刘思源,梁子璇,任章,等. 高超声速滑翔飞行器再入段制导方法综述. 中国空间科学技术, 2016,36(6):1-13.

[10] 韩沛.大气层外动能拦截器末制导律设计与仿真. 西安:西北工业大学,2012.

第6章 大气飞行姿态动力学特性分析的基本概念

6.1 大气飞行概述

大气飞行器(以下简称为导弹)的基本运动方程组及其研究方法中,介绍了导弹质心运动的基本理论,并将其作为一个理想的可操纵质点,这种理论基于以下两个基本假设:

(1)导弹在大气中飞行是瞬时平衡的。此时在导弹上只有气动恢复力矩和操纵力矩的作用且力矩处于平衡状态,即

$$m_{z0}+m_z^{\alpha}\alpha+m_z^{\delta_z}\delta_z=0$$
$$m_y^{\beta}\beta+m_y^{\delta_y}\delta_y=0$$
$$m_{x0}+m_x^{\beta}\beta+m_x^{\delta_x}\delta_x=0$$

(2)稳定和操纵导弹飞行的控制系统是理想的。故此采用了理想操纵关系方程

$$x_i-x_{i*}=0$$

式中:x_i 是运动参数的实际值;x_{i*} 是运动参数的要求值。

视导弹为一个理想的可操纵质点,在规定的设计状态和标准大气条件下,由此计算的弹道称为理想弹道或基准弹道。实际上,导弹不可能在任何时候都是瞬时平衡的,也不可能没有运动参数的偏差。上述情况是一种理想情况,真实飞行与这种理想情况并不一致,这是因为:

(1)弹体制造有工艺误差,以及两侧弹翼安装不对称,将使气动外形出现偏差而形成附加气动力和力矩。

(2)导弹的重心位置和压力中心,因设计情况不可能与真实情况完全相符,将使理论值不同于实际值。

(3)发动机推力与规定的大小不同,引起了附加作用力。由于推力偏心,还要产生附加力矩。

(4)在发动机开车和关车的瞬间,作用力和力矩发生突然的变化。

(5)加速器分离时,弹体重心和气动力及力矩发生剧烈变化。

(6)不同的风速和风向在导弹上产生了附加气动力和力矩。

(7)控制系统的惯性和滞后现象,使它不能无时间延迟的偏转舵面,造成实际的舵偏角不同于理想值。

(8)组成控制系统的元件有工艺误差,或受外界影响产生起伏误差,以及噪声,等等,从而使舵面出现不必要的动作。

(9)自动驾驶仪的陀螺输出不对称及零点漂移,舵机的机械间隙及振动,综合放大器的参

数变化，等等，使舵面的偏转与理想情况也不一致。

总之，诸如上述现象，不胜枚举，以致导弹的实际飞行不同于理想弹道。但是，在飞行力学中经过理论分析和飞行试验的证明，只要我们在作理想弹道计算时，对所需原始数据考虑得比较精确，控制系统又能保持正常工作，两者的差别则是比较小的。正因为如此，才计算理想弹道，以便确定导弹的战术性能、总体设计参数、导引方法和攻击区等等。

在飞行器设计工作中，虽然尽一切努力使理想弹道符合真实飞行情况，但两者终究不可能完全一致，其差别虽小，但必竟是存在的，这就要求我们以理想弹道为基础，必须进一步研究在实际飞行中偏离理想弹道的动力学问题，或称飞行动态特性分析。

6.2 大气飞行姿态动力学特性分析中的典型问题

导弹的姿态动力学特性(或动态特性)与其总体布局、部位安排、标准弹道或基准弹道以及结构特性有着密切的关系。所谓导弹的动态特性，主要是指导弹本身的稳定性(Stability)、操纵性(Control)和机动性(Manoeuverability)。导弹作为控制系统的控制对象，其稳定性可以通过引入适当的控制信号很容易地得到改善，但是对于导弹的操纵性和机动性的改进，有时控制系统是无能为力的。不适当的气动布局和外形设计，还可能带来通道之间的相互干扰、操纵反逆等问题。如果进一步考虑导弹结构的弹性变形和振动，控制系统的工作环境将大大恶化，使得控制系统丧失稳定性。所有这些都应当在导弹设计中进行详细的分析和研究。否则，总体设计中可能会隐含着重大的技术问题，以致最后不得不修改原来的设计方案；或者本来可以通过控制系统轻而易举得到解决的问题，却把技术困难过分地压在总体设计上。因此，忽视导弹的动态特性分析问题，可能不必要地带来人力、物力和时间的巨大浪费。动态特性分析中的主要问题有以下几个方面：

(1)作为控制对象的刚性飞行器的动态特性分析，其中包括飞行器的稳定性、操纵性、机动性、敏捷性分析。

(2)弹性飞行器的伺服气动(热)弹性(气动弹性+伺服控制系统，气动弹性+气动热)问题。这里所谓弹性飞行器动力学与控制问题，其中应考虑刚性飞行器动力学、结构的柔性、非定常气动力和飞行器的姿态控制，因而是一个多学科交叉的问题。其中既有飞行稳定性问题，也有主动控制问题；既有理论分析问题，也有综合设计问题；既有飞行器整体运动问题，也有飞行器部件的局部运动(如舵面的颤震，传感器支架振动)问题；既有线性问题，也有非线性问题，等等。

(3)其他附加影响因素的分析，如飞行器惯性交感、运动交感、气动交感和控制交感的影响，快速旋转部件和摆动发动机的惯性，液体在贮箱中的晃动和在管道中的流动，级间分离动力学，折叠翼面的展开对飞行稳定性的影响，等等。

6.3 干扰力和干扰力矩

导弹的真实飞行总是会偏离理想弹道，其原因虽然是多种多样的，但如上面所讲属于误差或公差一类的因素，概括起来，无非是在导弹上形成了附加作用力和力矩。由于它们不是设计时所需要的，而是一种干扰作用，故称为干扰力和干扰力矩。

现在简单介绍一下由于风的作用、工艺误差、安装误差和控制系统主要元件误差等等因素，所引起的干扰作用和由此而形成的干扰力和干扰力矩的描述方法。

6.3.1　风的影响

大气压力分布的不均匀性是产生风的根源。空气吸收太阳的热能，因与昼夜、季节、地理位置、地形以及大气中的含水量有关，因而在不同的空气层之间将产生很大的温度差，而引起空气密度和压力的变化，使空气质点产生运动而形成风。

在飞行力学中常常引用阵风的概念。所谓阵风，其特点是风速和风向均会发生剧烈的变化。由于阵风的量级和方向是完全不同的，它们是时间和空间的随机函数，因此只能根据实测由统计数据来确定。若要得到阵风的精确统计特性，就必须在整个地球表面、在不同的季节、不分昼夜地对各种高度上的阵风进行全面的实测研究，当然这是一项十分庞大而复杂的工作，因而很难实现。因此，在工程设计中，只能根据局部的实测数据，依据统计的原理，对阵风进行估值。

经估值分析，阵风可以分为垂直阵风和水平阵风。如果用 u 代表垂直阵风速度，w 代表水平阵风速度，一般情况下，$w = 2u$。例如在地面取 $u_0 = 6$ m/s，则地面的 $w_0 = 12$ m/s。实测研究还证明，在对流层和平流层的下层，可以足够准确地认为阵风速度随着高度而增加，计算阵风速度可以采用以下经验公式：

$$u = u_0\sqrt{\frac{\rho_0}{\rho}},\quad w = w_0\sqrt{\frac{\rho_0}{\rho}} \tag{6.1}$$

式中：u_0 和 w_0 分别为地面垂直和水平阵风的风速；ρ_0 为地面空气密度；ρ 为导弹飞行高度处的空气密度。因此，若已知地面风速的大致数据，按式(6.1) 可以估计出导弹在其飞行高度上阵风的速度。

导弹受到阵风干扰作用的结果，将出现附加攻角和侧滑角。

由图 6.1(a) 可以看出：导弹在铅垂平面飞行受到风速为 u 的垂直阵风干扰作用后，使得吹向导弹合成气流的方向由原 $\boldsymbol{v}$ 变为 $\boldsymbol{v}_1$，由此形成了附加攻角 $\Delta\alpha_1$，其正切值为

$$\tan\Delta\alpha_1 = \frac{u\cos\theta}{v - u\sin\theta} \approx \frac{u}{v}\cos\theta \tag{6.2}$$

亦即

$$\Delta\alpha_1 \approx \arctan\left(\frac{u}{v}\cos\theta\right) \tag{6.3}$$

同理，导弹在铅垂平面飞行受到风速为 $\boldsymbol{w}_1$ 的水平阵风干扰作用后，由水平阵风 $\boldsymbol{w}_1$ 与导弹原速度 $\boldsymbol{v}$ 合成的气流方向变为 $\boldsymbol{v}_2$，如图 6.1(b) 所示。由图可得附加攻角 $\Delta\alpha_2$ 的正切值为

$$\tan\Delta\alpha_2 = \frac{w_1\sin\theta}{v + w_1\cos\theta} \tag{6.4}$$

如果导弹飞行时在侧滑角平面内遭遇垂直于 $\boldsymbol{v}$ 的阵风 $\boldsymbol{w}_2$，如图 6.1(c) 所示，同样很容易求得侧滑角偏差的正切值为

$$\tan\Delta\beta = \frac{w_2}{v} \tag{6.5}$$

由此可得由攻角偏差 $\Delta\alpha$ 引起的纵向干扰力和干扰力矩为

$$\left.\begin{aligned}F'_{yd}&=qSC_y^\alpha\Delta\alpha\\M'_{zd}&=qSC_y^\alpha\Delta\alpha(x_g-x_f)\end{aligned}\right\}\tag{6.6}$$

式中：x_g 为导弹重心至弹头顶点的距离；x_f 为导弹焦点至弹头顶点的距离。

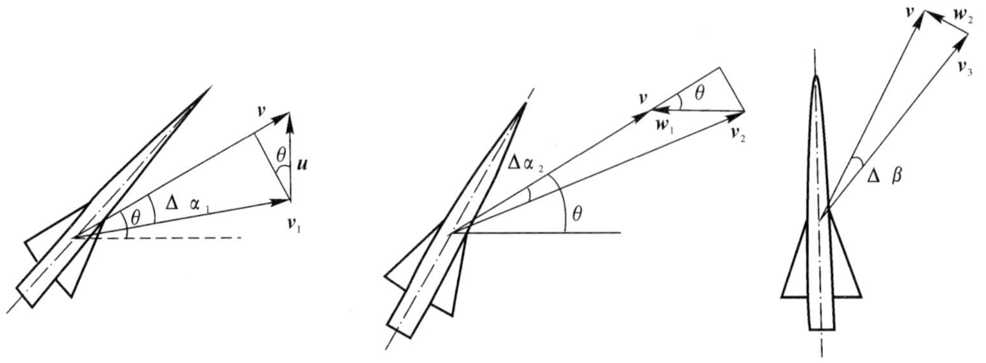

图 6.1 阵风干扰作用结果示意图

同理，侧滑角偏差 $\Delta\beta$ 产生的侧向干扰力和干扰力矩为

$$\left.\begin{aligned}F'_{zd}&=qSC_z^\beta\Delta\beta\\M'_{yd}&=qSC_z^\beta\Delta\beta(x_g-x_{pl})\end{aligned}\right\}\tag{6.7}$$

式中：x_{pl} 为侧向压力中心。

6.3.2 发动机的安装偏差

理论上要求发动机推力线应与弹身理论轴线相重合，但在生产过程中则允许有一定的公差范围，因为尺寸绝对相等的要求在制造中是无法实现的。

推力线偏离弹身理论轴线的误差用推力偏心距 l_p（推力作用点到弹身理论轴线的距离）和推力偏心角 η_p（推力线与弹身理论轴线的夹角）来描述，如图 6.2 所示。

对于导弹的推力偏心特性，我们不可能将每一发弹都进行检测，而是采用对一批弹进行抽样检测，由其统计特性给出。

若 n 个导弹的推力偏心距分别为 $l_{p1},l_{p2},\cdots,l_{pn}$，于是推力偏心距偏差的算术平均值 $\bar{l}_p$ 就可用下式计算：

$$\bar{l}_p=\frac{l_{p1}+l_{p2}+\cdots+l_{pn}}{n}\tag{6.8}$$

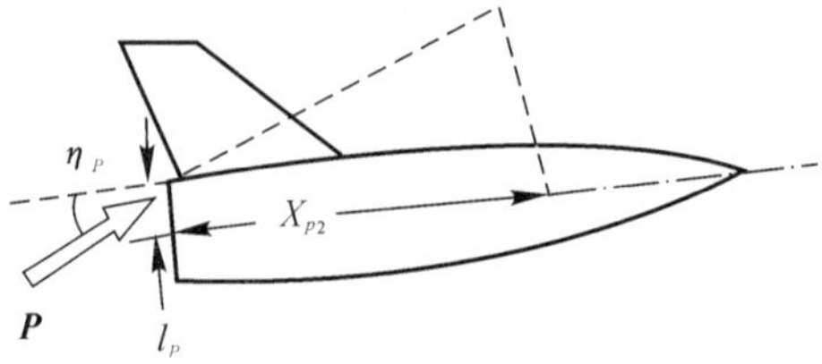

图 6.2 发动机安装偏差示意图

为了说明真实偏差相对平均值的分散情况，若认为偏差是相互独立的随机变量，就可用均

方根偏差 σ_{l_p} 来表示，其值等于

$$\sigma_{l_p}=\sqrt{\frac{\sum_{i=1}^{n}(l_{pi}-\bar{l}_p)^2}{n}} \tag{6.9}$$

独立随机变量的分布性质，也可用图形来说明：在直角坐标系的横轴上表示偏差量 l_{p1}，l_{p2}，…，l_{pn}，在纵轴上表示某偏差的概率密度，若假定偏差符合正态分布(高斯分布)，则分布曲线如图 6.3 所示。概率分析证明，在图中出现偏差在$(\bar{l}_p-3\sigma_{l_p},\bar{l}_p+3\sigma_{l_p})$范围之外的情况只占 0.3%，而偏差在$(\bar{l}_p-3\sigma_{l_p},\bar{l}_p+3\sigma_{l_p})$范围之内的情况占到了 99.7%。

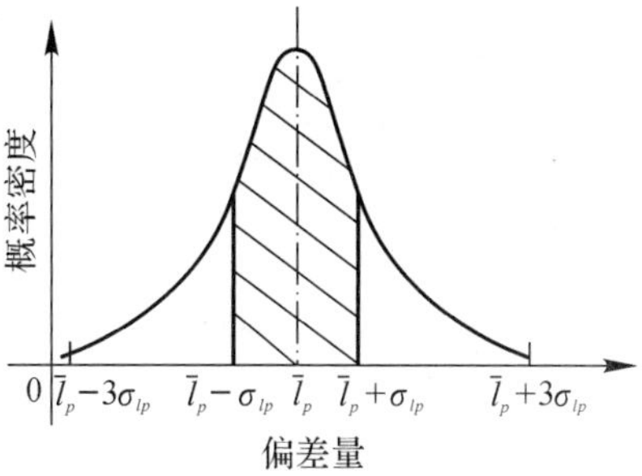

图 6.3　发动机安装线偏差的概率分布图

根据统计观点，对于一批导弹来讲，其中最严重的推力偏心情况，应为最大线偏差 $l_{p\max}$，即

$$l_{p\max}=\bar{l}_p\pm 3\sigma_{l_p} \tag{6.10}$$

同理，推力偏心角的最大误差也应为

$$\eta_{p\max}=\bar{\eta}_p\pm 3\sigma_{\eta p} \tag{6.11}$$

式中：$\bar{\eta}_p$ 为偏心角误差的算术平均值；$\sigma_{\eta p}$ 为偏心角误差的均方根值。

由发动机安装误差 l_p 和 η_p，将产生如下干扰力和干扰力矩：

$$\left.\begin{aligned} F'_{yd}&=P\sin\eta_p \\ F'_{xd}&=-P(1-\cos\eta_p) \\ M'_{zd}&=-P(x_{p2}+x')\sin\eta_p,\quad x'\approx\frac{l_p}{\eta_p} \end{aligned}\right\} \tag{6.12}$$

式中：x_{p2} 为发动机燃料喷口截面处至弹身重心的距离。若推力线偏角反向，式(6.12) 也要作相应地改变。

6.3.3　弹翼的安装误差

理论上要求对称翼型弹翼的翼弦平面通过弹身轴线，也就是两者之间没有夹角，这个角度称为安装角。但是由于存在着工艺误差，就形成了安装角 φ_k(见图 6.4)。由于安装角在飞行中与攻角起着同样的作用，于是在导弹上也要产生干扰力和干扰力矩。

假设一边弹翼的安装角均方根偏差值为 $\sigma_{\varphi 1}$，而另一边为 $\sigma_{\varphi 2}$。若假设安装角偏差是独立的随机变量，且符合正态分布规律，求一对弹翼综合产生的安装角均方根偏差 σ_k，按均方根值相加的规定，应为

$$\sigma_k = \sqrt{\sigma_{k1}^2 + \sigma_{k2}^2} \tag{6.13}$$

由于每片弹翼的生产工艺条件相同，弹翼又左右对称，可取均方根值 $\sigma_{k1} = \sigma_{k2}$，所以

$$\sigma_k = \sqrt{2}\sigma_{k1} = \sqrt{2}\sigma_{k2} \tag{6.14}$$

若不计安装角误差的数学期望，则有 $\varphi_k = \sigma_k$，因此一对水平弹翼产生的干扰力和干扰力矩分别为

$$\left.\begin{aligned} F'_{yd} &= qSC_y^{\alpha}\varphi_k = qSC_y^{\alpha}\sigma_k \\ M'_{zd} &= qSC_y^{\alpha}\varphi_k(x_g - x_F) = qSC_y^{\alpha}\sigma_k(x_g - x_F) \end{aligned}\right\} \tag{6.15}$$

式中：x_F 为弹翼压力中心到头部的距离；S 为参考面积；C_y^{α} 为弹翼升力系数对攻角的斜率。

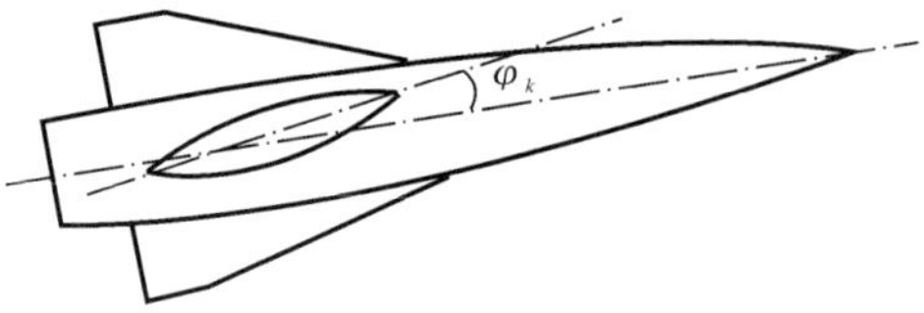

图 6.4　弹翼安装偏差

6.3.4　弹身的工艺偏差

弹身是分段制造的，每一段舱体的端面都有所谓的允许误差，严格地讲，实际上将各舱段对接起来的轴线并不是一根直线，而是一根折线（见图 6.5）。

设 A 和 B 两舱段对接面的工艺误差为 h_1，弹体直径为 D_1［见图 6.5(a)］，不难求出对接误差 h_1 对 A 舱段产生的附加攻角 $\Delta\alpha_A$，有

$$\tan\Delta\alpha_A = \frac{h_1}{D_1} \tag{6.16}$$

再假设 B 和 C 两舱段对接面的工艺误差为 h_2，弹体直径为 D_2［见图 6.5(b)］，不难求出对接误差 h_2 对 AB 舱段（也即 A 舱段）形成的附加攻角 $\Delta\alpha_{C-AB}$（将 AB 舱段看成一个整体），有

$$\tan\Delta\alpha_{C-AB} = \tan\Delta\alpha_B = \frac{h_2}{D_2} \tag{6.17}$$

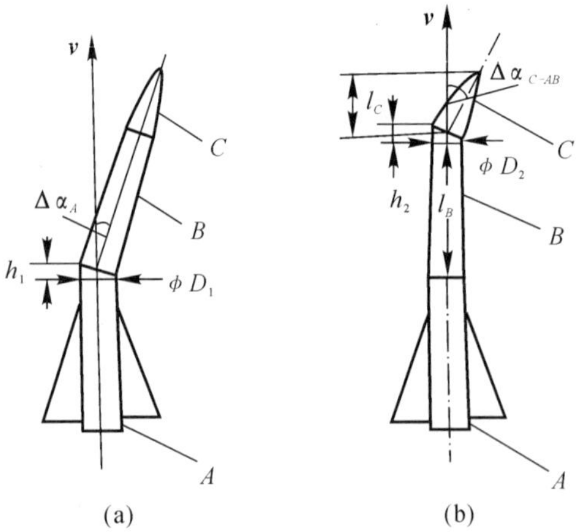

图 6.5　弹身对接偏差干扰作用示意图

对接误差 h_2 对 A 舱段上产生的附加攻角 $\Delta\alpha_{CB-A}$（将 CB 舱段看成一个整体），由图 6.5(b) 可得

$$\tan\Delta\alpha_{CB-A} \approx \frac{l_C \sin\Delta\alpha_{C-AB}}{l_C + l_B} \approx \Delta\alpha_{C-AB} \frac{l_C}{l_C + l_B} \tag{6.18}$$

如果 $\Delta\alpha_{C-AB}$ 和 $\Delta\alpha_{CB-A}$ 都是独立的随机变量，且按正态规律分布，依照上述计算弹翼安装角 φ_k 的同样方法，就可以找到对接误差 h_2 对 A 舱段产生的综合附加攻角，并由此计算出干扰力和干扰力矩。

6.3.5　控制系统的误差

控制系统产生的误差原因是多种多样的，许多文献资料研讨了这方面的问题，在这里不可能对此进行全面分析，只能对那些有代表性的问题作简要介绍，以便了解考虑控制系统误差的必要性。

控制系统的误差就其来源可以分为两类：一类是外界干扰对控制系统的影响，例如飞行环境和目标的起伏误差及噪声。另一类是控制元件有制造公差，以及测试仪器的准确性受到限制而形成的误差，其中比较典型的有以下两种：

(1) 陀螺误差。由于陀螺转子重心偏移，或者由于转动接触产生的摩擦力矩驱使陀螺产生进动，而形成随时间增加的飘移误差。例如某导弹允许自由陀螺飘移量 $\leqslant \pm 0.75°$。将陀螺安装到弹体上，由于测试仪器本身存在着制造工艺误差，不可能精确测出陀螺转子轴偏离设计基准的情况，也会形成误差。

(2) 舵机误差。舵机除本身的制造误差外，由于机械传动件的衔接间隙和摩擦因数的变化，以及其他控制元件有制造误差，均会以虚假信号传递到舵机上，其结果都会使舵面发生偏转而不能处在零位上，例如某导弹的舵面离开零位的偏差角可达 1°。

总之，无论是外界干扰使控制系统产生误差，还是控制系统本身的误差，最终都是集中到舵面上出现偏差角，其均方根值应为

$$\Delta\delta = \sqrt{\Delta\delta_1^2 + \Delta\delta_2^2 + \cdots + \Delta\delta_n^2} \tag{6.19}$$

其中 $\Delta\delta_1, \Delta\delta_2, \cdots, \Delta\delta_n$ 分别代表陀螺、舵机以及其他控制元件由于误差而引起的舵偏角误差的均方根值。由于舵偏角 $\Delta\delta$ 是控制系统对导弹飞行的干扰作用，它与稳定和操纵导弹飞行所需舵偏角的性质不一样，是一种有害的因素，因此在导弹的设计制造时应尽可能降低舵偏角误差的均方根值 $\Delta\delta$。在动态分析中，常常称 $\Delta\delta$ 为假信号或舵面假偏角（简称虚假舵偏角）。

综上所述，导弹飞行时总是不可避免地要受到这样或那样的干扰作用，分析导弹飞行动态特性的目的，就是要力求排除或者减小它们对导弹飞行的影响。

如按干扰作用存在时间的长短而论，又可将它们分为经常和瞬时两种干扰。

所谓经常干扰是指干扰因素长时间地作用于导弹上，例如安装误差、发动机推力偏心、舵面偏离零位等等，对于这种干扰，在动态特性分析时，总是用干扰力和干扰力矩来表示。

所谓瞬时干扰又称偶然干扰，它的性质是干扰因素瞬时作用又瞬时消失，或者是短时间作用，很快消失。例如，瞬时作用的阵风、发射瞬时的起始扰动、级间分离、控制系统偶然出现的短促信号等等，这种干扰作用的结果，往往是使某些运动参数出现初始偏差，例如，瞬时出现的垂直阵风干扰，使攻角产生初始偏差 $\Delta\alpha_0$。这时动态特性分析的目的，就是观察这个初始偏差对导弹飞行最终有何影响，初始偏差有时又称为初始条件或初始值。

6.4 稳定性和操纵性

6.4.1 基准运动和扰动运动

上面已经简要介绍了导弹在实际飞行中将出现不同于理想弹道的状态。为了更清楚地了解研究导弹动态特性的内容以及其重要性,下面再列举两个常见的例子,从动力学方面作进一步的解释。

例 6.1 偶然阵风的影响。

假定偶然垂直阵风作用在导弹上,使攻角产生初始值 $\Delta\alpha_0$(见图 6.6),于是在导弹上便出现了附加升力 $\Delta Y^\alpha \Delta\alpha_0$,因法向力发生了变化就会改变飞行速度的方向,使弹道倾角出现增量。除此之外,因 $\Delta Y^\alpha \Delta\alpha_0$ 作用在焦点上,其还要对重心产生一个附加力矩 $M^\alpha \Delta\alpha_0$,使导弹绕重心转动,出现俯仰角、攻角、转动角速度的增量 $\Delta\vartheta$、$\Delta\alpha$、$\Delta\dot{\alpha}$、$\Delta\omega_z$,从而产生附加力矩 $M^\alpha \Delta\dot{\alpha}$、$M^{\omega_z}\Delta\omega_z$。这种情况在计算理想弹道时是无法全面考虑的,在理想弹道中只能根据力矩平衡关系,认为攻角总是与升降舵偏角相对应的(在图 6.6 上没有绘出沿理想弹道飞行的作用力和力矩)。

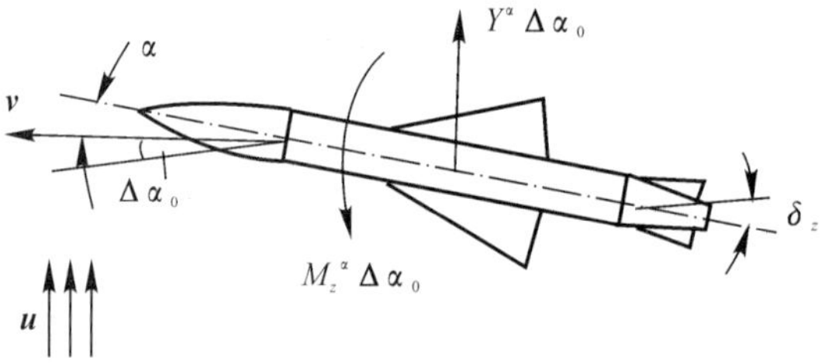

图 6.6 阵风干扰影响下扰动运动示意图

攻角初始值的出现,使得在导弹上形成了附加升力和力矩,势必使导弹的实际飞行具有两种运动成分,一种是理想弹道的运动,一种是由攻角初始值 $\Delta\alpha_0$ 引起的附加运动。如果导弹最终能够消除这个附加运动,它将继续沿着理想弹道飞行,否则,结果相反。

研究附加运动的发生、经过和结果,是动态特性分析的内容之一,研究的目的是希望导弹具有克服干扰作用的特性。

例 6.2 转动舵面的操纵现象。

图 6.7 所示的导弹,当它沿着理想弹道飞行时力矩总是瞬时平衡的,图中没有表示平衡状态下的力矩。

实际上当转动升降舵偏角由 δ_z 增加到 $\delta_z + \Delta\delta_z$ 时,尾翼上的升力增加,假定增值为 $Y^{\delta_z}\Delta\delta_z$,这个升力增量虽然对导弹重心的移动有所影响,但它的主要作用是对重心产生了一个力矩 $M^{\delta_z}\Delta\delta_z$,破坏了原来力矩平衡的状态,使导弹顺着 $M^{\delta_z}\Delta\delta_z$ 方向转动。但是由于转动惯性、气动阻尼和恢复力矩的作用,这种转动势必持续一段时间才有可能停止下来,因此导弹上的力矩并不是瞬时静态平衡的。同时在转动过程中由于改变了导弹上的作用力,还会进一步影响导弹的重心运动。

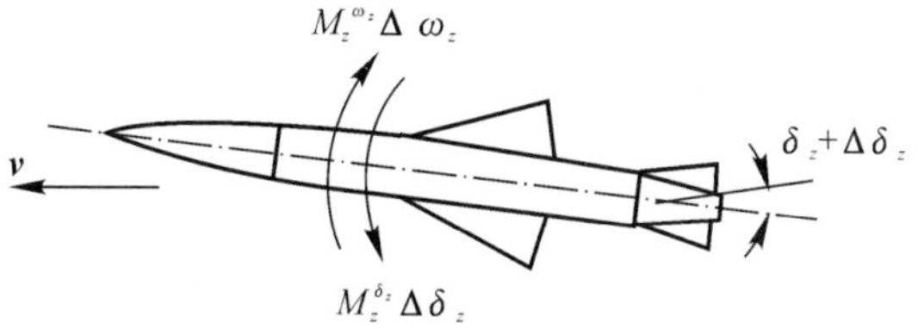

图 6.7　舵偏影响下扰动运动示意图

操纵舵面偏转后产生的如此复杂的运动现象，也是动态特性分析所要解决的重要课题之一。

以上两个例子说明：导弹实际的飞行状况与理想弹道确有差异，但是考虑到导弹的控制系统具有消除这种差异的功能，因此这种差异又是不大的。为了研究问题方便起见，我们将导弹沿理想弹道的飞行，称为基准运动或未扰动运动，而导弹受到控制和干扰作用，则可近似看成是在理想弹道运动的基础上，出现了附加运动，并称为扰动运动。从这种含意上讲，理想弹道又称未扰动弹道，在理想弹道的基础上考虑了扰动运动所得的弹道就称为实际弹道，或称扰动弹道。

6.4.2　小扰动法

带有控制系统的导弹，如果控制系统的工作正常，实际飞行的弹道总是与理想弹道相当接近，实际飞行的运动参数也总是在理想弹道运动参数附近变化。换句话说，导弹受到控制和干扰作用而产生的扰动，可以认为是一种小扰动。这当然是从相对意义上来理解，至于绝对量值的范围则应视具体情况而定。根据已有的经验，小扰动的说法虽无严格的理论证明，但与实际情况则能很好地相符，当然某些大扰动现象则不属于此列。

采用小扰动法，实际运动参数就可以用理想数值与其偏量值之和来表示：

$$\left.\begin{aligned}v(t)&=v_0(t)+\Delta v(t)\\\vartheta(t)&=\vartheta_0(t)+\Delta\vartheta(t)\\\theta(t)&=\theta_0(t)+\Delta\theta(t)\\\alpha(t)&=\alpha_0(t)+\Delta\alpha(t)\end{aligned}\right\}\tag{6.20}$$

这里的注脚“0”表示在基准运动中的参数，而 $\Delta v(t)$、$\Delta\vartheta(t)$、$\Delta\theta(t)$、$\Delta\alpha(t)$ 等等，就称为相应参数的偏量或简称偏量。

由于理想弹道上的全部运动参数可以计算求出，所以只要求出偏量以后，按照式(6.20)，实际弹道上的运动参数也就可以确定，因此，所提问题最终归结为研究运动参数的偏量问题。

6.4.3　稳定性

导弹小扰动运动形态由常系数线性系统描述时，在扰动因素的作用下，导弹将离开基准运动，一旦扰动作用消失，导弹不经控制，经过扰动运动后又重新恢复到原来的飞行状态，则称导弹的基准运动是稳定的(见图 6.8)。反之，如果在扰动作用消失后，导弹不经控制，不能恢复到原来的飞行状态，甚至偏差越来越大，则称其基准运动是不稳定的(见图 6.9)。

导弹运动稳定的概念，在一般情况下可应用李亚普诺夫关于运动稳定性的定义来描述，其提法如下：

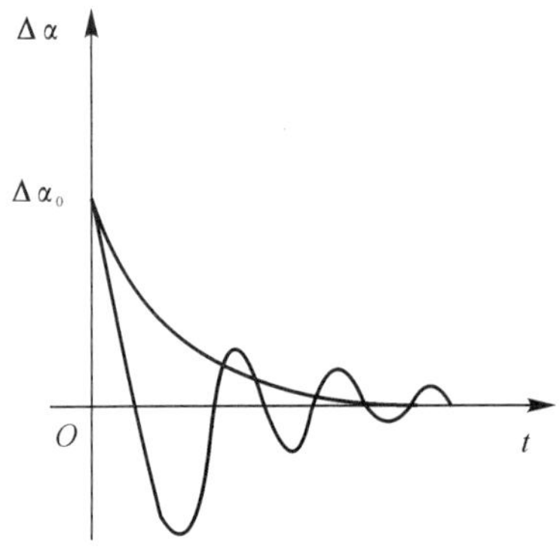

图 6.8　稳定的攻角变化曲线

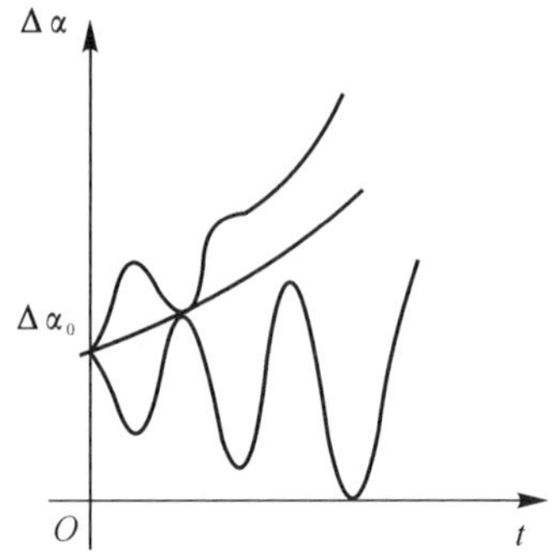

图 6.9　不稳定的攻角变化曲线

描述导弹实际飞行的运动参数可以表示为

$$x(t)=x_0(t)+\Delta x(t) \tag{6.21}$$

式中：$x_0(t)$ 为基准运动参数；$\Delta x(t)$ 为扰动运动参数。假定干扰对导弹作用的结果，在 $t=0$ 时出现初始值 $\Delta x(0)$，并产生扰动运动，如果 ε 是任意小的正数，由此可以找到另外一个正数 $\delta(\varepsilon)$，在 $t=0$ 时，$|\Delta x(0)|\leqslant\delta(\varepsilon)$，而在 $t>0$ 的所有时刻，扰动运动的所有参数 $\Delta x(t)$ 均满足不等式

$$\Delta x(t)<\varepsilon \tag{6.22}$$

则称基准运动 $x_0(t)$ 对于偏量 $\Delta x(t)$ 是稳定的。

如果满足条件 $|\Delta x(0)|\leqslant\delta(\varepsilon)$ 和式(6.22) 外，还存在下述关系：

$$\lim_{t\to\infty}|\Delta x(t)|=0 \tag{6.23}$$

则称基准运动是渐近稳定的，前者和后者的稳态性能有所不同。

上述初始值 $\Delta x(0)$ 比较小时稳定条件才能满足，便是小扰动范围内具有稳定性的情况。

若存在上述正数 ε，可以找到另外一个正数 $\delta(\varepsilon)$，$|\Delta x(0)|\leqslant\delta(\varepsilon)$ 也成立，但在 $t>0$ 的某时刻不能满足式(6.22)，则称基准运动是不稳定的。

由此可见，稳定性是指整个扰动运动具有收敛的特性，它是由飞行器随时间恢复到基准运动状态的能力所决定的。

6.4.4　操纵性概念

操纵性可以理解为舵面偏转后，导弹反应舵面偏转改变原有飞行状态的能力，以及反应快慢的程度。

研究导弹弹体本身的动态特性，不考虑自动控制系统的工作，为了在同一舵偏角下评定不同导弹的操纵性，一般规定舵面作如下三种典型偏转：

(1) 舵面阶跃偏转。假定舵偏角为阶跃函数，其目的是为了求到导弹扰动运动的过渡过程函数。这时导弹的反应最为强烈，也比较典型，如同自动控制原理需要研究过渡过程一样(见图 6.10)。

(2) 舵面简谐偏转。舵面作简谐偏转时，导弹的反应将出现延迟和输出振幅不等于输入振幅的现象。例如攻角 $\Delta\alpha$ 和舵偏角 $\Delta\delta_z$ 之间存在相位差，振幅间也有一定的比例关系(见图

6.11)。舵面简谐转动时可求得导弹的频率特性，以便利用频域法研究导弹在闭环飞行时的动态特性。

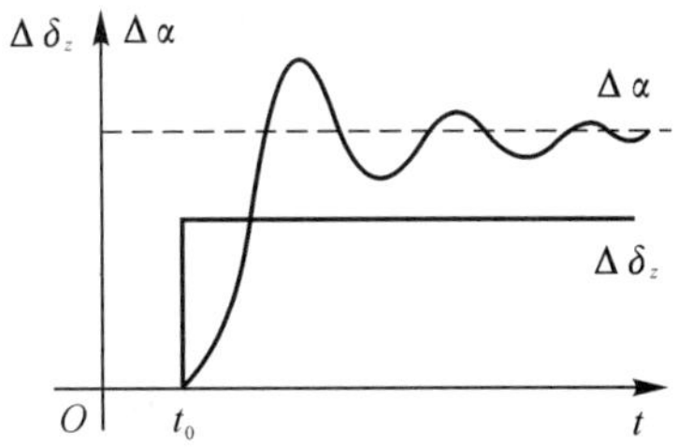

图 6.10　反应舵面阶跃偏转攻角偏差过渡过程

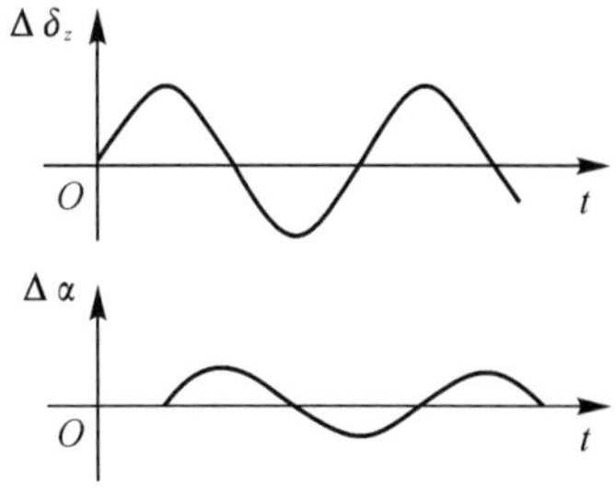

图 6.11　反应舵面简谐偏转攻角偏差过渡过程

(3) 舵面随机偏转。舵面随机偏转视具体情况而言，这里不再赘述。

导弹带有自动控制系统，弹体本身就是一个被控对象，且为自动控制系统的一个重要环节，控制对导弹的动态特性影响很大。因此，在设计导弹自动控制系统时，必须清楚地了解导弹弹体本身的动态特性。在设计导弹弹体时，也必须经常联系到控制系统来考虑各种问题。

6.5　小扰动条件下扰动运动的建模方法

由前述可知，在小扰动假设的前提下，导弹的实际运动参数等于理想运动参数与参数偏差的和，由此，便给我们带来了参数偏差随时间变化规律如何寻求的问题。为此，必须建立描述参数偏差随时间变化规律的数学模型，而微分方程的线性化方法便是这个模型建立的数学基础。

6.5.1　线性化方法

导弹空间运动通常由一个非线性变系数的微分方程组来描述，在数学上尚无求解这种方程组的一般解析法，因此非线性问题往往是用一个近似的线性系统来代替。非线性系统近似成线性系统，其精确程度取决于线性化方法和线性化假设。分析导弹的动态特性，采用基于泰勒级数展开的线性化方法，如下：

假设导弹运动方程为以下一般形式的微分方程组：

$$\left.\begin{aligned} f_1\frac{\mathrm{d}x_1}{\mathrm{d}t}&=F_1\\ f_2\frac{\mathrm{d}x_2}{\mathrm{d}t}&=F_2\\ &\cdots\cdots\\ f_n\frac{\mathrm{d}x_n}{\mathrm{d}t}&=F_n \end{aligned}\right\} \tag{6.24}$$

式中

$$\left.\begin{aligned} f_1 &= f_1(x_1, x_2, \cdots, x_n) \\ f_2 &= f_2(x_1, x_2, \cdots, x_n) \\ &\cdots\cdots \\ f_n &= f_n(x_1, x_2, \cdots, x_n) \end{aligned}\right\} \tag{6.25}$$

$$\left.\begin{aligned} F_1 &= F_1(x_1, x_2, \cdots, x_n) \\ F_2 &= F_2(x_1, x_2, \cdots, x_n) \\ &\cdots\cdots \\ F_n &= F_n(x_1, x_2 \cdots, x_n) \end{aligned}\right\} \tag{6.26}$$

其中 $x_1, x_2, \cdots, x_n$ 是导弹的运动参数，由理想弹道计算可得它们的特解为

$$\left.\begin{aligned} x_1 &= x_{10}(t) \\ x_2 &= x_{20}(t) \\ &\cdots\cdots \\ x_n &= x_{n0}(t) \end{aligned}\right\} \tag{6.27}$$

将此特解注以下标 0，表示为基准弹道的参数。将上列特解代入式(6.24)，得

$$\left.\begin{aligned} f_{10}\frac{\mathrm{d}x_{10}}{\mathrm{d}t} &= F_{10} \\ f_{20}\frac{\mathrm{d}x_{20}}{\mathrm{d}t} &= F_{20} \\ &\cdots\cdots \\ f_{n0}\frac{\mathrm{d}x_{n0}}{\mathrm{d}t} &= F_{n0} \end{aligned}\right\} \tag{6.28}$$

对一般形式的微分方程组式(6.24) 进行线性化，为不失代表性，任取一个方程，并省略其下标，则有

$$f\frac{\mathrm{d}x}{\mathrm{d}t} = F \tag{6.29}$$

式中：x 可以代表含扰动作用飞行的任一运动参数。在基准运动中此式变为

$$f_0\frac{\mathrm{d}x_0}{\mathrm{d}t} = F_0 \tag{6.30}$$

一个运动参数在扰动运动和未扰动运动中之差，为运动参数的偏量(或增量)，其形式为

$$f\frac{\mathrm{d}x}{\mathrm{d}t} - f_0\frac{\mathrm{d}x_0}{\mathrm{d}t} = F - F_0 \tag{6.31}$$

令 $\Delta x = x - x_0$，$\Delta f = f - f_0$，$\Delta F = F - F_0$。因此，式(6.31) 可改写为

$$\Delta\left(f\frac{\mathrm{d}x}{\mathrm{d}t}\right) = f\frac{\mathrm{d}x}{\mathrm{d}t} - f_0\frac{\mathrm{d}x_0}{\mathrm{d}t} = F - F_0 = \Delta F \tag{6.32}$$

式(6.32) 又可写为

$$\begin{aligned} \Delta\left(f\frac{\mathrm{d}x}{\mathrm{d}t}\right) = f\frac{\mathrm{d}x}{\mathrm{d}t} - f_0\frac{\mathrm{d}x_0}{\mathrm{d}t} + \left(f\frac{\mathrm{d}x_0}{\mathrm{d}t} - f\frac{\mathrm{d}x_0}{\mathrm{d}t}\right) = \\ f\frac{\mathrm{d}\Delta x}{\mathrm{d}t} + \Delta f\frac{\mathrm{d}x_0}{\mathrm{d}t} + f_0\frac{\mathrm{d}\Delta x}{\mathrm{d}t} - f_0\frac{\mathrm{d}\Delta x}{\mathrm{d}t} = \end{aligned}$$

$$(f_0+\Delta f)\frac{\mathrm{d}\Delta x}{\mathrm{d}t}+\Delta f\frac{\mathrm{d}x_0}{\mathrm{d}t}=\Delta F \tag{6.33}$$

式中：$\Delta f\dfrac{\mathrm{d}\Delta x}{\mathrm{d}t}$ 是高于一次的微量，可以略去，于是式(6.33)可变为

$$f_0\frac{\mathrm{d}\Delta x}{\mathrm{d}t}+\Delta f\frac{\mathrm{d}x_0}{\mathrm{d}t}=\Delta F \tag{6.34}$$

式中：Δf 和 ΔF 是函数的增量，它们可由以下方法计算。

由式(6.25)，函数 f 在点 $x_{10},x_{20},\cdots,x_{n0}$ 附近展成泰勒级数，则有

$$f(x_1,x_2,\cdots,x_n)=f_0(x_{10},x_{20},\cdots,x_{n0})+\left[\frac{\partial f(x_1,x_2,\cdots,x_n)}{\partial x_1}\right]_0\Delta x_1+\left[\frac{\partial f(x_1,x_2,\cdots,x_n)}{\partial x_2}\right]_0\Delta x_2+\cdots+\left[\frac{\partial f(x_1,x_2,\cdots,x_n)}{\partial x_n}\right]_0\Delta x_n+R_f \tag{6.35}$$

式中：R_f 是所有高于二阶以上各项之和。增量函数 Δf 的表达式为

$$\Delta f=f(x_1,x_2,\cdots,x_n)-f_0(x_{10},x_{20},\cdots,x_{n0})=\left[\frac{\partial f(x_1,x_2,\cdots,x_n)}{\partial x_1}\right]_0\Delta x_1+\left[\frac{\partial f(x_1,x_2,\cdots,x_n)}{\partial x_2}\right]_0\Delta x_2+\cdots+\left[\frac{\partial f(x_1,x_2,\cdots,x_n)}{\partial x_n}\right]_0\Delta x_n+R_f \tag{6.36}$$

同理可以求得增量函数 ΔF 的表达式为

$$\Delta F=F(x_1,x_2,\cdots,x_n)-F_0(x_{10},x_{20},\cdots,x_{n0})=\left[\frac{\partial F(x_1,x_2,\cdots,x_n)}{\partial x_1}\right]_0\Delta x_1+\left[\frac{\partial F(x_1,x_2,\cdots,x_n)}{\partial x_2}\right]_0\Delta x_2+\cdots+\left[\frac{\partial F(x_1,x_2,\cdots,x_n)}{\partial x_n}\right]_0\Delta x_n+R_F \tag{6.37}$$

同样，式(6.37)中 R_F 也是所有高于二阶以上各项之和。

导弹运动方程组线性化时，可以略去高阶小量之和。因此式(6.34)又可写为

$$f_0\frac{\mathrm{d}\Delta x}{\mathrm{d}t}+\left[\left(\frac{\partial f}{\partial x_1}\right)_0\Delta x_1+\left(\frac{\partial f}{\partial x_2}\right)_0\Delta x_2+\cdots+\left(\frac{\partial f}{\partial x_n}\right)_0\Delta x_n\right]\frac{\mathrm{d}x_0}{\mathrm{d}t}=\left(\frac{\partial F}{\partial x_1}\right)_0\Delta x_1+\left(\frac{\partial F}{\partial x_2}\right)_0\Delta x_2+\cdots+\left(\frac{\partial F}{\partial x_n}\right)_0\Delta x_n \tag{6.38}$$

$$\left(\frac{\partial f}{\partial x_1}\right)_0=\left[\frac{\partial f(x_1,x_2,x_3,\cdots,x_n)}{\partial x_1}\right]_0$$

$$\left(\frac{\partial f}{\partial x_2}\right)_0=\left[\frac{\partial f(x_1,x_2,x_3,\cdots,x_n)}{\partial x_2}\right]_0$$

……

$$\left(\frac{\partial f}{\partial x_n}\right)_0=\left[\frac{\partial f(x_1,x_2,x_3,\cdots,x_n)}{\partial x_n}\right]_0$$

$$\left(\frac{\partial F}{\partial x_1}\right)_0=\left[\frac{\partial F(x_1,x_2,x_3,\cdots,x_n)}{\partial x_1}\right]_0$$

$$\left(\frac{\partial F}{\partial x_2}\right)_0=\left[\frac{\partial F(x_1,x_2,x_3,\cdots,x_n)}{\partial x_2}\right]_0$$

$$\cdots\cdots$$

$$\left(\frac{\partial F}{\partial x_n}\right)_0=\left[\frac{\partial F(x_1,x_2,x_3,\cdots,x_n)}{\partial x_n}\right]_0$$

于是，最终可得任一运动参数偏量的线性微分方程式为

$$f_0\frac{\mathrm{d}\Delta x}{\mathrm{d}t}=\left[\left(\frac{\partial F}{\partial x_1}\right)_0-\frac{\mathrm{d}x_0}{\mathrm{d}t}\left(\frac{\partial f}{\partial x_1}\right)_0\right]\Delta x_1+\left[\left(\frac{\partial F}{\partial x_2}\right)_0-\frac{\mathrm{d}x_0}{\mathrm{d}t}\left(\frac{\partial f}{\partial x_2}\right)_0\right]\Delta x_2+\cdots+\left[\left(\frac{\partial F}{\partial x_n}\right)_0-\frac{\mathrm{d}x_0}{\mathrm{d}t}\left(\frac{\partial f}{\partial x_n}\right)_0\right]\Delta x_n \tag{6.39}$$

显然，式(6.39)中的自变量是运动参数偏量 Δx，它可以是 $\Delta x_1,\Delta x_2,\cdots,\Delta x_n$，偏量在方程式中仅有一次幂，而且没有偏量间的乘积，所以微分方程式(6.39)是线性的。式中函数 f_0，以及各偏导数 $\left(\frac{\partial f}{\partial x_1}\right)_0,\cdots,\left(\frac{\partial f}{\partial x_n}\right)_0,\left(\frac{\partial F}{\partial x_1}\right)_0,\cdots,\left(\frac{\partial F}{\partial x_n}\right)_0$ 等均是基准弹道运动参数的函数。基准运动的参数在计算弹道后是已知的时间参数，所以函数 f_0 以及偏导数 $\left(\frac{\partial f}{\partial x_1}\right)_0,\cdots,\left(\frac{\partial f}{\partial x_n}\right)_0,\left(\frac{\partial F}{\partial x_1}\right)_0,\cdots,\left(\frac{\partial F}{\partial x_n}\right)_0$ 等均是已知的时间函数。

导弹运动方程组与运动偏量方程组的差别是：① 前者描述一般的飞行状况，包括基准运动或称未扰动运动；后者描述基准运动邻近的扰动运动，或称附加运动。② 一般的飞行状态是非线性的，扰动运动状态是线性的。

6.5.2 作用力和力矩偏量

导弹上的作用力有推力、控制力、空气动力和重力。这些作用力及其力矩出现偏量，同干扰力和力矩的影响一样，将引起导弹产生扰动运动。因此，在运动方程线性化之前，应先弄清楚各作用力和力矩偏量的线性组合。

作用在导弹上的推力，如果由吸气式发动机产生，则其大小与空气密度和飞行速度有关，推力偏量的线性组合表达式为

$$\Delta P=\left(\frac{\partial P}{\partial v}\right)_0\Delta v+\left(\frac{\partial P}{\partial y}\right)_0\Delta y=P^v\Delta v+P^y\Delta y \tag{6.40}$$

式中：y 为飞行高度；P^v、P^y 分别代表推力对速度和高度的偏导数，其值由未扰动飞行参数来计算，故注以下标 0。

已知空气动力和力矩不仅与该时刻的运动参数有关，而且还与这些参数对时间的导数有关。但是，完全按此理论确定气动力和力矩的偏量，目前仍是一件困难的工作。因此在工程上通常采用定常假设，其含义是：在非定常飞行中，作用在导弹上的气动力和力矩，除下洗延迟效应和气流阻滞外，均近似为仅与当时的运动参数有关，而不考虑这些参数导数的影响。

分析空气动力和力矩偏量的线性组合时，应注意导弹存在着纵向对称面，或者是纵向近似对称的。这种对称性使得纵向平面内的空气动力和力矩对任意一侧向参数的导数可视为零。例如，空气阻力 X，确定它与侧滑角 β 的关系，β 值的正或负对阻力产生的影响没有差异，如图

6.12 所示。由此可见，在零侧滑角附近，阻力导数 X^{β} 实际上等于零。同理，升力导数 Y^{β} 也等于零。故此，在阻力和升力的偏量线性表达式内将不含与侧向运动参数偏量有关的项。

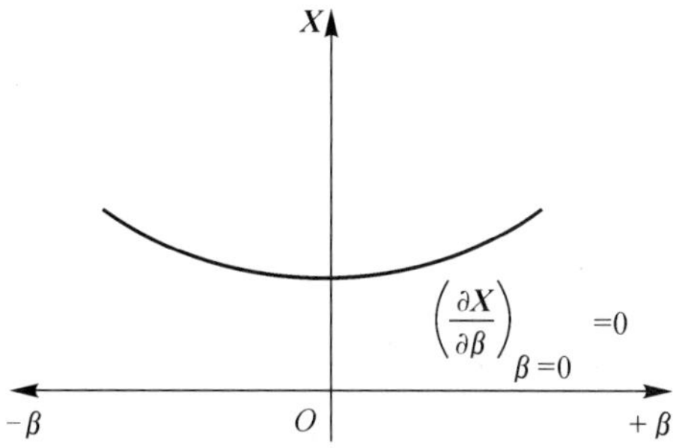

图 6.12　由侧滑角引起的阻力曲线

如上所述，各空气动力偏量线性组合的表达式通常为

$$\left.\begin{aligned}\Delta X&=X^{v}\Delta v+X^{\alpha}\Delta\alpha+X^{y}\Delta y\\\Delta Y&=Y^{v}\Delta v+Y^{\alpha}\Delta\alpha+Y^{y}\Delta y+Y^{\delta_z}\Delta\delta_z\\\Delta Z&=Z^{v}\Delta v+Z^{\beta}\Delta\beta+Z^{y}\Delta y+Z^{\delta_y}\Delta\delta_y\end{aligned}\right\}\tag{6.41}$$

式(6.41)中各空气动力导数叙述如下：

因空气阻力 $X=\frac{1}{2}\rho v^2 C_x S$，其中阻力系数 C_x 又是 Ma（马赫数）、Re（雷诺数）、α（攻角）和 β（侧滑角）的函数，所以阻力导数为

$$\left.\begin{aligned}X^{\alpha}&=\frac{\partial X}{\partial\alpha}=\frac{X}{C_x}\frac{\partial C_x}{\partial\alpha}=\frac{X}{C_x}C_x^{\alpha}\\X^{\beta}&=\frac{\partial X}{\partial\beta}=\frac{X}{C_x}\frac{\partial C_x}{\partial\beta}=\frac{X}{C_x}C_x^{\beta}\\X^{v}&=\frac{\partial X}{\partial v}=\frac{X}{v}\left(2+\frac{v}{C_x}\frac{\partial C_x}{\partial v}\right)\end{aligned}\right\}\tag{6.42}$$

式中

$$\frac{\partial C_x}{\partial v}=\frac{Ma}{v}\frac{\partial C_x}{\partial Ma}+\frac{Re}{v}\frac{\partial C_x}{\partial Re},\quad Re=\rho\frac{vL}{\mu}\tag{6.43}$$

故

$$X^{v}=\frac{X}{v}\left(2+\frac{Ma}{C_x}C_x^{Ma}+\frac{Re}{C_x}C_x^{Re}\right)\tag{6.44}$$

如上所述，当侧滑角 β 很小时，偏导数 $X^{\beta}\approx 0$。

同理，升力 $Y=\frac{1}{2}\rho v^2 C_y S$ 和侧力 $Z=\frac{1}{2}\rho v^2 C_z S$ 的有关导数为

$$\left.\begin{aligned}
Y^{v} &= \frac{\partial Y}{\partial v} = \frac{Y}{v}\left(2 + \frac{Ma}{C_y}\frac{\partial C_y}{\partial Ma}\right) \\
Y^{\alpha} &= \frac{\partial Y}{\partial \alpha} = \frac{Y}{C_y}C_y^{\alpha} \\
Z^{v} &= \frac{\partial Z}{\partial v} = \frac{Z}{v}\left(2 + \frac{Ma}{C_z}\frac{\partial C_z}{\partial Ma}\right) \\
Z^{\beta} &= \frac{Z}{C_z}C_z^{\beta} \\
C_z^{\beta} &= -C_y^{\alpha}\text{（轴对称时）}
\end{aligned}\right\} \tag{6.45}$$

在升力和侧力偏量表达式中，两个与舵偏角有关的偏导数为

$$\left.\begin{aligned}
Y^{\delta_z} &= \frac{Y}{C_y}C_y^{\delta_z} \\
Z^{\delta_y} &= \frac{Z}{C_z}C_z^{\delta_y}
\end{aligned}\right\} \tag{6.46}$$

在以上气动力偏导数中，当战术导弹飞行高度微量变化时，若不计空气密度微小变化对气动力的影响，可取 X^y、Y^y 和 Z^y 为零。

讨论各气动力矩偏量的线性组合时，除考虑运动参数偏量 Δv，Δy，$\Delta\alpha$，$\Delta\beta$，$\Delta\delta_y$，$\Delta\delta_z$ 和 $\Delta\delta_x$ 外，还应考虑角速度偏量 $\Delta\omega_x$，$\Delta\omega_y$，$\Delta\omega_z$ 和决定气流下洗延迟现象的偏量导数 $\Delta\dot{\alpha}$，$\Delta\dot{\beta}$，$\Delta\dot{\delta}_y$，$\Delta\dot{\delta}_z$ 以及航向和滚转力矩偏量中的交叉效应。因此，适合所有气动力矩的一般式为

$$\left.\begin{aligned}
M_i &= \frac{1}{2}\rho v^2 m_i SL \\
m_i &= m_i^j j
\end{aligned}\right\} \tag{6.47}$$

可得各项气动力矩偏量的线性组合为

$$\begin{aligned}
\Delta M_x = {} & M_x^v \Delta v + M_x^{\alpha}\Delta\alpha + M_x^{\beta}\Delta\beta + M_x^{\omega_x}\Delta\omega_x + M_x^{\omega_y}\Delta\omega_y + \\
& M_x^{\omega_z}\Delta\omega_z + M_x^y\Delta y + M_x^{\delta_x}\Delta\delta_x + M_x^{\delta_y}\Delta\delta_y
\end{aligned} \tag{6.48}$$

$$\begin{aligned}
\Delta M_y = {} & M_y^v \Delta v + M_y^{\beta}\Delta\beta + M_y^{\omega_x}\Delta\omega_x + M_y^{\omega_y}\Delta\omega_y + \\
& M_y^{\dot{\beta}}\Delta\dot{\beta} + M_y^y\Delta y + M_y^{\delta_y}\Delta\delta_y + M_y^{\dot{\delta}_y}\Delta\dot{\delta}_y + M_y^{\delta_x}\Delta\delta_x
\end{aligned} \tag{6.49}$$

$$\begin{aligned}
\Delta M_z = {} & M_z^v \Delta v + M_z^{\alpha}\Delta\alpha + M_z^{\omega_x}\Delta\omega_x + M_z^{\omega_z}\Delta\omega_z + \\
& M_z^{\dot{\alpha}}\Delta\dot{\alpha} + M_z^y\Delta y + M_z^{\delta_z}\Delta\delta_z + M_z^{\dot{\delta}_z}\Delta\dot{\delta}_z
\end{aligned} \tag{6.50}$$

式中各力矩偏导数为

$$\left.\begin{aligned} M_z^v &= \frac{M_z}{v}\left(2+\frac{Ma}{m_z}\frac{\partial m_z}{\partial Ma}\right) \\ M_y^v &= \frac{M_y}{v}\left(2+\frac{Ma}{m_y}\frac{\partial m_y}{\partial Ma}\right) \\ M_x^v &= \frac{M_x}{v}\left(2+\frac{Ma}{m_x}\frac{\partial m_x}{\partial Ma}\right) \end{aligned}\right\} \tag{6.51}$$

$$\left.\begin{aligned} M_z^\alpha &= \frac{M_z}{m_z}m_z^\alpha, \quad M_y^\beta = \frac{M_y}{m_y}m_y^\beta \\ M_x^\alpha &= \frac{M_x}{m_x}m_x^\alpha, \quad M_x^\beta = \frac{M_x}{m_x}m_x^\beta \end{aligned}\right\} \tag{6.52}$$

$$\left.\begin{aligned} M_z^{\omega_z} &= \frac{M_z}{m_z}m_z^{\omega_z}, \quad M_z^{\omega_x} = \frac{M_z}{m_z}m_z^{\omega_x} \\ M_z^{\dot\alpha} &= \frac{M_z}{m_z}m_z^{\dot\alpha} \\ M_y^{\omega_y} &= \frac{M_y}{m_y}m_y^{\omega_y}, \quad M_y^{\omega_x} = \frac{M_y}{m_y}m_y^{\omega_x} \\ M_x^{\omega_x} &= \frac{M_x}{m_x}m_x^{\omega_x}, \quad M_x^{\omega_y} = \frac{M_x}{m_x}m_x^{\omega_y} \\ M_x^{\omega_z} &= \frac{M_x}{m_x}m_x^{\omega_z} \end{aligned}\right\} \tag{6.53}$$

这里的力矩系数 $m_z^{\omega_z}$,$m_y^{\omega_y}$,$m_x^{\omega_x}$ 等都是有量纲的。为了便于动态特性分析,常用无因次形式 $m_z^{\bar\omega_z}$,$m_y^{\bar\omega_y}$,$m_x^{\bar\omega_x}$ 等。无因次角速度 $m_z^{\bar\omega_z}$,$m_y^{\bar\omega_y}$,$m_x^{\bar\omega_x}$ 等可表示为

$$\left.\begin{aligned} \bar\omega_z &= \frac{\omega_z L}{v}, \bar\omega_y = \frac{\omega_y L}{v}, \bar\omega_x = \frac{\omega_x L}{v} \\ \bar{\dot\alpha} &= \frac{\dot\alpha L}{v}, \bar{\dot\beta} = \frac{\dot\beta L}{v} \end{aligned}\right\} \tag{6.54}$$

于是,由无因次气动力矩系数表示的力矩偏导数为

$$\left.\begin{aligned} M_z^{\omega_z} &= m_z^{\bar\omega_z}\ \frac{1}{2}\rho v S L^2 \\ M_x^{\omega_x} &= m_x^{\bar\omega_x}\ \frac{1}{2}\rho v S L^2 \\ M_y^{\omega_y} &= m_y^{\bar\omega_y}\ \frac{1}{2}\rho v S L^2 \\ M_z^{\dot\alpha} &= m_z^{\bar{\dot\alpha}}\ \frac{1}{2}\rho v S L^2 \\ M_y^{\dot\beta} &= m_y^{\bar{\dot\beta}}\ \frac{1}{2}\rho v S L^2 \end{aligned}\right\} \tag{6.55}$$

在实际应用中为书写方便，上列各无因次气动力矩导数可略去上标符号“—”。

6.5.3 导弹空间运动方程组的线性化

为了得到描述导弹空间扰动运动的线性微分方程组，必须应用线性化公式(6.39)对导弹运动方程组的每一方程逐项进行线性化。

导弹运动方程组的第1式为

$$m\frac{\mathrm{d}v}{\mathrm{d}t}=P\cos\alpha\cos\beta-X-G\sin\theta \tag{6.56}$$

式(6.56)与式(6.39)对比，导弹的质量 m 相当于 f，飞行速度 v 相当于 x，而 $P\cos\alpha\cos\beta-X-G\sin\theta$ 相当于 F。由于导弹的质量 m 与运动参数 $v,\alpha,\cdots$ 无关，所以

$$\frac{\partial m}{\partial v}=\frac{\partial m}{\partial \alpha}=\frac{\partial m}{\partial \beta}=0$$

因此 $\frac{\partial f}{\partial x_1}=0,\frac{\partial f}{\partial x_2}=0,\cdots$。$F$ 对运动参数 v 的偏导数为

$$\frac{\partial F}{\partial v}=\frac{\partial(P\cos\alpha\cos\beta-X-G\sin\theta)}{\partial v}=\cos\alpha\cos\beta\frac{\partial P}{\partial v}-\frac{\partial X}{\partial v}-\sin\theta\frac{\partial G}{\partial v}$$

偏导数采用简化符号 $\frac{\partial P}{\partial v}=P^v,\frac{\partial X}{\partial v}=X^v,\frac{\partial G}{\partial v}=G^v=0$，上式变为

$$\frac{\partial F}{\partial v}=P^v\cos\alpha\cos\beta-X^v$$

引用式(6.42)的结果，此式可写为

$$\frac{\partial F}{\partial v}=P^v\cos\alpha\cos\beta-\frac{X}{v}\left(2+\frac{v}{C_x}C_x^v\right)$$

式中：$\frac{\partial C_x}{\partial v}=C_x^v$。

F 对其他运动参数(包括飞行高度 y)的偏导数，可同样表示为

$$\frac{\partial F}{\partial \alpha}=(P^\alpha\cos\alpha-P\sin\alpha)\cos\beta-X^\alpha$$

$$\frac{\partial F}{\partial \beta}=P^\beta\cos\alpha\cos\beta-P\cos\alpha\sin\beta-X^\beta$$

$$\frac{\partial F}{\partial y}=P^y\cos\alpha\cos\beta-X^y-G^y\sin\theta$$

$$\frac{\partial F}{\partial \theta}=-G\cos\theta$$

将上面求得的各个偏导数代入式(6.39)，可求得式(6.56)的如下线性化结果：

$$m_0 \frac{\mathrm{d}\Delta v}{\mathrm{d}t} = \left[P^v \cos\alpha \cos\beta - \frac{X}{v}\left(2 + \frac{v}{C_x}C_x^v\right)\right]_0 \Delta v +$$

$$(P^\alpha \cos\alpha \cos\beta - P \sin\alpha \cos\beta - X^\alpha)_0 \Delta\alpha +$$

$$(P^\beta \cos\alpha \cos\beta - P \cos\alpha \sin\beta - X^\beta)_0 \Delta\beta +$$

$$(P^y \cos\alpha \cos\beta - X^y - G^y \sin\theta)_0 \Delta y - (G\cos\theta)_0 \Delta\theta \qquad (6.57)$$

如果导弹沿基准弹道飞行过程中攻角 α_0 和侧滑角 β_0 的数值均比较小，那么 $\cos\alpha_0 \approx 1$，$\cos\beta_0 \approx 1$，$\sin\alpha_0 \approx \alpha_0$，$\sin\beta_0 \approx \beta_0$，式(6.57) 可近似写为

$$m_0 \frac{\mathrm{d}\Delta v}{\mathrm{d}t} \approx \left[P^v - \frac{X}{v}\left(2 + \frac{v}{C_x}C_x^v\right)\right]_0 \Delta v + (P^\alpha - P\alpha - X^\alpha)_0 \Delta\alpha +$$

$$(P^\beta - P\beta - X^\beta)_0 \Delta\beta + (P^y - X^y - G^y \sin\theta)_0 \Delta y - (G\cos\theta)_0 \Delta\theta \qquad (6.58)$$

式(6.58) 为导弹飞行速度偏量随时间变化的线性微分方程式，也是常见的运动偏量微分方程式之一，只是有些发动机推力的偏导数 $P^\alpha = P^\beta = P^y = 0$。

导弹运动方程组的第 2 式为

$$mv \frac{\mathrm{d}\theta}{\mathrm{d}t} = P(\sin\alpha \cos\gamma_v + \cos\alpha \sin\beta \sin\gamma_v) + Y\cos\gamma_v - Z\sin\gamma_v - G\cos\theta \qquad (6.59)$$

这时运动参数为 $v, \theta, \alpha, \beta, \gamma_v, y, \delta_z$ 和 δ_y，按照第 1 式线性化的步骤，可以得到下列偏导数：

$$\frac{\partial(mv)}{\partial v} = m$$

$$\frac{\partial F}{\partial v} = P^v(\sin\alpha \cos\gamma_v + \cos\alpha \sin\beta \sin\gamma_v) + Y^v \cos\gamma_v - Z^v \sin\gamma_v$$

$$\frac{\partial F}{\partial \alpha} = P^\alpha(\sin\alpha \cos\gamma_v + \cos\alpha \sin\beta \sin\gamma_v) + P(\cos\alpha \cos\gamma_v - \sin\alpha \sin\beta \sin\gamma_v) + Y^\alpha \cos\gamma_v$$

$$\frac{\partial F}{\partial \beta} = P^\beta(\sin\alpha \cos\gamma_v + \cos\alpha \sin\beta \sin\gamma_v) + P\cos\alpha \cos\beta \sin\gamma_v - Z^\beta \sin\gamma_v$$

$$\frac{\partial F}{\partial \gamma_v} = P(-\sin\alpha \sin\gamma_v + \cos\alpha \sin\beta \cos\gamma_v) - Y\sin\gamma_v - Z\cos\gamma_v$$

$$\frac{\partial F}{\partial \theta} = G\sin\theta$$

$$\frac{\partial F}{\partial \delta_z} = Y^{\delta_z} \cos\gamma_v$$

$$\frac{\partial F}{\partial \delta_y} = -Z^{\delta_y} \sin\gamma_v$$

$$\frac{\partial F}{\partial y} = P^y(\sin\alpha \cos\gamma_v + \cos\alpha \sin\beta \sin\gamma_v) + Y^y \cos\gamma_v - Z^y \sin\gamma_v - G^y \cos\theta$$

在运动参数偏量的线性微分方程式中引用上列各式，可得第 2 式的如下线性化结果：

$$
\begin{aligned}
&(mv)_0\frac{\mathrm{d}\Delta\theta}{\mathrm{d}t}+\left(m\frac{\mathrm{d}\theta}{\mathrm{d}t}\right)_0\Delta v= \\
&\quad[P^v(\sin\alpha\cos\gamma_v+\cos\alpha\sin\beta\sin\gamma_v)+Y^v\cos\gamma_v-Z^v\sin\gamma_v]_0\Delta v+ \\
&\quad[P^\alpha(\sin\alpha\cos\gamma_v+\cos\alpha\sin\beta\sin\gamma_v)+P(\cos\alpha\cos\gamma_v-\sin\alpha\sin\beta\sin\gamma_v)+Y^\alpha\cos\gamma_v]_0\Delta\alpha+ \\
&\quad[P^\beta(\sin\alpha\cos\gamma_v+\cos\alpha\sin\beta\sin\gamma_v)+P\cos\alpha\cos\beta\sin\gamma_v-Z^\beta\sin\gamma_v]_0\Delta\beta+ \\
&\quad(G\sin\theta)_0\Delta\theta+(Y^{\delta_z}\cos\gamma_v)_0\Delta\delta_z+(-Z^{\delta_y}\sin\gamma_v)_0\Delta\delta_y+ \\
&\quad[P(-\sin\alpha\sin\gamma_v+\cos\alpha\sin\beta\cos\gamma_v)-Y\sin\gamma_v-Z\cos\gamma_v]_0\Delta\gamma_v+ \\
&\quad[P^y(\sin\alpha\cos\gamma_v+\cos\alpha\sin\beta\sin\gamma_v)+Y^y\cos\gamma_v-Z^y\sin\gamma_v-G^y\cos\theta]_0\Delta y
\end{aligned}
\tag{6.60}
$$

如果导弹沿基准弹道飞行的攻角 α_0、侧滑角 β_0 和速度倾斜角 γ_{v0} 都比较小，在式(6.60)中可近似认为 $\cos\alpha_0=\cos\beta_0=\cos\gamma_{v0}\approx1$；$\sin\alpha_0\approx\alpha_0$，$\sin\beta_0\approx\beta_0$，$\sin\gamma_{v0}\approx\gamma_{v0}$，于是式(6.60)可写为

$$
\begin{aligned}
&(mv)_0\frac{\mathrm{d}\Delta\theta}{\mathrm{d}t}+\left(m\frac{\mathrm{d}\theta}{\mathrm{d}t}\right)_0\Delta v= \\
&\quad[P^v(\alpha+\beta\gamma_v)+Y^v-Z^v\gamma_v]_0\Delta v+ \\
&\quad[P^\alpha(\alpha+\beta\gamma_v)+P(1-\alpha\beta\gamma_v)+Y^\alpha]_0\Delta\alpha+ \\
&\quad[P^\beta(\alpha+\beta\gamma_v)+P\gamma_v-Z^\beta\gamma_v]_0\Delta\beta+ \\
&\quad(G\sin\theta)_0\Delta\theta+(Y^{\delta_z})_0\Delta\delta_z+(-Z^{\delta_y}\gamma_v)_0\Delta\delta_y+ \\
&\quad[P(-\alpha\gamma_v+\beta)-Y\gamma_v-Z]_0\Delta\gamma_v+ \\
&\quad[P^y(\alpha+\beta\gamma_v)+Y^y-Z^y\gamma_v-G^y\cos\theta]_0\Delta y
\end{aligned}
\tag{6.61}
$$

如果忽略式(6.61)中的二阶小量 $\beta_0\gamma_{v0}$，$\alpha_0\gamma_{v0}$ 和三阶小量 $\alpha_0\beta_0\gamma_{v0}$，并且在一般情况下 $(mv)_0\frac{\mathrm{d}\Delta\theta}{\mathrm{d}t}$ 要比 $\left(m\frac{\mathrm{d}\theta}{\mathrm{d}t}\right)_0\Delta v$ 大得多，两项相比，$\left(m\frac{\mathrm{d}\theta}{\mathrm{d}t}\right)_0\Delta v$ 可以忽略不计，这时式(6.61)可改写为

$$
\begin{aligned}
(mv)_0\frac{\mathrm{d}\Delta\theta}{\mathrm{d}t}=&(P^v\alpha+Y^v-Z^v\gamma_v)_0\Delta v+(P^\alpha\alpha+P+Y^\alpha)_0\Delta\alpha+ \\
&(P^\beta\alpha+P\gamma_v-Z^\beta\gamma_v)_0\Delta\beta+(G\sin\theta)_0\Delta\theta+(Y^{\delta_z})_0\Delta\delta_z-(Z^{\delta_y}\gamma_v)_0\Delta\delta_y+ \\
&(P\beta-Y\gamma_v-Z)_0\Delta\gamma_v+(P^y\alpha+Y^y-Z^y\gamma_v-G^y\cos\theta)_0\Delta y
\end{aligned}
\tag{6.62}
$$

由此可见，应用运动参数偏量的线性微分方程式(6.39)，参照以上导弹运动方程组的第1式和第2式线性化的步骤，可得导弹空间运动方程组的全部线性化结果，即导弹空间扰动运动的线性微分方程组为

$$
\left.\begin{aligned}
&(m)_0\frac{\mathrm{d}\Delta v}{\mathrm{d}t}=(P^v-X^v)_0\Delta v+(P^\alpha-P\alpha-X^\alpha)_0\Delta\alpha+(P^\beta-P\beta-X^\beta)_0\Delta\beta+\\
&\qquad(P^y-X^y-G^y\sin\theta)_0\Delta y-(G\cos\theta)_0\Delta\theta\\
&(mv)_0\frac{\mathrm{d}\Delta\theta}{\mathrm{d}t}=(P^v\alpha+Y^v-Z^v\gamma_v)_0\Delta v+(P^\alpha\alpha+P+Y^\alpha)_0\Delta\alpha+\\
&\qquad(P^\beta\alpha+P\gamma_v-Z^\beta\gamma_v)_0\Delta\beta+(G\sin\theta)_0\Delta\theta+(Y^{\delta_z})_0\Delta\delta_z-\\
&\qquad(Z^{\delta_y}\gamma_v)_0\Delta\delta_y+(P\beta-Y\gamma_v-Z)_0\Delta\gamma_v+(P^y\alpha+Y^y-Z^y\gamma_v-G^y\cos\theta)_0\Delta y\\
&(-mv\cos\theta)_0\frac{\mathrm{d}\Delta\psi_v}{\mathrm{d}t}=(Z^v)_0\Delta v+[(P+Y^\alpha)\gamma_v]_0\Delta\alpha+(-P+Z^\beta)_0\Delta\beta+\\
&\qquad(P\alpha+Y)_0\Delta\gamma_v+(Z^{\delta_y})_0\Delta\delta_y+(Y^{\delta_z})_0\Delta\delta_z+(Z^y)_0\Delta y\\
&(J_x)_0\frac{\mathrm{d}\Delta\omega_x}{\mathrm{d}t}=(M_x^v)_0\Delta v+(M_x^{\omega_x})_0\Delta\omega_x+(M_x^{\delta_x})_0\Delta\delta_x+(M_x^{\delta_y})_0\Delta\delta_y+(M_x^{\omega_y})_0\Delta\omega_y-\\
&\qquad[(J_z-J_y)\omega_y]_0\Delta\omega_z-[(J_z-J_y)\omega_z]_0\Delta\omega_y+(M_x^\beta)_0\Delta\beta+(M_x^y)_0\Delta y\\
&(J_y)_0\frac{\mathrm{d}\Delta\omega_y}{\mathrm{d}t}=(M_y^v)_0\Delta v+(M_y^\beta)_0\Delta\beta+(M_y^{\omega_y})_0\Delta\omega_y+(M_y^{\omega_x})_0\Delta\omega_x+(M_y^{\delta_y})_0\Delta\delta_y+\\
&\qquad(M_y^y)_0\Delta y+(M_y^{\delta_x})_0\Delta\delta_x-[(J_x-J_z)\omega_z]_0\Delta\omega_x-[(J_x-J_z)\omega_x]_0\Delta\omega_z\\
&(J_z)_0\frac{\mathrm{d}\Delta\omega_z}{\mathrm{d}t}=(M_z^v)_0\Delta v+(M_z^\alpha)_0\Delta\alpha+(M_z^{\omega_z})_0\Delta\omega_z+(M_z^{\delta_z})_0\Delta\delta_z+(M_z^{\dot\alpha})_0\Delta\dot\alpha+\\
&\qquad(M_z^{\dot\delta_z})_0\Delta\dot\delta_z+(M_z^y)_0\Delta y-[(J_y-J_x)\omega_x]_0\Delta\omega_y-[(J_y-J_x)\omega_y]_0\Delta\omega_x\\
&\frac{\mathrm{d}\Delta\vartheta}{\mathrm{d}t}=(\omega_y)_0\Delta\gamma+\Delta\omega_z\\
&\frac{\mathrm{d}\Delta\psi}{\mathrm{d}t}=\left(\frac{1}{\cos\vartheta}\right)_0\Delta\omega_y-\left(\frac{\omega_z}{\cos\vartheta}\right)_0\Delta\gamma\\
&\frac{\mathrm{d}\Delta\gamma}{\mathrm{d}t}=\Delta\omega_x-(\tan\vartheta)_0\Delta\omega_y+\left(\frac{\omega_y}{\cos^2\vartheta}\right)_0\Delta\vartheta+(\omega_z\tan\vartheta)_0\Delta\gamma\\
&\frac{\mathrm{d}\Delta x}{\mathrm{d}t}=(\cos\theta\cos\psi_v)_0\Delta v-(v\sin\theta\cos\psi_v)_0\Delta\theta-(v\cos\theta\sin\psi_v)_0\Delta\psi_v\\
&\frac{\mathrm{d}\Delta y}{\mathrm{d}t}=(\sin\theta)_0\Delta v+(v\cos\theta)_0\Delta\theta\\
&\frac{\mathrm{d}\Delta z}{\mathrm{d}t}=(-\cos\theta\sin\psi_v)_0\Delta v+(v\sin\theta\sin\psi_v)_0\Delta\theta-(v\cos\theta\cos\psi_v)_0\Delta\psi_v\\
&\Delta\theta=\Delta\vartheta-\Delta\alpha\\
&\Delta\psi_v=\Delta\psi+\left(\frac{\alpha}{\cos\theta}\right)_0\Delta\gamma-\left(\frac{1}{\cos\theta}\right)_0\Delta\beta\\
&\Delta\gamma_v=(\tan\theta)_0\Delta\beta+\left(\frac{\cos\vartheta}{\cos\theta}\right)_0\Delta\gamma
\end{aligned}\right\}
\tag{6.63}
$$

在此方程组中没有考虑导弹质量随运动参数偏量的变化，也没有考虑四个理想操纵关系方程，故仅有 15 个运动参数偏量方程，其中所含偏量为 Δv，$\Delta\alpha$，$\Delta\theta$，$\Delta\vartheta$，$\Delta\beta$，$\Delta\psi_v$，$\Delta\psi$，$\Delta\gamma$，$\Delta\gamma_v$，$\Delta\omega_x$，$\Delta\omega_y$，$\Delta\omega_z$，Δx，Δy，Δz。运动参数偏量线性微分方程组中舵面偏转角偏量 $\Delta\delta_x$，$\Delta\delta_y$，$\Delta\delta_z$ 是导弹弹体扰动的输入量，在单独分析弹体自身的动态特性时，可取常用的典型输入值，例如阶跃函数等。当分析导弹弹体作为控制对象的动态特性时，因存在包含自动驾驶仪的控制系统，此时偏量 $\Delta\delta_x$，$\Delta\delta_y$，$\Delta\delta_z$ 又是控制设备的输出量。

在运动参数偏量的线性微分方程中，下标 0 表示方程的系数，由基准弹道的运动参数、气动参数和结构参数等来确定。在明确了此含义后，今后为书写方便，常略去下标 0。

6.5.4 系数“冻结”法

因为导弹在飞行过程中，一般情况下运动参数是随时间变化的，所以导弹的扰动运动方程组是变系数线性微分方程组。对于变系数线性微分方程组难以寻求工程需要的解析解，为此，常采用系数“冻结”法将变系数线性微分方程组处理为常系数线性微分方程组。

系数“冻结”法的含义如下：在研究导弹（或飞行器）的动态特性时，如果未扰动弹道已经给出，则在该弹道上任意点上的运动参数和结构参数等都为已知数值，可以近似地认为在这些点附近的小范围内，运动和结构等参数都固定不变。具体而言，在一小段时间内动力系数可由弹道上某一点的运动参数来决定，这个点我们称为特性点。假设在特性点附近动力系数的值不变，或者说从特性点算起，在一小段时间内动力系数为常数。

系数“冻结”法并无严格的理论根据或数学证明。在实用中通常发现：如果在过渡过程时间内，即使系数的变化较大，系数“冻结”法也不致于带来很大的误差。一般运动系数的变化值不超过 10%，采用系数“冻结”法将不会带来很大的误差，但是也有例外。因此在选择弹道特性点时，凡是运动参数有剧烈变化的点，都应作为特性点对待，否则，将会出现很大的误差。可是选择过多的特性点，除增加分析工作量外，也未必能得到十分精确的结果，因为扰动运动实质上毕竟是由变系数的性质来决定。因此，用特性点上的动力系数，分析导弹的动态特性后，如果一定要进一步精确计算分析，只能采用变系数模拟计算机或电子数字计算机进行求解，或通过飞行试验进行检验。

习　　题

1. 飞行器动态特性分析研究的是有关飞行器的哪些特性？

2. 何谓理论弹道、理想弹道、基准运动、附加运动、扰动运动、扰动弹道？其中哪些有对应关系？

3. 试举几例书中未提到的干扰因素，并说明其干扰源的性质。

4. 什么是偶然干扰、经常干扰？它们各自与扰动运动模型的形式有怎样的对应关系？

5. 试推导图 6.13 所示弹身对接偏差（h_1、h_2）引起的附加攻角（弹身直径为 D，A、B、C 各舱段的长度分别为 l_A、l_B、l_C）。

6. 为什么研究飞行器动态特性时要采用小扰动理论？小扰动理论的内容是什么？

7. 运动方程线性化的意义何在？

8. 试述“系数冻结法”的含义，并说明采用“系数冻结法”的原因。

9. 试述动态稳定性和操纵性的概念，并说明动态稳定与静稳定性概念的异同之处。

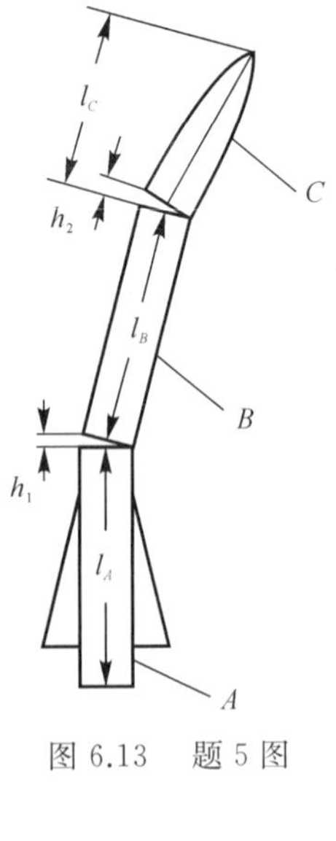

图 6.13　题 5 图

参考文献

[1]　张有济. 战术导弹飞行力学设计：上、下册. 北京：宇航出版社，1998.

[2]　李新国，方群. 有翼导弹飞行动力学. 西安：西北工业大学出版社，2005.

第7章　纵向扰动运动模型的建立及求解

7.1　纵向扰动运动的数学模型

7.1.1　运动方程的线性化

如果导弹只绕弹体 Oz_1 轴转动，且质心的移动基本上在某一铅垂直平面内，同时认为导弹纵向对称面与此飞行平面相重合，因而可将导弹在铅垂面内的运动称为纵向运动。纵向基准运动所包含的运动参数有 $v,\alpha,\theta,\vartheta,x,y,m,\omega_z,\delta_z,\delta_p$。而描述纵向扰动运动参数的偏量(实际值相对基准值）随时间变化的规律称为纵向扰动运动。就纵向扰动运动而言，其满足以下3个条件：

(1) 侧向参数的基准值很小；

(2) 干扰只改变纵向运动参数，不改变侧向运动参数；

(3) 小扰动。

另外，单独分析导弹自身的动态特性时，总是假定舵偏角为已知值，而不受理想操纵关系的约束。换句话说，不考虑理想操纵关系式方程，导弹的运动可视作一个开环环节来处理，这个环节的输入作用是舵面偏转角，输出是导弹的运动参数。

纵向扰动运动的数学模型可由纵向基准运动方程组线性化得出，在线性化建模时，采用了以下基本假设：

(1) 假定在未扰动运动中，侧向基准运动参数 $\psi,\beta,\gamma,\omega_x,\omega_y,\psi_v,\gamma_v,z,\delta_y,\delta_x$ 以及纵向基准运动参数 $\omega_z,\dot{\alpha}$ 都是很小的，可以在方程中忽略其乘积，以及这些参数与其他微量的乘积，此外还假定在基准运动中，偏导数 $X^\beta=\left(\dfrac{\partial X}{\partial \beta}\right)$ 为一小的数值。

(2) 不研究导弹结构参数的偏差和大气状态对导弹飞行弹道的影响，即结构参数的偏量 $\Delta m,\Delta J_x,\Delta J_y,\Delta J_z,\Delta \bar{P}$，大气密度的偏量 $\Delta\rho$ 和坐标偏量 Δy 对未扰动运动的影响可以不考虑。因此参数 $m,J_x,J_y,J_z,\bar{P},\rho,y$ 在扰动运动中的数值与基准运动中一样，是时间的已知函数。

(3) 小扰动，即假定扰动弹道参数与在同一时间内的基准运动参数值间的差值很小。

由纵向运动方程组线性化，或由式(6.63) 可得纵向扰动运动方程组为

$$\left.\begin{aligned}
&m_0\frac{\mathrm{d}\Delta v}{\mathrm{d}t}=(P^v-X^v)_0\Delta v-(P\alpha+X^\alpha)_0\Delta\alpha-(G\cos\theta)_0\Delta\theta\\
&(mv)_0\frac{\mathrm{d}\Delta\theta}{\mathrm{d}t}=(P^v\alpha+Y^v)_0\Delta v+(P+Y^\alpha)_0\Delta\alpha+(G\sin\theta)_0\Delta\theta+(Y^{\delta_z})_0\Delta\delta_z\\
&J_{z0}\frac{\mathrm{d}\Delta\omega_z}{\mathrm{d}t}=(M_z^v)_0\Delta v+(M_z^\alpha)_0\Delta\alpha+(M_z^{\omega_z})_0\Delta\omega_z+(M_z^{\dot\alpha})_0\Delta\dot\alpha+\\
&\qquad\qquad(M_z^{\delta_z})_0\Delta\delta_z+(M_z^{\dot\delta_z})_0\Delta\dot\delta_z\\
&\frac{\mathrm{d}\Delta\vartheta}{\mathrm{d}t}=\Delta\omega_z\\
&\Delta\theta=\Delta\vartheta-\Delta\alpha
\end{aligned}\right\}\tag{7.1}$$

$$\left.\begin{aligned}
&\frac{\mathrm{d}\Delta x}{\mathrm{d}t}=(\cos\theta)_0\Delta v-(v\sin\theta)_0\Delta\theta\\
&\frac{\mathrm{d}\Delta y}{\mathrm{d}t}=(\sin\theta)_0\Delta v+(v\cos\theta)_0\Delta\theta
\end{aligned}\right\}\tag{7.2}$$

式(7.1)、式(7.2) 为纵向扰动运动方程组，其变量是运动参数偏量 Δv，$\Delta\theta$，$\Delta\omega_z$，$\Delta\alpha$，$\Delta\vartheta$，Δx 和 Δy，它们是待求的未知时间函数。该方程组的模态反映了纵向扰动运动的动态特性。

在纵向扰动运动方程组式(7.1) 中不含干扰力和力矩，而它们却是客观存在的。这里用 F'_{xd} 表示切向干扰力，F'_{yd} 表示法向干扰力，M'_{zd} 表示纵向干扰力矩。考虑到干扰力和干扰力矩的存在，方程组式(7.1) 可改写为

$$\left.\begin{aligned}
&m_0\Delta\dot v=(P^v-X^v)_0\Delta v-(P\alpha+X^\alpha)_0\Delta\alpha-(G\cos\theta)_0\Delta\theta+F'_{xd}\\
&J_{z0}\Delta\ddot\vartheta=(M_z^v)_0\Delta v+(M_z^\alpha)_0\Delta\alpha+(M_z^{\omega_z})_0\Delta\dot\vartheta+(M_z^{\dot\alpha})_0\Delta\dot\alpha+\\
&\qquad\qquad(M_z^{\delta_z})_0\Delta\delta_z+(M_z^{\dot\delta_z})_0\Delta\dot\delta_z+M'_{zd}\\
&(mv)_0\Delta\dot\theta=(P^v\alpha+Y^v)_0\Delta v+(P+Y^\alpha)_0\Delta\alpha+(G\sin\theta)_0\Delta\theta+Y_0^{\delta_z}\Delta\delta_z+F'_{yd}\\
&\Delta\theta=\Delta\vartheta-\Delta\alpha
\end{aligned}\right\}\tag{7.3}$$

7.1.2　纵向动力系数

方程组式(7.3) 并非标准形式的纵向扰动运动模型。在飞行力学中采用的标准形式，习惯上都是用动力系数代替方程组中的系数。纵向动力系数用 a_{mn} 表示，下标 m 代表方程的序号，n 代表运动参数偏量的编号，即 Δv 为 1，$\Delta\omega_z$ 为 2，$\Delta\theta$ 为 3，$\Delta\alpha$ 为 4，$\Delta\delta_z$ 为 5。

因此，在纵向扰动运动方程组式(7.3) 中，第 2 式除以转动惯量，可得动力系数表达式为

$$\left.\begin{array}{lll}
\text{纵向阻尼力矩动力系数} & a_{22}=-\dfrac{(M_z^{\omega_z})_0}{J_{z0}} & (1/\mathrm{s}) \\
\text{纵向静稳定力矩动力系数} & a_{24}=-\dfrac{(M_z^{\alpha})_0}{J_{z0}} & (1/\mathrm{s}^2) \\
\text{纵向操纵力矩动力系数} & a_{25}=-\dfrac{(M_z^{\delta_z})_0}{J_{z0}} & (1/\mathrm{s}^2) \\
\text{纵向速度力矩动力系数} & a_{21}=-\dfrac{(M_z^{v})_0}{J_{z0}} & (1/\mathrm{m}\cdot\mathrm{s}) \\
\text{纵向下洗延迟力矩动力系数} & a'_{24}=-\dfrac{(M_z^{\dot{\alpha}})_0}{J_{z0}} & (1/\mathrm{s}) \\
 & a'_{25}=-\dfrac{(M_z^{\dot{\delta}_z})_0}{J_{z0}} & (1/\mathrm{s})
\end{array}\right\} \tag{7.4}$$

式中:动力系数代表着绕弹体 Oz_1 轴转动的作用力矩特性。

方程组式(7.3) 第 3 式的有关项除以乘积 $(mv)_0$,可得动力系数表达式为

$$\left.\begin{array}{lll}
\text{纵向法向力动力系数} & a_{34}=\dfrac{(P+Y^{\alpha})_0}{(mv)_0} & (1/\mathrm{s}) \\
\text{升降舵面升力动力系数} & a_{35}=\dfrac{(Y^{\delta_z})_0}{(mv)_0} & (1/\mathrm{s}) \\
\text{纵向法向重力动力系数} & a_{33}=-\left(\dfrac{g}{v}\sin\theta\right)_0 & (1/\mathrm{s}) \\
\text{纵向速度法向力动力系数} & a_{31}=-\dfrac{(P^{v}\alpha+Y^{v})_0}{(mv)_0} & (1/\mathrm{m})
\end{array}\right\} \tag{7.5}$$

式中:动力系数代表着导弹纵向法向作用力特性。

最后,式(7.3) 第 1 式的有关项除以导弹质量,可得动力系数表达式为

$$\left.\begin{array}{lll}
\text{纵向切向力动力系数} & a_{14}=\dfrac{(P\alpha+X^{\alpha})_0}{m_0} & (\mathrm{m/s^2}) \\
\text{纵向切向重力动力系数} & a_{13}=(g\cos\theta)_0 & (\mathrm{m/s^2}) \\
\text{纵向速度切向力动力系数} & a_{11}=-\dfrac{(P^{v}-X^{v})_0}{m_0} & (1/\mathrm{s})
\end{array}\right\} \tag{7.6}$$

式中:动力系数代表着导弹纵向切向作用力特性。

作用在导弹上的干扰力和干扰力矩可采用以下相应的符号:

$$F_{xd}=\frac{F'_{xd}}{m_0},\quad F_{yd}=\frac{F'_{yd}}{(mv)_0},\quad M_{zd}=\frac{M'_{zd}}{J_{z0}}$$

式中:F_{xd},F_{yd},M_{zd} 分别称为相似干扰切向力、相似干扰法向力与相拟干扰纵向力矩。

引入动力系数后,可将方程组式(7.3) 改写成一种标准形式的纵向扰动运动模型为

$$\left.\begin{array}{l}
\Delta\dot{v}+a_{11}\Delta v+a_{14}\Delta\alpha+a_{13}\Delta\theta=F_{xd} \\
\Delta\ddot{\vartheta}+a_{21}\Delta v+a_{22}\Delta\dot{\vartheta}+a_{24}\Delta\alpha+a'_{24}\Delta\dot{\alpha}=-a_{25}\Delta\delta_z-a'_{25}\Delta\dot{\delta}_z+M_{zd} \\
\Delta\dot{\theta}+a_{31}\Delta v+a_{33}\Delta\theta-a_{34}\Delta\alpha=a_{35}\Delta\delta_z+F_{yd} \\
\Delta\vartheta=\Delta\theta+\Delta\alpha
\end{array}\right\} \tag{7.7}$$

由式(7.7)可以进一步解释有关动力系数的含义。其中：第 1 式描述在纵向扰动运动中导弹质心的切向加速度，因此动力系数 a_{11}，a_{14}，a_{13} 分别代表与之相乘的运动参数偏量为一个单位时，引起的切向加速度偏量的分量；第 2 式描述导弹绕质心旋转的角加速度，这是以后要着重讨论的内容，在此式中，动力系数 a_{21}，a_{22}，a_{24}，a_{25}，a'_{24}，a'_{25} 等分别代表与之相乘的运动参数偏量为一个单位时，产生的俯仰角角加速度偏量的分量；第 3 式描述导弹质心的法向加速度，式中各动力系数 a_{31}，a_{34}，a_{35} 和 a_{33} 分别代表与之相乘的运动参数偏量为一个单位时，导弹可以获得的弹道倾角角速度偏量的分量。

7.1.3　纵向动力系数的计算

考虑到各个动力系数的计算过程是大致相同的，为了避免冗长的重复说明，在此仅以计算纵向静稳定力矩动力系数 a_{24} 为例阐述各个动力系数的计算过程。之所以要选择动力系数 a_{24} 为例，是因为它代表了导弹是否具有静稳定性，而这一性质在纵向动态特性分析中又起着重要的作用。

由式(7.4)可知

$$a_{24}=-\frac{(M_z^\alpha)_0}{J_{z0}}=-\frac{\left(m_z^\alpha\ \frac{1}{2}\rho v^2 SL\right)_0}{J_{z0}}\quad (1/\mathrm{s}^2) \tag{7.8}$$

静稳定力矩系数 m_z^α 的表达式，由气动力计算方法可知其基本形式为

$$m_z^\alpha=C_y^\alpha\left(\frac{x_g-x_f}{L}\right) \tag{7.9}$$

式中：C_y^α 为导弹升力系数斜率；S 为气动力计算参考面积；L 为气动力计算参考长度；x_g 为导弹质心到头部的距离；x_f 为导弹焦点到头部的距离。

如果气动力计算参考长度为平均气动力弦长 b_a，则式(7.9)变为

$$m_z^\alpha=C_y^\alpha\left(\frac{x_g-x_f}{b_a}\right) \tag{7.10}$$

计算气动力和力矩系数的公式，对于不同气动外形的导弹有不同的表示方法。因此，这里不一一列举。

为了获得导弹动力系数的值，一般应按以下步骤进行计算：

(1) 按气动计算的规定，选取参考面积 S 和参考长度 L；

(2) 根据风洞试验或理论估算的结果，确定所需的气动力和力矩系数，以及压力中心、焦点的数值；

(3) 在已知的大量基准弹道中，选择若干条典型弹道，并确定弹道上的特性点；

(4) 确定飞行过程中导弹的质心位置坐标；

(5) 根据位置的变化和质量分布，计算导弹的转动惯量；

(6) 将有关数值代入相应的动力系数计算公式，计算动力系数的值。

动力系数是有量纲的数值，计算过程中应注意所取各种参数在量纲上的一致性。

7.1.4　纵向扰动运动的状态方程

导弹纵向扰动运动方程组式(7.7)对于运动参数偏量而言是线性的。考虑到线性系统的

向量矩阵法近年来已在飞行力学中得到广泛应用，可将式(7.7)写成状态向量的形式。纵向扰动运动的状态参数列向量为

$$[\Delta v \quad \Delta\omega_z \quad \Delta\alpha \quad \Delta\vartheta]^{\mathrm{T}} \tag{7.11}$$

在状态向量中设置了攻角偏量 $\Delta\alpha$，也就包含了能够反映气动力变化的主要特征。但是，纵向扰动运动方程组式(7.7)中没有明显列出攻角偏量导数的表达式，直接由它组成状态向量方程就不方便了。因此，需要利用角度几何关系 $\Delta\alpha=\Delta\vartheta-\Delta\theta$，将方程组中的第3式改写为

$$\Delta\dot{\alpha}-\Delta\dot{\vartheta}-a_{31}\Delta v-a_{33}\Delta\theta+a_{34}\Delta\alpha=-a_{35}\Delta\delta_z-F_{\mathrm{yd}} \tag{7.12}$$

于是方程组式(7.7)可变为

$$\left.\begin{aligned}
&\Delta\dot{v}=-a_{11}\Delta v-(a_{14}-a_{13})\Delta\alpha-a_{13}\Delta\vartheta+F_{x\mathrm{d}}\\
&\Delta\dot{\omega}_z=-(a_{21}+a'_{24}a_{31})\Delta v-(a_{22}+a'_{24})\Delta\omega_z+\\
&\qquad(a'_{24}a_{34}+a'_{24}a_{33}-a_{24})\Delta\alpha-a'_{24}a_{33}\Delta\vartheta-\\
&\qquad(a_{25}-a'_{24}a_{35})\Delta\delta_z-a'_{25}\Delta\dot{\delta}_z+a'_{24}F_{yd}+M_{z\mathrm{d}}\\
&\Delta\dot{\alpha}=a_{31}\Delta v+\Delta\omega_z-(a_{34}+a_{33})\Delta\alpha+a_{33}\Delta\vartheta-a_{35}\Delta\delta_z-F_{\mathrm{yd}}\\
&\Delta\dot{\vartheta}=\Delta\omega_z
\end{aligned}\right\} \tag{7.13}$$

因为 $\Delta\theta=\Delta\vartheta-\Delta\alpha$，故以上方程组没有列出弹道倾角偏量 $\Delta\theta$，由方程组式(7.13)可得纵向扰动运动的状态方程为

$$\begin{bmatrix}\Delta\dot{v}\\ \Delta\dot{\omega}_z\\ \Delta\dot{\alpha}\\ \Delta\dot{\vartheta}\end{bmatrix}=\boldsymbol{A}_z\begin{bmatrix}\Delta v\\ \Delta\omega_z\\ \Delta\alpha\\ \Delta\vartheta\end{bmatrix}+\begin{bmatrix}0\\ -a_{25}+a'_{24}a_{35}\\ -a_{35}\\ 0\end{bmatrix}\Delta\delta_z+\begin{bmatrix}0\\ -a'_{25}\\ 0\\ 0\end{bmatrix}\Delta\dot{\delta}_z+\begin{bmatrix}F_{x\mathrm{d}}\\ a'_{24}F_{\mathrm{yd}}+M_{z\mathrm{d}}\\ -F_{\mathrm{yd}}\\ 0\end{bmatrix} \tag{7.14a}$$

其中纵向动力系数(4×4)矩阵 $\boldsymbol{A}_z$ 的表达式为

$$\boldsymbol{A}_z=\begin{bmatrix}-a_{11} & 0 & -a_{14}+a_{13} & -a_{13}\\ -(a_{21}+a'_{24}a_{31}) & -(a_{22}+a'_{24}) & (a'_{24}a_{34}+a'_{24}a_{33}-a_{24}) & -a'_{24}a_{33}\\ a_{31} & 1 & -(a_{34}+a_{33}) & a_{33}\\ 0 & 1 & 0 & 0\end{bmatrix} \tag{7.14b}$$

7.1.5 纵向自由扰动运动和强迫扰动运动

非齐次微分方程组式(7.7)的解是由其齐次方程组的通解和非齐次微分方程组的特解所组成，其中：齐次线性微分方程组描述了导弹的纵向自由扰动运动(或称固有扰动运动)的动态特性，其力学特点是在导弹上没有引起扰动运动的经常干扰作用力和力矩。例如舵面没有转动，即 $\Delta\delta_z=0$，相似干扰力 F_{yd}，$F_{x\mathrm{d}}$ 和相似干扰力矩 $M_{z\mathrm{d}}$ 也为零，等等。因此，产生自由扰动运动的原因只是某种偶然干扰的作用，使一些运动参数出现了初始偏差，由此引起偶然干扰力和干扰力矩，以致导弹出现扰动运动。当然在扰动运动开始后，产生干扰的因素也就消失了。它代表了扰动运动的自由分量；而非齐次微分方程组则描述了导弹强迫扰动运动的动态特性，舵面偏转，或者舵面没有转动，但有经常干扰力和干扰力矩，这几种因素，只要有一种作

用的存在，就会引起导弹产生强迫扰动运动，它代表了扰动运动的强迫分量。

求自由扰动运动各运动参数随时间变化的解析解，可采用系数“冻结”等相关工程处理方法将式(7.7)化为常系数齐次线性微分方程组，即令等号右边各项为零，由其通解表示为

$$\left.\begin{aligned}\Delta v &= \sum_{i=1}^{n} A_i \mathrm{e}^{s_i t}\\ \Delta\vartheta &= \sum_{i=1}^{n} B_i \mathrm{e}^{s_i t}\\ \Delta\theta &= \sum_{i=1}^{n} C_i \mathrm{e}^{s_i t}\\ \Delta\alpha &= \sum_{i=1}^{n} D_i \mathrm{e}^{s_i t}\end{aligned}\right\} \tag{7.15}$$

其中，A_i，B_i，C_i，D_i 是按照初始条件来确定的系数，而 s_i 是微分方程组系数行列式的特征根。由于式(7.7)是一个四阶的微分方程组，因此，下标 $i=1,2,3,4$。

另外，各运动参数在扰动运动过程中的变化，除由式(7.15)表示外，还应叠加上强迫扰动运动分量，这个分量的形式也就自然与舵偏角、经常干扰力和力矩的形式有关，通过求解式(7.7)微分方程的特解得到，这一点，后续我们将会详细地介绍。

通过模型求解得到扰动运动参数随时间的变化规律后，便可据此开展对导弹动态特性分析的研究工作，其一般可以分为三个步骤：

(1)首先研究导弹受到偶然干扰作用后，基准运动是否具有稳定性，这就要求求解与式(7.7)对应的齐次微分方程组，分析自由扰动运动的动态特性；

(2)研究导弹反应舵面偏转或控制信号的操纵性，求解与式(7.7)对应的非齐次微分方程组，这时除要分析自由扰动运动分量外，还要研究强迫扰动运动分量，我们最感兴趣的问题是导弹反应舵偏的过渡过程品质；

(3)鉴定导弹在常值干扰作用下，当扰动运动结束后可能产生的参数误差。

求解微分方程组，对于常系数的线性微分方程组可以找到解析解，但对于变系数微分方程组，得到高于二阶方程的解析解目前还是比较困难的，只能用数字计算机进行数字求解。因此，解析解和数字模拟两种方法各有各的优缺点，它们在导弹动态特性分析中起着相辅相成的作用。

为了使读者熟悉求线性扰动运动模型解析解的计算方法，下面我们将介绍在导弹设计中常用的工程计算方法，即 Laplace 变换求解法。

7.2　计算纵向扰动运动的解析方法

求解纵向扰动运动采用系数“冻结”法后，对于理论弹道的某一特性点，描述扰动运动的非齐次线性微分方程组式(7.7)就具有常系数的性质。为了获得非齐次线性微分方程组的解，必须首先求出它的齐次微分方程组的通解，因为其描述了导弹的纵向自由扰动运动，所以本节的主要内容是详细介绍自由扰动运动模型的求解方法。

应用拉普拉斯(Laplace)变换求解自由扰动运动，必须引入参数的初始值并对微分方程的

每一项进行 Laplace 变换。例如，简单的一阶微分方程

$$\dot{X}(t)+X(t)=0 \tag{7.16}$$

其参数 X 的初始值为 X_0，对式(7.16) 进行 Laplace 变换时，因为

$$L[\dot{X}(t)]=sX(s)-X_0 \tag{7.17}$$

所以，式(7.16) 变成象函数 $X(s)$ 的代数方程时，其表达式为

$$sX(s)+X(s)=X_0 \tag{7.18}$$

解式(7.18) 得

$$X(s)=\frac{X_0}{s+1}$$

对上式进行 Laplace 反变换就可找到参数 $X(t)$ 对 X_0 的解析解，即

$$X(t)=X_0\mathrm{e}^{-t}$$

由此可见，应用 Laplace 变换法求解纵向自由扰动运动，必须考虑在初始条件下，首先对式(7.17)进行 Laplace 变换。

导弹运动参数偏量的初始条件是由偶然干扰引起的，例如，导弹受到垂直阵风干扰作用，将产生附加攻角[见式(6.3)]。如果阵风是偶然性的，该攻角就可以看成是攻角偏量的初始值 $\Delta\alpha_0$。当导弹出现初始值 $\Delta\alpha_0$ 时，假定弹体纵轴还没有改变方向，于是作用在导弹上的气流方向也要改变一个角度，其值等于 $\Delta\theta_0$，且 $\Delta\theta_0=-\Delta\alpha_0$。

下面我们就以 $\Delta\alpha_0$，$\Delta\theta_0$ 为初始条件，对式(7.17) 的齐次微分方程组进行 Laplace 变换。

7.2.1 Laplace 变换运动方程组

对描述纵向自由扰动运动的式(7.7) 的齐次微分方程组进行 Laplace 变换之后，就可以得到各运动参数象函数的代数方程组，其表达式为

$$\left.\begin{aligned}&(s+a_{11})\Delta v(s)+a_{13}\Delta\theta(s)+a_{14}\Delta\alpha(s)=0\\&a_{21}\Delta v(s)+(s^2+a_{22}s)\Delta\vartheta(s)+(a'_{24}s+a_{24})\Delta\alpha(s)=a'_{24}\Delta\alpha_0\\&a_{31}\Delta v(s)+(s+a_{33})\Delta\theta(s)-a_{34}\Delta\alpha(s)=\Delta\theta_0\\&\Delta\vartheta(s)-\Delta\theta(s)-\Delta\alpha(s)=0\end{aligned}\right\} \tag{7.19}$$

利用克拉默(Cramer) 法则，根据式(7.19)，就可以求得 $\Delta v(s)$，$\Delta\theta(s)$，$\Delta\vartheta(s)$ 和 $\Delta\alpha(s)$ 的解(象函数)，其形式为

$$\left.\begin{aligned}&\Delta v(s)=\frac{H_v(s)}{G(s)};\quad \Delta\theta(s)=\frac{H_\theta(s)}{G(s)}\\&\Delta\vartheta(s)=\frac{H_\vartheta(s)}{G(s)};\quad \Delta\alpha(s)=\frac{H_\alpha(s)}{G(s)}\end{aligned}\right\} \tag{7.20}$$

其中，$G(s)$ 为式(7.19) 的主行列式，即

$$G(s)=\begin{vmatrix}s+a_{11} & 0 & a_{13} & a_{14}\\ a_{21} & s^2+a_{22}s & 0 & a'_{24}s+a_{24}\\ a_{31} & 0 & s+a_{33} & -a_{34}\\ 0 & 1 & -1 & -1\end{vmatrix} \tag{7.21}$$

展开此式，可得

$$G(s)=\Delta(s)=A_0s^4+A_1s^3+A_2s^2+A_3s+A_4 \tag{7.22a}$$

而

$$\left.\begin{aligned}
A_0 &= -1 \\
A_1 &= -[a_{22}+a_{33}+a_{11}+a_{34}+a'_{24}] \\
A_2 &= -[a_{22}a_{34}+a_{24}+a_{22}a_{33}+a_{34}a_{11}+a'_{24}a_{11}+a'_{24}a_{33}+ \\
&\quad a_{11}(a_{22}+a_{33})-a_{31}(a_{13}-a_{14})] \\
A_3 &= -[a_{24}a_{33}+a_{24}a_{11}-a_{21}a_{14}+a_{22}a_{34}a_{11}- \\
&\quad a_{22}a_{31}(a_{13}-a_{14})+a_{22}a_{33}a_{11}+a'_{24}a_{33}a_{11}-a'_{24}a_{31}a_{13}] \\
A_4 &= -[a_{24}a_{33}a_{11}-a_{21}a_{34}a_{13}-a_{21}a_{33}a_{14}-a_{24}a_{31}a_{13}]
\end{aligned}\right\} \tag{7.22b}$$

式(7.22a)称特征多项式，令它等于零，就可得特征方程式。

式(7.20)中的$H_v(s)$，$H_\vartheta(s)$，$H_\theta(s)$和$H_\alpha(s)$称为伴随行列式(或子行列式)，它们是将式(7.19)右端的初始值，分别代替主行列式内各参数对应列的数值所得的行列式。展开这些行列式并代回到式(7.20)中，就能得到各运动参数象函数的具体表达式为

$$\left.\begin{aligned}
\Delta v(s) &= \frac{a'_{24}H_{v\alpha_0}(s)\Delta\alpha_0+H_{v\theta_0}(s)\Delta\theta_0}{G(s)} \\
H_{v\alpha_0}(s) &= (a_{14}s+a_{34}a_{13}+a_{33}a_{14}) \\
H_{v\theta_0}(s) &= (a_{13}-a_{14})s^2+(a_{22}a_{13}-a_{22}a_{14}+a'_{24}a_{13})s+a_{24}a_{13}
\end{aligned}\right\} \tag{7.23}$$

$$\left.\begin{aligned}
\Delta\vartheta(s) &= \frac{a'_{24}H_{\vartheta\alpha_0}(s)\Delta\alpha_0+H_{\vartheta\theta_0}(s)\Delta\theta_0}{G(s)} \\
H_{\vartheta\alpha_0}(s) &= -[s^2+(a_{33}+a_{34}+a_{11})s+a_{11}(a_{34}+a_{33})+a_{31}(a_{14}-a_{13})] \\
H_{\vartheta\theta_0}(s) &= [-a'_{24}s^2-(a_{24}+a'_{24}a_{11})s-a_{24}a_{11}+a_{21}(a_{14}-a_{13})]
\end{aligned}\right\} \tag{7.24}$$

$$\left.\begin{aligned}
\Delta\theta(s) &= \frac{a'_{24}H_{\theta\alpha_0}(s)\Delta\alpha_0+H_{\theta\theta_0}(s)\Delta\theta_0}{G(s)} \\
H_{\theta\alpha_0}(s) &= -(a_{34}s+a_{34}a_{11}+a_{31}a_{14}) \\
H_{\theta\theta_0}(s) &= [-s^3-(a_{11}+a_{22}+a'_{24})s^2-(a_{24}+a_{22}a_{11}+a'_{24}a_{11})s-a_{24}a_{11}+a_{21}a_{14}]
\end{aligned}\right\} \tag{7.25}$$

$$\left.\begin{aligned}
\Delta\alpha(s) &= \frac{a'_{24}H_{\alpha\alpha_0}(s)\Delta\alpha_0+H_{\alpha\theta_0}(s)\Delta\theta_0}{G(s)} \\
H_{\alpha\alpha_0}(s) &= -[s^2+(a_{11}+a_{33})s+a_{33}a_{11}-a_{31}a_{13}] \\
H_{\alpha\theta_0}(s) &= s^3+(a_{11}+a_{22})s^2+a_{22}a_{11}s-a_{21}a_{13}
\end{aligned}\right\} \tag{7.26}$$

上列各运动参数的 Laplace 变换式，代表了由初始值$\Delta\alpha_0$、$\Delta\theta_0$所产生的纵向自由扰动运动参数变化规律的象函数。由这些关系式，经过 Laplace 反变换，就能得到运动参数用时间t表示的解析式。

7.2.2　运动参数的 Laplace 反变换

前面所得式(7.23)～式(7.26)的象函数表达式，均可写成以下标准形式：

$$\Delta X(s)=\frac{H(s)}{G(s)} \tag{7.27}$$

其中，$H(s)$ 和 $G(s)$ 分别为 s 的多项式。如果求得由分母多项式变成特征方程式 $G(s)=0$ 的根为

$$s=s_1,s_2,\cdots,s_{n-1},s_n$$

则式(7.27)可表示为

$$\Delta X(s)=\frac{H(s)}{G(s)}=\frac{H(s)}{(s-s_1)(s-s_2)\cdots(s-s_i)\cdots(s-s_{n-1})(s-s_n)}=$$
$$\frac{H_1(s)}{(s-s_1)}+\frac{H_2(s)}{(s-s_2)}+\cdots+\frac{H_i(s)}{(s-s_i)}+\cdots+\frac{H_{n-1}(s)}{(s-s_{n-1})}+\frac{H_n(s)}{(s-s_n)} \tag{7.28}$$

上式两端同乘以因子$(s-s_i)$，则有

$$\frac{H(s)}{(s-s_1)(s-s_2)\cdots(s-s_{i-1})(s-s_{i+1})\cdots(s-s_n)}=\left[\frac{H_1(s)}{(s-s_1)}+\cdots+\right.$$
$$\left.\frac{H_{i-1}(s)}{(s-s_{i-1})}+\frac{H_{i+1}(s)}{(s-s_{i+1})}+\cdots+\frac{H_n(s)}{(s-s_n)}\right](s-s_i)+H_i(s) \tag{7.29}$$

当 $s=s_i$ 时，式(7.29)变为

$$H_i(s)=\frac{H(s_i)}{(s_i-s_1)(s_i-s_2)\cdots(s_i-s_{i-1})(s_i-s_{i+1})\cdots(s_i-s_n)} \tag{7.30}$$

不难发现，上式分母表达式为

$$(s_i-s_1)(s_i-s_2)\cdots(s_i-s_{i-1})(s_i-s_{i+1})\cdots(s_i-s_n)=$$
$$\left.\frac{\mathrm{d}(s-s_1)(s-s_2)\cdots(s-s_i)\cdots(s-s_{n-1})(s-s_n)}{\mathrm{d}s}\right|_{s=s_i}=$$
$$\left.\frac{\mathrm{d}G(s)}{\mathrm{d}s}\right|_{s=s_i}=\dot{G}(s_i) \tag{7.31}$$

所以式(7.30)可以写为

$$H_i(s)=\frac{H(s_i)}{\dot{G}(s_i)} \tag{7.32}$$

如果式(7.32)中 i 分别取 $1,2,\cdots,n$，那么，将所得结果分别代入式(7.28)，得到 $X(s)$ 的表达式为

$$\Delta X(s)=\frac{H(s)}{G(s)}=\frac{1}{s-s_1}\frac{H(s_1)}{\dot{G}(s_1)}+\frac{1}{s-s_2}\frac{H(s_2)}{\dot{G}(s_2)}+\cdots+$$
$$\frac{1}{s-s_i}\frac{H(s_i)}{\dot{G}(s_i)}+\cdots+\frac{1}{s-s_n}\frac{H(s_n)}{\dot{G}(s_n)}=\sum_{i=1}^{n}\frac{1}{s-s_i}\frac{H(s_i)}{\dot{G}(s_i)} \tag{7.33}$$

将式(7.33)进行 Laplace 反变换便可得到运动参数以时间 t 为自变量的表达式为

$$\Delta X(t)=\sum_{i=1}^{n}\frac{H(s_i)}{\dot{G}(s_i)}\mathrm{e}^{s_i t} \tag{7.34}$$

在求解强迫扰动运动时，象函数的标准式可能为

$$\Delta X(s)=\frac{H(s)}{sG(s)}y \tag{7.35}$$

其中，y 为常数(对应着常值舵偏或常值干扰力或干扰力矩)。这种形式与式(7.27)的差别是分母多项式多了一个零根，也就是除了根 $s=s_1,s_2,\cdots,s_n$ 外，还有 $s=0$，这时式(7.35)分解为类似于式(7.33)的多项式，应为

$$\Delta X(s)=\frac{H(s)}{sG(s)}y=$$

$$\left[\frac{1}{s}\frac{H(o)}{G(o)}+\frac{1}{s-s_1}\frac{H(s_1)}{s_1\dot{G}(s_1)}+\cdots+\frac{1}{s-s_n}\frac{H(s_n)}{s_n\dot{G}(s_n)}\right]y=$$

$$\left[\frac{1}{s}\frac{H(o)}{G(o)}+\sum_{i=1}^{n}\frac{1}{s-s_i}\frac{H(s_i)}{s_i\dot{G}(s_i)}\right]y \tag{7.36}$$

对上式进行 Laplace 反变换可得

$$\Delta X(t)=\frac{H(o)}{G(o)}y+\sum_{i=1}^{n}\frac{H(s_i)}{s_i\dot{G}(s_i)}y\mathrm{e}^{s_it} \tag{7.37}$$

综上所述，应用 Laplace 变换法对扰动运动的模型进行求解的运算步骤可归纳为：

(1) 根据所得运动参数的象函数表达式，求出特征方程式的根；

(2) 将分母多项式 $G(s)$ 对 s 求导；

(3) 将所得根值分别代入多项式 $H(s)$ 和 $\dot{G}(s)$ 中，以便确定 e^{s_it} 前面的系数 $H(s_i)/\dot{G}(s_i)$，或 $H(s_i)/s_i\dot{G}(s)$；

(4) 进行 Laplace 反变换，求出运动参数偏量的时间 t 函数。

应该指出的是，式(7.34) 中的系数 $\dfrac{H(s_i)}{\dot{G}(s_i)}$ 也是式(7.15) 中 e^{s_it} 前的系数。

7.3　纵向特征方程及其根值

由上述内容可知，导弹纵向自由扰动运动由齐次微分方程组表示，且由这个齐次微分方程组的系数行列式可以得到它的特征方程式[见式(7.22a)] 为

$$A_0s^4+A_1s^3+A_2s^2+A_3s+A_4=G(s)=0 \tag{7.38}$$

这是一个普通的四阶代数方程，求出了它的根值之后，就能应用 Laplace 变换方法找到扰动运动参数随时间变化的过渡过程函数。

求解高次代数方程的根是相当烦琐的，在这里还仅仅是导弹本身这个环节，它的特征方程就已经是四阶的了，如果再引进自动驾驶仪串成一个稳定回路，特征方程的阶次将会更高。因此，为了求到高阶特征方程的根，通常都是采用不同的近似计算方法，这里介绍常用的两种计算方法。

计算特征方程的根值，也可应用数字计算机求解。

7.3.1　求根计算法

1. 林氏求根法

假定扰动运动特征方程为

$$A'_0s^n+A'_1s^{n-1}+A'_2s^{n-2}+\cdots+A'_{n-2}s^2+A'_{n-1}s+A'_n=0 \tag{7.39}$$

以 A'_0除以系数，则变为

$$s^n+A_1s^{n-1}+A_2s^{n-2}+\cdots+A_{n-2}s^2+A_{n-1}s+A_n=0 \tag{7.40}$$

式中

$$A_1=\frac{A'_1}{A'_0},\quad A_2=\frac{A'_2}{A'_0},\quad \cdots,\quad A_{n-1}=\frac{A'_{n-1}}{A'_0},\quad A_n=\frac{A'_n}{A'_0} \tag{7.41}$$

一次近似时，取该式最后三项，即

$$s^2+\frac{A_{n-1}}{A_{n-2}}s+\frac{A_n}{A_{n-2}}=0 \tag{7.42}$$

将式(7.42)作为除式，除以式(7.40)，于是有

$$\begin{array}{r|l}
 & s^{n-2}+a_1s^{n-3}+\cdots+a_{n-2} \\
\left(s^2+\frac{A_{n-1}}{A_{n-2}}s+\frac{A_n}{A_{n-2}}\right) & s^n+A_1s^{n-1}+A_2s^{n-2}+\cdots+A_{n-2}s^2+A_{n-1}s+A_n \\
 & \underline{s^n+\frac{A_{n-1}}{A_{n-2}}s^{n-1}+\frac{A_n}{A_{n-2}}s^{n-2}} \\
 & a_1s^{n-1}+\times s^{n-2}+A_3s^{n-3} \\
 & \underline{\times \quad \times} \\
 & \times s^{n-2}+\times s^{n-3}+A_4s^{n-4} \\
 & \underline{\times \quad \times \quad \times} \\
 & \cdots\cdots \\
 & R_1 \quad R_2 \quad A_n \\
 & \underline{\times \quad \times \quad \times} \\
 & \times \quad \times\text{(余式)}
\end{array} \tag{7.43}$$

如果余式不等于零，说明式(7.42)作为除式不是代数方程式(7.40)的因式，这时再进行第二次近似，取除式为

$$s^2+\frac{R_2}{R_1}s+\frac{A_n}{R_1} \tag{7.44}$$

再用式(7.44)除以式(7.40)，如果所剩余式极小，则可将式(7.44)看成是式(7.40)的一个因式，从而求出它的第一对根值。反之，如果余式相当大，则应按上述步骤进行第三次近似，依此类推，一直求到第一对根值为止。

求出一对根值后，商式方程就比原来的方程降低了二阶。然后再以此商式作为被除式，按同样方法就可求出第二对根，依此继续进行，最后可以求出全部根值。

例 7.1 已知各动力系数值为：$a_{22}=0.28\text{s}^{-1}$，$a_{34}=0.47\text{s}^{-1}$，$a_{24}=5.9\text{s}^{-2}$，$a_{31}=-0.000\ 66\ \text{m}^{-1}$，$a_{21}=0.001(\text{m}\cdot\text{s})^{-1}$，$a'_{24}=a_{33}=0$，$a_{11}=0.007\ 4\text{s}^{-1}$，$a_{13}=9.8\text{m}\cdot\text{s}^{-2}$，$a_{14}=9.17\text{m}\cdot\text{s}^{-2}$。

由式(7.22b)求出 A_1，A_2，A_3 和 A_4 的具体数值之后，可得这个飞行器的特征方程为

$$s^4+0.757s^3+6.038s^2+0.036s+0.034=0 \tag{7.45}$$

取出后三项作为除式，并将各系数除以 6.308，则得

$$X_1=s^2+0.005\ 962s+0.005\ 631 \tag{7.46}$$

以式(7.45)左端除以式(7.46)，即

$$\begin{array}{r|l}
 & s^2+0.751s+6.027 \\
X_1 & s^4+0.757s^3+6.038s^2+0.036s+0.034 \\
 & \underline{s^4+0.005\ 962s^3+0.005\ 631s^2} \\
 & 0.751s^3+6.032s^2+0.036s \\
 & \underline{0.751s^3+0.004\ 4s^2+0.0043s} \\
 & 6.027s^2+0.031\ 8s+0.034 \\
 & \underline{6.027s^2+0.035\ 9s+0.033\ 9} \\
 & -0.004\ 1s+0.000
\end{array} \tag{7.47}$$

从式(7.47) 可以看出，所得余式已相当接近于零，但为了得出更为精确的结果，可作第二次近似，为此取除式为

$$6.027s^2 + 0.031\,8s + 0.034 \tag{7.48}$$

式(7.48) 除以 6.027 则为

$$X_2 = s^2 + 0.005\,276s + 0.005\,64 \tag{7.49}$$

以式(7.45) 左端再除以式(7.49)，结果如下：

$$\begin{array}{r l}
 & s^2 + 0.751s + 6.027 \\
X_2 \big) & s^4 + 0.757s^3 + 6.038s^2 + 0.036s + 0.034 \\
 & \underline{s^4 + 0.005\,962s^3 + 0.005\,631s^2} \\
 & 0.751s^3 + 6.032s^2 + 0.036s \\
 & \underline{0.751s^3 + 0.004\,4s^2 + 0.0043s} \\
 & 6.027s^2 + 0.031\,8s + 0.034 \\
 & \underline{6.027s^2 + 0.035\,9s + 0.033\,9} \\
 & -0.004\,1s + 0.000
\end{array} \tag{7.50}$$

所得余式更接近于零，其结果已足够精确，因此式(7.45) 的特征方程可以分解为

$$(s^2 + 0.751s + 6.027)(s^2 + 0.005\,276s + 0.005\,64) = 0 \tag{7.51}$$

从而得到特征方程式的两对根值为

$$s_{1,2} = -0.376 \pm i2.426 \tag{7.52}$$

$$s_{3,4} = -0.003 \pm i0.075 \tag{7.53}$$

计算举例说明，这个方法是比较简单的，它适用于求解三次以上的任何代数方程，但有时也会遇到为了消除余式，而不得不进行多次近似的情况。为此，针对纵向扰动运动特征根的特点，介绍另外一种纵向扰动运动特征根的求根方法。

2. 纵向扰动运动特征根的近似计算

从例 7.1 可见，纵向扰动运动的特征根是由一对大共轭复根和一对小共轭复根组成的，几乎所有的常规有翼飞行器都具备这种性质。为此，设根有性质：

$$|s_1| = |s_2| \gg |s_3| = |s_4|$$

特征方程式为

$$\begin{aligned}
D(s) = A_0 s^4 + A_1 s^3 + A_2 s^2 + A_3 s + A_4 = \\
(s - s_1)(s - s_2)(s - s_3)(s - s_4) = \\
[s^2 - (s_1 + s_2)s + s_1 s_2] \\
[s^2 - (s_3 + s_4)s + s_3 s_4] = \\
(s^2 + ks + l)(s^2 + ms + n) = \\
s^4 + (k + m)s^3 + (l + n + km)s^2 + \\
(kn + ml)s + nl = 0
\end{aligned}$$

则有

$$\left.\begin{aligned}
k &= -(s_1 + s_2) \\
l &= s_1 s_2 \\
m &= -(s_3 + s_4) \\
n &= s_3 s_4
\end{aligned}\right\} \tag{7.54}$$

或

$$\left.\begin{aligned} k+m&=A_1\\ \ell+n+km&=A_2\\ kn+m\ell&=A_3\\ n\ell&=A_4 \end{aligned}\right\}\tag{7.55}$$

由式(7.55)得

$$\left.\begin{aligned} k&=A_1-m\\ \ell&=A_2-n-km\\ n&=A_4/\ell\\ m&=\frac{A_3-kn}{\ell} \end{aligned}\right\}\tag{7.56}$$

因为 $|s_1|=|s_2|\gg|s_3|=|s_4|$

所以 $|k|\gg|m|,\quad |\ell|\gg|n|$

一次近似：将 $k_1\approx A_1,\ell_1\approx A_2$ 代入式(7.56)中后两式，得

$$n_1=A_4/A_2,\quad m_1=\frac{A_3-A_1n_1}{A_2}=\frac{A_3A_2-A_1A_4}{A_2^2}$$

二次近似：将 n_1,m_1,k_1 代入式(7.56)中前两式，则得

$$k_2=A_1-m_1,\quad \ell_2=A_2-n_1-k_1m_1$$

将 k_2,ℓ_2 代入式(7.56)后两式，有

$$n_2=A_4/\ell_2,\quad m_2=\frac{A_3-k_2n_2}{\ell_2}$$

依此类推，迭代下去，直到相邻两次结果非常接近，即：设 ε 为一给定小量，直到满足

$$\left.\begin{aligned} |k_i-k_{i-1}|&\leqslant\varepsilon\\ |\ell_i-\ell_{i-1}|&\leqslant\varepsilon\\ |m_i-m_{i-1}|&\leqslant\varepsilon\\ |n_i-n_{i-1}|&\leqslant\varepsilon \end{aligned}\right\}\tag{7.57}$$

为止。

求出 k,ℓ,m,n 后，可得特征根

$$\left.\begin{aligned} s_{1,2}&=\frac{-k\pm\sqrt{k^2-4\ell}}{2}\\ s_{3,4}&=\frac{-m\pm\sqrt{m^2-4n}}{2} \end{aligned}\right\}\tag{7.58}$$

若要更简便，则可用一次近似结果：

一对大根的计算方法：

$$s^2+A_1s+A_2=0\tag{7.59}$$

一对小根的计算方法：

$$s^2+\frac{A_2A_3-A_1A_4}{A_2^2}s+A_4/A_2=0\tag{7.60}$$

7.3.2　纵向扰动运动特征根的性质

纵向扰动运动的特征方程式为

$$D(s)=s^4+A_1s^3+A_2s^2+A_3s+A_4=0 \tag{7.61}$$

纵向扰动运动的特征方程有四个根，它们可以是实数，也可能是共轭复数。因此，一般而言，纵向自由扰动运动有以下三种情况。

1. 全为实根

这时导弹的纵向自由扰动运动与特征方程的四个实根 $s_i(i=1,2,3,4)$ 有关。以 x^k 代表纵向扰动运动的参数偏量 $\Delta v,\Delta\vartheta,\Delta\theta$ 和 $\Delta\alpha$ $(k=1,2,3,4;1\sim\Delta v,2\sim\Delta\vartheta,3\sim\Delta\theta,4\sim\Delta\alpha)$，纵向自由扰动运动的解析解为

$$x^k(t)=\sum_{i=1}^{4}D_i^k e^{s_it} \tag{7.62}$$

式中：$D_i^k(i=1,2,3,4)$ 是由纵向自由扰动运动微分方程初始值决定的拉氏反变换的系数。这时导弹的纵向自由扰动运动是由四个非周期运动组成的，当 $s_i<0(i=1,2,3,4)$ 时，扰动运动的参数将随时间的增加而减小，运动是稳定的。反之，当 $s_i>0(i=1,2,3,4)$ 时，运动是不稳定的。

2. 两个实根，一对共轭复根

假定两个实根为 s_1 和 s_2，一对共轭复根为

$$s_{3,4}=\sigma\pm i\nu \tag{7.63}$$

于是纵向自由扰动运动的解析解为

$$x^k(t)=D_1^k e^{s_1t}+D_2^k e^{s_2t}+D_3^k e^{s_3t}+D_4^k e^{s_4t},\quad k=1,2,3,4 \tag{7.64}$$

式(7.64) 中 D_3^k 和 D_4^k 也应是共轭复数

$$D_3^k=p-iq,\quad D_4^k=p+iq \tag{7.65}$$

在式(7.64) 中，一对共轭复根的解析解为

$$x_{3,4}^k(t)=D_3^k e^{s_3t}+D_4^k e^{s_4t}=pe^{\sigma t}(e^{i\nu t}+e^{-i\nu t})-iqe^{\sigma t}(e^{i\nu t}-e^{-i\nu t}) \tag{7.66}$$

根据欧拉公式

$$e^{i\nu t}+e^{-i\nu t}=2\cos\nu t$$

$$e^{i\nu t}-e^{-i\nu t}=2i\sin\nu t$$

于是式(7.66) 又可写为

$$x_{3,4}^k(t)=2e^{\sigma t}\sqrt{p^2+q^2}\left(\frac{p}{\sqrt{p^2+q^2}}\cos\nu t+\frac{q}{\sqrt{p^2+q^2}}\sin\nu t\right)=D_{3,4}^k e^{\sigma t}\sin(\nu t+\varphi) \tag{7.67}$$

式(7.67) 中

$$D_{3,4}^k=2\sqrt{p^2+q^2},\quad \sin\varphi=\frac{p}{\sqrt{p^2+q^2}},\quad \cos\varphi=\frac{q}{\sqrt{p^2+q^2}},\quad \varphi=\arctan\frac{p}{q}$$

可见，一对共轭复根形成了振荡形式的扰动运动，振幅为 $D_{3,4}^k e^{\sigma t}$，角频率为 ν，相位为 φ。如果复根的实部 $\sigma<0$，振幅随时间增长而减小，扰动运动是减幅振荡运动[见图 7.1(a)]；若实部 $\sigma>0$，则是增幅振荡运动[见图 7.1(b)]；当 $\sigma=0$ 时，扰动运动为简谐运动[见图 7.1(c)]。

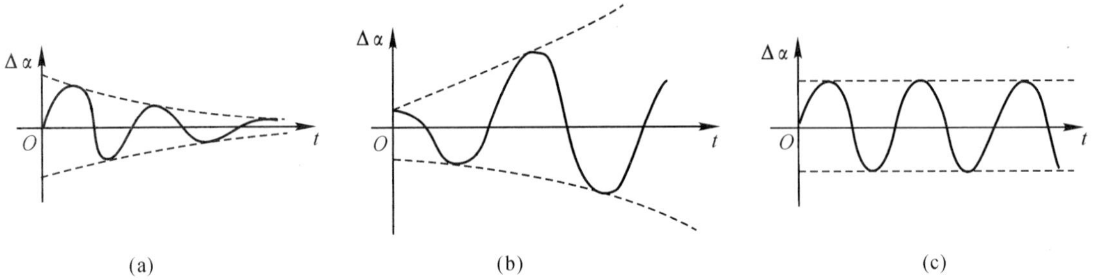

图 7.1　一对共轭复根决定的 $\Delta\alpha$ 过渡过程曲线示意图

3. 两对共轭复根

假定特征方程的两对共轭复根为

$$\left.\begin{aligned} s_{1,2} &= \sigma_1 \pm i\nu_1 \\ s_{3,4} &= \sigma_3 \pm i\nu_3 \end{aligned}\right\} \tag{7.68}$$

此时纵向扰动运动的解析解若以式(7.67)表示，则系数 $D_1^k, D_2^k, D_3^k, D_4^k$ 是两对共轭复数

$$D_1^k = p_1 + iq_1,\quad D_2^k = p_1 - iq_1,\quad D_3^k = p_3 + iq_3,\quad D_3^k = p_3 - iq_3 \tag{7.69}$$

则纵向自由扰动运动的解析解为

$$\begin{aligned} x^k(t) &= 2e^{\sigma_1 t}\sqrt{p_1^2+q_1^2}\left(\frac{p_1}{\sqrt{p_1^2+q_1^2}}\cos\nu_1 t + \frac{q_1}{\sqrt{p_1^2+q_1^2}}\sin\nu_1 t\right) + \\ &\quad 2e^{\sigma_3 t}\sqrt{p_3^2+q_3^2}\left(\frac{p_3}{\sqrt{p_3^2+q_3^2}}\cos\nu_3 t + \frac{q_3}{\sqrt{p_3^2+q_3^2}}\sin\nu_3 t\right) = \\ &\quad D_{1,2}^k e^{\sigma_1 t}\sin(\nu_1 t + \varphi_1) + D_{3,4}^k e^{\sigma_3 t}\sin(\nu_3 t + \varphi_3) \end{aligned} \tag{7.70}$$

式(7.70)中

$$D_{1,2}^k = 2\sqrt{p_1^2+q_1^2},\qquad D_{3,4}^k = 2\sqrt{p_3^2+q_3^2}$$

$$\sin\varphi_1 = \frac{p_1}{\sqrt{p_1^2+q_1^2}},\qquad \cos\varphi_1 = \frac{q_1}{\sqrt{p_1^2+q_1^2}}$$

$$\sin\varphi_3 = \frac{p_3}{\sqrt{p_3^2+q_3^2}},\qquad \cos\varphi_1 = \frac{q_3}{\sqrt{p_3^2+q_3^2}}$$

$$\varphi_1 = \arctan\frac{p_1}{q_1},\qquad \varphi_3 = \arctan\frac{p_3}{q_3}$$

在上列纵向自由扰动运动的解析解中，若所有特征根的实数和共轭复根的实部均为负值，则纵向扰动运动性质是稳定的。反之，只要有实根为正，或共轭复根的实部为正，纵向扰动运动将是不稳定的。

导弹纵向自由扰动运动的形态，在基准弹道的一些特点上，同一类气动外形的导弹将存在着相同的规律性。

求解战术导弹的特征方程式，经常发现有两对共轭复根，例如：

Ⅰ 型

$$\left.\begin{aligned} &-0.376 \pm i2.426 \\ &-0.003 \pm i0.075 \end{aligned}\right\} \tag{7.71}$$

Ⅱ 型
$$\left.\begin{array}{l}-1.158 \pm \mathrm{i}10.1 \\ -0.002\,67 \pm \mathrm{i}0.027\end{array}\right\} \tag{7.72}$$

Ⅲ 型
$$\left.\begin{array}{l}-0.824\,5 \pm \mathrm{i}6.754 \\ -0.002\,9 \pm \mathrm{i}0.074\end{array}\right\} \tag{7.73}$$

不同型号的飞行器，纵向特征根有一对大复根和一对小复根的规律性，说明纵向自由扰动运动包含着两个特征不同的分量。

总括以上所述，简而言之：

(1) 所在实根和根的实部为负，导弹具有动态稳定性；

(2) 只要有为正的实根或根的实部，导弹是动态不稳定的；

(3) 存在为零的实根或根的实部，而其余实根和根的实部为负，导弹是中立稳定的。

7.4　导弹纵向扰动运动的传递函数

分析导弹纵向扰动运动的性质，除了采用解析模拟方法外，还可以广泛应用自动控制理论，从这种理论基础出发，我们上面讲到的许多问题也可化为传递函数来分析。今天各种工程控制技术得到飞跃发展，是与自动控制理论得到广泛应用分不开的。因此，在近代飞行力学的许多问题中，也普遍应用了自动控制理论。

考虑到在整个飞行控制系统中，导弹的运动也是其中的一个环节，求出导弹的传递函数，就不仅可以分析弹体的动态性质，而且还可以将导弹作为操控对象分析整个控制回路的特性。因此，建立导弹的纵向传递函数就十分必要。

在纵向控制回路中导弹环节的输出量为 Δv，$\Delta\theta$，$\Delta\vartheta$ 和 $\Delta\alpha$，而输入量为 $\Delta\delta_z$。倘若还存在着外界干扰，那么，由经常干扰产生的力和力矩就与舵面偏转所起的作用类似，也同样可以视为输入量。

在自动控制原理中，定义传递函数 $W(s)$ 为输出量和输入量的 Laplace 变换式之比。因此，为了得到飞行器的传递函数，应首先将扰动运动方程组进行 Laplace 变换，将原函数变为象函数。

导弹纵向扰动运动经过 Laplace 变换之后，已在式(7.19)中列出了表示自由扰动运动的部分，根据线性叠加原理，在此基础上只要求出式(7.7)等号右端各项的象函数，并对应地附加到式(7.19)的右端，就可以得到以舵偏角 $\Delta\delta_z$ 为输入量，或以相拟干扰力和力矩(以下简称干扰力和力矩)为输入量的传递函数。

因为在定义传递函数时，认为所有的初始值为零，所以用来建立导弹纵向传递函数的式(7.7) 的拉普斯变换式应为

$$\left.\begin{array}{l}(s+a_{11})\Delta v(s)+a_{13}\Delta\theta(s)+a_{14}\Delta\alpha(s)=F_{xd}(s) \\ a_{21}\Delta v(s)+(s^2+a_{22}s)\Delta\vartheta(s)+(a'_{24}s+a_{24})\Delta\alpha(s)= \\ \qquad -(a_{25}+a'_{25}s)\Delta\delta_z(s)+M_{zd}(s) \\ a_{31}\Delta v(s)+(s+a_{33})\Delta\theta(s)-a_{34}\Delta\alpha(s)=a_{35}\Delta\delta_z(s)+F_{yd}(s) \\ \Delta\vartheta(s)-\Delta\theta(s)-\Delta\alpha(s)=0\end{array}\right\} \tag{7.74}$$

7.4.1 对舵偏角的传递函数

以式(7.74)为基础，同样运用求出式(7.20)的克拉默法则，分别以象函数 $\Delta v(s)$、$\Delta\vartheta(s)$、$\Delta\theta(s)$ 和 $\Delta\alpha(s)$ 为输出量，作为相应传递函数的分子；以象函数 $\Delta\delta_z(s)$ 为输入量，作为传递函数的分母，分别求得导弹纵向传递函数如下($a'_{25}=0$)：

$$W_{v\delta_z}(s)=\frac{\Delta v(s)}{\Delta\delta_z(s)}=\frac{H_{v\delta_z}(s)}{G(s)} \tag{7.75}$$

书写传递函数，规定下标第一个字母为输出量，第二个字母为输入量，以后类同。

在式(7.75)以及下述各式中，$G(s)$ 均由式(7.22)表示，而

$$\begin{aligned}H_{v\delta_z}(s)=&(a_{35}a_{13}-a_{35}a_{14})s^2+(a_{22}a_{35}a_{13}+a'_{24}a_{35}a_{13}-a_{22}a_{35}a_{14}-\\&a_{25}a_{14})s+a_{24}a_{35}a_{13}-a_{25}a_{13}a_{14}-a_{25}a_{33}a_{14}\end{aligned}$$

$$W_{\vartheta\delta_z}(s)=-\frac{\Delta\vartheta(s)}{\Delta\delta_z(s)}=\frac{H_{\vartheta\delta_z}(s)}{G(s)} \tag{7.76}$$

$$\begin{aligned}H_{\vartheta\delta_z}(s)=&(a_{25}-a'_{24}a_{35})s^2+(a_{25}a_{34}+a_{25}a_{35}-a_{24}a_{35}+\\&a_{11}a_{25}-a'_{24}a_{35}a_{11})s+a_{11}(a_{25}a_{33}+a_{25}a_{34}\\&-a_{24}a_{35})+(a_{14}-a_{13})(a_{25}a_{31}+a_{21}a_{35})\end{aligned}$$

$$W_{\theta\delta_z}(s)=-\frac{\Delta\theta(s)}{\Delta\delta_z(s)}=\frac{H_{\theta\delta_z}(s)}{G(s)} \tag{7.77}$$

$$\begin{aligned}H_{\theta\delta_z}(s)=&-a_{35}s^3-(a_{22}a_{35}+a_{35}a_{11}+a'_{24}a_{35})s^2+\\&(a_{25}a_{34}-a_{24}a_{35}-a_{22}a_{35}a_{11}-a'_{24}a_{35}a_{11})s+\\&a_{11}(a_{25}a_{34}-a_{24}a_{35})+a_{14}(a_{25}a_{31}+a_{21}a_{35})\end{aligned}$$

$$W_{\alpha\delta_z}(s)=-\frac{\Delta\alpha(s)}{\Delta\delta_z(s)}=\frac{H_{\alpha\delta_z}(s)}{G(s)} \tag{7.78}$$

$$\begin{aligned}H_{\alpha\delta_z}(s)=&a_{35}s^3+(a_{25}+a_{35}a_{11}+a_{22}a_{35})s^2+\\&(a_{25}a_{33}+a_{22}a_{35}a_{11}+a_{25}a_{11})s+\\&a_{25}a_{33}a_{11}-a_{25}a_{31}a_{13}-a_{21}a_{13}a_{35}\end{aligned}$$

所得导弹纵向传递函数，其运动参数 $\Delta\vartheta$、$\Delta\theta$、$\Delta\alpha$ 与 $\Delta\delta_z$ 的比值为负，这表明对于正常式气动布局的导弹，舵偏角 $\Delta\delta_z>0$ 时，在扰动运动中这些参数应为负值；与此相反，当 $\Delta\delta_z<0$ 时，扰动运动中这些参数则为正值。

7.4.2 对干扰力和力矩的传递函数

同样采用上一节的推导方法，可以得到以干扰力和力矩为输入量，以运动参数为输出量的纵向传递函数为

$$W_{vM_{zd}}(s)=\frac{\Delta v(s)}{M_{zd}(s)}=\frac{H_{vM}(s)}{G(s)} \tag{7.79}$$

$$W_{vF_{yd}}(s)=\frac{\Delta v(s)}{F_{yd}(s)}=\frac{H_{vFy}(s)}{G(s)} \tag{7.80}$$

$$H_{vM}(s)=H_{v\alpha_0}(s)$$

$$H_{vFy}(s)=H_{v\theta_0}(s)$$

$$W_{vF_{xd}}(s)=\frac{\Delta v(s)}{F_{xd}(s)}=\frac{H_{vF_x}(s)}{G(s)} \tag{7.81}$$

$$\begin{aligned}H_{vFx}(s)=-[s^3+(a_{22}+a_{34}+a'_{24}+a_{33})s^2+\\(a_{22}a_{33}+a'_{24}a_{33}+a_{24}+\\a_{22}a_{34})s+a_{24}a_{33}]\end{aligned}$$

$$W_{\vartheta M_{zd}}(s)=-\frac{\Delta\vartheta(s)}{M_{zd}(s)}=\frac{H_{\vartheta M}(s)}{G(s)} \tag{7.82}$$

$$W_{\vartheta F_{yd}}(s)=-\frac{\Delta\vartheta(s)}{F_{yd}(s)}=\frac{H_{\vartheta Fy}(s)}{G(s)} \tag{7.83}$$

$$H_{\vartheta M}(s)=H_{\vartheta\alpha_0}(s)$$

$$H_{\vartheta Fy}(s)=H_{\vartheta\theta_0}(s)$$

$$\begin{gathered}W_{\vartheta F_{xd}}(s)=-\frac{\Delta\vartheta(s)}{F_{xd}(s)}=\frac{H_{\vartheta F_x}(s)}{G(s)}\\H_{\vartheta F_x}(s)=(a_{21}+a'_{24}a_{31})s+(a_{21}a_{33}+a_{24}a_{31}+a_{21}a_{34})\end{gathered} \tag{7.84}$$

$$W_{\theta M_{zd}}(s)=-\frac{\Delta\theta(s)}{M_{zd}(s)}=\frac{H_{\theta M}(s)}{G(s)} \tag{7.85}$$

$$W_{\theta F_{yd}}(s)=-\frac{\Delta\theta(s)}{F_{yd}(s)}=\frac{H_{\theta Fy}(s)}{G(s)} \tag{7.86}$$

$$H_{\theta M}(s)=H_{\theta\alpha_0}(s)$$

$$H_{\theta Fy}(s)=H_{\theta\theta_0}(s)$$

$$\begin{gathered}W_{\theta F_{xd}}(s)=-\frac{\Delta\theta(s)}{F_{xd}(s)}=\frac{H_{\theta F_x}(s)}{G(s)}\\H_{\theta F_x}(s)=a_{31}s^2+(a_{31}a_{22}+a'_{24}a_{31})s+a_{21}a_{34}+a_{24}a_{31}\end{gathered} \tag{7.87}$$

$$W_{\alpha M_{zd}}(s)=-\frac{\Delta\alpha(s)}{M_{zd}(s)}=\frac{H_{\alpha M}(s)}{G(s)} \tag{7.88}$$

$$\begin{gathered}W_{\alpha F_{yd}}(s)=-\frac{\Delta\alpha(s)}{F_{yd}(s)}=\frac{H_{\alpha Fy}(s)}{G(s)}\\H_{\alpha M}(s)=H_{\alpha\alpha_0}(s)\\H_{\alpha Fy}(s)=H_{\alpha\theta_0}(s)\end{gathered} \tag{7.89}$$

$$\begin{gathered}W_{\alpha F_{xd}}(s)=-\frac{\alpha(s)}{F_{xd}(s)}=\frac{H_{\alpha F_x}(s)}{G(s)}\\H_{\alpha F_x}(s)=-a_{31}s^2+(a_{21}-a_{22}a_{31})s+a_{21}a_{33}\end{gathered} \tag{7.90}$$

求得导弹纵向扰动运动的传递函数后，在动态分析中，就可以继续进行下列一般课题研究：

(1) 根据理论弹道的运动参数，求出所需的各个动力系数；

(2) 取 $G(s)=0$ 为特征方程，分析导弹自身的稳定性；

(3) 给定舵偏角 $\Delta\delta_z$ 的偏转规律，研究导弹本身的操纵性；

(4) 确定干扰力和力矩的大小，分析导弹飞行的稳态误差；

(5) 讨论导弹的频率特性；

（6）以导弹作为控制对象，研究它的自动稳定与控制特性。

上述各项内容，在后续各章节将会分别进行介绍，在此不再赘述。

习　　题

1. 对理论弹道方程

$$m\frac{\mathrm{d}v}{\mathrm{d}t}=P\cos\alpha-X-G\sin\theta$$

进行线性化处理。

2. 写出描述纵向扰动运动的微分方程组以及方程组中所包含的动力系数的表达式和量纲。

3. 推导扰动运动特征根为一对共轭复数时，其运动参数偏量的过渡过程函数。

4. 如何由特征根的特性说明飞行器的动态特征及其稳定性？

参考文献

[1]　曾颖超，陆毓峰. 战术导弹弹道与姿态动力学. 西安：西北工业大学出版社，1991.

[2]　钱杏芳，林瑞雄，赵亚男. 导弹飞行力学. 北京：北京理工大学出版社，2000.

[3]　李新国，方群. 有翼导弹飞行动力学. 西安：西北工业大学出版社，2005.

第 8 章　纵向扰动运动动态特性分析

本章将在第 7 章的基础上，对纵向扰动运动的动态特性进行分析。对于轴对称飞行器来说，这些内容也适合于飞行器的偏航(有时也称航向)扰动运动。

8.1　扰动运动的稳定域

研究飞行器的动态稳定性，存在着这样一个问题，即选择怎样的飞行器设计参数，可保证飞行器的稳定性。然而这些参数往往不是仅仅只有一个、两个，而是由所有可选择的参数构成了一个区域，称此区域为稳定域。例如，飞行器某一个结构参数或气动参数应等于何值，才具有飞行稳定性？而等于另外一种数值时，为何又是不稳定的？解决这类问题，便属于求扰动运动稳定域问题的范畴。解决这类问题，实质上是寻求特征方程的根与需求的结构或气动参数的关系。因为特征方程的根是由其系数来决定的，改变结构或气动参数能够改变特征方程式的系数，所以特征方程的根也就发生了变化。因此，对于上面提出的问题，可以归结为：用不同的结构或气动参数求系数 $A_0,\cdots,A_n$，所有这些系数就组成了一个变化空间，其中某一部分空间若能使飞行器所有特征方程的根和根的实部为负，那么这一部分空间就称为稳定域。

假定可以变动的结构和气动参数为 ξ 和 η，且与系数 $A_0,\cdots,A_n$ 线性相关，因此扰动运动的特征方程式可以写为

$$A_0(\xi,\eta)s^n + A_1(\xi,\eta)s^{n-1} + \cdots + A_{n-1}(\xi,\eta)s + A_n(\xi,\eta) = 0 \tag{8.1}$$

因为系数 $A_0,\cdots,A_n$ 与参数 ξ 及 η 线性相关，所以有

$$A_i = a_i\xi + b_i\eta + c_i,\quad i=0,1,2,\cdots,n \tag{8.2}$$

将式(8.2) 代入式(8.1)，可得

$$\begin{aligned}&(a_0\xi + b_0\eta + c_0)s^n + (a_1\xi + b_1\eta + c_1)s^{n-1} + \cdots + \\ &\quad (a_{n-1}\xi + b_{n-1}\eta + c_{n-1})s + (a_n\xi + b_n\eta + c_n) = 0\end{aligned} \tag{8.3}$$

由式(8.3) 可得

$$\begin{aligned}&(a_0s^n + a_1s^{n-1} + \cdots + a_{n-1}s + a_n)\xi + (b_0s^n + b_1s^{n-1} + \cdots + b_{n-1}s + b_n)\eta + \\ &\quad c_0s^n + c_1s^{n-1} + \cdots + c_{n-1}s + c_n = 0\end{aligned} \tag{8.4}$$

由式(8.4) 可见，式(8.1) 可重新组合为

$$\xi P(s) + \eta Q(s) + R(s) = 0 \tag{8.5}$$

其中

$$\left.\begin{aligned} P(s)&=a_0s^n+a_1s^{n-1}+\cdots+a_{n-1}s+a_n\\ Q(s)&=b_0s^n+b_1s^{n-1}+\cdots+b_{n-1}s+b_n\\ R(s)&=c_0s^n+c_1s^{n-1}+\cdots+c_{n-1}s+c_n \end{aligned}\right\} \tag{8.6}$$

再将与稳定域边界对应的复数 $s=\mathrm{i}\omega$ 代入式(8.5)，可得

$$[\xi P_1(\omega)+\eta Q_1(\omega)+R_1(\omega)]+\mathrm{i}[\xi P_2(\omega)+\eta Q_2(\omega)+R_2(\omega)]=0 \tag{8.7}$$

式(8.7)中，$P_1(\omega)$，$Q_1(\omega)$，$R_1(\omega)$ 为式(8.5)相应函数的实部，而 $P_2(\omega)$，$Q_2(\omega)$，$R_2(\omega)$ 为式(8.5)相应函数的虚部。

由式(8.7)可得

$$\xi P_1(\omega)+\eta Q_1(\omega)+R_1(\omega)=T_1(\omega)=0 \tag{8.8}$$

$$\xi P_2(\omega)+\eta Q_2(\omega)+R_2(\omega)=T_2(\omega)=0 \tag{8.9}$$

联立求解式(8.8)和式(8.9)，便可求得 ξ 和 η 为

$$\xi=\Delta_1/\Delta,\quad \eta=\Delta_2/\Delta \tag{8.10}$$

其中

$$\Delta=\begin{vmatrix} P_1(\omega) & Q_1(\omega)\\ P_2(\omega) & Q_2(\omega) \end{vmatrix} \tag{8.11}$$

$$\Delta_1=\begin{vmatrix} -R_1(\omega) & Q_1(\omega)\\ -R_2(\omega) & Q_2(\omega) \end{vmatrix} \tag{8.12}$$

$$\Delta_2=\begin{vmatrix} P_1(\omega) & -R_1(\omega)\\ P_2(\omega) & -R_2(\omega) \end{vmatrix} \tag{8.13}$$

由式(8.11)～式(8.13)可知，ξ 和 η 是 ω 的函数，一般来说，给定一个 ω 值，由式(8.10)便可求出一对对应的 ξ 和 η 值。若以参数 ξ 为横轴、η 为纵轴，给定一个 ω，就可以在 $\xi O\eta$ 平面上得到一个表示 ξ 和 η 解值的点。ω 的值不同，点的位置也不同，但每一个点都是 ω 值下 ξ 和 η 的解。将这些点连成一条曲线，就得到了稳定域边界曲线。

由于 $P_1(\omega)$、$Q_1(\omega)$ 和 $R_1(\omega)$ 是 ω 的偶函数，$P_2(\omega)$、$Q_2(\omega)$ 和 $R_2(\omega)$ 是 ω 的奇函数，所以 ξ 和 η 都是 ω 的偶函数。由此可见，当 ω 由0变到 ∞ 时，这一部分的稳定域划分，总是与 ω 由 $-\infty$ 变到0的这一部分稳定域相重合，如图8.1所示。

应该知道，只有当 $T_1(\omega)=0$ 和 $T_2(\omega)=0$ 是相容的，且相互独立，即 $\Delta\neq 0$ 时，每一个 ω 才能确定一对 ξ 和 η 的值。但若 $\Delta=0$，式(8.8)与式(8.9)则不相互独立。此时，便不能由式(8.10)求出对应一个给定 ω 值的唯一一对 ξ 和 η 的值，只能由

$$\xi=-\frac{\eta Q_1(\omega)+R_1(\omega)}{P_1(\omega)} \tag{8.14}$$

在 $\xi O\eta$ 平面上确定一条直线。由式(8.14)所代表的直线称为奇线，线上的点称为奇点。

不言而喻，在稳定域边界曲线上，特征方程式(8.1)的根的实部均为零。偏离曲线，相对应的特征方程根的实部不为零，而根的实部为负的区域就是稳定域，并在边界上用阴影线来标明。画稳定域阴影线的规则如下：

ω 由 $-\infty$ 到 ∞ 沿着曲线走时，若 $\Delta>0$，则在曲线左边画阴影线；若 $\Delta<0$，则在右边画阴影线。因为 ω 由 $-\infty$ 到0和由0到 ∞ 是一条曲线，而 Δ 一般又总是 ω 的奇函数，亦即 ω 与 Δ 同时反号，所以划分稳定域总是在同一边画双重阴影线。

存在奇线时画阴影线要复杂一些。当 $\omega=0$ 或 ∞ 出现奇线时，只画一次阴影线[见图 8.1(a)]；当 ω 在某一频率 ω' 下出现奇线，即奇线穿过曲线并在 $\omega=\omega'$ 点上通过时，行列式 Δ 又变号，则沿奇线画阴影线；Δ 不变号，就不画阴影线[见图 8.1(b)]。

在画有阴影线的区域上，也可任取一对 ξ① 和 η 的值，应用赫尔维茨稳定判据，来检验该区域是否确定了真正的稳定域。

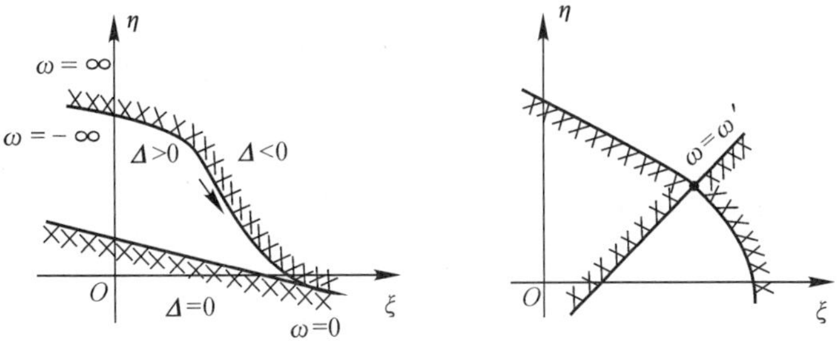

(a)　　　　(b)

图 8.1　稳定域边界图

8.2　纵向自由扰动运动的特点

在理想弹道的特性点上，导弹纵向扰动运动的形态和性质，均由这个特性点上特征方程的根值来决定。为了从数值上估算出扰动运动参数的衰减或发散程度，以及它们的最大值、振荡周期和经历时间，就必须解特征方程，求出它的根值。

大量的实践经验证明，无论飞行器的外形怎样变化，它的飞行速度和高度尽管各不相同，但它特征方程的根，彼此间在量级上则遵循着某种规律。为了能足以说明这种规律的客观存在，下面举出几个典型的例子加以说明。

8.2.1　几种飞行器的特征根值

例 8.1　继续以例 7.1 为例，在第 7 章已求得它的特征方程式的根为两对共轭复根，见式(7.52) 和式(7.53)，即

$$s_{1,2}=-0.376\pm \mathrm{i}2.426$$

$$s_{3,4}=-0.003\pm \mathrm{i}0.075$$

可见，这是两对实部与虚部的绝对值分别相差很大的共轭复根，由此表明：该飞行器纵向自由扰动运动是由两个特性相差很大的振荡运动合成的。

例 8.2　某地空导弹在 $h=5\ 000$ m 高度上飞行，$v=641$ m/s，其某特性点的动力系数为

$$a_{11}=0.003\ 9\mathrm{s}^{-1},\qquad a_{13}=7.73\mathrm{m/s}^2$$

$$a_{14}=32.05\ \mathrm{m/s}^2,\qquad a_{22}=1.01\mathrm{s}^{-1}$$

$$a_{21}\approx 0,\qquad a'_{24}=0.153\ 3\mathrm{s}^{-1}$$

① 文中的 ξ 与图 8.1 中的 ξ 为同一符号，表示同一物理量，其形式不同的原因在于排版软件与描图软件不同。后续同类问题，不再赘述。

$$a_{24}=102.2\text{s}^{-2},\qquad a_{25}=67.2\text{s}^{-2}$$
$$a_{35}=0.143\ 5\text{s}^{-1},\qquad a_{34}=1.152\text{s}^{-1}$$
$$a_{31}=0.000\ 061\ 5\text{m}^{-1},\qquad a_{33}=0.009\ 4\text{s}^{-1}$$

根据式(7.22),可得特征方程的表达式,且求得根值为

$$s_{1,2}=\sigma_1\pm \mathrm{i}\nu_1=-1.158\pm \mathrm{i}10.1$$
$$s_{3,4}=\sigma_2\pm \mathrm{i}\nu_2=0.002\ 67\pm \mathrm{i}0.027$$

可见,根的特性除与上例相同之外,所不同的是其中一对共轭复根的实部为正,但其值却非常小。

例 8.3 某飞机外形飞行器飞行高度 $h=1\ 000$ m,以 $v=450$ km/h 作定常下滑飞行,经计算求得特征方程后,可求出其共轭复根为

$$s_{1,2}=\sigma_1\pm \mathrm{i}\nu_1=-2.56\pm \mathrm{i}1.99$$
$$s_{3,4}=\sigma_2\pm \mathrm{i}\nu_1=-0.015\pm \mathrm{i}0.087$$

根的特性同例 8.1。

由以上所举三例可以看出:

(1) 所列飞行器的纵向自由扰动运动均包含着振荡运动的成分;

(2) 两个振荡运动分量彼此间的振幅和频率相差很大。

由此可见,纵向自由扰动运动,在基准弹道上的一些特性点上,同一类气动外形飞行器的特征根及其形态特征将存在着相同的规律性。

8.2.2 振荡周期及衰减程度

由第 7 章所述可知,特征方程式的根为共轭复根时,扰动运动的形态表现为振荡形式。

以攻角 $\Delta\alpha$ 为例,当 $s_{1,2}=\sigma\pm \mathrm{i}\nu$ 时,由式(7.67)可得

$$\Delta\alpha_{1,2}=D\mathrm{e}^{\sigma t}\sin(\nu t+\varphi)\tag{8.15}$$

这里 ν 为振荡角频率,而振荡周期 T 为

$$T=\frac{2\pi}{\nu}\tag{8.16}$$

为了定量地评定扰动运动参数衰减或发散的快慢,在此引入衰减程度或发散程度的概念。

所谓衰减程度或发散程度,是指振幅(如果是实根则为扰动值)衰减一半或增大一倍所需要的时间。

若 $\sigma<0$,则

$$\mathrm{e}^{\sigma\Delta t}=\mathrm{e}^{\sigma(t_2-t_1)}=\frac{1}{2}\tag{8.17}$$

其中 $\Delta t=t_2-t_1$ 为振幅减小一半的时间。由式(8.17)可知衰减程度为

$$\Delta t=t_2-t_1=-\frac{0.693}{\sigma}\tag{8.18}$$

若 $\sigma>0$,则振幅增长一倍的时间(发散程度)$\Delta t=t_2-t_1$ 为

$$\Delta t=t_2-t_1=\frac{0.693}{\sigma}\tag{8.19}$$

在非周期扰动运动情况下,式(8.18)或式(8.19)也可计算经过某时间间隔扰动值的衰减

或发散程度。

表 8.1 所列为例 8.1、例 8.2 和例 8.3 的振荡周期、衰减程度的计算结果。

表 8.1　例 8.1、例 8.2 和例 8.3 的振荡周期、衰减程度计算结果

计算举例	根的性质	振荡周期 /s	衰减程度 /s
例 8.1	$-0.376 \pm i2.426$	2.589	1.843
	$-0.003 \pm i0.075$	83.73	231.0
例 8.2	$-1.158 \pm i10.1$	0.622	0.598
	$0.002\ 67 \pm i0.027$	232.6	295.6
例 8.3	$-2.56 \pm i1.99$	3.156	0.271
	$-0.015 \pm i0.087$	72.22	46.20

8.2.3　短周期运动和长周期运动

由于共轭复根的实数部分决定着扰动运动的衰减程度，而虚数部分决定着角频率，所以当纵向自由扰动运动的性质由两对共轭复根来决定时，由表 8.1 可以看出：一对大复根决定的扰动运动分量，其形态是周期短、衰减快，属于一种振荡频率高而振幅衰减快的运动，通常称为短周期扰动运动[见图 8.2(a)]，简称短周期运动；而另一对小复根所决定的扰动运动分量，则是振动频率很低，即振荡周期很长、衰减很慢的运动，称为长周期扰动运动[见图 8.2(b)]，简称长周期运动。

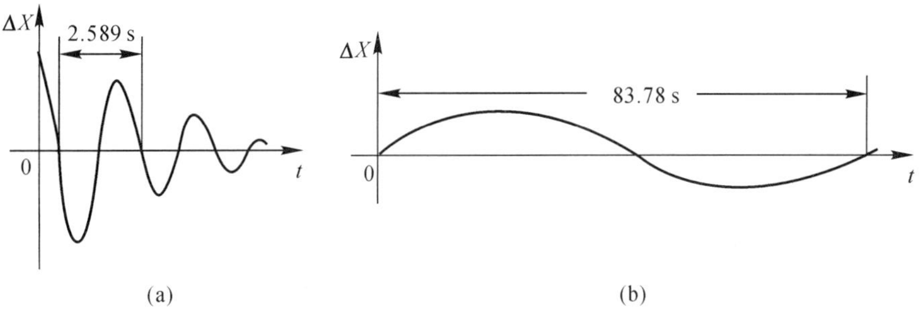

图 8.2　例 8.1 的短、长周期扰动运动

纵向特征根有一对大复根和一对小复根的特点，可使纵向扰动运动分成低频慢衰减的长周期和高频快衰减的短周期两种运动分量。这一结论虽由具体实例所得，但是通过对大量不同形式的飞行器进行分析，在各种飞行情况下的计算结果表明，长、短两种周期的运动形态几乎没有例外地存在着。只是在有些情况下，一对小值的共轭复根由两个数值很小的实根来代替，振荡形的长周期运动变为两个衰减(或发散) 很慢的非周期运动，其实质与长周期运动并无多大区别。

8.2.4　运动参数的变化特点

导弹纵向扰动运动除了 8.1 节所述特性之外，对不同的特征根而言，其运动参数的变化特

点也不大相同。为了进一步显示纵向自由扰动运动的本质，再来分析比较一下例 8.1 所得的过渡过程函数，即

$$\left.\begin{aligned}\Delta\alpha(t)&=2.0026^\circ e^{-0.376t}\sin(139.01^\circ t+87.823^\circ)-0.05^\circ e^{-0.003t}\sin(4.297^\circ t+2.979^\circ)\\\Delta\vartheta(t)&=1.98^\circ e^{-0.376t}\sin(139.01^\circ t+81.116^\circ)-1.964^\circ e^{-0.003t}\sin(4.297^\circ t+85.708^\circ)\\\Delta v(t)&=0.129^\circ e^{-0.376t}\sin(139.01^\circ t-19.884^\circ)+4.495^\circ e^{-0.003t}\sin(4.297^\circ t+0.572^\circ)\end{aligned}\right\}\tag{8.20}$$

式(8.20)由两个分量组成，其中一对大根 $s_{1,2}$ 决定了周期短而衰减快的短周期扰动运动分量，也就是

$$\left.\begin{aligned}\Delta\alpha_{1,2}(t)&=2.0026^\circ e^{-0.376t}\sin(139.01^\circ t+87.823^\circ)\\\Delta\vartheta_{1,2}(t)&=1.98^\circ e^{-0.376t}\sin(139.01^\circ t+81.116^\circ)\\\Delta v_{1,2}(t)&=0.129e^{-0.376t}\sin(139.01^\circ t-19.884^\circ)\end{aligned}\right\}\tag{8.21}$$

式(8.21)说明，在纵向短周期扰动运动中，各运动参数随时间变化的特性也是不相同的，这一点可用旋转矢量图来形象地解释。

图 8.3(a)中所示的矢量其对应的时间为 $t=0$ 时刻，每一个矢量与实轴的夹角为初始相位角。如果以攻角矢量 $\Delta\bar{\alpha}_{1,2}$ 的最大模值 2.002 6 为单位长度，则有俯仰角矢量 $\Delta\bar{\vartheta}_{1,2}$ 的模值等于 $1.98\div2.0026=0.9887$，而速度矢量 $\Delta\bar{v}_{1,2}$ 的模值为 $0.129\div2.0026=0.06442$，显然，速度矢量 $\Delta\bar{v}_{1,2}$ 的模值仅是攻角矢量 $\Delta\bar{\alpha}_{1,2}$ 的模值的 6.4%，因此在矢量图 8.3(a)上不能明显地表示。

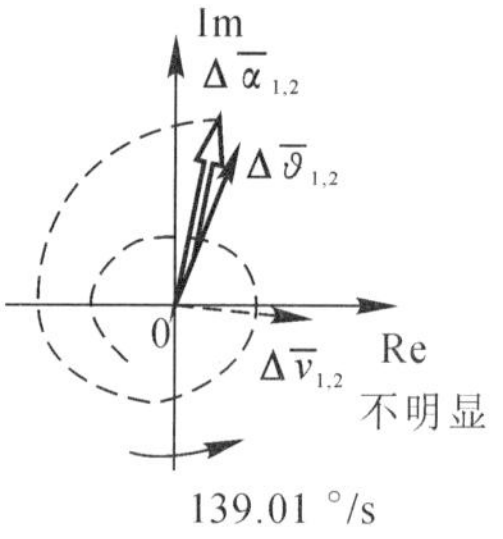

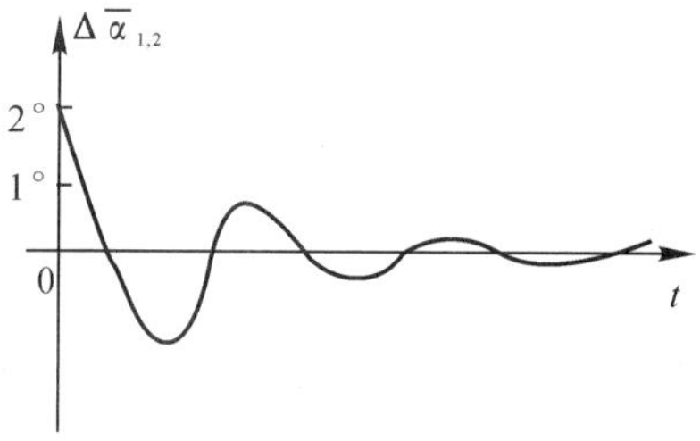

图 8.3　短周期扰动运动旋转矢量图和过渡过程曲线图

虽然当 $t\neq0$ 时各运动参数的矢量会发生变化，但是由于各矢量的旋转角速度均为 139.01°/s，且周期相同，矢量幅值的衰减程度也一样，因此在不同的时间上，各矢量间的幅值比和相角差却始终保持不变，即各矢量之间的相对关系始终与初始时刻一致。

由图 8.3(a)可以看出：攻角 $\Delta\bar{\alpha}_{1,2}$ 和俯仰角 $\Delta\bar{\vartheta}_{1,2}$ 的矢量模值要比速度矢量 $\Delta\bar{v}_{1,2}$ 模值大得多，速度矢量几乎在图上无法明显表示。这表明：由大根 $s_{1,2}$ 决定的运动形态中，攻角 $\Delta\bar{\alpha}_{1,2}$ 和俯仰角 $\Delta\bar{\vartheta}_{1,2}$ 的变化是主要的；攻角 $\Delta\bar{\alpha}_{1,2}$ 很快由初始值 $\Delta\alpha_0$ 衰减到零；与此同时，因弹体也要绕重心急剧转动，故俯仰角 $\Delta\bar{\vartheta}_{1,2}$ 也有很大变化，但是飞行速度的变化则近似为零。

矢量在图上绕原点旋转，它在垂直轴上的投影值也就随着时间而变化，以攻角矢量 $\Delta\bar{\alpha}_{1,2}$ 为例，将它在垂直轴上的投影分量沿时间展开，可得攻角 $\Delta\bar{\alpha}_{1,2}$ 的过渡过程[见图 8.3(b)]。

攻角矢量 $\Delta\bar{\alpha}_{1,2}$ 绕原点旋转时，模值不断减小，矢端轨迹是一个收缩的螺旋线，表示短周期扰动运动是稳定的。

下面再来分析由一对小根所决定的扰动运动形态。由例 8.1，一对小根决定的扰动运动分量的过渡过程函数表达式为

$$\left.\begin{aligned}\Delta v_{3,4}(t) &= 4.495\mathrm{e}^{-0.003t}\sin(4.297^{\circ}t + 0.527^{\circ})\\ \Delta\vartheta_{3,4}(t) &= -1.964^{\circ}\mathrm{e}^{-0.003t}\sin(4.297^{\circ}t + 85.708^{\circ})\\ \Delta\alpha_{3,4}(t) &= -0.05^{\circ}\mathrm{e}^{-0.003t}\sin(4.297^{\circ}t + 2.979^{\circ})\end{aligned}\right\} \tag{8.22}$$

该分量与式(8.21) 分量相比较，周期大 32.4 倍，振幅减小一半的时间也要大 125.3 倍，因此这是一个周期长、衰减慢的长周期扰动运动(或称沉浮运动)。当 $t=0$ 时，其矢量图如图 8.4 所示。可见，攻角矢量 $\Delta\bar{\alpha}_{3,4}$ 的模值太小，在图上就无法表示。因此在这种扰动运动的形态中，主要是飞行速度 $\Delta\bar{v}_{3,4}$ 和俯仰角 $\Delta\bar{\vartheta}_{3,4}$ 发生缓慢的变化，变化一个周期需时间 83.8 s。

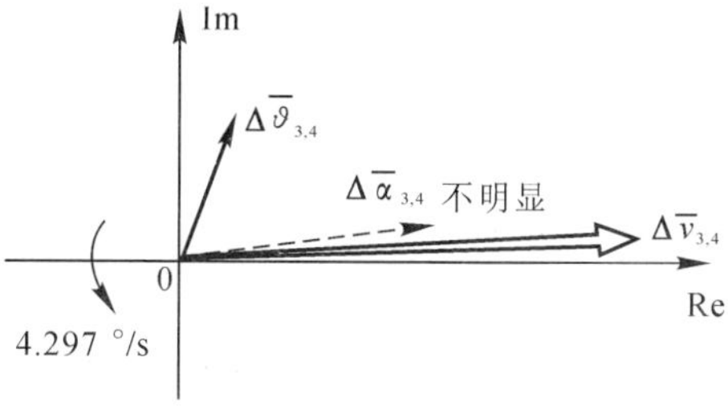

图 8.4　长周期扰动运动旋转矢量图

综上所述，大气层内有翼飞行器纵向自由扰动运动是由两种扰动运动形态所组成的，一个是快衰减的短周期扰动运动，另一个是慢衰减(或慢发散) 的长周期扰动运动，两者除周期和衰减程度有很大差别外，运动的自由度也不完全相同。

8.2.5　纵向自由扰动运动的两个阶段

纵向自由扰动运动是由长、短两个周期运动所组成的，因此各运动参数的数值就是由这两种分量进行叠加的。由于长周期扰动运动的变化周期很长，运动参数发生大的改变所需时间也长，所以扰动运动的最初阶段，起主导作用的主要是短周期运动形态，长周期运动还很不明显。如果能够忽略长周期运动的分量，在开始阶段，整个纵向扰动运动就可由短周期扰动运动来代替，运动参数的值也就不必叠加。这时还可以不计速度 v 的改变，只考虑攻角 $\Delta\alpha$ 和俯仰角速度 $\Delta\omega_z$，以及俯仰角 $\Delta\vartheta$ 等的变化。

在短周期运动基本消失之后，就要考虑长周期运动的作用。这时主要是飞行速度 Δv、俯仰角 $\Delta\vartheta$ 以及弹道倾角 $\Delta\theta$ 发生缓慢变化，经过一段较长的时间，运动才能停止。在此过程中，攻角 $\Delta\alpha$ 则可以说几乎没有什么变化。

由此可见，导弹纵向自由扰动运动可以简化成两个独立的阶段。在第一阶段，即短周期阶段，只有攻角 $\Delta\alpha$ 和俯仰角 $\Delta\vartheta$ 的变化，速度 Δv 变化不大，可视为零。短周期扰动运动消失后，是运动的第二阶段，这时仅有速度 Δv 和俯仰角 $\Delta\vartheta$ 的缓慢变化，攻角 $\Delta\alpha$ 几乎不变。

纵向自由扰动运动之所以可以划分为两个独立阶段，而最初阶段又为短周期运动，这是因为导弹受到扰动作用后，力矩平衡状态很快受到破坏，使导弹一开始就具有较大的绕 Oz_1 轴旋转的角加速度。而作用力的平衡在短时间内还未发生明显的变化，因此改变重心移动的加速度这时候尚很小。下面我们还是用例 8.1 来解释这个道理。

在例 8.1 中，已假定由偶然干扰作用只产生初始值 $\Delta\alpha_0 = -\Delta\theta_0 = 2°$，而其余的初始值均为零。由扰动运动方程组式(7.7) 第 2 式可得纵向自由扰动运动弹体绕 Oz_1 轴的旋转角加速度为

$$\Delta\ddot{\vartheta} = -a_{21}\Delta v - a_{22}\Delta\dot{\vartheta} - a'_{24}\Delta\dot{\alpha} - a_{24}\Delta\alpha \tag{8.23}$$

当时间 $t=0$ 时，这个角运动微分方程式的初始值 $\Delta\alpha_0 = 2°$，而 $\Delta\dot{\vartheta}_0 = \Delta\dot{\alpha}_0 = \Delta v_0 = 0$，所以该式等号右端的前三项为零，只剩下等号右端的第四项，其中动力系数 a_{24} 给定为 $5.91\mathrm{s}^{-2}$，于是，式(8.23) 简化为

$$\left(\frac{\mathrm{d}\Delta^2\vartheta}{\mathrm{d}t^2}\right)_0 = \Delta\ddot{\vartheta}_0 = -a_{24}\Delta\alpha_0 \approx -11.82°/\mathrm{s}^2$$

显然，扰动运动开始的瞬时，飞行器绕 Oz_1 轴低头旋转的角加速度为 $11.8°\mathrm{s}^{-2}$。

我们再来分析一下扰动开始时，重心移动的加速度。应用扰动运动方程组式(7.7) 第 1 式，可得纵向自由扰动运动质心移动加速度为

$$\left(\frac{\mathrm{d}\Delta v}{\mathrm{d}t}\right) = \Delta\dot{v} = -a_{11}\Delta v - a_{13}\Delta\theta - a_{14}\Delta\alpha \tag{8.24}$$

同理，当 $t = 0$ 时，$\Delta v_0 = 0$，而 $\Delta\alpha_0 = -\Delta\theta_0 = 2°$，动力系数 $a_{14} = 9.17\mathrm{m/s}^2$，$a_{13} = 9.8\mathrm{m/s}^2$。则有

$$\Delta\dot{v}_0 \approx 0.22\mathrm{m/s}^2$$

这个加速度值相当地小，要比角加速度 $\Delta\ddot{\vartheta}_0$ 小得多。由此说明，飞行器在纵向扰动运动的最初阶段，将迅速绕 Oz_1 轴转动，而重心变化的加速度只有微小的数值，例如 $0.022\mathrm{m}\cdot\mathrm{s}^{-2}$。又因为飞行速度具有比较大的数值，这个微量的加速度对速度产生的影响，不会使速度有多大的变化，故可近似认为速度偏量等于零。

在短周期扰动运动阶段，即第一阶段，如果导弹具有稳定性，它绕 Oz_1 轴旋转的结果，将使攻角 $\Delta\alpha$ 逐渐恢复到与舵偏角相对应的平衡位置上。由于在旋转过程中又要受到阻尼力矩的作用，使实际旋转的时间仅限制在最初的 1 ～ 3 s 内，所以，这一阶段是一高频快衰减的运动。因为这一阶段的运动主要是考虑力矩的作用，是角运动的力学过程，所以当力矩已经基本恢复平衡时，短周期扰动运动也就结束了。

应指出的是，在短周期扰动运动中攻角 $\Delta\alpha$ 的变化，不仅使力矩由不平衡逐步趋向平衡，而且还会影响升力和阻力发生变化，致使法向力和切向力不能保持平衡。同时在此阶段飞行速度虽然变化不大，但毕竟存在微小变化，因此当短周期扰动运动结束时，导弹的纵向自由扰动运动还不能全部结束，随后接着产生了第二阶段的运动。

在第二阶段运动中主要是考虑法向力和切向力的作用，其中包括重力的作用，于是将改变飞行速度的大小和方向。其实，在运动的第一阶段因攻角 $\Delta\alpha$ 和俯仰角 $\Delta\vartheta$ 已发生变化，所以弹道倾角 $\Delta\theta$ 也必然有所改变。

因为飞行器具有一定的惯性，而法向力和切向力增量值相对基准运动来讲，其值又不大，所以导致速度 Δv 和弹道倾角 $\Delta\theta$ 的变化将是十分缓慢的。在此过程中又因为力矩已基本趋近平衡，弹体只能绕 Oz_1 轴微弱转动，因此可近似认为俯仰角 $\Delta\vartheta$ 等于弹道倾角 $\Delta\theta$，而攻角 $\Delta\alpha$ 等于零。

当运动具有稳定性时，飞行速度 Δv、弹道倾角 $\Delta\theta$ 和俯仰角 $\Delta\vartheta$ 缓慢变化的结果，就使扰动运动中的法向干扰力和切向干扰力逐渐趋向消失，而最终停止扰动运动。因此，长周期扰动运动实质上是质点的低频摆动，所以也称沉浮运动。

在长周期扰动运动中如果特征方程有一个或两个小根为正，运动将是不稳定的，这时运动

参数 Δv，$\Delta\theta$ 和 $\Delta\vartheta$ 将缓慢地增加。但是如果短周期扰动运动仍然是衰减的，即使在长周期扰动运动的有限时间内，也可近似认为攻角 $\Delta\alpha$ 不变，所以长周期扰动运动的发散性质在有限时间内对短周期扰动运动没有影响。

另外，根据上述理由，通常还可将飞行器的纵向扰动运动分解为两个独立的阶段：① 忽略长周期扰动运动分量的短周期扰动运动阶段，其将出现在整个扰动运动的初始阶段；② 忽略短周期扰动运动分量的长周期扰动运动阶段，它将在短周期扰动运动基本结束后出现。

但是由于大气飞行器外形式样繁多，速度越来越高，空域越来越大，而重量越来越轻，还不能说上述内容具有广泛的普遍性。例如某些飞行器在短周期扰动运动阶段的频率和阻尼很小，甚至蜕化成两个非周期的形态。在这种情况下，必须检验特征方程式的根值是否差异很大。若相差很大，仍然可以将纵向扰动运动分成两个独立的阶段。

8.2.6　纵向扰动运动的简捷处理

导弹纵向扰动运动方程组式(7.7)是一个四阶微分方程组，求解起来比较麻烦。根据前面的分析可知，纵向扰动运动可以分为长、短周期的两个独立运动阶段，因此可以采用一种简捷处理方法，以简化问题讨论。

1. 纵向短周期扰动运动模态

由于在短周期运动阶段主要是由力矩变化引起弹体产生角运动，并近似认为长周期运动还没有来得及表现出来，因此可以取 $\Delta\dot{v}=0$，$\Delta v=0$，于是方程组式(7.7)中的第1式可去掉，并略去第2式中的 $a_{21}\Delta v$ 项以及第3式中的 $a_{31}\Delta v$ 项，由此可得一种简捷形式的纵向扰动运动方程组为

$$\left.\begin{aligned}&\frac{\mathrm{d}^2\Delta\vartheta}{\mathrm{d}t^2}+a_{22}\frac{\mathrm{d}\Delta\vartheta}{\mathrm{d}t}+a'_{24}\frac{\mathrm{d}\Delta\alpha}{\mathrm{d}t}+a_{24}\Delta\alpha=-a'_{25}\frac{\mathrm{d}\Delta\delta_z}{\mathrm{d}t}-a_{25}\Delta\delta_z+M_{zd}\\&\frac{\mathrm{d}\Delta\theta}{\mathrm{d}t}+a_{33}\Delta\theta-a_{34}\Delta\alpha=a_{35}\Delta\delta_z+F_{yd}\\&\Delta\vartheta-\Delta\theta-\Delta\alpha=0\end{aligned}\right\}\tag{8.25}$$

或者写为

$$\left.\begin{aligned}&\Delta\ddot{\vartheta}+a_{22}\Delta\dot{\vartheta}+a'_{24}\Delta\dot{\alpha}+a_{24}\Delta\alpha=-a'_{25}\Delta\dot{\delta}_z-a_{25}\Delta\delta_z+M_{zd}\\&\Delta\dot{\theta}+a_{33}\Delta\theta-a_{34}\Delta\alpha=a_{35}\Delta\delta_z+F_{yd}\\&\Delta\vartheta-\Delta\theta-\Delta\alpha=0\end{aligned}\right\}\tag{8.26}$$

式(8.25)和式(8.26)称为大气飞行器纵向短周期扰动运动方程组，有时简称纵向短周期运动方程组，其状态方程为

$$\begin{bmatrix}\Delta\dot{\omega}_z\\\Delta\dot{\alpha}\\\Delta\dot{\vartheta}\end{bmatrix}=\boldsymbol{A}\begin{bmatrix}\Delta\omega_z\\\Delta\alpha\\\Delta\vartheta\end{bmatrix}+\begin{bmatrix}-a_{25}+a'_{24}a_{35}\\-a_{35}\\0\end{bmatrix}\Delta\delta_z-\begin{bmatrix}a'_{25}\\0\\0\end{bmatrix}\Delta\dot{\delta}_z+\begin{bmatrix}a'_{24}F_{yd}+M_{zd}\\-F_{yd}\\0\end{bmatrix}\tag{8.27}$$

式(8.27)中矩阵 $\boldsymbol{A}$ 由式(7.14b)的矩阵 $\boldsymbol{A}_z$ 的右下分块矩阵表示，即

$$\boldsymbol{A}_z=\begin{bmatrix}-(a_{22}+a'_{24}) & (a'_{24}a_{34}+a'_{24}a_{33}-a_{24}) & -a'_{24}a_{33}\\1 & -(a_{34}+a_{33}) & a_{33}\\1 & 0 & 0\end{bmatrix}\tag{8.28}$$

根据矩阵 **A** 可得纵向短周期扰动运动的特征方程为

$$D(s)=s^3+A_1s^2+A_2s+A_3=0 \tag{8.29}$$

式中的系数表达式为

$$\left.\begin{aligned} &A_1=a_{22}+a_{34}+a'_{24}+a_{33}\\ &A_2=a_{24}+a_{22}(a_{34}+a_{33})+a'_{24}a_{33}\\ &A_3=a_{24}a_{33} \end{aligned}\right\} \tag{8.30}$$

为了说明这种简捷处理的近似程度，在此仍以例 8.1 为例，应用式(8.26) 重新求解攻角 $\Delta\alpha$ 和俯仰角 $\Delta\vartheta$ 的过渡过程函数，并与其精确解相比较，得到将会产生的误差。为此，将已知各动力系数代入式(8.30)，并由式(8.29) 求得特征方程及其根值为

$$s_{1,2}=-0.375\pm i2.427 \tag{8.31}$$

同样假定飞行器受到偶然干扰作用，具有初始值 $\Delta\alpha_0=-\Delta\theta_0=2°$，由式(7.67) 及其第 7 章所述求过渡过程函数表达式的方法，可得短周期形态简捷处理后的过渡过程函数为

$$\left.\begin{aligned} &\Delta\alpha(t)=2.002\,1°\mathrm{e}^{-0.375t}\sin(139.064°t+87.759°)\\ &\Delta\vartheta(t)=1.98°\mathrm{e}^{-0.375t}\sin(139.064^0t+81.216°)-1.956\,7° \end{aligned}\right\} \tag{8.32}$$

所得结果与未作简捷处理的结果相比较，衰减指数的误差约 0.26%，频率误差约 0.04%，攻角的幅值误差约 0.025%，俯仰角幅值误差约为 0。由此说明，简捷处理带来的误差相当微小，故短周期扰动运动的简捷方程组保留了第一阶段运动的主要特性。由此可见，略去长周期运动对短周期运动的影响，采用式(8.26) 分析纵向短周期扰动运动是足够精确的。因此，在动态特性分析中普遍采用了这组运动方程式。

在式(8.32) 中，俯仰角 $\Delta\vartheta(t)$ 有一常数项，这是由于忽略了长周期分量而产生的。不难理解，在短周期运动结束后，长周期运动中的俯仰角 $\Delta\vartheta(t)$ 实际上并不是一个常数。在这里之所以等于常数，是由于简捷处理的结果。

2. 纵向长周期扰动运动模态

长周期扰动运动是一个缓慢变化的过程，简捷处理时假定短周期扰动运动在某一瞬时已告完成，即俯仰角加速度 $\Delta\ddot{\vartheta}=\Delta\dot{\omega}_z=0$，并认为俯仰角速度 $\Delta\dot{\vartheta}=\Delta\omega_z$ 极小，由它产生的阻尼力矩 $M_z^{\omega_z}\Delta\omega_z$ 可忽略不计，更可以不计下洗延迟力矩了。因此，由纵向扰动运动方程组式(7.7) 经简化处理可得长周期扰动运动方程组为

$$\left.\begin{aligned} &\Delta\dot{v}=-a_{11}\Delta v-a_{13}\Delta\theta-a_{14}\Delta\alpha+F_{xd}\\ &\Delta\dot{\theta}=-a_{31}\Delta v-a_{33}\Delta\theta+a_{34}\Delta\alpha+F_{yd}\\ &\Delta\vartheta=\Delta\theta+\Delta\alpha\\ &a_{21}\Delta v+a_{24}\Delta\alpha=0 \end{aligned}\right\} \tag{8.33}$$

式(8.33) 是一个二阶微分方程组，因为在长周期运动中主要是法向力和切向力起作用，所以在方程组中只引进了干扰力，而没有考虑干扰力矩。

式(8.33) 中的第 1 式，是纵向长周期扰动运动中的切向动力学方程；第 2 式是法向动力学方程；第 3 式是角度几何关系方程；第 4 式是简化了的力矩平衡方程，之所还要引进这个关系式，是考虑到长周期阶段速度 Δv 为主要变化参数，由此而产生了力矩 $M_z^v\Delta v$，使攻角也要发生微小的变化。

长周期扰动运动的特征方程，由式(8.33) 可得

$$a_{24}s^2+(a_{11}a_{24}+a_{24}a_{33}-a_{21}a_{14})s+a_{33}(a_{11}a_{24}-a_{14}a_{21})-a_{13}(a_{24}a_{31}+a_{21}a_{34})=0 \tag{8.34}$$

为了估计这种简捷处理的近似程度，还是以例 8.1 来说明。假设飞行器受到偶然干扰的作用，产生初始值 $\Delta\alpha_0=-\Delta\theta_0=2°$。由于所讨论的是长周期扰动运动，因此可以假定短周期扰动运动已经结束，攻角 $\Delta\alpha$ 已趋近于零，飞行器已经低头。于是在长周期扰动运动开始时，俯仰角已具有初始值 $\Delta\vartheta_0=-2°$。

将例 8.1 的各动力系数代入式(8.34)，求得特征值为

$$s_{3,4}=-0.002\,9\pm \mathrm{i}0.075\,5 \tag{8.35}$$

由此可得简捷处理后的长周期扰动运动引入初始值的过渡过程函数为

$$\left.\begin{aligned}&\Delta v(t)=4.539\mathrm{e}^{-0.002\,9t}\sin(4.318°t)\\&\Delta\vartheta(t)=-2.003\,9°\mathrm{e}^{-0.002\,9t}\sin(4.318°t+86.52°)\\&\Delta\alpha(t)=-0.044°\mathrm{e}^{-0.002\,9t}\sin(4.318°t)\end{aligned}\right\} \tag{8.36}$$

经过简化前后结果的比较，可得：衰减指数的误差约 3%，频率误差约 0.5%，攻角的幅值误差约 12%，速度幅值误差约 1%，俯仰角幅值误差约 2%。由此说明，长周期扰动运动的简捷方程组基本保留了第二阶段运动的主要特性，但近似程度不及短周期运动的误差小。可见，短周期运动对长周期运动的影响，要比长周期运动对短周期运动的影响大一点。

后面读者还会了解到，只要导弹具有一定静稳定性，或者静不稳定的程度是在许可范围之内，纵向短周期扰动运动总是可以稳定的。但是，长周期扰动运动的情况就比较复杂了，即使是同一个飞行器，由于飞行速度和高度不同，它可能是稳定的，也可能是不稳定的。

另外，导弹作为控制对象，在大气层内操纵飞行主要是依靠改变攻角、侧滑角以及倾斜角来达到操纵飞行的目的，而攻角主要是在纵向短周期扰动运动阶段发生变化。因此，综上所述，相比而言，研究短周期扰动运动具有更大的实际意义。为了获得满意的控制效果，不仅要求短周期扰动运动具有稳定性，而且必须具备较好的动态品质。至于长周期运动是否稳定，并不是什么严重的问题，因为自动驾驶仪的陀螺测出俯仰角的缓慢变化后，可以有足够的时间通过偏转升降舵，有效地改善长周期运动的动态特性。

8.3　纵向短周期扰动运动分析

8.3.1　动力系数分析

实践证明，研究大气有翼飞行器的纵向动态特性，以及选择控制系统的参数，采用简捷处理的短周期扰动运动方程组，在初步设计阶段是合适的。这个方程组为[参见式(8.25)]

$$\left.\begin{aligned}&\Delta\ddot{\vartheta}+a_{22}\Delta\dot{\vartheta}+a'_{24}\Delta\dot{\alpha}+a_{24}\Delta\alpha=-a'_{25}\Delta\dot{\delta}_z-a_{25}\Delta\delta_z+M_{zd}\\&\Delta\dot{\theta}+a_{33}\Delta\theta-a_{34}\Delta\alpha=a_{35}\Delta\delta_z+F_{yd}\\&\Delta\vartheta-\Delta\theta-\Delta\alpha=0\end{aligned}\right\} \tag{8.37}$$

以此详细介绍一下各动力系数的物理意义。

1. 动力系数 a_{22}

$$a_{22}=\left(-\frac{M_z^{\omega_z}}{J_z}\right)_0=\left(-\frac{m_z^{\omega_z}qSb_A}{J_z}\cdot\frac{b_A}{v}\right)_0\quad(1/\mathrm{s})$$

其与飞行器的气动阻尼力矩成正比，简称阻尼力矩动力系数。S 为参考面积，b_A 为参考长度，以下类同，不再赘述。将式(8.37) 的第 1 式改写成

$$\Delta\ddot{\vartheta} = -a_{22}\Delta\dot{\vartheta} - a'_{24}\Delta\dot{\alpha} - a_{24}\Delta\alpha - a'_{25}\Delta\dot{\delta}_z - a_{25}\Delta\delta_z + M_{zd} \tag{8.38}$$

可见，在纵向扰动运动中俯仰角加速度 $\Delta\ddot{\vartheta}$ 是由许多分量组成的(见图 8.5)。而$-a_{22}$ 的数值相当于角速度 $\Delta\dot{\vartheta}$ 发生单位变化时($\Delta\dot{\vartheta} = \Delta\omega_z = 1$)，所引起的附加俯仰角加速度 $\Delta\ddot{\vartheta}$ 的分量值。

$$\text{因 } M_z^{\omega_z} < 0, \quad \text{故 } a_{22} > 0$$

因此由 $-a_{22}\Delta\dot{\vartheta}$ 所表示的附加角加速度分量总是与其角速度的方向相反，即阻止飞行器绕 Oz_1 轴旋转，表示动力系数 a_{22} 起阻尼作用。

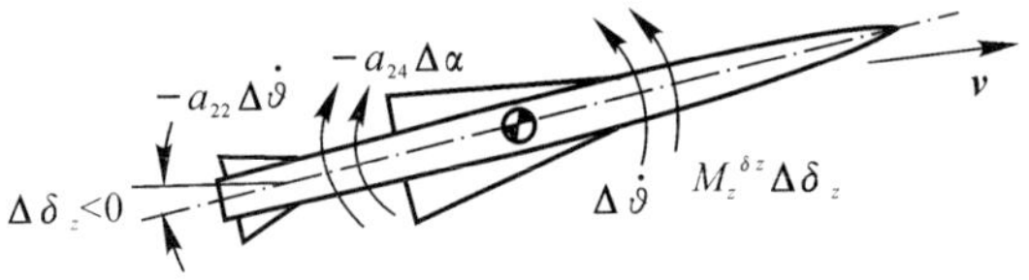

图 8.5　纵向短周期扰动运动受力图

2. 动力系数 a'_{24}和 a'_{25}

$$a'_{24} = \left(-\frac{M_z^{\dot{\alpha}}}{J_z}\right)_0 = \left(-\frac{m_z^{\dot{\alpha}} q S b_A}{J_z} \cdot \frac{b_A}{v}\right)_0 \quad (1/\text{s})$$

$$a'_{25} = \left(-\frac{M_z^{\dot{\delta}_z}}{J_z}\right)_0 = \left(-\frac{m_z^{\dot{\delta}_z} q S b_A}{J_z} \cdot \frac{b_A}{v}\right)_0 \quad (1/\text{s})$$

它们与气流下洗延迟力矩成正比，称为纵向下洗延迟力矩动力系数。

由式(8.38) 可知：动力系数($-a'_{24}$) 的数值相当于角速度 $\Delta\dot{\alpha}$ 发生单位变化时($\Delta\dot{\alpha} = 1$)，所引起的俯仰角加速度 $\Delta\ddot{\vartheta}$ 的分量值。

$$\text{因 } M_z^{\dot{\alpha}} < 0, \quad \text{故 } a'_{24} > 0$$

在非定常气流中，考虑到 $\Delta\dot{\alpha}$ 或 $\Delta\dot{\delta}_z$ 的存在，对 M_z^{α}、$M_z^{\delta_z}$ 中的下洗量要进行修正，使它们更加符合非定常气流的实际情况。考虑到非定常情况之后，飞行器的静稳定性和操纵效率都会提高。由式(8.37) 可得(常值干扰力和力矩)

$$\Delta\ddot{\alpha} = \Delta\ddot{\vartheta} - \Delta\ddot{\theta} = -a_{22}\Delta\dot{\vartheta} - a'_{24}\Delta\dot{\alpha} - a_{24}\Delta\alpha - a'_{25}\Delta\dot{\delta}_z - a_{25}\Delta\delta_z + a_{33}\Delta\dot{\theta} - a_{34}\Delta\dot{\alpha} - a_{35}\Delta\dot{\delta}_z + M_{zd}$$

由于

$$-a'_{24}\Delta\dot{\alpha}\begin{cases} > 0, & \Delta\dot{\alpha} < 0 \\ < 0, & \Delta\dot{\alpha} > 0 \end{cases}$$

因此，由$-a'_{24}\Delta\dot{\alpha}$ 所表示的附加角加速度的分量总是与其角速度的方向相反，所以动力系数 a'_{24} 起阻尼作用。

另外，对于鸭式飞行器，需要考虑下洗修正项 $M_z^{\dot{\delta}_z}$，同样由式(8.38) 可知：动力系数($-a'_{25}$) 的数值相当于角速度 $\Delta\dot{\delta}_z$ 发生单位变化时($\Delta\dot{\delta}_z = 1$)，所引起的俯仰角加速度 $\Delta\ddot{\vartheta}$ 的分量值。

$$因\ M_z^{\dot{\delta}_z} < 0,\quad 故\ a'_{25} > 0$$

由于

$$-a'_{25}\Delta\dot{\delta}_z\begin{cases} > 0, & \Delta\dot{\delta}_z < 0(\text{偏舵目的是使 } \Delta\dot{\vartheta} < 0) \\ < 0, & \Delta\dot{\delta}_z > 0(\text{偏舵目的是使 } \Delta\dot{\vartheta} > 0) \end{cases}$$

因此，由 $-a'_{25}\Delta\dot{\delta}_z$ 所表示的附加角加速度分量总是与角速度的方向相反，所以动力系数 a'_{25} 也起阻尼作用。

3. 动力系数 a_{24}

$$a_{24} = \left(-\frac{M_z^{\alpha}}{J_z}\right)_0 = \left(-\frac{m_z^{\alpha}qSb_A}{J_z}\right)_0 \quad (1/\mathrm{s}^2)$$

它表征着飞行器的静稳定性，简称静稳定力矩动力系数。

由式(8.37) 第 1 式可得

$$\Delta\dot{\alpha} = -\Delta\ddot{\vartheta} - \frac{a_{22}}{a'_{24}}\Delta\dot{\vartheta} - \frac{a_{24}}{a'_{24}}\Delta\alpha - \frac{a'_{25}}{a'_{24}}\Delta\dot{\delta}_z - \frac{a_{25}}{a'_{24}}\Delta\delta_z + \frac{1}{a'_{24}}M_{zd}$$

由于 $a'_{24} > 0$，所以当飞行器具有纵向静稳定性时，有 $M_z^{\alpha} < 0$，$a_{24} > 0$，即

$$-\frac{a_{24}}{a'_{24}}\Delta\alpha\begin{cases} < 0, & \Delta\alpha > 0 \\ > 0, & \Delta\alpha < 0 \end{cases}$$

由此可见，此时 $-a_{24}\Delta\alpha$ 所表示的附加角速度分量总是与其角度的方向相反，所以动力系数 a_{24} 起阻尼作用。反之，则作用相反。

4. 动力系数 a_{25}

$$a_{25} = \left(-\frac{M_z^{\delta_z}}{J_z}\right)_0 = \left(-\frac{m_z^{\delta_z}qSb_A}{J_z}\right)_0 \quad (1/\mathrm{s}^2)$$

它代表着升降舵的操纵效率，简称操纵力矩动力系数。

在式(8.38) 中，$-a_{25}\Delta\delta_z$ 这一项也是俯仰角加速度 $\Delta\ddot{\vartheta}$ 分量。对于正常式气动外形的飞行器，由于 $M_z^{\delta_z} < 0$，当舵面后缘上偏，即 $\Delta\delta_z < 0$ 时，所得附加俯仰角加速度 $\Delta\ddot{\vartheta}$ 分量 $-a_{25}\Delta\delta_z$ 大于零，表示飞行器将绕 Oz_1 轴抬头旋转。

对于鸭式气动外形的导弹，因为 $M_z^{\delta_z} > 0$，只有当舵面后缘下偏时，即 $\Delta\delta_z > 0$，$-a_{25}\Delta\delta_z$ 才能为正，使飞行器抬头旋转。

5. 动力系数 a_{33}

由式(8.37) 中的第 2 式可得

$$\Delta\dot{\theta} = a_{34}\Delta\alpha - a_{33}\Delta\theta + a_{35}\Delta\delta_z + F_{yd} \tag{8.39}$$

式(8.39) 表明，在纵向扰动运动中弹道倾角的变化，即改变飞行速度的方向。它与攻角、舵偏角和弹道倾角本身以及有无干扰作用有关。其中 $-a_{33}\Delta\theta$ 这一项代表重力的作用。

$$a_{33} = \left(-\frac{g}{v}\sin\theta\right)_0 \quad (1/\mathrm{s})$$

它代表着重力在法线方向的作用，简称重力动力系数。

6. 动力系数 a_{34}

由式(8.39) 可知，$a_{34}\Delta\alpha$ 这一项，代表攻角发生单位变化时的弹道切线转动角速度的分

量，动力系数 a_{34} 越大，弹道切线方向的变化也就越迅速，这是因为 a_{34} 正比于 Y^{α}。

$$a_{34}=\left(\frac{P+Y^{\alpha}/57.3}{mv}\right)_0=\left(\frac{P+C_y^{\alpha}qS/57.3}{mv}\right)_0\quad (1/\mathrm{s})$$

它对应着法向力分量，简称法向力动力系数。

7. 动力系数 a_{35}

由式(8.39) 可知，$a_{35}\Delta\delta_z$ 表征着舵面升力对弹道切线旋转速度的影响作用。对于旋转弹翼式飞行器，由于 $C_y^{\delta_z}$ 与 C_y^{α} 的差别不大，动力系数 a_{35} 的作用也是很明显的。

$$a_{35}=\left(\frac{Y^{\delta_z}/57.3}{mv}\right)_0=\left(\frac{C_y^{\delta_z}qS/57.3}{mv}\right)_0\quad (1/\mathrm{s})$$

其与升降舵上产生的升力成正比，简称舵面升力动力系数。

8.3.2 动态稳定条件

如前所述，对于有控飞行器而言，短周期扰动运动的动态稳定性非常重要，而依靠求出特征根来判断稳定与否，是比较烦琐的。下面就短周期扰动运动，分析一下利用几个动力系数之间一定的相互关系，判断稳定与否的条件。

由纵向短周期扰动运动特征方程式(8.29) 和式(8.30) 可得

$$s^3+(a_{22}+a_{34}+a'_{24}+a_{33})s^2+[a_{24}+a_{22}(a_{34}+a_{33})+a'_{24}a_{33}]s+a_{24}a_{33}=0 \quad (8.40)$$

首先分析重力动力系数 a_{33} 对稳定性的影响。如果飞行器具有静稳定性，则动力系数 $a_{24}>0$。当其基准运动是定常直线爬升时，因弹道倾角 θ_0 为正，重力动系数 a_{33} 为负，所以乘积 $a_{24}a_{33}<0$。于是，特征方程的系数不能满足赫尔维茨稳定准则的必要条件，基准运动将是不稳定的。若基准运动为定常直线下滑飞行，情况则相反，运动将有可能是稳定的。

而对于静不稳定的飞行器，稳定与否恰好与上述相反。

如果飞行器作水平直线飞行，因 $\theta_0=0$，系数 $a_{24}a_{33}=0$，特征方程将有一个零根，运动是中立稳定的。分析证明，这时在偶然干扰作用下，短周期扰动运动结束时，俯仰角可能出现一个常值偏量，而攻角将衰减到未受干扰前的状态，参见式(8.32)。

由于重力动力系数 a_{33} 随着飞行速度的增加，其值很小，与其他动力系数相比可以忽略不计，于是可令特征方程式(8.40) 的系数 $a_{24}a_{33}\approx 0$。实践证明，$a_{24}a_{33}\neq 0$，特征方程有一个小根，令 $a_{24}a_{33}\approx 0$，相当于这个小根近似为零，其余的两个根则变化不大。

略去动力系数 a_{33}，式(8.40) 特征方程变为

$$s^2+(a_{22}+a_{34}+a'_{24})s+(a_{24}+a_{22}a_{34})=0 \quad (8.41)$$

其根等于

$$s_{1,2}=-\frac{1}{2}(a_{22}+a_{34}+a'_{24})\pm\frac{1}{2}\sqrt{(a_{22}+a_{34}+a'_{24})^2-4(a_{24}+a_{22}a_{34})} \quad (8.42)$$

1. 共轭复根

如果

$$(a_{22}+a_{34}+a'_{24})^2-4(a_{24}+a_{22}a_{34})<0 \quad (8.43)$$

那么 $s_{1,2}$ 为一对共轭复根，运动是振荡的，这时

$$s_{1,2}=\sigma\pm \mathrm{i}\nu=-\frac{1}{2}(a_{22}+a_{34}+a'_{24})\pm \mathrm{i}\,\frac{1}{2}\sqrt{4(a_{24}+a_{22}a_{34})-(a_{22}+a_{34}+a'_{24})^2}$$

其中

$$\sigma = -\frac{1}{2}(a_{22} + a_{34} + a'_{24}) \tag{8.44}$$

由于 $a_{22} > 0,\quad a_{34} > 0,\quad a'_{24} > 0$

所以 $\sigma < 0$

故短周期扰动运动动态稳定。

2. 实根

如果 $(a_{22} + a_{34} + a'_{24})^2 - 4(a_{24} + a_{22}a_{34}) > 0$

那么 $s_{1,2}$ 为两个实根。

当 $a_{24} + a_{22}a_{34} = 0$ 时，则出现一个零根和一个负根，基准运动将是中立稳定的；

当 $a_{24} + a_{22}a_{34} < 0$ 时，则必然出现一个正实根，基准运动将是不稳定的；

当 $a_{24} + a_{22}a_{34} > 0$ 时，全为负实根，基准运动将是稳定的。

综上所述，导弹具有纵向短周期扰动运动动态稳定的条件为

$$a_{24} + a_{22}a_{34} > 0 \tag{8.45}$$

8.3.3 飞行状态对纵向短周期振荡扰动运动的影响

由式(8.44)可知，σ 代表了纵向短周期扰动运动的衰减程度，且 $|\sigma|$ 越大，扰动运动衰减的越快。将各动力系数的表达式代入式(8.44)，求得

$$\sigma = -\frac{1}{4}\left(\frac{-m_z^{\omega z}\rho v S b_A^2}{J_z} + \frac{2P/v + C_y^{\alpha}\rho v S}{m} + \frac{-m^{\dot{\alpha}}\rho v S b_A^2}{J_z}\right)_0 \approx -\frac{1}{4}\left(\frac{-m_z^{\omega z}\rho v S b_A{}^2}{J_z} + \frac{2P/v + C_y^{\alpha}\rho v S}{m}\right)_0 \tag{8.46}$$

即当下洗延迟现象不甚明显时，可取 $m_z^{\dot{\alpha}} \approx 0$，则实部 σ 可以近似表达。由式(8.46)可见，增大飞行速度 v_0，实部 σ 增加。但是，另一方面，增大飞行速度 v_0，马赫数 $(Ma)_0$ 也会增加。当 $(Ma)_0 > 1$ 时，$(m_z^{\omega z})_0$ 和 $(C_y^{\alpha})_0$ 也可能减小，但是它们对实部 σ 所产生的影响不及速度 v_0 直接产生的影响来得大，所以增大速度 v_0 就能增加实部 $|\sigma|$，从而增大短周期扰动运动的衰减程度。因此其高速稳定性比低速的稳定性要好！

增加飞行高度 H_0，就要减小空气密度 ρ_0。当 $H_0 = 10$ km 时，空气密度为海平面的 33.7%；而 $H_0 = 20$ km 时，空气密度则为海平面的 7.25%。因此，飞行器纵向短周期扰动运动的衰减程度随着飞行高度 H_0 的增加而迅速减小。

另外，随着高度 H_0 的增加，虽然降低了声速，可以提高 $(Ma)_0$，从而影响气动导数 $(m_z^{\omega z})_0$ 和 $(C_y^{\alpha})_0$，但因声速下降不多，不会使 $(m_z^{\omega z})_0$ 和 $(C_y^{\alpha})_0$ 发生很大的变化。

综上所述，飞行高度 H_0 的增加将使衰减程度迅速减小。因此，其高空稳定性比低空的稳定性差得多！

由式(8.43)可得根的虚部，它决定了振荡频率，即 $\omega = \nu$，所以

$$\omega = \frac{1}{2}\sqrt{4(a_{24} + a_{22}a_{34}) - (a_{22} + a_{34} + a'_{24})^2} \tag{8.47}$$

同理，不计下洗延迟效应，动力系数 $a'_{24} \approx 0$，振荡频率可以近似表达。在式(8.47)中代入各动力系数表达式，求得

$$\omega = 0.707\sqrt{(A + BC) - \frac{1}{8}(D + E + F)^2} \tag{8.48}$$

其中

$$A = \left(\frac{-m_z^\alpha \rho v^2 S b_A}{J_z}\right)_0,\quad B = \left(\frac{-m_z^{\omega_z} \rho v S b_A^2}{J_z}\right)_0,\quad C = \left(\frac{2P/v + C_y^\alpha \rho v S}{m}\right)_0$$

$$D = \left(\frac{-m_z^{\omega_z} \rho v S b_A^2}{J_z}\right)_0,\quad E = \left(\frac{2P/v + C_y^\alpha \rho v S}{m}\right)_0,\quad F = \left(\frac{-m_z^{\dot{\alpha}} \rho v S b_A^2}{J_z}\right)_0$$

飞行速度 v_0 和高度 H_0 对振荡频率的影响与其对衰减程度的影响一样，增大速度将提高振荡频率，增加高度则要降低振荡频率。

ω 是在有阻尼情况下弹体的振荡频率。假定式(8.47)中的$(a_{22}+a_{34}+a'_{24})=0$，则可得无阻尼情况下弹体的振荡频率 ω_d，也可称之为弹体固有频率或自振频率，有

$$\omega_d = \sqrt{a_{24} + a_{22}a_{34}} \tag{8.49}$$

假定 $a_{22}+a_{34}+a'_{24}=0$，就相当于假定在扰动运动中无气动阻尼、下洗延迟和法向力等的作用，即动力系数 a_{22}，a_{34} 和 a'_{24}分别等于零。于是弹体纵向自由扰动运动的固有频率可简化为

$$\omega_d \approx \sqrt{a_{24}} = \sqrt{\left(\frac{-m_z^\alpha \rho v^2 S b_A}{2J_z}\right)_0} \tag{8.50}$$

如果动力系数 a_{22}，a_{34} 和 a'_{24}不等于零，但比 a_{24} 小得多，也可由式(8.50)近似计算弹体固有频率，虽有误差，但误差不大。

由上述分析可知，纵向短周期扰动运动的振荡频率主要取决于静稳定性，而衰减程度则是由气动阻尼和法向力来决定。由于纵向阻尼力矩动力系数a_{22}和纵向法向力动力系数a_{34}总是正值，因此在振荡运动的情况下，纵向短周期扰动运动总是稳定的。

8.3.4 静稳定性与动态稳定性的关系

我们在气动力计算课程中已经学过，增加飞行器飞行攻角时，由升力 $Y^\alpha\Delta\alpha$ 产生的力矩与增加攻角的绝对值方向相反，即力矩系数导数 $m_z^\alpha<0$ 时，通常称其具有纵向静稳定性。反之，力矩系数导数 $m_z^\alpha>0$，由升力 $Y^\alpha\Delta\alpha$ 产生的力矩与增加攻角的绝对值方向相同，则称其是纵向静不稳定的。力矩系数导数 m_z^α 的符号不同，由它所决定的动力系数 a_{24} 在扰动运动中的作用也就不同。

由式(8.43)产生振荡运动的条件，当略去下洗力矩动力系数 a'_{24}时，可以改写为

$$a_{24} + a_{22}a_{34} > \frac{1}{4}(a_{22} + a_{34})^2 \tag{8.51}$$

此式也可表示为

$$\left(\frac{-m_z^\alpha \rho v^2 S b_A}{2J_z}\right)_0 > \frac{1}{4}\left(\frac{-m_z^{\omega_z} q S b_A^2}{J_z v} + \frac{P+Y^\alpha}{mv}\right)_0^2 - \left(\frac{-m_z^{\omega_z} q S b_A^2}{J_z v}\right)_0\left(\frac{P+Y^\alpha}{mv}\right)_0 \tag{8.52}$$

式(8.52)表明，飞行器静稳定性 m_z^α 若大于气动阻尼 $m_z^{\omega_z}$，使不等式(8.52)成立，纵向短周期扰动运动将是振荡的，而且是稳定的。

由纵向短周期扰动运动动态稳定条件 $a_{24}+a_{22}a_{34}>0$，可以得到

$$\left(-m_z^{\omega_z}\frac{b_A}{v}\frac{P+Y^\alpha}{mv}\right)_0 > (m_z^\alpha)_0 \tag{8.53}$$

在该不等式中，因为气动阻尼$(m_z^{\omega_z})_0 < 0$，所以不等式左边始终为正。因此，如果飞行器是静稳定的，即$(m_z^\alpha)_0 < 0$，不等式(8.53)一定成立，所以其具有纵向静稳定性时，一定具有纵向短周期扰动运动的动态稳定性。应该注意的是，当$(m_z^\alpha)_0 > 0$时，飞行器将是纵向静不稳定的，但如果静不稳定度不大、是有限的，且满足式(8.53)，飞行器的纵向短周期扰动运动也可以是动态稳定的。由此可见，静稳定并不是动态稳定的必要条件！飞行器是静不稳定的，但只要静不稳定度不大，并满足动态稳定条件式(8.53)，同样其纵向短周期扰动运动也可以是动态稳定的。因此，不能简单地说，为了具有动态稳定性，飞行器必须是静稳定的。当然，也不能这样认为，具有静稳定性的飞行器，它的长、短周期扰动运动都是稳定的。

总而言之，动态稳定性和静稳定性有内在的联系，但两者又有严格的区别：纵向静稳定性仅代表力矩$M_z^\alpha \Delta\alpha$总是与增加攻角绝对值的方向相反；否则，就是静不稳定的。而动态稳定性则是指整个扰动运动，在诸力矩和力的作用下(见图8.5)，由不平衡能够逐步地走向平衡，即经过一段时间的扰动运动，使运动参数的偏差趋近于零。

有些书籍从严格的意义上理解稳定性一词的含义，鉴于静稳定性并不是动态稳定的必要条件，又为了不至于混淆起见，将“纵向静稳定”一词取名为“正俯仰刚度”，以便与动态稳定性相区别。

尽管如此，静稳定性仍然是工程实际中非常重要的设计指标之一，计算或测量力矩系数导数m_z^α，是大气有翼飞行器空气动力设计的核心课题之一。

8.4　纵向短周期扰动运动的传递函数及频率特性

8.4.1　纵向短周期扰动运动的传递函数及其传递参数

由纵向短周期扰动运动方程组可得其运动参数$\Delta\vartheta$、$\Delta\theta$、$\Delta\alpha$对$\Delta\delta_z$的传递函数为

$$W_{\vartheta\delta_z}(s) = -\frac{\Delta\vartheta(s)}{\Delta\delta_z(s)} = \frac{a'_{25}s^2 + (a'_{25}a_{33} + a'_{25}a_{34} + a_{25} - a'_{24}a_{35})s + a_{25}(a_{34} + a_{33}) - a_{24}a_{35}}{s^3 + A_1 s^2 + A_2 s + A_3} \tag{8.54}$$

式中：系数A_1，A_2和A_3按式(8.30)由飞行器的纵向动力系数表示。

$$W_{\theta\delta_z}(s) = -\frac{\Delta\theta(s)}{\Delta\delta_z(s)} = \frac{-a_{35}s^2 + (a'_{25}a_{34} - a_{22}a_{35} - a'_{24}a_{35})s + (a_{25}a_{34} - a_{24}a_{35})}{s^3 + A_1 s^2 + A_2 s + A_3} \tag{8.55}$$

$$W_{\alpha\delta_z}(s) = -\frac{\Delta\alpha(s)}{\Delta\delta_z(s)} = \frac{(a'_{25} + a_{35})s^2 + (a_{25} + a_{22}a_{35} + a'_{25}a_{33})s + a_{25}a_{33}}{s^3 + A_1 s^2 + A_2 s + A_3} \tag{8.56}$$

在纵向短周期扰动运动中不计重力动力系数a_{33}，也不考虑舵面气流下洗延迟产生的动力系数a'_{25}，可得式(8.54)的近似传递函数为

$$W_{\vartheta\delta_z}(s) = -\frac{\Delta\vartheta(s)}{\Delta\delta_z(s)} = \frac{(a_{25} - a'_{24}a_{35})s + a_{25}a_{34} - a_{24}a_{35}}{s(s^2 + A_1 s + A_2)} = \frac{K_\alpha(T_{1\alpha}s + 1)}{s(T_\alpha^2 s^2 + 2T_\alpha\xi_\alpha s + 1)} \tag{8.57}$$

式中：

$A_1 = a_{22} + a_{24} + a'_{24}$，$A_2 = a_{24} + a_{22}a_{34}$；

$K_\alpha=\dfrac{a_{25}a_{34}-a_{24}a_{35}}{a_{24}+a_{22}a_{34}}$(纵向传递系数)，$T_\alpha=\dfrac{1}{\sqrt{a_{24}+a_{22}a_{34}}}$(纵向时间常数)；

$\xi_\alpha=\dfrac{a_{22}+a_{34}+a'_{24}}{2\sqrt{a_{24}+a_{22}a_{34}}}$(纵向相对阻尼系数)，$T_{1\alpha}=\dfrac{a_{25}-a'_{24}a_{35}}{a_{25}a_{34}-a_{24}a_{35}}$(俯仰角时间常数)。

正常式飞行器的纵向传递系数 K_α 为正值;鸭式飞行器因 a_{25} 为负值,其纵向传递系数 K_α 为负值。

弹道倾角的传递函数式(8.55)可以变为

$$W_{\theta\delta_z}(s)=-\frac{\Delta\theta(s)}{\Delta\delta_z(s)}=\frac{-a_{35}s^2-a_{35}(a_{22}+a'_{24})s+a_{25}a_{34}-a_{24}a_{35}}{s(s^2+A_1s+A_2)}=$$
$$\frac{K_\alpha(T_{1\theta}s+1)(T_{2\theta}s+1)}{s(T_\alpha^2s^2+2T_\alpha\xi_\alpha s+1)} \tag{8.58}$$

式中:$T_{1\theta}T_{2\theta}=\dfrac{-a_{35}}{a_{25}a_{34}-a_{24}a_{35}}$，$T_{1\theta}+T_{2\theta}=\dfrac{-a_{35}(a_{22}+a'_{24})}{a_{25}a_{34}-a_{24}a_{35}}$。

攻角的传递函数式(8.56)可以变为

$$W_{\alpha\delta_z}(s)=-\frac{\Delta\alpha(s)}{\Delta\delta_z(s)}=\frac{a_{35}s+a_{25}+a_{22}a_{35}}{s^2+A_1s+A_2}=\frac{K_{2\alpha}(T_{2\alpha}s+1)}{T_\alpha^2s^2+2T_\alpha\xi_\alpha s+1} \tag{8.59}$$

式中:$K_{2\alpha}=\dfrac{a_{25}+a_{22}a_{35}}{a_{24}+a_{22}a_{34}}$(迎角传递系数),$T_{2\alpha}=\dfrac{a_{35}}{a_{25}+a_{22}a_{35}}$(迎角时间常数)。

由式(8.57)、式(8.58)和式(8.59)可知,攻角传递函数分母多项式是一个二阶环节,俯仰角和弹道倾角的分母多项式除二阶环节外,还含有一个积分环节。因此,在稳定的纵向短周期扰动运动中,当攻角偏差消失时,俯仰角与弹道倾角还存在着剩余偏量。此时导弹已由绕 Oz_1 轴的急剧转动,逐步转变为以质心缓慢运动为主的长周期扰动运动。

如果导弹气流下洗延迟的现象不甚明显,动力系数 a'_{24} 与动力系数 a_{22} 相比可忽略不计,或者动力系数之积 $a'_{24}a_{35}<a_{25}$,就可略去下洗延迟影响,使所得传递函数进一步简化。于是,纵向传递函数式(8.57)～式(8.59)可写为

$$\left.\begin{aligned}
W_{\vartheta\delta_z}(s)&=\frac{K_\alpha(T_{1\alpha}s+1)}{s(T_\alpha^2s^2+2T_\alpha\xi_\alpha s+1)}\\
W_{\theta\delta_z}(s)&=\frac{K_\alpha[1-T_{1\alpha}a_{35}s(s+a_{22})/a_{25}]}{s(T_\alpha^2s^2+2T_\alpha\xi_\alpha s+1)}\\
W_{\alpha\delta_z}(s)&=\frac{K_\alpha T_{1\alpha}[1+a_{35}(s+a_{22})/a_{25}]}{T_\alpha^2s^2+2T_\alpha\xi_\alpha s+1}
\end{aligned}\right\} \tag{8.60}$$

式中,有关传递参数变为

$$\xi_\alpha=\frac{a_{22}+a_{34}}{2\sqrt{a_{24}+a_{22}a_{34}}},\quad T_{1\alpha}=\frac{a_{25}}{a_{25}a_{34}-a_{24}a_{35}},\quad K_\alpha T_{1\alpha}=\frac{a_{25}}{a_{24}+a_{22}a_{34}}$$

由舵面偏转引起的扰动运动,其目的是对飞行器的飞行实施自动控制,从而改变其飞行状态。衡量飞行器跟随舵面偏转的操纵性,除了上述攻角、俯仰角和弹道倾角外,法向过载也是一个重要的参数。在基准运动中法向过载为

$$n_{y0}=\frac{v_0}{g}\frac{\mathrm{d}\theta_0}{\mathrm{d}t}+\cos\theta_0 \tag{8.61}$$

对式(8.61)线性化后,可以求出法向过载偏量的表达式为

$$\Delta n_y = \frac{\Delta v}{g}\frac{\mathrm{d}\theta_0}{\mathrm{d}t} + \frac{v_0}{g}\frac{\mathrm{d}\Delta\theta}{\mathrm{d}t} - \sin\theta_0 \Delta\theta \tag{8.62}$$

略去二次微量 $\sin\theta_0\Delta\theta$ 和偏量 Δv,则有

$$\Delta n_y \approx \frac{v_0}{g}\frac{\mathrm{d}\Delta\theta}{\mathrm{d}t}$$

因此,法向过载传递函数为

$$W_{n_y\delta_z}(s) = -\frac{\Delta n_y(s)}{\Delta\delta_z(s)} = -\frac{s\Delta\theta(s)}{\Delta\delta_z(s)}\frac{v_0}{g} = \frac{v_0}{g}sW_{\theta\delta_z}(s) \tag{8.63}$$

由纵向传递函数式(8.60)以及式(8.63)可组成纵向短周期扰动运动的传递关系图(见图8.6)。图 8.6 中,$W_{\alpha\theta}(s)$ 和 $W_{\dot{\vartheta}\dot{\theta}}(s)$ 的表达式为

$$\left.\begin{aligned} W_{\alpha\theta}(s) &= \frac{K_\alpha T_{1\alpha}[1 + a_{35}(s + a_{22})/a_{25}]s}{K_\alpha[1 - T_{1\alpha}a_{35}s(s + a_{22})/a_{25}]} \\ \theta_{\dot{\vartheta}\dot{\theta}}(s) &= \frac{(T_{1\alpha}s + 1)}{1 - T_{1\alpha}a_{35}s(s + a_{22})/a_{25}} \end{aligned}\right\} \tag{8.64}$$

对于正常式飞行器(有翼导弹),舵面面积远小于翼面时,因动力系数 $a_{35} \ll a_{34}$,为了进一步简便地获得动态分析的结论,可以暂不计舵面动力系数 a_{35} 的作用,于是纵向短周期扰动运动传递函数则为

$$\left.\begin{aligned} W_{\vartheta\delta_z}(s) &= \frac{K_\alpha(T_{1\alpha}s + 1)}{s(T_\alpha^2 s^2 + 2T_\alpha\xi_\alpha s + 1)} \\ W_{\theta\delta_z}(s) &= \frac{K_\alpha}{s(T_\alpha^2 s^2 + 2T_\alpha\xi_\alpha s + 1)} \\ W_{\alpha\delta_z}(s) &= \frac{K_\alpha T_{1\alpha}}{T_\alpha^2 s^2 + 2T_\alpha\xi_\alpha s + 1} \\ W_{n_y\delta_z}(s) &= \frac{v_0}{g}\frac{K_\alpha}{T_\alpha^2 s^2 + 2T_\alpha\xi_\alpha s + 1} \end{aligned}\right\} \tag{8.65}$$

因此,图 8.6 中传递函数 $W_{\alpha\theta}(s)$ 和 $W_{\dot{\vartheta}\dot{\theta}}(s)$ 可变为

$$\left.\begin{aligned} W_{\alpha\theta}(s) &= T_{1\alpha}s \\ W_{\dot{\vartheta}\dot{\theta}}(s) &= T_{1\alpha}s + 1 \end{aligned}\right\} \tag{8.66}$$

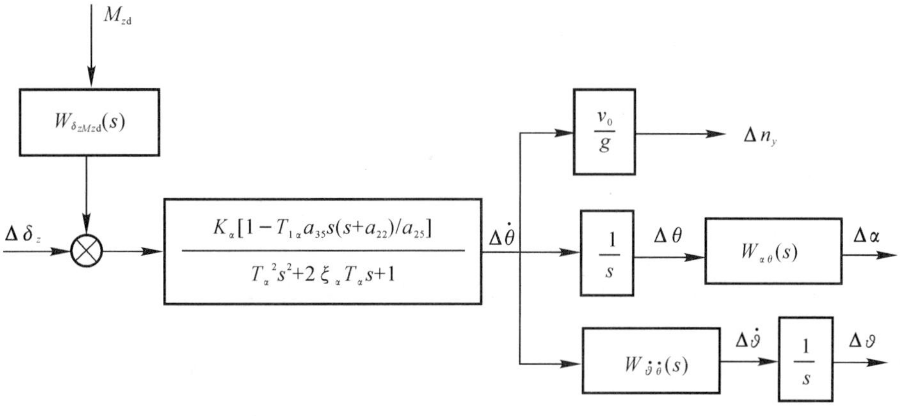

图 8.6　纵向短周期扰动运动的开环传递关系框图

输入除舵面偏转角外，还有干扰存在，它对纵向短周期扰动运动的影响主要是干扰力矩 M_{zd}。需要说明的是，$M_{zd}=\dfrac{M'_{zd}}{J_z}$，为简单起见，称 M_{zd} 为干扰力矩。采用建立式(8.64)传递函数的方法，由式(8.26)或式(8.27)可得常用形式的纵向短周期扰动运动对干扰力矩的传递函数为

$$\left.\begin{aligned}W_{\vartheta M_{zd}}(s)&=\frac{\Delta\vartheta(s)}{\Delta M_{zd}(s)}=\frac{T_\alpha^2(s+a_{34})}{s(T_\alpha^2s^2+2T_\alpha\xi_\alpha s+1)}\\W_{\theta M_{zd}}(s)&=\frac{\Delta\theta(s)}{\Delta M_{zd}(s)}=\frac{T_\alpha^2a_{34}}{s(T_\alpha^2s^2+2T_\alpha\xi_\alpha s+1)}\\W_{\alpha M_{zd}}(s)&=\frac{\Delta\alpha(s)}{\Delta M_{zd}(s)}=\frac{T_\alpha^2}{T_\alpha^2s^2+2T_\alpha\xi_\alpha s+1}\\W_{n_yM_{zd}}(s)&=\frac{\Delta n_y(s)}{\Delta M_{zd}(s)}=\frac{v_0}{g}\frac{T_\alpha^2}{T_\alpha^2s^2+2T_\alpha\xi_\alpha s+1}\end{aligned}\right\}\tag{8.67}$$

将干扰力矩 M_{zd} 的输入作用变换成虚拟的升降舵偏角的输入作用，这时传递函数 $W_{\delta_zM_{zd}}(s)$ 的关系式应为

$$W_{\delta_zM_{zd}}(s)=\frac{T_\alpha^2a_{34}}{K\alpha[1-T_{1\alpha}a_{35}s(s+a_{22})/a_{25}]}\tag{8.68}$$

初步分析飞行器制导精度时，为了简化飞行控制回路的组成，在不计舵面动力系数 a_{35} 的情况下，式(8.68)可简写为

$$W_{\delta_zM_{zd}}(s)=\frac{1}{a_{25}}\tag{8.69}$$

因此，干扰力矩 M_{zd} 的作用类似于舵偏角出现相应的偏转，并称之为等效干扰舵偏角 δ_{zd}，其值为

$$\Delta\delta_{zd}=\frac{M_{zd}}{a_{25}}\tag{8.70}$$

由此图 8.6 中由输入 $\Delta\delta_z$ 到输出 $\Delta\dot{\theta}$ 的这一部分可由图 8.7 表示。

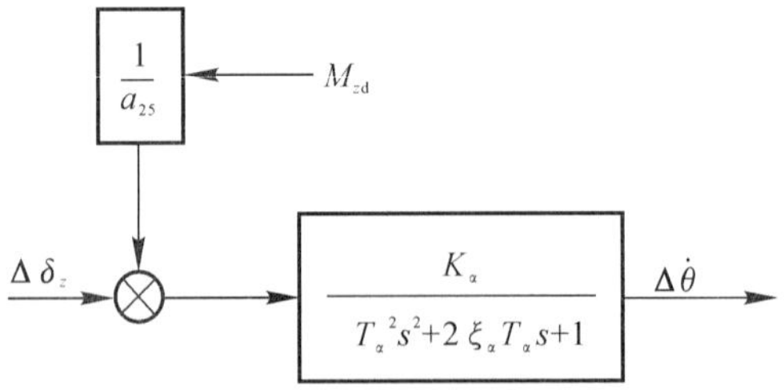

图 8.7　输出为 $\Delta\dot{\theta}$ 的传递关系框图

反映纵向短周期扰动运动的传递函数关系图，也可由方程式(8.26)来直接描绘，其组成如图 8.8 所示。

分析各动力系数与纵向短周期扰动运动动态特性的关系，利用图 8.8 进行模拟求解是比较直观和方便的。

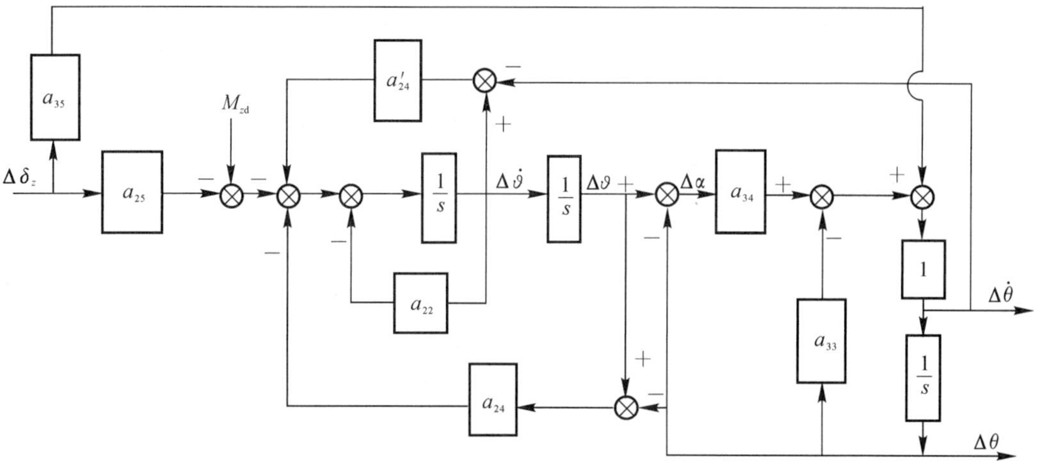

图 8.8　采用动力系数的传递关系框图

8.4.2　纵向短周期扰动运动的频率特性

在自动控制原理中频率特性是单位脉冲响应的傅氏变换。导弹的频率特性按其物理含义讲，是当舵面作谐波规律振动时，导弹运动参数偏量的响应特性。导弹弹体作为控制对象这一环节出现在飞行控制回路中，如果用频率响应法设计这个回路，就必须绘制对数幅相频率特性曲线。

取攻角 $\Delta\alpha$ 传递函数式(8.59)，它的对数幅频特性 $L_\alpha(\omega)$ 和相频特性 $\varphi_\alpha(\omega)$ 分别为

$$L_\alpha(\omega)=20\lg K_{2\alpha}+20\lg\sqrt{T_{2\alpha}^2\omega^2+1}-20\lg\sqrt{(1-T_\alpha^2\omega^2)^2+(2\xi_\alpha T_\alpha\omega)^2} \tag{8.71}$$

$$\varphi_\alpha(\omega)=\arctan T_{2\alpha}\omega-\arctan\frac{2\xi_\alpha T_\alpha\omega}{1-T_\alpha^2\omega^2} \tag{8.72}$$

以某飞行器为例，$K_{2\alpha}=1.44$，$T_{2\alpha}=0.004$，$T_\alpha=0.234$，$\xi_\alpha=0.493$，所绘对数幅频曲线 $L_\alpha(\omega)$ 和相频曲线 $\varphi_\alpha(\omega)$ 如图 8.9(a) 所示。

再取俯仰角 $\Delta\vartheta$ 传递函数式(8.57)，其 $L_\vartheta(\omega)$ 和 $\varphi_\vartheta(\omega)$ 应分别为

$$L_\vartheta(\omega)=20\lg K_\alpha+20\lg\sqrt{T_{1\alpha}^2\omega^2+1}-20\lg\sqrt{(1-T_\alpha^2\omega^2)^2+(2\xi_\alpha T_\alpha\omega)^2} \tag{8.73}$$

$$\varphi_\vartheta(\omega)=-\frac{\pi}{2}+\arctan T_{1\alpha}\omega-\arctan\frac{2\xi_\alpha T_\alpha\omega}{1-T_\alpha^2\omega^2} \tag{8.74}$$

绘制 $L_\vartheta(\omega)$ 和 $\varphi_\vartheta(\omega)$ 图的例子中，因 $K_\alpha=1.961/\text{s}$，$T_{1\alpha}=0.729\ \text{s}$，由式(8.73)和式(8.74)所得 $L_\vartheta(\omega)$ 及 $\varphi_\vartheta(\omega)$ 曲线如图 8.9(b) 所示。

从图 8.9(a) 可以看出，攻角 $\Delta\alpha$ 的频率特性曲线 1 与二阶振荡环节(曲线 2)非常接近。曲线 2 是纵向扰动运动频率特性。曲线 1 与曲线 2 非常接近，说明纵向短周期扰动运动的频率特性与纵向扰动运动的频率特性在幅值和相位上都非常一致。而纵向短周期扰动运动固有频率 $\omega=4.27\text{rad/s}$，表明反映纵向短周期扰动运动的频率特性处在高频部分，且基本上没有反映出长周期扰动运动的频率特性。

从图 8.9(b) 可以看出，在高频段俯仰角 $\Delta\vartheta$ 的纵向短周期扰动运动频率特性曲线 1 与纵向扰动运动的频率特性曲线 2 也很接近。但是，在低频段差异较大，其原因是：纵向短周期扰动运动结束时，俯仰角 $\Delta\vartheta$ 将进入长周期扰动运动，其频率特性应处于低频段，而近似传递函数

式(8.57)只适用于纵向短周期扰动运动。

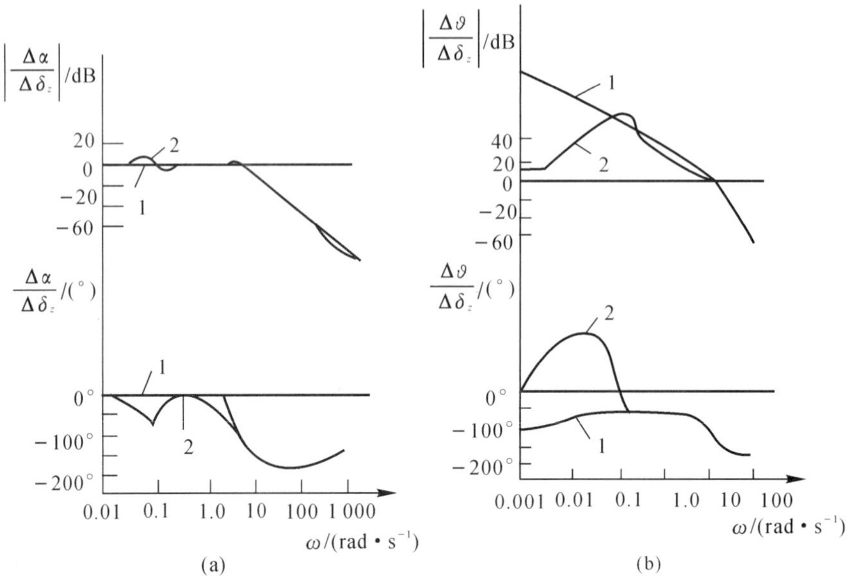

图 8.9　纵向短周期扰动运动的频率特性曲线

8.5　舵面阶跃偏转时的纵向操纵性

研究飞行器对舵偏角改变时其飞行状态反应的能力,即飞行器的操纵性,也是飞行器动态特性分析的内容之一。飞行器操纵性能的优劣,是由过渡过程品质来评定的,其五项评定指标是:超调量,过渡过程时间,稳态值,过渡过程的最大偏量,振荡频率。

8.5.1　过渡过程函数的形态

飞行器开环飞行,假定舵面阶跃偏转,取舵偏角 $\Delta\delta_z$ 为某一常值,由其传递函数,根据式(7.37)可以求得运动参数的过渡过程函数。

过渡过程函数是收敛还是发散由传递函数分母多项式的根值来决定,传递函数的分子多项式只影响过渡过程函数的系数。由纵向传递函数求过渡过程函数,当动力系数 a_{35} 很小时,根据传递函数式(8.65)求过渡过程函数,其准确性就足够了。下面将采用式(8.65)分析飞行器的纵向操纵性。

取 ΔX 代表运动参数偏差 $\Delta\alpha$,Δn_y 和 $\Delta\dot{\theta}$,由式(8.65)可得

$$\Delta X(s)=\frac{K}{T_\alpha^2 s^2+2\xi_\alpha T_\alpha s+1}\Delta\delta_z(s) \tag{8.75}$$

式中:K 分别代表 $K_\alpha T_{1\alpha}$,$K_\alpha v_0/g$,K_α。其特征方程式的根值为

$$s_{1,2}=-\frac{\xi_\alpha}{T_\alpha}\pm\sqrt{\frac{\xi_\alpha^2-1}{T_\alpha^2}} \tag{8.76}$$

式中的相对阻尼系数 ξ_α 和时间常数 T_α 若用其与动力系数的关系式来代替,则根值式(8.76)

将与式(8.42)的结果完全一致。

(1)$\xi_\alpha > 1$，即$(a_{22}+a_{34}+a'_{24})^2 > 4(a_{24}+a_{22}a_{34})$，按式(7.62)求得过渡过程函数为

$$\Delta X(t)=\left[1-\frac{1}{2+2\xi_\alpha(\sqrt{\xi_\alpha^2-1}-\xi_\alpha)}e^{-t(\xi_\alpha-\sqrt{\xi_\alpha^2-1})/T_\alpha}-\frac{1}{2-2\xi_\alpha(\xi_\alpha+\sqrt{\xi_\alpha^2-1})}e^{-t(\xi_\alpha+\sqrt{\xi_\alpha^2-1}/T_\alpha)}\right)K\Delta\delta_z\right] \tag{8.77}$$

这时过渡过程是由两个衰减的非周期运动所组成。

(2)$\xi_\alpha < 1$，即$(a_{22}+a_{34}+a'_{24})^2 < 4(a_{24}+a_{22}a_{34})$，根据式(7.67)可得过渡过程函数为

$$\Delta X(t)=\left[1-1/\sqrt{1-\xi_\alpha^2}\,e^{-t\xi_\alpha/T_\alpha}\cos\left(\frac{\sqrt{1-\xi_\alpha^2}}{T_\alpha}t-\varphi\right)\right]K\Delta\delta_z \tag{8.78}$$

式中：$\varphi=\arctan(\xi_\alpha/\sqrt{1-\xi_\alpha^2})$，这时过渡过程是衰减振荡的形式，衰减系数为

$$\frac{\xi_\alpha}{T_\alpha}=\frac{1}{2}(a_{22}+a_{34}+a'_{24}) \tag{8.79}$$

振荡频率为

$$\omega=\sqrt{1-\xi_\alpha^2}/T_\alpha=\frac{1}{2}\sqrt{4(a_{24}+a_{22}a_{34})-(a_{22}+a_{34}+a'_{24})} \tag{8.80}$$

式(8.79)和式(8.80)分别与式(8.44)和式(8.47)的结果相同，因此要使升降舵阶跃偏转产生振荡过渡过程，飞行器的静稳定性必须满足式(8.43)。

俯仰角角速度偏差$\Delta\dot{\vartheta}$、弹道倾角角速度偏差$\Delta\dot{\theta}$、攻角偏差$\Delta\alpha$的过渡过程函数，按照式(8.78)可得(推导从略)

$$\left.\begin{aligned}\Delta\dot{\vartheta}(t)&=\left[1-e^{-t\xi_\alpha/T_\alpha}\sqrt{\frac{1-2\xi_\alpha T_{1\alpha}/T_\alpha+(T_{1\alpha}/T_\alpha)^2}{1-\xi_\alpha^2}}\cos\left(\frac{\sqrt{1-\xi_\alpha^2}}{T_\alpha}t+\varphi_1+\varphi_2\right)\right]K_\alpha\Delta\delta_\alpha\\ \tan(\varphi_1+\varphi_2)&=\frac{T_{1\alpha}/T_\alpha-\xi_\alpha}{\sqrt{1-\xi_\alpha^2}}\end{aligned}\right\} \tag{8.81}$$

$$\Delta\dot{\theta}(t)=\left[1-e^{-t\xi_\alpha/T_\alpha}\sqrt{\frac{1}{1-\xi_\alpha^2}}\cos\left(\frac{\sqrt{1-\xi_\alpha^2}}{T_\alpha}t-\varphi\right)\right]K_\alpha\Delta\delta_z \tag{8.82}$$

$$\Delta\alpha=\left[1-e^{-t\xi_\alpha/T_\alpha}\sqrt{\frac{1}{1-\xi_\alpha^2}}\cos\left(\frac{\sqrt{1-\xi_\alpha^2}}{T_\alpha}t-\varphi\right)\right]K_\alpha T_{1\alpha}\Delta\delta_z \tag{8.83}$$

图 8.10 给出了某些过渡过程的例子，其形象地显示，飞行器舵面阶跃偏转后如不变动，只能使攻角、俯仰角角速度和弹道倾角角速度达到稳定状态，而俯仰角和弹道倾角则是随时间增长的。

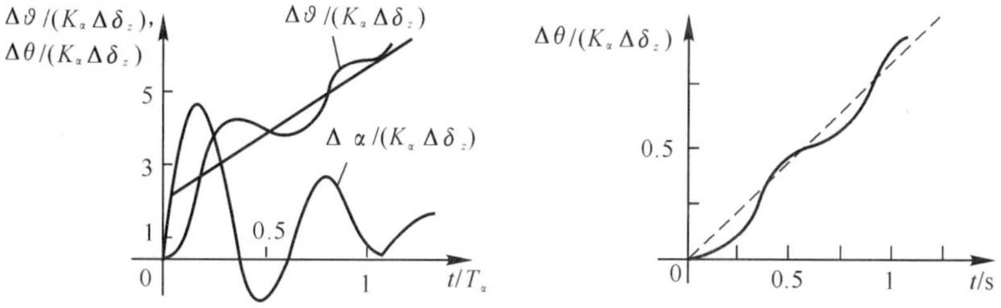

图 8.10　反应 $\Delta\delta_z$ 阶跃偏转的纵向短周期扰动运动参数变化过渡过程曲线

(3) 过渡过程不稳定。由式(8.45)可知,过渡过程不稳定时 $a_{24}+a_{22}a_{34}<0$,这时飞行器静不稳定的程度已超出式(8.53)限制的范围。

前面已经给出了讨论过渡过程品质的五项指标——稳态值、过渡过程时间、过渡过程中的最大偏量、超调量和振荡次数。二阶环节所述五项指标主要由传递系数、相对阻尼系数和时间常数来决定,下面将通过分别讨论这些传递参数对过渡过程品质五项指标的影响分析其对过渡过程品质的影响。

8.5.2 飞行器传递系数 K_α 对过渡过程的影响

由

$$-\frac{\Delta\dot{\theta}_W}{\Delta\delta_{zW}}=-\frac{\Delta\dot{\vartheta}_W}{\Delta\delta_{zW}}=K_\alpha,\quad -\frac{\Delta\alpha_W}{\Delta\delta_{zW}}=K_\alpha T_{1\alpha},\quad -\frac{\Delta n_{yW}}{\Delta\delta_{zW}}=\frac{v_0}{g}K_\alpha \tag{8.84}$$

可得飞行器纵向传递系数 K_α 的物理意义为:过渡过程结束时飞行器纵向运动参数 $\dot{\vartheta}$、$\dot{\theta}$ 偏量的稳态值 $\Delta\dot{\vartheta}_W$、$\Delta\dot{\theta}_W$ 与舵偏角偏量的稳态值 $\Delta\delta_{zW}$ 之比。

式(8.84)表明,在同样的舵偏角下,如果纵向传递系数 K_α 较大,飞行器攻角以及法向过载、弹道倾角角速度偏差都可获得较大的稳态值,使飞行器具有较好的操纵性。由于

$$K_\alpha=\frac{a_{25}a_{34}-a_{24}a_{35}}{a_{24}+a_{22}a_{34}} \tag{8.85}$$

显而易见,增大动力系数 a_{25}(提高操纵机构的效率),在具有稳定性的前提下减小动力系数 a_{24}(适当减小导弹的静稳定性),将使飞行器传递系数 K_α 得到增加,有利于提高操纵性。

如果动力系数 a_{22} 和 a_{35} 与其他动力系数相比,可以忽略不计,则传递系数 K_α 近似为

$$K_\alpha\approx\frac{a_{25}a_{34}}{a_{24}}=\left(\frac{m_z^{\delta_z}}{m_z^\alpha}\right)_0\left(\frac{P+Y^\alpha}{mv}\right)_0 \tag{8.86}$$

例如,某地空导弹按半前置量法导引,其纵向传递系数 K_α 分别采用式(8.85)和式(8.86)进行计算,所得有关传递系数如表8.2所示。由表8.2可见,所得近似计算值与精确值差别不是太大,说明采用式(8.86)来讨论传递系数 K_α 是可行的。

同理还可以得到以下近似公式:

$$-\frac{\Delta\alpha_W}{\Delta\delta_z}=K_\alpha T_{1\alpha}\approx\frac{a_{25}a_{34}}{a_{24}}\frac{1}{a_{34}}=\left(\frac{m_z^{\delta_z}}{m_z^\alpha}\right)_0 \tag{8.87}$$

$$-\frac{\Delta n_{yW}}{\Delta\delta_z}=\frac{v}{g}K_\alpha\approx\left(\frac{m_z^{\delta_z}}{m_z^\alpha}\right)_0\left(\frac{P+C_y^\alpha qS}{G}\right)_0 \tag{8.88}$$

$$\frac{\Delta\dot{\theta}_W}{\Delta\alpha_W}=\frac{1}{T_{1\alpha}}\approx a_{34}=\left(\frac{P+C_y^\alpha qS}{mv}\right)_0 \tag{8.89}$$

表 8.2 某地空导弹传递系数

H/m	1 067.7	4 526	8 210	14 288	22 038
v_0/(m·s^{-1})	546.9	609.2	701.5	880.3	1 090.9
a_{22}/s^{-1}	1.488	1.132	0.774 8	0.352 8	0.112 7
a'_{24}/s^{-1}	0.270 9	0.175 4	0.095 77	0.030 0	0.006 4

续 表

a_{24}/s^{-2}	104.7	91.97	76.51	46.44	17.70
a_{25}/s^{-2}	66.54	54.93	41.52	21.59	7.967
a_{34}/s^{-1}	1.296	1.126	0.900	0.514	0.206
a_{35}/s^{-1}	0.129	0.106	0.076	0.036	0.012
K_α/s^{-1}	0.681 5	0.559 3	0.408 8	0.202 4	0.080 5
K_α/s^{-1}(近似值)	0.823 6	0.673 6	0.488 4	0.239 0	0.092 6

式(8.89)说明，过渡过程结束后，攻角偏差稳态值与弹道倾角角速度偏差稳态值之比取决于动力系数 a_{34}。换言之，如果力矩系数之比 $m_z^{\delta_z}/m_z^\alpha$ 已定，在同样的舵偏角下，虽然攻角偏差稳态值不变，但是随着动力系数 a_{34} 的增大，弹道倾角角速度偏差稳态值则可增加，即改变弹道切线方向的速度将会增加，其结果不仅增大了飞行器的操纵性，也同时增大了飞行器的机动性。

对于同一飞行器，由于飞行状态不同，它的传递系数也会有很大的变化。就表 8.2 来讲，导弹在低空飞行时，$H=1\ 061.7$ m，传递系数 $K_\alpha=0.681\ 5$；而在高空飞行时，$H=22\ 038$ m，则 $K_\alpha=0.080\ 5$，传递系数 K_α 下降了约 88%，可见导弹的低空操纵性要比高空操纵性好得多，因此，对于那些飞行高度比较高的导弹来讲，应着重采取措施提高导弹的高空操纵性。

传递系数 K_α 随着飞行状态的变化，由式(8.86)进行分析，考虑到大多数有翼式导弹，通常推力 P 要比升力导数 Y^α(这里 Y^α 是对弧度求导)小得多，可将传递系数 K_α 进一步简化为

$$K_\alpha \approx \left(\frac{m_z^{\delta_z}}{m_z^\alpha}\right)_0 \left(\frac{Y^\alpha}{mv}\right)_0 = \left(\frac{m_z^{\delta_z}}{m_z^\alpha}\right)_0 \left(\frac{\rho v C_y^\alpha S}{2m}\right)_0 \tag{8.90}$$

可见，飞行高度增加时因空气密度 ρ 减小，传递系数 K_α 将随着高度的增加而降低。增加飞行速度 v_0，则使传递系数 K_α 增大。对于表 8.2 所列导弹来讲，虽然飞行速度 v_0 可以增大 1.99 倍，但由于飞行到 $H=22\ 038$ m 时，空气密度下降了约 45%，其结果还是减小了传递系数 K_α。因此，对于飞行速度和高度同时变化的导弹，飞行高度对传递系数 K_α 的影响是主要的。飞行高度不变时，传递系数 K_α 则随飞行速度的增大而增加。

由于传递系数 K_α 决定着飞行器的操纵性，为了减小飞行高度和速度对操纵性的影响，使传递系数 K_α 大致保持不变，通常可以采用以下两种方法：

(1) 对弹体进行部位安排时，使重心位置 $\bar{x}_g$ 和焦点位置 $\bar{x}_f$ 的变化可以抵消飞行速度和高度的变化对 K_α 的影响。因为式(8.90)可以写为

$$K_\alpha \approx \frac{m_z^{\delta_z}}{\bar{x}_g - \bar{x}_f} \frac{\rho v_0 S}{2m} \tag{8.91}$$

如果设计飞行器时，在飞行过程中能使比值 $\rho v_0/(\bar{x}_g - \bar{x}_f)$ 变化不大，则可减小传递系数 K_α 的变化范围，而有利于提高操纵性。

(2) 在飞行过程中改变弹翼的形状和位置，以便调节导弹焦点 $\bar{x}_f$ 来适应飞行速度和高度的改变，而减小传递系数 K_α 的变化。例如，“奥利康”地空导弹在主动段飞行时，使弹翼沿着

弹体纵轴移动。

8.5.3 飞行器时间常数对过渡过程的影响

飞行器纵向扰动运动作为短周期运动来处理，运动参数 $\Delta\alpha$、Δn_y 和 $\Delta\dot{\theta}$ 的特性可由一个二阶环节式(8.75)表示。在自动控制理论中这个环节的过渡过程以 $\Delta X/K\Delta\delta_z$ 为纵坐标，无因次时间 $\bar{t}=t/T_\alpha$ 为横坐标，其状态变化曲线如图 8.11 所示。

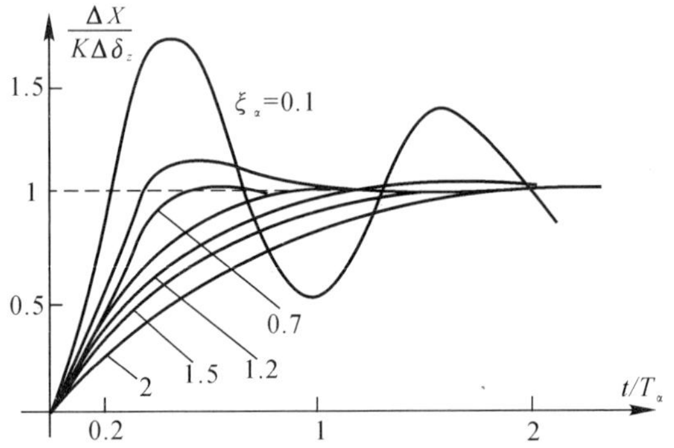

图 8.11　纵向短周期扰动运动参数偏差随时间常数变化的过渡过程曲线

由图 8.11 中曲线可见，$\xi_\alpha=0.75$ 时过渡过程时间最短，这时无因次时间 $\bar{t}=3$，过渡过程所需真实时间 $t_p=3T_\alpha$。

在其他相对阻尼系数 ξ_α 下，过渡过程时间也正比于时间常数 T_α，而

$$T_\alpha=\frac{1}{\sqrt{a_{24}+a_{22}a_{34}}} \tag{8.92}$$

由式(8.92)可见，增大动力系数 a_{22}、a_{24} 和 a_{34}，将使时间常数 T_α 减小，特别是增大飞行器的静稳定性，使动力系数 a_{24} 变大，有利于缩短过渡过程的时间而提高操纵性。但是增大动力系数 a_{24}，则要降低传递系数 K_α，这对操纵性又是不利的。因此设计飞行器的控制系统时，恰当确定飞行器的静稳定性十分重要。

时间常数 T_α 还确定了弹体自振频率。由式(8.49)可知，弹体自振频率 ω_d 为

$$\omega_d=\sqrt{a_{24}+a_{22}a_{34}}=\frac{1}{T_\alpha} \tag{8.93}$$

以 Hz 为单位的自振频率显然由下式确定：

$$f_d=\frac{\omega_d}{2\pi}=\frac{1}{2\pi}\frac{1}{T_\alpha}\approx\frac{\sqrt{a_{24}}}{2\pi}=\frac{1}{2\pi}\sqrt{\left(\frac{m_z^\alpha qSb_A}{J_z}\right)_0}=\frac{1}{2\pi}\sqrt{-\frac{(\bar{x}_g-\bar{x}_f)C_y^\alpha q_0Sb_A}{J_z}} \tag{8.94}$$

式(8.94)说明，飞行器静稳定性的大小决定了它的自振频率，增加静稳定性可以减小时间常数 T_α，但是增大了弹体自振频率。设计控制系统时，一般情况下要求弹体自振频率低于自动驾驶仪的频率，以免出现共振，因此纵向静稳定性的大小从这一角度讲也是有限制的。

自振频率 ω_d 和 f_d 也与飞行状态有关。随着飞行高度的增加，ω_d 和 f_d 都要减小。反之，随着飞行速度的增加，ω_d 和 f_d 都要增大。为了减小 ω_d 和 f_d 随飞行速度和高度的变化而变化的范围，要求$(\bar{x}_g-\bar{x}_f)$的差值与动压头 q_0 成反比变化，但是这一要求与传递系数 K_α 希望$(\bar{x}_g-\bar{x}_f)$与 ρv_0 成正比变化的要求相反，因此设计弹体和控制系统时只能取折中方案，综合

照顾对各个传递参数的要求。

8.5.4 飞行器相对阻尼系数对过渡过程的影响

图 8.11 已经指出，过渡过程的形态取决于相对阻尼系数 ξ_α。当 $\xi_\alpha \geqslant 1$ 时，过渡过程是非周期的，没有超调量；当 $\xi_\alpha < 1$ 时，过渡过程是振荡的，将出现超调量。

在振荡过渡过程中，$\Delta\alpha$、Δn_y 和 $\Delta\dot{\theta}$ 的最大值可由过渡过程函数式(8.78) 求极值得到。由式(8.78) 取 $\mathrm{d}\Delta X/\mathrm{d}t = 0$，可求得出现最大值 $\Delta X_{\max}$ 的时间 t'，即

$$t' = \frac{\pi T_\alpha}{1-\xi_\alpha^2} = \frac{\pi}{\omega} \tag{8.95}$$

将式(8.95) 代入式(8.78)，则可得最大值 $\Delta X_{\max}$ 为

$$\Delta X_{\max} = (1 + \mathrm{e}^{-\pi\xi_\alpha/\sqrt{1-\xi_\alpha^2}})K\Delta\delta_z \tag{8.96}$$

因为稳态值 $\Delta X_W = K\Delta\delta_z$，因此相对超调量 $\bar{\sigma}$ 则为

$$\bar{\sigma} = \frac{\Delta X_{\max} - \Delta X_W}{\Delta X_W} = \mathrm{e}^{-\pi\xi_\alpha/\sqrt{1-\xi_\alpha^2}} \tag{8.97}$$

相对超调量 $\bar{\sigma}$ 与导弹相对阻尼系数 ξ_α 的关系，按式(8.97) 可由图 8.12 的曲线表示。在振荡运动中，相对阻尼系数 ξ_α 越小，超调量 $\bar{\sigma}$ 越大。

应该指出，所得超调量是在舵面阶跃偏转下得到的，如果舵面非阶跃偏转，则超调量 $\bar{\sigma}$ 值也较小一些。

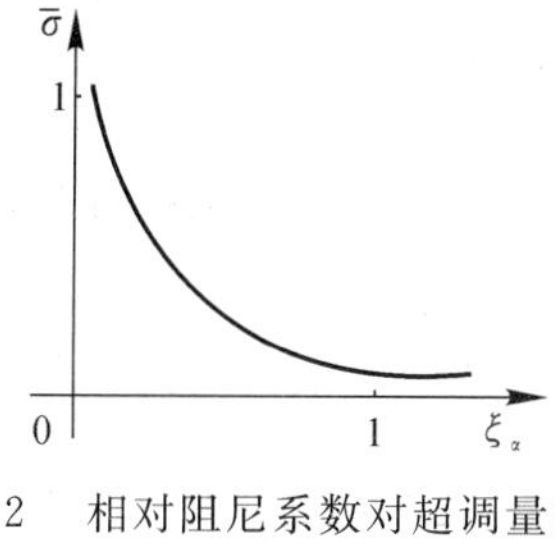

图 8.12　相对阻尼系数对超调量的影响

下面以法向过载为例，研究导弹在真实飞行中的最大过载。取 $\Delta X = \Delta n_y$，由式(8.97) 可得

$$\Delta n_{y\max} = \Delta n_{yW}(1+\bar{\sigma}) = -\frac{v_0}{g}K_\alpha\Delta\delta_{zW}(1+\bar{\sigma}) \tag{8.98}$$

如果基准运动是在可用过载下飞行，那么导弹在飞行过程中全部法向过载值应为

$$n_{y\max} = n_{yK} + \Delta n_{y\max} = n_{yK} - \frac{v_0}{g}K_\alpha\Delta\delta_{z\max}(1+\bar{\sigma}) \tag{8.99}$$

其中 n_{yK} 为可用过载，其为

$$n_{yK} = -\left(\frac{P + C_y^\alpha qS}{G}\right)_0\left(\frac{m_z^{\delta_z}}{m_z^\alpha}\right)_0(\pm\delta_{z\max}) \tag{8.100}$$

一种最严重的情况是，基准运动在可用过载下飞行时，舵面从一个极限位置突然偏转到另一个极限位置，在扰动运动中舵偏角偏差 $\Delta\delta_{zW}$ 实质上等于 $\mp 2\delta_{z\max}$，因而法向过载偏差的最大值 $\Delta n_{y\max}$ 应为

$$\Delta n_{y\max}=(1+\bar{\sigma})\frac{v_0}{g}K_{\alpha}(\mp 2\delta_{z\max}) \tag{8.101}$$

如果传递系数 K_{α} 采用近似表达式(8.90)，式(8.99) 则为

$$n_{y\max}=\pm\left(\frac{m_z^{\delta_z}}{m_z^{\alpha}}\frac{P+C_y^{\alpha}qS}{G}\right)_0(1+2\bar{\sigma})\delta_{z\max} \tag{8.102}$$

将式(8.97) 代入式(8.102)，则有

$$n_{y\max}=\pm\left(\frac{m_z^{\delta_z}}{m_z^{\alpha}}\frac{P+C_y^{\alpha}qS}{G}\right)_0(1+2\mathrm{e}^{-\pi\xi_{\alpha}/\sqrt{1-\xi_{\alpha}^2}})\delta_{z\max} \tag{8.103}$$

由此可见，在最严重的情况下，全部过载的最大值 $n_{y\max}$ 要比可用过载 n_{yK} 大得多，所以对导弹和控制系统设计的承载要求必须考虑这一情况，否则可能因承载能力不够而遭致破坏。

为了减小过载的最大值，往往希望导弹具有比较大的相对阻尼系数 ξ_{α}，其与动力系数的关系为

$$\xi_{\alpha}=\frac{a_{22}+a_{24}'+a_{34}}{2\sqrt{a_{24}+a_{22}a_{34}}}\approx\frac{a_{22}+a_{34}}{2\sqrt{a_{24}}} \tag{8.104}$$

该关系式说明，增大导弹的气动阻尼动力系数 a_{22} 和法向力动力系数 a_{34} 总是有益于增大相对阻尼系数 ξ_{α}。当然，弹体的静稳定性不太大，也能增大相对阻尼系数 ξ_{α} 值，这一点与传递系数 K_{α} 对纵向静稳定性的要求相同。但是纵向静稳定性太小时，将使时间常数 T_{α} 增大，这又是我们所不希望的。

将相应的动力系数表达式代入式(8.104) 后，可得

$$\xi_{\alpha}\approx\frac{-\dfrac{1}{J_z}\dfrac{1}{2}m_z^{\omega_z}\rho v_0 Sb_A^2+\dfrac{P}{mv_0}+\dfrac{1}{2m}C_y^{\alpha}\rho v_0 S}{2\sqrt{-\dfrac{1}{J_z}\dfrac{1}{2}m_z^{\alpha}\rho v_0^2 Sb_A}} \tag{8.105}$$

因 $\dfrac{P}{mv_0}$ 值相比之下比较小，可以略去，式(8.105) 可进一步简化为

$$\xi_{\alpha}\approx\frac{-m_z^{\omega_z}\sqrt{\rho}\sqrt{S}b_A^2/J_z+C_y^{\alpha}\sqrt{\rho}\sqrt{S}/m}{\sqrt{-m_z^{\alpha}b_A/J_z}} \tag{8.106}$$

由式(8.106) 可见，飞行器因受到气动外形布局的限制，以及不可能选择过大的翼面积，相对阻尼系数 ξ_{α} 的数值就不可能接近 0.7，某些导弹甚至只在 0.1 左右，想要进一步提高飞行器自身 ξ_{α} 的数值则很难实现。

相对阻尼系数 ξ_{α} 与飞行速度无直接联系，因此相对超调量 $\bar{\sigma}$ 也不随飞行速度的变化而发生明显的改变。但是 ξ_{α} 与空气密度有关，随着飞行高度的增加，它将明显地下降。例如，就本章所举地空导弹来讲，相对阻尼系数 ξ_{α} 随着高度的变化如表 8.3 所示。

表 8.3　某地空导弹相对阻尼系数 ξ_{α} 随高度的变化

H/km	5.027	9.187	13.098	16.174	19.669	22.000
ξ_{α}	0.121 4	0.094 5	0.072 3	0.056	0.044	0.035

考虑到上述情况，为了提高相对阻尼系数 ξ_{α}，以便改善过渡过程的品质，特别是减小超调

量，多数导弹都是采用自动驾驶仪来补偿弹体阻尼的不足，这方面的内容将在第 10 章中进行阐述和分析。

在相对阻尼系数 ξ_α 比较小的情况下，为了减小过载最大值，就要限制舵偏角的极限位置，如果舵偏角的最大值 $\delta_{z\max}$ 是为了保证导弹在高空时获得较大的机动性，那么在低空时为了防止过载太大，就要设法减小舵偏角的最大值。某地空导弹是采用改变舵面传动比的办法，使舵偏角 $\delta_{z\max}$ 与动压头 q 值成反比变化，以便在高空时提高导弹的机动性，而在低空时减小法向过载的最大值。

习　　题

1. 试述大气有翼飞行器纵向扰动运动的特性以及呈现该特性的物理原因。
2. 大气有翼飞行器的纵向静稳定性对其纵向短周期扰动运动的动稳定性有何影响？
3. 大气有翼飞行器二阶系统稳定的充要条件是什么？
4. 大气有翼飞行器的纵向静稳定裕度与操纵性有何关系？为什么？
5. 飞行器的操纵性与机动性有何区别？
6. 解释传递参数（传递系数、过渡过程时间、相对阻尼系数）的物理意义。
7. 大气有翼飞行器纵向短周期扰动运动的相对阻尼系数是如何影响其过渡过程品质的？
8. 飞行高度对大气有翼飞行器的稳定性、操纵性有怎样的影响？
9. 若飞行器的燃料放在重心之后，燃料消耗后，大气有翼飞行器的纵向扰动运动动态特性会发生哪些变化？为什么？
10. 大气有翼飞行器的旋转导数 m^{ω_z} 对其纵向扰动运动过渡过程品质有何影响？
11. 为什么要尽可能降低相对超调量？怎样才能降低它？
12. 同一飞行器在其他条件相同的情况下，主动段飞行和被动段飞行的纵向扰动运动动态特性有何差异？
13. 地空导弹的传递系数应当如何设计？

参 考 文 献

[1]　曾颖超，陆毓峰. 战术导弹弹道与姿态动力学. 西安：西北工业大学出版社，1991.
[2]　钱杏芳，林瑞雄，赵亚男. 导弹飞行力学. 北京：北京理工大学出版社，2000.
[3]　李新国，方群. 有翼导弹飞行动力学. 西安：西北工业大学出版社，2005.

第 9 章　侧向扰动运动动态特性分析

第 8 章我们研究了导弹的纵向扰动运动，这时导弹的纵向对称平面与铅垂飞行平面相重合，只有运动参数 v、θ、ω_z、ϑ、α 和 x、y 的变化。在纵向运动中没有考虑的飞行器的其他参数如 ψ_v、β、γ_v、γ、ψ、ω_x、ω_y 和 z 通常称为侧向运动参数，或简称侧向参数，研究这些参数随时间变化的运动，称为侧向运动。

侧向运动参数在基准运动中的变化，由下列运动方程组来描述：

$$\left.\begin{aligned}
&-mv\cos\theta\frac{\mathrm{d}\psi_v}{\mathrm{d}t}=P(\sin\alpha\sin\gamma_v-\cos\alpha\sin\beta\cos\gamma_v)+\\
&\qquad\qquad Y\sin\gamma_v+Z\cos\gamma_v\\
&J_x\frac{\mathrm{d}\omega_x}{\mathrm{d}t}=M_x-(J_z-J_y)\omega_y\omega_z\\
&J_y\frac{\mathrm{d}\omega_y}{\mathrm{d}t}=M_y-(J_x-J_z)\omega_z\omega_x\\
&\frac{\mathrm{d}\psi}{\mathrm{d}t}=\frac{1}{\cos\vartheta}(\omega_y\cos\gamma-\omega_z\sin\gamma)\\
&\frac{\mathrm{d}\gamma}{\mathrm{d}t}=\omega_x-\tan\vartheta(\omega_y\cos\gamma-\omega_z\sin\gamma)\\
&\frac{\mathrm{d}z}{\mathrm{d}t}=-v\cos\theta\sin\psi_v\\
&\sin\psi_v\cos\theta=\cos\alpha\cos\beta\sin\psi\cos\vartheta+\sin\alpha\cos\beta(\cos\psi\sin\gamma+\\
&\qquad\cos\gamma\sin\psi\sin\vartheta)-\sin\beta(\cos\psi\cos\gamma-\\
&\qquad\sin\gamma\sin\vartheta\sin\psi)\\
&\sin\gamma_v\cos\theta=\cos\alpha\sin\beta\sin\vartheta-(\sin\alpha\sin\beta\cos\gamma-\\
&\qquad\cos\beta\sin\gamma)\cos\vartheta
\end{aligned}\right\}\tag{9.1}$$

在基准运动中计算理论弹道的侧向参数，单纯采用方程组式(9.1)是不充分的，因为方程式中还包括纵向参数 v、α、H 等，所以采用式(9.1)求解侧向参数，还必须联立纵向运动方程组。在这里我们之所以单独列出描述侧向运动参数的方程式，其目的是便于获得侧向扰动运动方程组，在小扰动的范围内，将侧向扰动运动和纵向扰动运动分开独立研究，以简化问题的讨论。

9.1　侧向扰动运动的数学模型

9.1.1　侧向扰动运动建模

在扰动运动中，如果基准运动的纵向参数不变，控制和干扰作用仅使侧向运动参数发生变化，这种扰动运动称为侧向扰动运动，也可简称为侧向运动。

在大气有翼飞行器空间扰动运动方程组中，因为运动参数的偏量足够小，属于小扰动范畴，同时其又是纵向对称的，以及基准弹道中侧向参数和纵向运动角速度足够小等条件下，可以得到一组侧向扰动运动方程式为

$$\left.\begin{aligned}
\frac{\mathrm{d}\Delta\psi_v}{\mathrm{d}t} &= \left(\frac{P-Z^{\beta}}{mv\cos\theta}\right)_0\Delta\beta-\left(\frac{P\alpha+Y}{mv\cos\theta}\right)_0\Delta\gamma_v-\left(\frac{Z^{\delta_y}}{mv\cos\theta}\right)_0\Delta\delta_y\\
\frac{\mathrm{d}\Delta\omega_x}{\mathrm{d}t} &= \left(\frac{M_x^{\beta}}{J_x}\right)_0\Delta\beta+\left(\frac{M_x^{\omega_x}}{J_x}\right)_0\Delta\omega_x+\left(\frac{M_x^{\omega_y}}{J_x}\right)_0\Delta\omega_y+\left(\frac{M_x^{\delta_x}}{J_x}\right)_0\Delta\delta_x+\left(\frac{M_x^{\delta_y}}{J_x}\right)_0\Delta\delta_y\\
\frac{\mathrm{d}\Delta\omega_y}{\mathrm{d}t} &= \left(\frac{M_y^{\beta}}{J}\right)_0\Delta\beta+\left(\frac{M_y^{\omega_x}}{J_y}\right)_0\Delta\omega_x+\left(\frac{M^{\omega_y}}{J_y}\right)_0\Delta\omega_y+\left(\frac{M^{\dot\beta}}{J_y}\right)_0\Delta\dot\beta+\left(\frac{M_y^{\delta_y}}{J_y}\right)_0\Delta\delta_y\\
\frac{\mathrm{d}\Delta\psi}{\mathrm{d}t} &= \left(\frac{1}{\cos\vartheta}\right)_0\Delta\omega_y\\
\frac{\mathrm{d}\Delta\gamma}{\mathrm{d}t} &= \Delta\omega_x-(\tan\vartheta)_0\Delta\omega_y\\
\Delta\psi_v &= \Delta\psi+\left(\frac{\alpha}{\cos\theta}\right)_0\Delta\gamma-\left(\frac{1}{\cos\theta}\right)_0\Delta\beta\\
\Delta\gamma_v &= (\tan\theta)_0\Delta\beta+\left(\frac{\cos\vartheta}{\cos\theta}\right)_0\Delta\gamma\\
\frac{\mathrm{d}\Delta z}{\mathrm{d}t} &= (-v\cos\theta)_0\Delta\psi_v
\end{aligned}\right\}\qquad(9.2)$$

侧向扰动运动和纵向扰动运动类似，它的许多动力学现象可由侧向动力系数来表示。为了写出由侧向动力系数表示的标准侧向扰动运动方程组，下面对方程组式（9.2）的第1式作进一步的简化。由于

$$\left(mv\frac{\mathrm{d}\theta}{\mathrm{d}t}\right)_0=(P\alpha+Y-G\cos\theta)_0$$

因此

$$\left(\frac{P\alpha+Y}{mv}\right)_0=\left(\frac{\mathrm{d}\theta}{\mathrm{d}t}+\frac{g}{v}\cos\theta\right)_0$$

上式等号两边分别乘以方程组式（9.2）第 7 式的等号两边，得到

$$\left(\frac{P\alpha+Y}{mv}\right)_0\Delta\gamma_v=\left(\frac{\mathrm{d}\theta}{\mathrm{d}t}+\frac{g}{v}\cos\theta\right)_0\left(\tan\theta_0\Delta\beta+\frac{\cos\vartheta_0}{\cos\theta_0}\Delta\gamma\right)$$

因线性化时已认为$\left(\frac{\mathrm{d}\theta}{\mathrm{d}t}\right)_0$是一个小量，故忽略二阶以上小量，上式变为

$$\left(\frac{P\alpha+Y}{mv}\right)_0\Delta\gamma_v=\frac{g}{v_0}(\sin\theta_0\Delta\beta+\cos\vartheta_0\Delta\gamma)$$

将此结果代入方程组式(9.2)的第1式，则有

$$(-mv\cos\theta)_0\frac{d\Delta\psi_v}{dt}=(-P+Z^{\beta})_0\Delta\beta+m_0g(\sin\theta_0\Delta\beta+\cos\vartheta_0\Delta\gamma)+(Z^{\delta_y})_0\Delta\delta_y \tag{9.3}$$

再由方程组式(9.2)的第6式可得

$$\cos\theta_0\Delta\psi_v=\cos\theta_0\Delta\psi+\alpha_0\Delta\gamma-\Delta\beta$$

此式两边进行求导，并略去二阶微量可得

$$\cos\theta_0\frac{d\Delta\psi_v}{dt}=\cos\theta_0\frac{d\Delta\psi}{dt}+\alpha_0\frac{d\Delta\gamma}{dt}-\frac{d\Delta\beta}{dt}$$

将此式和方程组式(9.2)的第4式代入式(9.3)可得

$$\left(-mv\frac{\cos\theta}{\cos\vartheta}\right)_0\Delta\omega_y-(mv\alpha)_0\frac{d\Delta\gamma}{dt}+(mv)_0\frac{d\Delta\beta}{dt}=$$
$$(-P+Z^{\beta})_0\Delta\beta+(mg\sin\theta)_0\Delta\beta+(mg\cos\vartheta)_0\Delta\gamma+(Z^{\delta_y})_0\Delta\delta_y$$

经过以上变换，可将方程组式(9.2)整理为

$$\left.\begin{aligned}
&\frac{d\Delta\omega_y}{dt}=\left(\frac{M_y^{\beta}}{J_y}\right)_0\Delta\beta+\left(\frac{M_y^{\omega_x}}{J_y}\right)_0\Delta\omega_x+\left(\frac{M_y^{\omega_y}}{J_z}\right)_0\Delta\omega_y+\left(\frac{M_y^{\dot\beta}}{J_y}\right)_0\Delta\dot\beta+\left(\frac{M_y^{\delta_y}}{J_y}\right)_0\Delta\delta_y+\left(\frac{1}{J_y}\right)_0M'_{yd}\\
&\cos\theta_0\frac{d\Delta\psi_v}{dt}=\left(\frac{\cos\theta}{\cos\vartheta}\right)_0\Delta\omega_y+\alpha_0\frac{d\Delta\gamma}{dt}-\frac{d\Delta\beta}{dt}=\\
&\qquad\left(\frac{P-Z^{\beta}}{mv}\right)_0\Delta\beta-\left(\frac{g}{v}\sin\theta\right)_0\Delta\beta-\left(\frac{g}{v}\cos\vartheta\right)_0\Delta\gamma-\left(\frac{Z^{\delta_y}}{mv}\right)_0\Delta\delta_y+\left(\frac{1}{mv}\right)_0F'_{zd}\\
&\Delta\psi_v=\Delta\psi-\left(\frac{1}{\cos\theta}\right)_0\Delta\beta+\left(\frac{\alpha}{\cos\theta}\right)_0\Delta\gamma\\
&\frac{d\Delta\omega_x}{dt}=\left(\frac{M_x^{\beta}}{J_x}\right)_0\Delta\beta+\left(\frac{M_x^{\omega_x}}{J_x}\right)_0\Delta\omega_x+\left(\frac{M_x^{\omega_y}}{J_x}\right)_0\Delta\omega_y+\left(\frac{M_x^{\delta_x}}{J_x}\right)_0\Delta\delta_x+\\
&\qquad\left(\frac{M_x^{\delta_y}}{J_x}\right)_0\Delta\delta_y+\left(\frac{1}{J_x}\right)_0M'_{xd}\\
&\frac{d\Delta\gamma}{dt}=\Delta\omega_x-(\tan\vartheta)_0\Delta\omega_y\\
&\frac{d\Delta\psi}{dt}=\left(\frac{1}{\cos\vartheta}\right)_0\Delta\omega_y\\
&\frac{d\Delta z}{dt}=(-v\cos\theta)_0\Delta\psi_v\\
&\Delta\gamma_v=(\tan\theta)_0\Delta\beta+\left(\frac{\cos\vartheta}{\cos\theta}\right)_0\Delta\gamma
\end{aligned}\right\} \tag{9.4}$$

式中：M'_{yd}为航向干扰力矩；M'_{xd}为横滚干扰力矩；F'_{zd}为侧向干扰力。

9.1.2 侧向动力系数

若用航向和滚转动力系数来代替式(9.4)中偏量前的系数，则由方程组式(9.4)的第1式可得与航向力矩相关的动力系数的表达式为

$$\left.\begin{aligned}
&\text{航向阻尼力矩动力系数} && b_{22}=-\left(\frac{M_y^{\omega_y}}{J_y}\right)_0 \quad (1/\mathrm{s})\\
&\text{航向静稳定力矩动力系数} && b_{24}=-\left(\frac{M_y^{\beta}}{J_y}\right)_0 \quad (1/\mathrm{s}^2)\\
&\text{航向操纵力矩动力系数} && b_{27}=-\left(\frac{M_y^{\delta_y}}{J_y}\right)_0 \quad (1/\mathrm{s}^2)\\
&\text{航向下洗延迟力矩动力系数} && b'_{24}=-\left(\frac{M_y^{\dot{\beta}}}{J_y}\right)_0 \quad (1/\mathrm{s})\\
&\text{航向交叉旋转阻尼力矩动力系数} && b_{21}=-\left(\frac{M_y^{\omega_x}}{J_y}\right)_0 \quad (1/\mathrm{s})
\end{aligned}\right\} \tag{9.5}$$

上述航向动力系数的物理含义基本上是与纵向动力系数相对应的。

由方程组式(9.4) 的第 2 式可得与侧向力相关的动力系数的表达式为

$$\left.\begin{aligned}
&\text{侧向力动力系数} && b_{34}=\left(\frac{P-Z^{\beta}}{mv}\right)_0 \quad (1/\mathrm{s})\\
&\text{方向舵面操纵力动力系数} && b_{37}=\left(\frac{Z^{\delta_y}}{mv}\right)_0 \quad (1/\mathrm{s})\\
&\text{侧向重力动力系数} && b_{35}=-\left(\frac{g}{v}\cos\vartheta\right)_0 \quad (1/\mathrm{s})
\end{aligned}\right\} \tag{9.6}$$

由方程组式(9.4) 的第 4 式可得与滚转力矩相关的动力系数的表达式为

$$\left.\begin{aligned}
&\text{滚转阻尼力矩动力系数} && b_{11}=-\left(\frac{M_x^{\omega_x}}{J_x}\right)_0 \quad (1/\mathrm{s})\\
&\text{滚转静稳定力矩动力系数} && b_{14}=-\left(\frac{M_x^{\beta}}{J_x}\right)_0 \quad (1/\mathrm{s}^2)\\
&\text{滚转操纵力矩动力系数} && b_{18}=-\left(\frac{M_x^{\delta_x}}{J_x}\right)_0 \quad (1/\mathrm{s}^2)\\
&\text{滚转交叉阻尼力矩动力系数} && b_{12}=-\left(\frac{M_x^{\omega_y}}{J_x}\right)_0 \quad (1/\mathrm{s})\\
&\text{滚转交叉操纵力矩动力系数} && b_{17}=-\left(\frac{M_x^{\delta_y}}{J_x}\right)_0 \quad (1/\mathrm{s}^2)
\end{aligned}\right\} \tag{9.7}$$

此外,还有与纵向基准运动参数有关的动力系数,其表达式为

$$\left.\begin{aligned}
&b_{32}=-\left(\frac{\cos\theta}{\cos\vartheta}\right)_0, \quad b_{62}=\left(\frac{1}{\cos\vartheta}\right)_0, \quad b_{52}=-(\tan\vartheta)_0,\\
&a_{33}=-\left(\frac{g}{v}\sin\theta\right)_0, \quad b_{74}=(\tan\theta)_0, \quad b_{75}=\left(\frac{\cos\vartheta}{\cos\theta}\right)_0\\
&b_{86}=-(v\cos\theta)_0, \quad b_{44}=\left(\frac{1}{\cos\theta}\right)_0, \quad b_{45}=\left(\frac{\alpha}{\cos\theta}\right)_0
\end{aligned}\right\} \tag{9.8}$$

采用航向和滚转动力系数后,航向和滚转干扰力矩,以及侧向干扰力可用以下相应的符号表示:

$$M_{yd}=\left(\frac{1}{J_y}\right)_0 M'_{yd}, \quad M_{xd}=\left(\frac{1}{J_x}\right)_0 M'_{xd}, \quad F_{zd}=\left(\frac{1}{mv}\right)_0 F'_{zd} \tag{9.9}$$

于是,侧向扰动运动模型的标准形式为

$$\left.\begin{aligned}
&\Delta\dot{\omega}_x + b_{11}\Delta\omega_x + b_{14}\Delta\beta + b_{12}\Delta\omega_y = -b_{18}\Delta\delta_x - b_{17}\Delta\delta_y + M_{xd} \\
&\Delta\dot{\omega}_y + b_{22}\Delta\omega_y + b_{24}\Delta\beta + b_{21}\Delta\omega_x + b'_{24}\Delta\dot{\beta} = -b_{27}\Delta\delta_y + M_{yd} \\
&\Delta\dot{\beta} + b_{34}\Delta\beta + b_{32}\Delta\omega_y - \alpha_0\Delta\dot{\gamma} + b_{35}\Delta\gamma + a_{33}\Delta\beta = -b_{37}\Delta\delta_y + F_{zd} \\
&\Delta\psi_v = \Delta\psi - b_{44}\Delta\beta + b_{45}\Delta\gamma \\
&\Delta\dot{\gamma} = \Delta\omega_x + b_{52}\Delta\omega_y \\
&\frac{\mathrm{d}\Delta\psi}{\mathrm{d}t} = b_{62}\Delta\omega_y \\
&\Delta\gamma_v = b_{74}\Delta\beta + b_{75}\Delta\gamma \\
&\frac{\mathrm{d}\Delta z}{\mathrm{d}t} = b_{86}\Delta\psi_v
\end{aligned}\right\} \tag{9.10}$$

在方程组式(9.10)中,动力系数由基准弹道的运动参数来计算。因为方程组式(9.10)中还包括纵向运动参数 v,H 和 α(未写下标0)等,所以分析侧向扰动运动时,除计算出基准弹道的侧向参数外,还必须知道纵向基准运动的一些参数。在小扰动范围内,将侧向扰动运动和纵向扰动运动分开来分析,可以简化问题的研究,初步了解侧向扰动运动的基本特性。

在侧向扰动运动方程组式(9.10)中,第4、6、7、8式与其他等式无关。因此,侧向扰动运动的偏量可用 $\Delta\omega_y$,$\Delta\omega_x$,$\Delta\beta$ 和 $\Delta\gamma$ 来表示其主要特性。于是,方程组式(9.10)可简化为

$$\left.\begin{aligned}
&\Delta\dot{\omega}_x + b_{11}\Delta\omega_x + b_{12}\Delta\omega_y + b_{14}\Delta\beta = \\
&\qquad -b_{18}\Delta\delta_x - b_{17}\Delta\delta_y + M_{xd} \\
&\Delta\dot{\omega}_y + b_{22}\Delta\omega_y + b_{24}\Delta\beta + b'_{24}\Delta\dot{\beta} + b_{21}\Delta\omega_x = \\
&\qquad -b_{27}\Delta\delta_y + M_{yd} \\
&\Delta\dot{\beta} + (b_{34} + a_{33})\Delta\beta - \alpha_0\Delta\dot{\gamma} + b_{35}\Delta\gamma + b_{32}\Delta\omega_y = -b_{37}\Delta\delta_y + F_{zd} \\
&\Delta\dot{\gamma} = \Delta\omega_x + b_{52}\Delta\omega_y
\end{aligned}\right\} \tag{9.11}$$

式(9.11)是工程设计中常用的侧向扰动运动方程组,其中动力系数 b_{ij} 的下标编号见表9.1。

表 9.1　侧向扰动运动方程组动力系数 b_{ij} 的下标编号表

i(方程序号)	扰动运动方程	j	扰动参数
1	$\frac{\mathrm{d}\Delta\omega_x}{\mathrm{d}t} = \left(\frac{M_x^\beta}{J_x}\right)_0\Delta\beta + \left(\frac{M_x^{\omega_x}}{J_x}\right)_0\Delta\omega_x + \left(\frac{M_x^{\omega_y}}{J_x}\right)_0\Delta\omega_y + \left(\frac{M_x^{\delta_y}}{J_x}\right)_0\Delta\delta_y + \left(\frac{M_x^{\delta_x}}{J_x}\right)_0\Delta\delta_x + M_{xd}$	1	$\Delta\omega_x$
		2	$\Delta\omega_y$
		7	$\Delta\delta_y$
		8	$\Delta\delta_x$
		4	$\Delta\beta$
2	$\frac{\mathrm{d}\Delta\omega_y}{\mathrm{d}t} = \left(\frac{M_y^\beta}{J_y}\right)_0\Delta\beta + \left(\frac{M_y^{\omega_x}}{J_y}\right)_0\Delta\omega_x + \left(\frac{M_y^{\omega_y}}{J_y}\right)_0\Delta\omega_y + \left(\frac{M_y^{\delta_y}}{J_y}\right)_0\Delta\delta_y + \left(\frac{M_y^{\dot{\beta}}}{J_y}\right)_0\Delta\dot{\beta} + M_{yd}$	1	$\Delta\omega_x$
		2	$\Delta\omega_y$
		4	$\Delta\beta$
		7	$\Delta\delta_y$

续 表

i	扰动运动方程	j	扰动参数
3	$-\left(\dfrac{\cos\theta}{\cos\vartheta}\right)_0 \Delta\omega_y + \dfrac{d\Delta\beta}{dt} - \alpha_0 \dfrac{d\Delta\gamma}{dt} - \left(\dfrac{-P+Z^\beta}{mv}\right)_0 \Delta\beta - \left(\dfrac{g}{v}\sin\theta\right)_0 \Delta\beta - \left(\dfrac{g}{v}\cos\vartheta\right)_0 \Delta\gamma = \left(\dfrac{Z_y^{\delta_y}}{mv}\right)_0 \Delta\delta_y + F_{zd}$	5	$\Delta\gamma$
		3、4	$\Delta\beta$
		2	$\Delta\omega_y$
		7	$\Delta\delta_y$
5	$\dfrac{d\Delta\gamma}{dt} = \Delta\omega_x - (\tan\vartheta)_0 \cdot \Delta\omega_y$	2	$\Delta\omega_y$

9.1.3　侧向扰动运动的状态方程

侧向扰动运动的状态向量为

$$[\Delta\omega_x \quad \Delta\omega_y \quad \Delta\beta \quad \Delta\gamma]^{\mathrm{T}} \tag{9.12}$$

在侧向扰动运动方程组式(9.11) 中，第 2 式的 $\Delta\dot{\beta}$ 可以替换，于是侧向扰动运动的微分方程组可写为

$$\left.\begin{aligned}
\Delta\dot{\omega}_x &= -b_{11}\Delta\omega_x - b_{12}\Delta\omega_y - b_{14}\Delta\beta - b_{18}\Delta\delta_x - b_{17}\Delta\delta_y + M_{xd}\\
\Delta\dot{\omega}_y &= -(b_{21} + b'_{24}\alpha_0)\Delta\omega_x - (b_{22} - b'_{24}b_{32} + b'_{24}\alpha_0 b_{52})\Delta\omega_y -\\
&\quad (b_{24} - b'_{24}b_{34} - b'_{24}b_{35})\Delta\beta + b'_{24}b_{35}\Delta\gamma -\\
&\quad (b_{27} - b'_{24}b_{37})\Delta\delta_y + M_{yd} - b'_{24}F_{zd}\\
\Delta\dot{\beta} &= \alpha_0\Delta\omega_x - (b_{32} - \alpha_0 b_{52})\Delta\omega_y - (b_{34} + a_{33})\Delta\beta - b_{35}\Delta\gamma - b_{37}\Delta\delta_y + F_{zd}\\
\Delta\dot{\gamma} &= \Delta\omega_x + b_{52}\Delta\omega_y
\end{aligned}\right\} \tag{9.13}$$

由此方程组可得侧向扰动运动的状态方程为

$$\begin{bmatrix}\Delta\dot{\omega}_x\\ \Delta\dot{\omega}_y\\ \Delta\dot{\beta}\\ \Delta\dot{\gamma}\end{bmatrix} = \boldsymbol{A}_{xy}\begin{bmatrix}\Delta\omega_x\\ \Delta\omega_y\\ \Delta\beta\\ \Delta\gamma\end{bmatrix} - \begin{bmatrix}b_{18}\\ 0\\ 0\\ 0\end{bmatrix}\Delta\delta_x - \begin{bmatrix}b_{17}\\ b_{27} - b'_{24}b_{37}\\ b_{37}\\ 0\end{bmatrix}\Delta\delta_y + \begin{bmatrix}M_{xd}\\ M_{yd} - b'_{24}F_{zd}\\ F_{zd}\\ 0\end{bmatrix} \tag{9.14}$$

式中：侧向动力系数 4×4 维矩阵 $\boldsymbol{A}_{xy}$ 为

$$\boldsymbol{A}_{xy} = \begin{bmatrix}
-b_{11} & -b_{12} & -b_{14} & 0\\
-(b_{21} + b'_{24}\alpha_0) & -(b_{22} - b'_{24}b_{32} + b'_{24}\alpha_0 b_{52}) & -(b_{24} - b'_{24}b_{34} - b'_{24}b_{35}) & b'_{24}b_{35}\\
\alpha_0 & -(b_{32} - \alpha_0 b_{52}) & -(b_{34} + a_{33}) & -b_{35}\\
1 & b_{52} & 0 & 0
\end{bmatrix}$$

在方程组式(9.11) 中，若等式右端舵偏角 $\Delta\delta_y$ 和 $\Delta\delta_x$ 以及干扰力矩和干扰力的列矩阵也都等于零，则矩阵方程描述了侧向自由扰动运动，否则只要有一项不等于零，状态方程将描述导弹的侧向强迫扰动运动。

侧向自由扰动运动的性质取决于以下特征方程式：

$$G(s)=|sI-A_{xy}|=s^4+A_1s^3+A_2s^2+A_3s+A_4=0 \tag{9.15}$$

式中：各特征方程系数的表达式为

$$\left.\begin{aligned}
A_1&=b_{22}+b_{34}+b_{11}+\alpha_0b'_{24}b_{52}-b'_{24}b_{32}+a_{33}\\
A_2&=b_{22}b_{34}+b_{22}a_{33}+b_{22}b_{11}+b_{34}b_{11}+b_{22}a_{33}-b_{24}b_{32}-b'_{24}b_{32}b_{11}-\\
&\quad b_{21}b_{12}+(b_{14}+b_{24}b_{52}+b'_{24}b_{11}b_{52}-b'_{24}b_{12})\alpha_0-b'_{24}b_{35}b_{52}\\
A_3&=(b_{22}b_{14}-b_{21}b_{14}b_{52}+b_{24}b_{11}b_{52}-b_{24}b_{12})\alpha_0-(b_{24}b_{52}+b'_{24}b_{11}b_{52}-\\
&\quad b'_{24}b_{12}+b_{14})b_{35}+b_{22}b_{34}b_{11}+b_{22}b_{11}a_{33}+b_{21}b_{14}b_{32}-b_{21}b_{12}a_{33}-\\
&\quad b_{21}b_{12}b_{34}-b_{24}b_{11}b_{32}\\
A_4&=-b_{35}(b_{22}b_{14}-b_{21}b_{14}b_{52}+b_{24}b_{11}b_{52}-b_{24}b_{12})
\end{aligned}\right\} \tag{9.16}$$

侧向扰动运动特征方程和前面纵向扰动运动一样，也是四阶的。

9.2 侧向扰动运动模态

侧向扰动运动的稳定性由其特征方程式(9.15)的性质来决定，判别运动是否稳定，也可直接根据特征方程的系数采用赫尔维茨稳定准则。但是，为了分析侧向自由扰动运动的一般特性，还必须求出特征方程的根值，以便由特征根的性质来说明运动形态。

侧向自由扰动运动的一般解为

$$\left.\begin{aligned}
\Delta\omega_x&=K\mathrm{e}^{s_it}\\
\Delta\omega_y&=L\mathrm{e}^{s_it}\\
\Delta\beta&=M\mathrm{e}^{s_it}\\
\Delta\gamma&=N\mathrm{e}^{s_it}
\end{aligned}\right\} \tag{9.17}$$

式中：s_i 为特征方程的根。侧向自由扰动运动的特征方程式(9.15)，由特征行列式展开时，也可由代数余子式来表示，即

$$\begin{aligned}
G(s)=&(b_{21}+b'_{24}\alpha_0)f_{21}(s_i)-(b_{22}-b'_{24}b_{32}+\\
&b'_{24}\alpha_0b_{52})f_{22}(s_i)+(b_{24}-b'_{24}b_{34}-\\
&b'_{24}b_{35})f_{23}(s_i)+b'_{24}b_{35}f_{24}(s_i)
\end{aligned} \tag{9.18}$$

式中：$f_{21}(s_i)$、$f_{22}(s_i)$、$f_{23}(s_i)$、$f_{24}(s_i)$ 为特征行列式第 2 行对应元素的代数余子式，并称为比量，它们的表达式为

$$\left.\begin{aligned}
f_{21}(s_i)=&-b_{12}s_i^2-[b_{12}(b_{34}+a_{33})-b_{14}(b_{32}-\alpha_0b_{52})]s_i+\\
&b_{14}b_{35}b_{52}\\
f_{22}(s_i)=&-s_i^3-(b_{34}+a_{33}+b_{11})s_i^2-(b_{34}b_{11}+a_{33}b_{11}+\\
&b_{14}\alpha_0)s_i+b_{14}b_{35}\\
f_{23}(s_i)=&(b_{52}\alpha_0-b_{32})s_i^2-(b_{11}b_{32}-\alpha_0b_{11}b_{52}+\\
&b_{35}b_{52}+b_{12}\alpha_0)s_i+b_{12}b_{35}-b_{35}b_{52}b_{11}\\
f_{24}(s_i)=&-b_{52}s_i^2+(-b_{52}b_{11}-b_{52}b_{34}-b_{52}a_{33}+b_{12})s_i-b_{34}b_{52}b_{11}-\\
&a_{33}b_{52}b_{11}-b_{14}\alpha_0b_{52}-b_{14}(b_{32}-\alpha_0b_{52})+b_{12}(b_{34}+a_{33})
\end{aligned}\right\} \tag{9.19}$$

将式(9.17)的一般解代回侧向扰动运动的齐次方程组式(9.11)中，消去公因子 $e^{s_i t}$，可以得到以下方程组：

$$\left.\begin{aligned}&K(s_i+b_{11})+Lb_{12}+Mb_{14}=0\\&Kb_{21}+L(s_i+b_{22})+M(b'_{24}s_i+b_{24})=0\\&Lb_{32}+M(s_i+b_{34}+a_{33})+N(-\alpha_0 s_i+b_{35})=0\\&-K-Lb_{52}+Ns_i=0\end{aligned}\right\}\tag{9.20}$$

在这组方程式中，已知特征方程的根值，似乎可以求到待定系数 K、L、M、N。但是，由于其特征行列式 $\Delta=0$，式(9.20)是一组彼此相互不独立的方程，其中之一与其余三者线性相关，所以对于任一根值 $s_i(i=1,2,3,4)$，我们只能确定系数的比值 $K:L:M:N$，并且由于线性相关，其比值等于代数余子式之比 $f_{21}(s_i):f_{22}(s_i):f_{23}(s_i):f_{24}(s_i)$。因此，由式(9.17)可得在根值 s_i 下，侧向扰动运动参数间的比值关系为

$$\begin{aligned}\Delta\omega_x:\Delta\omega_y:\Delta\beta:\Delta\gamma=K_i:L_i:M_i:N_i=\\f_{21}(s_i):f_{22}(s_i):f_{23}(s_i):f_{24}(s_i)\end{aligned}\tag{9.21}$$

例 9.1　已知某飞机形飞行器，以 222 m/s 的速度在高度为 12 000 m 高空中飞行。各动力系数分别为

$$\begin{aligned}
&b_{11}=1.66\quad 1/\mathrm{s}, && b_{12}=0.56\quad 1/\mathrm{s}\\
&b_{14}=6.2\quad 1/\mathrm{s}^2, && b_{21}=0.019\ 8\quad 1/\mathrm{s}\\
&b_{22}=0.19\quad 1/\mathrm{s}, && b'_{24}=0\\
&b_{24}=2.28\quad 1/\mathrm{s}^2, && b_{32}=-1\\
&b_{34}=0.059\quad 1/\mathrm{s}, && a_{33}=0\\
&b_{35}=-0.044\ 2\quad 1/\mathrm{s} && \\
&b_{52}=0, && b_{17}=-0.75\quad 1/\mathrm{s}^2\\
&b_{37}=0.015\ 2\quad 1/\mathrm{s}, && b_{27}=-0.835\quad 1/\mathrm{s}^2
\end{aligned}$$

其特征方程为

$$s^4+1.909s^3+2.69s^2+3.95s-0.004\ 37=0$$

它的四个特征根分别为

$$\begin{aligned}&s_1=-1.695(\text{大实根})\\&s_2=0.001\ 105(\text{小实根})\\&s_{3,4}=-0.107\pm \mathrm{i}1.525(\text{复根})\end{aligned}$$

例 9.2　已知导弹作直线爬高飞行，其相关参数如下：

$$\begin{aligned}&H=5\ 000\ \mathrm{m}, && v_0=258\ \mathrm{m/s}\\&G=5\ 000\ \mathrm{kg}, && \tan\vartheta_0=0.08\\&C_y=0.2, && \alpha_0=0.052\ 5\end{aligned}$$

其特征方程式为

$$s^4+6.7s^3+11.95s^2+57.7s-0.435=0$$

其特征根为

$$s_1=-5.93(\text{大实根})$$
$$s_2=0.018\,1(\text{小实根})$$
$$s_{3,4}=-0.431\pm i4.88(\text{复根})$$

从以上两例可以看出，四个根中有两个实根和一对共轭复根。在研究导弹侧向扰动运动时，这样的根的分布是最常遇到的，即四个特征根分为三种情况：一个大实根 s_1（负值）；一个小实根 s_2（正值）；一对共轭复根 $s_{3,4}$。每个（或对）根决定了一种运动形态。在此以例 9.1 为例，分别讨论与各种根对应的扰动运动模态。

9.2.1 倾侧运动模态

大实根决定的运动形态是非周期收敛的。在运动中各参数的相互关系由式(9.21)可知，即

$$\Delta\omega_x:\Delta\omega_y:\Delta\beta:\Delta\gamma=f_{21}(s_1):f_{22}(s_1):f_{23}(s_1):f_{24}(s_1) \tag{9.22}$$

将 $s_1=-1.695$ 及相关参数代入式(9.19)中分别求各比值可得

$$\Delta\omega_x:\Delta\omega_y:\Delta\beta:\Delta\gamma=1:0.041\,8:0.003\,79:0.597 \tag{9.23}$$

从参数间的量值来看，因 $|\Delta\omega_x|\gg|\Delta\omega_y|$，$|\Delta\gamma|\gg|\Delta\beta|$，所以由大实根 s_1 所决定的运动，基本上只有倾斜角 $\Delta\gamma$ 的变化，而称为倾侧运动模态。由于 s_1 是一个绝对值比较大的负数，因而倾侧运动将很决衰减，通常延续时间不到 1 s。大实根 s_1 基本上是由动力系数 $b_{11}=-\dfrac{M_x^{\omega x}}{J_x}$ 的数值来决定的。在此也可看出该非周期运动之所以呈现迅速衰减模态，是因为导弹在正常攻角下具有较大的倾斜阻尼力矩的缘故。从 b_{11} 的表达式中可以看出，当 $|M_x^{\omega x}|$ 增加时，$|b_{11}|$ 增加，从而使 $|s_1|$ 增加，而 $|M_x^{\omega x}|$ 与弹翼的展弦比有关，当展弦比增加时，$|M_x^{\omega x}|$ 增加，$|s_1|$ 也增加，非周期运动收敛得更快。又由

$$M_x^{\omega x}=m_x^{\omega x}qSL\frac{L_A}{2v}$$

可知，当飞行高度增加时，密度减小，q 随之减小，$|M_x^{\omega x}|$ 减小，收敛的程度降低；当飞行速度增加时，(q/v) 增加，$|M_x^{\omega x}|$ 增加，收敛程度提高。

关于大实根 s_1 基本上由 $b_{11}=-\dfrac{M_x^{\omega x}}{J_x}$ 来决定的结论很容易加以证明，如下：

已知 $$A_1=b_{22}+b_{34}+b_{11}+\alpha_0 b'_{24}b_{52}-b'_{24}b_{32}+a_{33}$$

将动力系数的表达式代入上式，得

$$A_1=-\left(\frac{g}{v}\sin\theta\right)_0-\left(\frac{M_y^{\omega y}}{J_y}\right)_0-\left(\frac{-P+Z^\beta}{mv}\right)_0-\left(\frac{M_x^{\omega x}}{J_x}\right)_0+$$
$$\alpha_0\left(-\frac{M_y^{\dot\beta}}{J_y}\right)(-\tan\vartheta)_0-\left(-\frac{M_y^{\dot\beta}}{J_y}\right)_0\left(-\frac{\cos\theta}{\cos\vartheta}\right)_0$$

考虑到一般情况下 α_0 比较小，所以

$$\cos\theta_0=\cos(\vartheta_0-\alpha_0)=\cos\vartheta_0\cos\alpha_0+\sin\vartheta_0\sin\alpha_0\approx$$
$$\cos\vartheta_0+\alpha_0\sin\vartheta_0$$

所以

$$\frac{\cos\theta_0}{\cos\vartheta_0}=\frac{\cos\vartheta_0+\alpha\sin\vartheta_0}{\cos\vartheta_0}=1+\alpha_0\tan\vartheta_0$$

故 A_1 可以写为

$$\begin{aligned}A_1=&-\left(\frac{g}{v}\sin\theta\right)_0-\left(\frac{M_y^{\omega_y}}{J_y}\right)_0-\left(\frac{-P+Z^\beta}{mv}\right)_0-\left(\frac{M_x^{\omega_x}}{J_x}\right)_0+\\&\alpha_0\left(\frac{M_y^{\dot\beta}}{J_y}\tan\vartheta\right)_0-\left(\frac{M_y^{\dot\beta}}{J_y}\right)_0(1+\alpha\tan\vartheta)_0=\\&\left(-\frac{g}{v}\sin\theta\right)_0-\left(\frac{M_y^{\omega_y}}{J_y}\right)_0-\left(\frac{-P+Z^\beta}{mv}\right)_0-\left(\frac{M_x^{\omega_x}}{J_x}\right)_0-\left(\frac{M_y^{\dot\beta}}{J_y}\right)_0\end{aligned}$$

由于$(M_x^{\omega_x})_0>(M_y^{\dot\beta})_0$，$(M_x^{\omega_x})_0>(M_y^{\omega_y})_0$，$(J_y)_0>(J_x)_0$，故$\left|\frac{M_y^{\omega_y}}{J_y}\right|_0$、$\left|\frac{M_y^{\dot\beta}}{J_y}\right|_0$相对$\left|\frac{M_x^{\omega_x}}{J_x}\right|_0$可以忽略不计。又考虑到 v_0 值对目前高速飞行的导弹来说往往很大，所以其倒数值很小，这样一来$\left(\frac{g}{v}\sin\theta\right)_0$、$\left(\frac{-P+Z^\beta}{mv}\right)_0$又可以忽略不计。因此 A_1 可以近似表示为

$$A_1\approx-\left(\frac{M_x^{\omega_x}}{J_x}\right)_0$$

对于大实根(其绝对值经常大于 1)A_1，下列关系式总是成立的，即

$$s_1^4>|s_1^3|>s_1^2>|s_1|$$

所以可以认为在特征方程式 $s_1^4+A_1s_1^3+A_2s_1^2+A_3s_1+A_4=0$ 中的 $A_2s_1^2$、A_3s_1、A_4 这三项都可以忽略不计，故可求出 s_1 为

$$s_1+A_1\approx0$$

即

$$s_1\approx-A_1\approx-b_{11}=\frac{M_x^{\omega_x}}{J_x}\tag{9.24}$$

一般按式(9.24)求出的近似解还是很令人满意的。例如，在例 9.1 中，按式(9.15)求出的大实根为

$$s_1=-1.695$$

而用式(9.24)求出的大实根的近似值为

$$s_1\approx-b_{11}=-1.66$$

两者之间的误差只有 2%，这样的误差在工程上是完全允许的。

由于$-b_{11}=\frac{M_x^{\omega_x}}{J_x}$，而$M_x^{\omega_x}=\frac{\partial M_x}{\partial\omega_x}$为一负值，所以大实根 $s_1\approx-b_{11}=\frac{M_x^{\omega_x}}{J_x}$ 所对应的扰动运动模态应该是一个稳定的非周期运动。

9.2.2　螺旋运动模态

小实根 s_2 决定的运动模态是非周期的，但发散得很缓慢。在这种运动模态中各参数的数量关系，只要将 $s_2=0.001\ 105$ 代入到式(9.21)中求出比值后，就可以得到

$$\begin{aligned}\Delta\omega_x:\Delta\omega_y:\Delta\beta:\Delta\gamma=&f_{21}(s_2):f_{22}(s_2):f_{23}(s_2):f_{24}(s_2)=\\&0.024\ 9:1:-0.083\ 8:22.824\end{aligned}\tag{9.25}$$

在这种运动模态中，参数 $\Delta\omega_y$ 和 $\Delta\gamma$ 分别比 $\Delta\omega_x$ 和 $\Delta\beta$ 大得多，但由于 $\Delta\gamma$ 和 $\Delta\omega_x$ 基本上属于一个运动自由度，因此为了进一步弄清这种运动的性质，我们再作以下分析。

取地面坐标系 Ox_0z_0，假定俯仰角 ϑ_0 和弹道倾角 θ_0 都不大，飞行器的运动学方程由图 9.1 可以近似得出

$$\left.\begin{aligned} \Delta\dot{x}_0 &\approx \Delta v \\ \Delta\dot{y}_0 &\approx 0 \\ \Delta\dot{z}_0 &\approx v_0(\Delta\beta - \Delta\psi) \end{aligned}\right\} \tag{9.26}$$

因为 ϑ_0 不大时，有

$$\begin{cases} \Delta\dot{\psi} = \dfrac{1}{\cos\vartheta_0}\Delta\omega_y \approx \Delta\omega_y \\ \Delta\psi \approx \displaystyle\int \Delta\omega_y \end{cases}$$

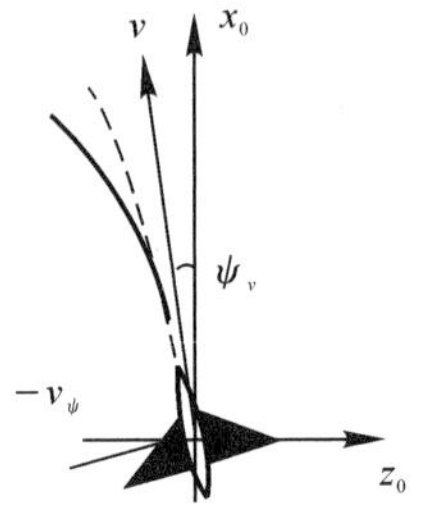

图 9.1　侧向基准运动示意图

于是，在式(9.26)中，若 $\Delta\psi \gg \Delta\beta$，则 $(\Delta\beta - \Delta\psi) \approx -\Delta\psi$。

由根 s_2 决定的参数 $\Delta\omega_y$ 的通解可以写成 $\Delta\omega_y = L_2 e^{s_2 t}$，$L_2$ 为拉氏反变换系数。于是

$$\Delta\psi(t) = \int \Delta\omega_y(t) = \frac{L_2}{s_2}e^{s_2 t} \tag{9.27}$$

式中的系数 L_2 由初始值来决定。

将式(9.27)代入式(9.26)，可得

$$\left.\begin{aligned} \Delta x &\approx v_0 t \\ \Delta z &\approx -v_0\int_0^t \Delta\psi(t)\mathrm{d}t = -v_0\frac{L_2}{s_2}(e^{s_2 t} - 1) \end{aligned}\right\} \tag{9.28}$$

由式(9.28)描述的轨迹，表示飞行器进行平面转弯。因为小实根 $s_2 > 0$，表示飞行器一方面偏离原来的偏航角，另一方面又以越来越小的半径进行转弯。同时还因倾斜角不断增大，升力的垂直分量不断减小，飞行高度也在逐渐下降，整个运动如同螺旋运动，因而由根 s_2 决定的运动模态使飞行器沿螺旋线运动。因为根 $s_2 > 0$，所以螺旋运动又是不稳定的。

根 s_2 也可用近似方法求出。因为 s_2 通常小于 1，所以 $s_2^4 < s_2^3 < s_2^2 < s_2$，于是特征方程式(9.15)可以近似为

$$A_3 s_2 + A_4 \approx 0 \tag{9.29}$$

由此可得

$$s_2 \approx -A_4/A_3$$

就例 9.1 而言，$s_2 \approx 0.004\,37 \div 3.95 = 0.001\,1$，与根值 $s_2 = 0.001\,105$ 几乎相等。

为了使根 $s_2 < 0$，以便飞行器的螺旋运动是稳定的，必须使特征方程的系数 A_3 和 A_4 都大于零。

9.2.3 “荷兰滚”运动模态

一对共轭复根所决定的运动模态是振荡衰减的，各运动参数间的数量关系，只要将根 $s_{3,4}$ 代入式(9.21)求出各比值之后就自然知道了。依然以例 9.1 为例，则有

$$\Delta\omega_x : \Delta\omega_y : \Delta\beta : \Delta\gamma = 1 : 0.556e^{-i135.5^\circ} : 0.353e^{-i216.4^\circ} : 0.661e^{-i258.0^\circ} \tag{9.30}$$

这个关系式也可用复平面上的矢量图来表示，如图 9.2 所示。比较关系说明，由一对共轭复根决定的运动模态，参数 $\Delta\omega_x$、$\Delta\omega_y$、$\Delta\beta$ 和 $\Delta\gamma$ 都有变化，但是角速度 $\Delta\omega_x$ 的变化大一点。这种运动模态既有滚转，又有偏航和侧滑，它类似于滑冰运动中“荷兰滚”花式动作，因而将飞行器的这种侧向运动分量习惯上又称“荷兰滚”运动。由于它的振荡频率比较高，如果不稳定，很难纠正，因而要求这种运动分量必须是稳定的，并能很快地衰减。

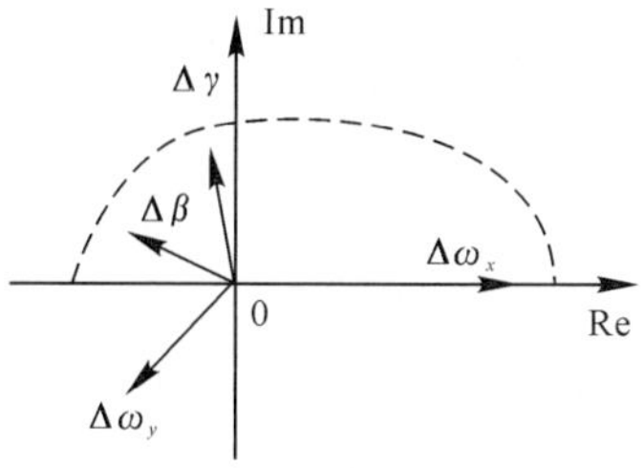

图 9.2　“荷兰滚”模态的旋转矢量图

对于这一对共轭复根，它没有直接简单的近似公式来计算。但是，由于可以将两个实数根近似表示为 $s_1\approx -b_{11}$，$s_2\approx -\dfrac{A_4}{A_3}$，这时就不难将特征方程式(9.15) 改写为

$$(s+b_{11})\left(s+\frac{A_4}{A_3}\right)(s^2+As+B)=0 \tag{9.31}$$

由于式(9.31) 和式(9.15) 之间的同类项前面的系数应该相等，因此

$$b_{11}\frac{A_4}{A_3}B=A_4$$

$$b_{11}+\frac{A_4}{A_3}+A=A_1$$

即

$$B=\frac{A_3}{b_{11}}$$

$$A=A_1-b_{11}-\frac{A_4}{A_3}$$

所以一对共轭复根可以由下式求出：

$$s^2+As+B=0$$

即

$$s_{3,4}\approx\frac{-A\pm\sqrt{A^2-4B}}{2}$$

例如，例 9.1 中的特征方程为

$$s^4+1.909s^3+2.69s+3.95s-0.004\ 37=0$$

而 $s_1\approx -1.66$，$s_2\approx 0.001\ 1$，所以上式可以改写为

$$(s+1.66)(s-0.001\ 1)(s^2+As+B)=0$$

同时可以求出

$$B=2.379$$

$$A = 0.250\ 1$$

故特征方程可以写为

$$(s + 1.66)(s - 0.001\ 1)(s^2 + 0.250\ 1s + 2.379) = 0$$

由此可以求出另外两个根为

$$s_{3,4} \approx \frac{-0.250\ 1 \pm \sqrt{0.250\ 1^2 - 4 \times 2.379}}{2} \approx -0.125\ 1 \pm \mathrm{i}1.537\ 3$$

这里所求出的近似共轭复根与其精确值($s_{3,4} = -0.107 \pm \mathrm{i}1.25$)比较，结果仍然相当接近。但是应当注意到，对于高速飞行的导弹，由于弹翼面积和展弦比都比较小，所以 b_{11} 值相对 A_1 中其他各项的数值就可能大得不多，因此采用上述近似求根法就会带来较大的误差。但是从定性上说，以及为了迅速估计导弹的侧向动态特性，这样的方法还是有效的。

综上所述，我们可以看出导弹的侧向扰动运动是由三种运动叠加的：两种非周期运动和一种振荡运动。这三种侧向扰动运动是同时存在并互相叠加。不过这种扰动运动可以按时间划分为三个阶段：第一阶段是相应于(绝对值)大实根的倾侧运动，该运动很快衰减而消失，延续时间很短(约为 0.2 ～ 0.4 s)；当航向静稳定性比较大时，第二阶段出现振荡运动，延续时间约为几秒钟(例如 4 ～ 5 s)；以后进入第三阶段，剩下的只是螺旋运动了。该运动是由小的正实根所确定的，是一个慢发散的运动，而且运动延续的时间很长(约达 1 min)，所以在飞行中很难发现螺旋不稳定性。往往只要将方向舵和副翼稍加偏转(如0.1°)，就能使导弹脱离这种螺旋运动。

这里附带说明一下，如果导弹已接近于 $C_{y\max}$ 的大攻角飞行，那么倾斜滚动的阻尼作用可能会消失，或者甚至会出现 b_{11} 为负值的现象。这是因为向下运动的弹翼实际攻角已大于临界攻角，造成升力减小。于是旋转运动加剧，出现了所谓自旋现象，而且导弹将进入螺旋运动的状态。

9.3 侧向稳定边界图及其讨论

9.3.1 侧向稳定边界条件及其稳定边界图

判别侧向稳定性和纵向稳定性一样，可以采用赫尔维茨准则，即通过其特征方程式前面的系数进行讨论。考虑到侧向扰动运动的稳定性主要取决于动力系数 $b_{24} = -\dfrac{M_y^\beta}{J_y}$ 和 $b_{14} = -\dfrac{M_x^\beta}{J_x}$，而且为了在设计过程中便于了解改变航向静稳定性和横向静稳定性对侧向稳定性的影响，所以最方便的方法就是绘制出这两个参数的稳定边界图，如图 9.3 所示。

由前一节所述可知，侧向扰动运动的特征方程可以表示为

$$s^4 + A_1 s^3 + A_2 s^2 + A_3 s + A_4 = 0$$

根据赫尔维茨准则，要使特征方程所描述的动力系统是稳定的，其充分和必要条件为

$$\left.\begin{aligned} &A_1 > 0 \\ &A_2 > 0 \\ &A_3 > 0 \\ &A_4 > 0 \\ &R = A_1 A_2 A_3 - A_1^2 A_4 - A_3^2 > 0 \end{aligned}\right\} \tag{9.32}$$

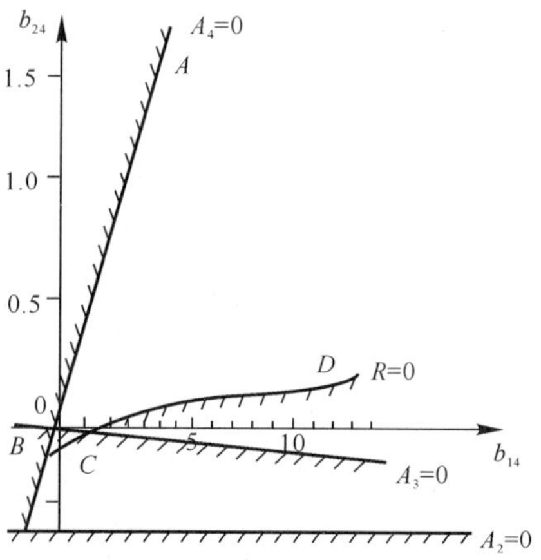

图 9.3　侧向稳定边界图

由式(9.15)中 A_1 的表达式可知，A_1 与 b_{14}、b_{24} 无关。又由于 A_1 可近似地表示为 $A_1 = -\dfrac{M_x^{\omega x}}{J_x}$，所以 $A_1 > 0$ 的条件自然可以得到满足，故 $A_1 > 0$ 的条件就不在讨论之列。

在以 b_{14} 和 b_{24} 所组成的稳定域中，侧向扰动运动应该满足的稳定边界条件为

$$\left.\begin{aligned} &A_2 = 0 \\ &A_3 = 0 \\ &A_4 = 0 \\ &R = A_1A_2A_3 - A_1^2A_4 - A_3^2 = 0 \end{aligned}\right\} \tag{9.33}$$

由式(9.15)中 A_1、A_2、A_3、A_4 的表达式可以看出，在 $A_2=0$，$A_3=0$ 和 $A_4=0$ 这些稳定边界方程式中，b_{14} 和 b_{24} 之间呈线性关系。而在稳定边界方程 $A_1A_2A_3 - A_1^2A_4 - A_3^2 = 0$ 中，b_{14} 和 b_{24} 之间则为一般的二次方程。

为了说明侧向扰动运动稳定边界图的具体形式，采用例 9.1 所提供的动力系数(除 b_{14} 和 b_{24} 外)来绘制由动力系数 b_{14} 和 b_{24} 所组成的稳定域。将各侧向动力系数代入式(9.15)的 A_1、A_2、A_3、A_4 的表达式后，可以求出

$$\begin{aligned} &A_1 = 0 + 0.059 + 0.19 + 1.66 - 0\times 0\times 0 - 0\times(-1) = 1.909 \\ &A_2 = 0.424\ 2 + b_{24} \\ &A_3 = 0.024\ 4b_{14} + 1.66b_{24} + 0.017\ 9 \\ &A_4 = 0.008\ 4b_{14} - 0.0248b_{24} \\ &R = 0.413\ 3b_{24}^2 - 0.000\ 595\ 4b_{14}^2 - 0.034\ 42b_{14}b_{24} - \\ &\qquad 0.0117\ 2b_{14} + 1.409\ 4b_{24} + 0.014\ 175 \end{aligned}$$

由上面计算的结果知道，使侧向扰动运动稳定的条件为

$$\begin{aligned} &0.424\ 2 + b_{24} > 0 \\ &0.024\ 4b_{14} + 1.66b_{24} + 0.017\ 9 > 0 \\ &0.008\ 4b_{14} - 0.024\ 8b_{24} > 0 \\ &0.413\ 3b_{24}^2 - 0.000\ 595\ 4b_{14}^2 - 0.034\ 42b_{14}b_{24} - 0.011\ 72b_{14} + 1.409\ 4b_{24} + 0.014\ 175 > 0 \end{aligned}$$

由此得出稳定边界方程为

$b_{24}=-0.424\ 2$

$b_{24}=-0.014\ 7b_{14}-0.010\ 78$

$b_{24}=0.338\ 7b_{14}$

$b_{24}^2-0.001\ 44b_{14}^2-0.083\ 3b_{14}b_{24}-0.028\ 36b_{14}+3.410\ 1b_{24}+0.034\ 3=0$

由此可见，$A_2=0$，$A_3=0$，$A_4=0$ 这三个稳定边界都是一条直线，如图 9.3 所示。而 $R=0$ 这一稳定边界方程为一个二次曲线方程，为此我们给出一系列的 b_{14} 值而求出满足二次曲线方程稳定边界的 b_{24} 的结果如下：

b_{14}	b_{24}
0	$-3.400\ 2$; $-0.010\ 5$
1	$-3.325\ 6$; $-0.001\ 8$
2	$-3.252\ 3$; $0.008\ 2$
3	$-3.180\ 4$; $0.019\ 6$
4	$-3.109\ 8$; $0.032\ 3$
5	$-3.040\ 9$; $0.046\ 7$
6	$-2.973\ 6$; $0.062\ 7$
7	$-2.907\ 8$; $0.080\ 2$
8	$-2.843\ 9$; $0.099\ 6$
9	$-2.781\ 8$; $0.120\ 8$
10	$-2.721\ 7$; $0.144\ 0$

将上述各稳定边界同时画在图 9.3 上，从图中可以看出：$A_4=0$ 是一条通过原点的直线，画有阴影线的一侧不满足 $A_4>0$ 的条件；$A_2=0$ 是一条平行于 b_{14} 轴的水平线，在此水平线的上方满足 $A_2>0$ 的条件，即图 $A_2=0$ 边界线有阴影线的一侧是不稳定的；$A_3=0$ 是一条斜线，画有阴影线的一侧不满足 $A_3>0$ 的条件，即是不稳定的；$R=0$ 是一条二次曲线(这里只画出了它的一半)，同样带有阴影线的一侧不满足 $R>0$ 的条件，即是不稳定的。

从图 9.3 中可以看出，由 $A_4=0$ 中的 AB 线段、$A_3=0$ 中的 BC 线段和 $R=0$ 中的 CD 线段所围成的区域同时满足 $A_2>0$，$A_3>0$，$A_4>0$ 和 $R>0$，其中：B 为 $A_4=0$ 与 $A_3=0$ 两线的交点；C 为 $A_3=0$ 与 $R=0$ 两线的交点；A 为 $A_4=0$ 的无限远处；D 为 $R=0$ 的无限远处，我们把这个区域称为侧向扰动运动的稳定域。只要使飞行器的动力系数 b_{14} 和 b_{24} 的取值落入此区域，其侧向扰动运动就是稳定的。

由于特征方程式(9.15) 经过简化之后可以表示为

$$(s+b_{11})\left(s+\frac{A_4}{A_3}\right)(s^2+As+B)=0$$

由此可见，当动力系数 b_{14} 和 b_{24} 是在 A_4 和 A_3 所夹的无阴影线的区域之内时，就保证了 $A_3>0$，$A_4>0$，如此就保证了这个小的实根是一个负实根，也就是说保证了螺旋运动是稳定的。因此，我们将 $A_3=0$ 和 $A_4=0$ 边界线称为螺旋稳定边界。

另外，由$(s^2+As+s)=0$ 的条件可知，产生振荡运动的条件为

$$A^2-4B<0$$

要使(s^2+As+B) 这一组特征根所对应的运动是稳定的，则要求

$$A > 0$$
$$B > 0$$

由于 $A = A_1 - b_{11} - \dfrac{A_4}{A_3}$，$B = \dfrac{A_3}{b_{11}}$，所以由稳定条件 $A > 0$，$B > 0$，可得

$$A = A_1 - b_{11} - \frac{A_4}{A_3} > 0$$

$$B = \frac{A_3}{b_{11}} > 0$$

这样就不难求出使$(s^2 + As + B) = 0$所对应的运动是稳定振荡运动的条件应为

$$A > 0$$

$$B > \left(\frac{A}{2}\right)^2$$

下面再来分析一下 $A > 0$，$B > 0$ 和 $B > \left(\dfrac{A}{2}\right)^2$ 在稳定边界上所处的位置。

因 $B = \dfrac{A_3}{b_{11}}$，而 b_{11} 又永远是一正值，因此，$B > 0$ 的条件，实际上就是 $A_3 > 0$ 的条件。故在稳定边界图上 $B = 0$ 和 $A_3 = 0$ 这两条稳定边界线就是一条线，如图 9.4 所示。

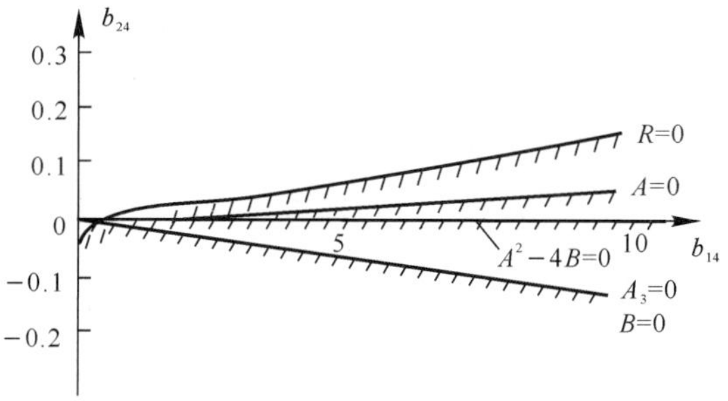

图 9.4 $(s^2 + As + B) = 0$ 的稳定边界图

如果采用例 9.1 所提供的侧向动力系数计算 $A = 0$ 的稳定边界线，其图形与 $R = 0$ 的边界线比较接近，这时就可以近似地认为 $A = 0$ 和 $R = 0$ 是同一条稳定边界线。

$(s^2 + As + B)$ 所对应的运动产生振荡的条件为

$$A^2 - 4B < 0$$

因 $A = A_1 - b_{11} - \dfrac{A_4}{A_3}$，$B = \dfrac{A_3}{b_{11}}$，故上述条件可表示为

$$\left(A_1 - b_{11} - \frac{A_4}{A_3}\right)^2 - 4\frac{A_3}{b_{11}} < 0$$

若将例 9.1 的动力系数代入上式，求出产生振荡运动的边界线如图 9.4 所示。由图可以看出，产生振荡运动的边界条件是 $b_{24} = 0$，它和 $R = 0$ 也十分接近，故有时就将它们也视为一条线，也就是把 $R = 0$ 看成是振荡运动的稳定边界。至于 $R = 0$，$A = 0$，$A^2 - 4B = 0$ 三条边界线接近的程度到底怎样，与飞行器的气动外形以及飞行条件等有非常密切的关系。也就是说，它们之间的接近程度要视具体情况而定。在一般情况下，习惯将 $R = 0$ 这条边界看成是振荡运动的稳定边界。

应当指出，赫尔维茨准则只能判断动力系统是否稳定，却不能确定稳定程度。同样，在稳

定边界图上也不能判别出飞行器侧向稳定的程度。如果其外形略加改变(例如,加大垂直尾翼或减小上反角),可以使 b_{14} 和 b_{24} 有较大的变化,其他的侧向动力系数虽然也相应地有了变化,但是实践证明图上稳定边界线变化并不显著。每一枚导弹在飞行弹道上每一点都有自身一定的 b_{14} 和 b_{24} 值,因而它就对应于这一曲线图平面上的一个点,根据这个点的位置就可以判断导弹在该弹道特性点上是否稳定。因此,在初步设计中确定导弹外形时,侧向稳定边界图就相当有用。例如,图 9.5 中虚线 ab 代表 b_{14} 不变的情况下,当 b_{24} 改变多大,就达到了稳定的边界;cd 线代表 b_{24} 不变的情况下,当 b_{14} 改变多大,就达到了稳定的边界。此外,考虑到计算和风洞试验所得的 m_x^β,m_y^β 总是有一定的误差,通过稳定边界图也可以估计出这两个动力系数的误差对于导弹侧向稳定性的影响。

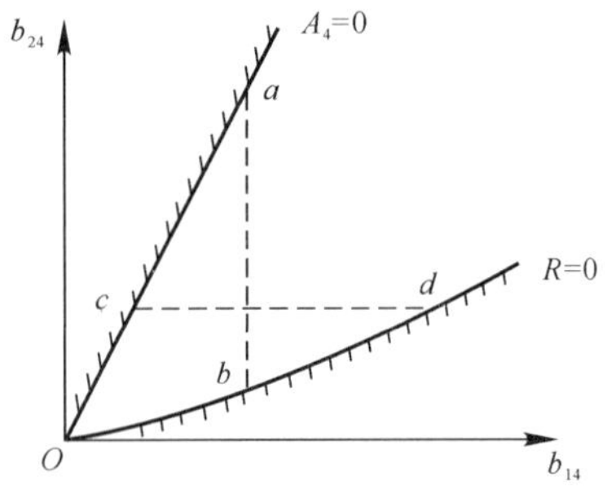

图 9.5　b_{14}、b_{24} 对稳定边界的影响

9.3.2　关于侧向稳定边界图的讨论

利用稳定边界图可以获得一些很有参考价值的结果。

9.3.2.1　航向静稳定性($m_y^\beta < 0$)和横向静稳定性($m_x^\beta < 0$)对侧向稳定性的影响

(1) 导弹虽然具有航向静稳定性($m_y^\beta < 0$)和横向静稳定性($m_x^\beta < 0$),但是不一定就具有侧向动态稳定性。由图 9.3 可以看出,过大的航向静稳定性(相对于横向静稳定性而言)可能出现螺旋不稳定现象,过大的横向静稳定性(相对于航向静稳定性而言)可能出现振荡不稳定现象。

以上情况可以通过动力学过程加以分析和说明。

如果 b_{24} 选择得过大,可能使得 b_{24} 和 b_{14} 的参数组合落在 $A_4 < 0$ 的范围内。这时若导弹有一个起始干扰 $\Delta\gamma_0 > 0$,那么让我们看一下它的自由扰动运动过程:

由于 $\Delta\gamma_0 > 0$ 的存在,就会产生升力沿弹道坐标系中 Oz_2 轴的分量。在此升力分量的作用下,导弹就开始向右侧滑,随即产生正的侧滑角(即 $\Delta\beta > 0$)。由于侧滑角 $\Delta\beta$ 的存在,又产生了滚转恢复力矩 $M_x^\beta \Delta\beta < 0$(因为 m_x^β 通常是负的),该力矩是力图使倾斜角 $\Delta\gamma$ 减少的。又由于 $\Delta\beta$ 的存在,在产生滚转恢复力矩 $M_x^\beta \Delta\beta < 0$ 的同时,又会产生偏航恢复力矩 $M_y^\beta \Delta\beta < 0$。这个负的偏航恢复力矩力图使导弹向右偏航,即产生一个负的偏航角速度(即 $\Delta\omega_y < 0$)。在 $\Delta\omega_y$ 的作用下,又产生了一个交叉滚转阻尼力矩 $M_x^{\omega_y} \Delta\omega_y$,此力矩是正的。在此力矩的作用下,又将使倾斜角 $\Delta\gamma$ 增大。综合上述两个因素,又考虑到 $M_y^\beta \Delta\beta \gg M_x^\beta \Delta\beta$ 这一条件,所以导弹的倾斜角将在 $\Delta\gamma_0$ 的基础上越来越大,导弹的重量和升力在弹道坐标系 Oy_2 轴上的平衡关系被破坏,于是导弹便开始下降,并向右旋转,即形成所谓的螺旋运动。其特点是在平缓下降的同时缓慢地增大倾斜角和旋转角速度。

如果导弹的侧向动力系数 b_{24} 和 b_{14} 的组合是落在 $R < 0$,但 $A_3 > 0$,$A_4 > 0$ 的区域内,这时就意味着 b_{24} 要比 b_{14} 小得多。如果 $b_{24} = \dfrac{-M_y^\beta}{J_y}$ 的绝对值比较小(即 b_{24} 可为小的正值,亦可为小的负值),那么在第二阶段上螺旋运动是稳定的,而振荡运动在第三阶段仍然存在。在这种场合下,导弹在滚转后的侧滑会引起很大的滚转恢复力矩($M_x^\beta \Delta\beta < 0$),该力矩迅速地消除了导弹的滚转,由于运动的惯性,因而又使导弹向另一方向滚转。这一滚转后又出现负的侧滑

角，从而伴随产生正的滚转力矩（$M_x^\beta \Delta\beta > 0$），使得导弹又转向右滚转，继而向右侧滑。如此往复循环，使导弹一会儿向右、一会儿向左做交替的倾斜，即产生不稳定的摆动。导弹的这种侧向扰动运动形态是迅速发展的周期摆动，即所谓“荷兰滚”。

(2) 如果导弹的航向静稳定性很大（仍相对于横向静稳定性而言），振荡运动将很快衰减，以至消失。如果航向静稳定性不大，振荡运动将衰减得比较慢，代表当时导弹 b_{24} 和 b_{14} 的组合位置处于稳定区内。这时候除代表振荡稳定的根外，将出现两个负根（往往是一大一小），即不会产生螺旋不稳定的运动。如果 m_y^β 的绝对值很小，不论 m_y^β 为正或为负，螺旋运动将很快衰减掉，而振荡运动会延续很长。如果 m_y^β 为正，而且数值很大，则不稳定振荡运动将变成两个非周期的发散运动。

对于即使是装有稳定自动器的导弹，过于缓慢的衰减或发散的振荡运动都是不希望有的。

(3) 如果航向静稳定性太小，横向静稳定性太大，还可能出现不利于操纵的“副翼反逆”效应。“副翼反逆”效应的物理过程可以说明如下：

假如在副翼偏转后，导弹做顺时针方向的滚转，于是产生向右的侧滑，由于航向静稳定性比较小，所以侧滑角就会比较大。再考虑到横向静稳定性很大，因此将产生很大的反时针方向滚转力矩来抵消副翼偏转所产生的操纵力矩，这样就使副翼的效率大大降低。在严重的情况下，甚至可能使导弹向反时针方向滚转。

副翼反逆效应虽然对于操纵不利，但是可以通过偏转方向舵加以消除。

9.3.2.2　其他因素对侧向稳定性的影响

1. 气动外形的影响

由以上分析可知，在选择平置弹翼导弹的气动外形时，应有较大的航向静稳定性。但是，对于高速飞行的导弹来说，具有足够的航向静稳定性比较困难，这是因为：

(1) 整个导弹的航向静稳定性由两大部分之和组成，即垂直尾翼所形成的航向静稳定度和弹身的航向静不稳定度之和。而由于导弹的重心一般都离弹身头部较远，所以弹身的航向静不稳定度往往很大。

(2) 垂直尾翼的侧向力系数斜率 C_z^β 随 Ma（马赫数）变化的特性和弹翼的升力系数斜率 C_y^α 随 Ma（马赫数）变化的特性一样，在超声速阶段内 $|C_z^\beta|$ 随 Ma（马赫数）的增大而减小。

(3) 为了避免垂直尾翼在跨声速区的气动特性的剧烈变化，减小超声速时的波阻，垂直尾翼一般是采用薄的翼型。因此，在高速飞行时，由于气动载荷而形成的弹性变形可能很大，这又进一步降低了垂直尾翼所产生的航向静稳定性。

除了上述一些基本原因之外，还有以后将要谈到的攻角影响，这也是对航向静稳定性不利的。因此，为了在各种速度、高度和攻角下都能有必要的航向静稳定性，不能采用后掠角和面积太小的垂直尾翼。同时，应当注意的是，这样的尾翼所产生的横向静稳定性也会比较大。为了减小横向静稳定性，就应该将弹翼的上反角减小，甚至做成下反角。有的导弹在弹身尾部的下方装有小的腹鳍，这样可以同时达到增加航向静稳定性和减小横向静稳定性的目的，如图 9.6 所示。

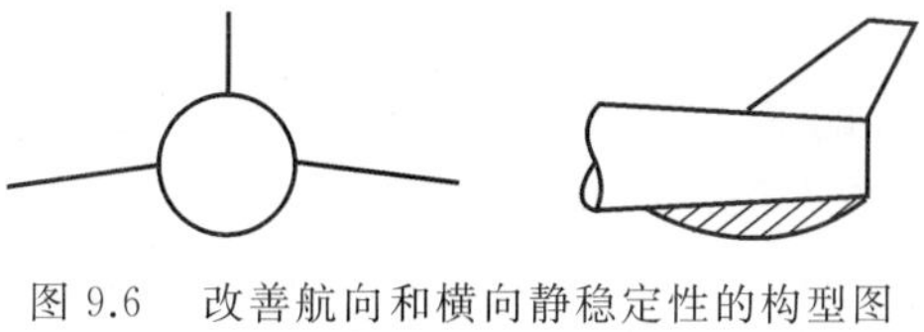

图 9.6　改善航向和横向静稳定性的构型图

2. 攻角的影响

许多侧向动力系数是与攻角有关系的。例如，大后掠弹翼的导弹，当它的攻角增大时，其横向静稳定性将显著增大，而航向静稳定性则可能随着攻角的增大而减小。这是因为小展弦比和大根梢比弹翼所产生的尾流以及细长弹身所产生的涡流的影响。在大攻角时，弹翼、弹身或发动机短舱所产生的干扰气流在侧滑情况下产生侧洗效应，也会使垂直尾翼的效率降低。因此，导弹在小攻角时为螺旋不稳定，而在大攻角时就可能变成螺旋稳定。

所以对于一枚导弹来说，在不同的飞行条件下，往往侧向动态特性有很大的变化。为了要确定航向静稳定性和横向静稳定性的配合是否合乎要求，应当作出不同攻角和不同 Ma（马赫数）的稳定边界图。

根据以上分析可知，要确定航向静稳定性和横向静稳定性，需要作出很多稳定边界图，工作量是相当大的。但是，如果我们将影响侧向扰动运动稳定边界图的因素进行分析，就可以发现有一些稳定边界图可以不必作出。如果导弹满足了某一些飞行条件，可能在另外一些飞行条件下，不必通过稳定边界图，就能判断出必然能够满足稳定的可能性。

3. 弹道倾角的影响

(1) 对“荷兰滚”扰动运动模态稳定边界的影响。

高速飞行时，导弹的攻角 α_0 一般不会太大，因此可以认为

$$\alpha_0 \approx 0, \qquad \vartheta_0 = \theta_0$$

故

$$b_{32} = -\frac{\cos\theta_0}{\cos\vartheta_0} \approx -1$$

当弹道倾角 θ_0 改变时，只会引起下列与其相关的侧向扰动运动的动力系数改变：

$$a_{33} = -\left(\frac{g}{v}\sin\theta\right)_0$$

$$b_{35} = -\left(\frac{g}{v}\cos\vartheta\right)_0 \approx \left(\frac{g}{v}\cos\theta\right)_0$$

$$b_{52} = -(\tan\vartheta)_0 \approx -(\tan\theta)_0$$

仔细分析特征方程式(9.15)中的4个系数 A_1、A_2、A_3 和 A_4[见式(9.16)]，可以发现有若干小项在初步近似中可以略去不计，最后得出

$$\left.\begin{aligned} &A_1 \approx b_{11} \\ &A_2 \approx b_{22}b_{11} \\ &A_3 \approx b_{22}b_{11}b_{34} + b_{11}b_{24} + (-b_{21} + b_{35} + \alpha_0 b_{22})b_{14} \\ &A_4 \approx -b_{35}[b_{22}b_{14} + (b_{52}b_{11} - b_{12})b_{24}] \end{aligned}\right\} \tag{9.34}$$

从上式中可以看出，弹道倾角 θ_0 的变化只是通过 b_{35} 影响 A_3 的大小，通过 b_{35}、b_{52} 影响 A_4 的大小。考虑到 $-b_{35}b_{14}$ 这一项对 A_3 的影响并不显著，而 A_4 本身又非常小，所以可以认为

$$R = A_1A_2A_3 - A_3^2 - A_1A_4 \approx A_1A_2A_3 - A_3^2$$

因此，可以认为 θ_0 和 ϑ_0 的变化，对于 $R=0$ 这条稳定边界曲线的移动影响不大。

(2) 对“螺旋”扰动运动模态稳定边界的影响。

由于“螺旋”扰动运动模态稳定边界条件为 $A_4=0$，因此由式(9.34)中 A_4 的表达式可得

$$b_{24} \approx \frac{b_{22}}{b_{12} - b_{52} b_{11}} b_{14}$$

或可以写为

$$b_{24} \approx \frac{b_{22}}{b_{12} + \tan\vartheta_0 b_{11}} b_{14} \approx \frac{b_{22}}{b_{12} + \tan\theta_0 b_{11}} b_{14}$$

由上式可以看出，弹道倾角 θ_0 会直接影响 $A_4=0$ 的斜率。当 θ_0 处在 $0 \sim \frac{\pi}{2}$ 之间时，随着 θ_0 的增大，会使 $A_4=0$ 这条稳定边界线的斜率越来越小，也就是使稳定域变小；θ_0 越小，则斜率越大，稳定域越大，如图 9.7 所示。当弹道倾角 θ_0 处在 $0 \sim -\frac{\pi}{2}$ 之间时，甚至有可能出现 $\frac{b_{24}}{b_{14}} < 0$ 的情况，即 $A_4=0$ 的稳定边界线会落入 Ⅱ ～ Ⅳ 象限内。

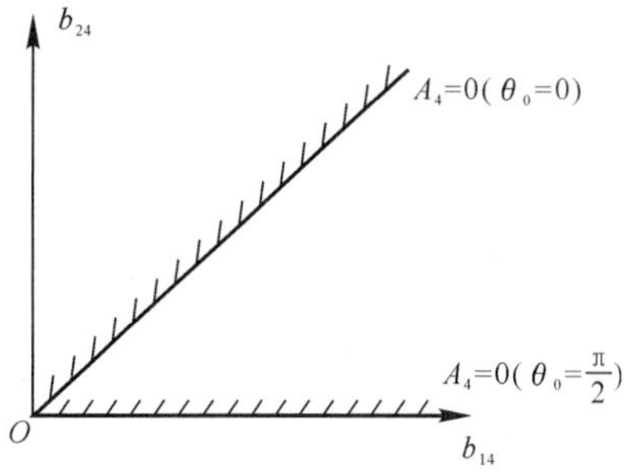

图 9.7　θ_0 对“螺旋”扰动运动模态稳定边界的影响

因此可以得出结论：如果其他飞行条件相同（或接近），最危险的情况将是弹道倾角 θ_0 最大的情况，只要能满足这种情况下的稳定条件，其他飞行情况也必然可以满足。

4. 推力 P_0 的影响

在加速器或发动机点火及熄火的瞬间，推力 P_0 会有突变，而其他飞行条件不变，这种情况下研究推力对稳定域的影响是具有实际意义的。显然，推力 P_0 变化只影响动力系数 b_{34}：

$$b_{34} = \left(\frac{P - Z^{\beta}}{mv}\right)_0$$

由于 $A_4=0$ 中不包含 b_{34}，所以推力的改变对于 $A_4=0$ 的稳定边界无影响。

而 $\frac{\partial R}{\partial P_0} > 0$，则有随着 P_0 增大而 b_{34} 增大，扩大了 $R=0$ 的稳定域，改善了“荷兰滚”扰动运动模态的稳定性。因此得出结论：如果其他飞行条件相同（或接近），最危险情况应当是推力较小的情况。

另外，为了大大提高突防概率，以超燃冲压发动机为动力，飞行马赫数大于 5 的高超声速武器系统已经成为各军事强国的研究重点。与自身携带氧化剂的火箭发动机不同，飞行状态和姿态的变化会影响吸气式发动机的进气状况，从而最终改变发动机的推力。我们把推力随速度、高度和攻角的变化称为推力特性，分别用 T_v、T_h、T_α 表示。推力特性会改变飞行和推进一体化系统的动态特性，使得高超声速飞行器在飞行包线内表现出复杂的非线性特性。研究推力特性对飞行器动态特性的影响对高超声速飞行推进一体化控制系统的设计具有重要的意义。

如前所述，飞行器动态特性的改变可以使用其线性化系统的特征值的改变来刻画。基于这个原理，传统分析方法是：首先将飞行推进一体化系统在某飞行状态处线性化，然后推导得到线性系统各个特征值的解析表达式，最后通过数值计算考察 T_v、T_h、T_α 与特征值之间的函数关系，以此来反映推力特性对系统动态特性的影响。事实上，推力特性对飞行动态特性的影响不仅取决于推力特性的大小，还与系统动态特性对推力特性的灵敏程度有关。

利用特征值扰动理论中的如下定理可以估计一个矩阵受到扰动之后特征值改变量的

上界：

$\tilde{\boldsymbol{A}}$ 为一 $n\times n$ 矩阵，$\tilde{s}$ 为矩阵 $\tilde{\boldsymbol{A}}$ 的一个特征值，它对应的右特征矢量和左特征矢量分别为 $\boldsymbol{x}$ 和 $\boldsymbol{y}$。假设 $\tilde{\boldsymbol{A}}$ 受到扰动后变成 $\boldsymbol{A}=\tilde{\boldsymbol{A}}+\delta\boldsymbol{A}$，相应的特征值变成 $s=\tilde{s}+\delta s$，如果 $\|\delta\boldsymbol{A}\|_2=\varepsilon$ 足够小，则有

$$|\delta s|\leqslant \mathrm{cond}(\tilde{s})\ \|\delta\boldsymbol{A}\|_2+o(\varepsilon^2)$$

式中：$|\mathrm{cond}(\tilde{s})|=\dfrac{\|\boldsymbol{x}\|_2\ \|\boldsymbol{y}\|_2}{|\boldsymbol{y}^{\mathrm{T}}\boldsymbol{x}|}$（上标 T 表示共轭转置），称为特征值 $\tilde{s}$ 对应的条件数。

从上式可以看出，在 $\delta\boldsymbol{A}$ 的作用下，矩阵 $\tilde{\boldsymbol{A}}$ 的特征值的最终变化由 $\|\delta\boldsymbol{A}\|_2$ 和 $\mathrm{cond}(\tilde{s})$ 共同决定。$\|\boldsymbol{A}\|_2$ 反映了扰动作用的强弱；$\mathrm{cond}(\tilde{s})$ 仅仅决定于 $\boldsymbol{A}$，它反映了矩阵的固有特性。由于它们之间是相乘的关系，因此可以把 $\mathrm{cond}(\tilde{s})$ 看作是一个衡量特征值对外界扰动的敏感程度指标。

如果把发动机推力特性看作扰动，推力特性对飞行器动态特性的影响这一问题就能够在数学上转化为一个特征值扰动问题。由上述分析可知，飞行器动态特性的改变不仅与发动机推力特性有关，还与飞行器的动态特性对推力特性的灵敏程度也有关系。使用特征值扰动理论就可以从飞行器和发动机两方面来揭示这种推力特性对飞行器动态特性的作用机理。

9.3.3　侧向稳定程度的判据

如前所述，采用赫尔维茨准则或稳定边界图只能确定导弹弹体本身是否稳定，但不能确定稳定的程度。

比较精确地评比几个设计方案的稳定性，应当通过解出各典型弹道上若干特性点的自由扰动运动的过渡过程求得，这需要花费相当多的时间和人力。为了初步评比稳定程度，可以提出若干个参考性的判据。

根据前面的分析可知，面对称导弹侧向扰动运动的运动形态一般包括三种：① 快收敛的倾侧运动模态（它是由绝对值较大的负实根 s_1 决定的）；② 慢发散的“螺旋”运动模态（它是由绝对值较小的正实根 s_2 决定的）；③“荷兰滚”振荡运动模态（它是由一对共轭复根 $s_{3,4}=\sigma\pm\mathrm{i}\nu$ 所决定的）。

1. 快收敛的倾侧运动模态

对该运动模态，一般要求是衰减得快一些，这样一方面可以使其有较好的稳定性，另一方面也使得导弹对副翼操纵的倾斜反应更精确。这一运动模态的指标一般用 T_1 来表示，即

$$T_1=\frac{1}{|s_1|}$$

对于较好的品质等级，要求 $T_1\leqslant T_{\max}=1\sim 3\ \mathrm{s}$。这时它的衰减程度为

$$t_2-t_1=\frac{0.693}{|s_1|}=0.693T_1$$

也就是说，它的半衰期就该在 $0.693\sim 2.079\ \mathrm{s}$ 之间。

2. 慢发散的“螺旋”不稳定运动模态

如前所述，“螺旋”运动模态所对应的根是一个小的正实根，所以扰动运动是很缓慢的发散运动。对于这一慢发散运动模态，侧向稳定自动控制系统完全有能力将它纠正过来。因此，

一般并不严格要求它是稳定的，而只要求发散得不要太快。如有的指标中要求 $T_2=\frac{1}{|s_2|}>20\ \mathrm{s}$ 即可。

3. "荷兰滚"运动模态

"荷兰滚"运动模态所对应的是共轭复根 $s_{3,4}=\sigma\pm \mathrm{i}\nu$。该运动模态的衰减程度为

$$t_2-t_1=-\frac{0.693}{\sigma}$$

振荡周期为

$$T=\frac{2\pi}{\nu}$$

应该要求 t_2-t_1 和 T 都小一些才比较好，这样可以保证振荡运动能较快地稳定下来。为此目的，有时是对"荷兰滚"运动模态的频率提出要求，规定它不应小于某一数值（例如，要求其不小于 0.4 rad/s）。

在衡量"荷兰滚"运动模态的品质时，有时引入倾斜角速度的最大振幅绝对值 $|\omega_x|_{\max}$ 和偏航角速度的最大振幅绝对值 $|\omega_y|_{\max}$ 之比作为判据，即

$$æ=\frac{|\omega_x|_{\max}}{|\omega_y|_{\max}}$$

如果略去若干次要项，可以求得 æ 的简单表达式为

$$æ=\frac{b_{14}}{b_{24}}\frac{1}{\sqrt{1+\frac{b_{11}^2}{b_{24}}}}$$

由 æ 的表达式可见，为了使 b_{24} 比 b_{14} 不要小得太多，一般规定 æ 值不大于某一数值（例如 3）。

实践表明，一般面对称飞行器为了获得较为良好的侧向动态特性，在稳定边界图上 b_{14} 和 b_{24} 组合参数的选择位置，往往是靠近 $A_4=0$ 这条边界线的，甚至有时可以允许使 A_4 稍小于零。这是因为即使有一点微小的"螺旋"扰动运动模态不稳定性，由于其发散得很缓慢，对自动稳定控制系统的工作没有不利的影响。由于 b_{14} 和 b_{24} 参数的选择远离了振荡扰动运动模态的边界，故对改善"荷兰滚"运动模态的动态特性是十分有利的。

9.4　导弹弹体侧向扰动运动的传递函数

9.4.1　侧向扰动运动参数 $\Delta\omega_x,\Delta\omega_y,\Delta\beta,\Delta\gamma$ 对副翼偏转角 $\Delta\delta_x$ 的传递函数

$$\left.\begin{aligned}
W_{\omega_x\delta_x}(s)&=\frac{\Delta\omega_x(s)}{\Delta\delta_x(s)}=\frac{b_{18}(s^3+P_1s^2+P_2s+P_3)}{G(s)}\\
W_{\omega_y\delta_x}(s)&=\frac{\Delta\omega_y(s)}{\Delta\delta_x(s)}=\frac{b_{18}(P_5s^2+P_6s+P_7)}{G(s)}\\
W_{\beta\delta_x}(s)&=\frac{\Delta\beta(s)}{\Delta\delta_x(s)}=\frac{b_{18}(E_1s^2+E_2s+E_3)}{G(s)}\\
W_{\gamma\delta_x}(s)&=\frac{\Delta\gamma(s)}{\Delta\delta_x(s)}=\frac{b_{18}(s^2+E_4s+E_5)}{G(s)}
\end{aligned}\right\}\tag{9.35}$$

式中:参数 P,E 的表达式分别为

$$\left.\begin{aligned}P_1&=(b_{34}+a_{33})+b_{22}+b'_{24}(\alpha_0 b_{52}-b_{32})\\P_2&=b_{22}(b_{34}+a_{33})-b'_{24}b_{35}b_{52}+b_{24}(\alpha_0 b_{52}-b_{32})\\P_3&=-b_{22}b_{35}b_{52}\end{aligned}\right\}\tag{9.36}$$

$$\left.\begin{aligned}P_5&=-b_{21}-\alpha_0 b'_{24}\\P_6&=-b_{21}(b_{34}+a_{33})+b'_{24}b_{35}-\alpha_0 b_{24}\\P_7&=b_{24}b_{35}\end{aligned}\right\}\tag{9.37}$$

$$\left.\begin{aligned}E_1&=\alpha_0\\E_2&=b_{21}b_{32}-b_{35}-\alpha_0(b_{21}b_{52}-b_{22})\\E_3&=b_{35}(b_{21}b_{52}-b_{22})\end{aligned}\right\}\tag{9.38}$$

$$\left.\begin{aligned}E_4&=(b_{34}+a_{33})-(b_{21}b_{52}-b_{22})-b'_{24}b_{32}\\E_5&=-b_{24}b_{34}-(b_{21}b_{52}-b_{22})(b_{34}+a_{33})\end{aligned}\right\}\tag{9.39}$$

9.4.2 侧向扰动运动参数 $\Delta\omega_x$,$\Delta\omega_y$,$\Delta\beta$,$\Delta\gamma$ 对方向舵偏转角 $\Delta\delta_y$ 的传递函数

$$\left.\begin{aligned}W_{\omega_x\delta_y}(s)&=\frac{\Delta\omega_x(s)}{\Delta\delta_y(s)}=\frac{R_1 s^3+R_2 s^2+R_3 s+R_4}{G(s)}\\W_{\omega_y\delta_y}(s)&=\frac{\Delta\omega_y(s)}{\Delta\delta_y(s)}=\frac{R_5 s^3+R_6 s^2+R_7 s+R_8}{G(s)}\\W_{\beta\delta_y}(s)&=\frac{\Delta\beta(s)}{\Delta\delta_y(s)}=\frac{T_1 s^3+T_2 s^2+T_3 s+T_4}{G(s)}\\W_{\gamma\delta_y}(s)&=\frac{\Delta\gamma(s)}{\Delta\delta_y(s)}=\frac{T_5 s^2+T_6 s+T_7}{G(s)}\end{aligned}\right\}\tag{9.40}$$

式中:参数 R,T 的表达式分别为

$$\left.\begin{aligned}R_1&=b_{17}\\R_2&=b_{17}[(b_{34}+a_{33})+b_{22}+b'_{24}(\alpha_0 b_{52}-b_{32})]+b_{12}(b'_{24}b_{37}-b_{27})-b_{37}b_{14}\\R_3&=b_{17}[b_{22}(b_{34}+a_{33})-b'_{24}b_{35}b_{52}+\alpha_0 b_{24}b_{52}-b_{24}b_{32}]+\\&\quad b_{12}[b_{24}b_{37}-b_{27}(b_{34}+a_{33})]+b_{14}[-b_{22}b_{37}-b_{27}(\alpha_0 b_{52}-b_{32})]\\R_4&=-b_{24}b_{35}b_{52}b_{17}-b_{27}b_{35}b_{52}b_{14}\end{aligned}\right\}\tag{9.41}$$

$$\left.\begin{aligned}R_5&=b_{27}-b'_{24}b_{37}\\R_6&=b_{17}(-b_{21}-\alpha_0 b'_{24})+b_{27}(b_{34}+a_{33}b_{11})+b_{37}(-b_{24}-b'_{24}b_{11})\\R_7&=b_{17}[-b_{21}(b_{34}+a_{33})+b'_{24}b_{35}-\alpha_0 b_{24}]+b_{27}[b_{11}(b_{34}+a_{33})+\alpha_0 b_{14}]+\\&\quad b_{37}(b'_{24}b_{14}-b_{24}b_{11})\\R_8&=b_{35}(b_{24}b_{17}-b_{27}b_{14})\end{aligned}\right\}\tag{9.42}$$

$$\left.\begin{aligned}T_1&=b_{37}\\T_2&=\alpha_0 b_{17}+b_{27}(\alpha_0 b_{52}-b_{32})+b_{37}(b_{22}+b_{11})\\T_3&=b_{17}[b_{21}b_{32}-b_{35}-\alpha_0(b_{21}b_{52}-b_{22})]+\\&\quad b_{27}[-\alpha_0 b_{12}-b_{35}b_{52}+b_{11}(\alpha_0 b_{52}-b_{32})]+b_{27}(b_{22}b_{11}-b_{21}b_{12})\end{aligned}\right\}\tag{9.43}$$

$$\left.\begin{aligned}
&T_4=b_{17}b_{35}(b_{21}b_{52}-b_{22})-b_{27}b_{35}(b_{52}b_{11}-b_{12})\\
&T_5=b_{17}+b_{27}b_{52}-b'_{24}b_{37}\\
&T_6=b_{17}[(b_{34}+a_{33})-(b_{21}b_{52}-b_{22})-b'_{24}b_{34}]+\\
&\quad b_{27}[b_{52}(b_{34}+a_{33})+(b_{52}b_{11}-b_{12})]+\\
&\quad b_{37}[-b_{14}-b_{24}b_{52}-b'_{24}(b_{52}b_{11}-b_{12})]\\
&T_7=b_{17}[-(b_{34}+a_{33})(b_{21}b_{52}-b_{22})-b_{24}b_{32}]+\\
&\quad b_{18}[(b_{34}+a_{33})(b_{52}b_{11}-b_{12})+b_{32}b_{14}]+\\
&\quad b_{37}[b_{14}(b_{21}b_{52}-b_{22})-b_{24}(b_{52}b_{11}-b_{12})]
\end{aligned}\right\}\tag{9.44}$$

9.4.3　侧向扰动运动参数 $\Delta\omega_x$, $\Delta\omega_y$, $\Delta\beta$, $\Delta\gamma$ 对相似干扰力矩 M_{xd} 的传递函数

$$\left.\begin{aligned}
&W_{\omega_x M_{xd}}(s)=\frac{\Delta\omega_x(s)}{M_{xd}(s)}=\frac{1}{J_x b_{18}}W_{\omega_x\delta_x}(s)\\
&W_{\omega_y M_{xd}}(s)=\frac{\Delta\omega_y(s)}{M_{xd}(s)}=\frac{1}{J_x b_{18}}W_{\omega_y\delta_x}(s)\\
&W_{\beta M_{xd}}(s)=\frac{\Delta\beta(s)}{M_{xd}(s)}=\frac{1}{J_x b_{18}}W_{\beta\delta_x}(s)\\
&W_{\gamma M_{xd}}(s)=\frac{\Delta\gamma(s)}{M_{xd}(s)}=\frac{1}{J_x b_{18}}W_{\gamma\delta_x}(s)
\end{aligned}\right\}\tag{9.44}$$

9.4.4　侧向扰动运动参数 $\Delta\omega_x$, $\Delta\omega_y$, $\Delta\beta$, $\Delta\gamma$ 对相似干扰力矩 M_{yd} 的传递函数

$$\left.\begin{aligned}
&W_{\omega_x M_{yd}}(s)=\frac{\Delta\omega_x(s)}{M_{yd}(s)}=\frac{A_1^* s^2+A_2^* s+A_3^*}{G(s)}\\
&W_{\omega_y M_{yd}}(s)=\frac{\Delta\omega_y(s)}{M_{yd}(s)}=\frac{B_1^* s^3+B_2^* s^2+B_3^* s+B_4^*}{G(s)}\\
&W_{\beta M_{yd}}(s)=\frac{\Delta\beta(s)}{M_{yd}(s)}=\frac{E_1^* s^2+E_2^* s+E_3^*}{G(s)}\\
&W_{\gamma M_{yd}}(s)=\frac{\Delta\gamma(s)}{M_{yd}(s)}=\frac{D_1^* s^2+D_2^* s+D_3^*}{G(s)}
\end{aligned}\right\}\tag{9.45}$$

式中：参数 A^*, B^*, D^*, E^* 的表达式分别为

$$
\left.\begin{aligned}
A_1^* &= b_{12}\frac{1}{J_y} \\
A_2^* &= [b_{12}(b_{34}+a_{33})-b_{14}(\alpha_0 b_{52}+b_{32})]\frac{1}{J_y} \\
A_3^* &= -b_{35}b_{52}b_{14}\frac{1}{J_y} \\
B_1^* &= -\frac{1}{J_y} \\
B_2^* &= -(b_{34}+a_{33}+b_{11})\frac{1}{J_y} \\
B_3^* &= -[b_{11}(b_{34}+a_{33})-\alpha_0 b_{14}]\frac{1}{J_y} \\
B_4^* &= b_{14}b_{35}\frac{1}{J_y} \\
D_1^* &= (\alpha_0 b_{52}+b_{32})\frac{1}{J_y} \\
D_2^* &= -[\alpha_0 b_{12}-b_{35}b_{52}+b_{11}(-\alpha_0 b_{52}-b_{32})]\frac{1}{J_y} \\
D_3^* &= b_{35}(b_{52}b_{11}-b_{12})\frac{1}{J_y} \\
E_1^* &= -b_{52}\frac{1}{J_y} \\
E_2^* &= -[b_{52}(b_{34}+a_{33})+(b_{52}b_{11}-b_{12})]\frac{1}{J_y} \\
E_3^* &= -[(b_{34}+a_{33})(b_{52}b_{11}-b_{12})+b_{32}b_{14}]\frac{1}{J_y}
\end{aligned}\right\} \tag{9.46}
$$

9.4.5 侧向扰动运动参数 $\Delta\omega_x,\Delta\omega_y,\Delta\beta,\Delta\gamma$ 对相似干扰力 F_{zd} 的传递函数

$$
\left.\begin{aligned}
W_{\omega_x F_{zd}}(s) &= \frac{\Delta\omega_x(s)}{F_{zd}(s)} = \frac{A_1^{**}s^2+A_2^{**}s}{G(s)} \\
W_{\omega_y F_{zd}}(s) &= \frac{\Delta\omega_y(s)}{F_{zd}(s)} = \frac{B_1^{**}s^3+B_2^{**}s^2+B_3^{**}s}{G(s)} \\
W_{\beta F_{zd}}(s) &= \frac{\Delta\beta(s)}{F_{zd}(s)} = \frac{D_1^{**}s^3+D_2^{**}s^2+D_3^{**}s}{G(s)} \\
W_{\gamma F_{zd}}(s) &= \frac{\Delta\gamma(s)}{F_{zd}(s)} = \frac{E_1^{**}s^2+E_2^{**}s+E_3^{**}}{G(s)}
\end{aligned}\right\} \tag{9.47}
$$

式中：A^{**}，B^{**}，D^{**}，E^{**} 的表达式分别为

$$\left.\begin{aligned}
A_1^{**} &= (b_{14} - b'_{24}b_{12})\frac{1}{(mv)_0} \\
A_2^{**} &= (b_{22}b_{14} - b_{24}b_{12})\frac{1}{(mv)_0} \\
B_1^{**} &= b'_{24}\frac{1}{(mv)_0} \\
B_2^{**} &= (b_{24} + b'_{24}b_{11})\frac{1}{(mv)_0} \\
B_3^{**} &= -(b_{21}b_{14} - b_{24}b_{11})\frac{1}{(mv)_0} \\
D_1^{**} &= -\frac{1}{(mv)_0} \\
D_2^{**} &= -(b_{22} + b_{11})\frac{1}{(mv)_0} \\
D_3^{**} &= -(b_{22}b_{11} - b_{21}b_{12})\frac{1}{(mv)_0} \\
E_1^{**} &= b'_{24}b_{52}\frac{1}{(mv)_0} \\
E_2^{**} &= [b_{14} + b_{24}b_{52} + b'_{24}(b_{52}b_{11} - b_{12})]\frac{1}{(mv)_0} \\
E_3^{**} &= -[b_{14}(b_{21}b_{52} - b_{22}) - b_{24}(b_{52}b_{11} - b_{12})]\frac{1}{(mv)_0}
\end{aligned}\right\} \tag{9.48}$$

如果在飞行器上同时作用有方向舵偏角 $\Delta\delta_y$、副翼偏角 $\Delta\delta_x$、干扰力矩 M'_{xd}、M'_{yd} 及干扰力 F'_{zd}，则根据线性叠加原理可以用图 9.8 表示。从图中可以求出侧向扰动运动参数 $\Delta\omega_x$、$\Delta\omega_y$、$\Delta\beta$、$\Delta\gamma$ 解的拉氏表达式为

$$\begin{aligned}
\begin{bmatrix}\Delta\omega_x(s)\\ \Delta\omega_y(s)\\ \Delta\beta(s)\\ \Delta\gamma(s)\end{bmatrix} = {} & \begin{bmatrix}W_{\omega_x\delta_y}(s)\\ W_{\omega_y\delta_y}(s)\\ W_{\beta\delta_y}(s)\\ W_{\gamma\delta_y}(s)\end{bmatrix}\Delta\delta_y(s) + \begin{bmatrix}W_{\omega_x\delta_x}(s)\\ W_{\omega_y\delta_x}(s)\\ W_{\beta\delta_x}(s)\\ W_{\gamma\delta_x}(s)\end{bmatrix}\Delta\delta_x(s) + \\
& \begin{bmatrix}W_{\omega_xM_{xd}}(s)\\ W_{\omega_yM_{xd}}(s)\\ W_{\beta M_{xd}}(s)\\ W_{\gamma M_{xd}}(s)\end{bmatrix}M_{xd}(s) + \begin{bmatrix}W_{\omega_xM_{yd}}(s)\\ W_{\omega_yM_{yd}}(s)\\ W_{\beta M_{yd}}(s)\\ W_{\gamma M_{yd}}(s)\end{bmatrix}M_{yd}(s) + \\
& \begin{bmatrix}W_{\omega_xF_{zd}}(s)\\ W_{\omega_yF_{zd}}(s)\\ W_{\beta F_{zd}}(s)\\ W_{\gamma F_{zd}}(s)\end{bmatrix}F_{zd}(s)
\end{aligned} \tag{9.49}$$

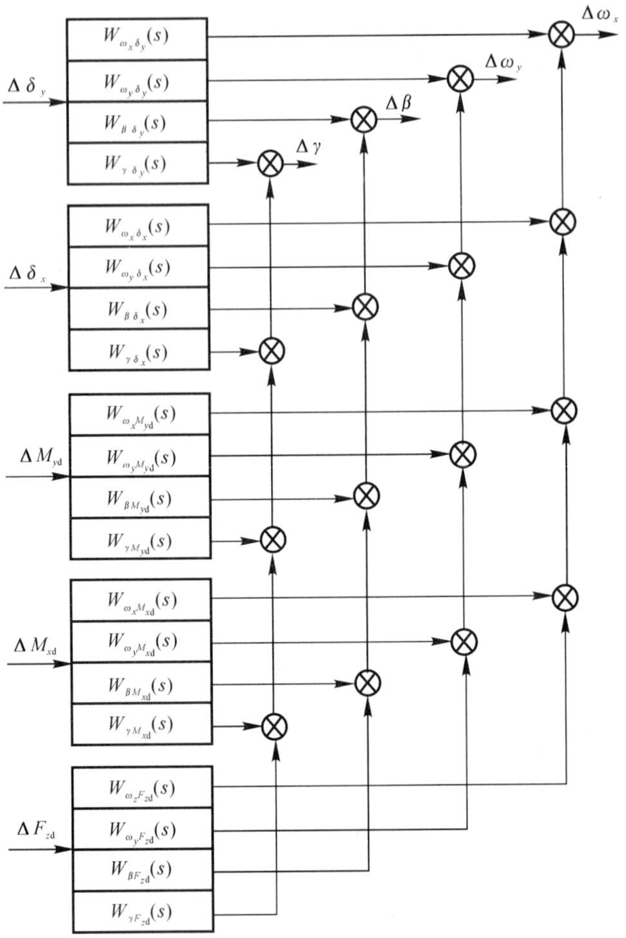

图 9.8　侧向扰动运动传递结构图

9.5　轴对称飞行器侧向扰动运动的特性

如果飞行器的气动外形是轴对称的，那么一般说来其倾斜运动和偏航运动可以分开进行控制。这样，便可将其倾斜扰动运动和偏航扰动运动分开进行研究。由式(9.11)可以得到描述偏航扰动运动的方程组为

$$\begin{cases}\dfrac{\mathrm{d}\Delta\omega_y}{\mathrm{d}t}+b_{22}\Delta\omega_y+b_{24}\Delta\beta+b'_{24}\dfrac{\mathrm{d}\Delta\beta}{\mathrm{d}t}=-b_{27}\Delta\delta_y\\ b_{32}\Delta\omega_y+(b_{34}+a_{33})\Delta\beta+\dfrac{\mathrm{d}\Delta\beta}{\mathrm{d}t}=-b_{37}\Delta\delta_y\end{cases}$$

如果在理想弹道上攻角 α_0 比较小，这时可以认为 $\cos\vartheta_0\approx\cos\theta_0$，则有 $b_{32}=-\dfrac{\cos\theta_0}{\cos\vartheta_0}\approx-1$。如果再忽略重力扰动量的影响(即 $a_{33}=0$)，则上述方程组可进一步改写为

$$\begin{cases}\dfrac{\mathrm{d}\Delta\omega_y}{\mathrm{d}t}+b_{22}\Delta\omega_y+b_{24}\Delta\beta+b'_{24}\dfrac{\mathrm{d}\Delta\beta}{\mathrm{d}t}=-b_{27}\Delta\delta_y\\ -\Delta\omega_y+b_{34}\Delta\beta+\dfrac{\mathrm{d}\Delta\beta}{\mathrm{d}t}=-b_{37}\Delta\delta_y\end{cases}$$

在第 8 章已经讲过，在忽略重力影响($a_{33}=0$)的条件下，飞行器纵向短周期扰动运动方程组为

$$\begin{cases}\dfrac{\mathrm{d}\Delta\omega_z}{\mathrm{d}t}+a_{22}\Delta\omega_z+a_{24}\Delta\alpha+a'_{24}\dfrac{\mathrm{d}\Delta\alpha}{\mathrm{d}t}=-a_{25}\Delta\delta_z\\ \Delta\omega_z+a_{34}\Delta\alpha-\dfrac{\mathrm{d}\Delta\alpha}{\mathrm{d}t}=a_{35}\Delta\delta_z\end{cases}$$

由于其是轴对称外形，故纵向动力系数和侧向动力系数之间还有如下对应关系：

$$-a_{22}=b_{22},\qquad -a_{24}=b_{24}$$
$$-a'_{24}=b'_{24},\qquad a_{25}=b_{27}$$
$$a_{34}=b_{34},\qquad a_{35}=b_{37}$$

因此，飞行器纵向扰动运动参数 $\Delta\omega_z$、$\Delta\alpha$ 和航向扰动运动参数 $\Delta\omega_y$、$\Delta\beta$ 之间便有如下对应关系：

$$\Delta\omega_z=\Delta\omega_y$$
$$\Delta\alpha=\Delta\beta$$

因此，轴对称外形飞行器航向扰动运动的传递函数和纵向短周期扰动运动最简形式的传递函数有如下对应关系：

$$\left.\begin{aligned}W_{\omega_z\delta_z}(s)=W_{\omega_y\delta_y}(s)\\ W_{\alpha\delta_z}(s)=W_{\beta\delta_y}(s)\end{aligned}\right\}\tag{9.50}$$

由此说明，对轴对称气动外形飞行器来说，航向扰动运动的动态品质和最简形式的纵向短周期扰动运动的品质类同并有很大的相似性。因此，只要分析了纵向短周期扰动运动的动态品质，就不需再单独对航向扰动运动的动态品质进行研究了。

另外，对于轴对称气动外形的飞行器，其绕 Ox_1 轴的滚转扰动运动可以只用一个微分方程来描述：

$$J_{x0}\frac{\mathrm{d}\Delta\omega_x}{\mathrm{d}t}=(M_x^{\omega_x})_0\Delta\omega_x+(M_x^{\delta_x})_0\Delta\delta_x+M'_{xd}\tag{9.51}$$

式中：M'_{xd} 为代表作用在飞行器上的绕 Ox_1 轴的干扰力矩；$\Delta\delta_x$ 为副翼附加偏转角；J_x 为导弹绕 Ox_1 轴的转动惯量；$\Delta\omega_x$ 为导弹绕 Ox_1 轴的转动角速度的增量。

由于 $\Delta\omega_x=\dfrac{\mathrm{d}\Delta\gamma}{\mathrm{d}t}$，所以式(9.51)还可以写为

$$J_{x0}\frac{\mathrm{d}^2\Delta\gamma}{\mathrm{d}t^2}=(M_x^{\omega_x})_0\frac{\mathrm{d}\Delta\gamma}{\mathrm{d}t}+(M_x^{\delta_x})_0\Delta\delta_x+M'_{xd}\tag{9.52}$$

根据式(9.1)中对侧向动力系数的定义，式(9.52)可以表示为

$$\frac{\mathrm{d}^2\Delta\gamma}{\mathrm{d}t^2}+b_{11}\frac{\mathrm{d}\Delta\gamma}{\mathrm{d}t}=-b_{18}\Delta\delta_x+M'_{xd}/J_{x0}$$

将上式在零起始条件下进行拉普拉斯变换，求出拉氏变换的表达式为

$$s(s+b_{11})\Delta\gamma(s)=-b_{18}\Delta\delta_x(s)+M'_{xd}(s)\frac{1}{J_{x0}}$$

由上式可以得出倾斜角偏量 $\Delta\gamma$ 和副翼偏角 $\Delta\delta_x$ 之间的传递函数为

$$W_{\gamma\delta_x}(s)=-\frac{b_{18}}{s(s+b_{11})}$$

这时倾斜扰动运动的特征方程为

$$s(s+b_{11})=0$$

所以特征根为一个零根和一个实数根。实数根的值为

$$s=-b_{11}=\left(\frac{M_x^{\omega_x}}{J_x}\right)_0$$

由于$(M_x^{\omega_x})_0<0,J_{x0}>0$,所以此实数根为负数。负实根所对应的运动形态是一个稳定的非周期运动。

当副翼作一个正的单位脉冲偏转[即 $\Delta\delta_x(s)=1$]时,根据拉氏变换的终值定理求出 $\Delta\gamma$ 的稳态值为

$$\Delta\gamma_W=\lim_{t\to\infty}\Delta\gamma(t)=\lim_{s\to 0}s\Delta\gamma(s)=-\left(\frac{M_x^{\delta_x}}{M_x^{\omega_x}}\right)_0$$

由此看出,当副翼作一个正的单位脉冲偏转时,将给飞行器的倾斜角带来一个稳态误差 $\Delta\gamma_W$,其值正比于副翼操纵力矩导数$(M_x^{\delta_x})_0$,反比于横滚阻尼力矩导数$(M_x^{\omega_x})_0$。$|(M_x^{\delta_x})_0|$ 越大,$|\Delta\gamma_W|$ 越大;$|(M_x^{\omega_x})_0|$ 越大,$|\Delta\gamma_W|$ 越小。由于$(M_x^{\delta_x})_0<0$(正常式气动布局)和 $(M_x^{\omega_x})_0<0$,所以 $\Delta\gamma_W$ 值为负数,这时的过渡过程曲线如图 9.10 所示。

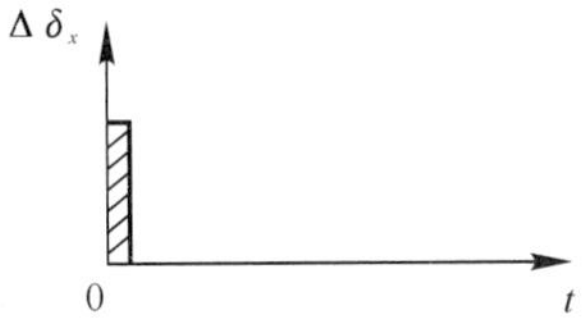

图 9.9 副翼脉冲偏转的过渡过程曲线

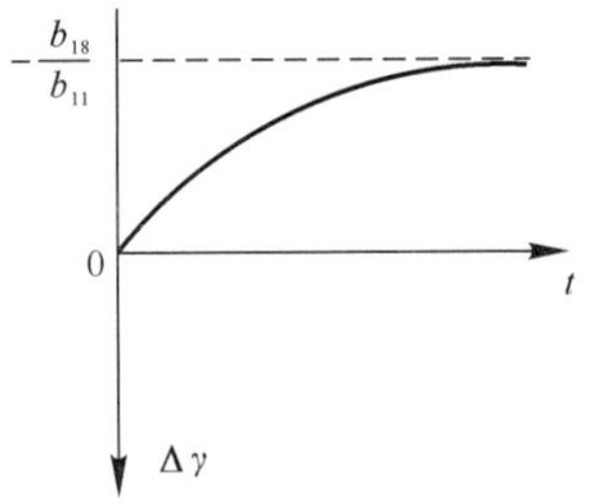

图 9.10 倾斜扰动运动反映副翼脉冲偏转 $\Delta\gamma$ 的过渡过程曲线

如果副翼偏转规律为正单位阶跃偏转[即 $\Delta\delta_x(t)=1$],这时 $\Delta\gamma$ 的稳态值为

$$\Delta\gamma_W=-\lim_{s\to 0}s\frac{b_{18}}{s(s+b_{11})}\frac{1}{s}=\infty$$

由此说明,由于副翼偏转产生的滚转力矩$(M_x^{\delta_x})_0\Delta\delta_x$,将使导弹沿 Ox_1 轴一直旋转下去,而得不到稳态值 $\Delta\gamma_W$。

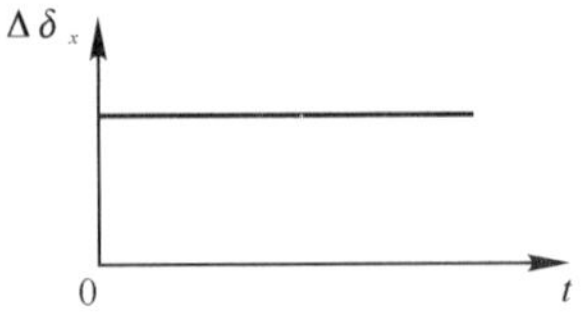

图 9.11 副翼阶跃偏转的过渡过程曲线

为了研究导弹的倾斜角速度 $\Delta\omega_x$ 的动态特性，可将式(9.52) 写为

$$\frac{\mathrm{d}\Delta\omega_x}{\mathrm{d}t}+b_{11}\Delta\omega_x=-b_{18}\Delta\delta_x+M'_{x\mathrm{d}}/J_{x0}$$

由此求出 $\Delta\omega_x$ 和 $\Delta\delta_x$ 之间的传递函数为

$$W_{\omega_x\delta_x}(s)=-\frac{b_{18}}{s+b_{11}}$$

由于 b_{11} 总是一个正数，故可以认为此系统是稳定的。将 $W_{\omega_x\delta_x}(s)$ 化成典型形式则为

$$\left.\begin{aligned}W_{\omega_x\delta_x}(s)&=-\frac{K_{\omega_x\delta_x}}{T_{\omega_x\delta_x}s+1}\\T_{\omega_x\delta_x}&=\frac{1}{b_{11}}\\K_{\omega_x\delta_x}&=\frac{b_{18}}{b_{11}}\end{aligned}\right\}\tag{9.53}$$

式中：$T_{\omega_x\delta_x}$ 为飞行器滚动扰动运动的时间常数；$K_{\omega_x\delta_x}$ 为飞行器滚动扰动运动的放大系数。

当副翼为正的单位脉冲偏转[即 $\Delta\delta_x(s)=1$] 时，$\Delta\omega_x$ 的稳态值为

$$\Delta\omega_{x\mathrm{W}}=-\lim_{s\to 0}s\frac{b_{18}}{s+b_{11}}=0$$

由此可见，在副翼发生单位脉冲式的偏转时，$\Delta\omega_x$ 的稳态值为零。

当副翼做正的单位阶跃偏转[即 $\Delta\delta_x(s)=1/s$] 时，$\Delta\omega_x$ 的稳态值为

$$\Delta\omega_{x\mathrm{W}}=-\lim_{s\to 0}s\frac{b_{18}}{s+b_{11}}\frac{1}{s}=-\frac{b_{18}}{b_{11}}$$

这时飞行器绕 Ox_1 轴的力矩平衡状态表达式为

$$b_{11}\Delta\omega_{x\mathrm{W}}=-b_{18}\Delta\delta_x$$

或

$$-(M_x^{\omega_x})_0\Delta\omega_{x\mathrm{W}}=(M_x^{\delta_x})_0\Delta\delta_x$$

由此说明，副翼偏转产生的滚转力矩$(M_x^{\delta_x})_0\Delta\delta_x$ 和飞行器稳态转动角速度 $\Delta\omega_{x\mathrm{W}}$ 所产生的滚转阻尼力矩$(M_x^{\omega_x})_0\Delta\omega_{x\mathrm{W}}$ 相平衡，即$(M_x^{\delta_x})_0\Delta\delta_x+(M_x^{\omega_x})_0\Delta\omega_{x\mathrm{W}}=0$

显然，在零起始条件下，副翼作单位阶跃偏转情况时，$\Delta\omega_x$ 的解为

$$\Delta\omega_x(t)=\frac{b_{18}}{b_{11}}(\mathrm{e}^{-b_{11}t}-1)$$

此过渡过程曲线如图 9.12 所示。

由图 9.12 可见，在副翼作阶跃偏转时，$\Delta\omega_x$ 的过渡过程是一个非周期的运动。过渡过程时间的长短，完全取决于时间常数 $T_{\omega_x\delta_x}$。时间常数 $T_{\omega_x\delta_x}$ 越小，则过渡过程时间越短；反之，$T_{\omega_x\delta_x}$ 越大，过渡过程时间越长。

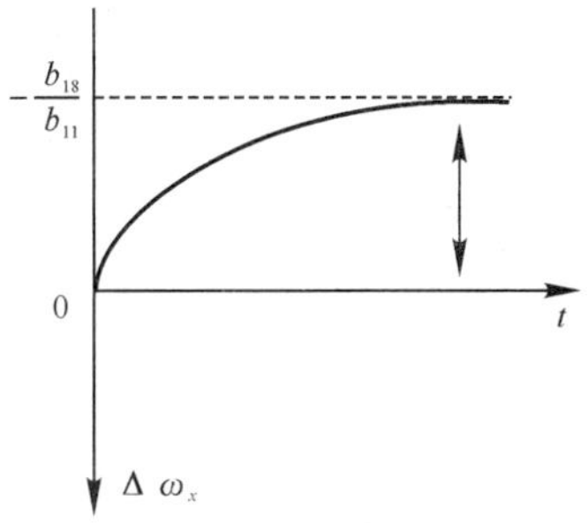

图 9.12　倾斜扰动运动反应副翼阶跃偏转 $\Delta\omega_x$ 的过渡过程曲线

因时间常数为

$$T_{\omega_x\delta_x}=\frac{1}{b_{11}}=\left(\frac{J_x}{-M_x^{\omega_x}}\right)_0$$

故增大滚转阻尼力矩导数$(M_x^{\omega_x})_0$的绝对值[即$|(M_x^{\omega_x})_0|$增大]，可使过渡过程时间缩短。另外，因$\Delta\omega_{xW}=-\dfrac{b_{18}}{b_{11}}$，故当副翼为正的偏转角时，导弹滚转角速度$\Delta\omega_{xW}$为负值。这就表明，$\Delta\omega_{xW}$极性和$\Delta\delta_x$的极性正好相反。为了减小$|\Delta\omega_{xW}|$，可以采用减小$|(M_x^{\delta_x})_0|$（即副翼效率的绝对值）和增大$|(M_x^{\omega_x})_0|$（即滚转阻尼力矩导数）的途径加以解决。

综上所述可以看出，对轴对称气动力外形的飞行器，它的侧向扰动运动可以分为航向扰动运动和滚转扰动运动分别进行研究。而它们的运动形态又都比较简单，因而使侧向扰动运动的研究大大简化。

习　题

1. 面对称大气有翼飞行器侧向扰动运动常呈现哪三种运动模态？简述其物理现象及原因。

2. 面对称大气有翼飞行器侧向扰动运动从动态稳定性与静稳定性关系的角度来说与纵向短周期扰动运动有什么不同？为什么？其物理现象如何？

3. 研究轴对称大气有翼飞行器侧向扰动运动动态特性的方法是怎样的？

4. 无倾斜稳定的轴对称大气有翼飞行器滚转扰动运动的稳态值有什么特点？为什么？

5. 轴对称大气有翼飞行器航向扰动运动的动态特性与其纵向短周期扰动运动动态特性的关系何在？为什么？

参考文献

[1] 曾颖超，陆毓峰. 战术导弹弹道与姿态动力学. 西安：西北工业大学出版社，1991.

[2] 钱杏芳，林瑞雄，赵亚男. 导弹飞行力学. 北京：北京理工大学出版社，2000.

[3] 李新国，方群. 有翼导弹飞行动力学. 西安：西北工业大学出版社，2005.

第 10 章　飞行器扰动运动的自动稳定与控制

10.1　倾斜(滚转)扰动运动的自动稳定

10.1.1　无倾斜自动稳定的倾斜扰动运动动态特性

在尚未讨论自动驾驶仪作用下飞行器倾斜扰动运动的动态特性之前，还需要详细分析一下弹体自身的倾斜扰动运动动态品质，以便与自动驾驶仪工作后的动态特性相比较。

轴对称飞行器的倾斜扰动运动(以下简称倾斜运动)按式(9.52)应为

$$\Delta\ddot{\gamma} + b_{11}\Delta\dot{\gamma} = -b_{18}\Delta\delta_x + M_{xd} \tag{10.1}$$

式中：M_{xd} 为长时间作用于飞行器上的相似干扰力矩。如果还有偶然干扰作用，在干扰作用的瞬时还有起始倾斜角 $\Delta\gamma_0$ 和倾斜角速度 $\Delta\dot{\gamma}_0$。

由式(10.1)求解在经常和偶然干扰作用下的过渡过程函数，如果自动驾驶仪不工作，即副翼没有偏转角($\Delta\delta_x = 0$)，可得过渡过程函数的表达式为

$$\Delta\dot{\gamma}(t) = \Delta\dot{\gamma}_0 e^{-b_{11}t} + \frac{M_{xd}}{b_{11}}(1 - e^{-b_{11}t}) \tag{10.2}$$

式(10.2)右端第一项是由起始值 $\Delta\dot{\gamma}_0$ 引起的自由滚转，而第二项是由常值相似干扰力矩 M_{xd} 引起的强迫滚转。

在倾斜扰动运动中的滚转阻尼力矩，由式(10.2)可得

$$\begin{aligned} M_x^{\omega x}\Delta\dot{\gamma}(t) &= M_x^{\omega x} \cdot \Delta\dot{\gamma}_0 \cdot e^{-b_{11}t} + M_x^{\omega x}\frac{M_{xd}}{b_{11}}(1 - e^{-b_{11}t}) = \\ &-J_{x0}b_{11} \cdot \Delta\dot{\gamma}_0 \cdot e^{-b11t} - J_{x0}M_{xd}(1 - e^{-b11t}) \end{aligned} \tag{10.3}$$

按式(10.3)和式(10.2)所绘过渡过程曲线如图 10.1 所示。

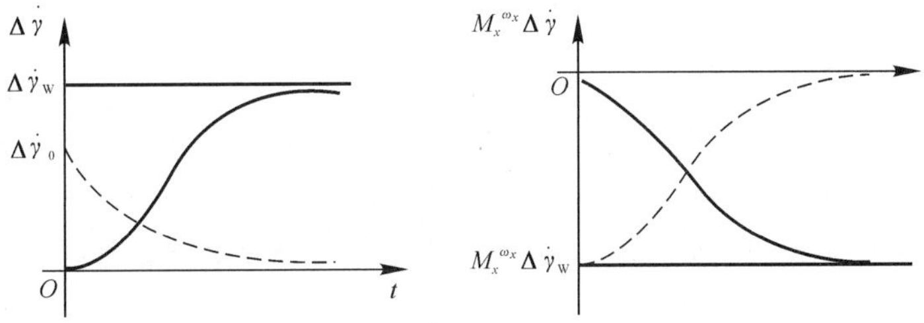

图 10.1　轴对称飞行器本体倾斜扰动运动过渡过程曲线

图 10.1 中虚线为倾斜自由滚动，实线为倾斜强迫滚动。由图 10.1 可以看出，在偶然干扰作用下，飞行器有初始倾斜角速度 $\Delta\dot{\gamma}_0$，因在滚转过程中受到气动阻尼力矩 $M_x^{\omega x}\Delta\dot{\gamma}$ 的作用，滚转角速度是慢慢减小的，并最后衰减为零。在常值相似干扰力矩 M_{xd} 的作用下，过渡过程结束时（时间 $t\rightarrow\infty$），由式(10.2) 可得倾斜角速度的稳态值 $\Delta\dot{\gamma}_W$ 为

$$\Delta\dot{\gamma}_W=\frac{M_{xd}}{b_{11}} \tag{10.4}$$

因此过渡过程结束后作用在飞行器上的气动阻尼力矩等于 $M_x^{\omega x}\Delta\dot{\gamma}_W$，它与相似干扰力矩 M_{xd} 的方向相反，这时倾斜运动平衡的力矩关系为

$$M_x^{\omega x}\Delta\dot{\gamma}_W+M'_{xd}=0 \tag{10.5}$$

式中：$M'_{xd}=M_{xd}\cdot J_{x0}$。

设计飞行器时如果能增大它的气动阻尼，使力矩导数 $|M_x^{\omega x}|$ 得到增加，即增加动力系数 b_{11}，这样就可以减小稳态值 $\Delta\dot{\gamma}_W$，从而减小由干扰力矩产生的影响。

增加动力系数 b_{11}，还可以缩短过渡过程的时间。

飞行器没有滚转静稳定性，或滚转静稳定性很小，即使没有经常干扰的作用($M_{xd}=0$)，只有偶然干扰的作用，也会产生倾斜角偏差的稳态值。这一点，只要积分式(10.2) 就可得到证明。式(10.2) 积分后的表达式为

$$\Delta\gamma(t)=\Delta\dot{\gamma}_0\left(-\frac{1}{b_{11}}\mathrm{e}^{-b_{11}t}\right)+\frac{M_{xd}}{b_{11}^2}(b_{11}t+\mathrm{e}^{-b_{11}t})+C \tag{10.6}$$

其中，$C=\Delta\dot{\gamma}_0+\dfrac{\Delta\dot{\gamma}_0}{b_{11}}(M_{xd}=0)$。

当时间 $t\rightarrow\infty$ 时，导弹有倾斜角稳态误差 $\Delta\gamma_W$，其值为

$$\Delta\gamma_W=\Delta\gamma_0+\Delta\dot{\gamma}_0/b_{11}\quad(M_{xd}=0) \tag{10.7}$$

以上分析说明，导弹受到任何形式的干扰作用，均有倾斜角稳态误差存在而不能保持原有的“+”形或“×”形的发射状态，于是，使升降舵和方向舵在空间的规定位置错乱，使弹体坐标系与发射坐标系不能保持一致，因而影响自动操纵的精度，甚至不能按照导引方法的需要对导弹进行控制。因此，对于那些不是采用旋转稳定的导弹，应设法消除或减弱倾斜角 $\Delta\gamma_W$，而对于旋转稳定的导弹，应设法消除或减小倾斜角速度 $\Delta\dot{\gamma}_W$。

目前，在技术上可以采用的方法为两种设计思想：一种是不采用倾斜自动驾驶仪，而是设法抵消或减弱外界干扰的作用，但因不能直接消除倾斜角，而称为无倾斜角稳定的设计方法；另一种设计思想是采用倾斜自动驾驶仪，通过偏转副翼来消除或减弱干扰作用下的倾斜角。

10.1.2 无倾斜角和倾斜角速度自动稳定的分析

10.1.2.1 采用气动陀螺舵

气动陀螺舵在某空空导弹上已经采用，如图 10.2 所示。翼端的舵片同时兼做陀螺的外环，中间安装着由气流吹动的陀螺转子，其转速 Ω 可达 30 000 ～ 50 000 r/min。

当导弹相对纵轴以 $\Delta\dot{\gamma}$ 角速度滚转时，对舵轴 a —a 将形成陀螺力矩 M_t，其值为

$$M_t=J_t\Omega\Delta\dot{\gamma} \tag{10.8}$$

式中：J_t 为陀螺转子的惯性矩。

在陀螺力矩 M_t 的作用下，舵面按图 10.2 中箭头所示方向偏转，一直要偏转到其铰链力矩与陀螺力矩相平衡时为止。舵面铰链力矩为

$$M_g = M_g^{\delta_x} \Delta\delta_x$$

所以

$$M_g^{\delta_x} \Delta\delta_x = J_t \Omega \Delta\dot{\gamma} \tag{10.9}$$

陀螺舵转动后，便产生了操纵力矩 $M_x^{\delta_x} \Delta\delta_x$，这个力矩与干扰力矩 M_{xd} 的方向相反，于是可减小倾斜角速度稳态误差 $\Delta\dot{\gamma}_W$。

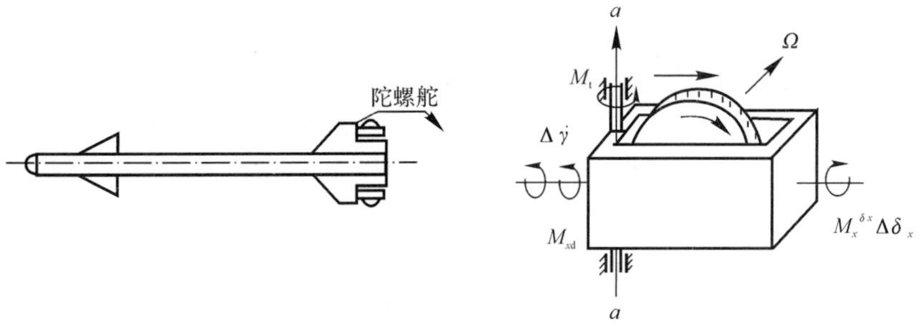

图 10.2　气动陀螺舵工作原理示意图

由式(10.1) 与式(10.9) 可得

$$\Delta\ddot{\gamma} + (b_{11} + J_t \Omega b_{18} / M_g^{\delta_x}) \Delta\dot{\gamma} = M_{xd} \tag{10.10}$$

当 M_{xd} 为常数时，上式的解为

$$\Delta\dot{\gamma}(t) = \Delta\dot{\gamma}_0 e^{-(b_{11} + J_t \Omega b_{18} / M_g^{\delta_x})t} + \frac{M_{xd}}{b_{11} + J_t \Omega b_{18} / M_g^{\delta_x}} [1 - e^{(-b_{11} + J_t \Omega b_{18} / M_g^{\delta_x})t}] \tag{10.11}$$

由式(10.11) 可得

$$\Delta\dot{\gamma}_W = \frac{M_{xd}}{b_{11} + J_t \Omega b_{18} / M_g^{\delta_x}}$$

此结果与式(10.4) 相比较，由于$(b_{11} + J_t \Omega b_{18} / M_g^{\delta_x}) > b_{11}$，可见 $\Delta\dot{\gamma}_W$ 减小了。如果再增大陀螺转子的惯性矩 J_t 和转速 Ω，便能增大舵偏角 $\Delta\delta_x$，使稳态误差 $\Delta\dot{\gamma}_W$ 进一步得到减小。

10.1.2.2　应用坐标变换装置

当飞行器具有倾斜角和角速度的稳态误差时，运用坐标变换的原理，可以消除这种误差产生的控制错乱影响。

假定坐标系 $Oy_g z_g$ 是某一惯性坐标系，弹体坐标系 $Oy_1 z_1$ 则随导弹在 $Oy_g z_g$ 平面内转动，转动角速度为 $\Delta\dot{\gamma}$，如图 10.3 所示。假定导弹为“+”形（“×”形也一样），由升降舵和方向舵产生的控制力矩分别为 $M_z^{\delta_z} \Delta\delta_z$ 和 $M_y^{\delta_y} \Delta\delta_y$。

假定控制系统是无惯性和线性的，由它给出直接偏转升降舵和方向舵的信号分别为 Δy 和 Δz，于是，可将由升降舵和方向舵偏转产生的操纵力矩写为

$$M_z^{\delta_z} \Delta\delta_z = K\Delta z, \qquad M_y^{\delta_y} \Delta\delta_y = K\Delta y \tag{10.12}$$

式中：K 为操纵力矩对控制信号的比例系数。

当无倾斜角 $\Delta\gamma$ 时，有

$$\left.\begin{aligned} M_{\delta_y} &= M_y^{\delta_y} \Delta\delta_y = K\Delta y \\ M_{\delta_z} &= M_z^{\delta_z} \Delta\delta_z = K\Delta z \end{aligned}\right\} \tag{10.13}$$

力矩的合成向量为 $\boldsymbol{M}$，如图 10.3(a) 所示。

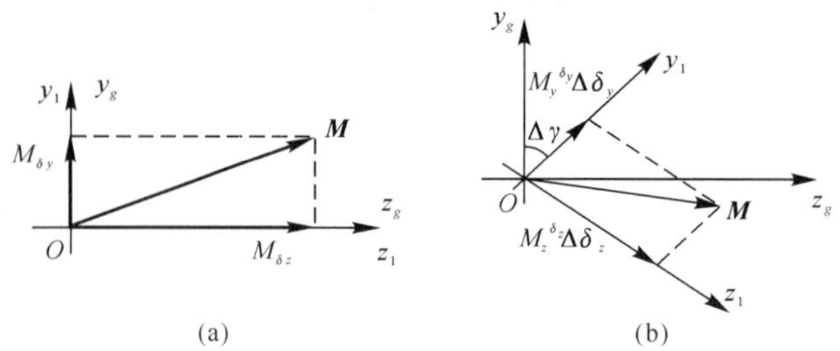

图 10.3　存在 $\Delta\gamma$ 时控制信号产生控制错乱的原理图

当导弹滚转有倾斜角 $\Delta\gamma$ 时，假设控制信号在 Oy_1z_1 坐标上固定不变，于是根据图 10.3(b) 可求出下列力矩：

$$\begin{aligned}M_{\delta y} &= M_y^{\delta_y}\Delta\delta_y \cdot \cos\Delta\gamma - M_z^{\delta_z}\Delta\delta_z \cdot \sin\Delta\gamma = \\ &K\Delta y \cdot \cos\Delta\gamma - K\Delta z \cdot \sin\Delta\gamma\end{aligned} \tag{10.14}$$

$$\begin{aligned}M_{\delta z} &= M_z^{\delta_z}\Delta\delta_z \cdot \cos\Delta\gamma + M_y^{\delta_y}\Delta\delta_y \cdot \sin\Delta\gamma = \\ &K\Delta z \cdot \cos\Delta\gamma + K\Delta y \cdot \sin\Delta\gamma\end{aligned} \tag{10.15}$$

由此可见，有倾斜角 $\Delta\gamma$ 或倾斜角速度 $\Delta\dot{\gamma}$ 时，在惯性坐标上的力矩 $M_{\delta y}$ 和 $M_{\delta z}$ 将是任意的，这就意味着导弹此时的角运动状态已不同于"+"形所需要的操纵要求。

很显然对倾斜角不进行稳定时，为保证合成向量 $\boldsymbol{M}$ 不变，可以采用坐标变换装置，将控制信号 Δy 和 Δz 按倾斜角 $\Delta\gamma$ 的大小再适当分配为 $\Delta y'$ 和 $\Delta z'$，如图 10.4 所示，于是

$$M_z^{\delta_z}\Delta\delta_z = K\Delta z', \quad M_y^{\delta_y}\Delta\delta_y = K\Delta y' \tag{10.16}$$

将此结果代入式(10.14) 和式(10.15) 两式，得到

$$\left.\begin{aligned}M_{\delta_y} &= K\Delta y' \cdot \cos\Delta\gamma - K\Delta z' \cdot \sin\Delta\gamma \\ M_{\delta_z} &= K\Delta z' \cdot \cos\Delta\gamma + K\Delta y' \cdot \sin\Delta\gamma\end{aligned}\right\} \tag{10.17}$$

当有倾斜角 $\Delta\gamma$ 时，为保持合成向量 $\boldsymbol{M}$ 不变，式(10.17) 应等于式(10.13)，所以

$$\left.\begin{aligned}\Delta y &= \Delta y'\cos\Delta\gamma - \Delta z'\sin\Delta\gamma \\ \Delta z &= \Delta z'\cos\Delta\gamma + \Delta y'\sin\Delta\gamma\end{aligned}\right\} \tag{10.18}$$

由此可以求出

$$\left.\begin{aligned}\Delta y' &= \Delta y\cos\Delta\gamma + \Delta z\sin\Delta\gamma \\ \Delta z' &= -\Delta y\sin\Delta\gamma + \Delta z\cos\Delta\gamma\end{aligned}\right\} \tag{10.19}$$

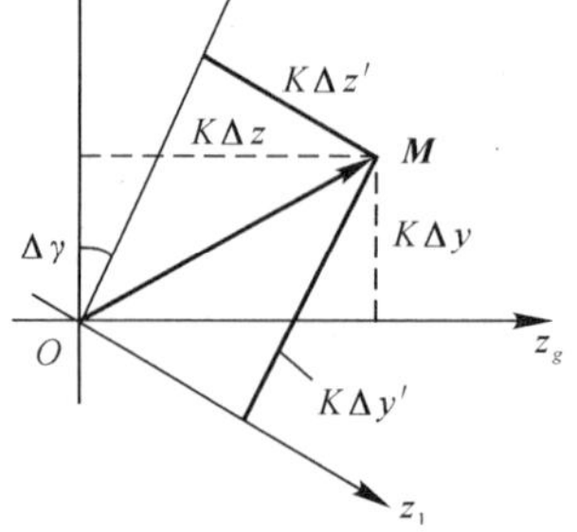

图 10.4　纠正存在 $\Delta\gamma$ 时控制信号所产生的控制错乱的坐标变换原理示意图

为实现式(10.19)给出的坐标变换,应采用坐标变换装置,它由正弦、余弦电位计和陀螺仪表构成,如图 10.5 所示。图中电位计轴的转动依靠陀螺仪来实现,虚线代表机械连接。

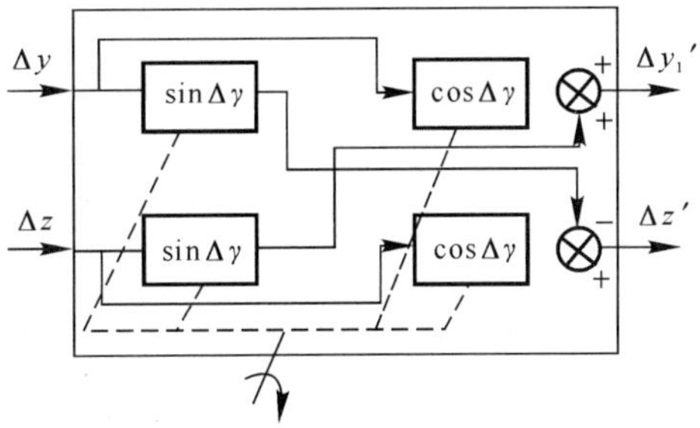

图 10.5　实现坐标变换的装置示意图

以上分析,虽然在一定程度上克服了倾斜角 $\Delta\gamma$ 的影响,但是不能最终消除在常值干扰力矩 M'_{xd} 作用下的滚转。因此,在这种情况下,可能出现倾斜运动与偏航运动的交感联系,特别是对于那些采用波束导引装置的导弹,倾斜角的存在将加剧弹体坐标系与测量坐标系的空间扭转。因此,对于这一类导弹,为了保证足够的倾斜稳定性,应采用倾斜稳定自动驾驶仪,使导弹能够实现自动稳定。这样做虽然会增加导弹控制设备的复杂性,但是为了提高控制精度,减小脱靶量,这样做又是必要的。

10.1.3　倾斜角和倾斜角速度稳定的分析

10.1.3.1　倾斜稳定回路的概念

前面讲到在倾斜运动中不能消除偶然或经常干扰,都是因为副翼没有偏转,或者是没有充分发挥副翼的作用。如果我们能够让副翼这样动作,当导弹正向倾斜时,副翼偏角也为正,此时由于横向操纵力矩导数 $M_x^{\delta_x}<0$(正常式气动布局),便产生了负向操纵力矩,从而可以使导弹纠正正倾斜,如图 10.6(a) 所示。反之,如果飞行器负向倾斜,如图 10.6(b) 所示,副翼偏角也为负,则可产生正向操纵力矩消除负倾斜。换句话说,要使导弹能够消除或减小倾斜,必须使副翼自动跟随倾斜角偏转。但是,副翼偏角不能同倾斜角一样大,譬如导弹倾斜角可以大于 45°,而副翼偏角一般都小于 20°,太大了就会产生气动分离,所以两者之间还要有一个小于 1 的比例系数。对副翼动作提出的这些要求,要靠倾斜自动驾驶仪来实现。

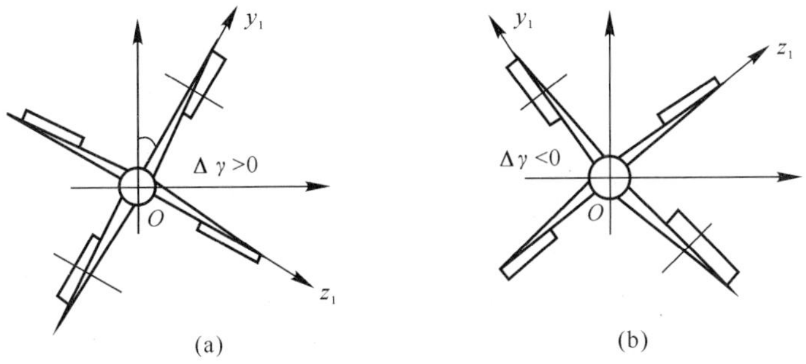

图 10.6　滚转干扰力矩作用引起的倾斜转动以及克服干扰副翼偏转示意图

导弹自动驾驶仪一般都是由敏感元件、放大器、舵机三个基本部分所组成的,每一部分的功用如下：

敏感元件分为测量角度的三自由度陀螺仪和测量角速度的二自由度陀螺仪（或称速度陀螺仪），在偏航和纵向运动中还包括测量过载和速度头的传感器，等等。分析敏感元件自身的动态特性，可以用一个二阶振荡环节来表示。对于一个灵敏度比较高的陀螺来讲，它的时间常数约 0.01 s，要比导弹时间常数小得多。若不如此，陀螺就不能迅速指示出导弹姿态角的变化。因此初步分析时，可以不计敏感元件的时间常数，将它看成是一个单纯按比例放大的环节。但是，在回路分析中为选择元件参数，则必须尽可能准确地推写出敏感元件的传递函数。

自动驾驶仪放大器的传递特性大部分虽然都具有非线性的特点，但适当选择它的放大范围则可在线性段工作，而将放大器看成是一个线性放大环节。

舵机是自动驾驶仪的执行元件，它的结构形式是多种多样的，目前已经使用的舵机有气压、液压和电动等结构形式。大多数舵机传递特性是一个非周期的环节，它的时间常数在很大程度上决定着自动驾驶仪的惯性。

自动驾驶仪包括上述三个基本组成部分，可以帮助导弹在飞行中实现具有稳定性的要求（见图 10.7）。例如，导弹倾斜时，陀螺地平仪能够敏感这种倾斜偏离，并将信号传递给放大器予以放大。信号放大后推动舵机工作，使副翼朝着消除倾斜的方向偏转，从而使导弹恢复到原有的姿态。

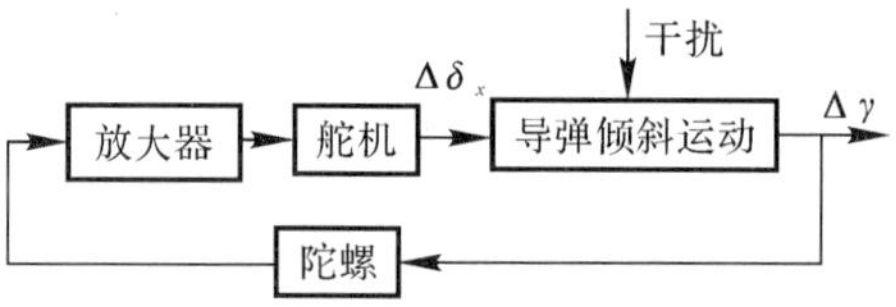

图 10.7　导弹倾斜自动稳定控制回路图

图 10.7 内各环节用传递函数来表示，就组成了倾斜稳定回路方框图。这时候研究导弹的倾斜运动，实际上是分析一个以 $\Delta\gamma$ 或 $\Delta\dot{\gamma}$ 为输出量的闭环系统的动态特性问题。

图中自动驾驶仪的工作状态，可以是线性的，也可以是非线性的，一般说即使是线性的，也或多或少存在着非线性的因素。如果略去自动驾驶仪的非线性因素，对于我们所研究的问题其影响程度小到可以不计，就可以把导弹的自动驾驶仪看成是线性的。

在自动驾驶仪中描述舵偏角随运动参量变化的动态方程，称为调节规律。

由于导弹所采用的制导系统不同，对导弹倾斜运动的要求也不同。如有些按指令控制的导弹，总是要求导弹在制导过程中倾斜角尽量接近于零。为了适应这个要求，在其倾斜回路中自动稳定驾驶仪要将副翼的偏转调节规律设计为

$$\Delta\delta_x = K_\gamma \Delta\gamma + K_{\dot{\gamma}} \Delta\dot{\gamma} \tag{10.20}$$

式中：K_γ 为自动驾驶仪倾斜角信号的放大系数，或称角传动比；$K_{\dot{\gamma}}$ 为自动驾驶仪倾斜角速度信号的放大系数，或称角速度传动比。

这时整个倾斜稳定回路的运动方程组为

$$\begin{cases} \dfrac{d^2\Delta\gamma}{dt^2} + b_{11}\dfrac{d\Delta\gamma}{dt} = -b_{18}\Delta\delta_x + M_{xd} \\ \Delta\delta_x = K_\gamma\Delta\gamma + K_{\dot{\gamma}}\dfrac{d\Delta\gamma}{dt} \end{cases}$$

两式合并后，则有

$$\frac{d^2\Delta\gamma}{dt^2}+(b_{11}+b_{18}K_{\dot{\gamma}})\frac{d\Delta\gamma}{dt}+b_{18}K_{\gamma}\Delta\gamma=\frac{M_{xd}}{J_x}$$

由此可见，要想保证倾斜稳定回路中运动参数 $\Delta\gamma$ 是稳定的，就要求下述两个不等式一定要成立，即

$$b_{11}+b_{18}K_{\dot{\gamma}}>0 \tag{10.21}$$

$$b_{18}K_{\gamma}>0 \tag{10.22}$$

由于

$$b_{11}=-\frac{M_x^{\omega_x}}{J_x}>0$$

$$b_{18}=-\frac{M_x^{\delta_x}}{J_x}>0\quad(\text{正常式气动布局})$$

所以式(10.21) 和式(10.22) 又可以改写为

$$K_{\dot{\gamma}}>-\frac{b_{11}}{b_{18}}$$

$$K_{\gamma}>0$$

这个结果清楚地告诉我们，只要自动驾驶仪参数 $K_{\dot{\gamma}}$、K_{γ} 的选择满足上述不等式的约束，就可以保证稳定回路是稳定的。由式(10.21) 和式(10.22) 构成的倾斜扰动运动的稳定域如图 10.8 所示。其中具有阴影线的一侧是不稳定的。

如果倾斜稳定回路是稳定的，那么在常值倾斜相似干扰力矩 M_{xd} 的作用下，导弹倾斜角 $\Delta\gamma$ 的稳态值 $\Delta\gamma_W$ 为

$$\Delta\gamma_W=\frac{1}{b_{18}K_{\gamma}}\frac{M_{xd}}{J_x}=-\frac{1}{M_x^{\delta_x}K_{\gamma}}M_{xd}$$

副翼偏角的稳态值 $\Delta\delta_{xW}$ 为

$$\Delta\delta_{xW}=K_{\gamma}\Delta\gamma_W=-\frac{1}{M_x^{\delta_x}}M_{xd}$$

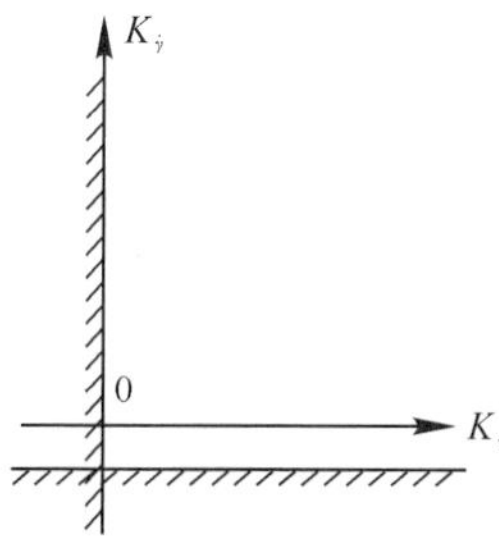

图 10.8　倾斜扰动运动自动稳定的稳定域图

由此可见，倾斜角的稳态值 $\Delta\gamma_W$ 正比于相似干扰力矩 M_{xd}，反比于副翼效率 $M_x^{\delta_x}$ 和自动驾驶仪角位置反馈参数 K_{γ}。而副翼偏角的稳态值 $\Delta\delta_{xW}$，同样正比于倾斜相似干扰力矩 M_{xd}，反比于副翼效率 $M_x^{\delta_x}$，而与自动驾驶仪参数 K_{γ} 无关。从减小倾斜误差角值 $\Delta\gamma_W$ 的角度来讲，最好是把 K_{γ} 选择得大一些。$\Delta\gamma_W$ 和 $\Delta\delta_{xW}$ 的正负完全取决于干扰力矩 M'_{xd}的正负。

10.1.3.2　倾斜运动在无惯性自动驾驶仪下的稳定性

无惯性自动驾驶仪的调节规律如式(10.20)所示，此调节规律下的倾斜扰动运动应由下列方程组表示：

$$\left.\begin{aligned}&\frac{\mathrm{d}^2\Delta\gamma}{\mathrm{d}t^2}+b_{11}\frac{\mathrm{d}\Delta\gamma}{\mathrm{d}t}=-b_{18}\Delta\delta_x+M_{x\mathrm{d}}\\&\Delta\delta_x=K_\gamma\Delta\gamma+K_{\dot{\gamma}}\frac{\mathrm{d}\Delta\gamma}{\mathrm{d}t}\end{aligned}\right\}\tag{10.23}$$

式(10.23)的初始值为 $\Delta\gamma_0$ 和 $\Delta\dot{\gamma}_0$。两式合并后可得

$$\frac{\mathrm{d}^2\Delta\gamma}{\mathrm{d}t^2}+(b_{11}+b_{18}K_{\dot{\gamma}})\frac{\mathrm{d}\Delta\gamma}{\mathrm{d}t}+b_{18}K_\gamma\Delta\gamma=M_{x\mathrm{d}}\tag{10.24}$$

式(10.24)与无自动驾驶仪的倾斜扰动运动方程式(10.1)相比较，当角传动比 $K_\gamma>0$ 和角速度传动比 $K_{\dot{\gamma}}>0$ 时，式(10.24)左边的系数都变大了。原来 $\Delta\gamma$ 的系数为零，现在等于 $b_{18}K_\gamma$，增补了 $b_{18}K_\gamma\Delta\gamma$ 这一项，表示副翼要随倾斜角变化而偏转，产生与倾斜角方向相反的横向操纵力矩 $M_x^{\delta_x}K_\gamma\Delta\gamma$，使导弹可以消除倾斜，例如可以消除初始倾斜角 $\Delta\gamma_0$，如图10.9所示。因此，倾斜角放大系数 K_γ 的存在，从导弹动力学观点来理解，它相当于增补了“横滚静稳定性”。

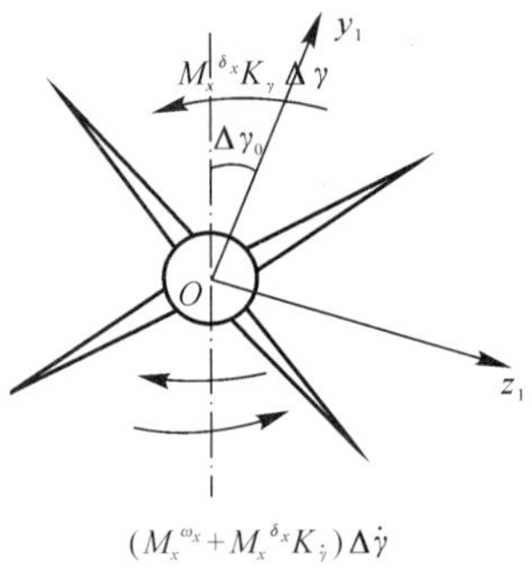

图10.9　力学环境分析图

倾斜角速度 $\Delta\dot{\gamma}$ 的系数增大了，相当于增大了导弹的阻尼动力系数，因此导弹的“阻尼”也得到了补偿。这是因为导弹横滚时，除了产生气动阻尼力矩 $M_x^{\omega_x}\Delta\dot{\gamma}$，副翼还要产生操纵力矩 $M_x^{\delta_x}K_{\dot{\gamma}}\Delta\dot{\gamma}$，这个力矩既与 $\Delta\dot{\gamma}$ 和 $K_{\dot{\gamma}}$ 成正比，又与 $\Delta\dot{\gamma}$ 的方向相反，与阻尼力矩的方向相同，所以这一部分操纵力矩起到了阻尼作用。因此从飞行力学的角度来讲，引入倾斜角速度的信号，放大系数 $K_{\dot{\gamma}}$ 的存在，类似于增大了导弹的横向“气动阻尼”。

下面再来分析一下放大系数 K_γ 和 $K_{\dot{\gamma}}$ 对导弹倾斜扰动运动过渡过程的影响。

微分方程式(10.24)的特征方程式为

$$s^2+(b_{11}+b_{18}K_{\dot{\gamma}})s+b_{18}K_\gamma=0\tag{10.25}$$

其根为

$$s_{1,2}=\sigma\pm\nu=-\frac{b_{11}+b_{18}K_{\dot{\gamma}}}{2}\pm\frac{1}{2}\sqrt{(b_{11}+b_{18}K_{\dot{\gamma}})^2-4b_{18}K_\gamma}\tag{10.26}$$

于是，倾斜扰动运动式(10.25)的解等于

$$\Delta\gamma(t)=\Delta\gamma_0 e^{-\sigma t}\left(\frac{\sigma+\nu}{2\nu}e^{\nu t}+\frac{-\sigma+\nu}{2\nu}e^{-\nu t}\right)+$$

$$\Delta\gamma_0 e^{-\sigma t}\frac{1}{2\nu}(e^{\nu t}-e^{-\nu t})+\frac{M_{x\mathrm{d}}}{b_{18}K_\gamma}\left[1-\frac{-\sigma+\nu}{2\nu}e^{-(\sigma+\nu)t}-\frac{\sigma+\nu}{2\nu}e^{(-\sigma+\nu)t}\right] \tag{10.27}$$

副翼偏转角则为

$$\Delta\delta_x=\left(K_{\dot\gamma}\frac{\mathrm{d}}{\mathrm{d}t}+K_\gamma\right)\Delta\gamma(t) \tag{10.28}$$

下面我们就根 $s_{1,2}$ 的形式，简单讨论一下倾斜自动稳定的过渡过程。如果自动驾驶仪没有引入倾斜角速度 $\Delta\dot\gamma$ 的信号，放大系数 $K_{\dot\gamma}=0$，倾斜气动阻尼也很小，即动力系数 b_{11} 很小，在根式(10.26) 中

$$4b_{18}K_\gamma > b_{11}^2 \tag{10.29}$$

那么，$s_{1,2}$ 是对一共轭复根，倾斜角的自由扰动运动为振荡运动。根的实部因 $b_{11}>0$ 而为负，所以振荡运动是衰减的。

下面以飞行器具有初始倾斜角 $\Delta\gamma_0$ 为例来说明。由初始值 $\Delta\gamma_0$ 引起副翼偏转，因存在着式(10.29)，所以副翼偏转较大，在导弹上就产生了比较大的滚转操纵力矩 $M_x^{\delta_x}K_\gamma\Delta\gamma_0$。在此力矩的作用下导弹一开始就滚转得比较迅急，在达到原始平衡位置时，其还具有继续旋转的动能，角速度不为零，而冲过平衡位置向相反方向倾斜，形成振荡形式的倾斜运动，如图 10.10(a)(c) 所示。 由于在振荡运动中受到气动阻尼力矩的作用，振幅则是逐渐衰减的，于是经过几次振荡之后振荡运动就停止下来，使导弹恢复到未扰动运动状态。

这种情况与无自动驾驶仪相比较有很大的区别。本来在偶然干扰 $\Delta\gamma_0$ 作用下，因无横向静稳定性要始终偏斜 $\Delta\gamma_0$ 角。有了自动驾驶仪，引入倾斜角 $\Delta\gamma$ 信号，导弹就可以消除 $\Delta\gamma_0$ 角而具有稳定性。所以说，放大系数 K_γ 类似于增补了导弹的“滚转静稳定性”。

在自动驾驶仪中引入了倾斜角速度 $\Delta\dot\gamma$ 信号，放大系数 $K_{\dot\gamma}$ 存在，在根式(10.26) 中就可能出现

$$(b_{11}+b_{18}K_{\dot\gamma})^2 > 4b_{18}K_\gamma \tag{10.30}$$

的情形。这时，$s_{1,2}$ 是两个小于零的实根，倾斜扰动运动为非周期的形式，如图 10.10(b)(d) 所示。这时在同样 $\Delta\gamma_0$ 作用下，不仅副翼随倾斜角而偏转，还要随倾斜角速度而偏转。因为消除 $\Delta\gamma_0$ 的倾斜运动角速度 $\Delta\dot\gamma$ 方向与 $\Delta\gamma$ 相反，这就减小了纯由 $\Delta\gamma$ 信号引起的副翼偏角，使操纵力矩相对地减小，或者说明阻尼力矩得到了增加，增加值为 $M_x^{\delta_x}K_{\dot\gamma}\Delta\dot\gamma$，所以这时倾斜扰动运动就有可能变成衰减的非周期运动。引入了 $\Delta\dot\gamma$ 信号，即使不能形成非周期的衰减运动，也可减小超调量。总之，根据设计的需要，对副翼采取不同的调节规律，可以使倾斜运动自动稳定，并获得满意的动态品质。

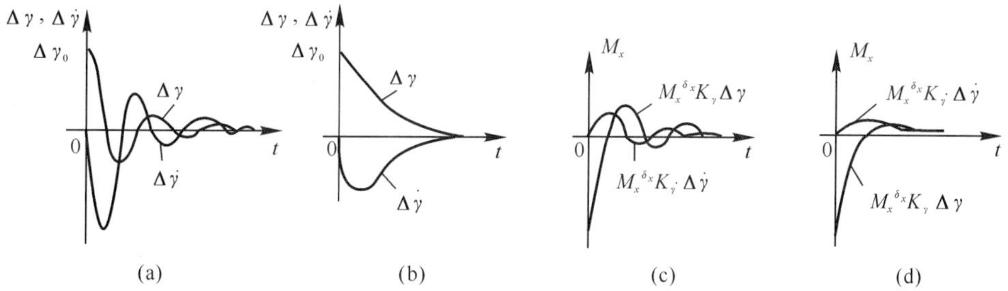

图 10.10　倾斜角和倾斜角速度自动稳定的倾斜扰动运动过渡过程曲线

在常值干扰作用下，即 M_{xd} 为常量，由式(10.27) 和式(10.28) 可得过渡过程结束后($t \to \infty$ 时)$\Delta\gamma_W$ 和 $\Delta\delta_{xW}$ 的稳态值为

$$\Delta\gamma_W = \frac{M_{xd}}{b_{18}K_\gamma} \tag{10.31}$$

$$\Delta\delta_{xW} = \frac{M_{xd}}{b_{18}} \tag{10.32}$$

在过渡过程结束后，为什么还会出现稳态值，可解释如下：由常值相似干扰力矩 M_{xd} 引起倾斜扰动运动，当过渡过程结束后，它仍保持常量。要使飞行器保持力矩平衡，副翼必须相应地偏转，其值等于 $\Delta\delta_{xW}$，以便产生可以抵消干扰力矩的滚转操纵力矩。因为由驾驶仪来转动副翼，只有在出现 $\Delta\gamma$ 或 $\Delta\dot{\gamma}$ 的条件下才有可能，如果 $\Delta\dot{\gamma}$ 不等于零，飞行器就要继续滚转，过渡过程就不会结束，所以只能是倾斜角有稳态值 $\Delta\gamma_W$。

以上分析说明，飞行器的倾斜扰动运动，考虑了自动驾驶仪的动态方程式(10.20)，由于副翼偏转角得到了调节，便能在很大程度上改善倾斜扰动运动的动态品质。但是，在常值干扰力矩 M'_{xd}作用下，飞行器还要倾斜，其值等于 $\Delta\gamma_W$。而这种倾斜又是飞行中所不需要的，故又称 $\Delta\gamma_W$ 和 $\Delta\delta_{xW}$ 为稳态误差。

要消除倾斜角稳态误差 $\Delta\gamma_W$，其途径还是改变副翼的调节规律，这当然就要改变自动驾驶仪的结构。从动力学观点讲，在飞行器上作用有常值干扰力矩，经过动态反应之后不再有倾斜扰动运动参数偏差的存在，同时还必须将副翼偏转到某一固定位置，使其产生的操纵力矩与干扰力矩平衡，使飞行器处于平衡状态。考虑到副翼的这个偏角是在动态过程中逐步形成的，可以想象它是时间 t 的积分值，同时按倾斜自动驾驶仪的工作原理，只有当再出现倾斜角时副翼才偏转，所以倾斜角可以作为被积函数来看待，于是调节规律也可表示为

$$\Delta\delta_x = \int K_\gamma \Delta\gamma \, dt \tag{10.33}$$

这时，在常值干扰力矩 M'_{xd}作用下飞行器滚转时，副翼就按积分方式偏转，在过渡过程结束时，既使倾斜角 $\Delta\gamma_W$ 为零，副翼也有一个固定值，其过渡过程曲线如图 10.11 所示，这时就不会产生稳态误差 $\Delta\gamma_W$。

由式(10.33) 微分一次可得

$$\Delta\dot{\delta}_x = K_\gamma \Delta\gamma$$

如果在引入倾斜角 $\Delta\gamma$ 信号的同时还引入 $\Delta\dot{\gamma}$ 信号，最后可将这种调节规律写为

$$\Delta\dot{\delta}_x = K_\gamma \Delta\gamma + K_{\dot{\gamma}} \Delta\dot{\gamma}$$

与式(10.20) 相比，称它为无静差的调节规律。

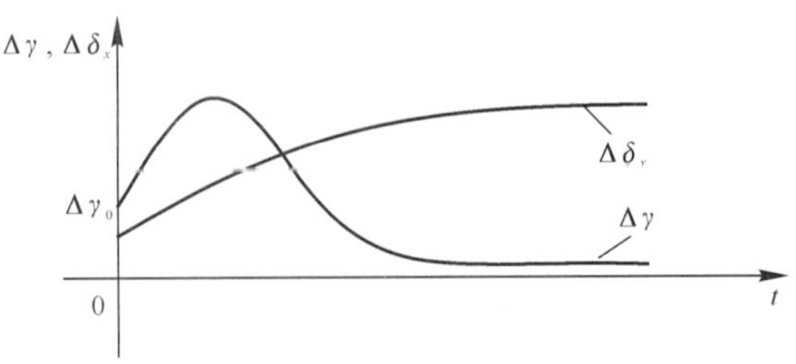

图 10.11　反应倾斜积分调节规律舵偏的过渡过程曲线

10.1.4　导弹弹体的纵横向交感运动

如前所述，只有在一定的简化条件下，才能使导弹的纵向运动和侧向运动分开进行研究。如果这些简化条件不成立，那么纵向运动和侧向运动就必须合在一起进行分析。本节将要简略介绍的倾斜滚转惯性交感运动就是一个比较常见的例子。下面我们着重介绍这种纵横向交感运动产生的物理原因，并附带介绍一点经过简化后的解析处理方法。

10.1.4.1　倾斜急滚惯性交感运动产生的物理原因

在将纵向扰动运动和侧向扰动运动分开研究时，曾用到了小扰动这样一个十分重要的假设，而 ω_x 的值比较小也是其中的一个条件。在导弹作快速滚转时，滚转角速度 ω_x 就不能再作为小量了。一般弹体的弹身多为细长体，而且弹翼的展弦比又比较小，故其质量分布更加集中在 Ox_1 轴附近，因此绕 Ox_1 的转动惯量 J_x 比绕 Oy_1、Oz_1 轴的转动惯量 J_y、J_z 要小得多。这就使得 $(J_y - J_x)$ 和 $(J_x - J_z)$ 的数值比较大，所以惯性交感力矩 $(J_y - J_x)\omega_y\omega_x$ 和 $(J_z - J_x)\omega_z\omega_x$ 就不能再忽略不计了。

下面进行一步分析两个交感力矩项。假设导弹以角速度 ω_x 滚转时受到干扰，使导弹产生了绕 Oy_1 轴的转动角速度 $\Delta\omega_y < 0$（见图 10.12）。这时的合成角速度矢量为 $\boldsymbol{\omega}$。导弹沿 x_1 轴的质量分布可用集中质量 A_1、A_2 表示，沿 y_1 轴的质量分布可用集中质量 B_1、B_2 表示。当有 $\boldsymbol{\omega}$ 存在时，作用在 A_1、A_2、B_1、B_2 上的离心力分别如图 10.12 所示。

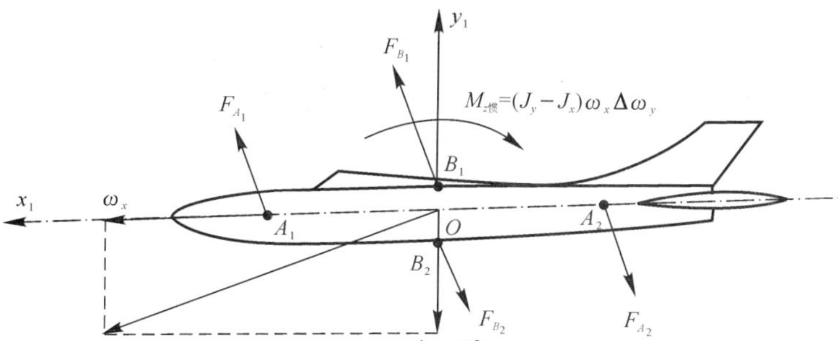

图 10.12　产生俯仰惯性交感力矩物理原因分析示意图

作用在 A_1、A_2 上的离心力 F_{A1} 和 F_{A2} 将产生一个绕 Oz_1 轴的正的俯仰力矩，从而使攻角 α 增大。而作用在 B_1、B_2 上的离心力 F_{B1}、F_{B2} 对 Oz_1 轴所产生的力矩则力图使攻角减小。显然，前一力矩远比后一力矩大，故合力矩是抬头力矩，这就是俯仰惯性交感力矩 $(J_y - J_x)\Delta\omega_y\omega_x$，在该力矩作用下将产生附加攻角 $\Delta\alpha$。如果静稳定力矩 $M_z^\alpha\Delta\alpha$ 不能克服俯仰惯性交感力矩 $(J_y - J_x)\Delta\omega_y\omega_x$，就有可能造成俯仰发散现象。

同样，由图 10.13 可以解释当导弹以角速度 ω_x 滚动时，如受到干扰而使导弹产生俯仰角速度 $\Delta\omega_z$，这时也必然会产生偏航惯性交感力矩 $(J_z - J_x)\Delta\omega_z\omega_x$。这一力矩力图增大侧滑角，产生附加侧滑角 $\Delta\beta$，如果静稳定力矩 $M_y^\beta\Delta\beta$ 不能克服偏航惯性交感力矩 $(J_z - J_x)\Delta\omega_z\omega_x$，就有可能造成偏航发散现象。

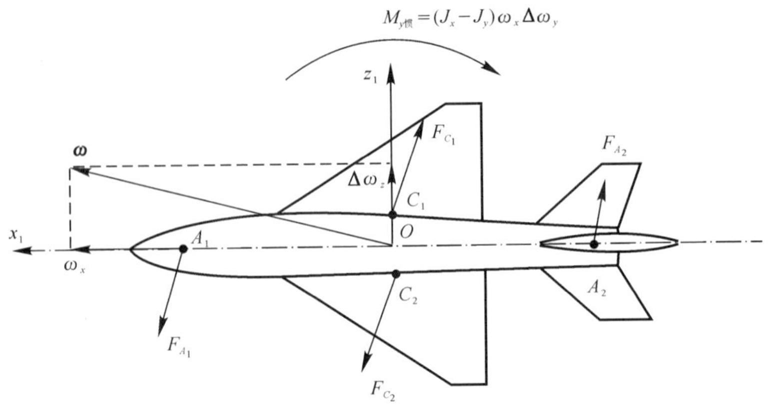

图 10.13　产生偏航惯性交感力矩物理原因分析示意图

10.1.4.2　简化分析方法

根据理论力学中刚体动力学的知识可知，导弹相对弹体坐标系的重心运动动力学方程为

$$\left.\begin{aligned}m\left(\frac{\mathrm{d}v_{x1}}{\mathrm{d}t}-v_{y1}\omega_{z1}+v_{z1}\omega_{y1}\right)=F_{x1}\\m\left(\frac{\mathrm{d}v_{y1}}{\mathrm{d}t}-v_{z1}\omega_{x1}+v_{x1}\omega_{z1}\right)=F_{y1}\\m\left(\frac{\mathrm{d}v_{z1}}{\mathrm{d}t}-v_{x1}\omega_{y1}+v_{y1}\omega_{x1}\right)=F_{z1}\end{aligned}\right\}\tag{10.34}$$

导弹相对弹体坐标系的绕重心转动的动力学方程为

$$\left.\begin{aligned}J_{x1}\frac{\mathrm{d}\omega_{x1}}{\mathrm{d}t}+(J_{z1}-J_{y1})\omega_{y1}\omega_{z1}+J_{xy}\left(\omega_{z1}\omega_{x1}-\frac{\mathrm{d}\omega_{y1}}{\mathrm{d}t}\right)=M_{x1}\\J_{y1}\frac{\mathrm{d}\omega_{y1}}{\mathrm{d}t}+(J_{x1}-J_{z1})\omega_{z1}\omega_{x1}+J_{xy}\left(\omega_{y1}\omega_{z1}-\frac{\mathrm{d}\omega_{x1}}{\mathrm{d}t}\right)=M_{y1}\\J_{z1}\frac{\mathrm{d}\omega_{z1}}{\mathrm{d}t}+(J_{y1}-J_{x1})\omega_{y1}\omega_{x1}+J_{xy}(\omega_{y1}^2-\omega_{x1}^2)=M_{z1}\end{aligned}\right\}\tag{10.35}$$

由式(10.34)和式(10.35)出发，设导弹以常值飞行速度 v_0 和常值滚转角速度 ω_{x10} 作定常直线滚转基准运动，研究此时受到小扰动后的扰动运动特性。

假设导弹受到扰动之后，Δv_x 和 $\Delta\omega_x$ 的变化量都十分微小，可以忽略不计。另外，还假设导弹受到扰动之后的重力扰动量可以忽略不计。这时根据小扰动假设对式(10.34)和式(10.35)中的后两式进行线性化，并略去二次及二次以上的小量，求出其惯性交感扰动运动线性化方程为(略写下标 1 和 0)

$$\left.\begin{aligned}m\left(\frac{\mathrm{d}\Delta v_y}{\mathrm{d}t}-\Delta v_z\omega_x+v_x\Delta\omega_z\right)=Y^\alpha\Delta\alpha\\m\left(\frac{\mathrm{d}\Delta v_z}{\mathrm{d}t}-v_x\Delta\omega_y+\Delta v_y\omega_x\right)=Z^\beta\Delta\beta\\J_y\frac{\mathrm{d}\Delta\omega_y}{\mathrm{d}t}+(J_x-J_z)\omega_x\Delta\omega_z=M_y^\beta\Delta\beta+M_y^{\omega_y}\Delta\omega_y\\J_z\frac{\mathrm{d}\Delta\omega_z}{\mathrm{d}t}+(J_y-J_x)\omega_x\Delta\omega_y=M_z^\alpha\Delta\alpha+M_z^{\omega_z}\Delta\omega_z\end{aligned}\right\}\tag{10.36}$$

在小攻角和小侧滑角的条件下，根据导弹的弹道坐标系和弹体坐标系之间的方向余弦关系求出

$$v_x \approx v_0$$
$$v_y \approx -v_0\alpha$$
$$v_z \approx v_0\beta$$

此处设推力作用方向是沿 Ox_1 轴。

在此基础上求出的 Δv_y、Δv_z 线性化方程为

$$\left.\begin{aligned}\Delta v_y &= -v_0\Delta\alpha\\ \Delta v_z &= v_0\Delta\beta\end{aligned}\right\}\tag{10.37}$$

将式(10.37)代入式(10.36)后，得

$$\begin{cases}mv_0\left(-\dfrac{\mathrm{d}\Delta\alpha}{\mathrm{d}t}+\Delta\omega_z-\omega_x\Delta\beta\right)=Y^\alpha\Delta\alpha\\ mv_0\left(\dfrac{\mathrm{d}\Delta\beta}{\mathrm{d}t}-\Delta\omega_y-\omega_x\Delta\alpha\right)=Z^\beta\Delta\beta\\ J_y\dfrac{\mathrm{d}\Delta\omega_y}{\mathrm{d}t}+(J_x-J_z)\omega_x\Delta\omega_z=M_y^\beta\Delta\beta+M_y^{\omega_y}\Delta\omega_y\\ J_z\dfrac{\mathrm{d}\Delta\omega_z}{\mathrm{d}t}+(J_y-J_x)\omega_x\Delta\omega_y=M_z^\alpha\Delta\alpha+M_z^{\omega_z}\Delta\omega_z\end{cases}$$

为了更清楚地看出一些参数的影响，可以忽略气动阻尼力矩的影响以及由于 $\Delta\alpha$、$\Delta\beta$ 所产生的气动力 $Y^\alpha\Delta\alpha$、$Z^\beta\Delta\beta$ 的影响。由此，上式可以改写为

$$\left.\begin{aligned}&-\frac{\mathrm{d}\Delta\alpha}{\mathrm{d}t}-\omega_x\Delta\beta+\Delta\omega_z=0\\ &\frac{\mathrm{d}\Delta\beta}{\mathrm{d}t}-\omega_x\Delta\alpha-\Delta\omega_y=0\\ &\frac{\mathrm{d}\Delta\omega_y}{\mathrm{d}t}-J_1\omega_x\Delta\omega_z-\frac{M_y^\beta}{J_y}\Delta\beta=0\\ &\frac{\mathrm{d}\Delta\omega_z}{\mathrm{d}t}+J_2\omega_x\Delta\omega_y-\frac{M_z^\alpha}{J_z}\Delta\alpha=0\end{aligned}\right\}\tag{10.38}$$

式中

$$J_1=\frac{J_z-J_x}{J_y}$$

$$J_2=\frac{J_y-J_x}{J_z}$$

在这个扰动运动方程组中，只包含有四个扰动量，即 $\Delta\alpha$、$\Delta\beta$、$\Delta\omega_y$ 和 $\Delta\omega_z$。由式(10.38)可以求出其特征行列式为

$$\Delta=\begin{vmatrix}-s & -\omega_x & 0 & 1\\ -\omega_x & s & -1 & 0\\ 0 & -\dfrac{M_y^\beta}{J_y} & s & -J_1\omega_x\\ -\dfrac{M_z^\alpha}{J_z} & 0 & J_2\omega_x & s\end{vmatrix}=0$$

将此行列式展开后，得

$$s^4 + A_1 s^2 + A_2 = 0 \tag{10.39}$$

式中

$$A_1 = -\frac{M_y^\beta}{J_y} - \frac{M_z^\alpha}{J_z} + \omega_x^2(1 + J_1 J_2)$$

$$A_2 = \left(-\frac{M_z^\alpha}{J_z} - J_2\omega_x^2\right)\left(-\frac{M_y^\beta}{J_y} - J_1\omega_x^2\right)$$

由此可以看出，使系统不发散的条件为

$$A_1 > 0$$

$$A_2 > 0$$

即

$$-\frac{M_y^\beta}{J_y} - \frac{M_z^\alpha}{J_z} + \omega_x^2(1 + J_1 J_2) > 0 \tag{10.40}$$

$$\left(-\frac{M_z^\alpha}{J_z} - J_2\omega_x^2\right)\left(-\frac{M_y^\beta}{J_y} - J_1\omega_x^2\right) > 0 \tag{10.41}$$

由式(10.39) 和式(10.40) 求出使交感运动不发散的条件为

$$\left.\begin{aligned} -\frac{M_y^\beta}{J_y} &> -\left(-\frac{M_z^\alpha}{J_z}\right) - \omega_x^2(1 + J_1 J_2) \\ -\frac{M_z^\alpha}{J_z} &> \omega_x^2 J_2 \\ -\frac{M_y^\beta}{J_y} &> \omega_x^2 J_1 \end{aligned}\right\} \tag{10.42}$$

或

$$\left.\begin{aligned} -\frac{M_y^\beta}{J_y} &> -\left(-\frac{M_z^\alpha}{J_z}\right) - \omega_x^2(1 + J_1 J_2) \\ -\frac{M_z^\alpha}{J_z} &< \omega_x^2 J_2 \\ -\frac{M_y^\beta}{J_y} &< \omega_x^2 J_1 \end{aligned}\right\} \tag{10.43}$$

按式(10.42) 和式(10.43) 对 $-\frac{M_y^\beta}{J_y}$、$-\frac{M_z^\alpha}{J_z}$ 所组成的参数平面画出的不发散区域如图 10.14 所示。由图中可以看出，只有参数 $-\frac{M_z^\alpha}{J_z}$、$-\frac{M_y^\beta}{J_y}$ 之间的匹配关系正好落在 Ⅰ 或 Ⅱ 区内时，才能保证导弹的交感运动不会发散。同时还会发现，随着滚转角速度 ω_x 的提高，Ⅱ 区会扩大。

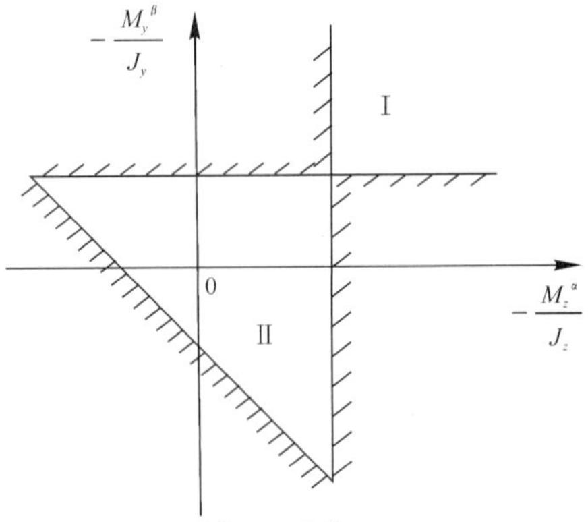

图 10.14 $-\frac{M_z^\alpha}{J_z}$、$-\frac{M_y^\beta}{J_y}$ 所组成的稳定域

10.2　纵向扰动运动的自动稳定与控制

10.2.1　俯仰角和俯仰角速度的自动稳定与控制

10.2.1.1　概述

如 10.1 节所述，导弹倾斜扰动运动引入自动驾驶仪的作用后，能够在很大程度上改善倾斜扰动运动的稳定性，并在某些弹道特性点上获得满意的动态品质。

导弹飞行时它的升降舵和方向舵也是依靠自动驾驶仪来转动的，因此在纵向运动中也必须同样研究自动驾驶仪所起的作用。

因为纵向扰动运动不同于倾斜扰动运动，自动驾驶仪在两种运动中所起的作用也就有所不同。一般地讲，对于轴对称导弹而言，倾斜自动驾驶仪的功用是消除导弹在干扰作用下的倾斜，使弹体坐标系与发射坐标系保持一致，使其自动稳定。若基准运动不受倾斜干扰作用，倾斜自动驾驶仪应保证副翼处于中立位置，否则将由于副翼偏转而驱使导弹绕纵轴转动。

在纵向运动中自动驾驶仪的作用，除保证导弹具有稳定性外，还有控制导弹飞行的作用，使其尽可能沿理想弹道飞行。因此要求自动驾驶仪能够迅速反应控制信号，使导弹具备良好的操纵性。也就是说，基准运动没有干扰作用，自动驾驶仪也要转动升降舵，使导弹产生攻角以获得升力。这一点，与倾斜运动是不一样的。因此，纵向自动驾驶仪起着稳定和控制两种作用，而且控制作用还是主要的。

导弹的有控飞行可以分为两种基本状态，即稳定系统作用下的自动稳定飞行和制导系统作用下的导引飞行。

稳定系统由导弹的姿态运动和自动驾驶仪组成，常称为小回路，其组成原理如图 10.15 所示。

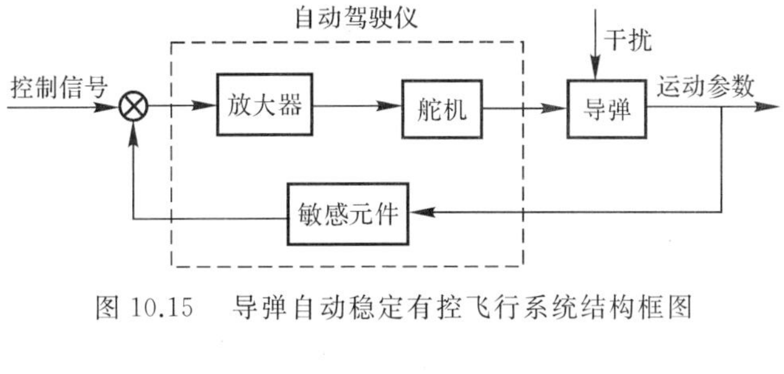

图 10.15　导弹自动稳定有控飞行系统结构框图

如图 10.15 所示，纵向自动驾驶仪也是由敏感元件、放大器和舵机三个基本部分组成的。其中敏感元件包括测量俯仰角、俯仰角速度的陀螺，以及加速度、动压头和攻角的测量装置等。应该采用哪种测量装置，由导弹对稳定性和操纵性提出的要求来决定。

自动驾驶仪的敏感元件测量导弹的运动参数，如姿态角或姿态角速度、飞行高度及过载等。

舵机是电气机械装置，按照传送来的电信号大小，相应地转动导弹的操纵面。舵机执行传送来的电信号所出现的惯性，决定了自动驾驶仪的反应速度。

导弹的姿态运动可分为俯仰、偏航和滚转三个通道，可用扰动运动方程组成相应的传递函数来表示。

制导系统由导弹的导引装置和姿态稳定系统组成，常称为大回路，如图 10.16 所示。图中导引装置有主动和被动等多种形式，视导弹采用的具体制导体制而定。

制导系统也可分为俯仰与偏航两个通道。考虑到导弹气动外形的对称性，这里仅讨论纵向扰动运动问题，按照纵向扰动运动与侧向扰动运动的对称性，也就能够理解偏航通道理论。

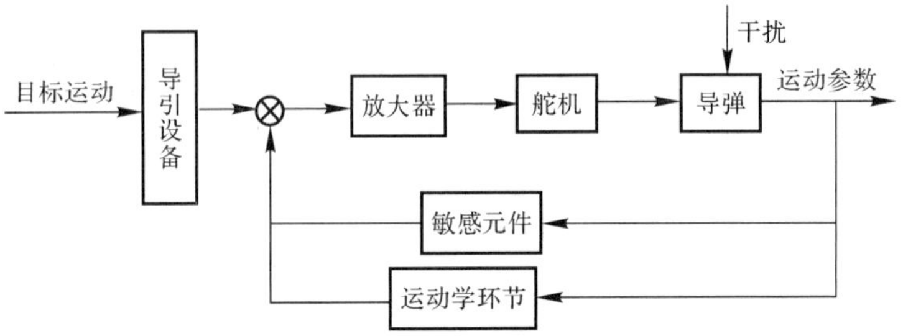

图 10.16　导弹制导系统作用下的导引飞行控制结构框图

作定高、定向飞行的导弹，要求对俯仰角 $\Delta\vartheta$ 或攻角 $\Delta\alpha$ 保持稳定。在程序信号控制下进行爬高或下滑飞行的导弹，或者是在水平面内按程序控制信号改变航向的导弹，为了提高飞行精度，也都是希望俯仰角或攻角不受干扰作用的影响。

纵向扰动运动中的干扰因素，主要是常值干扰力矩 M_{zd}。实践证明，分析纵向角运动采用短周期扰动运动方程可以得到满意的结果，在相似干扰力矩和升降舵偏转作用下的纵向短周期扰动运动方程组由式(8.27) 可得

$$\begin{bmatrix}\Delta\dot{\omega}_z\\ \Delta\dot{\alpha}\\ \Delta\dot{\vartheta}\end{bmatrix}=\boldsymbol{A}\begin{bmatrix}\Delta\omega_z\\ \Delta\alpha\\ \Delta\vartheta\end{bmatrix}+\begin{bmatrix}-a_{25}+a'_{24}a_{35}\\ -a_{35}\\ 0\end{bmatrix}\Delta\delta_z+\begin{bmatrix}M_{zd}\\ 0\\ 0\end{bmatrix} \tag{10.44}$$

其中转移矩阵 $\boldsymbol{A}$ 由式(8.28) 表示。首先分析弹体对干扰力矩 M_{zd} 的反应，这时自动驾驶仪不工作，升降舵偏角 $\Delta\delta_z=0$，然后再引进自动驾驶仪的动态方程作对比分析。

在第 8 章已经得出结论，如果动力系数 $a_{24}+a_{22}a_{34}>0$，则纵向角运动是稳定的。因此 M_{zd} 为常数时，导弹对它的反应也是稳定的。现在我们所关心的问题是过渡过程结束后，俯仰角或攻角有没有稳态误差。求稳态误差可用拉氏变换的终值定律，由式(10.44) 不考虑初始值，拉氏变换后则有

$$\begin{bmatrix}s\Delta\omega_z(s)\\ s\Delta\alpha(s)\\ s\Delta\vartheta(s)\end{bmatrix}=\boldsymbol{A}\begin{bmatrix}\Delta\omega_z(s)\\ \Delta\alpha(s)\\ \Delta\vartheta(s)\end{bmatrix}+\begin{bmatrix}-a_{25}+a'_{24}a_{35}\\ -a_{35}\\ 0\end{bmatrix}\Delta\delta_z(s)+\begin{bmatrix}M_{zd}(s)\\ 0\\ 0\end{bmatrix} \tag{10.45}$$

取 M_{zd} 为常数，$\Delta\delta_z=0$，由终值定律并展开矩阵方程得

$$\left.\begin{aligned}(a'_{24}a_{34}+a'_{24}a_{33}-a_{24})\Delta\alpha_W-a'_{24}a_{33}\Delta\vartheta_W&=-M_{zd}\\ -(a_{34}+a_{33})\Delta\alpha_W+a_{33}\Delta\vartheta_W&=0\end{aligned}\right\} \tag{10.46}$$

$\Delta\alpha_W$，$\Delta\vartheta_W$ 分别为攻角和俯仰角的稳态误差，其值由式(10.46) 求解可得

$$\left.\begin{aligned}\Delta\vartheta_W&=\frac{(a_{34}+a_{33})}{a_{24}a_{33}}M_{zd}\\ \Delta\alpha_W&=\frac{1}{a_{24}}M_{zd}\end{aligned}\right\} \tag{10.47}$$

所得结果表明：由攻角稳态误差形成的恢复力矩与干扰力矩相平衡时，过渡过程才能结束。但是，随后因出现了附加升力 $Y^{\alpha}\Delta\alpha_W$，将使导弹改变它的飞行轨迹，引起弹道倾角出现稳态误差，其值由式(10.46)可得

$$\Delta\theta_W=\left(\frac{a_{34}+a_{33}}{a_{24}a_{33}}-\frac{1}{a_{24}}\right)M_{zd}\approx\frac{a_{34}}{a_{24}a_{33}}M_{zd}\tag{10.48}$$

因此在干扰力矩的作用下，在力矩保持平衡后，导弹不是爬升就是下滑，并不能保持飞行弹道的稳定性，特别是未扰动运动作水平飞行时，其情况尤为严重。因为重力动力系数 $a_{33}=\left(-\frac{g}{v}\sin\theta\right)_0$，若基准运动为水平状态，则 $a_{33}=0$，这就使 $\Delta\vartheta_W$ 和 $\Delta\theta_W$ 的数值变得很大。实际上这时候在常值干扰力矩 M_{zd} 的作用下，只能使俯仰角角速度和弹道倾角角速度保持稳态。证明如下：

因 $a_{33}=0$，方阵 $\boldsymbol{A}$ 简化成 $\boldsymbol{A}'$，即

$$\boldsymbol{A}'=\begin{bmatrix}-(a_{22}+a'_{24}) & (a'_{24}a_{34}-a_{24}) & 0\\ 0 & -a_{34} & 0\\ 1 & 0 & 0\end{bmatrix}\tag{10.49}$$

将矩阵 $\boldsymbol{A}'$ 代替式(10.45)的矩阵 $\boldsymbol{A}$，因象函数 $s\Delta\vartheta(s)$ 可以单独求解，且与第一、第二行无关，于是将矩阵方程展开后，由终值定律可得

$$\left.\begin{aligned}&-(a_{22}+a'_{24})\Delta\omega_{zW}+(a'_{24}a_{34}-a_{24})\Delta\alpha_W=-M_{zd}\\&\Delta\omega_{zW}-a_{34}\Delta\alpha_W=0\end{aligned}\right\}\tag{10.50}$$

因为 $\Delta\dot{\vartheta}_W=\Delta\omega_{zW}$，所以解上式求得

$$\left.\begin{aligned}\Delta\dot{\vartheta}_W&=\frac{a_{34}}{a_{24}+a_{22}a_{34}}M_{zd}\\\Delta\alpha_W&=\frac{1}{a_{24}+a_{22}a_{34}}M_{zd}\\\Delta\dot{\theta}_W&=\Delta\dot{\vartheta}_W\end{aligned}\right\}\tag{10.51}$$

可见，导弹作水平飞行时，受到干扰力矩作用的结果，弹体的纵轴最后要定态转动，由此产生气动阻尼力矩 $M_z^{\omega_z}\Delta\dot{\vartheta}_W$ 与恢复力矩 $M_z^{\alpha}\Delta\alpha_W$ 一起来抵消干扰力矩，同时因为 $\Delta\dot{\theta}_W=a_{34}\Delta\alpha_W$，导弹将离开水平弹道而作曲线飞行。

上述分析说明，由于干扰作用是不可避免的，如不转动升降舵来克服它所产生的影响，又无别的抑制干扰影响的措施，其后果是相当严重的。

10.2.1.2　俯仰角的自动稳定

对于无人驾驶飞行器，要转动升降舵必须安装纵向自动驾驶仪，为了达到使俯仰角和弹道倾角保持稳定的目的，自动驾驶仪动态方程的最简单形式应该为

$$\Delta\delta_z=K_{\vartheta}\Delta\vartheta\tag{10.52}$$

式中：K_{ϑ} 为自动驾驶仪对俯仰角的传递系数，或称角传动比。当导弹出现俯仰角的偏量时，因升降舵也按与 $\Delta\vartheta$ 成比例偏转，故产生了以下操纵力矩：

$$M_z^{\delta_z}\Delta\delta_z=-J_z a_{25}K_{\vartheta}\Delta\vartheta\tag{10.53}$$

当 $\Delta\vartheta$ 为正时，操纵力矩 $M_z^{\delta_z}\Delta\delta_z$ 为负，这就抑制了俯仰角的继续增加，并使导弹的纵轴恢复到原来的位置。这个作用类似于恢复力矩的效果，因而认为传递系数 K_{ϑ} 相当于补偿了导

弹的“静稳定性”。当然,操纵动力系数 a_{25} 在这种意义上讲,也起着同样的作用。

下面需要进一步研究的问题是纵向俯仰角的自动稳定时,对自动驾驶仪传递系数 K_ϑ 有何要求,引入俯仰角后又可否减小干扰作用产生的影响。

考虑了调节规律式(10.52),导弹在自动驾驶仪工作下的纵向短周期扰动运动应由式(10.45)和式(10.52)联立表示,将式(10.52)代入式(10.45),求得纵向短周期扰动运动的状态方程为

$$\begin{bmatrix}\Delta\dot{\omega}_z\\ \Delta\dot{\alpha}\\ \Delta\dot{\vartheta}\end{bmatrix}=\boldsymbol{A}''\begin{bmatrix}\Delta\omega_z\\ \Delta\alpha\\ \Delta\vartheta\end{bmatrix}+\begin{bmatrix}M_{z\mathrm{d}}\\ 0\\ 0\end{bmatrix} \tag{10.54}$$

方阵 $\boldsymbol{A}''$ 为

$$\boldsymbol{A}''=\begin{bmatrix}-(a_{22}+a'_{24}) & (a'_{24}a_{34}+a_{22}a_{33}-a_{24}) & -a'_{24}a_{33}-a_{25}K_\vartheta+a'_{24}a_{35}K_\vartheta\\ 0 & -(a_{34}+a_{33}) & a_{33}-a_{35}K_\vartheta\\ 1 & 0 & 0\end{bmatrix} \tag{10.55}$$

与此对应的俯仰角自动稳定的特征方程为

$$\begin{aligned}|sI-\boldsymbol{A}''|=\,&s^3+(a_{22}+a_{34}+a_{33}+a'_{24})s^2+\\&(a_{24}+a_{22}a_{34}+a_{22}a_{33}+a'_{24}a_{33}+a_{25}K_\vartheta-a'_{24}a_{35}K_\vartheta)s+\\&a_{24}a_{33}+a_{25}(a_{33}+a_{34})K_\vartheta-a_{24}a_{35}K_\vartheta=0\end{aligned} \tag{10.56}$$

略去动力系数 a_{33},式(10.56)变为

$$\begin{aligned}&s^3+(a_{22}+a_{34}+a'_{24})s^2+(a_{24}+a_{22}a_{34}+a_{25}K_\vartheta-a'_{24}a_{35}K_\vartheta)s+\\&a_{25}a_{34}K_\vartheta-a_{24}a_{35}K_\vartheta=0\end{aligned} \tag{10.57}$$

此式与弹体本身的特征方程 $|sI-\boldsymbol{A}'|=0$ 相比较,因放大系数 K_ϑ 的存在,特征方程已没有了零根。为保证运动具有稳定性,要求特征方程的所有根和根的实部均为负值,按照赫尔维茨准则,除要求特征方程式(10.56)的系数都是正值外,还必须满足稳定的充分条件,即下列不等式成立:

$$\begin{aligned}&(a_{24}+a_{22}a_{34}+a_{22}a_{33}+a'_{24}a_{33}+a_{25}K_\vartheta-\\&a'_{24}a_{35}K_\vartheta)(a_{22}+a_{34}+a_{33}+a'_{24})-(a_{24}a_{33}+a_{25}a_{33}K_\vartheta+\\&a_{25}a_{34}K_\vartheta-a_{24}a_{35}K_\vartheta)>0\end{aligned} \tag{10.58}$$

这个不等式存在的条件,是自动驾驶仪的传递系数应满足不等式

$$K_\vartheta>-\frac{(a_{24}+a_{22}a_{34}+a_{22}a_{33}+a'_{24}a_{33})(a_{22}+a_{34}+a_{33}+a'_{24})-a_{24}a_{33}}{(a_{25}-a'_{24}a_{35})(a_{22}+a_{34}+a_{33}+a'_{24})+a_{24}a_{35}-a'_{24}a_{34}a_{35}-a_{25}a_{33}} \tag{10.59}$$

因为式(10.59)右端为负值,所以只要传递系数 $K_\vartheta>0$,上式总是成立的,导弹的纵向运动就能够自动稳定。除要求传递系数 K_ϑ 为正值外,为了加快升降舵的偏转,更有效地抑制俯仰角的偏离,还希望传递系数 K_ϑ 大一点。但是 K_ϑ 值也不能太大,太大了会使导弹的反应过于激烈,并容易使升降舵总是处于极限位置,这样就不可能再继续依靠偏转升降舵来操纵导弹的飞行。因此确定传递系数 K_ϑ,除保证导弹具有稳定性外,还要考虑操纵性和动态品质对它的要求。

相比之下,如果动力系数 a_{33} 和 a_{35} 都可以略去,不等式(10.59)就可以变为

$$\frac{K_{\vartheta}a_{25}(a_{22}+a'_{24})}{a_{22}+a_{34}+a'_{24}}+a_{22}a_{34}>-a_{24} \tag{10.60}$$

式(10.60)与没有自动驾驶仪的动态稳定条件 $a_{22}a_{34}>-a_{24}$ 相比较，因为 $K_{\vartheta}a_{25}(a_{22}+a'_{24})/(a_{22}+a'_{24}+a_{34})$ 是正值，可以允许 a_{24} 为负数的绝对值增大，即允许导弹可以有更大的静不稳定性。但是这样讲，不等于在设计导弹时只要采用式(10.52) 调节规律，就可以不考虑导弹的静稳定性，因为动力系数 a_{24} 同时还决定着弹体的传递系数 K_{α}、时间常数 T_{α} 和相对阻尼系数 ξ_{α}，以及自振频率，等等，而这些参数不仅影响着稳定性，还决定着导弹整个纵向扰动运动的动态品质。如果只从稳定性角度看，导弹当然可以是静不稳定的。

还应该指出的是，式(10.59) 是俯仰角稳定的条件，而弹体动态稳定条件 $a_{24}>-a_{22}a_{34}$ 是指俯仰角速度的稳定。对俯仰角而言，因只要存在着 $\Delta\dot{\vartheta}$，俯仰角就按积分方式 $\Delta\vartheta=\int\Delta\dot{\vartheta}\mathrm{d}t$ 随时间而变化。

下面再来分析一下，引入自动驾驶仪后常值干扰力矩 M_{zd} 产生的影响。这时导弹在 M_{zd} 作用下绕重心转动产生俯仰角偏差，升降舵将随俯仰角偏差一起偏转产生操纵力矩，当操纵力矩调节到等于干扰力矩，俯仰角速度为零时，过渡过程就可结束。此时所要关注的是，这时候是否还存在着稳态误差？从力学观点看，为了使弹体保持力矩静态平衡，升降舵应有一个固定偏角。从调节规律看，因为 $\Delta\delta_z=K_{\vartheta}\Delta\vartheta$，所以，俯仰角这时存在着稳态误差，其值可由式(10.54) 导出。对式(10.54) 拉氏变换后由终值定律可得

$$\left.\begin{aligned}(a'_{24}a_{34}+a_{22}a_{33}-a_{24})\Delta\alpha_W+(-a'_{24}a_{33}-a_{25}K_{\vartheta}+a'_{24}a_{35}K_{\vartheta})\Delta\vartheta_W=-M_{zd}\\-(a_{34}+a_{33})\Delta\alpha_W+(a_{33}-a_{35}K_{\vartheta})\Delta\vartheta_W=0\end{aligned}\right\} \tag{10.61}$$

解此方程组求得

$$\left.\begin{aligned}\Delta\vartheta_W&=\frac{(a_{34}+a_{33})}{K_{\vartheta}[a_{25}(a_{34}+a_{33})-a_{24}a_{35}]+a_{24}a_{33}}M_{zd}\\\Delta\alpha_W&=\frac{(a_{33}-a_{35}K_{\vartheta})}{K_{\vartheta}[a_{25}(a_{34}+a_{33})-a_{24}a_{35}]+a_{24}a_{33}}M_{zd}\\\Delta\delta_{zW}&=K_{\vartheta}\Delta\vartheta_W=\frac{K_{\vartheta}(a_{34}+a_{33})}{K_{\vartheta}[a_{25}(a_{34}+a_{33})-a_{24}a_{35}]+a_{24}a_{33}}M_{zd}\\\Delta\theta_W&=\Delta\vartheta_W-\Delta\alpha_W=\frac{(a_{34}+a_{35}K_{\vartheta})}{K_{\vartheta}[a_{25}(a_{34}+a_{33})-a_{24}a_{35}]+a_{24}a_{33}}M_{zd}\end{aligned}\right\} \tag{10.62}$$

攻角也有稳态误差，是因为舵偏角 $\Delta\delta_{zW}$ 产生了升力 $Y^{\delta_z}\Delta\delta_{zW}$ 和重力的法向分量发生了变化，为了在稳态飞行时使法向力处于平衡状态，就必须在过渡过程中调整攻角，以致最后形成了攻角稳态误差 $\Delta\alpha_W$。由于 $\Delta\alpha_W$ 的存在，实际上过渡过程结束后在导弹上除了操纵力矩和干扰力矩外，还有恢复力矩，其力矩平衡状态模型应为

$$M_{zd}+M_z^{\delta_z}K_{\vartheta}\Delta\vartheta_W+M_z^{\alpha}\Delta\alpha_W=0 \tag{10.63}$$

例如某导弹飞行时间 $t=5$ s时，基准运动状态近似水平飞行，$\Delta\theta_0=9.19°$，依靠弹体本身的自然稳定性，在常值干扰 M_{zd} 作用下，出现稳态误差 $\Delta\vartheta_W=0.035\ 6M_{zd}$，$\Delta\alpha_W=0.057\ 2M_{zd}$。引入俯仰角时自动驾驶仪工作后，取升降舵调节规律为 $\Delta\delta_z=K_{\vartheta}\Delta\vartheta$，按式(10.62) 计算稳态误

差，则有 $\Delta\vartheta_W = 0.005\ 88M_{zd}$，$\Delta\alpha_W = -0.004\ 16M_{zd}$，$\Delta\delta_{zW} = 0.035\ 2M_{zd}$。比较两种计算结果，可以发现，升降舵偏转后，可以大大减小由 M_{zd} 产生的角度稳态误差。因此设计舵偏角时，应该留有一定的余量，以便低消干扰力矩的作用，而保证基准运动不受干扰作用的影响。

升降舵偏转后，要进一步消除稳态误差，就要在调节规律中引入俯仰角积分信号，或者采用位移测量装置通过控制信号对弹道进行修正。例如，采用高度传感器就可自动消除由 $\Delta\theta_W$ 产生的高度偏差。

10.2.1.3 俯仰角的自动控制

在纵向扰动运动中自动驾驶仪除保证飞行稳定性外，更主要的作用是执行控制信号操纵导弹飞行。

假设操纵导弹飞行所需的控制信号为 u_ϑ，它在控制系统中是电流或电压等的物理量，在这里代表一定的角度。如果操纵要求是改变导弹的俯仰角，那么控制信号 u_ϑ 就代表所需的俯仰角数值。

因为任何控制信号要对导弹的飞行发生作用，都是通过舵面偏转来实现的，所以对于那些既起稳定作用又起控制作用的自动驾驶仪，它的动态方程就包含了这两方面的因素。因此，升降舵调节规律应为

$$\Delta\delta_z = K_\vartheta \Delta\vartheta - K_\vartheta u_\vartheta / K_T \tag{10.64}$$

由式(10.64)可见，信号 $K_\vartheta \Delta\vartheta$ 与 $K_\vartheta u_\vartheta$ 的极性相反，其原因可解释如下：

对于正常式导弹来说，如果控制信号 u_ϑ 与所要求的俯仰角值 $\Delta\vartheta^*$ 对应，当 $\Delta\vartheta < \Delta\vartheta^*$ 时，升降舵偏角为负值，从而产生正的俯仰操纵力矩，使导弹作抬头俯仰转动，从而使得俯仰角 $\Delta\vartheta$ 增加，达到 $\Delta\vartheta = \Delta\vartheta^*$ 的目的。反之，当 $\Delta\vartheta > \Delta\vartheta^*$ 时，升降舵偏角为正值，从而产生负的俯仰操纵力矩，使导弹作低头俯仰转动，从而使得俯仰角 $\Delta\vartheta$ 减小，达到 $\Delta\vartheta = \Delta\vartheta^*$ 的目的。

如果忽略自动驾驶仪的惯性，把其所有环节都视为理想环节，考虑到升降舵调节规律式(10.64)，可组成俯仰角控制的纵向角运动闭环回路框图，如图10.17所示。在图10.17中，因为控制信号 u_ϑ 为正，俯仰角 $\Delta\vartheta$ 为负，所以闭环回路是负反馈信号。其中，K_T、K_f 和 K_δ 分别为角度陀螺、放大器和舵机系统的传递系数，而 $K_\vartheta = K_T K_f K_\delta$，$\Delta\delta_{zg}$ 为等效干扰舵偏角。

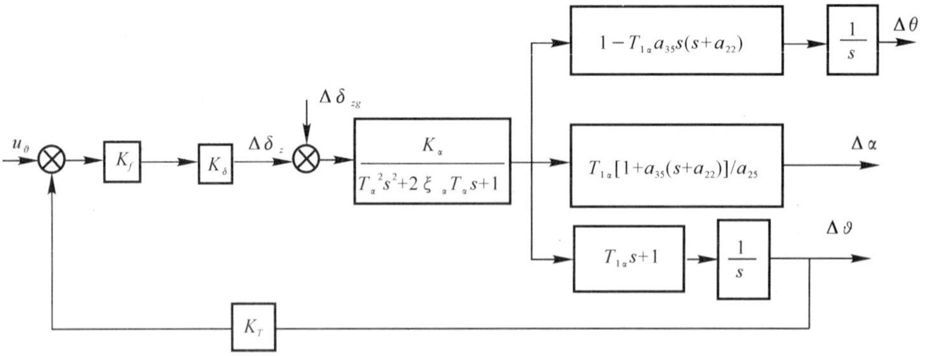

图10.17 俯仰角控制的纵向角运动闭环回路框图

不难看出，导弹舵面偏角包含两个分量：一个分量是为了传递控制信号，有目的地改变导

弹的飞行；另一个分量是为了克服干扰作用，使导弹不受其影响而保持原有的飞行状态。换句话说，一部分舵偏角是起操纵作用的，这是主要的，而另一部分舵偏角是起稳定作用的。下面我们只研究在控制信号 u_ϑ 作用下导弹的纵向运动。

按自动调节理论，这时导弹纵向运动参数应作为闭环系统输出量来对待，它们的动态特性可用系统开环传递函数来说明，例如可以采用根轨迹法进行分析。

以俯仰角 $\Delta\vartheta$ 为输出量，系统的开环传递函数为

$$W(s)=\frac{K_\vartheta K_\alpha(T_{1\alpha}s+1)}{sK_T[T_\alpha^2s^2+2\xi_\alpha T_\alpha s+1]} \tag{10.65}$$

开环系统的极点仍然是短周期扰动运动的特征值，即

$$s_0=0,\quad s_{1,2}=-\frac{\xi_\alpha}{T_\alpha}\pm \mathrm{i}\frac{\sqrt{1-\xi_\alpha{}^2}}{T_{1\alpha}}$$

而零点是

$$s_3=-\frac{1}{T_{1\alpha}}$$

当阻尼系数 $\xi_\alpha<1$ 时，对应于上列开环传递函数的根轨迹如图 10.18 所示。

从其根轨迹来看，再一次证明了只要放大系数 $K_\vartheta>0$，其纵向角运动一定是稳定的。

为了提高动态品质，应该选取比较大的放大系数 $K_\vartheta K_\alpha$，使等于零的闭环极点 s_0 向零点 $-\dfrac{1}{T_{1\alpha}}$ 靠近，否则系统的一个小实根将对控制过程起主要作用，动态反应的时间将会很长。

如果能够增大导弹的相对阻尼系数 ξ_α，就可以使从两个极点出发的根轨迹向左移动，而增大振荡分量的衰减程度。ξ_α 增加了，因为减小了复根 $s_{1,2}$ 的虚部，还可以降低振荡频率。这样就可以选取较大的放大系数 $K_\vartheta K_\alpha$，使根 $s_{1,2}$ 向零点靠近，而不致于因为提高了复根的虚部而加大导弹的振荡频率。如果不计下洗动力系数，可得

$$\frac{\xi_\alpha}{T_\alpha}=\frac{a_{22}+a_{34}}{2}$$

$$\frac{\sqrt{1-\xi_\alpha^2}}{T_\alpha}=\sqrt{a_{24}+a_{22}a_{34}-\left(\frac{a_{22}+a_{34}}{2}\right)^2}$$

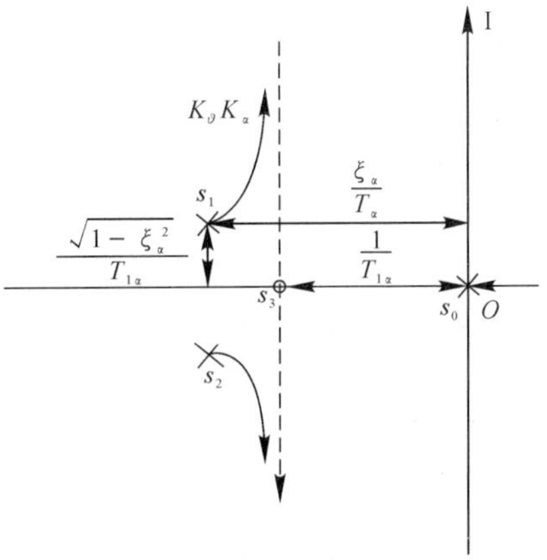

图 10.18　俯仰角控制的参数俯仰角开环传递函数根轨迹图

由此可见，要提高振荡分量的衰减程度，减小振荡频率，必须增加动力系数 a_{22} 和 a_{34}，并限制动力系数 a_{24} 的数值。

为了提高导弹对控制信号的反应速度，要求舵面一开始就有较大的偏角，而要求提高放大系数 K_{ϑ}。但因舵偏角不允许超过规定的最大值，提高放大系数 K_{ϑ} 也就有一定限制。在此情况下，为进一步提高导弹的反应能力，必须增大导弹的传递系数 K_{α}。由于

$$K_{\alpha}=\frac{a_{25}a_{34}-a_{24}a_{35}}{a_{24}+a_{22}a_{34}}$$

这就要求增大动力系数 a_{25}，并同样希望降低动力系数 a_{24}。由此可见，提高了导弹作为开环状态的动态特性，考虑了自动驾驶仪后，导弹在闭环状态下飞行也同样可以获得比较好的动态品质。

根据上述原则选择了导弹和驾驶仪的有关参数，控制信号为阶跃函数时比较理想的过渡过程曲线如图 10.19 所示。

由图 10.19 可见：过渡过程开始时，升降舵偏角与控制信号成正比，导弹在操纵力矩作用下俯仰角发生变化，接着出现攻角的变化。由附加攻角产生升力后，才能引起速度方向发生改变，所以弹道倾角的变化迟后于俯仰角，这是动态反应开始阶段的现象。

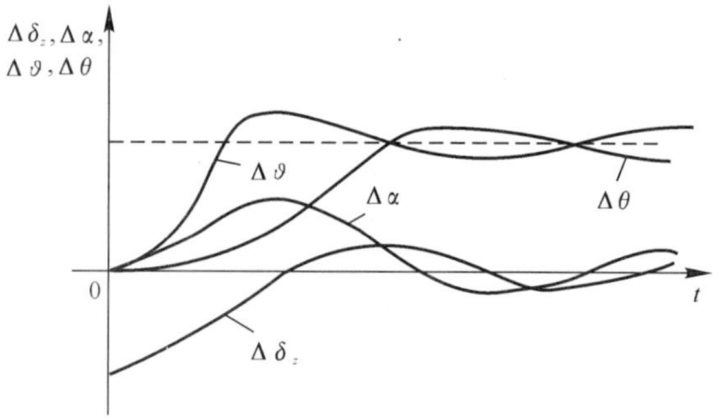

图 10.19　控制信号为阶跃函数时俯仰角控制的理想过渡过程曲线

随着俯仰角变化量的增大，通向驾驶仪的负反馈信号也加大，因此舵偏角偏量逐渐减小，则舵面回收。因为操纵力矩随着舵面的回收而减小，附加攻角产生的恢复力矩又要阻止弹体纵轴偏转，由此两个力矩共同作用的结果，使俯仰角偏差随后只能慢慢地达到新的给定值。与此同时，由于弹道倾角偏差不断地加大，附加攻角也就渐渐地减小到零。

当附加攻角和舵偏角偏量重新为零时，在弹体上也不再有不平衡的力和力矩的作用，过渡过程就告结束。

上述情况与导弹作为开环飞行的状态是完全不相同的，因为自动驾驶仪发挥作用后，舵面不再阶跃偏转，而是由控制信号和俯仰角偏差反馈信号之差来决定附加舵偏角的大小，其差为零时舵偏角也就回收到原来的位置。

为了求出运动参数的过渡过程函数和稳态值，必须首先推导出它们对于控制信号 u_{ϑ} 的闭环传递函数。由图 10.17 可得导弹作为操纵对象的闭环传递函数为

$$\varphi_{\vartheta u_{\vartheta}}(s)=\frac{K_{f}K_{\delta}K_{\alpha}(T_{1\alpha}s+1)}{T_{\alpha}^{2}s^{3}+2\xi_{\alpha}T_{\alpha}s^{2}+(K_{\vartheta}K_{\alpha}T_{1\alpha}+1)s+K_{\vartheta}K_{\alpha}} \tag{10.66}$$

$$\varphi_{\alpha u_\vartheta}(s)=\frac{K_f K_\delta K_\alpha T_{1\alpha}\left[1+\dfrac{a_{35}}{a_{25}}(s+a_{22})\right]s}{T_\alpha^2 s^3+2\xi_\alpha T_\alpha s^2+(K_\vartheta K_\alpha T_{1\alpha}+1)s+K_\vartheta K_\alpha} \tag{10.67}$$

由于舵面偏角 $\Delta\delta_z$ 这时不仅是弹体的输入量，也是驾驶仪的输出量，因此应视其为被调节参量，它对控制信号 u_ϑ 的闭环传递函数为

$$\varphi_{\delta_z u_\vartheta}(s)=\frac{K_f K_\delta (T_\alpha^2 s^2+2\xi_\alpha T_\alpha s+1)s}{T_\alpha^2 s^3+2\xi_\alpha T_\alpha s^2+(K_\vartheta K_\alpha T_{1\alpha}+1)s+K_\vartheta K_\alpha} \tag{10.68}$$

控制信号 u_ϑ 为常数，过渡过程结束后，按终值定律由闭环传递函数得到角运动参数的稳态值为

$$\Delta\vartheta_W=\Delta\theta_W=\frac{1}{K_T}u_\vartheta,\quad \Delta\alpha_W=\Delta\delta_{zW}=0 \tag{10.69}$$

在常值控制信号 u_ϑ 的作用下，导弹飞行方向改变 $\Delta\theta_W=\dfrac{1}{K_T}u_\vartheta$ 值。

应该补充说明一点，纵向稳定回路采用角度陀螺，对于那些机动性要求比较高的导弹是不合适的，因为这些导弹希望在控制信号的作用下，经过动态响应产生比较大的过载偏量稳态值，即

$$\Delta n_{yW}=\frac{v_0}{g}\Delta\dot{\theta}_W$$

而根据以上推论，采用角度陀螺形成闭环回路，只能得到弹道倾角的稳态值 $\Delta\theta_W$，而 $\Delta\dot{\theta}_W=0$，所以俯仰角控制信号作用的结果得不到法向过载的增量。因此，对于机动性要求比较高的导弹，不采用俯仰角作为闭环反馈信号，而是将俯仰角速度作为闭环反馈信号，并采用微分和积分陀螺作为敏感元件。

10.2.1.4　俯仰角速度的自动稳定与控制

升降舵的变化规律为 $\Delta\delta_z=K_\vartheta\Delta\vartheta$，如果导弹的相对阻尼系数 ξ_α 很小，而时间常数 T_α 又很大，动态过程将衰减得很慢，其品质不理想。例如，某一地舰导弹 $\xi_\alpha=0.264\ 3\sim0.320\ 8$，而 $T_\alpha=0.145\ 2\sim0.240\ 2$ s，如果升降舵只随俯仰角变化，过渡过程将十分缓慢，动态品质很不好。

在这种情况下为了增大导弹的"阻尼"作用，与分析倾斜动态性质一样，在调节规律中引入俯仰角速度 $\Delta\dot{\vartheta}$ 的信号是必要的。

为了按导弹俯仰角速度 $\Delta\dot{\vartheta}$ 的大小成比例地偏转升降舵，自动驾驶仪采用能测量角速度的二自由度陀螺仪。于是，调节规律为

$$\Delta\delta_z=K_f K_\delta(K_T\Delta\vartheta+K_T\Delta\dot{\vartheta})-K_f K_\delta u_{\dot{\theta}} \tag{10.70}$$

式中：K_T 为二自由陀螺的放大系数。由此调节规律，结合弹体传递函数，可以组成纵向控制回路结构框图 10.20，图中 $u_{\dot{\theta}}$ 代表规定的弹道倾角角速度偏量。

按照动力学观点，导弹纵轴偏转时，应是先具有俯仰角速度 $\Delta\dot{\vartheta}$，然后才有俯仰角 $\Delta\vartheta$。在调节规律中引入了俯仰角速度 $\Delta\dot{\vartheta}$ 信号，就可以在俯仰角 $\Delta\vartheta$ 出现之前偏转舵面，使舵面偏转超前俯仰角的变化。

自动驾驶仪按俯仰角速度 $\Delta\dot{\vartheta}$ 的大小偏转升降舵后，在导弹上就产生了与角速度 $\Delta\dot{\vartheta}$ 方向相反的操纵力矩 $M_z^{\delta_z}K_{\dot{\vartheta}}\Delta\dot{\vartheta}$，这个力矩与气动阻尼力矩方向相同，所以它的作用就类似于起到了阻尼力矩的作用，好似导弹的气动阻尼得到了补偿。因此，放大系数 K_T 的存在增大了导弹的"气动阻尼"，二自由度陀螺又称阻尼陀螺。

在动态分析中确定放大系数 $K_{\dot{T}}$ 的数值，可以首先分析传递 $\Delta\dot{\vartheta}$ 信号的支回路，使其动态性质比较理想。为此由图 10.20 先求出这个支回路的闭环传递函数 $\varphi_{\dot{\vartheta}\delta_1}(s)$。

$$\varphi_{\dot{\vartheta}\delta_1}(s)=\frac{K_f K_\delta K_\alpha(T_{1\alpha}s+1)}{T_\alpha^2 s^2+(2\xi_\alpha T_\alpha+K_f K_\delta K_{\dot{T}} K_\alpha T_{1\alpha})s+K_f K_\delta K_{\dot{T}} K_\alpha+1} \tag{10.71}$$

这个闭环传递函数同样是一个二阶环节，但与弹体传递函数 $W_{\dot{\vartheta}\delta_z}(s)$ 相比较，$(2\xi_\alpha T_\alpha+K_f K_\delta K_{\dot{T}} K_\alpha T_{1\alpha})>2\xi_\alpha T_\alpha$，这就相当于增大了动态过程的阻尼。

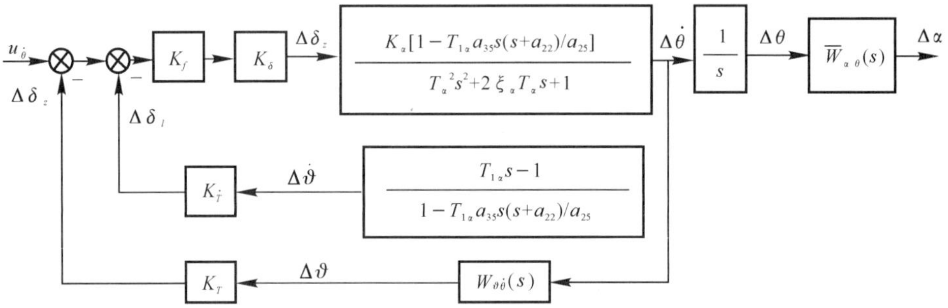

图 10.20　俯仰角及俯仰角速度控制的纵向回路结构框图

令

$$K_{\dot{\vartheta}}=K_f K_\delta K_{\dot{T}},\quad K_\nu=\frac{K_f K_\delta K_\alpha}{K_{\dot{\vartheta}}K_\alpha+1}$$

$$T_\nu=\frac{T_\alpha}{\sqrt{K_{\dot{\vartheta}}K_\alpha+1}},\quad \xi_\nu=\frac{2\xi_\alpha T_\alpha+K_{\dot{\vartheta}}K_\alpha T_{1\alpha}}{2T_\alpha\sqrt{K_{\dot{\vartheta}}K_\alpha+1}}$$

式中：$K_{\dot{\vartheta}}$ 为角速度传动比（或放大系数）。于是式(10.71) 可以变为

$$\varphi_{\dot{\vartheta}\delta_1}(s)=\frac{K_\nu(T_{1\alpha}s+1)}{T_\nu^2 s^2+2\xi_\nu T_\nu s+1}$$

可见，当

$$\xi_\nu=\frac{2\xi_\alpha T_\alpha+K_{\dot{\vartheta}}K_\alpha T_{1\alpha}}{2T_\alpha\sqrt{K_{\dot{\vartheta}}K_\alpha+1}} \tag{10.72}$$

为$\sqrt{2}/2$ 时，传递微分信号 $\Delta\dot{\vartheta}$ 的支路就具有最好的阻尼特性。将弹体传递参数与动力系数的关系表达式代入式(10.72) 中，并使 $\xi_\nu=\sqrt{2}/2$，经整理后可得

$$K_{\dot{\vartheta}}=\frac{1}{a_{25}}\left[\sqrt{2\left(a_{24}+\frac{a_{22}a_{24}a_{35}}{a_{25}}+\frac{a'_{24}a_{24}a_{35}}{a_{25}}-a'_{24}a_{34}\right)+\left(\frac{a_{24}a_{35}}{a_{25}}\right)^2-a_{34}^2}-\left(a_{22}+a'_{24}+\frac{a_{24}a_{35}}{a_{25}}\right)\right] \tag{10.73}$$

不计动力系数 a_{35}，此式可以简化成

$$K_{\dot{\vartheta}}=\frac{1}{a_{25}}\left[\sqrt{2(a_{24}-a'_{24}a_{34})-a_{34}^2}-(a_{22}+a'_{24})\right] \tag{10.74}$$

式(10.74) 表明：导弹的气动阻尼很小，而静稳定性又很大时，为了增大导弹的“阻尼”，传递 $\Delta\dot{\vartheta}$ 的传动比 $K_{\dot{\vartheta}}$ 就要增加。因为增大导弹的“阻尼”是依靠操纵力矩的作用，操纵动力系数 a_{25} 比较小时，为了保持操纵力矩不变，在同样角速度 $\Delta\dot{\vartheta}$ 下就要增大舵偏角，这就要求提高放大系数 $K_{\dot{\vartheta}}$。

10.2.2　自动驾驶仪惯性对纵向扰动运动动态特性的影响

10.2.2.1　考虑自动驾驶仪惯性的调节规律

10.2.1 节所讨论的典型调节规律，都没有考虑自动驾驶仪元件的惯性、非线性和无灵敏区等因素。这种近似处理方法，只适合于初步研究弹体气动外形设计、部位安排以及回路设计的情况。

根据自动驾驶仪的结构组成，它的工作惯性主要是舵机系统的惯性。分析舵机系统惯性，必须考虑舵偏时承受的负载，一般包括铰链力矩、惯性力矩、摩擦力矩和阻尼力矩。

$$-N_\delta \cdot L_\delta = -M_\delta^\delta \cdot \delta - M_\delta^{\dot\delta} \cdot \dot\delta - M_\delta^\alpha \cdot \alpha$$

式中：N_δ 为舵偏产生的舵面气动力；$M_\delta^{\dot\delta} \cdot \dot\delta$ 为舵偏气动铰链阻尼力矩；$M_\delta^\delta \cdot \delta$ 为舵偏角气动铰链力矩；$M_\delta^\alpha \cdot \alpha$ 为攻角气动铰链力矩；L_δ 为舵面气动力作用点到其转轴的距离。

舵偏动力学方程为

$$J_\delta\ddot\delta + M_\delta^\delta \cdot \delta + M_\delta^{\dot\delta} \cdot \dot\delta + M_\delta^\alpha \cdot \alpha = M_\delta$$

式中：J_δ 为舵面绕转轴的转动惯量；M_δ 为舵机转动舵面的有效力矩。由此可得

$$J_\delta\ddot\delta + M_\delta^{\dot\delta} \cdot \dot\delta = M_\delta - M_\delta^\delta \cdot \delta - M_\delta^\alpha \cdot \alpha$$

两端除以 $M_\delta^{\dot\delta}$，则有

$$\frac{J_\delta}{M_\delta^{\dot\delta}}\ddot\delta + \dot\delta = \frac{M_\delta}{M_\delta^{\dot\delta}} - \frac{M_\delta^\alpha}{M_\delta^{\dot\delta}} \cdot \alpha - \frac{M_\delta^\delta}{M_\delta^{\dot\delta}} \cdot \delta$$

令 $T_\delta = \dfrac{J_\delta}{M_\delta^{\dot\delta}}, K_\delta = \dfrac{1}{M_\delta^{\dot\delta}}$，则有

$$T_\delta\ddot\delta + \dot\delta = K_\delta(M_\delta - M_\delta^\delta \cdot \delta - M_\delta^\alpha \cdot \alpha)$$

若近似认为 $M_\delta^\alpha \cdot \alpha = \eta M_\delta^\delta \cdot \delta$（$\eta$ 根据弹道计算可近似确定），则有

$$T_\delta\ddot\delta + \dot\delta = K_\delta(M_\delta - M_\delta^\delta \cdot \delta - \eta M_\delta^\delta \cdot \delta)$$

对上式进行拉氏变换，可得

$$s(T_\delta s + 1)\delta(s) = K_\delta M_\delta(s) - K_\delta M_\delta^\delta(1+\eta)\delta(s)$$

则有闭环传递函数

$$W(s) = \frac{\delta(s)}{M_\delta(s)} = \frac{W_\delta(s)}{1 + W_\delta(s)M_\delta^\delta(1+\eta)} = \frac{K_\delta}{s(T_\delta s + 1) + K_\delta M_\delta^\delta(1+\eta)}$$

由此可得开环传递函数

$$W_\delta(s) = \frac{\delta(s)}{M_\delta(s)} = \frac{K_\delta}{s(T_\delta s + 1)}$$

考虑惯性影响的舵机系统传递结构框图如图 10.21 所示。

显然，舵机系统的惯性可以用一个一阶惯性环节来表示，由此来讨论自动驾驶仪惯性对纵向扰动运动的影响。此时自动驾驶仪的传递函数可以写为（参见图 10.22）

$$W_{\delta_z\dot\vartheta}(s) = \frac{\delta_z(s)}{\Delta\dot\vartheta(s)} = \frac{K_f K_\delta K_T}{s(T_\delta s + 1)} \tag{10.75}$$

或写成调节规律的形式为

$$(T_\delta s + 1)\Delta\delta_z = \frac{1}{s}K_f K_\delta K_T \Delta\dot\vartheta \tag{10.76}$$

式中：T_δ 是舵机系统的时间常数，它的出现反映自动驾驶仪存在着惯性。

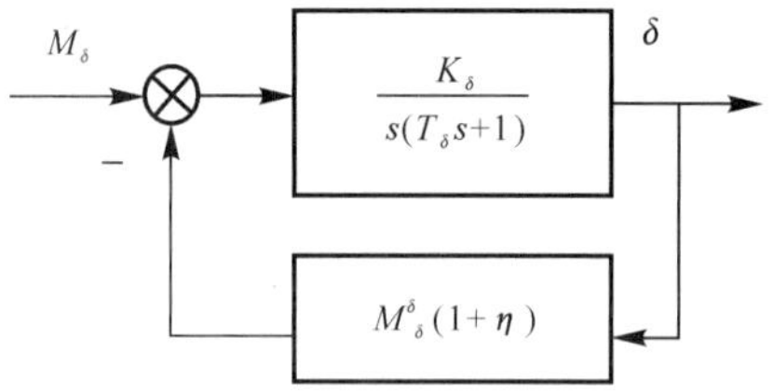

图 10.21　考虑惯性影响的舵机系统传递结构框图

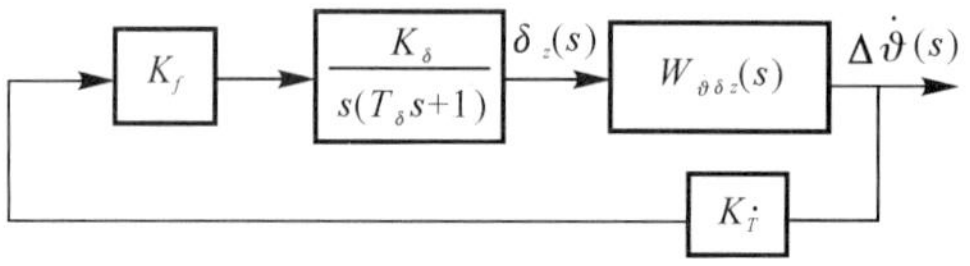

图 10.22　考虑舵机系统惯性的纵向俯仰角速度运动传递结构框图

在此调节规律中若同时引入俯仰角二次微分信号 $\Delta\ddot{\vartheta}$，则有

$$(T_\delta s+1)\Delta\delta_z=\frac{1}{s}K_fK_\delta(K_{\dot{T}}\Delta\dot{\vartheta}+K_{\ddot{T}}\Delta\ddot{\vartheta})=\frac{1}{s}K_{\dot{\vartheta}}(K_1 s+1)\Delta\dot{\vartheta} \tag{10.77}$$

式中：$K_1=K_{\ddot{T}}/K_{\dot{T}}$，$K_{\ddot{T}}$ 是测量 $\Delta\ddot{\vartheta}$ 信号的敏感元件传动比。

10.2.2.2　考虑舵机系统惯性影响的纵向扰动运动动态特性分析

以式(10.77) 调节规律为例，用频域法分析导弹纵向扰动运动的动态特性。

由调节规律式(10.77) 与弹体开环传递函数可以组成如图 10.23 所示的控制回路结构框图。为简化起见，图中略去了动力系数 a_{35}。

按图 10.23 分析导弹的纵向运动，因系数阶次比较高，所以应用对数频域法对其动态特性进行分析。

首先求导弹的对数频率特性，由图 10.23 中弹体传递函数可得其幅频特性函数为

$$A_d(\omega)=20\lg K_\alpha+20\lg\sqrt{T_{1\alpha}^2\omega^2+1}-20\lg\sqrt{(1+T_\alpha{}^2\omega^2)^2+(2\xi_\alpha T_\alpha\omega)^2} \tag{10.78}$$

相频特性函数为

$$\varphi_d(\omega)=\arctan T_{1\alpha}\omega-\arctan\frac{2\xi_\alpha T_\alpha\omega}{1+T_\alpha^2\omega^2} \tag{10.79}$$

一般情况下，导弹时间常数 $T_\alpha<T_{1\alpha}$，因此交点频率 $\frac{1}{T_{1\alpha}}<\frac{1}{T_\alpha}$。幅频特性则用渐近线可近似表示为

$$\left.\begin{aligned}&\omega\leqslant\frac{1}{T_\alpha},\quad A_d(\omega)=20\lg K_\alpha\\&\frac{1}{T_{1\alpha}}\leqslant\omega\leqslant\frac{1}{T_\alpha},\quad A_d(\omega)=20\lg K_\alpha T_{1\alpha}\omega\\&\omega\geqslant\frac{1}{T_\alpha},\quad A_d(\omega)=20\lg\frac{K_\alpha T_{1\alpha}}{T_\alpha^2\omega}\end{aligned}\right\} \tag{10.80}$$

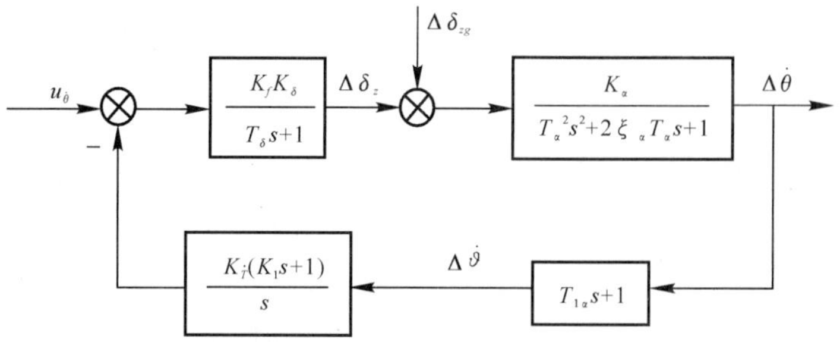

图 10.23　由考虑了舵机系统惯性的调节规律与弹体开环传递函数组成的纵向扰动运动控制回路结构框图

在交点频率附近应对 $A_d(\omega)$ 进行修正，在渐近线交点上修正量最大值按以下方法计算：

惯性环节和一阶导数环节的最大修正量为

$$\Delta = \mp 20\lg\sqrt{2} = \mp 3\ \text{dB} \tag{10.81}$$

振荡环节的最大修正量为

$$\Delta = 20\lg\frac{1}{2\xi_\alpha} \tag{10.82}$$

在图 10.24(a) 上绘出了弹体自身的对数幅相频率特性曲线，将图中的修正量与渐近线值相加，就可得到准确的特性曲线值。

自动驾驶仪的对数频率特性，可由式(10.77) 分别求出幅频特性函数 $A_z(\omega)$ 和相频特性函数 $\varphi_z(\omega)$ 为

$$A_z(\omega) = 20\lg K_{\vartheta} - 20\lg\omega + 20\lg\sqrt{K_1^2\omega^2+1} - 20\lg\sqrt{T_\delta^2\omega^2+1} \tag{10.83}$$

$$\varphi_z(\omega) = -\frac{\pi}{2} + \arctan K_1\omega - \arctan T_\delta\omega \tag{10.84}$$

假设自动驾驶仪的参数能使它的交点频率 $\frac{1}{K_1} < \frac{1}{T_\delta}$，则 $A_z(\omega)$ 和 $\varphi_z(\omega)$ 将如图 10.24(b) 所示(图中没有绘出幅频修正量)。

纵向稳定回路框图(见图 10.23) 的全部开环对数频率特性为弹体自身与自动驾驶仪的对数频率特性之和，如图 10.24(c) 所示。分析图中对数幅相频率特性，可以得出下述结论：

(1) 在对数幅频特性 $A(\omega) = A_d(\omega) + A_z(\omega) > 0$ 的范围内，相频特性 $\varphi(\omega) = \varphi_d(\omega) + \varphi_z(\omega)$ 与 $-\pi$ 线的正负穿越次数之差等于零，且弹体自身和自动驾驶仪在开环状态下无实部为正的根，那么，导弹带自动驾驶仪的纵向扰动运动就具有稳定性。

调节规律包括积分环节，相频增加 $-\pi/2$，将对系统的稳定性不利。在调节规律中增加俯仰角二次微分信号 $\Delta\ddot{\vartheta}$，使开环传递函数串联一个一阶微分环节[见式(10.77)]，使相位增加 $\pi/2$，这就有利于提高系统的稳定性。因为积分形式的调节规律中引入 $\Delta\ddot{\vartheta}$ 信号，实际上是起增加“气动阻尼”的作用，所以有利于提高稳定性。

(2) 在稳定的前提下，对数幅频特性曲线在截止频率 ω_0 处具有 -20 dB/ 倍频的斜率，因稳定余量较大，超调量就比较小。

假定自动驾驶仪时间常数 T_δ 很小，截止频率 $\omega_0 < \frac{1}{T_\delta}$，而 $\omega_0 > \frac{1}{T_\alpha}$，因此在 $\frac{1}{T_\alpha} \sim \frac{1}{T_\delta}$ 频率范围内，幅频特性之和为

$$A(\omega)=20\lg\frac{K_\alpha T_{1\alpha}}{T_\alpha^2\omega}+20\lg K_\vartheta K_1=20\lg\frac{K_\vartheta K_1 K_\alpha T_{1\alpha}}{T_\alpha^2\omega} \tag{10.85}$$

因在ω_0处的斜率为-20 dB/倍频，满足所提要求，所以这时过渡过程的超调量很小，而相频稳定余量φ_1可以大于或等于45°。

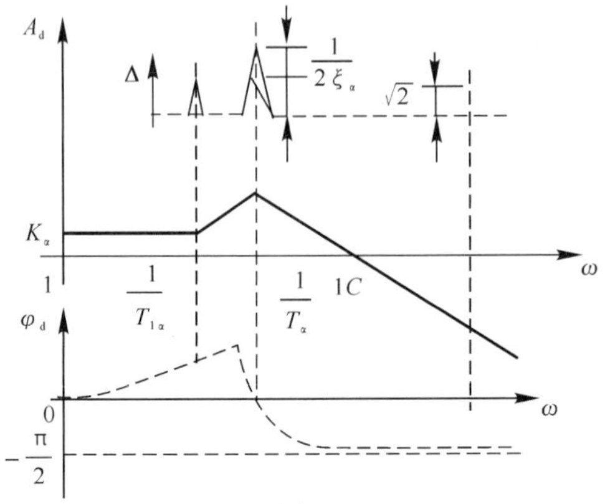

(a)

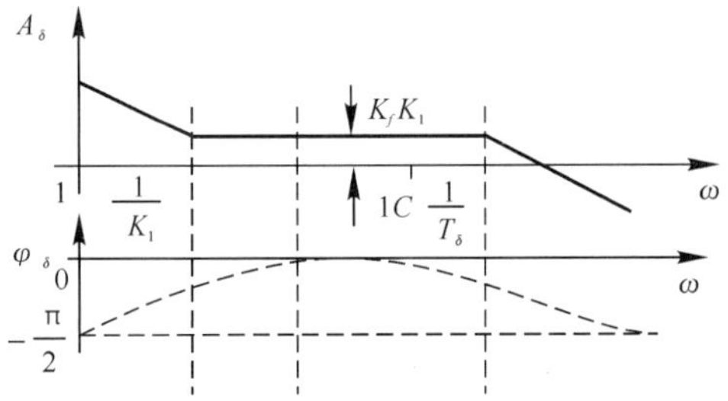

(b)

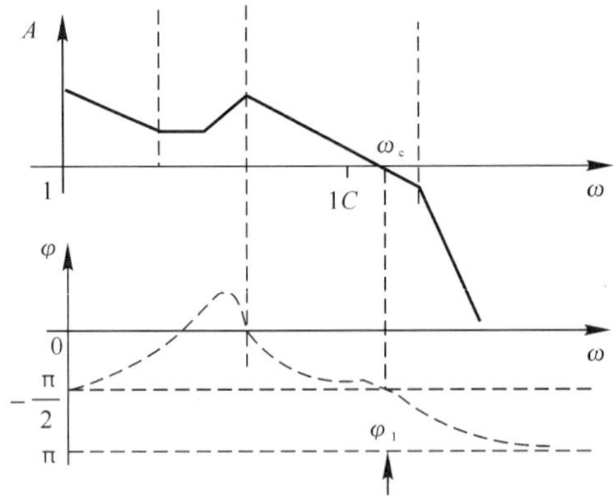

(c)

图 10.24　考虑舵机系统惯性的导弹纵向扰动运动对数幅相频率特性曲线

如果自动驾驶仪某元件的时间常数$T'<T_\delta$，因$\frac{1}{T'}$远在ω_0之后，故对截止频率余量没有什么影响，所以这个元件的时间常数T'可以不计。这就证明了小于T_δ的时间常数可以略去的理由是正确的。

(3) 由 $A(\omega)=0$，从式(10.85) 可得开环截止频率

$$\omega_0=\frac{K_{\dot\vartheta}K_1K_\alpha T_{1\alpha}}{T_\alpha{}^2} \tag{10.86}$$

截止频率 ω_0 越大，换句话说通频带越宽，一般过渡过程时间就越短，系统的反应就越快。因此要提高导弹的操纵性或动态品质，就必须增大自动驾驶仪放大系数 $K_{\dot\vartheta}$ 和 K_1，或增大导弹的传递系数 K_α。但是，增大放大系数，将要提高幅频 $A(\omega)$ 的位置，使稳定余量减小，甚至在有些情况下还会不稳定，因此增加放大系数也是有限的。同时放大系数 $K_{\dot\vartheta}K_1$ 的数值还要受到舵面最大偏角的限制。战术导弹一般要求截止频率 ω_0 不小于 10 rad/s。

减小导弹的时间常数 T_α 可以增大通频带宽，这是有利的。因此，这就要求导弹必须是静稳定的，且应有一定的静稳定度。但是静稳定度也不能太大，否则将因为增加静稳定度而减小传递系数 K_α，反而使截止频率不能增大。因此，一个导弹的静稳定度应该多大，必须进行动态特性分析后才能合理地确定。

如果增大自动驾驶仪时间常数 T_δ，例如增加到 T'_δ，即 $T_\delta<T'_\delta<T_\alpha$，那么，当 $\omega>\dfrac{1}{T'_\delta}$ 时，开环系统的幅频特性就等于

$$A(\omega)=20\lg\frac{K_\alpha T_{1\alpha}}{T_\alpha^2\omega}+20\lg\frac{K_{\dot\vartheta}K_1}{T'_\delta\omega}=20\lg\frac{K_{\dot\vartheta}K_1K_\alpha T_{1\alpha}}{T'_\delta T_\alpha^2\omega^2} \tag{10.87}$$

这时在截止频率 ω_0 处的幅频特性曲线斜率变为 -40 dB/ 倍频，而截止频率由式(10.87)等于零求得，即

$$\omega_0=\frac{K_{\dot\vartheta}K_1K_\alpha T_{1\alpha}}{T'_\delta T_\alpha^2} \tag{10.88}$$

这时对数幅相频率特性曲线将如图 10.25 所示。为便于比较，在图上同时绘制了时间常数为 T_δ 的频率特性曲线(虚线)。

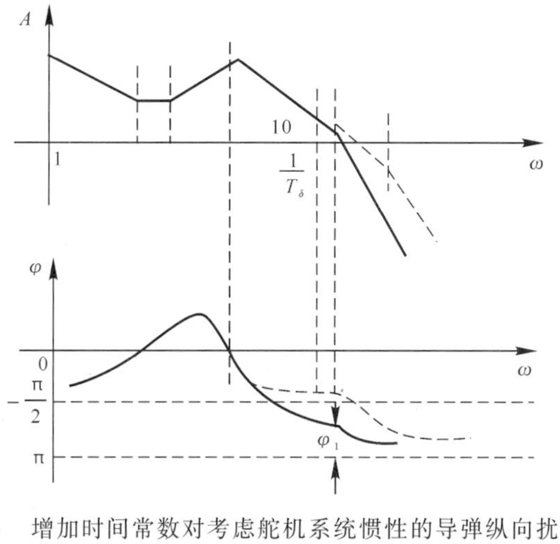

图 10.25　增加时间常数对考虑舵机系统惯性的导弹纵向扰动运动动态特性影响的对数频率特性曲线

由于增大了自动驾驶仪的时间常数，其结果使稳定余量减小，截止频率减小，幅频特性在 ω_0 处的斜率增大。总而言之，增大了过渡过程的时间，降低了导弹的反应能力，而且超调量很大。因此，希望自动驾驶仪时间常数要尽可能小一些。

10.2.3 纯积分形式的调节规律

鉴于升降舵偏角 $\Delta\delta_z$ 根据微分信号偏转，在常值干扰力矩作用下，因存在 $\Delta\dot{\vartheta}_W$ 而出现稳态误差 $\Delta\delta_{zW}$，提出舵偏角稳态误差与俯仰角及其角速率无关的设计思想。实现俯仰角及其角速率无静差的方案，自动驾驶仪方程必须含有积分信号，使升降舵偏角在俯仰角或其角速率的稳定变化过程中达到需要的数值，最简形式的无静差自动驾驶仪方程是下列纯积分形式的调节规律：

$$\Delta\delta_z = \int K_{\dot{\vartheta}}\Delta\dot{\vartheta}\,dt \tag{10.89}$$

其与导弹传递函数组成的纵向回路框图如图 10.26 所示。

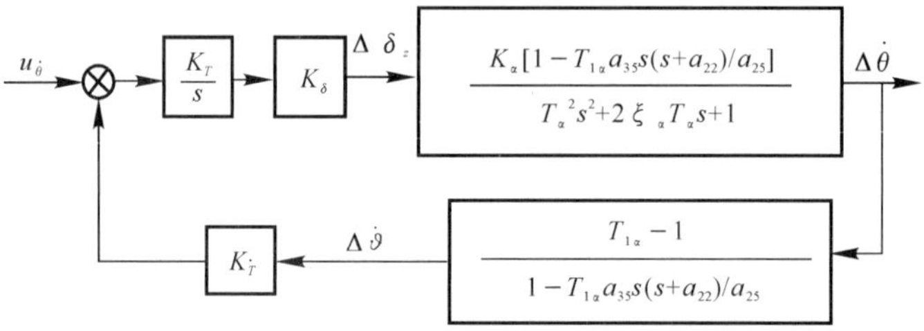

图 10.26 含积分角速率信号的纵向姿态运动控制回路结构框图

据图 10.26 写出闭环传递函数后，在过渡过程结束时，可以求出控制信号 $u_{\dot{\theta}}$ 为常值下的 $\Delta\dot{\theta}$ 稳态值为

$$\Delta\dot{\theta}_W = \frac{1}{K_{\dot{T}}}u_{\dot{\theta}}$$

在常值相似干扰力矩 M_{zd} 作用下，稳态误差 $\Delta\dot{\theta}_W = 0$。

稳态值 $\Delta\dot{\theta}_W = \frac{1}{K_{\dot{T}}}u_{\dot{\theta}}$ 与微分调节规律所得稳态值 $\Delta\dot{\theta}_W = \frac{K_f K_\delta K_\alpha}{1+K_{\dot{\vartheta}}K_\alpha}u_{\dot{\theta}}$ 相比较，因为

$$\frac{1}{K_{\dot{T}}} > \frac{1}{\frac{1}{K_f K_\delta K_\alpha}+K_{\dot{T}}} = \frac{K_f K_\delta K_\alpha}{1+K_{\dot{\vartheta}}K_\alpha} \tag{10.90}$$

所以可以获得机动能力更大的 $\Delta\dot{\theta}_W$。

同时，采用积分陀螺后，在常值干扰力矩 M_{zd} 作用下，导弹没有弹道倾角角速度的稳态误差 $\Delta\dot{\theta}_W$，所以积分式调节规律又可称为无静差的调节规律，它可以提高导弹克制干扰的能力，从而获得更高的飞行精度。

由于这些优点，积分式调节规律的自动驾驶仪在空空和地空导弹上也得到了应用，但是，式(10.89)的这种调节规律不能补偿导弹的"阻尼"，要求弹体本身的气动阻尼要比较好，这对于由低空到高空飞行的导弹是比较困难的。

无静差自动驾驶仪的调节规律也可用俯仰角积分值表示，如

$$\Delta\delta_z = \int K_{\vartheta}\Delta\vartheta\,dt \tag{10.91}$$

或写为

$$\Delta\dot{\delta}_z = K_\vartheta \Delta\vartheta \tag{10.92}$$

可见，在积分式自动驾驶仪的调节规律中俯仰角要经过积分之后才能使舵面转动，因此舵面偏转落后于俯仰角的变化。当导弹俯仰角有了偏离时，舵面也就起不到抑制偏离的作用，这样的调节规律也就稳定不了导弹，为了使舵面反应提前，至少还要引入俯仰角速度 $\Delta\dot{\vartheta}$ 的信号，使调节规律变为

$$\Delta\dot{\delta}_z = K_\vartheta \Delta\vartheta + K_{\dot{\vartheta}} \Delta\dot{\vartheta} \tag{10.93}$$

在积分式调节规律中，引入了 $\Delta\dot{\vartheta}$ 的信号，虽使舵面反应加快了，但还不能超前俯仰角的偏离，这点只要对式(10.93)进行一次积分就可以看出：

$$\Delta\delta_z = K_\vartheta \int \Delta\vartheta \mathrm{d}t + K_{\dot{\vartheta}} \Delta\vartheta \tag{10.94}$$

这说明引入 $\Delta\dot{\vartheta}$ 后也只能使舵面跟随俯仰角一起变化，为了达到舵面转动在俯仰角偏离之前，在积分式调节规律中还要引入俯仰角加速度 $\Delta\ddot{\vartheta}$ 的信号，这时调节规律为

$$\Delta\dot{\delta}_z = K_{\ddot{\vartheta}} \Delta\ddot{\vartheta} + K_{\dot{\vartheta}} \Delta\dot{\vartheta} + K_\vartheta \Delta\vartheta \tag{10.95}$$

式中：$K_{\ddot{\vartheta}}$ 为俯仰角加速度 $\Delta\ddot{\vartheta}$ 信号的放大系数，此式也可写成

$$\Delta\delta_z = K_\vartheta \int \Delta\vartheta \mathrm{d}t + K_{\dot{\vartheta}} \Delta\vartheta + K_{\ddot{\vartheta}} \Delta\dot{\vartheta} \tag{10.96}$$

由于调节规律中引入了比较多的信号，这种自动驾驶仪的结构就很复杂，也就失去了简单轻巧的优点，使其应用受到了限制。

在此还要阐述一下关于“提前偏舵”的概念。在建立式(10.96)的调节规律时，曾经提出过舵面反应提前的要求。在式(10.96)中不计积分信号，该式实际上是如下形式的自动驾驶仪调节规律：

$$\Delta\delta_z = K_\vartheta \Delta\vartheta + K_{\dot{\vartheta}} \Delta\dot{\vartheta} \tag{10.97}$$

在这种情况下，导弹姿态运动既可从自动驾驶仪获得补偿“静稳定性”的益处，又可以增加“阻尼”。

假设偶然干扰使导弹出现俯仰角偏量初始值 $\Delta\vartheta_0$，由自动驾驶仪转动升降舵后在导弹上产生负值操纵力矩，如图10.27(a)所示。由低头力矩引起的俯仰角偏量及其速率的过渡过程由图10.27(b)表示。

在图10.27(c)上分别绘出了与俯仰角偏量及其速率成正比的升降舵偏转角的变化曲线，$\Delta\delta_1 = K_\vartheta \Delta\vartheta$ 由曲线1表示，$\Delta\delta_2 = K_{\dot{\vartheta}} \Delta\dot{\vartheta}$ 由曲线2表示，$\Delta\delta_z = \Delta\delta_1 + \Delta\delta_2$ 由曲线3表示。

由图10.27(c)可知，在俯仰角减小的过程中，时间 t_2 之前，$\Delta\delta_1$ 为正值。因为此时 $\Delta\dot{\vartheta}$ 为负，所以 $\Delta\delta_2$ 为负值，与 $\Delta\delta_1$ 相反。于是，在小于 t_2 的 t_1 时刻，当俯仰角 $\Delta\vartheta$ 为正时，升降舵 $\Delta\delta_z$ 已提前回到基准位置，见曲线3。到了 t_2 时刻，在俯仰角 $\Delta\vartheta$ 还是零值时，舵偏角 $\Delta\delta_z$ 已处于负值，形成了抬头力矩，抑制导弹继续向下转动，或者说舵面偏转已出现超前于俯仰角的情形。这种现象被称为“提前偏舵”，它是通过俯仰角速率反馈信号实现的。

因此，在类似于式(10.97)的自动驾驶仪调节规律中含有俯仰角微分信号时，据“提前偏舵”的概念，而称升降舵的相位超前于俯仰角。依此类推，含积分信号时，升降舵相位迟后于俯仰角。

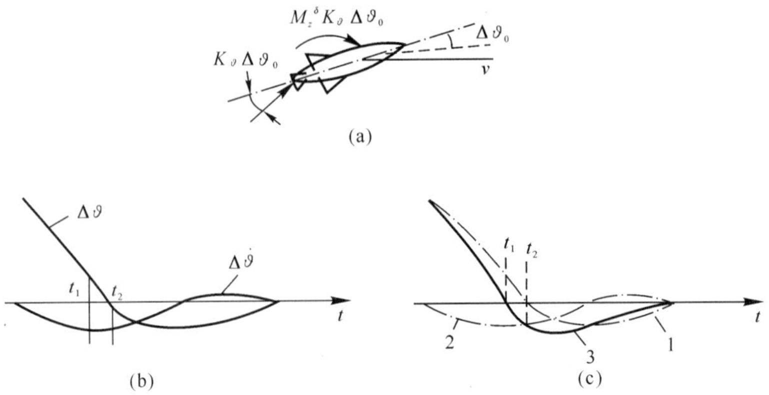

图 10.27　提前偏舵理想的过渡过程曲线

10.2.4　法向加速度反馈的纵向动态特性分析

纵向姿态运动的自动稳定与控制实际上也联系着飞行弹道倾角的稳定与控制。所以说，通过俯仰角及其速率的稳定与控制，也就实现了飞行弹道倾角的稳定与控制。

在导弹的自动稳定与控制系统中引入法向加速度增量的反馈信号，就能直接改变导弹的法向加速度或法向过载，从而提高纵向动态特性的品质。

在升降舵调节规律中引入法向加速度或法向过载的信号，这时自动驾驶仪要增加测量加速度或过载的传感器。在过载传感器的后面一般还要附加一个低频滤波器，以滤去弹体本身的振动以及大气湍流所造成的噪声干扰。

加速度或过载传感器附加低频滤波器后是一个惯性环节，因此升降舵调节规律同时引入俯仰角速度和法向加速度信号的表达式为

$$(T_{\delta}s+1)\Delta\delta_z = K_{\dot{\vartheta}}\Delta\dot{\vartheta} + \frac{K_f K_{\delta} K_n v_0}{(T_n s+)g}\Delta\dot{\theta} \tag{10.98}$$

这是一个具有惯性的自动驾驶仪的调节规律，并在反馈支路中含有一个非周期环节，以示法向过载传感器具有工作惯性。K_n 为法向过载传感器的放大系数，T_n 为其时间常数，实际上它是低频滤波器的时间常数。式中未计角速度陀螺本身惯性的影响。

由调节规律式(10.98)与弹体传递函数组成的纵向姿态回路框图，如图 10.28 所示。

图中控制信号 u_{θ} 在式(10.98)中没有写出，它正比于弹道倾角角速率，也就正比于法向过载。图内限幅器的作用是保证控制信号 u_{θ} 不超过某最大值，使导弹飞行在法向过载的允许范围内。

在图 10.28 内，两个反馈支路可改换成一个等效通道，其等效传递函数等于

$$G_{u\dot{\theta}}(s) = K_{\dot{\vartheta}}(T_{1\alpha}s+1) + \frac{K_n}{(T_n s+1)}\frac{v}{g} = \frac{K_{\dot{\vartheta}}T_{1\alpha}T_n s^2 + K_{\dot{\vartheta}}(T_{1\alpha}+T_n)s + K_{\dot{\vartheta}} + K_n v/g}{T_n s+1}$$

由此可得纵向姿态运动的开环传递函数为

$$G_{u\epsilon_1}(s) = \frac{K_f K_{\delta}}{T_{\delta}s+1}\frac{K_{\alpha}}{T_{\alpha}^2 s^2 + 2\xi_{\alpha}T_{\alpha}s+1} \times \frac{K_{\dot{\vartheta}}T_{1\alpha}T_n s^2 + K_{\dot{\vartheta}}(T_{1\alpha}+T_n)s + K_{\dot{\vartheta}} + K_n v_0/g}{T_n s+1} \tag{10.99}$$

若能选择适当的法向过载传感器放大系数 K_n，使

$$\frac{K_{\dot{T}} T_{1\alpha} T_n}{K_{\dot{T}} + K_n v_0 / g} = T_\alpha^2 \tag{10.100}$$

得以成立，便可以在开环传递函数式(10.99)中消除导弹时间常数 T_α 的影响，因为时间常数 $T_\alpha > T_\delta$、T_n，消除了 T_α 的影响，等于法向过载信号补偿了弹体的动态延迟，减小了飞行状态对纵向动态特性的影响。

下面进一步分析一下引入法向加速度信号或法向过载信号后，对导弹法向过载的变化和机动性将起什么作用。

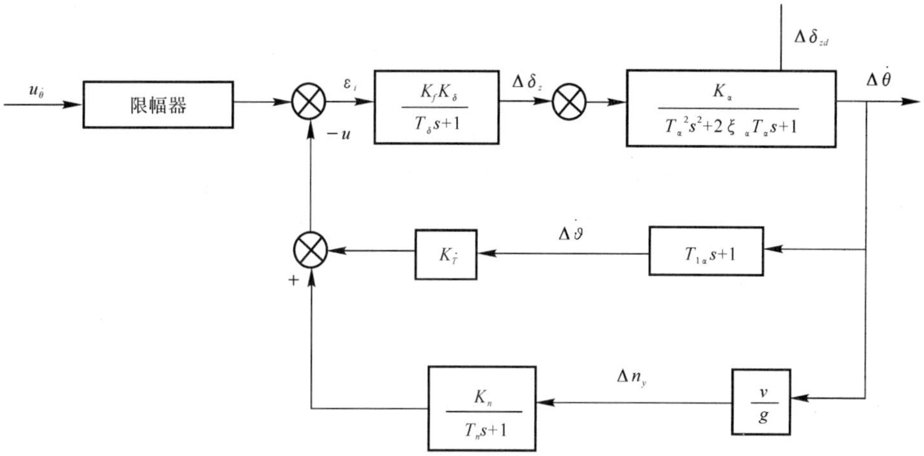

图 10.28　法向过载反馈的纵向姿态运动控制回路结构图

由图 10.28 可得 $\Delta\dot{\theta}$ 对 $u_{\dot{\theta}}$ 的闭环传递函数

$$W_{\dot{\theta}u_{\dot{\theta}}}(s) = \frac{K_f K_\delta K_\alpha (T_n s + 1)}{(T_\alpha^2 s + 2\xi_\alpha T_\alpha s + 1)(T_\delta s + 1)(T_n s + 1) + C} \tag{10.101}$$

其中

$$C = K_f K_\delta K_\alpha (K_{\dot{T}} T_{1\alpha} T_n s^2 + K_{\dot{T}} (T_{1\alpha} + T_n) s + K_{\dot{T}} + K_n v_0 / g)$$

控制信号 $u_{\dot{\theta}}$ 为单位阶跃函数，由式(10.101)可得过渡过程结束时法向过载稳态值

$$\Delta n_{yW} = \frac{K_f K_\delta K_\alpha}{1 + K_f K_\delta K_\alpha \left(K_{\dot{T}} + K_n \dfrac{v_0}{g}\right)} \frac{v_0}{g} u_{\dot{\theta}} \tag{10.102}$$

此结果与过载公式 $\Delta n_{yW} = \dfrac{v_0}{g} \Delta\dot{\theta}_W = \dfrac{v_0}{g} \dfrac{K_f K_\delta K_\alpha}{1 + K_{\dot{\vartheta}} K_\alpha} u_{\dot{\theta}}$ 的差别是：在式(10.102)的分母中多了一个与飞行速度有关的项 $K_f K_\delta K_\alpha v_0 / g$，其所起的作用是抵消了导弹传递系数 K_α 随飞行速度 v_0 的变化，尽可能使闭环放大系数

$$K_{\varphi 1} = \frac{K_f K_\delta K_\alpha}{1 + K_f K_\delta K_\alpha \left(K_{\dot{T}} + K_n \dfrac{v_0}{g}\right)} \frac{v_0}{g} \tag{10.103}$$

保持不变，这就有可能使法向过载 Δn_{yW} 在控制系统作用下，当 $u_{\dot{\theta}}$ 不变时，其值也不随飞行速度和高度而改变，从而提高导弹的机动性。这一点，用一个地空导弹的飞行作为例子，经过计算就可得到证明，见表 10.1。表中 $K_{\varphi 2}$ 为无法向加速度信号的闭环放大系数，其表达式为

$$K_{\varphi 2}=\frac{K_fK_\delta K_\alpha}{1+K_fK_\delta K_\alpha K_T}\frac{v_0}{g} \tag{10.104}$$

由表 10.1 可以看出：自动驾驶仪增加了法向加速度反馈支路，闭环放大系数 $K_{\varphi 1}$ 比较平稳，飞行速度和高度对它的影响较小。就表中数据而言，当 $H=22$ km 时，$K_{\varphi 1}=0.756\ 7$，约为低空的 72%。但是，若无法向加速度反馈信号，当 $H=22$ km 时，放大系数 $K_{\varphi 2}$ 仅为低空的 43%。因此，舵面随法向加速度偏转，可以在很大程度上提高导弹的高空机动性。

当飞行速度很大时，若

$$K_T+K_nv_0/g\approx K_nv_0/g \tag{10.105}$$

则法向过载 Δn_{yW} 为

$$\Delta n_{yW}=\frac{K_fK_\delta K_\alpha}{1+K_fK_\delta K_\alpha K_nv_0/g}\frac{v_0}{g}u_\vartheta \tag{10.106}$$

表 10.1　某地空导弹相关参数的变化

H/m	v_0/(m·s^{-1})	K_α /s^{-1}	$K_{\dot\vartheta}$/s	$K_fK_\delta K_\alpha K_n$	$K_{\varphi 1}$	$K_{\varphi 2}$
5 027.84	605.23	0.515 3	0.363 4	2.625	1.051	3.556
9 187.2	696.89	0.355 3	0.395 5	1.970	1.018	3.201
13 098.9	792.64	0.232 7	0.445 5	1.453	0.969 6	2.767
16 174.1	871.91	0.144 0	0.504 2	1.018	0.890 2	2.205
19 668.6	951.33	0.089 45	0.602 3	0.755	0.823 6	1.812
22 000.0	994.52	0.069 59	0.620 9	0.605	0.756 7	1.534

若在式(10.106) 中有

$$K_fK_\delta K_\alpha K_nv_0/g\gg 1$$

则式(10.106) 可简化为

$$\Delta n_{yW}=\frac{1}{K_n}u_\vartheta$$

这个结论说明，导弹的飞行速度很大时，在控制信号 u_ϑ 作用下，导弹将直接获得与它成正比的法向过载增量，且与飞行状态无关。可见，采用限幅器使控制信号不超过某最大值是非常必要的。

事实上法向过载反馈支路的信号足够大时，由式(10.100) 可以说明，飞行状态对 T_α 的影响相对减弱，即动态特性与飞行状态的关系也减弱了。甚至在对数幅频的低频段，过载传感器的频率特性成为主要组成部分，并可使纵向姿态运动获得较大的截止频率。例如，某空空导弹，在调节规律中增补了法向过载信号，就可以使截止频率 $\omega_c=15.8$ rad/s，而其相频稳定余量为 35°。

10.2.5　飞行高度的稳定与控制

飞行控制的最终目的是使导弹沿着导引方法指定的弹道飞行，或者是以足够的精度保持在预定的轨迹上。飞行高度的稳定与控制就属于此类任务。例如，舰对舰或地对舰导弹都有很长一段射程要求作水平等高飞行。无人驾驶侦察机和靶机也需要保持一定的飞行高度。在这种情况下，飞行器必须具有对飞行高度的稳定性。

前面所述关于纵向姿态运动的自动稳定与控制是不能完成对飞行高度的稳定与控制任务的。其原因一是将飞行高度的变化列为导弹的质点运动的范畴，已经超出了姿态运动的范围；二是根据小扰动假设，在姿态运动中不考虑由高度变化带来的空气密度的影响。因此，建立纵向扰动运动方程组时，将姿态运动和高度变化作了解耦处理。然而，两者又是有联系的，因为质点运动的控制依赖于姿态操纵，飞行高度也是如此。

10.2.5.1　稳定与控制飞行高度的原理

在纵向扰动运动中，飞行高度偏量由式(7.2)可表示为

$$\frac{\mathrm{d}\Delta y}{\mathrm{d}t}=\sin\theta_0\Delta v+(v\cos\theta)_0\Delta\theta \tag{10.107}$$

因短周期扰动运动阶段不考虑飞行速度偏量，则上式变为

$$\Delta\dot{y}=a_{41}\Delta\theta \tag{10.108}$$

式中：动力系数 $a_{41}=(v\cos\theta)_0$。可见，弹道倾角 $\Delta\theta$ 的出现，改变了飞行速度在垂直地面方向上的大小，飞行高度就要发生变化。换句话说，控制飞行高度必须首先改变弹道倾角。

另外，在俯仰角稳定与控制的过程中，由于 $\Delta\theta=\Delta\vartheta-\Delta\alpha$，飞行高度实际上也在发生变化。特别是在常值干扰力矩作用下出现弹道倾角的稳态误差 $\Delta\theta_W$，在姿态运动结束后将使飞行高度一直处于变化之中。因此，保持飞行高度的稳定，或者有意改变飞行高度，对于某些导弹来讲是非常重要的。但是，纯姿态的稳定与控制系统则达不到此目的。

自动稳定和控制飞行高度必须安装测量相对于预定高度的偏差的敏感元件，如气压式高度表、无线电高度表或大气数据传感器。由高度敏感元件向姿态运动回路输送高度差信号，通过改变弹道倾角来调整飞行高度差，是实现自动稳定或控制高度的基本方法，其原理如图 10.29 所示。

高度敏感元件一般能测出高度差及其变化率。高度差是指实际高度 $H+\Delta y$ 和预定高度 H_0 之差(见图 10.29)，其中 H 为初始时刻的实际高度，因此初始时刻高度偏差的初值

$$\Delta H=H-H_0 \tag{10.109}$$

若导弹初始时刻实际飞行高度高于预定高度，则偏差 $\Delta H>0$，导弹为消除此偏差，必须要获得作下滑飞行的负弹道倾角($-\Delta\theta$)。对于正常式导弹，这时则要求升降舵后缘下偏，即 $\Delta\delta_z>0$，因此高度偏差 ΔH 与 $\Delta\delta_z$ 的极性是相同的。反之，若导弹初始时刻实际飞行高度低于预定高度，$\Delta H<0$，这时则需要正常式导弹的 $\Delta\delta_z<0$，极性也是相同的。

自动控制导弹的飞行高度是有意改变导弹的预定高度值，因此在式(10.109)中的 H_0 也可以是一个变量，其值由弹道设计确定。例如，地对舰导弹可以定高 10 m，也可以定高 30 m。

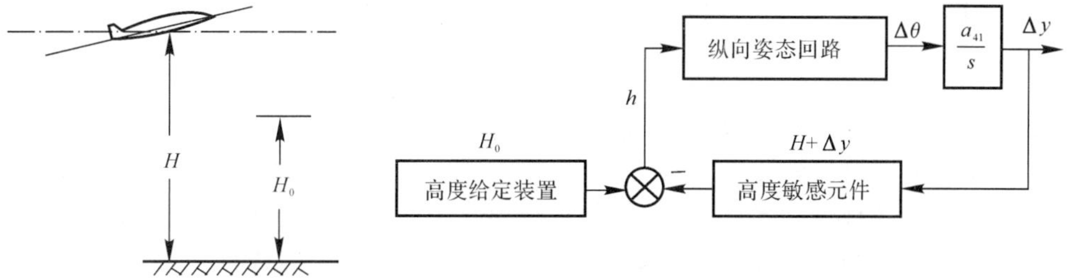

图 10.29　高度稳定与控制原理图

10.2.5.2 高度差反馈的动力学分析

综上所述，因纵向姿态运动含弹道倾角 $\Delta\theta$，必然引起飞行高度偏量，其值由式(10.108) 计算，即

$$\Delta y = \int a_{41} \Delta\theta \, dt \tag{10.110}$$

积分结果说明：即使在过渡过程结束后 $\Delta\theta = 0$，高度上也存在着偏差。要使飞行器能够保持预定的高度，必须装置能够测量实际高度的敏感元件，并通过自动驾驶仪来操纵导弹修正高度偏量。因为高度控制系统通常是在俯仰角控制系统的基础上形成的，为了稳定或控制飞行高度，在原有自动驾驶仪的调节规律中应包括反映高度偏量的信号。一种最简单的高度稳定与控制自动驾驶仪调节规律可以写为

$$(T_\delta s + 1)\Delta\delta_z = K_f K_\delta (K_T \Delta\vartheta + K_h h) \tag{10.111}$$

式中：K_h 为高度传感器的放大系数；h 为高度差。由式(10.111) 调节规律和导弹纵向传递函数式(8.54) 和式(8.55)，令动力系数 $a'_{25} = 0$，可组成含高度差反馈的纵向扰动运动控制结构框图如图 10.30 所示。

值得指出的是，预定高度 H_0 为某规定值，高度稳定控制时 $H - H_0$ 代表高度的初始差值 ΔH_0。人为地改变预定高度 H_0，差值 $H - H_0$ 代表相应的高度控制信号。由图 10.30 和式(10.109) 可以看出高度差

$$h = H - H_0 + \Delta y \tag{10.112}$$

式中：H 为扰动运动开始时刻的实际高度。

按图 10.30，当正常式导弹的实际高度 H 小于预定高度 H_0 时，在自动驾驶仪的作用下，关于导弹发生纵向姿态和弹道变化的动力学现象可作以下扼要的解释。

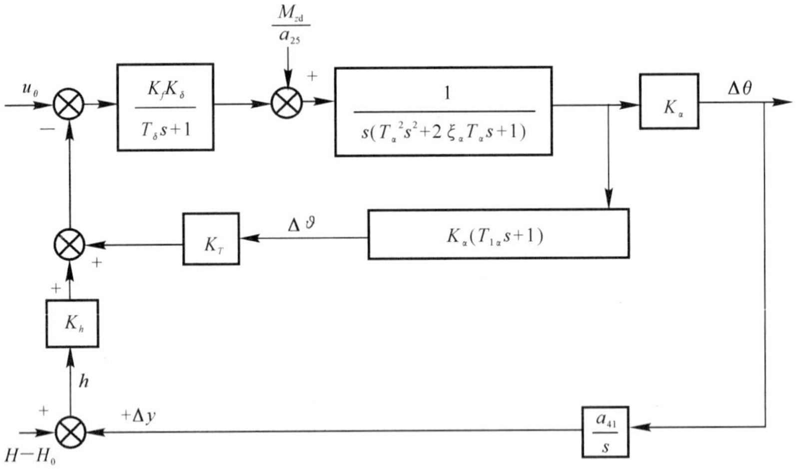

图 10.30　含高度差反馈的纵向扰动运动控制结构框图

消除负高度差的全部动力学过程如图 10.31 所示。

(a) 设计要求导弹在给定高度 H_0 上以攻角 α 作水平飞行，实际飞行高度则为 H，两者之差为 $H - H_0 < 0$，舵偏角 $\Delta\delta_z < 0$，使导弹抬头转动，俯仰角 ϑ 和攻角 α 同时增大。攻角增加后，因升力大于重力，导弹开始爬升，高度偏量 Δy 增加，这时原有高度差减小到 $H + \Delta y - H_0$。

(b) 俯仰角偏离，出现高度偏量 Δy，其结果在放大器内就有两个信号进行综合，一个是已

有的 $K_\vartheta\Delta\vartheta$(正值)，另一个是在减小的 $K_h h$(负值)，因此使原来 $|\Delta\delta_z<0|$ 减小。由于舵面回收，即舵偏角绝对值减小，导致操纵俯仰姿态变化的操纵力矩减小，从而使得 $\Delta\dot{\vartheta}$ 减小，$\Delta\vartheta$ 的增速减慢，加之弹道倾角 $\Delta\theta$ 的增加，则攻角 $\Delta\alpha$ 也要减小。

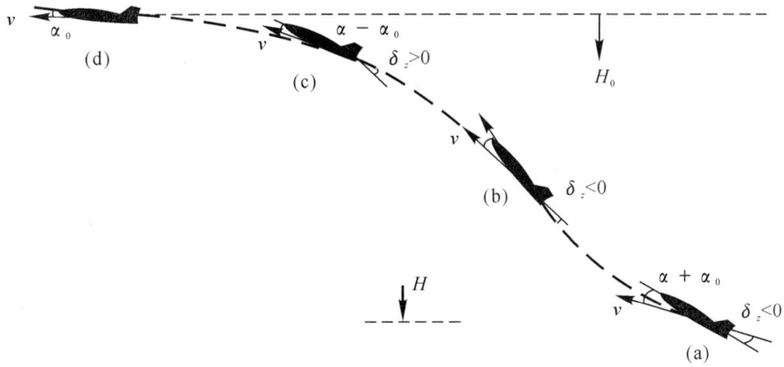

图 10.31　消除负高度差的高度稳定飞行过程

(c) 导弹爬升后，因高度差 h 本身也在减小，当信号 $K_h h$ 减小到恰好等于信号 $K_\vartheta\Delta\vartheta$ 时，舵偏角偏量值就等于零。但是由于此时弹道倾角 $\Delta\theta$ 不等于零，导弹还要继续爬升，从而使信号 $K_h h$ 小于 $K_\vartheta\Delta\vartheta$，使舵面反向偏转，产生反向操纵力矩，导致 $\Delta\dot{\vartheta}<0$，从而使俯仰角 $\Delta\vartheta$ 随之而减小。由此使得攻角由正值变为负值，使升力小于重力，飞行弹道向下弯曲，速度方向将逐渐转向水平。

(d) 因高度差信号和俯仰角偏差信号均为零，飞行速度又重新回到水平方向，攻角和舵面也同时恢复原位，导弹经过自动稳定过程后又在给定高度 H_0 上继续飞行。

由以上分析可以看出，所涉及的两个信号 h 和 $\Delta\vartheta$ 都是重要的：没有高度差 h 信号，就不能按误差进行调整；而没有俯仰角 $\Delta\vartheta$ 信号，稳定高度的过程就会产生振荡。因无 $\Delta\vartheta$ 信号，在消除高度差 h 的过程中，舵偏角始终是 $\Delta\delta_z<0$，攻角 $\Delta\alpha>0$，飞行弹道一直向上弯曲。当导弹达到给定高度 H_0 时，因飞行速度不在水平位置，导弹就将继续上升，冲过高度 H_0 而引起振荡。有了 $\Delta\vartheta$ 信号就不同了，它可以使导弹在未达到给定高度 H_0 时，先置舵偏角 $\Delta\delta_z>0$，而避免发生振荡或减小振荡。因此，俯仰角 $\Delta\vartheta$ 信号对稳定高度来说起到了阻尼作用。

回顾已经讲过的纵向姿态稳定回路，引入 $\Delta\dot{\vartheta}$ 信号，可以补偿"阻尼"。联想到对高度的稳定，引入 $\dot{h}$ 信号，也可起到增加阻尼的作用，在这个条件下，就不必强调一定要引入俯仰角 $\Delta\vartheta$ 信号了。这时，稳定高度的调节规律为

$$(T_\delta s+1)\Delta\delta_z=K_f K_\delta(K_{\dot{h}} s+K_h)h \tag{10.113}$$

式中：$K_{\dot{h}}$ 为传递高度差微分信号的放大系数。

信号 $\Delta\vartheta$ 和 $\dot{h}$ 之所以都能起到阻尼作用，则是因为飞行中这两个运动参数是相互关联的，这一点由式(10.107) 很容易得到证明：

式(10.107) 可以变为

$$\dot{h}=\Delta\dot{y}=a_{41}\Delta\theta=a_{41}(\Delta\vartheta-\Delta\alpha) \tag{10.114}$$

显然，由于 $\dot{h}$ 和 $\Delta\vartheta$ 是正比关系，所以两者能起相同的作用。

10.2.5.3 典型外干扰对定高飞行的影响

导弹定高飞行时，若遇垂直上升气流，就要产生附加攻角(见图 6.1)。如果导弹水平飞行时，所遇垂直上升气流速度为 u，其附加攻角 $\Delta\alpha$ 的初值则为

$$\Delta\alpha_0 \approx \frac{u}{v_0} \tag{10.115}$$

在附加攻角 $\Delta\alpha_0$ 出现的情况下，导弹就要爬升，出现高度差 h。若采用式(10.111) 调节规律，信号 h 将使舵面向下偏转，引起导弹低头转动。

当附加俯仰角等于附加攻角时，动态过程结束，出现稳态误差

$$\Delta\vartheta_W = \Delta\alpha_W \approx -\frac{u}{v_0} \tag{10.116}$$

在导弹又重新进入平飞状态后，舵面必须回收到无上升气流前的位置，因此式(10.111) 调节规律的右端必须等于零，即

$$K_T\Delta\vartheta_W + K_h h_W = 0 \tag{10.117}$$

则有

$$h_W = -\frac{K_T}{K_h}\Delta\vartheta_W \approx \frac{K_T}{K_h}\frac{u}{v_0} \tag{10.118}$$

所得结果说明，在上升气流中为了使导弹能够继续保持平飞，采用包括高度差信号的调节规律式(10.111)，将产生高度误差 h_W。

如果利用 $\dot{h}$ 信号来抑制高度的振荡过程，并断开俯仰角偏差信号支路，那就可以保证导弹飞入垂直气流后，在高度方面不产生误差，这就是利用 $\dot{h}$ 信号的优点。但在结构上要有测量 $\dot{h}$ 信号的传感器。

采用上述稳定高度的调节规律，当导弹受到常值干扰力矩 M_{zd} 的作用后，要平衡这个干扰力矩，升降舵必须有一个常值舵偏角，这就要求有一个常值信号输入给自动驾驶仪。这个信号不可能是俯仰角的偏差，因为这样导弹不是爬升就是下降。因此，只能是常值高度偏差。这个高度偏差可推导如下：

因为稳态时

$$\Delta\delta_{zW} = \frac{M_{zd}}{a_{25}} \tag{10.119}$$

另外，按自动驾驶仪方程式(10.111) 可以求出

$$\Delta\delta_{zW} = K_f K_\delta K_h h_W \tag{10.120}$$

则有高度误差为

$$h_W = \frac{M_{zd}}{K_f K_\delta K_h a_{25}} \tag{10.121}$$

对于超低空飞行的导弹，减小由干扰作用产生的高度误差是非常必要的，其措施就是要减小干扰作用和增大高度传感器的灵敏度，使放大系数 K_h 增大。当然，在调节规律中引入高度偏差的积分信号 $\int h\,\mathrm{d}t$，也可以达到在常值干扰作用下消除高度误差的目的。因为稳定飞行后，由积分值可以使舵面有一个固定偏角，产生操纵力矩来抵消干扰力矩，而不产生高度误差 h_W。

10.2.5.4　自动调整高度的稳定性分析

自动稳定高度的动力学关系，可由图 10.30 的闭环传递函数来表示，也可由动力学方程联立表示。在此我们采用后一种方法，其中导弹的纵向短周期扰动运动，不考虑动力系数 a'_{25} 和干扰力 F_{yd}，可由式(8.27) 的状态方程表示为

$$\begin{bmatrix}\Delta\dot{\omega}_z\\ \Delta\dot{\alpha}\\ \Delta\dot{\vartheta}\end{bmatrix}=\boldsymbol{A}\begin{bmatrix}\Delta\omega_z\\ \Delta\alpha\\ \Delta\vartheta\end{bmatrix}+\begin{bmatrix}-a_{25}+a_{25}a_{35}\\ -a_{35}\\ 0\end{bmatrix}\Delta\delta_z+\begin{bmatrix}M_{zd}\\ 0\\ 0\end{bmatrix}\tag{10.122}$$

动力系数矩阵 $\boldsymbol{A}$ 由式(8.28) 表示。飞行高度变化方程由式(10.114) 可得

$$\Delta\dot{y}=a_{41}(\Delta\vartheta-\Delta\alpha)\tag{10.123}$$

自动驾驶仪方程由式(10.111) 和图 10.30 可以写为

$$\Delta\dot{\delta}_z=\frac{1}{T_\delta}K_fK_\delta[K_T\Delta\vartheta+K_h\Delta y+K_h(H-H_0)]-\frac{1}{T_\delta}\Delta\delta_z\tag{10.124}$$

将式(10.122) ～ 式(10.124) 三个方程联立起来，可得飞行高度自动稳定和控制的状态方程为

$$\begin{bmatrix}\Delta\dot{\omega}_z\\ \Delta\dot{\alpha}\\ \Delta\dot{\vartheta}\\ \Delta\dot{\delta}_z\\ \Delta\dot{y}\end{bmatrix}=\boldsymbol{A}_h\begin{bmatrix}\Delta\omega_z\\ \Delta\alpha\\ \Delta\vartheta\\ \Delta\delta_z\\ \Delta y\end{bmatrix}+\begin{bmatrix}M_{zd}\\ 0\\ 0\\ \dfrac{K_fK_\delta K_h}{T_\delta}(H-H_0)\\ 0\end{bmatrix}\tag{10.125}$$

式中

$$\boldsymbol{A}_h=\begin{bmatrix} & & & -a_{25}+a'_{24}a_{35} & 0\\ & \boldsymbol{A} & & -a_{35} & 0\\ & & & 0 & 0\\ 0 & 0 & K_{\vartheta 1} & -1/T_\delta & K_{h1}\\ 0 & -a_{41} & -a_{41} & 0 & 0\end{bmatrix}\tag{10.126}$$

式中

$$K_{\vartheta 1}=\frac{1}{T_\delta}K_fK_\delta K_T,\quad K_{h1}=\frac{1}{T_\delta}K_fK_\delta K_h$$

自动稳定与控制飞行高度的特征方程式则为

$$\begin{aligned}|sI-\boldsymbol{A}_h|=s[(s^3+A_1s^2+A_2s+A_3)(T_\delta s+1)+K_fK_\delta K_T(A_4s+A_5)]+\\ K_fK_\delta K_h(A_6s^2+A_7s+A_8)=0\end{aligned}\tag{10.127}$$

式中

$$A_4=a_{25}-a'_{24}a_{35}$$
$$A_5=a_{25}(a_{34}+a_{33})-a_{24}a_{35}$$
$$A_6=-a_{35}$$
$$A_7=-a_{35}(a_{22}+a'_{24})$$
$$A_8=a_{25}a_{34}-a_{24}a_{35}$$

分析特征方程式(10.127)很容易看出，其右端第一项是导弹引入自动驾驶仪后的角运动特征方程，只是引入高度信号后多乘以s。而右端第二项则是反映高度差信号h的作用。不难看出，自动驾驶仪不引进高度信号h，即放大系数$K_h=0$，则导弹在自动驾驶仪工作下对高度H_0只能是中立稳定的。

引入高度差信号h后，为保证导弹纵向扰动运动是稳定的，特征方程式(10.127)必须满足赫尔维茨稳定准则。当要求特征方程各系数大于零时，则必须有

$$K_f K_\delta K_h A_8 = K_f K_\delta K_h (a_{25}a_{34} - a_{24}a_{35}) > 0 \tag{10.128}$$

因此保证导弹对于飞行高度具有稳定性，需要求传递系数之积$K_f K_\delta K_h > 0$，以及动力系数$a_{25}a_{34} > a_{24}a_{35}$。

习　　题

1. 轴对称大气有翼飞行器倾斜自动驾驶仪的作用是什么？
2. 为什么要在轴对称大气有翼飞行器倾斜自动驾驶仪调节规律中引入$\Delta\gamma$和$\Delta\dot{\gamma}$信号？
3. 推导消除$\Delta\gamma_W$、$\Delta\dot{\gamma}_W$对控制影响的坐标变换模型。
4. 为什么在轴对称大气有翼飞行器倾斜自动驾驶仪引入调节规律$\Delta\delta_x = K_\gamma\Delta\gamma + K_{\dot{\gamma}}\Delta\dot{\gamma}$后，在外干扰力矩$M_{xd}$作用下，还存在倾斜角的稳态误差$\Delta\gamma_W$？
5. 轴对称大气有翼飞行器纵向自动驾驶仪的作用与其倾斜自动驾驶仪的作用有何不同？
6. 在轴对称大气有翼飞行器纵向自动驾驶仪的调节规律中分别引入$\Delta\vartheta$、$\Delta\dot{\vartheta}$以及法向加速度信号的作用是什么？为什么？
7. 为什么对纵向姿态运动的稳定与控制不能完成对飞行高度的稳定与控制？
8. 在高度稳定与控制自动驾驶仪的调节规律中，引入$\dot{h}$、$\Delta\vartheta$信号的作用是什么？其不同之处体现在哪里？

参 考 文 献

[1]　张有济. 战术导弹飞行力学设计：上、下册. 北京：宇航出版社，1998.
[2]　李新国，方群. 有翼导弹飞行动力学. 西安：西北工业大学出版社，2005.

第 11 章　导引飞行的动态特性分析

11.1　自动导引飞行

11.1.1　比例导引飞行原理

导弹采用自动导引系统必须在弹体内安装导引装置，利用目标的主动幅射或被动反射，确定目标相对于导弹的空间位置。

自动导引系统可以采用不同的导引规律，从而决定了导引装置的结构和导引头灵敏轴在空间稳定的方式。下面介绍一种常见的相对目标线进行稳定的导引头及其结构图。假设图 11.1 中的 MT 线是目标视线；MX_1 线是弹体纵轴；MX_c 线是导引头灵敏轴；q 为视线角，虚线为分析参考线。

导引头灵敏轴具有两个自由度，可以分别测出其跟踪目标视线的纵向误差角 ε_c 和航向误差角 β_c，统称其为导引头灵敏轴误差角，如图 11.1 所示。如果要求实现比例导引法，导引头应输出与 $\dot{q}$ 成比例的信号。

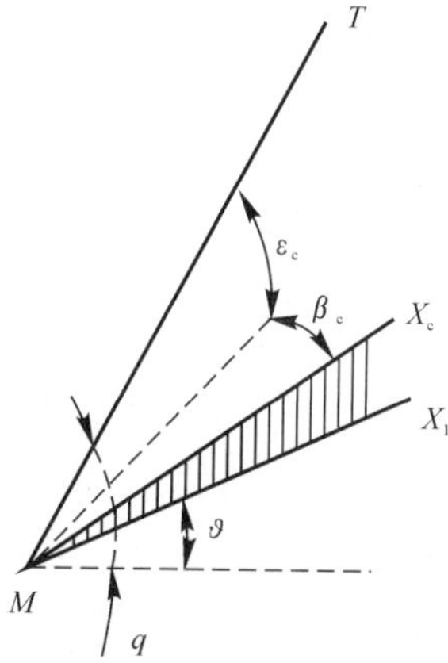

图 11.1　导引头灵敏轴误差角

实现导引头灵敏轴跟踪视线并稳定在视线上的方法，其操作原理可以采用双自由度陀螺仪的进动性和定轴性。对于轴对称导弹，航向与纵向是对称的，所以下面只讲纵向导引问题。

一种比例导引制导装置的纵向典型结构框图如图 11.2 所示。K_1 是光学调制盘和光敏元件的传递系数，它们的功用是产生仪表误差角 ε_c 和 β_c 的幅值与相位的辐射热脉冲信号，并转换成电脉冲信号。

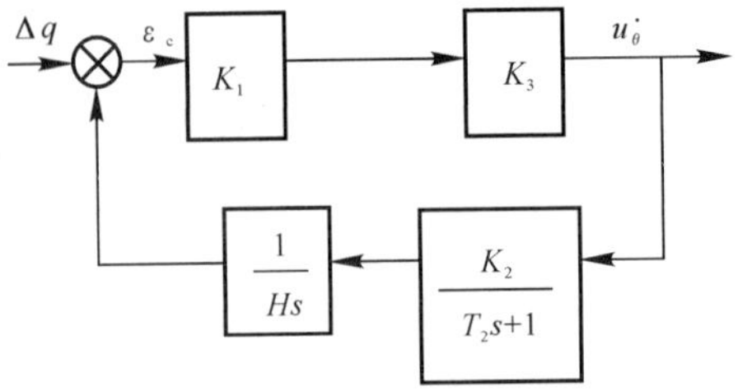

图 11.2　比例导引制导装置传递结构框图

在图 11.2 中：H 为双自由度陀螺动量矩；$1/Hs$ 为陀螺传递函数；$K_2/(T_2s+1)$ 是操作系统力矩传感器的传递函数；K_3 是变换放大器的传递系数（函数），它的作用是放大电脉冲信号，并分解出纵向控制信号 $u_{\dot{\theta}}$ 或航向控制信号 $u_{\dot{\psi}_v}$。

由图 11.2 可得制导装置的传递函数如下：

$$W_c(s)=\frac{u_{\dot{\theta}}(s)}{\Delta q(s)}=\frac{K_1K_3}{1+K_1K_3\dfrac{K_2}{T_2s+1}\dfrac{1}{Hs}} \tag{11.1}$$

式中：$u_{\dot{\theta}}(s)$ 为导引头输出的电压。如果不计时间常数 T_2，式(11.1) 变为

$$W_c(s)=\frac{u_{\dot{\theta}}(s)}{\Delta q(s)}=\frac{\dfrac{Hs}{K_2}}{\dfrac{Hs}{K_1K_2K_3}+1} \tag{11.2}$$

则有

$$u_{\dot{\theta}}(s)=\frac{\dfrac{H}{K_2}}{\dfrac{Hs}{K_1K_2K_3}+1}\Delta\dot{q}(s)=\frac{K_q}{T_qs+1}\Delta\dot{q}(s) \tag{11.3}$$

其中：$K_q=H/K_2$，$T_q=H/K_1K_2K_3$。

其结果表示纵向控制信号 $u_{\dot{\theta}}(s)$ 正比于 $\Delta\dot{q}(s)$。将 $u_{\dot{\theta}}$ 输入纵向姿态控制系统，实现弹道倾角速度 $\Delta\dot{\theta}(s)$ 与目标视线角速度 $\Delta\dot{q}(s)$ 成比例的导引方法。

实现比例导引方法，参照自动驾驶仪包括舵回路的稳定系统，基于比例导引的制导装置传递结构如图 11.2 所示，纵向比例导引的制导系统原理如图 11.3 所示。

由于有些空空导弹的飞行时间很短，为了提高信号 $u_{\dot{\theta}}(s)$ 的效率，在飞行过程中不受俯仰角速度反馈信号的削弱，故不采用姿态稳定反馈支路，而依靠导弹自身具有的良好气动阻尼，这就简化了自动导引系统的结构。因此，图 11.3 中俯仰角速度反馈支路专门用虚线表示，就说明了这个意思。

初步设计分析时，因放大器和舵机的时间常数 T_f、T_δ 均很小，可以略而不计。同时，舵面的转动惯量是一个小值，也可略去与此有关的舵面时间常数 T_j。当然，在这种情况下也可忽略导引头操纵系统的力矩传感器的时间常数 T_2。如此简化的结果，就更加突出了各环节的主要传递特性，便于综合了解决定导弹自动导引特性的一些主要设计参数。

在图11.3中，右下两个环节分别是导弹和活动目标的运动学传递函数。

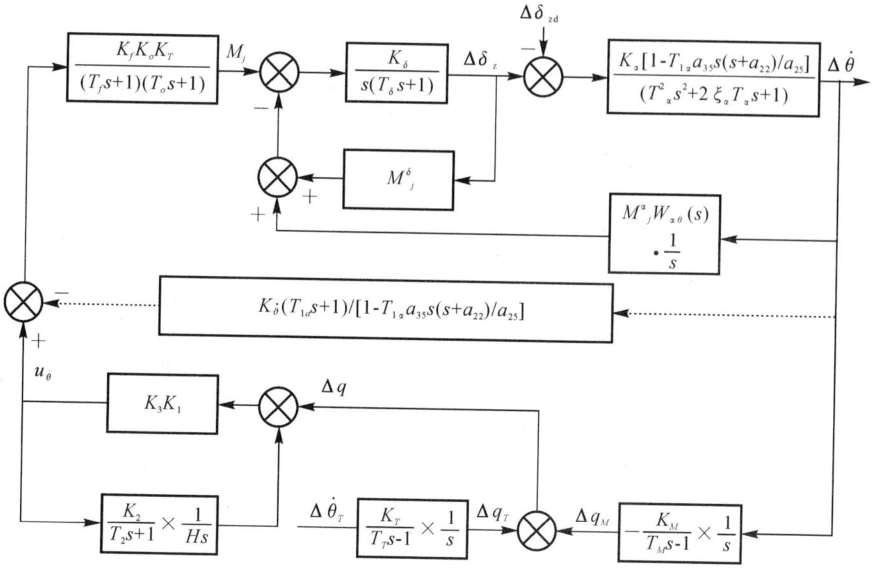

图11.3　纵向比例导引制导系统原理图

11.1.2　自动导引的运动学传递函数

考虑到视线角 q 与弹道倾角 θ 之间的关系是由导引相对运动学方程组表示，而纵向姿态运动的自动控制又不包含视线角 q，因此，为了形成自动导引控制回路的运动参数和控制信号之间的关系，还必须建立一个联系视线角 q 与弹道倾角 θ 的环节，即运动学环节，并由运动学传递函数来表示。

自动导引的运动学传递函数，要由相对运动学方程式来推导。根据图11.4，导弹与目标相对运动的方程式在极坐标系内的形式如下：

$$\frac{\mathrm{d}R}{\mathrm{d}t}=v_T\cos(q-\theta_T)-v\cos(q-\theta) \tag{11.4}$$

$$R\frac{\mathrm{d}q}{\mathrm{d}t}=-v_T\sin(q-\theta_T)+v\sin(q-\theta) \tag{11.5}$$

在小扰动范围内，可以认为导弹对理想弹道的偏离是个小量，允许不计导弹和目标的速度偏量，因此也可不计斜距偏量 ΔR。于是，由相对运动方程，经线性化后获得视线角偏量 Δq 和弹道倾角偏量 $\Delta\theta$ 后，就可求得以 Δq 为输出量，$\Delta\theta$ 为输入量的运动学传递函数。

式(11.5)线性化的结果为

$$R\frac{\mathrm{d}\Delta q}{\mathrm{d}t}=-v_{T0}\cos(q-\theta_T)_0(\Delta q-\Delta\theta_T)+v_0\cos(q-\theta)_0(\Delta q-\Delta\theta)$$

或写为

$$R\frac{\mathrm{d}\Delta q}{\mathrm{d}t}+[v_T\cos(q-\theta_T)-v\cos(q-\theta)]_0\Delta q=v_{T0}\cos(q-\theta_T)_0\Delta\theta_T-v_0\cos(q-\theta)_0\Delta\theta \tag{11.6}$$

此式经过拉氏变换后，得到以 $\Delta q(s)$ 为输出量、$\Delta\theta(s)$ 为输入量的导弹运动学传递函数为

$$G_M(s)=\frac{\Delta q(s)}{\Delta\theta(s)}=\frac{q}{\theta}=\frac{-v_0\cos(q-\theta)_0}{Rs+v_{T0}\cos(q-\theta_T)_0-v_0\cos(q-\theta)_0}=-\frac{K_M}{T_Ms-1} \tag{11.7}$$

式中

$$K_M=\frac{v_0\cos(q-\theta)_0}{-v_{T0}\cos(q-\theta_T)_0+v_0\cos(q-\theta)_0}=\frac{v_0\cos(q-\theta)_0}{-\dot{R}} \tag{11.8}$$

$$T_M=\frac{R}{-v_{T0}\cos(q-\theta_T)_0+v_0\cos(q-\theta)_0}=\frac{R}{-\dot{R}} \tag{11.9}$$

目标运动学传递函数也是一个不稳定的非周期环节，当目标飞行速度方向增量 $\Delta\theta_T>0$ 时，视线角偏量 Δq 将不断地增大。

导弹运动学传递函数写成负值的意义在于：

(1) 弹道倾角偏量为负值，如图 11.5 所示，导弹飞行速度在垂直视线 MT 上的分量增加，从而加快了视线的旋转，其结果是视线角偏量 Δq 为正，即 $+\Delta q$ 对应 $-\Delta\theta$。

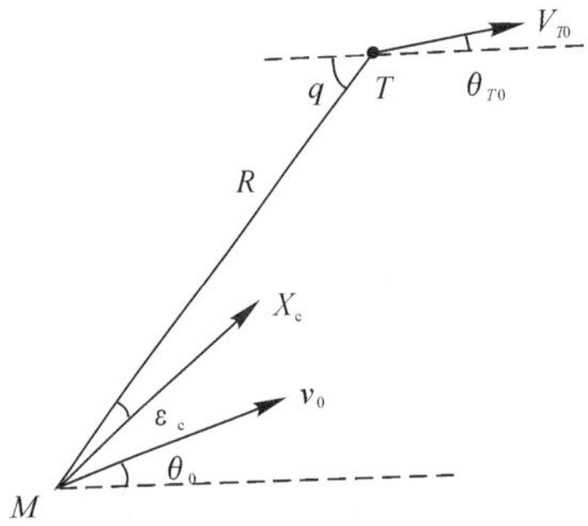

图 11.4　相对运动学关系图

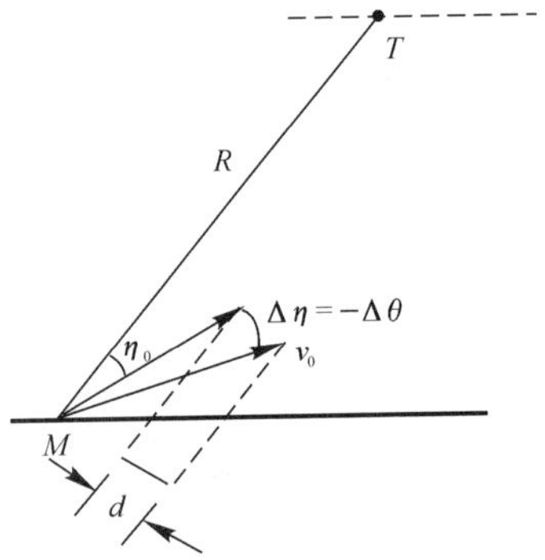

图 11.5　θ 与 q 的偏量关系

(2) 视线的距离是越来越短，R 的变化率为负值，由式(11.9) 可获得正的时间常数 T_M。运动学环节时间常数 T_M 的物理意义是从开始导引到停止导引的时间，它由某最大值单调地减小。

当弹道倾角偏量 $\Delta\theta$ 为阶跃函数时，视线角偏量 Δq 始终是增加的。这一点，也可由图 11.5 给出解释：当导弹的飞行速度方向对理论弹道产生一个负值偏量 $\Delta\theta$ 时，实际的弹道倾角减为 $(\theta_0-\Delta\theta)$，类似于前置角出现增量 $\Delta\eta$。于是，速度 v_0 在垂直视线上的分量得到增大。设这个分量的增值为 d，根据图 11.5，其值为

$$d=v_0[\sin(\eta_0+\Delta\eta)-\sin\eta_0] \tag{11.10}$$

因 $\Delta\eta$ 为小量，当前置角 η_0 也为小量时，式(11.10) 近似为

$$d=v_0(\sin\eta_0\cos\Delta\eta+\cos\eta_0\sin\Delta\eta-\sin\eta_0)\approx v\Delta\eta \tag{11.11}$$

视线在垂直分速 $v_0\Delta\eta$ 作用下，使 Δq 值不断增大。又因 $\Delta\theta=-\Delta\eta$，故减小弹道倾角，Δq 值始终是增大的，以致它们的偏量运动学关系成为一个非周期的不稳定环节。

以此基于“系数冻结法” 原理便可确定运动学环节的传递函数。一般地说，系数冻结法只是在过渡过程时间内，系数来不及发生显著变化的情况下，才能得到较好结果。若系统过渡过程时间为 t_p，在此时间内斜距的相对变化量 $\dot{R}t_p/R$ 很小时，假设 R 为常数推导运动学传递函数是许可的。但是当导弹接近目标时，由于 R 值本身很小，相对变化量增大，再继续假设斜距 R 为常数，就与实际情况不符。这时必须改用变系数方程式(11.9)，在计算机上对自动导引回

路进行变系数求解，或采用非定常系统广义传递函数的概念来分析运动学环节。

同理，由式(11.6)可得活动目标的运动学传递函数为

$$G_T(s)=\frac{\Delta q_T(s)}{\theta_T(s)}=\frac{q_T}{\theta_T}=\frac{v_{T0}\cos(q-\theta_T)_0}{Rs+v_{T0}\cos(q-\theta_T)_0-v_0\cos(q-\theta)_0}=\frac{K_T}{T_Ts-1} \tag{11.12}$$

$$K_T=\frac{v_{T0}\cos(q-\theta_T)_0}{-v_{T0}\cos(q-\theta_T)_0+v_0\cos(q-\theta)_0}=\frac{v_{T0}\cos(q-\theta_T)_0}{-\dot{R}} \tag{11.13}$$

$$T_T=T_M \tag{11.14}$$

目标运动学传递函数也是一个不稳定的非周期环节，即它的飞行速度方向出现增量 $\Delta\theta_T>0$，视线角偏量 Δq 则将不断地增大。

已知运动学传递函数 $G_M(s)$ 和 $G_T(s)$，便可由图11.3分析导弹纵向比例导引的动态特性。若某空空导弹不含俯仰角速度反馈，则图11.3中导引装置的传递函数 $G_c(s)$ 可以写为(不计时间常数 T_2)

$$W_c(s)=\frac{u_{\dot\theta}}{\Delta q\ (s)}=\frac{\dfrac{Hs}{K_2}}{\dfrac{}{K_1K_2K_3}+1}=\frac{K_qs}{T_qs+1} \tag{11.15}$$

式中

$$K_q=\frac{H}{K_2} \tag{11.16}$$

$$T_q=\frac{H}{K_1K_2K_3} \tag{11.17}$$

若以控制信号 $u_{\dot\theta}$ 为输入量，弹道倾角角速度偏量 $\Delta\dot\theta$ 为输出量，则不难求到局部闭环传递函数为

$$W_a(s)=K_fK_0K_T\frac{\Delta\dot\theta(s)}{M_j(s)}=$$

$$\frac{K_fK_0K_TK_\delta K_\alpha[1-T_{1\alpha}a_{35}s(s+a_{22})/a_{25}]}{[s(T_\delta s+1)+K_\delta M_j^\delta](T_\alpha^2s^2+2\xi_\alpha T_\alpha s+1)+K_\delta K_\alpha M_j^\alpha W_{\alpha\theta}(s)\dfrac{1}{s}[1-T_{1\alpha}a_{35}s(s+a_{22})/a_{25}]} \tag{11.18}$$

据此再以 $\Delta\dot q$ 为输入量，$\Delta\dot\theta$ 为输出量，并用式(8.66)代换传递函数 $W_{\alpha\theta}(s)$，可得自动导引开环传递函数为

$$G(s)=\frac{\Delta\dot\theta(s)}{\Delta\dot q(s)}=\frac{K_q}{T_qs+1}W_a(s)=$$

$$\frac{K_q}{T_qs+1}\frac{K_fK_0K_TK_\delta K_\alpha[1-T_{1\alpha}a_{35}s(s+a_{22})/a_{25}]}{[s(T_\delta s+1)+K_\delta M_j^\delta](T_\alpha^2s^2+2\xi_\alpha T_\alpha s+1)+K_\delta K_\alpha M_j^\alpha W_{\alpha\theta}(s)\dfrac{1}{s}[1-T_{1\alpha}a_{35}s(s+a_{22})/a_{25}]}=$$

$$\frac{K_q}{T_qs+1}\frac{K_fK_0K_TK_\delta K_\alpha[1-T_{1\alpha}a_{35}s(s+a_{22})]/a_{25}}{[s(T_\delta s+1)+K_\delta M_j^\delta](T_\alpha^2s^2+2\xi_\alpha T_\alpha s+1)+K_\delta K_\alpha M_j^\alpha T_{1\alpha}[1-T_{1\alpha}a_{35}s(s+a_{22})/a_{25}]} \tag{11.19}$$

设传递系数 $K'_\alpha=K_fK_0K_TK_\delta$，由式(11.19)可得开环传递函数 $G(s)$ 的放大系数为

$$K=\frac{K_qK_\alpha K'_\alpha}{K_\delta M_j^\delta+K_\delta K_\alpha T_{1\alpha}M_j^\alpha/a_{25}}=\frac{H}{K_2}\frac{K_fK_0K_TK_\alpha}{M_j^\delta+K_\alpha T_{1\alpha}M_j^\alpha/a_{25}} \tag{11.20}$$

此放大系数反映了导弹在自动导引飞行时，弹道倾角角速度 $\Delta\dot{\theta}$ 与视角角速度 $\Delta\dot{q}$ 之间的比例特性，也就是

$$\Delta\dot{\theta} = K\Delta\dot{q} \tag{11.21}$$

因此，比例导引系统的开环放大系数 K 与纯比例导引法的比例系数是等值的。换句话说，比例导引系数就是系统的开环放大系数。

考虑到开环放大系数 K 与纵向传递系数 K_α、气动力时间常数 $T_{1\alpha}$ 以及铰链力矩系数 M_j^δ、M_j^α 等有关，而这些参数是随时间变化的，故比例导引时其比例系数实际上是一个时间函数。例如，所举空空导弹导引装置等的放大系数为

$$\frac{H}{K_2}K_f K_0 K_T = 3.9\ \text{kg} \cdot \text{m} \cdot \text{s}/(^\circ)$$

于是自动导引系统的开环放大系数为

$$K = \frac{3.9K_\alpha}{M_j^\delta + K_\alpha T_{1\alpha} M_j^\alpha / a_{25}} \tag{11.22}$$

在自动导引系统图 11.3 中，除纵向自动角运动和导引装置外，还包括一个不稳定的非周期的运动学环节。因此，在自动导引系统中要克服这个环节的不稳定性。由式(11.19)可得自动导引系统的开环传递函数为

$$G(s) = \frac{K_q K_\alpha K'_\alpha [1 - T_{1\alpha} a_{35} s(s + a_{22})/a_{25}]}{n_0 s^5 + n_1 s^4 + n_2 s^3 + n_3 s^2 + n_4 s + n_5} \tag{11.23}$$

式中

$$\left.\begin{aligned}
n_0 &= T_\alpha^2 T_q T_\delta \\
n_1 &= (T_q + T_\delta) T_\alpha^2 + 2\xi_\alpha T_\alpha T_q T_\delta \\
n_2 &= T_\alpha^2 (K_\delta M_j^\delta + 1) + 2\xi_\alpha T_\alpha (T_q + T_\delta) + T_q T_\delta \\
n_3 &= -T_{1\alpha}^2 K_\alpha K_\delta M_j^\alpha a_{35}/a_{25} + 2\xi_\alpha T_\alpha (1 + T_q K_\delta M_j^\delta) + K_\delta T_\alpha^2 M_j^\delta + (T_q + T_\delta) \\
n_4 &= 2\xi_\alpha T_\alpha K_\delta M_j^\delta + K_\delta M_j^\delta T_q + 1 - T_{1\alpha} K_\alpha K_\delta M_j^\alpha a_{35} a_{22}/a_{25} \\
n_5 &= K_\delta M_j^\delta + T_{1\alpha} K_\alpha K_\delta M_j^\alpha / a_{25}
\end{aligned}\right\} \tag{11.24}$$

应用开环传递函数式(11.23)，不考虑俯仰角速度反馈支路，可以求出自动导引系统(见图 11.3)的闭环传递函数。以目标机动引起的视角角速度偏量 $\Delta\dot{q}_T$ 为输入量，弹道倾角角速度 $\Delta\dot{\theta}$ 为输出量的闭环传递函数为

$$W_{\dot{\theta}\dot{q}_T}(s) = \frac{(T_M s - 1)G(s)}{(T_M s - 1) + G(s)K_M} \tag{11.25}$$

将式(11.23)代入式(11.25)，得

$$W_{\dot{\theta}\dot{q}_T}(s) = \frac{(T_M s - 1)K_q K_\alpha K'_\alpha [1 - T_{1\alpha} a_{35} s(s + a_{22})/a_{25}]}{(T_M s - 1)(n_0 s^5 + n_1 s^4 + n_2 s^3 + n_3 s^2 + n_4 s + n_5) + K_q K_\alpha K'_\alpha K_M [1 - T_{1\alpha} a_{35} s(s + a_{22})/a_{25}]} \tag{11.26}$$

分母多项式的常数项为

$$-n_5 + K_q K_\alpha K'_\alpha K_M = -K_\delta M_j^\delta - T_{1\alpha} K_\alpha K_\delta M_j^\alpha / a_{25} + K_q K_\alpha K'_\alpha K_M \tag{11.27}$$

因此，为了消除不稳定运动学环节的影响，要求闭环传递函数式(11.26)的所有特征根小

于零，至少要求由式(11.27)表示的常数项必须大于零，即

$$-K_{\delta}M_j^{\delta}-T_{1\alpha}K_{\alpha}K_{\delta}M_j^{\alpha}/a_{25}+K_qK_{\alpha}K'_{\alpha}K_M>0 \tag{11.28}$$

所以

$$K_qK_fK_0K_TK_{\delta}K_{\alpha}K_M>K_{\delta}M_j^{\delta}+T_{1\alpha}K_{\alpha}K_{\delta}M_j^{\alpha}/a_{25} \tag{11.29}$$

或写为

$$K_qK_fK_0K_TK_{\alpha}K_M>M_j^{\delta}+T_{1\alpha}K_{\alpha}M_j^{\alpha}/a_{25} \tag{11.30}$$

若此不等式成立，则有可能抵消不稳定运动学环节产生的不利影响。

如果导弹在接近目标之前出现发散现象，由于导弹一般都不是直接命中目标，而是要求脱靶量小于战斗部的杀伤半径，因此，选择系统参数时应尽可能推迟导引系统开始发散的时间。这就有可能使导引飞行刚趋于不稳定状态时，导弹与目标的相对距离已落入战斗部的杀伤范围内。

以上分析没有考虑图 11.3 中俯仰角速度的反馈支路，该支路的作用是补偿纵向姿态的“气动阻尼”，它对自动导引飞行的影响如何可作以下分析。具有俯仰角速度反馈的纵向姿态运动，按图 11.3 可由下列闭环传递函数表示：

$$W_b(s)=\frac{W_{\alpha}(s)}{1+W_{\alpha}(s)\dfrac{K_{\alpha}(T_{1\alpha}s+1)}{[1-T_{1\alpha}a_{35}s(s+a_{22})/a_{25}]}} \tag{11.31}$$

由式(11.18)，可将式(11.31)写为

$$\left.\begin{aligned}
&W_b(s)=\frac{a(s)}{b(s)}\\
&a(s)=K_{\alpha}K'_{\alpha}[1-T_{1\alpha}a_{35}s(s+a_{22})/a_{25}]^2\\
&b(s)=-T_{\delta}T_{\alpha}^2T_{1\alpha}\frac{a_{35}}{a_{25}}s^6-\left[T_{1\alpha}\frac{a_{35}}{a_{25}}T_{\alpha}(2T_{\alpha}\xi_{\alpha}+1+a_{22}T_{\delta}T_{\alpha})-T_{1\alpha}^3\left(\frac{a_{35}}{a_{25}}\right)^2K_{\delta}K_{\alpha}M_j^{\alpha}\right]s^5+\\
&\left[T_{\delta}T_{\alpha}^2-T_{1\alpha}\frac{a_{35}}{a_{25}}(T_{\delta}+2T_{\alpha}\xi_{\alpha}+T_{\alpha}^2M_j^{\delta}K_{\delta})-T_{1\alpha}T_{\alpha}\frac{a_{35}a_{22}}{a_{25}}(2T_{\delta}\xi_{\alpha}+1)+T_{1\alpha}^3\left(\frac{a_{35}}{a_{25}}\right)^2a_{22}K_{\delta}K_{\alpha}M_j^{\alpha}\right]s^4+\\
&\left[T_{\alpha}(2T_{\delta}\xi_{\alpha}+1)-T_{1\alpha}\frac{a_{35}}{a_{25}}(1+2T_{\alpha}\xi_{\alpha}M_j^{\delta}K_{\delta})-T_{1\alpha}\frac{a_{35}a_{22}}{a_{25}}(T_{\delta}+2T_{\alpha}\xi_{\alpha}+T_{\alpha}^2M_j^{\delta}K_{\delta})-\right.\\
&\left.K_{\delta}K_{\alpha}T_{1\alpha}^2\frac{a_{35}}{a_{25}}M_j^{\alpha}+T_{1\alpha}^2\left(\frac{a_{35}}{a_{25}}\right)^2a_{22}M_j^{\alpha}\right]s^3+\left[T_{\delta}+2T_{\alpha}\xi_{\alpha}+T_{\alpha}^2M_j^{\delta}K_{\delta}-T_{1\alpha}\frac{a_{35}}{a_{25}}M_j^{\delta}K_{\delta}-\right.\\
&\left.K_{\delta}K_{\alpha}T_{1\alpha}^2\frac{a_{35}}{a_{25}}M_j^{\alpha}-T_{1\alpha}\frac{a_{35}a_{22}}{a_{25}}(1+2T_{\alpha}\xi_{\alpha}M_j^{\delta}K_{\delta})+T_{1\alpha}^2\left(\frac{a_{35}a_{22}}{a_{25}}\right)^2M_j^{\alpha}\right]s^2+[1+2T_{\alpha}\xi_{\alpha}M_j^{\delta}K_{\delta}-\\
&T_{1\alpha}^2\frac{a_{35}a_{22}}{a_{25}}M_j^{\alpha}-T_{1\alpha}\frac{a_{35}a_{22}}{a_{25}}M_j^{\delta}K_{\delta}-T_{1\alpha}^2\frac{a_{35}a_{22}}{a_{25}}K_{\delta}K_{\alpha}M_j^{\alpha}\Big]s+M_j^{\delta}K_{\delta}+T_{1\alpha}K_{\delta}K_{\alpha}M_j^{\alpha}
\end{aligned}\right\} \tag{11.32}$$

于是，引入俯仰角速度之后，在图 11.3 中，由输入量 $\Delta\dot{q}$ 到输出量 $\Delta\dot{\theta}$ 的开环传递函数为

$$G_b(s)=\frac{K_q}{T_qs+1}W_b(s)=\frac{K_qK_{\alpha}K'_{\alpha}[1-T_{1\alpha}a_{35}s(s+a_{22})/a_{25})]^2}{n'_0s^7+n'_1s^6+n'_2s^5+n'_3s^4+n'_4s^3+n'_5s^2+n'_6s+n'_7} \tag{11.33}$$

式中，系数 $n'_0\sim n'_7$ 的表达式为

$$
\left.
\begin{aligned}
n'_0 = & -T_q T_\delta T_\alpha^2 T_{1\alpha} \frac{a_{35}}{a_{25}} \\
n'_1 = & -T_\delta T_\alpha^2 T_{1\alpha} \frac{a_{35}}{a_{25}} - T_q \left[T_{1\alpha} \frac{a_{35}}{a_{25}} T_\alpha (2T_\alpha \xi_\alpha + 1 + a_{22} T_\delta T_\alpha) + T_{1\alpha}^3 \left(\frac{a_{35}}{a_{25}}\right)^2 K_\delta K_\alpha M_j^\alpha \right] \\
n'_2 = & -T_{1\alpha} \frac{a_{35}}{a_{25}} T_\alpha (2T_\alpha \xi_\alpha + 1 + a_{22} T_\delta T_\alpha) - T_{1\alpha}^3 \left(\frac{a_{35}}{a_{25}}\right)^2 K_\delta K_\alpha M_j^\alpha + T_q [T_\delta T_\alpha^2 - \\
& T_{1\alpha} \frac{a_{35}}{a_{25}} (T_\delta + 2T_\alpha \xi_\alpha + T_\alpha^2 M_j^\delta K_\delta) - T_{1\alpha} T_\alpha \frac{a_{35} a_{22}}{a_{25}} (2T_\delta \xi_\alpha + 1) + \\
& T_{1\alpha}^3 \left(\frac{a_{35}}{a_{25}}\right)^2 a_{22} K_\delta K_\alpha M_j^\alpha] \\
n'_3 = & T_\delta T_\alpha^2 - T_{1\alpha} \frac{a_{35}}{a_{25}} (T_\delta + 2T_\alpha \xi_\alpha + T_\alpha^2 M_j^\delta K_\delta) - T_{1\alpha} T_\alpha \frac{a_{35} a_{22}}{a_{25}} (2T_\delta \xi_\alpha + 1) + \\
& T_{1\alpha}^3 \left(\frac{a_{35}}{a_{25}}\right)^2 a_{22} K_\delta K_\alpha M_j^\alpha + T_q \Bigg[T_\alpha (2T_\delta \xi_\alpha + 1) - T_{1\alpha} \frac{a_{35}}{a_{25}} (1 + 2T_\alpha \xi_\alpha M_j^\delta K_\delta) - \\
& T_{1\alpha} \frac{a_{35} a_{22}}{a_{25}} (T_\delta + 2T_\alpha \xi_\alpha + T_\alpha^2 M_j^\delta K_\delta) - K_\delta K_\alpha T_{1\alpha}^2 \frac{a_{35}}{a_{25}} M_j^\alpha + T_{1\alpha}^2 \left(\frac{a_{35}}{a_{25}}\right)^2 a_{22} M_j^\alpha \Bigg] \\
n'_4 = & T_\alpha (2T_\delta \xi_\alpha + 1) - T_{1\alpha} \frac{a_{35}}{a_{25}} (1 + 2T_\alpha \xi_\alpha M_j^\delta K_\delta) - T_{1\alpha} \frac{a_{35} a_{22}}{a_{25}} (T_\delta + 2T_\alpha \xi_\alpha + T_\alpha^2 M_j^\delta K_\delta) - \\
& K_\delta K_\alpha T_{1\alpha}^2 \frac{a_{35}}{a_{25}} M_j^\alpha + T_{1\alpha}^2 \left(\frac{a_{35}}{a_{25}}\right)^2 a_{22} M_j^\alpha + T_q [T_\delta + 2T_\alpha \xi_\alpha + T_\alpha^2 M_j^\delta K_\delta - \\
& T_{1\alpha} \frac{a_{35}}{a_{25}} M_j^\delta K_\delta - K_\delta K_\alpha T_{1\alpha}^2 \frac{a_{35}}{a_{25}} M_j^\alpha - T_{1\alpha} \frac{a_{35} a_{22}}{a_{25}} (1 + 2T_\alpha \xi_\alpha M_j^\delta K_\delta) + T_{1\alpha}^2 \left(\frac{a_{35}}{a_{25}}\right)^2 M_j^\alpha] \\
n'_5 = & T_\delta + 2T_\alpha \xi_\alpha + T_\alpha^2 M_j^\delta K_\delta - T_{1\alpha} \frac{a_{35}}{a_{25}} M_j^\delta K_\delta - K_\delta K_\alpha T_{1\alpha}^2 \frac{a_{35}}{a_{25}} M_j^\alpha - T_{1\alpha} \frac{a_{35} a_{22}}{a_{25}} (1 + 2T_\alpha \xi_\alpha M_j^\delta K_\delta) + \\
& T_{1\alpha}^2 \left(\frac{a_{35} a_{22}}{a_{25}}\right)^2 M_j^\alpha + T_q \left[1 + 2T_\alpha \xi_\alpha M_j^\delta K_\delta - T_{1\alpha}^2 \frac{a_{35} a_{22}}{a_{25}} M_j^\alpha - T_{1\alpha} \frac{a_{35} a_{22}}{a_{25}} M_j^\delta K_\delta - T_{1\alpha}^2 \frac{a_{35} a_{22}}{a_{25}} K_\delta K_\alpha M_j^\alpha \right] \\
n'_6 = & 1 + 2T_\alpha \xi_\alpha M_j^\delta K_\delta - T_{1\alpha}^2 \frac{a_{35} a_{22}}{a_{25}} M_j^\alpha - T_{1\alpha} \frac{a_{35} a_{22}}{a_{25}} M_j^\delta K_\delta - T_{1\alpha}^2 \frac{a_{35} a_{22}}{a_{25}} K_\delta K_\alpha M_j^\alpha + \\
& T_q (M_j^\delta K_\delta + T_{1\alpha} K_\delta K_\alpha M_j^\alpha) \\
n'_7 = & M_j^\delta K_\delta + T_{1\alpha} K_\delta K_\alpha M_j^\alpha
\end{aligned}
\right\}
\tag{11.34}
$$

其放大系数 K_b 为

$$
K_b = \frac{K_q K_\alpha K'_\alpha}{n'_7} \tag{11.35}
$$

因为 $n'_7 > n_5$，所以俯仰角速度反馈的存在降低了自动导引的开环放大系数，即俯仰角速度信号可以补偿导弹的气动阻尼，但也同时降低了开环放大系数，或者说增大了开环固有频率。因此，在导弹具有足够气动阻尼的情况下，为了不降低自动导引的快速性，不采用俯仰角速度反馈支路。

11.1.3 自动导引扭角计算和分析

自动导引时，如果导引头固连在弹体上，导引头坐标系 $Ox_c y_c z_c$ 与弹体坐标系 $Ox_1 y_1 z_1$ 始终重合在一起，两者之间无欧拉角，这是一种比较简单的坐标系相连的情况。然而，实际上导引头在搜索和跟踪目标时会相对于弹体产生运动，因此坐标系 $Ox_c y_c z_c$ 并不与坐标系 $Ox_1 y_1 z_1$ 相重合，两者之间存在着欧拉角，此现象称为坐标系的空间扭转。

计算和分析空间扭转的意义旨在提高制导精度和自动导引系统的稳定性。因为导弹的舵面设置无论是"+"形还是"×"形，都是相对弹体坐标系而言的。而导引误差角 ε_c 和 β_c 是由导引头坐标系 $Ox_cy_cz_c$ 来测量的，两者经过换算之后才能提高舵面偏转的准确度。假设两坐标轴之间的欧拉角为 ξ，η 和 γ_1，如图 11.6(a) 所示为某飞行时刻导引头坐标系与弹体坐标系的角度关系。根据两坐标系旋转欧拉角的三个基本转换矩阵，可以求出它们之间的关系。

假设在某飞行瞬时，导弹弹体坐标系的位置为 $Ox_{11}y_{11}z_{11}$，而导引头坐标系的位置为 $Ox_{c1}y_{c1}z_{c1}$，如图 11.6(a) 所示。由前者到后者的转角次序是 γ_1，ξ，η，根据基本转换矩阵的排序相反的原则，可得转换方程如下：

$$\begin{bmatrix} x_{c1} \\ y_{c1} \\ z_{c1} \end{bmatrix} = L_3(\eta)L_2(\xi)L_1(\gamma_1)\begin{bmatrix} x_{11} \\ y_{11} \\ z_{11} \end{bmatrix} =$$

$$\begin{bmatrix} \cos\eta\cos\xi & \cos\eta\sin\xi\sin\gamma_1 - \sin\eta\cos\gamma_1 & \cos\eta\sin\xi\cos\gamma_1 + \sin\eta\sin\gamma_1 \\ \sin\eta\cos\xi & \sin\eta\sin\xi\sin\gamma_1 + \cos\eta\cos\gamma_1 & \sin\eta\sin\xi\cos\gamma_1 - \cos\eta\sin\gamma_1 \\ -\sin\xi & \cos\xi\sin\gamma_1 & \cos\xi\cos\gamma_1 \end{bmatrix}\begin{bmatrix} x_{11} \\ y_{11} \\ z_{11} \end{bmatrix} \tag{11.36}$$

转动角 γ_1 处于弹体坐标系某瞬时的 $Oy_{11}z_{11}$ 平面内，此角称为自动导引的空间扭角。对于空间扭角 γ_1 的求解，有下述推论。

假设导引头捕捉到活动目标后，其坐标系与弹体坐标系的夹角为 σ_1 和 σ_2，如图 11.7 所示。从导引头跟踪目标起，经过时间 Δt，由于目标运动，导引头灵敏轴 Ox_c 发生了两个角自由度的变化，即角 φ_a 和 φ_b，于是导引头坐标系处于 $Ox_{c1}y_{c1}z_{c1}$ 的位置上。在图 11.7 中由 $Ox_1y_1z_1$ 系变换到 $Ox_{c1}y_{c1}z_{c1}$ 系，根据欧拉角出现的先后次序，不难推得

$$\begin{bmatrix} x_{c1} \\ y_{c1} \\ z_{c1} \end{bmatrix} = \boldsymbol{L}_3(\varphi_b)\boldsymbol{L}_2(\varphi_a)\boldsymbol{L}_3(\sigma_2)\boldsymbol{L}_2(\sigma_1)\begin{bmatrix} x_1 \\ y_1 \\ z_1 \end{bmatrix} \tag{11.37}$$

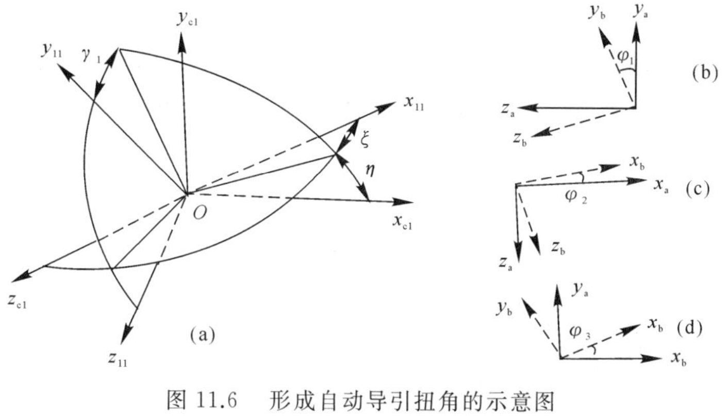

图 11.6　形成自动导引扭角的示意图

与此同时，弹体坐标系在时间 Δt 内也出现了转动，在图 11.7 所示坐标系 $Ox_1y_1z_1$ 位置上新增加了俯仰角 ϑ，航向角 ψ(即前述 ψ) 和滚转角 γ，而处在新的位置 $Ox_{11}y_{11}z_{11}$ 上，图中没有标出。弹体坐标系在空间的这种转动，好似弹体坐标系相对于地面基准坐标系发生了转动。将坐标系 $Ox_1y_1z_1$ 看成是地面基准坐标系，不难求出在时间 Δt 内弹体坐标系自身的转换关系。考虑到

$$\boldsymbol{L}_2(\varphi_2)\boldsymbol{L}_3(\varphi_3)\boldsymbol{L}_1(\varphi_1) = \boldsymbol{L}_2(\psi)\boldsymbol{L}_3(\vartheta)\boldsymbol{L}_1(\gamma) \tag{11.38}$$

所以
$$\begin{bmatrix} x_1 \\ y_1 \\ z_1 \end{bmatrix} = \boldsymbol{L}_2(\psi)\boldsymbol{L}_3(\vartheta)\boldsymbol{L}_1(\gamma)\begin{bmatrix} x_{11} \\ y_{11} \\ z_{11} \end{bmatrix} \tag{11.39}$$

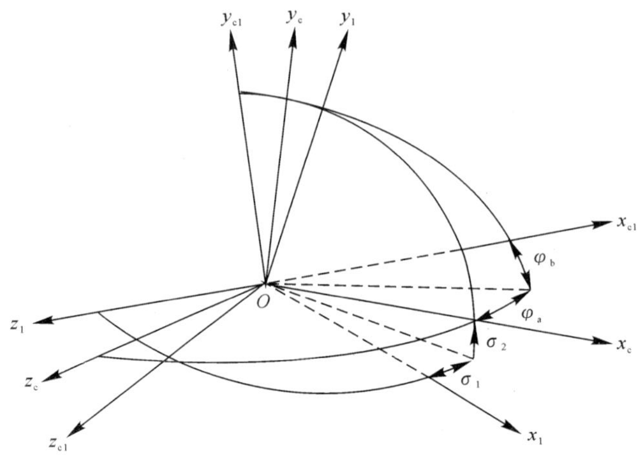

图 11.7　$Ox_cy_cz_c$ 与 $Ox_1y_1z_1$ 坐标轴系的空间扭转

考虑弹体坐标系自身的变动，将式(11.39) 代入式(11.37) 中，经过展开后可得

$$\begin{bmatrix} x_{c1} \\ y_{c1} \\ z_{c1} \end{bmatrix} = \begin{bmatrix} \cos\varphi_b\cos\varphi_a & \sin\varphi_b & -\cos\varphi_b\sin\varphi_a \\ -\sin\varphi_b\cos\varphi_a & \cos\varphi_b & \sin\varphi_b\sin\varphi_a \\ \sin\varphi_a & 0 & \cos\varphi_a \end{bmatrix} \times \begin{bmatrix} \cos\sigma_2\cos\sigma_1 & \sin\sigma_2 & -\cos\sigma_2\sin\sigma_1 \\ -\sin\sigma_2\cos\sigma_1 & \cos\sigma_2 & \sin\sigma_2\sin\sigma_1 \\ \sin\sigma_1 & 0 & \cos\sigma_1 \end{bmatrix} \times$$
$$\begin{bmatrix} \cos\vartheta\cos\psi & -\sin\vartheta\cos\psi\cos\gamma+\sin\psi\sin\gamma & \sin\vartheta\cos\psi\sin\gamma+\sin\psi\cos\gamma \\ \sin\vartheta & \cos\vartheta\cos\gamma & -\cos\vartheta\sin\gamma \\ -\cos\vartheta\sin\psi & \sin\vartheta\sin\psi\cos\gamma+\cos\psi\sin\gamma & -\sin\vartheta\sin\psi\sin\gamma+\cos\psi\cos\gamma \end{bmatrix}\begin{bmatrix} x_{11} \\ y_{11} \\ z_{11} \end{bmatrix} \tag{11.40}$$

弹体坐标系和导引头坐标系在时间 Δt 内各自转动后，两坐标系之间的转换关系式(11.40) 和式(11.36) 是等价的。将式(11.40) 各转换矩阵相乘之后，因各元素与式(11.36) 对应的元素相等，由此可得

$$\cos\xi\sin\gamma_1 = e_1(-\sin\vartheta\cos\psi\cos\gamma+\sin\psi\sin\gamma)+e_2(\cos\vartheta\cos\gamma)+ e_3(\cos\psi\sin\gamma+\sin\vartheta\sin\psi\cos\gamma) \tag{11.41}$$

$$\cos\xi\cos\gamma_1 = e_1(\sin\vartheta\cos\psi\sin\gamma+\sin\psi\cos\gamma)+e_2(-\cos\vartheta\sin\gamma)+ e_3(\cos\psi\cos\gamma-\sin\vartheta\sin\psi\sin\gamma) \tag{11.42}$$

式中

$$e_1 = -\sin\varphi_a\cos\sigma_1\cos\sigma_2+\cos\varphi_a\sin\sigma_1$$
$$e_2 = \sin\varphi_a\sin\sigma_2$$
$$e_3 = -\sin\varphi_a\sin\sigma_1\cos\sigma_2+\cos\varphi_a\cos\sigma_1$$

将式(11.42) 除以式(11.41)，可得自动导引空间扭角 γ_1 的表达式为

$$\gamma_1 = \arctan\frac{e_1(-\sin\vartheta\cos\psi\cos\gamma+\sin\psi\sin\gamma)+e_2(\cos\vartheta\cos\gamma)+e_3(\cos\psi\sin\gamma+\sin\vartheta\sin\psi\cos\gamma)}{e_1(\sin\vartheta\cos\psi\sin\gamma+\sin\psi\cos\gamma)+e_2(-\cos\vartheta\sin\gamma)+e_3(\cos\psi\cos\gamma-\sin\vartheta\sin\psi\sin\gamma)} \tag{11.43}$$

可见，弹体坐标系 $Ox_1y_1z_1$ 在捕捉目标瞬时与地面基准坐标系重合时，空间扭角 γ_1 不仅与导弹俯仰角 ϑ、航向角 ψ 和滚转角 γ 有关，而且与导引头坐标系本身的转动有关。因此，要准确计算出扭角 γ_1 还是相当复杂的，并且要采用许多技术措施测量相关角度。

11.2　遥 控 飞 行

11.2.1　遥控导引飞行原理

一般地讲，遥控系统的有效作用距离要比红外导引头或雷达导引头远得多。因此，地空导弹可采用遥控的导引方式。例如，某地空导弹的稳定回路采用微分陀螺和线加速度传感器，遥控装置采用波束导引的指令控制，略去校正环节和有关元件的小时间常数，则纵向控制（制导）系统如图 11.8 所示。

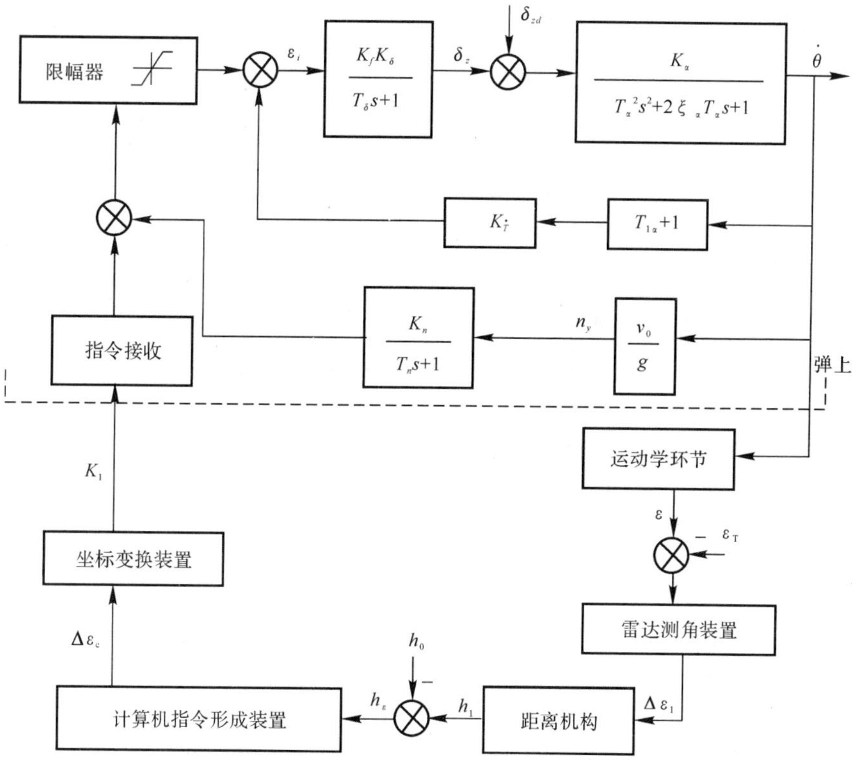

图 11.8　遥控遥测制导的纵向控制系统

这是一个遥控系统的典型方框结构图。图中传递函数

$$W_\delta(s)=\frac{K_fK_\delta}{T_\delta s+1} \tag{11.44}$$

代表了舵回路的动态特性。

在图 11.8 中含有法向加速度的敏感元件，其传递函数可表示为

$$W_n(s)=\frac{K_n}{T_ns+1} \tag{11.45}$$

图 11.8 中 $\Delta\varepsilon_c$ 是导引误差，K_1 为纵向遥控指令。

限幅放大器的作用是限制控制信号 u_θ 和过载传感器的输出信号不超过某一数值，使舵面转角达不到最大值，而留有适当的余量。这个余量的确定应考虑导弹受到干扰作用后，保证微分陀螺信号能通过舵机，使舵面偏转来补偿导弹的“气动阻尼”，减小干扰作用的影响。如取最大舵偏角 $\delta_{z\max}=20°$，当限幅放大器输出电流达饱和值 1.4 mA 时，相应的舵偏角为 $\delta_z=18°$，而留有 2° 余量来克服干扰作用。

地面制导站的雷达测角装置跟随目标一起运动。雷达的波束中心线就是目标与地面制导站的连线（简称目标线），如图 11.9 所示。图中 $Ox_4y_4z_4$ 为雷达坐标系。

雷达坐标系可以测出导弹与目标高低角之差。

$$\Delta\varepsilon_1=\varepsilon-\varepsilon_T \tag{11.46}$$

式中：ε 为导弹的高低角，ε_T 为目标高低角，可以近似认为 ε、ε_T 和 θ 在同一垂直平面内。同理，雷达坐标系也可测出方位角之差。

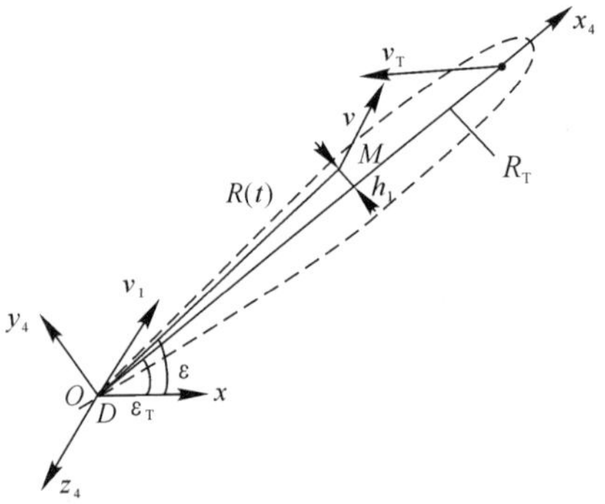

图 11.9　铅垂平面遥控制导导弹-目标相对运动关系图

距离机构可以实测导弹与制导站的距离 $R(t)$，也可测出导弹与目标距离之差 ΔR。导弹相对制导站的距离可由以下函数给出：

$$R(t)=a+bt \tag{11.47}$$

式中：参数 a 和 b 由大量弹道计算，按统计特性给定。

导弹偏离目标线的垂直线偏差 h_1 可表示为（见图 11.9）

$$h_1=R(t)\sin\Delta\varepsilon_1\approx R(t)\cdot\Delta\varepsilon_1 \tag{11.48}$$

当采用三点法导引时，要求高低角之差 $\Delta\varepsilon_1$ 或线偏差 h_1 等于零。

若采用半前置量法，并减小目标机动对导弹的影响，前置角可取为

$$\Delta\varepsilon_0=-\frac{\Delta R}{2\Delta\dot{R}}\dot{\varepsilon}_T \tag{11.49}$$

式中：$\dot{\varepsilon}_T$ 为目标高低角速度，由雷达测角装置确定。

按半前置量法导引时，在实际系统中应把前置角 $\Delta\varepsilon_0$ 表示成导弹至目标线的前置线偏量 h_0 的关系，其为

$$h_0=R(t)\Delta\varepsilon_0 \tag{11.50}$$

因此，按半前置量法导引，导弹实际偏离波束中心线的偏差为

$$h_\varepsilon=h_1-h_0 \tag{11.51}$$

因此，对半前置量法导引而言，图 11.8 中输入计算机指令形成装置的信号应为 h_ε。而当采用三点法导引时，线偏差 $h_0=0$，则有 $h_\varepsilon=h_1$。

如上所述，某地空导弹的控制系统是根据高低角偏差 $\Delta\varepsilon_1$ 或是按线偏差 h_ε 对导弹的飞行进行自动操纵。从物理意义上讲，如果仅由偏差 h_ε（或 $\Delta\varepsilon_1$）本身作为舵面偏转信号，由于控制系统有惯性，导弹实际上执行转动舵面的信号，在时间上要迟后于偏差 h_ε 的出现。因此，为了提高舵面偏转的快速性，应该引入偏差 h_ε 的一次微分，甚至还要引入二次微分的信号，即引入产生位移偏差的速度和加速度信号。但是引入高于二次微分的信号，在测量高低角出现起伏误差时，信号本身就会出现较大的误差，因而一般只取二次导数。因此，计算机指令形成装置的传递函数为

$$W_c(s)=\frac{\Delta\varepsilon_c(s)}{h_\varepsilon(s)}=\frac{K_k(T_1s+1)(T_3s+1)}{(T_2s+1)(T_4s+1)} \tag{11.52}$$

式中：ε_c 称为导引误差信号；K_k 为放大系数；T_1,T_2,T_3,T_4 为时间常数。这是一个串联微积分校正网络，它同时对大回路起着校正作用。因微分信号 $\dot{h}_\varepsilon$ 在回路中作用与小回路微分信号 $\dot{\vartheta}$ 所起的物理作用是一样的，所以引入 $\dot{h}_\varepsilon$ 信号可以增大导弹的“阻尼”，减小导弹为消除线偏差 h_ε 围绕理想弹道产生的振荡，从而提高系统的稳定裕量，并使开环截止频率增大到适当的数值。为满足这些要求，所列举的地空导弹选择 $T_1\gg T_2$，而 $T_4>T_3$。

坐标变换机构是将误差信号 $\Delta\varepsilon_c$ 经过坐标变换后，变成纵向通道指令 K_1，经天线传送至导弹，弹上指令接收装置接收指令 K_1，并形成控制信号 u_θ，通过自动驾驶仪使舵面作相应的偏转，从而改变导弹的运动状态，消除线偏差 h_c。

在遥控系统中，将弹道倾角 θ 变换为高低角 ε，也需要运动学环节，并建立运动学传递函数，如图 11.8 所示。

11.2.2　遥控导引飞行的运动学传递函数

11.2.2.1　制导站固定时导弹运动学传递函数

运动学传递函数要由运动学方程式来推导。下面首先介绍导弹在铅垂平面内的运动学方程。由图 11.4 可得以下相对运动学方程：

$$\frac{\mathrm{d}R}{\mathrm{d}t}=v\cos(\theta-\varepsilon) \tag{11.53}$$

$$R\frac{\mathrm{d}\varepsilon}{\mathrm{d}t}=v\sin(\theta-\varepsilon) \tag{11.54}$$

导弹的传递函数是由运动方程线性化后，对运动参数的偏量建立的。因此，在制导系统中，运动学环节的传递函数也是以参数偏量作为输入值和输出值。

为了寻求运动学参数偏量 $\Delta\varepsilon$ 和 $\Delta\theta$ 间的关系，对式(11.54)进行线性化，其结果为[略去微量乘积 $\Delta R\cdot\dot{\varepsilon}$ 和 $\Delta v\cdot\sin(\theta-\varepsilon)_0$]

$$R\Delta\dot{\varepsilon}=v_0\cos(\theta-\varepsilon)_0(\Delta\theta-\Delta\varepsilon) \tag{11.55}$$

或者写为

$$R\Delta\dot{\varepsilon}+\dot{R}\Delta\varepsilon=\dot{R}\Delta\theta \tag{11.56}$$

对式(11.56)进行拉氏变换后，以弹道倾角偏量 $\Delta\theta$ 为输入量，以高低角偏量 $\Delta\varepsilon$ 为输出量，

可得运动学传递函数为

$$W_{\varepsilon\theta}(s)=\frac{\Delta\varepsilon(s)}{\Delta\theta(s)}=\frac{\dot{R}}{Rs+\dot{R}} \tag{11.57}$$

由式(11.56) 还可推出其他形式的运动学传递函数。将式(11.56) 写为

$$\frac{\mathrm{d}(R\Delta\varepsilon)}{\mathrm{d}t}=\dot{R}\Delta\theta \tag{11.58}$$

再对式(11.58) 进行一次微分，得到

$$\frac{\mathrm{d}^2(R\Delta\varepsilon)}{\mathrm{d}t^2}=\ddot{R}\Delta\theta+\dot{R}\Delta\dot{\theta} \tag{11.59}$$

因为弧长 $\Delta\lambda=R\Delta\varepsilon$，法向加速度 $\Delta a_{y4}=v_0\Delta\dot{\theta}$，又因 $\Delta\theta=\Delta\dot{\lambda}/\dot{R}$，于是式(11.59) 可以写为

$$\Delta\ddot{\lambda}-\frac{\ddot{R}}{\dot{R}}\Delta\dot{\lambda}=\frac{\dot{R}}{v_0}a_{y4} \tag{11.60}$$

经拉氏变换后，以弧长 $\Delta\lambda$ 为输出量，法向加速度为输入量的运动学传递函数的一种形式为

$$W_{\varepsilon}(s)=\frac{\Delta\lambda(s)}{\Delta a_{y4}(s)}=\frac{\dot{R}/v_0}{s(s-\ddot{R}/\dot{R})} \tag{11.61}$$

因为视线的变化率 $\dot{R}$ 为正值，如果 $\ddot{R}$ 也大于零，则有 $\ddot{R}/\dot{R}>0$。在这种情况下，式(11.61) 表示的运动学传递函数由一个积分环节和一个不稳定的非周期环节组成。

如果视线变化率 $\dot{R}\approx v_0$，并且飞行速度 v_0 远大于自身的变化率 $\dot{v}_0$，又因 $\dot{v}_0\approx\ddot{R}$，则有 $\ddot{R}/\dot{R}\approx\dot{v}_0/v_0\approx 0$，式(11.61) 可进一步简化为

$$W_{\varepsilon}(s)=\frac{\Delta\lambda(s)}{\Delta a_{y4}(s)}\approx\frac{1}{s^2} \tag{11.62}$$

这时导弹的运动学环节相当于双积分环节。

严格地讲，运动学传递函数中的加速度是对雷达坐标系而言的，它与沿弹道坐标系的加速度 Δa_y 和 Δa_z 并不完全一样，但两者的联系可以通过两坐标系竖轴之间的夹角 γ_2 建立起来，由图 11.10 和图 11.11 得出其转换关系式为

$$\left.\begin{aligned}\Delta a_{y4}&=\Delta a_y\cos\gamma_2-\Delta a_z\sin\gamma_2\\ \Delta a_{z4}&=\Delta a_y\sin\gamma_2+\Delta a_z\cos\gamma_2\end{aligned}\right\} \tag{11.63}$$

对于轴对称导弹，因为由偏转方向舵 δ_y 到产生侧向加速度 a_z 的航向扰动运动，其形式与纵向短周期扰动运动基本一致，所以，航向与纵向的运动学传递函数也具有相同的形式，即

$$\left.\begin{aligned}W_{\varepsilon\theta}(s)&=W_{\beta\psi_v}(s)=\frac{\Delta\beta(s)}{\Delta\psi_v(s)}\\ W_{\varepsilon}(s)&=W_{\beta}(s)\end{aligned}\right\} \tag{11.64}$$

加速度转换关系式(11.63) 反映了一种运动交联现象，在图 11.9 中相对于雷达坐标系，由运动学传递函数式(11.62) 和式(11.63) 可得

$$\left.\begin{aligned}\Delta\varepsilon&=\frac{1}{R}W_{\varepsilon}(s)\Delta a_{y4}=\frac{1}{R}W_{\varepsilon}(s)(\Delta a_y\cos\gamma_2-\Delta a_z\sin\gamma_2)\\ \Delta\beta&=\frac{1}{R}W_{\beta}(s)\Delta a_{z4}=\frac{1}{R}W_{\beta}(s)(\Delta a_y\sin\gamma_2+\Delta a_z\cos\gamma_2)\end{aligned}\right\} \tag{11.65}$$

由式(11.65) 可写出以下两式(升降舵和方向舵均为阶跃偏转)：

$$\left.\begin{aligned}\Delta\varepsilon&=\frac{1}{R}W_{\varepsilon}(s)[v_0\cos\gamma_2 W_{\dot\theta\delta_z}(s)\Delta\delta_z+v_0\cos\theta\sin\gamma_2 W_{\dot\psi_v\delta_y}(s)\Delta\delta_y]\\\Delta\beta&=\frac{1}{R}W_{\beta}(s)[v_0\sin\gamma_2 W_{\dot\theta\delta_z}(s)\Delta\delta_z-v_0\cos\theta\cos\gamma_2 W_{\dot\psi_v\delta_y}(s)\Delta\delta_y]\end{aligned}\right\}\tag{11.66}$$

由此可以得出结论，当偏斜角 γ_2 存在时，为消除高低角偏差 $\Delta\varepsilon$（或线偏差 h_1），或者方位角偏差 $\Delta\beta$，必须同时偏转升降舵 $\Delta\delta_z$ 和方向舵 $\Delta\delta_y$，即俯仰和偏航两个通道的运动是相互交联的。

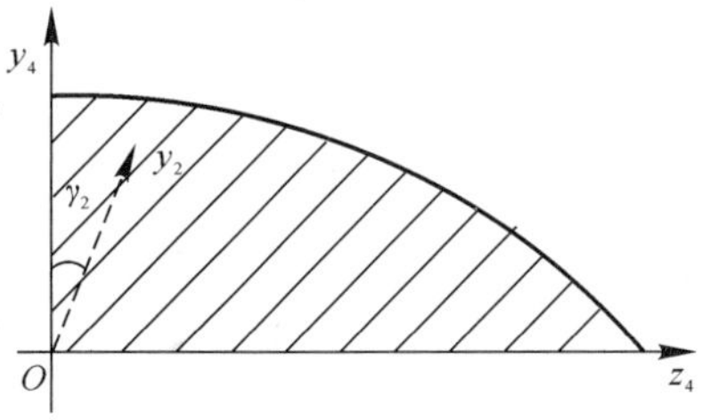

图 11.10　偏斜角 γ_2 示意图

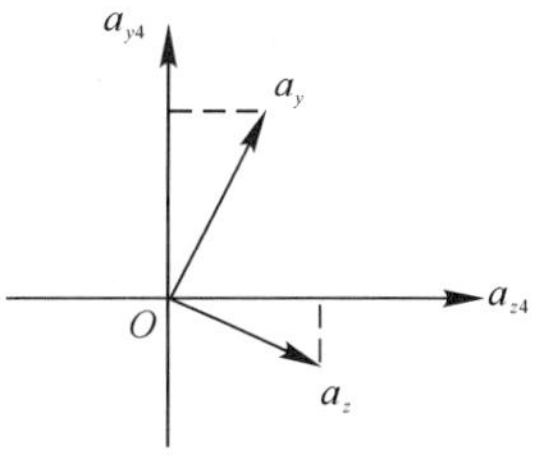

图 11.11　加速度坐标变换图

11.2.2.2　制导站运动时导弹运动学传递函数

当导弹在飞机、舰艇和车辆上发射，并采用遥控系统时，制导站是运动的。即使假定目标、导弹和制导站的运动处于同一个平面内，相互间的运动学关系也是相当复杂的。在图 11.9 中 v_1 为制导站的运动速度，为具有普遍性，假定速度 v_1 与水平面成 θ_1 角。由图 11.9 可以得出如下运动学方程组：

$$\left.\begin{aligned}\frac{dR}{dt}&=-v_1\cos(\theta_1-\varepsilon)+v\cos(\theta-\varepsilon)\\R\frac{d\varepsilon}{dt}&=-v_1\sin(\theta_1-\varepsilon)+v\sin(\theta-\varepsilon)\end{aligned}\right\}\tag{11.67}$$

同样认为 v、v_1 和 R 均为已知时间的函数，线性化后可得下列运动学传递函数：

$$\left.\begin{aligned}W_{\varepsilon\theta}(s)&=\frac{v_0\cos(\theta-\varepsilon)_0}{Rs+\dot R}\\W_{\varepsilon\theta_1}(s)&=\frac{-v_{10}\cos(\theta_1-\varepsilon)_0}{Rs+\dot R}\end{aligned}\right\}\tag{11.68}$$

如果制导站作水平直线运动，则式中 $\theta_1=0$。

导弹采用遥控系统，更为复杂的运动学状态如图 11.12 所示，图中地面坐标系 $Oxyz$ 为参考系。假设制导站作水平面运动，速度为 v_1，航向角为 ψ_1，其雷达高低角为 ε_1，方位角为 β_1。

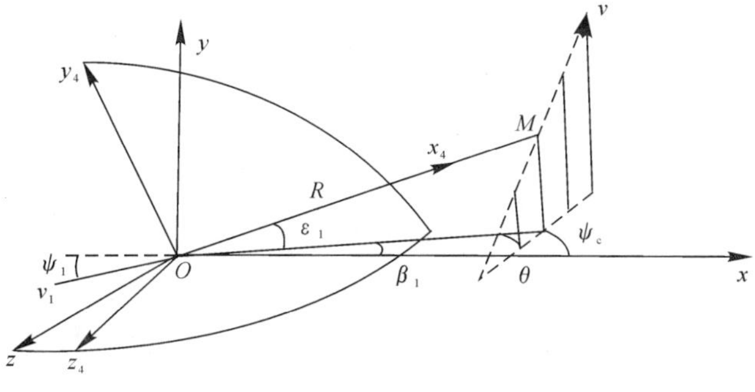

图 11.12　制导站水平面运动参数示意图

由图 11.12 可得导弹矢径 R 的变化率为

$$\dot{R}=v\cos\eta-v_1\cos\varepsilon_1\cos(\psi_1-\beta_1) \tag{11.69}$$

式中:η 为矢量 $\boldsymbol{v}$ 和 R 的夹角。

因为矢量 $\boldsymbol{v}$ 和 R 在 $Oxyz$ 上的方向余弦分别为

$$\left.\begin{array}{l}\cos\theta\cos\psi_c,\sin\theta,-\cos\theta\sin\psi_c\\ \cos\varepsilon_1\cos\beta_1,\sin\varepsilon_1,-\cos\varepsilon_1\sin\beta_1\end{array}\right\} \tag{11.70}$$

所以

$$\begin{aligned}\cos\eta=&\cos\theta\cos\psi_c\cos\varepsilon_1\cos\beta_1+\sin\theta\sin\varepsilon_1+\cos\theta\sin\psi_c\cos\varepsilon_1\sin\beta_1=\\ &\cos\theta\cos\varepsilon_1\cos(\psi_c-\beta_1)+\sin\theta\sin\varepsilon_1\end{aligned} \tag{11.71}$$

由速度 v 和 v_1 垂直 $R\cos\varepsilon_1$ 的分量,可得到下列方程式:

$$(R\cos\varepsilon_1)\dot{\beta}_1=v\cos\theta\sin(\psi_c-\beta_1)-v_1\sin(\psi_1-\beta_1) \tag{11.72}$$

下面再来求高低角 ε_1 变化的微分方程。由雷达坐标系 $Ox_4y_4z_4$ 与地面坐标系 $Oxyz$ 的关系(见图 11.12),则有两者的转换矩阵为(参考地面坐标系与弹道坐标系转换关系)

$$[x_4\quad y_4\quad z_4]^{\mathrm{T}}=\boldsymbol{L}_3(\varepsilon_1)\boldsymbol{L}_2(\beta_1)[x\quad y\quad z]^{\mathrm{T}} \tag{11.73}$$

此式展开后变为

$$\begin{bmatrix}x_4\\y_4\\z_4\end{bmatrix}=\begin{bmatrix}\cos\varepsilon_1\cos\beta_1 & \sin\varepsilon_1 & -\cos\varepsilon_1\sin\beta_1\\ -\sin\varepsilon_1\cos\beta_1 & \cos\varepsilon_1 & \sin\varepsilon_1\sin\beta_1\\ \sin\beta_1 & 0 & \cos\beta_1\end{bmatrix}\begin{bmatrix}x\\y\\z\end{bmatrix} \tag{11.74}$$

导弹相对制导站的合成速度为 $\Delta\bar{v}=(\bar{v}-\bar{v}_1)$,它在坐标系 $Oxyz$ 三个轴上的分量为

$$[\Delta v_x\quad \Delta v_y\quad \Delta v_z]^{\mathrm{T}}=[v\cos\theta\cos\psi_c-v_1\cos\psi_1\quad v\sin\theta\quad -v\cos\theta\sin\psi_c+v_1\sin\psi_1]^{\mathrm{T}} \tag{11.75}$$

所以由式(11.74),可得 $\Delta\bar{v}$ 在 Oy_4 轴上的分量为

$$\begin{aligned}\Delta v_{y4}=&-v\cos\theta\cos\psi_c\sin\varepsilon_1\cos\beta_1+v\sin\theta\cos\varepsilon_1-\\ &v\cos\theta\sin\psi_c\sin\varepsilon_1\sin\beta_1+v_1\cos\psi_1\sin\varepsilon_1\cos\beta_1+v_1\sin\psi_1\sin\varepsilon_1\sin\beta_1=\\ &v\sin\theta\cos\varepsilon_1-v\cos\theta\sin\varepsilon_1(\cos\psi_c\cos\beta_1+\sin\psi_c\sin\beta_1)+v_1\sin\varepsilon_1(\cos\psi_1\cos\beta_1+\sin\psi_1\sin\beta_1)\end{aligned} \tag{11.76}$$

由此可得

$$R\dot{\varepsilon}_1=v\sin\theta\cos\varepsilon_1-v\cos\theta\sin\varepsilon_1\cos(\psi_c-\beta_1)+v_1\sin\varepsilon_1\cos(\psi_1-\beta_1) \tag{11.77}$$

式(11.69)、式(11.72) 以及式(11.77) 是导弹对于活动制导站的一般运动学方程组,可归纳为

$$\left.\begin{aligned}\dot{R}&=v\cos\eta-v_1\cos\varepsilon_1\cos(\psi_1-\beta_1)\\ (R\cos\varepsilon_1)\dot{\beta}_1&=v\cos\theta\sin(\psi_c-\beta_1)-v_1\sin(\psi_1-\beta_1)\\ R\dot{\varepsilon}_1&=v\sin\theta\cos\varepsilon_1-v\cos\theta\sin\varepsilon_1\cos(\psi_c-\beta_1)+v_1\sin\varepsilon_1\cos(\psi_1-\beta_1)\end{aligned}\right\} \tag{11.78}$$

这一组运动学方程式是比较复杂的,但是根据线性化方法可求出运动学传递函数,这里就不再进行烦琐的推导。

如果制导站是固定的,移动速度 $v_1=0$,同时不以地面坐标系为基准,而是采用倾斜坐标来测量角度 ε_1 和 β_1 等,即以倾斜平面作为度量的基准;此外,还认为导弹的 Ox_1 轴近似指向导

弹飞行的平均方向，则可以简化运动学方程组式(11.78)。考虑到选择导引方法，为了减小动态误差，无论是 ε_1 和 β_1，还是 ψ_c 和 θ 都是较小的量，因此式(11.78) 可以简化为

$$\left.\begin{aligned}\dot{R} &\approx v\cos(\theta-\varepsilon_1)\approx v\\ R\dot{\beta}_1 &\approx v\sin(\psi_c-\beta_1)\approx v(\psi_c-\beta_1)\\ R\dot{\varepsilon}_1 &\approx v\sin\theta - v\sin\varepsilon_1 \approx v(\theta-\varepsilon_1)\end{aligned}\right\}\tag{11.79}$$

式(11.79) 中所用角度符号虽同式(11.78) 一样，但它们是在倾斜坐标系内测量的。这里只是为了书写方便，而没有改用新的符号。

当取 θ 和 ψ_c 作为运动学环节的输入量，取 ε_1 和 β_1 为输出量时，由方程组式(11.79) 线性化很易求出相应的运动学传递函数。线性化方程组式(11.79) 第 3 式，设 ε_1 的偏量为 $\Delta\varepsilon_1$，其结果为

$$R\Delta\dot{\varepsilon}_1 \approx v(\Delta\theta-\Delta\varepsilon_1)\tag{11.80}$$

则有

$$R\Delta\dot{\varepsilon}_1+\dot{R}\Delta\varepsilon_1=\dot{R}\Delta\theta\tag{11.81}$$

于是运动学传递函数为

$$W_{\varepsilon_1\theta}(s)=\frac{\Delta\varepsilon_1(s)}{\Delta\theta(s)}=\frac{\dot{R}}{Rs+\dot{R}}=\frac{1}{\dfrac{R}{\dot{R}}s+1}\tag{11.82}$$

同理可得

$$W_{\beta_1\psi_c}(s)=\frac{\Delta\beta_1(s)}{\Delta\psi_c(s)}=\frac{1}{\dfrac{R}{\dot{R}}s+1}\tag{11.83}$$

显然，所得运动学传递函数也是一个非周期的环节。

11.2.3　遥控制导空间扭角的计算和动态特性分析

11.2.3.1　遥控制导的空间扭角

弹体坐标系 $Ox_1y_1z_1$ 与雷达坐标系 $Ox_4y_4z_4$ 不重合时，在 Oy_4z_4 平面内形成角 γ_3，称之为遥控制导空间扭角，如图 11.13 所示。其方向的确定：Oy_1 的投影转向 Oy_4，符合右手规则的扭角为正。

由于弹体坐标系和雷达坐标系之间存在着扭角 γ_3，在图 11.13 中由雷达测出高低角之差，形成导引误差信号 $\Delta\varepsilon_c$ 后，还必须计算空间扭角 γ_3。如果雷达坐标系还给出方位角之差，形成导引误差信号 $\Delta\beta_c$ 后，同样也要考虑空间扭角的影响，因为它关系着导弹的控制精度和系统的稳定性。

考虑空间扭角的情况下，由导引误差信号 $\Delta\varepsilon_c$ 和 $\Delta\beta_c$ 变换成纵向遥控指令 K_1 及航向遥控指令 K_2 时，参照图 11.14 可得以下变换公式：

$$\left.\begin{aligned}K_1 &= \Delta\varepsilon_c\cos\gamma_3+\Delta\beta_c\sin\gamma_3\\ K_2 &= -\Delta\varepsilon_c\sin\gamma_3+\Delta\beta_c\cos\gamma_3\end{aligned}\right\}\tag{11.84}$$

值得指出的是，遥控制导空间扭角 γ_3 不同于式(11.63) 中的偏斜角 γ_2，后者是弹道坐标系

Oy_2 轴投影与雷达坐标系 Oy_4 轴之间在 Oy_4z_4 平面内的夹角。

为计算遥控制导的空间扭角 γ_3，可作以下坐标变换：假定弹体坐标系与雷达坐标系在发射 Δt 时间后，相互关系如图 11.13 所示，则有[见式(11.36)]

$$\begin{bmatrix} x_1 \\ y_1 \\ z_1 \end{bmatrix} = \boldsymbol{L}_3(\eta_1)\boldsymbol{L}_2(\xi_1)\boldsymbol{L}_1(\gamma_3)\begin{bmatrix} x_4 \\ y_4 \\ z_4 \end{bmatrix} \tag{11.85}$$

$$\begin{bmatrix} x_1 \\ y_1 \\ z_1 \end{bmatrix} = \begin{bmatrix} \cos\eta_1\cos\xi_1 & \sin\eta_1\cos\xi_1 & -\sin\xi_1 \\ \cos\eta_1\sin\xi_1\sin\gamma_3-\sin\eta_1\cos\gamma_3 & \cos\eta_1\cos\gamma_3+\sin\eta_1\sin\xi_1\sin\gamma_3 & \cos\xi_1\sin\gamma_3 \\ \cos\eta_1\sin\xi_1\cos\gamma_3+\sin\eta_1\sin\gamma_3 & \sin\eta_1\sin\xi_1\cos\gamma_3-\cos\eta_1\sin\gamma_3 & \cos\xi_1\cos\gamma_3 \end{bmatrix}\begin{bmatrix} x_4 \\ y_4 \\ z_4 \end{bmatrix} \tag{11.86}$$

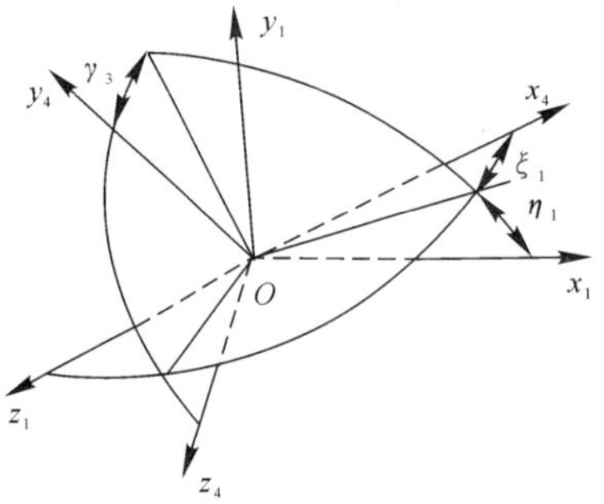

图 11.13　雷达坐标系与弹体坐标系关系示意图

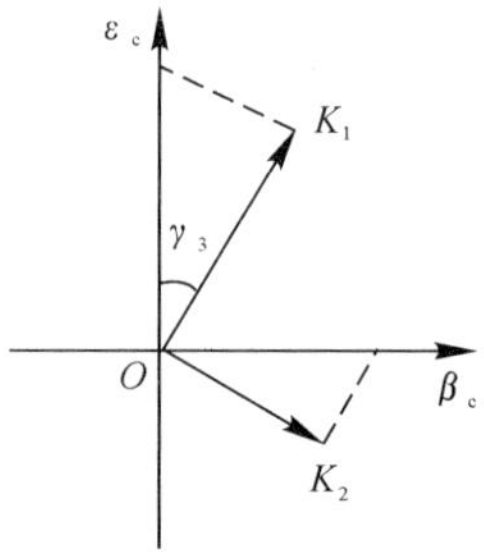

图 11.14　遥控制导空间扭角

在实际飞行中，η_1, ξ_1, γ_3 都很小，可近似认为 $\sin\eta_1 \approx \eta_1, \sin\xi_1 \approx \xi_1, \sin\gamma_3 \approx \gamma_3, \cos\eta_1 \approx 1, \cos\xi_1 \approx 1, \cos\gamma_3 \approx 1$，并略去二阶小量，则式(11.86)可简化为

$$\begin{bmatrix} x_1 \\ y_1 \\ z_1 \end{bmatrix} = \begin{bmatrix} 1 & \eta_1 & -\xi_1 \\ -\eta_1 & 1 & \gamma_3 \\ \xi_1 & -\gamma_3 & 1 \end{bmatrix}\begin{bmatrix} x_4 \\ y_4 \\ z_4 \end{bmatrix} \tag{11.87}$$

假设导弹在时间 t_1 受控，这时弹体坐标系 $Ox_1y_1z_1$、雷达坐标系 $Ox_4y_4z_4$ 和发射坐标系 $Ox_5y_5z_5$ 相重合。导弹发射后，发射坐标系 $Ox_5y_5z_5$ 的位置不变，即 ε_f 为常值，如图 11.15 所示。飞行到时间 t_2，$\Delta t = t_2 - t_1$，弹体坐标系相对于发射坐标系形成了 σ_3 和 σ_4 角，坐标转换矩阵方程为

$$\begin{bmatrix} x_1 \\ y_1 \\ z_1 \end{bmatrix} = \begin{bmatrix} \cos\sigma_3\cos\sigma_4 & \sin\sigma_4 & -\sin\sigma_3\cos\sigma_4 \\ -\cos\sigma_3\sin\sigma_4 & \cos\sigma_4 & \sin\sigma_3\sin\sigma_4 \\ \sin\sigma_3 & 0 & \cos\sigma_3 \end{bmatrix}\begin{bmatrix} x_5 \\ y_5 \\ z_5 \end{bmatrix} \tag{11.88}$$

若将式(11.87)的坐标向量 $[x_4 \quad y_4 \quad z_4]^{\mathrm{T}}$ 也变换成由坐标向量 $[x_5 \quad y_5 \quad z_5]^{\mathrm{T}}$ 表示，按照已定义的几种坐标系，必须先将发射坐标系变换到地面坐标系，再转换到雷达坐标系，其关系为

$$\begin{bmatrix} x_4 \\ y_4 \\ z_4 \end{bmatrix} = \begin{bmatrix} \cos\varepsilon_1\cos\beta_1 & \sin\varepsilon_1 & -\cos\varepsilon_1\sin\beta_1 \\ -\sin\varepsilon_1\cos\beta_1 & \cos\varepsilon_1 & \sin\varepsilon_1\sin\beta_1 \\ \sin\beta_1 & 0 & \cos\beta_1 \end{bmatrix}\begin{bmatrix} \cos\varepsilon_f & -\sin\varepsilon_f & 0 \\ \sin\varepsilon_f & \cos\varepsilon_f & 0 \\ 0 & 0 & 1 \end{bmatrix}\begin{bmatrix} x_5 \\ y_5 \\ z_5 \end{bmatrix} \tag{11.89}$$

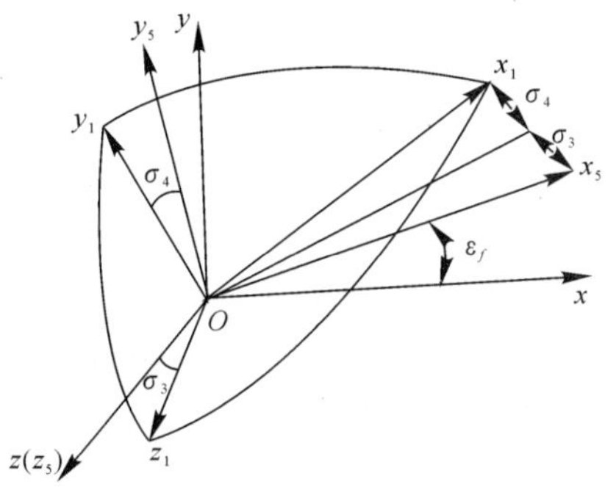

图 11.15　弹体坐标系与发射坐标系关系图

将式(11.89)代入式(11.87),则有

$$\begin{bmatrix} x_1 \\ y_1 \\ z_1 \end{bmatrix} = \begin{bmatrix} 1 & \eta_1 & -\xi_1 \\ -\eta_1 & 1 & \gamma_3 \\ \xi_1 & -\gamma_3 & 1 \end{bmatrix} \begin{bmatrix} \cos\varepsilon_1\cos\beta_1 & \sin\varepsilon_1 & -\cos\varepsilon_1\sin\beta_1 \\ -\sin\varepsilon_1\cos\beta_1 & \cos\varepsilon_1 & \sin\varepsilon_1\sin\beta_1 \\ \sin\beta_1 & 0 & \cos\beta_1 \end{bmatrix} \times \begin{bmatrix} \cos\varepsilon_f & -\sin\varepsilon_f & 0 \\ \sin\varepsilon_f & \cos\varepsilon_f & 0 \\ 0 & 0 & 1 \end{bmatrix} \begin{bmatrix} x_5 \\ y_5 \\ z_5 \end{bmatrix} \tag{11.90}$$

因此,在坐标转换中下列等式成立:

$$\boldsymbol{L}_3(\sigma_4)\boldsymbol{L}_2(\sigma_3) = \begin{bmatrix} \cos\sigma_3\cos\sigma_4 & \sin\sigma_4 & -\sin\sigma_3\cos\sigma_4 \\ -\cos\sigma_3\sin\sigma_4 & \cos\sigma_4 & \sin\sigma_3\sin\sigma_4 \\ \sin\sigma_3 & 0 & \cos\sigma_3 \end{bmatrix} =$$

$$\boldsymbol{L}_3(\eta_1)\boldsymbol{L}_2(\xi_1)\boldsymbol{L}_1(\gamma_3)\boldsymbol{L}_3(\varepsilon_1)\boldsymbol{L}_2(\beta_1)\boldsymbol{L}_3(\varepsilon_f) =$$

$$\begin{bmatrix} \cos\varepsilon_f[\cos\beta_1(\cos\varepsilon_1-\eta_1\sin\varepsilon_1)-\xi_1\sin\beta_1]+\sin\varepsilon_f(\sin\varepsilon_1+\eta_1\cos\varepsilon_1) & -\sin\varepsilon_f[\cos\beta_1(\cos\varepsilon_1-\eta_1\sin\varepsilon_1)-\xi_1\sin\beta_1]+\cos\varepsilon_f(\sin\varepsilon_1+\eta_1\cos\varepsilon_1) & \sin\beta_1(-\cos\varepsilon_1+\eta_1\sin\varepsilon_1)-\xi_1\cos\beta_1 \\ \cos\varepsilon_f[\cos\beta_1(-\eta_1\cos\varepsilon_1-\sin\varepsilon_1)+\gamma_3\sin\beta_1]+\sin\varepsilon_f(-\eta_1\sin\varepsilon_1+\cos\varepsilon_1) & -\sin\varepsilon_f[\cos\beta_1(-\eta_1\cos\varepsilon_1-\sin\varepsilon_1)+\gamma_3\sin\beta_1]+\cos\varepsilon_f(-\eta_1\sin\varepsilon_1+\cos\varepsilon_1) & \sin\beta_1(\eta_1\cos\varepsilon_1+\sin\varepsilon_1)+\gamma_3\cos\beta_1 \\ \cos\varepsilon_f[\cos\beta_1(\xi_1\cos\varepsilon_1+\gamma_3\sin\varepsilon_1)+\sin\beta_1]+\sin\varepsilon_f(\xi_1\sin\varepsilon_1-\gamma_3\cos\varepsilon_1) & -\sin\varepsilon_f[\cos\beta_1(\xi_1\cos\varepsilon_1+\gamma_3\sin\varepsilon_1)+\sin\beta_1]+\cos\varepsilon_f(\xi_1\sin\varepsilon_1-\gamma_3\cos\varepsilon_1) & \sin\beta_1(-\xi_1\cos\varepsilon_1-\gamma_3\sin\varepsilon_1)+\cos\beta_1 \end{bmatrix}$$

解矩阵方程并令等式两端对应元素项相等,可以写出以下关系式:

$$\left.\begin{aligned} &\sin\sigma_4 = -\sin\varepsilon_f[\cos\beta_1(\cos\varepsilon_1-\eta_1\sin\varepsilon_1)-\xi_1\sin\beta_1]+\cos\varepsilon_f(\sin\varepsilon_1+\eta_1\cos\varepsilon_1) \\ &\sin\sigma_3 = \cos\varepsilon_f[\cos\beta_1(\xi_1\cos\varepsilon_1+\gamma_3\sin\varepsilon_1)+\sin\beta_1]+\sin\varepsilon_f(\xi_1\sin\varepsilon_1-\gamma_3\cos\varepsilon_1) \\ &\cos\sigma_4 = -\sin\varepsilon_f[\cos\beta_1(-\eta_1\cos\varepsilon_1-\sin\varepsilon_1)+\gamma_3\sin\beta_1]+\cos\varepsilon_f(-\eta_1\sin\varepsilon_1+\cos\varepsilon_1) \\ &\cos\sigma_3 = \sin\beta_1(-\xi_1\cos\varepsilon_1-\gamma_3\sin\varepsilon_1)+\cos\beta_1 \\ &\cos\sigma_3\cos\sigma_4 = \cos\varepsilon_f[\cos\beta_1(\cos\varepsilon_1-\eta_1\sin\varepsilon_1)-\xi_1\sin\beta_1]+\sin\varepsilon_f(\sin\varepsilon_1+\eta_1\cos\varepsilon_1) \\ &\sin\sigma_3\sin\sigma_4 = \sin\beta_1(\eta_1\cos\varepsilon_1+\sin\varepsilon_1)+\gamma_3\cos\beta_1 \end{aligned}\right\} \tag{11.91}$$

$$\left.\begin{aligned}
-\sin\sigma_3\cos\sigma_4 &= \sin\beta_1(-\cos\varepsilon_1+\eta_1\sin\varepsilon_1)-\xi_1\cos\beta_1 \\
-\cos\sigma_3\sin\sigma_4 &= \cos\varepsilon_f[\cos\beta_1(-\eta_1\cos\varepsilon_1-\sin\varepsilon_1)+\gamma_3\sin\beta_1]+\sin\varepsilon_f(-\eta_1\sin\varepsilon_1+\cos\varepsilon_1) \\
0 &= -\sin\varepsilon_f[\cos\beta_1(\xi_1\cos\varepsilon_1+\gamma_3\sin\varepsilon_1)+\sin\beta_1]+\cos\varepsilon_f(\xi_1\sin\varepsilon_1-\gamma_3\cos\varepsilon_1)
\end{aligned}\right\} \tag{11.92}$$

导弹飞行时发射高低角 ε_f 为常数，在雷达测出高低角 ε_1 和方位角 β_1 后，上列各系数为已知值。因此，由式(11.92) 的三个代数方程可以计算出扭角 γ_3。

按此方法求得的扭角 γ_3，其数值比较精确，但是计算过程比较复杂，必须设置专用的计算机程序。

为了简化控制(制导) 系统的结构，若不采用专门计算机程序计算扭角时，可以采用以下近似方法。如果导弹的飞行时间很短，不考虑弹体坐标系的转动，同时认为雷达天线跟随目标一起运动，并绕地面基准坐标系的 Oy 轴旋转，角速度为方位角导数 $\dot{\beta}_1$，其在 Ox_1 轴上的角速度分量为 $-\dot{\beta}_1\sin\varepsilon_f$，从而产生扭角 γ_3，由时间 t_1 到时间 t_2，其值为

$$\gamma_3=-\int_{t1}^{t2}\dot{\beta}_1\sin\varepsilon_f\,\mathrm{d}t \tag{11.93}$$

但是，这种计算扭角的方法是近似的，因为雷达坐标系的位置由目标状态来决定，而弹体坐标系的位置由力矩作用来决定。由于坐标系转动的原因不一样，计算空间扭角 γ_3 时就应考虑这些因素，按上述坐标转换方法确定遥控制导的空间扭角。

11.2.3.2　遥控制导空间扭角对动态性能的影响

设计实践说明，给坐标变换机构输送扭角 γ_3 值，可以减小导引误差，提高控制精度。因此，考虑空间扭角 γ_3，可以起到补偿控制精度的作用。此外，当导弹有偏斜角 γ_2 且纵向运动和航向运动有交联时，采用空间扭角补偿在一定程度上还可提高系统的稳定性。为此，在遥控制导的纵向控制系统中(见图 11.8)，先定义几个开环传递函数。

以导弹在雷达坐标系内的高低角 $\Delta\varepsilon_1$ 为输入量，导引误差 $\Delta\varepsilon_c$ 为输出量，则有传递函数 $W_1(s)=\Delta\varepsilon_c(s)/\Delta\varepsilon_1(s)$。

首先，讨论偏斜角 γ_2 等于零的情况(无运动交联现象)：根据式(11.63)，加速度 $\Delta a_{y4}=\Delta a_y$；作为近似处理，也无须计算空间扭角 γ_3，于是遥控指令 $K_1=\Delta\varepsilon_c$，参见式(11.84)。因此，以加速度 Δa_{y4} 为输入量，导弹的高低角偏量 ε 为输出量，又可获得一个开环传递函数 $W_{\varepsilon a}(s)=\varepsilon(s)/\Delta a_{y4}(s)$。

综上所述，在图 11.8 中 ε 与 $\Delta\varepsilon_1$ 的象函数之比，也就是遥控制导的纵向开环传递函数为

$$W(s)=\frac{\varepsilon(s)}{\Delta\varepsilon_1(s)}=W_{\varepsilon a}(s)W_{aK}(s)W_1(s) \tag{11.94}$$

式中
$$W_{aK}(s)=\frac{\Delta a_{y4}(s)}{\varepsilon_c(s)}$$

问题是偏斜角 γ_2 不可能恒等于零，运动交联现象是必然存在的。由于加速度 $\Delta a_{y4}\neq\Delta a_y$，导弹遥控制导的纵向开环传递函数也就不同于式(11.94)。在偏斜角 $\gamma_2\neq 0$，且存在空间扭角 γ_3 的情况下，为了与上述高低角偏量 ε 相区别，此时由加速度 Δa_{y4} 产生的高低角偏量用 ε_d 表示。导弹的 ε_d 角为

$$\varepsilon_d=W_{\varepsilon a}(s)\Delta a_{y4}(s)=W_{\varepsilon a}(s)(\Delta a_y\cos\gamma_2-\Delta a_z\sin\gamma_2) \tag{11.95}$$

根据式(11.84)，纵向加速度 Δa_y 又可写为

$$\Delta a_y = W_{aK}(s)K_1 = W_{aK}(s)(\Delta\varepsilon_c\cos\gamma_3 + \Delta\beta_c\sin\gamma_3)$$

同理可得

$$\Delta a_z = W_{aK}(s)K_2 = W_{aK}(s)(-\Delta\varepsilon_c\sin\gamma_3 + \Delta\beta_c\cos\gamma_3)$$

由于纵向扰动运动和航向扰动运动具有相同模式，不仅两者 $W_{aK}(s)$ 相同，传递函数 $W_1(s)$ 也是一样的，因此纵向和航向加速度又可写为

$$\Delta a_y = W_{aK}(s)W_1(s)(\Delta\varepsilon_1\cos\gamma_3 + \Delta\beta_1\sin\gamma_3) \tag{11.96}$$

$$\Delta a_z = W_{aK}(s)W_1(s)(-\Delta\varepsilon_1\sin\gamma_3 + \Delta\beta_1\cos\gamma_3) \tag{11.97}$$

将式(11.96)和式(11.97)代入式(11.95)，得到

$$\begin{aligned}\varepsilon_d =& W_{\varepsilon a}(s)W_{aK}(s)W_1(s)(\Delta\varepsilon_1\cos\gamma_2\cos\gamma_3 + \Delta\beta_1\cos\gamma_2\sin\gamma_3 +\\ &\Delta\varepsilon_1\sin\gamma_2\sin\gamma_3 - \Delta\beta_1\sin\gamma_2\cos\gamma_3) =\\ &W(s)(\Delta\varepsilon_1\cos(\gamma_2-\gamma_3) - \Delta\beta_1\sin(\gamma_2-\gamma_3))\end{aligned} \tag{11.98}$$

式中，$W(s)$ 由式(11.94)表示。同理，可以推得方位偏角 β_d 为

$$\beta_d = -W(s)[\Delta\varepsilon_1\sin(\gamma_2-\gamma_3) + \Delta\beta_1\cos(\gamma_2-\gamma_3)] \tag{11.99}$$

实际上两偏量 β_d 和 $\Delta\beta_1$ 可以相同，因此，由式(11.99)可将 β_d 表示为

$$\beta_d = -\frac{W(s)\sin(\gamma_2-\gamma_3)\Delta\varepsilon_1}{1+W(s)\cos(\gamma_2-\gamma_3)} \tag{11.100}$$

将式(11.100)代入式(11.98)，求得高低角偏量为

$$\begin{aligned}\varepsilon_d =& W(s)\left(\cos(\gamma_2-\gamma_3) + \frac{W(s)\sin^2(\gamma_2-\gamma_3)}{1+W(s)\cos(\gamma_2-\gamma_3)}\right)\Delta\varepsilon_1 =\\ &W(s)\left[\frac{\cos(\gamma_2-\gamma_3)+W(s)}{1+\cos(\gamma_2-\gamma_3)W(s)}\right]\Delta\varepsilon_1\end{aligned} \tag{11.101}$$

此式说明，存在空间扭角 γ_3，即发生运动交联现象后，一个新的导弹遥控的纵向开环传递函数 $W_\gamma(s)$ 应为

$$W_\gamma(s) = \frac{\varepsilon_d(s)}{\Delta\varepsilon_1(s)} = W(s)\left[\frac{\cos(\gamma_2-\gamma_3)+W(s)}{1+\cos(\gamma_2-\gamma_3)W(s)}\right] \tag{11.102}$$

由此可以看出 $W_\gamma(s)$ 与 $W(s)$ 的区别。借助开环传递函数 $W_\gamma(s)$ 说明闭环情况下导弹纵向扰动运动的动态性质，就可显示遥控空间扭角 γ_3 所产生的影响。这里按三种情况分别简述如下：

(1) 如果导弹无偏斜角，即 $\gamma_2=0$，可以不进行空间扭角补偿，$\gamma_3=0$，于是，$W_\gamma(s)=W(s)$，表明导弹没有运动交联现象。

(2) 如果导弹有偏斜角 γ_2，但不进行扭角补偿，即 $\gamma_3=0$，则式(11.102)变为

$$W_\gamma(s) = W(s)\left[\frac{\cos\gamma_2+W(s)}{1+\cos\gamma_2 W(s)}\right] \tag{11.103}$$

假设 $W_\gamma(s)$ 的幅频等于 1，截止频率为 ω_1，相稳定余量为 φ_1，于是可得

$$W_\gamma(i\omega_1) = e^{-i(\pi-\varphi_1)} = He^{i\varphi}\left[\frac{\cos\gamma_2+He^{i\varphi}}{1+\cos\gamma_2 He^{i\varphi}}\right] \tag{11.104}$$

式中：$He^{i\varphi}=W(i\omega_1)$，即 $W(s)$ 在 ω_1 下的幅相频率特性。将式(11.104)分解为虚部和实部，因等号两边虚部等于虚部，实部等于实部，可得

$$\left.\begin{aligned}&-\cos\varphi_1(1+H\cos\gamma_2\cos\varphi) + H\sin\varphi_1\cos\gamma_2\sin\varphi = H\cos\varphi(\cos\gamma_2+H\cos\varphi) - H^2\sin^2\varphi\\ &-H\cos\gamma_2\sin\varphi\cos\varphi_1 - \sin\varphi_1(1+H\cos\gamma_2\cos\varphi) = H\sin\varphi(\cos\gamma_2+2H\cos\varphi)\end{aligned}\right\} \tag{11.105}$$

$W_\gamma(i\omega_1)$ 的幅频为 1 时，由式(11.104) 可得

$$(1+H^2+2H\cos\gamma_2\cos\varphi)(1+H)(1-H)=0 \tag{11.106}$$

由于

$$(1+H^2+2H\cos\gamma_2\cos\varphi)\neq 0,\quad (1+H)\neq 0 \tag{11.107}$$

所以

$$(1-H)=0 \tag{11.108}$$

即 $H=1$。

所得结果说明，$W_\gamma(i\omega_1)$ 的幅频为 1 时，$W(i\omega_1)$ 的幅频 H 也等于 1，运动交联时截止频率不变。

在式(11.105) 中消去 $\cos\varphi_1$，取 $\varphi=-(\pi-\varphi_2)$，$H=1$，可得

$$\sin\varphi_1=\frac{2\sin\varphi_2(\cos\gamma_2-\cos\varphi_2)}{1+\cos\gamma_2(\cos\gamma_2-2\cos\varphi_2)} \tag{11.109}$$

式中：φ_1 为无运动交联时 $W(i\omega_1)$ 相稳定余量。

若取无通道联系的相稳定余量和 $\varphi_2=30°$，按式(11.109) 可以找到 φ_1 与 γ_2 的关系，如图 11.16 所示。从图中可以看出 φ_1 始终小于30°。偏斜角 γ_2 越大，相稳定余量 φ_1 越小。因此，交联现象减小了系统的相稳定余量，甚至使系统不稳定。

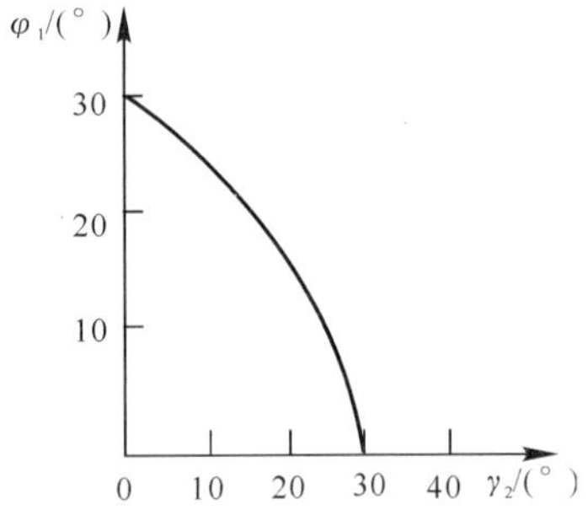

图 11.16　相稳定余量

(3) 由于导弹在飞行中将不可避免地出现偏斜角 γ_2，为了提高控制精度和相稳定余量，必须进行扭角 γ_3 补偿。

考虑到导弹的攻角和侧滑角不大，所以近似分析时可以认为偏角 γ_2 即为扭角 γ_3。因此，采用补偿扭角 γ_3 后，由式(11.102) 便有 $W_\gamma(s)=W(s)$。但是，通常扭角补偿只是在一定范围内进行，例如采用式(11.93) 近似计算的扭角补偿。因此，由此产生的补偿不足之量对系统将会有一定的影响。如果该影响很小，导弹虽有偏斜角，但其动态性能与无偏斜情况相似。

11.2.4　遥控制导的重力影响和动态误差

导弹在没有控制时是沿着自由弹道飞行的。为了使导弹从自由弹道转向理想弹道飞行，必须对导弹进行控制。以某地空导弹为例，如图 11.17 所示，只有在出现高低角偏差 $\Delta\varepsilon_1$ 或线偏差 h_ε 之后，导弹才能通过舵面偏转来改变它的飞行弹道。

为了便于计算重力影响和动态误差，略去控制系统的惯性，由线偏差 h_ε 到舵偏角 δ_z 可由简单关系式表示为

$$\delta_z = K_y h_\varepsilon \tag{11.110}$$

式中：K_y 为控制系统有关部分的放大系数。

控制的目的是要在导弹上产生一定的法向加速度，使导弹转向沿着有控情况下的弹道飞行。在稳定的情况下，所需法向加速度为

$$W_y = v\frac{\mathrm{d}\theta}{\mathrm{d}t} = (P + Y^\alpha)\frac{\alpha}{m} - g\cos\theta \tag{11.111}$$

因为

$$\alpha = -\frac{m_z^{\delta_z}}{m_z^\alpha}\delta_z = -\frac{m_z^{\delta_z}}{m_z^\alpha}K_y h_\varepsilon \tag{11.112}$$

所以

$$W_y = -(P + Y^\alpha)\frac{1}{m}\frac{m^{\delta_z}}{m_z^\alpha}K_y h_\varepsilon - g\cos\theta \tag{11.113}$$

可见，在有控的情况下，为了产生法向加速度，必须存在线偏差。因此，导弹飞行的实际弹道将偏离理想弹道。

再令

$$h_\varepsilon = h_{\varepsilon_1} + h_{\varepsilon_2} \tag{11.114}$$

并代入式(11.113) 中，得到

$$W_y = \left[-(P + Y^\alpha)\frac{1}{m}\frac{m^{\delta_z}}{m_z^\alpha}K_y h_{\varepsilon_2}\right] + \left[-(P + Y^\alpha)\frac{1}{m}\frac{m^{\delta_z}}{m_z^\alpha}K_y h_{\varepsilon_1} - g\cos\theta\right] \tag{11.115}$$

若式(11.115) 右端第一项为零，且 $W_y = 0$，则有

$$h_{\varepsilon_1}\left(-\frac{m^{\delta_z}}{m_z^\alpha}\frac{P + Y^\alpha}{mv}vK_y\right) = g\cos\theta \tag{11.116}$$

所以

$$h_{\varepsilon_1} = \frac{1}{K_\alpha K_y v}g\cos\theta \tag{11.117}$$

式中：h_{ε_1} 为重力影响误差，它说明由于重力法向分量的存在，使实际弹道偏离了理想弹道。由于该误差的存在，使舵面偏转，从而克服重力法向分量对偏离理想弹道的影响。

如果能够按照式(11.117) 预先给控制系统送入一个与 h_{ε_1} 相关的信号[见图 11.17，图中 $G_1(s)$ 为所有控制部分与导弹动力学、运动学环节串联后的开环传递函数]，那么便有可能使舵面偏转 $\delta_{z\varepsilon_1}$ 角，而不出现上述误差，并使导弹沿理想弹道飞行。换句话说，信号 h_{ε_1} 起到了补偿重力影响误差的作用，因此称 h_{ε_1} 为重力影响补偿信号。

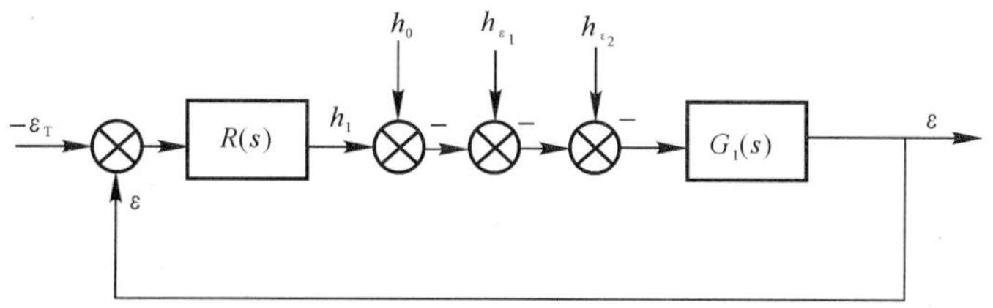

图 11.17　误差及补偿

对于地空导弹来讲，要对所有飞行情况进行准确补偿是有困难的，一般只能在目标遭遇区

进行比较足够的补偿。

若式(11.115)右端第二项为零,则有

$$h_{\varepsilon_2} = \frac{1}{K_\alpha K_y v} W_y \tag{11.118}$$

对于三点导引法,当目标作直线飞行时,法向加速度 W_y 为

$$W_y = \left(2v - 2v\frac{R\dot{R}_T}{\dot{R}R_T} - \frac{R\dot{v}}{\dot{R}}\right)\dot{\varepsilon} \tag{11.119}$$

式中:R_T 为目标斜距;ε 为导弹高低角。命中目标时,$R = R_T$,于是

$$W_y = \left(2v - 2v\frac{\dot{R}_T}{\dot{R}} - \frac{R\dot{v}}{\dot{R}}\right)\dot{\varepsilon} \tag{11.120}$$

半前置量法命中目标时的法向加速度为

$$W_y = \left(v - \frac{R\dot{v}}{2\dot{R}} + v\frac{R\Delta R}{2\dot{R}\Delta\dot{R}}\right)\dot{\varepsilon}_T \tag{11.121}$$

式中,ε_T 为目标高低角。

可见动态误差 h_{ε_2} 与 $\dot{\varepsilon}_T$ 成正比,其比例系数是一个与时间 t 有关的函数,即

$$h_{\varepsilon_2} = X(t)\dot{\varepsilon}_T \tag{11.122}$$

如果在控制系统图 11.17 上事先附加动态误差补偿信号 h_{ε_2},就有可能消除动态误差。当补偿信号完全等于动态误差 h_{ε_2} 时,导弹就有可能沿着理想弹道飞行。由于 $X(t)$ 是一个任意的时间函数,而工程设计只能确定 $X(t)$ 的一个近似表达式,所以补偿动态误差也是有限的。

参 考 文 献

[1] 张有济. 战术导弹飞行力学设计:上、下册. 北京:宇航出版社,1998.
[2] 李新国,方群. 有翼导弹飞行动力学. 西安:西北工业大学出版社,2005.

第 12 章　大气飞行姿态动力学的非线性及前沿问题

12.1　高超声速飞行姿态动力学的非线性问题

高超声速飞行器作为航空航天技术的结晶，主要包括的技术有总体技术、空气动力技术、气动热及热防护技术、推进技术、材料与结构技术、制导与控制技术等，高超声速飞行器的研制是一项多技术高度融合和具有巨大挑战的任务。高超声速飞行器是指飞行马赫数大于 5 的飞行器，从广义上来讲，高超声速飞行器可以分为以下三种类型：基于吸气式动力的高超声速运载飞行器（吸气式高超声速巡航导弹、吸气式高超声速飞机、吸气式单级入轨空天飞机等）、基于火箭动力的高超声速运载飞行器（亚轨道飞行器、飞回式火箭助推器、跨大气层飞行器等）、基于火箭助推的高超声速再入滑翔飞行器（航天飞机、X-37B、AHW、HTV-2、HX 等）。高超声速飞行器新型的气动布局以及复杂的空气动力学特性，使得飞行器进行复杂的高机动指令性任务时，可能诱发未知的超预期指令或非指令的非可控行为。尤其是在姿态动力学方面，高超声速飞行器飞行过程中的非线性动力学特征会极大程度上影响飞行器飞行稳定性及安全性。下面具体分析高超声速飞行器所具有的非线性特征。

12.1.1　高超声速飞行器非线性动力学特征分析

在此以吸气式高超声速飞行器纵向运动为例，说明非线性项展开的高阶项对线性项的影响。吸气式高超声速飞行器（Airbreathing Hypersonic Vehicle，AHV），简称高超声速飞行器，是指飞行马赫数大于 5，以吸气式超燃冲压发动机为动力的飞行器。由于吸气式高超声速飞行器采用了先进的机身/发动机一体化的外形设计，并具有大范围快速机动的运动特点，这导致了飞行器的运动范围大、运动过程中受到的各种干扰严重，使得高超声速飞行器呈现出复杂的动力学特性，其主要体现在以下几个方面：

（1）强耦合的动力学特性。为了提高飞行器的升阻比，高超声速飞行器外形设计采用机身/发动机一体化的设计方法。然而机身/发动机一体化设计造成了高超声速飞行器的推力/气动/结构强耦合效应。高超声速飞行器的细长体机身使得飞行器的弹性结构特性特别明显，由此造成飞行器呈现出刚体和弹性体相耦合的特性。另外，在高超声速飞行环境下，飞行器的横侧向运动的耦合相当大，很小的侧向运动参数的变化都会对飞行器的纵向运动产生很大的影响。

(2)动力学模型的强非线性。吸气式高超声速飞行器复杂的动力学特性还体现在其动力学模型的强非线性上。该非线性特性主要体现在以下几点:①飞行器的气动模型具有强非线性,在高超声速飞行环境下,大气很稀薄,在分析高超声速飞行器的气动特性的时候,必须考虑到真实气体效应,而依据真实气体效应建立的气动模型具有很强的非线性特性;②发动机推力模型具有很强的非线性特征,吸气式发动机对于飞行姿态很敏感,很小的飞行姿态变化都会对发动机推力产生剧烈影响;③强非线性还体现在吸气式高超声速飞行器的结构模型上,细长体的机身决定了整体结构模型既有刚体的特性,也会有弹性体的特性,而刚体特性和弹性体特性是相互耦合的,这就更加增加了整体模型的非线性特性。

(3)模型参数不确定性。吸气式高超声速飞行器的模型参数不确定性主要体现在以下几个方面:①由于缺乏高超声速飞行试验数据,所建立的气体动力学数据库不完整,这使得气动建模参数存在不确定性。②复杂的动力学耦合效应会增加动力学建模的模型不确定性。③在高超声速飞行条件下,飞行器的气动热效应很剧烈,这会对飞行器表面的气动压强分布产生影响,从而加剧了气动模型的不确定性。气动热效应对于飞行器的结构参数会产生一定的影响,这会造成结构动力学模型的不确定性。④在高超声速飞行过程中,不可预知的外界干扰,对飞行器的运动状态会产生很大的影响,这些都会加剧飞行器动力学建模的不确定性。

传统的飞行器动态特性分析方法是基于小扰动假设,对动力学方程进行线性化处理,将非线性方程转化为线性方程,求出非线性方程的线性近似解。传统方法虽然能够给出非线性高超声速飞行器纵向动力学方程,然而在针对具有强非线性特性的动力学方程进行动态特性分析时,存在不足之处。针对高超声速飞行器扰动较大的特性,本节对非线性方程在平衡点处进行泰勒展开并保留了高阶项,依据一定的准则,对其进行简化,用非线性特征量对传统的线性化结果进行修正。同时利用特征值扰动理论对传统的线性化和带有非线性特征量修正的线性化结果进行了对比分析。结果表明,在满足给定精度要求的条件下,可以用范数法则来判定在何种条件下(主要考虑扰动的幅值范围)基于小扰动的线性化模型可以适用,在何种条件下必须考虑高阶项的非线性特性。

12.1.1.1 吸气式高超声速飞行器线性扰动运动模型

定义状态矢量

$$\boldsymbol{x}=\begin{bmatrix} v & a & q & h & \theta & \eta_1 & \dot{\eta}_1 & \eta_2 & \dot{\eta}_2 \end{bmatrix}^{\mathrm{T}} \tag{12.1}$$

控制矢量为

$$\boldsymbol{u}=\begin{bmatrix} \delta_e & \delta_\varphi \end{bmatrix}^{\mathrm{T}} \tag{12.2}$$

其中状态矢量包括五个刚体状态量:高度 h,速度 v,攻角 α,俯仰角 θ 和俯仰角速度 q;四个弹性状态量:$\eta_1,\dot{\eta}_1,\eta_2,\dot{\eta}_2$,对应机体的两个振动模态。控制矢量包括升降舵偏转角 δ_e 和燃料注入比 δ_φ,这些控制输入量对于气动升力 L、阻力 D、俯仰力矩 M、推力 T 和广义力 N_i 会产生作用,并且进一步作用于飞行器动力学模型之中。

在吸气式高超声速飞行器纵向运动建模中,选定飞行器的状态变量为:飞行速度 v,飞行航迹角 γ,飞行高度 h,飞行攻角 α,俯仰角速度 q。按照吸气式高超声速飞行器的受力情况,在速度坐标系上可以得到其非线性方程组为

$$\left.\begin{aligned}
\dot{v} &= \frac{T\cos\alpha}{m} - \frac{D\mu\sin\gamma}{(h+R_e)^2} \\
\dot{\alpha} &= \frac{L+T\sin\alpha}{mv} + q + \frac{[\mu - v^2(h+R_e)]}{v(h+R_e)^2}\cos\gamma \\
\dot{q} &= \frac{M}{2I_{yy}} \\
\dot{h} &= v\sin\gamma \\
\dot{\theta} &= q \\
\ddot{\eta}_1 &= -2\zeta_1\omega_1\dot{\eta}_1 - \omega_1^2\eta_1 + N_1 \\
\ddot{\eta}_2 &= -2\zeta_2\omega_2\dot{\eta}_2 - \omega_2{}^2\eta_2 + N_2 \\
\gamma &= \theta - \alpha \\
g &= g_0\left(\frac{r_0}{r_0+h}\right)^2
\end{aligned}\right\} \tag{12.3}$$

式中:g_0 是在 r_0 的当地重力加速度,r_0 通常取地球半径,即 $r_0 = R_e$。由于吸气式高超声速飞行器的飞行高度较高,所以 g 的变化是必须考虑的。

将式(12.3)飞行器纵向动力学模型进行泰勒展开,并忽略二阶以上的高阶项,可得纵向扰动运动线性化状态矩阵 **A** 为

$$\boldsymbol{A} = \begin{bmatrix}
X_v & X_\alpha & 0 & X_h & -g & X_{\eta_{y,1}} & 0 & X_{\eta_{y,2}} & 0 \\
\dfrac{Z_v}{v_{T_0}} & \dfrac{Z_\alpha}{v_{T_0}} & 1-\dfrac{Z_Q}{v_{T_0}} & \dfrac{Z_h}{v_{T_0}} & 0 & \dfrac{Z_{\eta_{y,1}}}{v_{T_0}} & 0 & \dfrac{Z_{\eta_{y,2}}}{v_{T_0}} & 0 \\
F_v & F_\alpha & F_Q & F_h & 0 & F_{\eta_{y,1}} & 0 & F_{\eta_{y,2}} & 0 \\
0 & -v_{T_0} & 0 & 0 & v_{T_0} & 0 & 0 & 0 & 0 \\
0 & 0 & 1 & 0 & 0 & 0 & 0 & 0 & 0 \\
0 & 0 & 0 & 0 & 0 & 0 & 1 & 0 & 0 \\
N_{y,1}^v & N_{y,1}^\alpha & 0 & N_{y,1}^h & 0 & -\omega_{y,1}^2 + N_{y,1}^{\eta_{y,1}} & -2\zeta\omega_{y,1} & N_{y,1}^{\eta_{y,2}} & 0 \\
0 & 0 & 0 & 0 & 0 & 0 & 0 & 0 & 1 \\
N_{y,2}^v & N_{y,2}^\alpha & 0 & N_{y,2}^h & 0 & N_{y,2}^{\eta_{y,1}} & 0 & -\omega_{y,2}^2 + N_{y,2}^{\eta_{y,2}} & -2\zeta\omega_{y,2}
\end{bmatrix} \tag{12.4}$$

控制矩阵 **B** 为

$$\boldsymbol{B} = \begin{bmatrix}
X_{\delta_e} & X_{\delta_\varphi} \\
\dfrac{Z_{\delta_e}}{v_{T0}} & \dfrac{Z_{\delta_\varphi}}{v_{T0}} \\
F_{\delta_e} & F_{\delta_\varphi} \\
0 & 0 \\
0 & 0 \\
0 & 0 \\
N_{1,\delta_e} & N_{1,\delta_\varphi} \\
0 & 0 \\
N_{2,\delta_e} & N_{2,\delta_\varphi}
\end{bmatrix} \tag{12.5}$$

式中状态矩阵和控制矩阵各项的表达式如表 12.1 ～ 表 12.5 所示。

表 12.1　状态矩阵中 *X* 对应的各项表达式

$X_{\eta_{y,1}}=\frac{1}{m}\left(\frac{\partial T}{\partial\eta_{y,1}}\cos\alpha_0-\frac{\partial D}{\partial\eta_{y,1}}\right)$	$X_{\eta_{y,2}}=\frac{1}{m}\left(\frac{\partial T}{\partial\eta_{y,2}}\cos\alpha_0-\frac{\partial D}{\partial\eta_{y,2}}\right)$	
$X_v=\frac{1}{m}\left(\frac{\partial T}{\partial v_T}\cos\alpha_0-\frac{\partial D}{\partial v_T}\right)$	$X_\alpha=\frac{1}{m}\left(\frac{\partial T}{\partial\alpha}\cos\alpha_0-\frac{\partial D}{\partial\alpha}+L_0\right)$	$X_h=\frac{1}{m}\left(\frac{\partial T}{\partial h}\cos\alpha_0-\frac{\partial D}{\partial h}\right)$

表 12.2　状态矩阵中 *Z* 对应的各项表达式

$Z_v=-\frac{1}{m}\left(\frac{\partial T}{\partial v_T}\sin\alpha_0+\frac{\partial L}{\partial v_T}\right)$	$Z_\alpha=-\frac{1}{m}\left(\frac{\partial T}{\partial\alpha}+D_0+\frac{\partial L}{\partial\alpha}\right)$
$Z_h=-\frac{1}{m}\left(\frac{\partial T}{\partial h}\sin\alpha_0+\frac{\partial L}{\partial h}\right)$	$Z_{\eta_{y,1}}=-\frac{1}{m}\left(\frac{\partial T}{\partial\eta_{y,1}}\sin\alpha_0+\frac{\partial L}{\partial\eta_{y,1}}\right)$
$Z_Q=-\frac{1}{m}\frac{\partial L}{\partial Q}$	$Z_{\eta_{y,2}}=-\frac{1}{m}\left(\frac{\partial T}{\partial\eta_{y,2}}\sin\alpha_0+\frac{\partial L}{\partial\eta_{y,2}}\right)$

表 12.3　状态矩阵中 *F* 对应的各项表达式

$F_v=\frac{1}{I_{yy}}\left(\frac{\partial M}{\partial v_T}+z_T\frac{\partial T}{\partial v_T}\right)$	$F_\alpha=\frac{1}{I_{yy}}\left(\frac{\partial M}{\partial\alpha}+z_T\frac{\partial T}{\partial\alpha}\right)$	$F_h=\frac{1}{I_{yy}}\left(\frac{\partial M}{\partial h}+z_T\frac{\partial T}{\partial h}\right)$
$F_Q=\frac{1}{I_{yy}}\frac{\partial M}{\partial Q}$	$F_{\eta_{y,1}}=\frac{1}{I_{yy}}\left(\frac{\partial M}{\partial\eta_{y,1}}+z_T\frac{\partial T}{\partial\eta_{y,1}}\right)$	$F_{\eta_{y,2}}=\frac{1}{I_{yy}}\left(\frac{\partial M}{\partial\eta_{y,2}}+z_T\frac{\partial T}{\partial\eta_{y,2}}\right)$

表 12.4　状态矩阵中广义力 *N* 对应的各项表达式

$N_{y,1}^{v}=\frac{\partial N_{y,1}}{\partial v_T}$	$N_{y,2}^{v}=\frac{\partial N_{y,2}}{\partial v_T}$	$N_{y,1}^{\alpha}=\frac{\partial N_{y,1}}{\partial\alpha}$	$N_{y,2}^{\alpha}=\frac{\partial N_{y,2}}{\partial\alpha}$	$N_{y,1}^{h}=\frac{\partial N_{y,1}}{\partial h}$
$N_{y,1}^{h}=\frac{\partial N_{y,1}}{\partial h}$	$N_{y,1}^{\eta_{y,1}}=\frac{\partial N_{y,1}}{\partial\eta_{y,1}}$	$N_{y,2}^{\eta_{y,1}}=\frac{\partial N_{y,2}}{\partial\eta_{y,2}}$	$N_{y,1}^{\eta_{y,2}}=\frac{\partial N_{y,1}}{\partial\eta_{y,2}}$	$N_{y,2}^{\eta_{y,2}}=\frac{\partial N_{y,2}}{\partial\eta_{y,1}}$

表 12.5　控制矩阵 *B* 所对应的各项表达式

$X_{\delta_e}=-\frac{1}{m}\frac{\partial D}{\partial\delta_e}$	$N_{2,\delta_\varphi}=\frac{\partial N_2}{\partial\delta_\varphi}$	$Z_{\delta_e}=-\frac{1}{m}\frac{\partial L}{\partial\delta_e}$	$Z_\varphi=-\frac{1}{m}\left(\frac{\partial T}{\partial\varphi}+\frac{\partial L}{\partial\varphi}\right)$
$F_\varphi=\frac{1}{I_{yy}}\left(\frac{\partial M}{\partial\varphi}+z_T\frac{\partial T}{\partial\varphi}\right)$	$F_{\delta_e}=\frac{1}{I_{yy}}\frac{\partial M}{\partial\delta_e}$	$N_{2,\delta_e}=\frac{\partial N_2}{\partial\delta_e}$	$X_\varphi=\frac{1}{m}\left(\frac{\partial T}{\partial\varphi}\cos a_0-\frac{\partial D}{\partial\varphi}\right)$
$N_{1,\delta_e}=\frac{\partial N_1}{\partial\delta_e}$	$N_{1,\delta_\varphi}=\frac{\partial N_1}{\partial\delta_\varphi}$		

12.1.1.2　吸气式高超声速飞行器非线性扰动运动模型

设非线性动力学方程为

$$f\,\frac{\mathrm{d}\boldsymbol{x}}{\mathrm{d}t}=F \tag{12.6}$$

基准运动方程在特征点处为

$$f_0\,\frac{\mathrm{d}\boldsymbol{x}_0}{\mathrm{d}t}=F_0 \tag{12.7}$$

式(12.6)和式(12.7)两式相减有

$$\begin{aligned}&\Delta\left(f\,\frac{\mathrm{d}\boldsymbol{x}}{\mathrm{d}t}\right)=f\,\frac{\mathrm{d}\boldsymbol{x}}{\mathrm{d}t}-f_0\,\frac{\mathrm{d}\boldsymbol{x}_0}{\mathrm{d}t}=F-F_0=\Delta F\\&\Rightarrow f\,\frac{\mathrm{d}\boldsymbol{x}}{\mathrm{d}t}-f_0\,\frac{\mathrm{d}\boldsymbol{x}_0}{\mathrm{d}t}+\left(f\,\frac{\mathrm{d}\boldsymbol{x}_0}{\mathrm{d}t}-f\,\frac{\mathrm{d}\boldsymbol{x}_0}{\mathrm{d}t}\right)=f\,\frac{\mathrm{d}\Delta\boldsymbol{x}}{\mathrm{d}t}+\Delta f\,\frac{\mathrm{d}\boldsymbol{x}_0}{\mathrm{d}t}=\\&(f_0+\Delta f)\,\frac{\mathrm{d}\Delta\boldsymbol{x}}{\mathrm{d}t}+\Delta f\,\frac{\mathrm{d}\boldsymbol{x}_0}{\mathrm{d}t}=\Delta F\end{aligned} \tag{12.8}$$

将式(12.8)中的函数 Δf 在基准运动特征点 $x_{10},x_{20},x_{30},\cdots,x_{n0}$ 处按泰勒级数展开，则有

$$\begin{aligned}&\Delta f=f(x_1,x_2,x_3,\cdots,x_n)-f_0(x_{10},x_{20},x_{30},\cdots,x_{n0})=\\&\boldsymbol{A}\cdot\Delta\boldsymbol{x}+\frac{1}{2}(\Delta\boldsymbol{x})^{\mathrm{T}}\boldsymbol{B}(\Delta\boldsymbol{x})+o(\rho^3)\end{aligned} \tag{12.9}$$

式中 $o(\rho^3)$ 代表三阶和三阶以上的高阶项，

$$\boldsymbol{A}=\left(\frac{\partial f}{\partial x_1},\frac{\partial f}{\partial x_2},\frac{\partial f}{\partial x_3},\cdots,\frac{\partial f}{\partial x_n}\right),\quad \boldsymbol{B}=\begin{bmatrix}\dfrac{\partial^2 f}{\partial x_1^2} & \dfrac{\partial^2 f}{\partial x_1\partial x_2} & \cdots & \dfrac{\partial^2 f}{\partial x_1\partial x_n}\\ \dfrac{\partial^2 f}{\partial x_1\partial x_2} & \dfrac{\partial^2 f}{\partial x_2^2} & \cdots & \dfrac{\partial^2 f}{\partial x_2\partial x_n}\\ \vdots & \vdots & & \vdots\\ \dfrac{\partial^2 f}{\partial x_1\partial x_n} & \dfrac{\partial^2 f}{\partial x_2\partial x_n} & \cdots & \dfrac{\partial^2 f}{\partial x_n^2}\end{bmatrix} \tag{12.10}$$

$\boldsymbol{B}$ 为雅可比矩阵。同理可以得到 ΔF 的表达式为

$$\Delta F=F-F_0=\boldsymbol{A}'(\Delta\boldsymbol{x})+\frac{1}{2}(\Delta\boldsymbol{x})^{\mathrm{T}}\boldsymbol{B}'(\Delta\boldsymbol{x}) \tag{12.11}$$

式中

$$\boldsymbol{A}'=\left(\frac{\partial F}{\partial x_1},\frac{\partial F}{\partial x_2},\cdots,\frac{\partial F}{\partial x_n}\right),\quad \boldsymbol{B}'=\begin{bmatrix}\dfrac{\partial^2 F}{\partial x_1^2} & \dfrac{\partial^2 F}{\partial x_1\partial x_2} & \cdots & \dfrac{\partial^2 F}{\partial x_1\partial x_n}\\ \dfrac{\partial^2 F}{\partial x_1\partial x_2} & \dfrac{\partial^2 F}{\partial x_2^2} & \cdots & \dfrac{\partial^2 F}{\partial x_2\partial x_n}\\ \vdots & \vdots & & \vdots\\ \dfrac{\partial^2 F}{\partial x_1\partial x_n} & \dfrac{\partial^2 F}{\partial x_2\partial x_n} & \cdots & \dfrac{\partial^2 F}{\partial x_n^2}\end{bmatrix} \tag{12.12}$$

将 $\Delta f,\Delta F$ 代入式(12.8)，且保留二阶项，忽略三阶及三阶以上高阶项，则有

$$(f_0+\boldsymbol{A}\Delta\boldsymbol{x})\,\frac{\mathrm{d}\Delta\boldsymbol{x}}{\mathrm{d}t}=\left(\boldsymbol{A}'-\frac{\mathrm{d}\boldsymbol{x}_0}{\mathrm{d}t}\boldsymbol{A}\right)\Delta\boldsymbol{x}+\frac{1}{2}(\Delta\boldsymbol{x})^{\mathrm{T}}\left(\boldsymbol{B}'-\frac{\mathrm{d}\boldsymbol{x}_0}{\mathrm{d}t}\boldsymbol{B}\right)(\Delta\boldsymbol{x}) \tag{12.13}$$

式(12.13)为保留二阶高次项的任一运动偏量参数的微分方程。

12.1.1.3 高超声速飞行器非线性扰动运动模型的简化

在非线性动力学方程式中,如果方程的维数为 n,则其二阶展开项有 A_n^2 项,如果其中的函数 $F(x_1,x_2,\cdots,x_n)$ 对于变量 $x_i(i=1,2,\cdots,n)$ 均连续可导,则展开式有 C_n^2 个。显然参数的个数很多,不便于分析。针对具体的特征点我们可以发现,在每一个特征点上,并不是每个变量的扰动值都很大。例如选取发动机开关点作为特征点,则速度的扰动值很大,而其他变量(如攻角,航迹角等)的扰动值并不大。由此我们可以将二阶泰勒展开模型在很大程度上进行化简。若将扰动值较大参数偏差项称为特征量,含有特征量 x_1,x_2 的二阶泰勒展开可简化为$(i=1,2,\cdots,m)$

$$\left.\begin{aligned}
\dot{x}_1 &= a_{11}x_1+a_{12}x_2+a_{13}x_3+\cdots+a_{1m}x_m+a_{111}x_ix_1+a_{112}x_ix_2+\cdots+a_{11n}x_ix_m \\
\dot{x}_2 &= a_{21}x_1+a_{22}x_2+a_{23}x_3+\cdots+a_{2m}x_m+a_{211}x_ix_1+a_{212}x_ix_2+\cdots+a_{21m}x_ix_m \\
\dot{x}_3 &= a_{31}x_1+a_{32}x_2+a_{33}x_3+\cdots+a_{3m}x_m+a_{311}x_ix_1+a_{312}x_ix_2+\cdots+a_{31m}x_ix_m \\
&\cdots\cdots \\
\dot{x}_m &= a_{m1}x_1+a_{m2}x_2+a_{m3}x_3+\cdots+a_{mm}x_m+a_{m11}x_ix_1+a_{m12}x_ix_2+\cdots+a_{m1m}x_ix_m
\end{aligned}\right\} \tag{12.14}$$

(注:此处省略了符号 Δ,下同)

$$\left.\begin{aligned}
\dot{x}_1 &= (a_{11}+a_{1i1}x_i)x_1+(a_{12}+a_{1i2}x_i)x_2+\cdots+(a_{1m}+a_{1im}x_i)x_m \\
\dot{x}_2 &= (a_{21}+a_{2i1}x_i)x_1+(a_{22}+a_{2i2}x_i)x_2+\cdots+(a_{2m}+a_{2im}x_i)x_m \\
\dot{x}_3 &= (a_{31}+a_{3i1}x_i)x_1+(a_{32}+a_{3i2}x_i)x_2+\cdots+(a_{3m}+a_{3im}x_i)x_m \\
&\cdots\cdots \\
\dot{x}_m &= (a_{m1}+a_{mi1}x_i)x_1+(a_{m2}+a_{mi2}x_i)x_2+\cdots+(a_{mm}+a_{mim}x_i)x_m
\end{aligned}\right\} \tag{12.15}$$

如果特征变量仅有两个为 $x_i,x_j(i\neq j;i,j=1,2,\cdots,m)$,则式(12.15)可简化为

$$\left.\begin{aligned}
\dot{x}_1 &= (a_{11}+a_{1i1}x_i+a_{1j1}x_j)x_1+(a_{12}+a_{1i2}x_i+a_{1j2}x_j)x_2+\cdots+(a_{1m}+a_{1im}x_i+a_{1j1}x_j)x_m \\
\dot{x}_2 &= (a_{21}+a_{2i1}x_i+a_{2j1}x_j)x_1+(a_{22}+a_{2i2}x_i+a_{2j2}x_j)x_2+\cdots+(a_{2m}+a_{2im}x_i+a_{2jm}x_j)x_m \\
\dot{x}_3 &= (a_{31}+a_{3i1}x_i+a_{3j1}x_j)x_1+(a_{32}+a_{3i2}x_i+a_{3j2}x_j)x_2+\cdots+(a_{3m}+a_{3im}x_i+a_{3jm}x_j)x_m \\
&\cdots\cdots \\
\dot{x}_m &= (a_{m1}+a_{mi1}x_i+a_{mj1}x_j)x_1+(a_{m2}+a_{mi2}x_i+a_{mj2}x_j)x_2+\cdots+(a_{mm}+a_{mim}x_i+a_{mjm}x_j)x_m
\end{aligned}\right\} \tag{12.16}$$

令 $\tilde{a}_{ij}=a_{ikj}\cdot x_k$,则式(12.16)可以简化为

$$\left.\begin{aligned}
\dot{x}_1 &= (a_{11}+\tilde{a}_{11})x_1+(a_{12}+\tilde{a}_{12})x_2+\cdots+(a_{1m}+\tilde{a}_{1m})x_m \\
\dot{x}_2 &= (a_{21}+\tilde{a}_{21})x_1+(a_{22}+\tilde{a}_{22})x_2+\cdots+(a_{2m}+\tilde{a}_{2m})x_m \\
\dot{x}_3 &= (a_{31}+\tilde{a}_{31})x_1+(a_{32}+\tilde{a}_{32})x_2+\cdots+(a_{3m}+\tilde{a}_{3m})x_m \\
&\cdots\cdots \\
\dot{x}_m &= (a_{m1}+\tilde{a}_{m1})x_1+(a_{m2}+\tilde{a}_{m2})x_2+\cdots+(a_{mm}+\tilde{a}_{mm})x_m
\end{aligned}\right\} \tag{12.17}$$

12.1.1.4 基于特征值扰动理论的动态特性分析方法

定理：设 $\boldsymbol{F}_i$ 为一个 $m \times m$ 矩阵，λ 为矩阵 $\boldsymbol{F}_{\text{best},i}=\boldsymbol{F}_i$ 的特征值，其对应的左特征矢量和右特征矢量分别为 $\boldsymbol{x}$，$\boldsymbol{y}$。假定 $\boldsymbol{A}$ 受到扰动后变为

$$\widetilde{\boldsymbol{A}}=\boldsymbol{A}+\delta\widetilde{\boldsymbol{A}} \tag{12.18}$$

相应的特征值变为

$$\tilde{\lambda}=\lambda+\delta\tilde{\lambda} \tag{12.19}$$

如果 $\|\delta\widetilde{\boldsymbol{A}}\|_2$ 小于一定值，则有

$$|\delta\tilde{\lambda}| \leqslant \operatorname{cond}(\lambda)\,\|\delta\widetilde{\boldsymbol{A}}\|_2+o\,(\|\delta\widetilde{\boldsymbol{A}}\|_2)^2 \tag{12.20}$$

式中：$|\operatorname{cond}(\lambda)|=\|\boldsymbol{x}\|_2\,\|\boldsymbol{y}\|_2/|\boldsymbol{y}^{\mathrm{T}}\boldsymbol{x}|$ 称为特征值 λ 对应的条件数。$\boldsymbol{x}$，$\boldsymbol{y}$ 分别为单特征值的左特征矢量和右特征矢量。

由式(12.20)可以看出，在外界扰动的作用下，特征值的最终变化由 $\operatorname{cond}(\lambda)$ 和 $\|\delta\widetilde{A}\|_2$ 共同决定，$\operatorname{cond}(\lambda)$ 反映了矩阵固有特性。由于它们之间是相乘的关系，可以把 $\|\delta\widetilde{\boldsymbol{A}}\|_2$ 看作是外界扰动对于该特征值所对应模态影响大小的指标。

如果把在特征点处泰勒展开的二阶项看作是对基于小扰动理论线性化方程的一种扰动，则二阶项修正的方程特征根可以视为对线性化得到的特征根的一种修正，或者可以理解为对该方程（具体来讲就是矩阵 $\boldsymbol{A}$）的一种修正，使其更加接近非线性的特征形态。

考虑到泰勒展开的二阶项被看作是对线性化模型的扰动，$\operatorname{cond}(\lambda)$ 可以作为这种外界扰动对于特定运动模态的影响的一种度量。假定给出了一个精度指标（或者是一种稳定性冗余度的指标），则通过 $|\delta\tilde{\lambda}|$ 和指标的关系来确定基于小扰动理论的线性化模型是否可行，或还要考虑非线性动力学方程的其他高阶项非线性特性。

$$\left.\begin{aligned}&\dot{\boldsymbol{X}}=\widetilde{\boldsymbol{A}}\boldsymbol{X}\\&\boldsymbol{X}=(x_1,x_2,\cdots,x_i,\cdots,x_n),\quad i=1,2,\cdots,n\end{aligned}\right\} \tag{12.21}$$

当给定一个精度指标或者冗余度指标时，可以利用 $|\delta\tilde{\lambda}|$ 判定线性化模型的精度是否满足精度要求，由此来判定在进行动态稳定分析时，是否需要利用高阶项进行分析和修正。

12.1.2 具有非线性模型特征的飞行器动态特性分析方法

高超声速飞行器具有的严重干扰和参数变化大的高动态特性，会使其扰动运动模型具有复杂的非线性形式和特点，而基于常微分方程分岔理论的系统动态特性分析方法，能够很好地解决生态系统、电力系统、生物工程等领域内具有非线性扰动运动模型的动态特性分析问题。本章借鉴常微分方程分岔理论在生态、电力、生物工程等领域非线性系统的研究方法，研究基于霍普夫分岔理论的高超声速飞行器非线性扰动运动分析方法。

12.1.2.1 高超声速飞行器扰动运动中非线性因素分析

高超声速飞行器的飞行高度和速度的变化远大于常规飞行器，根据任务不同，飞行高度可以从地面延伸到近空间（20～100 km），飞行马赫数可以从实现水平起降的0增大到单级入轨速度25。正是此原因，使得高超声速飞行器动力学特性表现出与常规飞行器不同的特点，例如在高动态扰动状态下扰动运动呈现的非线性特性。因此，在对飞行器扰动运动动力学特性分析中，必要的情况下（如：不满足线性条件）必须要考虑非线性因素的影响。

1. 高超声速流的影响

高超声速流对飞行动力学的影响主要是由真实气体效应和气体黏性产生的。真实气体效应的影响主要表现在对空气气动热特性的影响。当空气来流马赫数大于 6 时，随着马赫数的增加，正激波后的温度也随之升高，这将导致作用在飞行器机身表面某处的载荷增加，以及使俯仰力矩系数变大。气体黏性最直接的表现在于在高超声速流环境中使机翼附面层变厚，同时使附面层内熵梯度增大。由于附面层的存在，导致了飞行器的气动控制面的作用增大，即动力学中的气动控制为气动控制面和附面层的共同作用结果。机翼附面层变厚最直接的结果是使机翼的压强分布、激波角和阻力特性与无黏性流体中的结果出现很大的不同，同时气流黏性还将在飞行器表面产生摩擦阻力，进而影响超燃冲压发动机的推力效率。

2. 复杂飞行环境

高超声速飞行器经历由低速→跨声速→超声速→高超声速的飞行过程。随着速度的增加，高超声速飞行器的飞行环境（主要是气流环境）也随之不断变化，这使得气动特性呈复杂的非线性特征，也使得姿态运动三个通道（俯仰、偏航和滚动）间耦合加强。

3. 发动机/机身一体化设计

不同于常规飞行器，高声速飞行器所采用的是超燃冲压发动机与机身的一体化设计。发动机/机身一体化设计使得飞行器前体作为发动机进气道的外压段型面，提高了进气道的来流压缩能力，同样也使后体下壁面作为喷管的膨胀型面，可以在不产生诱导阻力的情况下提高推进效率。然而这种设计使发动机/机身出现严重的强耦合，给飞行器的受力分析带来了很大的挑战，同时也增加了解扰动运动的难度。

如图 12.1 所示为高超声速飞行器所采用的典型几何外型，当飞行迎角 α 满足 $-\tau_{1l}<\alpha<\tau_{1u}$ 时，自由流在高超声速飞行器前体前缘的上、下表面都产生斜激波，经过斜激波后，气流方向平行于高超声速飞行器的前体，形成气流绕凹角的流动，此时，可以采用斜激波理论来计算激波的作用力，参见文献[9]；当迎角 $\alpha>\tau_{1u}$ 或 $\alpha<-\tau_{1l}$ 时，自由流形成绕凸角的流动，高超声速飞行器的前体上、下表面形成膨胀波，根据普朗特-迈耶函数理论得到相应的参数，这样我们就可以计算出高超声速飞行器上表面、下表面以及升降舵的力和力矩。

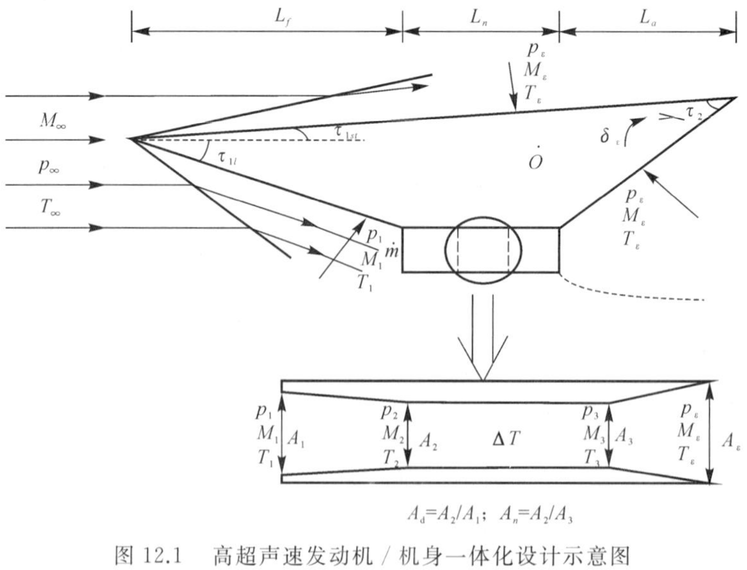

图 12.1 高超声速发动机 / 机身一体化设计示意图

高超声速飞行器机身下表面实际上是发动机工作环境的一部分，即利用机身前缘压缩来流，使更多的气流进入发动机燃烧室；利用机身下表面后部作为发动机喷管的外喷管。当来流经过激波后作用于飞行器下表面前部，产生飞行器的升力和使飞行器抬头的力矩。在机身后部，羽流对飞行器下表面后部的作用将不仅产生升力，还将产生使飞行器低头的力矩。因此，当飞行器攻角 α 或飞行马赫数发生变化时，将不仅引起飞行器气动力和力矩的变化，同时发生改变的还有发动机的推力和推力矩。

12.1.2.2　采用常微分方程分析高超声速飞行器动力学非线性特征

在研究动力系统状态随时间变化时，有一类状态具有非常重要的意义，这就是定态。所谓定态，就是所有状态变量对时间的导数全部都等于零的状态，也就是说不随时间变化的状态，在相空间中定态的代表点称为定点，或平衡点。很容易看出，在相空间中定点处的轨线无确定的斜率，这表示没有轨线通过该点或有不止一条通过该点。称这种斜率不定的点为奇点，有时也称为临界点。实际上，定点、不动点、平衡点、奇点、临界点都是同一客体的不同名称。

1. 线性稳定性定理和定点分类

含有 n 维状态变量的非线性方程可以写成如下矢量形式：

$$\dot{\boldsymbol{x}} = \boldsymbol{f}(\boldsymbol{x}) \tag{12.22}$$

式中：$\boldsymbol{x}$ 是 n 维欧几里德空间 $\mathbf{R}^n$ 的矢量，其第 i 方向的分量就是 x_i。

设 $x_{i0}(t)(i=1,2,\cdots,n)$ 为非线性方程式(12.22)的一个解，为了研究此解的稳定性，令 $x_i(t)$ 表示此解附近的另一个解：

$$x_i(t) = x_{i0}(t) + \zeta_i(t) \tag{12.23}$$

式中：$x_{i0}(t)$ 称为参考点。

为了分析定点的稳定性及在其邻域解的表现，通常取定点为参考点。将式(12.23)代入方程式(12.22)并进行泰勒展开，忽略高阶无穷小项，得到线性化方程，写成如下矢量形式：

$$\dot{\zeta} = \boldsymbol{A}\zeta \tag{12.24}$$

式中：系数矩阵 $\boldsymbol{A}$ 的各个元素为

$$a_{ij} = \left(\frac{\partial f_i}{\partial x_j}\right)_0 \tag{12.25}$$

矩阵 $\boldsymbol{A}$ 称为雅可比矩阵。系统方程式(12.24)即非线性方程式(12.22)的线性化系统方程。此时，矩阵 $\boldsymbol{A}$ 可叫作系统式(12.24)在 $x_{i0}(t)$ 点处的线性化矩阵，这样系统式(12.24)在参考点处表示为

$$\dot{\zeta} = \boldsymbol{A}\zeta + \boldsymbol{\chi}(\zeta) \tag{12.26}$$

式中：$\boldsymbol{\chi}(\zeta)$ 为泰勒展开式中二阶及以上小项。

系数矩阵 $\boldsymbol{A}$ 的特征值 λ 的实部 $\mathrm{Re}(\lambda)$ 只有三种情况：$\mathrm{Re}(\lambda) < 0$，$\mathrm{Re}(\lambda) > 0$ 和 $\mathrm{Re}(\lambda) = 0$。根据 $\mathrm{Re}(\lambda) > 0$ 的取值可以将定点分为两类：$\mathrm{Re}(\lambda) < 0$，$\mathrm{Re}(\lambda) > 0$ 的定点为双曲点；$\mathrm{Re}(\lambda) = 0$ 的定点为中心点。

线性稳定性定理：如果非线性方程式(12.22)的线性化方程式(12.24)的定点是渐近稳定的[$\mathrm{Re}(\lambda) < 0$]，则参考点 x_{i0} 是非线性方程的渐近稳定解；如果线性化方程的定点是不稳定的[$\mathrm{Re}(\lambda) > 0$]，则参考点 x_{i0} 是非线性方程的不稳定解。

上述定理表示,可以根据线性化方程的解的渐近稳定和不稳定分别判断原非线性方程参考点的渐近稳定和不稳定。然而,对于线性化方程式(12.24)只是稳定而不是渐近稳定的情形,上述定理并未作出任何说明,不能由它得到关于非线性方程(系统)的知识,此时就必须对方程中的非线性项作出进一步分析。实际上,在这种临界情形下,微小的扰动或方程中某些参数取值的微小变化都可能使其解的性质发生变化,甚至是本质性的变化,这便是下节将要讨论的结构不稳定和分岔现象。

2. 不变流形和中心流形定理

由高等数学可知,线性化方程式(12.24)的解的形式为

$$\zeta(t)=\sum_{j=1}^{n}c_j\zeta_j=\sum_{j=1}^{n}c_j\zeta_{j0}\mathrm{e}^{\lambda_j t}=\mathrm{e}^{\boldsymbol{A}t}\zeta_0 \tag{12.27}$$

由式(12.27)可以看出,若初态 ζ_0 是沿某一特征矢量 $\boldsymbol{\zeta}_j$ 的方向,则任意时刻 i 状态矢量 $\boldsymbol{\zeta}(t)$ 仍沿此特征向量 $\boldsymbol{\zeta}_j$ 的方向,即诸特征向量 $\boldsymbol{\zeta}_j$ 都分别张成 n 维相空间 $\mathbf{R}^n$ 的一维不变子空间。倘若 $\boldsymbol{A}$ 的特征值有一对共轭复值 $\mathrm{Re}(\lambda)\pm \mathrm{iIm}(\lambda)$(i 表示虚数单位$\sqrt{-1}$,$\mathrm{Im}(\lambda)$ 表示特征值 λ 的虚部),则对应的特征矢量取 $\boldsymbol{\zeta}_{\mathrm{Re}}\pm \mathrm{i}\boldsymbol{\zeta}_{\mathrm{Im}}$ 形式,$\boldsymbol{\zeta}_{\mathrm{Re}}$ 和 $\boldsymbol{\zeta}_{\mathrm{Im}}$ 是两个线性无关的向量。由于此二向量张成的二维子空间($\boldsymbol{\zeta}_{\mathrm{Re}}$,$\boldsymbol{\zeta}_{\mathrm{Im}}$)在 $\mathrm{e}^{\boldsymbol{A}t}$ 作用下不变,故此二维子空间也是 $\mathbf{R}^n$ 的不变子空间。

$\mathbf{R}^n$ 中服从规律

$$F_j(x_1,x_2,\cdots,x_n)=0,\quad j=1,2,\cdots,n-d$$

的集合 M 称为 $\mathbf{R}^n$ 中的一个 d 维流形,这样 $\mathbf{R}^n$ 的这些不变子空间可以根据其在 $\boldsymbol{A}$ 作用下的特征值 λ 的取值不同分为:

稳定(不变)流形 E_s:由所有特征值的实部小于零的特征矢量所张成的子空间。

不稳(不变)流形 E_u:由所有有特征值的实部大于零的特征矢量所张成的子空间。

中心(不变)流形 E_c:由所有有特征值的实部等于零的特征矢量所张成的子空间。

在定点的邻域内,非线性系统也会像线性系统那样有不变流形,这些稳定、不稳和中心不变流形,分别用 W_s、W_u 和 W_c 表示。

中心流形定理:如图 12.2 所示,对于 n 维非线性自治系统,其在定点邻域的稳定流形 W_s、不稳流形 W_u、中心流形 W_c 分别与其线性化方程的稳定流形 E_s、不稳流形 E_u、中心流形 E_c 相切,而且 W_s、W_u 和 W_c 的维数分别与 E_s、E_u 和 E_c 相同,W_s 和 W_u 都是唯一的,W_c 则不一定是唯一的。

3. 常微分方程分岔定理及其应用

一般来说,对于非线性方程式(12.22),用 μ 表示其中的参量,可以把该方程写为

$$\dot{\boldsymbol{x}}=\boldsymbol{f}(x,\mu),\quad x\in\mathbf{R}^n \tag{12.28}$$

式中,如果参量 μ 在某一值 μ_c 邻近微小变化将引起解的性质发生突变,这种现象称为分岔现象,这样的解是结构不稳定的,此时,μ 称为分岔参数,$\mu=\mu_c$ 称为分岔点。而不引起分岔($\mu\neq\mu_c$)的点称为常点。

(1) 霍普夫分岔定理和中心流形的计算。

霍普夫分岔是分岔问题中很重要的分支之一,它是指由于定点的稳定性突变而出现的极限环的分岔。

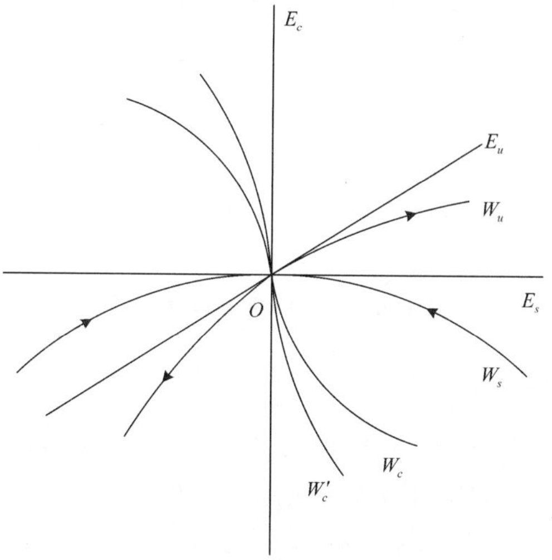

图 12.2　中心流形定理示意图

霍普夫分岔定理：若系统满足

1）$\boldsymbol{f}(\boldsymbol{0},\mu)=0$，且点 $\boldsymbol{0}$ 为系统的非双曲平衡点；

2）$\boldsymbol{f}(\boldsymbol{x},\mu)$ 在平衡点 $\boldsymbol{0}$ 的邻域内有 $L+2$ 阶连续偏导数（$L\geqslant 2$）；

3）$\boldsymbol{A}(\mu)=D_x\boldsymbol{f}(\boldsymbol{0},\mu)$ 在 $\mu=\mu_c$ 附近有一对复特征值 $\rho(\mu)\pm \mathrm{i}\sigma(\mu)$，且 $\rho(\mu_c)=0$，$\rho'(\mu_c)\neq 0$，$\sigma(\mu_c)>0$；

4）$\boldsymbol{A}(\mu_c)$ 的其余特征根都具有负实部。

则该系统将发生霍普夫分岔，在定点邻域内产生极限环。

霍普夫分岔问题的研究包括以下三个方面：① 分岔问题的存在性，上述定理已经说明该问题；② 分岔方向，即在参数空间的什么范围内存在分岔；③ 分岔的稳定性，即倘若存在着极限环，其稳定性如何。由中心流形定理可以得知，系统定点附近的渐近行为的所有信息全部包含在中心流形的解中，也就是说，一旦知道了中心流形上的解，则系统在定点附近解的定性行为便完全清楚了，这样，霍普夫分岔的后两个问题就迎刃而解了。

在系统平衡点的某个邻域内，给定非奇异线性变化矩阵 $\boldsymbol{T}$ 将该系统的雅可比矩阵 $\boldsymbol{A}=D_x\boldsymbol{f}(\boldsymbol{0})$ 化为对角形式，即

$$\widetilde{\widetilde{\boldsymbol{A}}}=\boldsymbol{T}^{-1}\boldsymbol{A}\boldsymbol{T}=\begin{bmatrix}\boldsymbol{B} & \boldsymbol{O}\\ \boldsymbol{O} & \boldsymbol{C}\end{bmatrix}\tag{12.29}$$

式中：$\boldsymbol{B}$ 和 $\boldsymbol{C}$ 分别是 $n_c\times n_c$ 和 $n_s\times n_s$ 方阵，它们的特征值分别具有零实部和负实部，且 $n_s=\dim E_s$，$n_c=\dim E_c$，$n=n_s+n_c$。

令 $\boldsymbol{x}=\boldsymbol{T}\cdot\boldsymbol{y}$，$\boldsymbol{y}=(\boldsymbol{u},\boldsymbol{v})^{\mathrm{T}}$，$\boldsymbol{u}\in E_c$，$\boldsymbol{v}\in E_s$，则有

$$\left.\begin{aligned}\dot{\boldsymbol{u}}&=\boldsymbol{B}\boldsymbol{u}+\boldsymbol{F}(\boldsymbol{u},\boldsymbol{v})\\ \dot{\boldsymbol{v}}&=\boldsymbol{C}\boldsymbol{v}+\boldsymbol{G}(\boldsymbol{u},\boldsymbol{v})\end{aligned}\right\}\tag{12.30}$$

式(12.30)称为系统式(12.28)的标准形式。由于中心流形 W_c 存在，且在平衡点处与中心

不变流形 E_c 相切，因此中心流形在该平衡点邻域内可表示为

$$W_c: \boldsymbol{v} = \boldsymbol{h}(\boldsymbol{u}) \tag{12.31}$$

式中

$$\boldsymbol{h}(0) = \boldsymbol{h}'(0) = \boldsymbol{0} \tag{12.32}$$

为了得到中心流形的近似逼近表达式，将式(12.31)代入式(12.30)的第2式，并利用求导的链式法则，有

$$\mathrm{D}\boldsymbol{h}(\boldsymbol{u})\dot{\boldsymbol{u}} = \boldsymbol{C}\boldsymbol{h}(\boldsymbol{u}) + \boldsymbol{G}[\boldsymbol{u}, \boldsymbol{h}(\boldsymbol{u})] \tag{12.33}$$

再利用式(12.30)第1式，整理后得到 $\boldsymbol{h}(u)$ 的微分方程

$$\mathrm{D}\boldsymbol{h}(\boldsymbol{u})\{\boldsymbol{B}\boldsymbol{u} + \boldsymbol{F}[\boldsymbol{u}, \boldsymbol{h}(\boldsymbol{u})]\} - \boldsymbol{C}\boldsymbol{h}(\boldsymbol{u}) - \boldsymbol{G}[\boldsymbol{u}, \boldsymbol{h}(\boldsymbol{u})] = \boldsymbol{0} \tag{12.34}$$

将式(12.31)代入式(12.30)，可得中心流形上的方程

$$\dot{\boldsymbol{u}} = \boldsymbol{B}\boldsymbol{u} + \boldsymbol{F}[\boldsymbol{u}, \boldsymbol{h}(\boldsymbol{u})] \tag{12.35}$$

即系统式(12.28)在中心流形上的方程，也是该系统降维后的方程，叫分岔方程。

将式(12.35)写成如下标准形式：

$$\left.\begin{aligned} \frac{\mathrm{d}x_1}{\mathrm{d}t} &= -\beta_0 x_2 + f_1[x_1, x_2, h_3(x_1, x_2), \cdots, h_n(x_1, x_2), \mu] \\ \frac{\mathrm{d}x_2}{\mathrm{d}t} &= \beta_0 x_1 + f_2[x_1, x_2, h_3(x_1, x_2), \cdots, h_n(x_1, x_2), \mu] \end{aligned}\right\} \tag{12.36}$$

式中：β_0 是矩阵 $\boldsymbol{B}$ 特征值的虚部。计算式(12.36)奇点 $\boldsymbol{0}$ 的稳定性就可以知道系统式(12.28)的稳定性，也能确定发生分岔时参数 μ 的范围，以及极限环的稳定性。

(2) 霍普夫分岔理论在高超声速飞行器动态特性分析中的应用。

跟踪国内外研究进展发现，目前还没有看到如何利用常微分方程分岔理论对具有非线性扰动特性的飞行器动态特性分析的相关文献。借鉴常微分方程分岔理论在具有非线性模型特征的生态、电力、生物工程领域动态特性分析问题中的应用，本节提出高超声速飞行器的非线性扰动运动的分析方法。对于保留扰动参数偏差二次项的非线性扰动运动模型而言，讨论该非线性系统的霍普夫分岔时，步骤如下：

1) 选择分岔参数 μ；

2) 寻找临界值 μ_c，使得系统满足常微分方程分岔存在定理；

3) 用非奇异线性变换 $\boldsymbol{T}$ 将系统的雅可比矩阵标准化；

4) 利用中心流形定理计算中心流形上的近似表达式；

5) 将该表达式代入系统标准形式，得到形如式(12.36)的分岔方程；

6) 根据分岔方程的特性从而判定原非线性系统的稳定性，从而得到极限环的稳定性。

图12.3给出了应用常微分方程霍普夫分岔原理进行具有非线性扰动特性的飞行器动态特性分析的流程框图。

针对高超声速飞行器动态特性分析中纵向自由扰动运动的稳定性问题，在扰动程度不同的特性点处，对本章所提出的基于常微分方程分岔理论的分析方法进行了仿真验证。

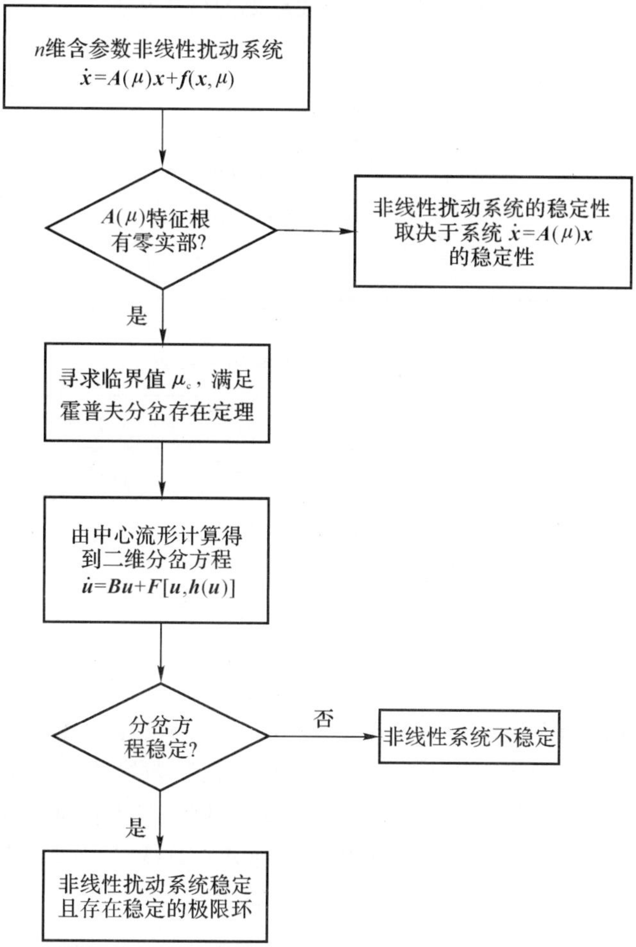

图 12.3　常微分方程霍普夫分岔原理的应用流程框图

4. 仿真验证

仿真时的大气模型参考文献[11]中的大气模型，飞行器结构参数模型参考文献[12]给出的高超声速飞行器参数化模型。高超声速飞行器的基本参数如表 12.6 所示。

表 12.6　高超声速飞行器的基本参数

参　数	参数值	参　数	参数值
飞行器质量 m/kg	830	冲压发动机面积比 n_A	3.0
飞行器巡航马赫数 Ma_∞	6.0	冲压发动机内喷管出口面积 A_e/m^2	0.06
飞行器巡航攻角 α/(°)	4	飞行器巡航高度 H/km	30
飞行器巡航舵偏角 δ/(°)	18.3		

特性点的选择分别取航迹突变点 N 和等高巡航点 R 为特性点，其主要参数如表 12.7 所示。分析扰动点的扰动模态编号如表 12.8 所示。

表 12.7　不同特性点处的仿真参数

参　数	参数值		参　数	参数值	
	N 点	R 点		N 点	R 点
飞行马赫数 Ma_∞	5.9	6.0	舵偏角 $\delta/(^\circ)$	25.6	18.3
飞行器攻角 $\alpha/(^\circ)$	6	4	俯仰角速度 $\omega/[(^\circ)\cdot s^{-1}]$	0.46	0
飞行高度 H/km	30	30	航迹倾角 $\theta/(^\circ)$	8	0

表 12.8　扰动模态的表示法

模态编号	扰动参数
1	$\Delta v/(m\cdot s^{-1})$
2	$\Delta\omega_z/[(^\circ)\cdot s^{-1}]$
3	$\Delta\alpha/(^\circ)$
4	$\Delta\vartheta/(^\circ)$

在点 R 处，首先由动力系数的表达式计算各项动力系数，然后根据矩阵值扰动定理判定在分析扰动运动中是否需要考虑扰动参数偏量的二次高阶非线性项。计算和分析结果表明，在该点处满足线性化性能指标。因此不需要考虑非线性项，只需考虑一阶线性项，通常称该类扰动为小扰动。计算可以得到近似线性化系统矩阵 **A**（雅可比矩阵）的特征值为 $-4.084\ 5$，$0.142\ 6$，$-0.001\ 675\pm0.013\ 08i$。为了验证矩阵值扰动理论的可行性和线性化稳定性定理的准确性，分别在小动态扰动点 R 处给出线性化系统和保留二次高阶项下自由扰动各模态随时间变化的特性曲线，如图 12.4 和图 12.5 所示。两种处理方法下各模态的误差如图 12.6 所示。

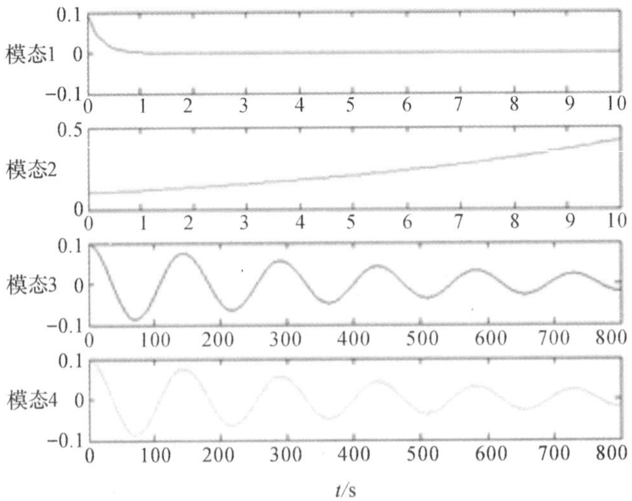

图 12.4　等高巡航点 R 处线性化系统下固有扰动模态

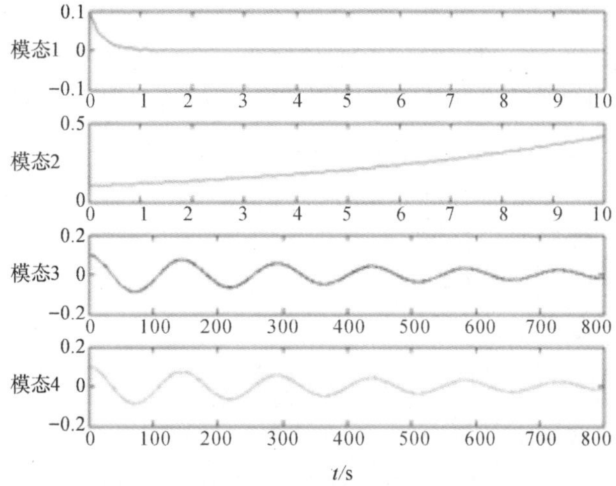

图 12.5　等高巡航点 R 处二次高阶项下的固有扰动模态

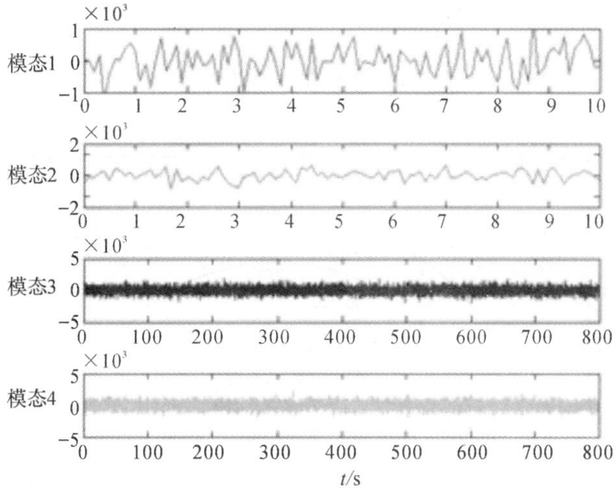

图 12.6　两种处理方法下各模态的误差

在点 N 处，同点 R 处的分析类似，计算得到近似线性系统矩阵 $\mathbf{A}$（雅可比矩阵）的特征值为 $-0.393\ 61$，$-0.009\ 953\ 015$，$\pm 0.015\ 296\ 200\mathrm{i}$。可以发现，该点处已经不满足线性化性能指标，所以必须要考虑扰动值较大的扰动参数偏差的二次高阶项，通常称该类特性点为大扰动特性点。选取动力系数 a_{24} 为分岔参数，在特性点 N 处 $a_{24}=a_{24}^{*}=-0.015\ 2$，根据常微分方程霍普夫分岔理论，系统在平衡点附近产生了霍普夫分岔，存在极限环。根据中心流形定理，计算出分岔方程，判定其极限环为稳定极限环，该极限环族最终要收缩至平衡点，是李雅普诺夫稳定的。图 12.7 表示在大动态点 N 处，常规线性化分析方法得到的扰动模态曲线，而图 12.8 表示稳定极限环在 $u-v$ 平面的投影。

由图 12.4 和图 12.5 可以看出，在点 R 处，实数特征根 0.142 6 所代表的模态，因其实部大于零，所以该模态是不稳定的；而代表长周期模态的共轭复根 $-0.001\ 675 \pm 0.013\ 08\mathrm{i}$ 靠近虚轴，说明飞行器纵向扰动运动是接近中立稳定的。需要说明的是，较大的高度变化还会诱导出一个不稳定的高度模态。由于是在等高巡航飞行条件下分析，所以没有考虑代表高度模态的特征根。

由图 12.6 可以看出，在小动态扰动情况下，常规的基于线性化模型的分析方法与保留扰动参数偏差二次项的非线性分析方法的误差在10^{-3}量级，这说明在小扰动环境下，采用常规的基于线性化的稳定性分析方法可以对飞行器稳定性进行准确的分析。

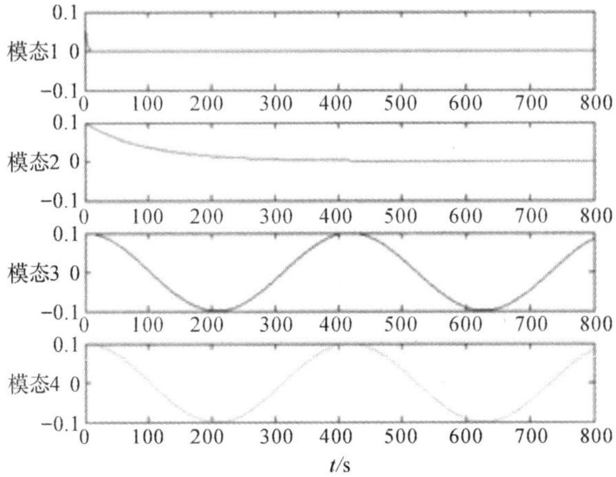

图 12.7　点 N 处近似线性系统下固有扰动性态

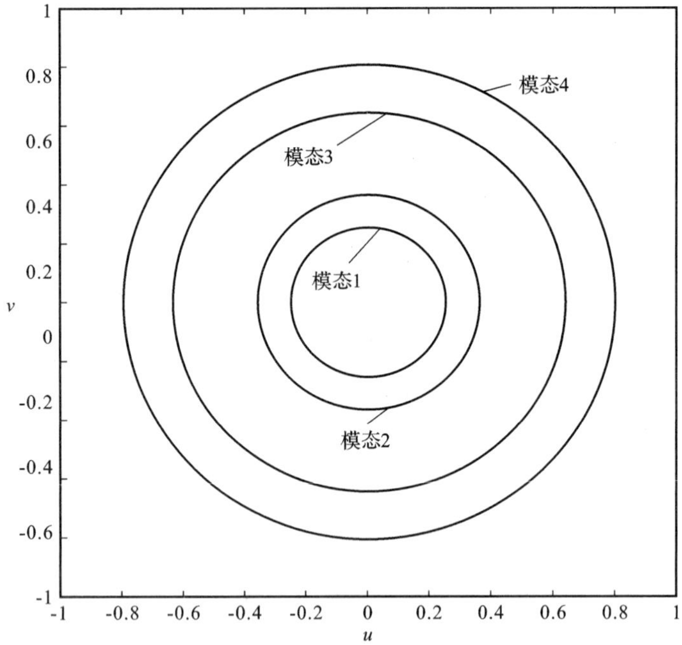

图 12.8　点 N 处极限环在 $u-v$ 平面的投影

对比图 12.7、图 12.8 和图 12.9、图 12.10 可以看出，在点 N 处，线性化矩阵 $\mathbf{A}$ 的特征根出现了零实部的情况，线性系统出现了临界状态，此时，常规的用特征根来判断稳定性的线性化方法失效，必须考虑扰动参数偏差的高阶项。由本节给出的方法表明点 N 处扰动运动是李雅普诺夫意义稳定的。这足以说明，在高动态环境下常规的线性化建模方法建立的模型已经不能准确地反映扰动运动的特性，必须建立含有参数偏差高次项的非线性模型。

本章基于常微分方程理论给出的高动态点 N 处的分析结果如图 12.8 和图 12.10 所示。可以看出，点 N 处纵向扰动运动模态很好地反映了扰动运动的非线性特性。此外，根据常微分方程霍普夫分岔理论，当 $|a_{24}-a_{24}^{*}|\ll 1$ 时，点 N 处高超声速扰动系统在平衡点附近出现了稳定的中心型极限环，该极限环最终收缩于平衡点，也即在该点处扰动运动各模态是稳定的。

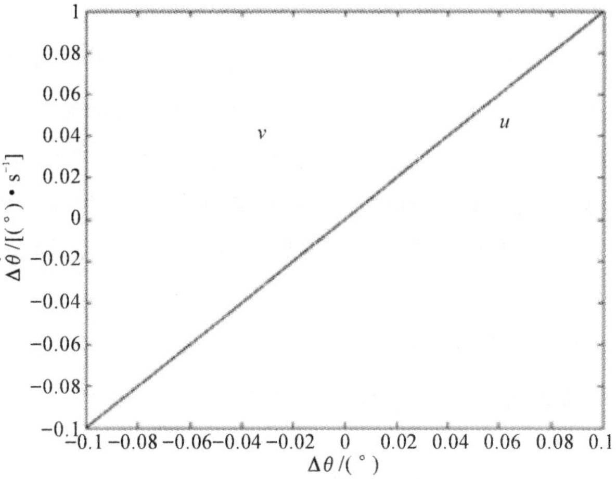

图 12.9　点 N 处线性化下系统的 $\Delta\vartheta$ 轨线图

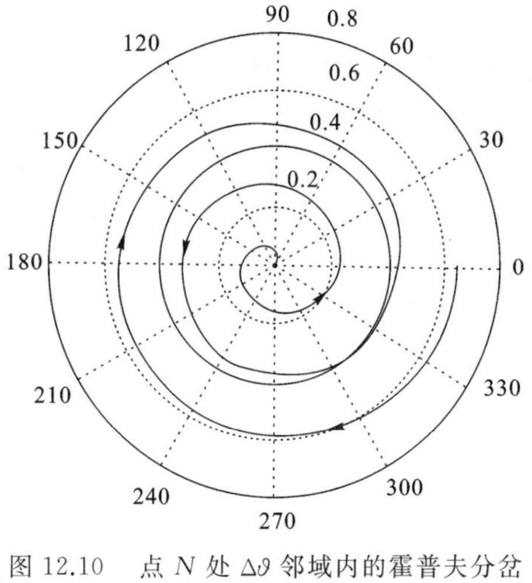

图 12.10　点 N 处 $\Delta\vartheta$ 邻域内的霍普夫分岔

12.2　大气飞行姿态动力学前沿问题分析

12.2.1　高超声速飞行空气动力学非线性及控制问题分析

高超声速飞行器在大攻角飞行时，纵向气动特性非常复杂且呈现出强非线性，较多的因素会对飞行器的纵向非线性动力学产生影响，如：激波诱导分离产生纵向低头力矩，机翼背风面气流分离，使升降副翼上偏时操纵效率降低；激波干扰引起的俯仰力矩变化，机体弓形激波与体襟翼激波相交产生激波扇面打在体襟翼端部，使体襟翼效率下降而出现上仰现象；舵面偏转引起局部流动的非定常分离和舵面间干扰而降低配平舵面效率；在低马赫数时，高超声速马赫数效应主要表现在随马赫数的增加，压力中心前移，俯仰力矩系数增大等。以上因素会使高超声速飞行器纵向动力学模型呈现强非线性，常规的线性方法无法全面揭示纵向非线性运动，需要结合非线性分岔理论对纵向运动模型进行系统分析。

本节首先针对高超声速飞行器大攻角纵向失稳问题，基于连续算法和分岔理论，求解并分析多特征点单参数分岔图，对平衡分岔的稳定性和突变点进行分析；然后，进一步分析分岔之间运动的滞后效应以及稳定平衡点的吸引域；接着，结合高超声速飞行器大包线飞行特性，求解分析双参数分岔，计算稳定分岔曲面和不稳定分岔曲面，从全包线范围揭示高超声速飞行器大攻角失稳特性；最后，分析单参数扰动和多参数组合扰动下动力学模型平衡分岔图的分岔扰动变化。

12.2.1.1　纵向非线性动力学模型

对高超声速飞行器纵向非线性失稳分析，采用的纵向动力模型为二阶非线性动力学模型

$$\left.\begin{aligned}\dot{\alpha} &= q-\frac{C_L^{\alpha}\bar{q}S}{mv}\alpha-\frac{C_L^{\delta_z}\bar{q}S}{mv}\delta_z\\ \dot{q} &= \frac{C_m^{\alpha}\bar{q}Sl}{J_z}\alpha+\frac{C_m^{q}\bar{q}Sl^2}{vJ_z}q+\frac{C_m^{\delta_z}\bar{q}Sl}{J_z}\delta_z\end{aligned}\right\} \tag{12.37}$$

式中：α 为攻角，取值范围为 $0^{\circ}\leqslant\alpha\leqslant 60^{\circ}$；$q$ 为俯仰角速度；$\bar{q}$ 为动压；δ_z 为俯仰舵偏角，取值范围为 $-30^{\circ}\leqslant\delta_z\leqslant 0^{\circ}$；$C_L^{\alpha}$，$C_m^{\alpha}$ 分别为升力系数导数和俯仰力矩系数导数；$C_L^{\delta_z}$，$C_m^{\delta_z}$ 分别为舵面升力系数导数和舵面控制力矩系数导数；C_m^{q} 为俯仰阻尼力矩系数导数；m，S，l 分别为高超声速飞行器的质量、参考面积和特征长度。模型中的非线性项包括：攻角引起的升力相关项 $\dfrac{C_L^{\alpha}\bar{q}S\alpha}{mv}$、舵偏角引起的升力相关项 $\dfrac{C_L^{\delta_z}\bar{q}S\delta_z}{mv}$、攻角引起的俯仰力矩相关项 $\dfrac{C_m^{\alpha}\bar{q}Sl\alpha}{J_z}$、俯仰阻尼力矩相关项 $\dfrac{C_m^{q}\bar{q}Sl^2q}{vJ_z}$ 和俯仰舵控制力矩相关项 $\dfrac{C_m^{\delta_z}\bar{q}Sl\delta_z}{J_z}$。

本节研究的滑翔式高超声速飞行器的飞行包线为：高度范围[27 km，58 km]，速度即马赫数范围[5，20]。滑翔式高超声速飞行器的飞行阶段主要包括远程平衡滑翔段和快速下压段，仿真分析选择的特征点应具有一定的动力学代表性且是重点关注的状态。根据飞行轨迹的特点和特征点选取的原则，这里选择的特征点的马赫数和高度分别为(5，27 km)，(10，36 km)，(15，45 km)，(20，58 km)，分别对应着滑翔式高超声速飞行器飞行轨迹的下压段结束点、下压段起始点、远程平衡滑翔点和滑翔初始点。

采用数值积分的方法获得特定俯仰舵偏角情况下的平衡点，以俯仰舵偏角为连续参数，采用连续算法求解纵向二阶非线性动力学模型的平衡分岔，结合分岔突变理论对平衡分岔上的平衡点依次进行探测函数突变点分析，并给出对应的突变点类型，从而可以得到二阶非线性动力学模型完整的平衡分岔图。图 12.11 所示为相关线型和标识点含义。

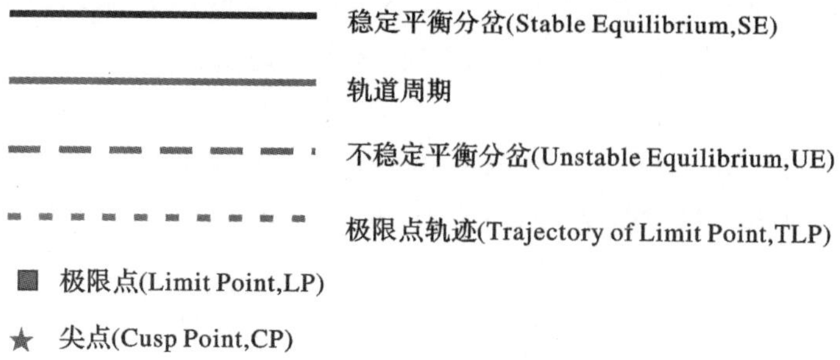

图 12.11　线型和标识点

12.2.1.2　单参数平衡分岔及特征根拓扑分析

图 12.12～图 12.15 为不同特征点对应的三维平衡分岔在参数平面 (δ_z,α) 和(δ_z,q) 的投影。图中横坐标为舵偏角，纵坐标为对应攻角；虚线为不稳定的平衡分岔，实线为稳定的平衡分岔。

1. 下压段结束点情况分析

下压段结束点对应的马赫数为 5，高度为 27 km，对应的三维平衡分岔在参数平面(δ_z,α)的投影如图 12.12(a)所示。图中存在四个极限点和两段不稳定的平衡分岔，第一个不稳定分岔区间对应的攻角范围为[7.0°,13.8°](小攻角不稳定区域)，第二个不稳定分岔区间在[24.5°,44.9°]之间(大攻角不稳定区域)。进一步分析得出，当舵偏角从 0°逐渐增大时，平衡分岔对应攻角随舵偏角的增大缓慢增大，当舵偏角为－25.3°时，出现第一个极限点 LP1，运动失去稳定性，当舵偏角沿着平衡分岔减小到－22.5°时，出现第二个极限点 LP2，飞行器重新获得稳定性，当舵偏角沿平衡分岔增大到－25.0°时，第三个极限点 LP3 出现，再次进入失稳分岔，当舵偏角减小到－8.1°时，第四个极限点 LP4 出现，飞行器重新获得稳定。图 12.12(b)所示为平衡分岔在参数平面(δ_z,q)的投影(俯仰角速度分岔图)，图中也存在四个对应的极限点和两段不稳定的平衡分岔。

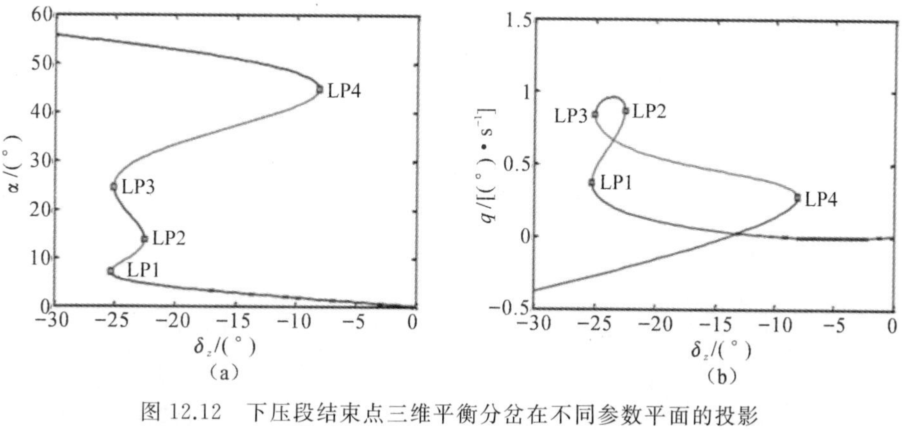

(a)　　　　　　　　　　　　　　(b)

图 12.12　下压段结束点三维平衡分岔在不同参数平面的投影

(a)平衡分岔在参数平面(δ_z,α)的投影；(b)平衡分岔在参数平面(δ_z,q)的投影

2. 下压段起始点情况分析

下压段起始点对应的马赫数为 10，高度为 36 km，对应的三维平衡分岔在参数平面

(δ_z,α)的投影如图 12.13(a)所示。其中存在一个不稳定平衡分岔,不稳定分岔区间对应的攻角范围为[24.5°,45°];当舵偏角从 0°逐渐增大时,攻角随舵偏角增大缓慢增大,当舵偏角大于-15°时,平衡攻角随舵偏角的增大迅速增大,当舵偏角增大到-19.5°时,出现第一个极限点LP1,当舵偏角减小到-8.2°时,第二个极限点 LP2 出现。图 12.13(b)所示为平衡分岔在参数平面(δ_z,q)的投影(俯仰角速度分岔图),可以看到,相对于下压段结束点,平衡分岔幅值有所减小。

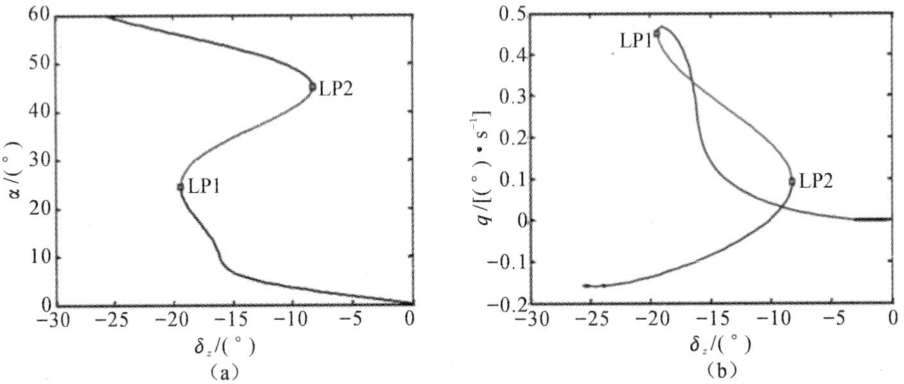

图 12.13　下压段起始点三维平衡分岔在不同参数平面的投影

(a)平衡分岔在参数平面(δ_z,α)的投影;(b)平衡分岔在参数平面(δ_z,q)的投影

3. 远程平衡滑翔点情况分析

远程平衡滑翔点对应的马赫数为 15,高度为 45 km,对应的三维平衡分岔在在不同参数平面的投影如图 12.14 所示。可以看到,在参数平面(δ_z,α)的投影分岔图中,存在一个不稳定的平衡分岔,其不稳定分岔攻角区间为[11.7°,45.6°],相对于下压段起始点的情况,其对应的不稳定平衡分岔控制的范围增大,且出现不稳定突变的攻角更小。在参数平面(δ_z,q)的投影(俯仰角速度分岔图)中,平衡分岔对应幅值进一步减小。

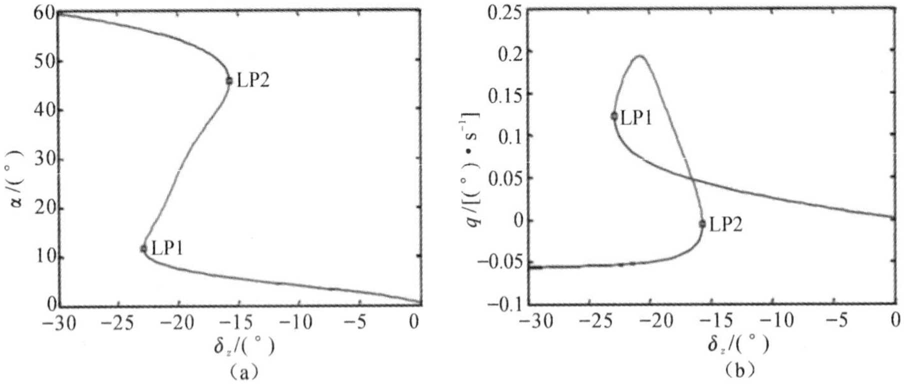

图 12.14　远程平衡滑翔点三维平衡分岔在不同参数平面的投影

(a)平衡分岔在参数平面(δ_z,α)的投影;(b)平衡分岔在参数平面(δ_z,q)的投影

4. 滑翔初始点情况分析

滑翔初始点对应的马赫数为 20,高度为 58 km,对应的三维平衡分岔在不同参数平面的

投影如图 12.15 所示。在对应的(δ_z,α)平面分岔图中，不稳定分岔攻角区间为[8.9°，26.7°]。当舵偏角从 0°增大到−27.6°时，出现第一个极限点 LP1，飞行器纵向运动开始失稳；当舵偏角减小到−19.6°时，第二个极限点 LP2 出现，飞行器重新获得稳定性；越过 LP2 后，随舵偏角进一步增大，平衡攻角迅速增加。通过分析对应的俯仰角速度分岔图可以得出，俯仰角速度的幅值随着飞行马赫数和高度的增加而减小。

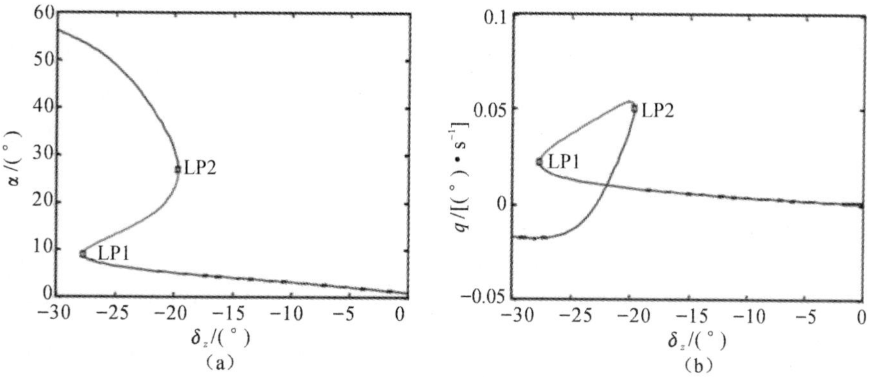

图 12.15　滑翔初始点三维平衡分岔在不同参数平面的投影

(a)平衡分岔在参数平面(δ_z,α)的投影；(b)平衡分岔在参数平面(δ_z,q)的投影

对于高空情况，平衡状态下，由于$\dot{q}=0$，其所对应的q为一个定值；由于高空情况下所对应的大气密度较小，攻角和俯仰舵偏角引起的气动力相关项$\frac{C_L^\alpha \bar{q} S\alpha}{mv}$和$\frac{C_L^{\delta_z} \bar{q} S\delta_z}{mv}$较小，为了使得攻角满足平衡条件即$\dot{\alpha}=0$，其所对应平衡俯仰角速度较小；相反地，对于低空情况，由于大气密度较大，相同攻角和俯仰舵偏角引起的气动力相关项$\frac{C_L^\alpha \bar{q} S\alpha}{mv}$和$\frac{C_L^{\delta_z} \bar{q} S\delta_z}{mv}$较大，为了使得攻角满足平衡条件即$\dot{\alpha}=0$，其所对应的平衡俯仰角速度较大。

对于二阶纵向动力学模型，由于其非线性项较少，建立相关参数与失稳突变点的关系具有一定的可行性。通过对纵向模型平衡分岔及其突变点分析可以得出：俯仰角速度q的平衡$(\dot{q}=0)$，由非线性力矩$\frac{C_m^\alpha \bar{q} Sl\alpha}{J_z}$，$\frac{C_m^q \bar{q} Sl^2 q}{vJ_z}$和$\frac{C_m^{\delta_z} \bar{q} Sl\delta_z}{J_z}$三项决定。由于俯仰阻尼力矩相关项$\frac{C_m^q \bar{q} Sl^2 q}{vJ_z}$始终为负值，其稳定性保持不变。平衡分岔图稳定性的突变主要由$\frac{C_m^\alpha \bar{q} Sl\alpha}{J_z}$和$\frac{C_m^{\delta_z} \bar{q} Sl\delta_z}{J_z}$两项决定，如果$\frac{C_m^{\delta_z} \bar{q} Sl\delta_z}{J_z}$在整个攻角变化区间保持变化趋势不变(即随攻角的增大保持增大或随攻角的增大保持减小)，当$\frac{C_m^\alpha \bar{q} Sl\alpha}{J_z}$随攻角的变化趋势发生突变时，分岔图会出现稳定性的突变：随攻角增大，$\frac{C_m^\alpha \bar{q} Sl\alpha}{J_z}$由增大变为减小的拐点处模型会失去稳定性；随攻角增大，$\frac{C_m^\alpha \bar{q} Sl\alpha}{J_z}$由减小变为增大的拐点处模型会获得稳定性。类似地，如果$\frac{C_m^\alpha \bar{q} Sl\alpha}{J_z}$在整个攻角变化区间保持变化趋势不变，当$\frac{C_m^{\delta_z}\bar{q}Sl\delta_z}{J_z}$随攻角变化趋势发生突变时，分岔图会出现稳定性的突变：随攻角增大，$\frac{C_m^{\delta_z}\bar{q}Sl\delta_z}{J_z}$由增大变为减小的拐点处模型会失去稳定性；随攻角增大，$\frac{C_m^{\delta_z}\bar{q}Sl\delta_z}{J_z}$由减小变为增大的拐点处模型会获得稳定性。当$\frac{C_m^{\delta_z}\bar{q}Sl\delta_z}{J_z}$，$\frac{C_m^{\alpha}\bar{q}Sl\alpha}{J_z}$都随着攻角增大发生变化趋势突变时，则存在着较为复杂的稳定性突变规律，需要通过数值分析给出突变点位置。对于二阶纵向动力学模型，由于其对纵向失稳起决定作用的参数主要有$C_L^{\delta_z}$，$C_m^{\delta_z}$，在进行总体设计时，可以适当地修正气动参数$C_L^{\delta_z}$，$C_m^{\delta_z}$，延缓失稳突变点发生，加快稳定突变点的发生，从而缩小纵向飞行失稳区域。

5. 特征根拓扑分析

图 12.16 所示为四种不同飞行状态下的纵向二阶非线性动力学模型开环全局特征根分布。通过对图分析得出，系统特征根主要表现为两种状态：一种是不稳定的实根，特征根在实轴上且大于零，系统不稳定；另一种是稳定的共轭复根，距离虚轴非常近，阻尼性能很差，属于严重欠阻尼状态。从不稳定度角度来分析，相对于低空低马赫数的下压段结束点（马赫数为 5，高度为 27 km），高空高马赫数的滑翔初始点（马赫数为 20，高度为 58 km）工况对应实轴上的实根更靠近虚轴，系统的不稳定度更小；从阻尼性能分析，相对于低空低马赫数情况，高空高马赫数的共轭复根更靠近虚轴，虚部更靠近实轴，系统的阻尼更小，角频率更大；从稳定性的突变角度来分析，特征根跨过虚轴所对应的攻角就是非线性系统的 LP(为突变点)所对应的攻角。

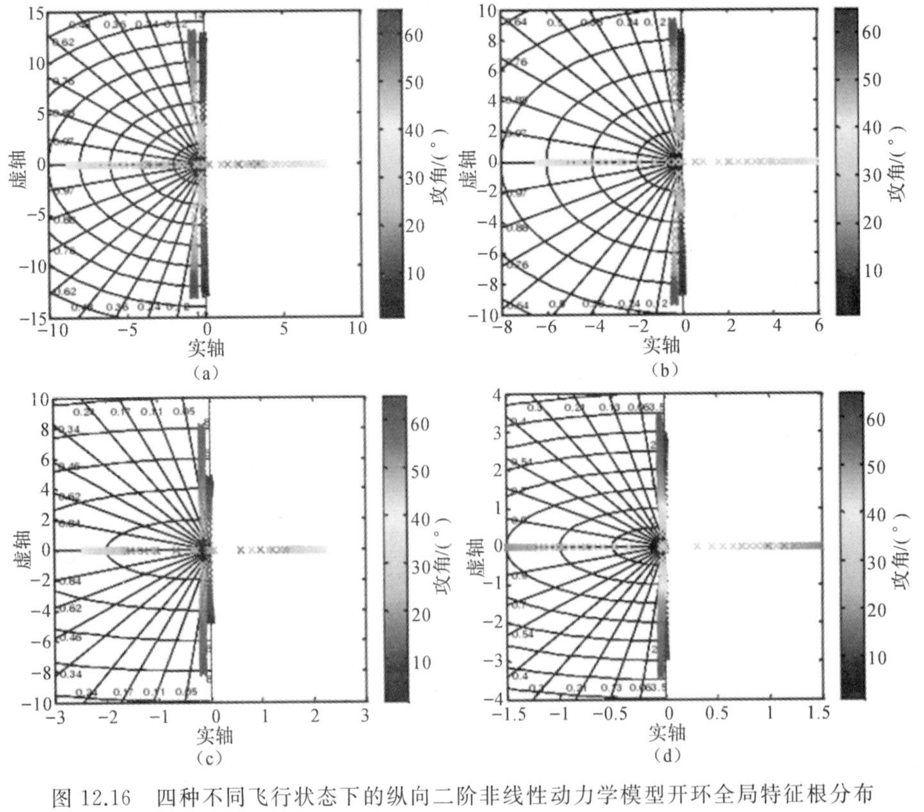

图 12.16　四种不同飞行状态下的纵向二阶非线性动力学模型开环全局特征根分布

(a)下压段结束点；(b)下压段起始点；(c)远程平衡滑翔点；(d)滑翔初始点

12.2.1.3　双参数分岔及三维分岔曲面分析

选择马赫数和舵偏角作为双参数分岔的连续求解参数，选择极限点(LP)为求解对象进行求解。求解中选择的马赫数连续区间包括[5,10]、[10,15]和[15,20]。

1. 马赫数区间[5,10]分析

图 12.17 和图 12.18 分别为马赫数区间[5,10]的二维参数分岔在状态空间和参数空间的分岔图。

图 12.17 中，马赫数从 5 到 10，平衡分岔的间距为 1.25，从左到右依次对应马赫数为 5、6.25、7.5、8.75、10。TLP 线是极限点的二维参数分岔图在参数平面 (δ_z,α) 的轨迹，通过图 12.17 可以得出，系统在马赫数区间[5,10]上存在两条极限点轨迹：轨迹 LP1 - LP2 和轨迹 LP3 - LP5。对 LP1 和 LP2 分别进行二维参数连续求解，二者轨迹在尖点(CP)处($Ma=9.13$，$\delta_z=-17.6°$)相遇并消失，形成尖点，当超越参数点($Ma=9.13$)时，系统不稳定分岔消失；极限点轨迹 LP3 - LP5 所对应的攻角基本保持不变，对 LP4 进行二维参数求解，该点位置基本保持不变，可以得出，系统大攻角不稳定区域在马赫数区间[5,10]内基本保持不变。

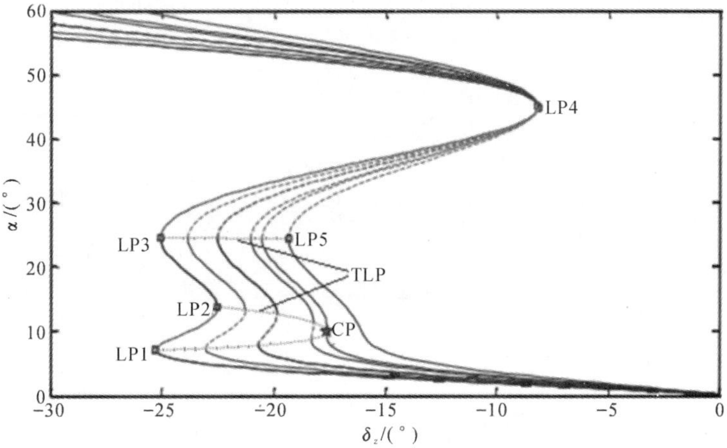

图 12.17　状态空间二维参数分岔图

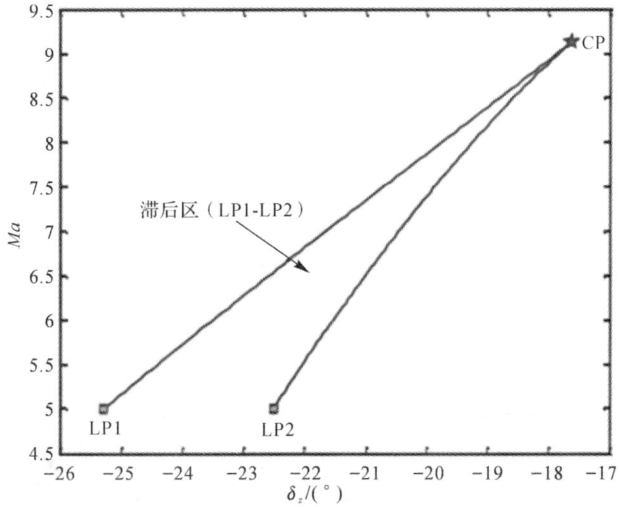

图 12.18　二维参数平面 (δ_z,Ma) 分岔图(LP1 - LP2)

图 12.18 为 LP1 和 LP2 点在二维参数平面(δ_z,Ma)的分岔图,该图与状态空间分岔图存在一定的映射关系,通过分析得出,LP1 和 LP2 两点形成的轨迹在尖点融合消失,当参数在 LP1 和 LP2 两点形成的轨迹之间时,系统存在两个极限点,且存在滞后效应,在轨迹围成的区域之外,则不存在不稳定分岔。

2. 马赫数区间[10,15]分析

图 12.19 和图 12.20 分别为马赫数区间[10,15]的二维参数在状态空间和参数平面的分岔图。

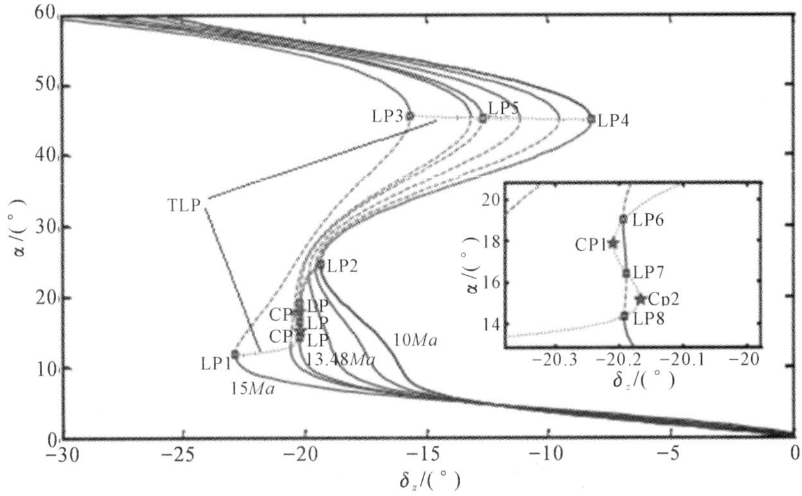

图 12.19　状态空间二维参数分岔图

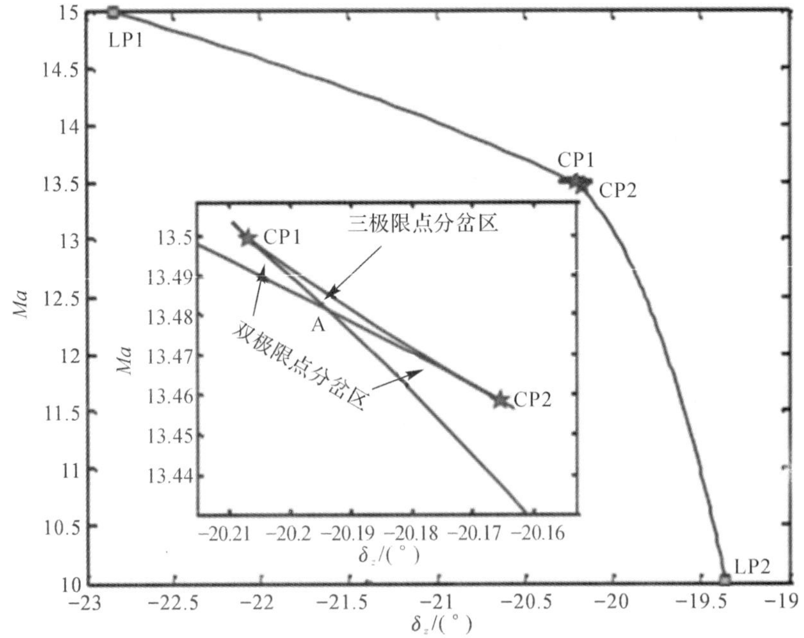

图 12.20　二维参数平面(δ_z,Ma)分岔图(LP1－LP2)

图 12.19 中，平衡分岔从左到右依次对应的马赫数为 10、11.25、12.5、13.75、15.0。系统马赫数参数在[10，15]区间时，存在两条极限点轨迹 TLP：轨迹 LP1 - LP2 和轨迹 LP3 - LP4。过对点 LP1 和 LP2 进行二维参数连续求解，求解过程中存在两个尖点 CP1（$Ma=13.50$，$\delta_z=-20.21°$）和 CP2（$Ma=13.46$，$\delta_z=-20.17°$）。通过求解 $Ma=13.48$ 的平衡分岔可以得出，整个分岔被两条极限点轨迹分割成了三段稳定分岔和两段不稳定分岔。随着舵偏角从 0°逐渐增大，当第一次遇到极限点轨迹时，产生第一个极限点 LP8，系统失去稳定；当平衡分岔第二次遇到极限点轨迹时，产生第二个极限点 LP7，系统重新获得稳定；当平衡分岔第三次遇到极限点轨迹时，产生第三个极限点 LP6，系统失去稳定；当平衡分岔第四次遇到极限点轨迹（LP3 - LP4）时，产生第四个极限点 LP5，系统又获得了稳定。

图 12.20 为轨迹（LP1 - LP2）对应的二维参数平面分岔图，分析得出，当系统参数位于点 A - CP1 - CP2 围成的三角形内时，系统三次穿过极限点轨迹 LP1 - LP2，并且产生三个分岔点，系统存在三次稳定性突变，系统运动较为复杂；分岔图中存在两个双极限点分岔区，如图 12.20 箭头所示，在该区域，系统两次穿过极限点轨迹 LP1 - LP2，产生两个极限点，系统存在两次稳定性突变。

3. 马赫数区间[15，20]分析

图 12.21 为马赫数区间[15，20]的参数空间分岔图，从左到右平衡分岔依次对应的马赫数为 15、16.25、17.5、18.75、20.0。系统在马赫数区间[15，20]上存在两条极限点轨迹：轨迹 LP1 - LP2 和轨迹 LP3 - LP4；系统二维分岔不存在尖点，随着马赫数从 15 连续求解到 20，系统的不稳定区域从[11.7°，45.6°]缩小为[8.9°，26.7°]，显然系统的不稳定区域相对有所减小。

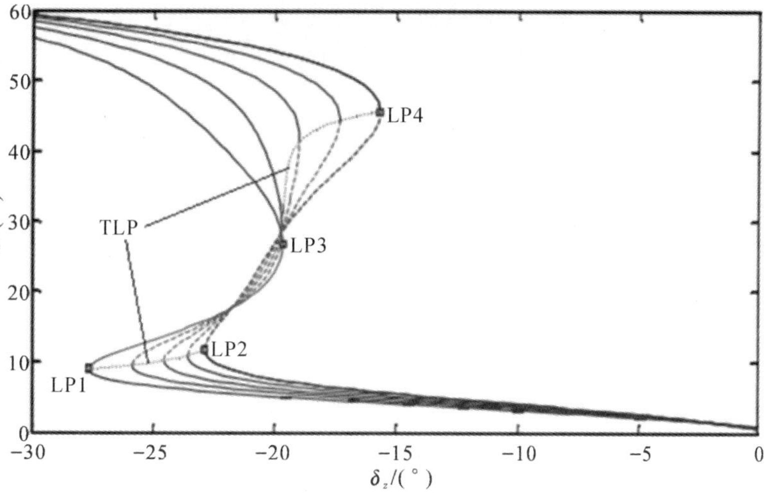

图 12.21　状态空间二维参数分岔图

4. 三维分岔曲面分析

求解不同马赫数下的平衡分岔，将其进行三维曲面显示，可以得到系统的三维空间分岔曲面。图 12.22 为在三维空间（α，Ma，δ_z）和（q，Ma，δ_z）的三维分岔曲面。

通过对图 12.22(a)分析得出，三维分岔曲面被三条极限点轨迹线分割为四个特征子曲面：A，B，C，D。子曲面 A 为稳定曲面，当位于子曲面 A 的参数（马赫数、舵偏角）穿过 A、B 之间的极限点轨迹进入不稳定子曲面 B 时，系统失去稳定性。当位于子曲面 B 的参数穿过 B、C 之间的极限点轨迹进入稳定子曲面 C 时，系统重新获得稳定性。当位于子曲面 C 的参数穿过 C、D 之间的极限点轨迹进入不稳定子曲面 D 时，系统再一次失去稳定性。三维分岔曲面给出了系统的全局稳定性。图 12.22(b)为(q,Ma,δ_z)空间的三维分岔曲面，相应地也存在四个不同的分岔子曲面，且分岔曲面构型较为复杂。

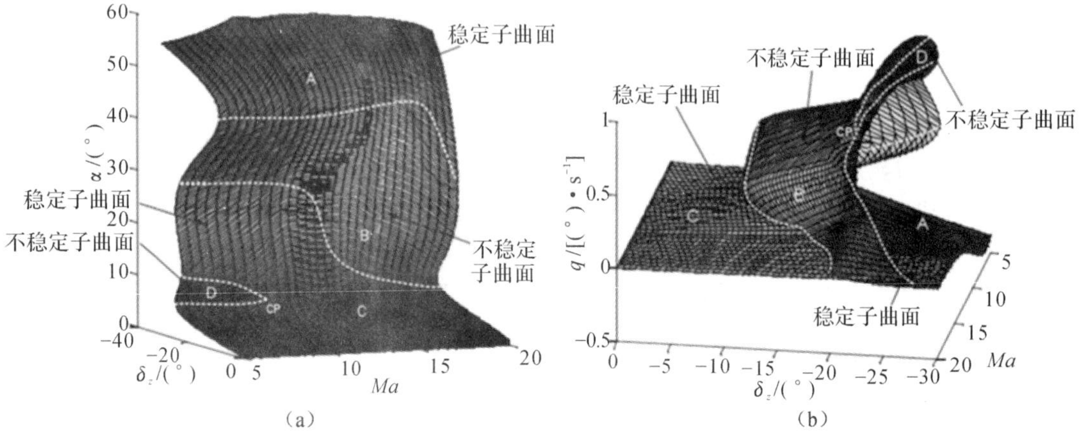

图 12.22 三维分岔曲面

(a) (α,Ma,δ_z)空间曲面；(b) (q,Ma,δ_z)空间曲面

通过以上对高超声速飞行器非线性开环动力学分岔分析，为了实现飞行器的稳定飞行，从总体设计方面来讲：应尽量在总体设计的初期通过气动外形的设计修正来增大高超声速飞行器稳定飞行区域，缩小不稳定飞行区域(如通过气动修形来增大高超声速飞行器发生大攻角失稳的临界攻角，以及增大配平舵面积来提升飞行器的可控能力等)；从稳定控制方面来讲：在稳定飞行过程中，应保证飞行器的飞行攻角位于稳定的平衡分岔上，从而更好地实现高超声速飞行器的稳定飞行，当进行失稳控制时，应给定合理的指令攻角使飞行器更容易实现从失稳状态中改出，在进行机动控制时，应尽量利用纵向失稳区域使飞行器更容易获得需求的纵向加速度。

12.2.2 基于三维平衡滑翔空间的高超声速再入制导律设计

再入制导律的设计是高超声速再入滑翔飞行器能否完成精确打击任务的核心技术。再入制导的最终目的是在满足路径约束和终端约束的情况下，实现将高超声速再入飞行器成功导引到指定的目标。再入制导律的发展可以分为三个阶段，第一阶段为面向 Apollo 飞船的低升阻比返回舱制导律，对给定的参考轨迹进行线性化获得离散的控制指令，并通过调整倾侧角来消除纵程误差。由于该制导算法高度依赖近似的解析关系式，因此精度较低。第二阶段为面向航天飞机的再入制导律和其相关的改进算法，航天飞机的再入制导包括离线阻力-速度剖面设计和在线阻力-速度剖面跟踪两部分，该方法成功地完成了多次航天飞行任务，有效性得到了充分的验证。第三阶段为面向 X-33 的先进制导律，其继承了 Apollo 飞船和航天飞机制导律的一些成果，数值预测校正算法的提出，使得制导律具有较强的轨迹在线快速生成能力和自主性。再入飞行器在再入过程中受到严格的路径约束，然而传统算法对路径约束的处理一直比较困难，给轨迹的在线生成和制导律的在线计算带了较大的困难。同时，极快的滑翔飞行速度对计算时间提出了更高的要求，使得在线制导律指令生成的时间约束很强，对于目标重新定位的任务，要求算法具有较强的自适应性和快速性。而且，对于高机动再入滑翔飞行器，基于传统的预先规划攻角-速度剖面并通过控制倾侧角来获得所需机动的策略已经无法满足大机动飞行任务的要求。

本章首先将二维再入走廊扩展到三维，建立高度-速度-攻角（$H-v-\alpha$）和阻力-速度-攻角（$D-v-\alpha$）三维再入走廊，实现再入飞行走廊的扩展，为在线再入走廊快速生成提供新的方法；然后，基于平衡滑翔条件，将满足路径约束的高度-速度-攻角（$H-v-\alpha$）三维再入走廊转化为三维倾侧角-速度-攻角（$\sigma-v-\alpha$）空间，即本章提出的三维平衡滑翔空间，将路径约束转换为对控制变量（攻角和倾侧角）的约束。接着，将自适应比例导引律与三维平衡滑翔空间相结合，完成再入制导律的设计，实现攻角和倾侧角同时对轨迹的控制；最后，为了提高制导律的安全性和鲁棒性，引入空间裕度，实现对三维平衡滑翔空间的冗余设计，通过仿真验证制导律的自适应性和鲁棒性。

12.2.2.1 高超声速再入动力学模型

三自由度球形旋转地球坐标系下的高超声速再入飞行器动力学模型为

$$\dot{r}=v\sin\gamma \tag{12.38}$$

$$\dot{\theta}=\frac{v\cos\gamma\sin\psi}{r\cos\varphi} \tag{12.39}$$

$$\dot{\varphi}=\frac{v\cos\gamma\cos\psi}{r} \tag{12.40}$$

$$\dot{v}=-\frac{D}{m}-g\sin\gamma+\omega_e^2 r\cos\varphi(\sin\gamma\cos\varphi-\cos\gamma\sin\varphi\cos\psi) \tag{12.41}$$

$$\begin{aligned}\dot{\gamma}=1/v\Big[&\frac{L\cos\sigma}{m}+\left(\frac{v^2}{r}-g\right)\cos\gamma+2\omega_e v\cos\varphi\sin\psi+\\&\omega_e^2 r\cos\varphi(\cos\gamma\cos\varphi+\sin\gamma\cos\psi\sin\varphi)\Big]\end{aligned} \tag{12.42}$$

$$\begin{aligned}\dot{\psi}=\frac{1}{v}[&L\sin\sigma/(m\cos\gamma)+(v^2/r)\cos\gamma\sin\psi\tan\varphi-\\&2\omega_e v(\tan\gamma\cos\psi\cos\varphi)+(\omega_e^2 r/\cos\gamma)\sin\psi\sin\varphi\cos\varphi]\end{aligned} \tag{12.43}$$

式中：r 为地球中心到飞行器重心的径向距离；θ 和 φ 分别为对应的经度和纬度；v 为飞行器相对于地球的速度；ω_e 为地球自转角速度；γ，ψ，σ 分别为航迹角、航向角和倾侧角，其中航向角 ψ 是速度矢量在当地水平面的投影与正北方向的夹角，顺时针方向旋转为正；L 和 D 分别为升力和阻力，其表达式为

$$L=\frac{1}{2}\rho(H)v^2S \tag{12.44}$$

$$D=\frac{1}{2}\rho(H)v^2S \tag{12.45}$$

通常情况下，热流、动压和过载被认为是路径约束，以不等式的形式给出，如热流约束：

$$\dot{Q}=\frac{C_1}{\sqrt{R_d}}\left(\frac{\rho}{\rho_0}\right)^{0.5}\left(\frac{v}{v_1}\right)^m\leqslant\dot{Q}_{max} \tag{12.46}$$

式中：R_d 为再入飞行器头部热流驻点半径；ρ_0 为海平面标准大气密度；$v_1 = 7.8\times10^3$ m/s，为地球第一宇宙速度；C_1，m 为常数；过载约束的表达式为

$$n = \frac{\sqrt{L^2 + D^2}}{mg} \leqslant n_{max} \tag{12.47}$$

动压约束的表达式为

$$q = \frac{1}{2}\rho v^2 \leqslant q_{max} \tag{12.48}$$

(准)平衡滑翔条件的不等式约束的表达式为

$$\left(g - \frac{v^2}{r}\right) - \frac{L}{m}\cos\sigma_{EQ} \leqslant 0 \tag{12.49}$$

大气密度函数方程为

$$\rho(H) = \rho_0 e^{-\beta H} \tag{12.50}$$

式中：β 为大气密度常数。将方程式(12.44)、式(12.45)和式(12.50)代入约束表达式中，即可得到高度-速度剖面与约束条件对应的再入走廊边界表达式为

$$H \geqslant \frac{2}{\beta}\ln\left[\frac{C_1}{\dot{Q}_{max}\sqrt{R_d}}\left(\frac{v}{v_1}\right)^m\right] = H_{\dot{Q}max}(v) \tag{12.51}$$

$$H \geqslant \frac{1}{\beta}\ln\left[\frac{\rho_0 v^2 S_{ref}\sqrt{C_D^2 + C_L^2}}{2n_{max} m g_0}\right] = H_{n max}(v) \tag{12.52}$$

$$H \geqslant \frac{1}{\beta}\ln\left(\frac{\rho_0 v^2}{2q_{max}}\right) = H_{q max}(v) \tag{12.53}$$

$$H \geqslant \frac{1}{\beta}\ln\left[\frac{\rho_0 v^2 C_L S_{ref}\cos\sigma_{EQ}}{2m\left(g - \frac{v^2}{r}\right)}\right] = H_{EQ}(v) \tag{12.54}$$

式中：$H_{\dot{Q}max}$、$H_{n max}$、$H_{q max}$、H_{EQ} 分别为热流、过载、动压和平衡滑翔条件所对应的高度边界。因此，再入走廊的 $H - v$ 剖面可以写为

$$H_{up}(v) = H_{EQ} \tag{12.55}$$

$$H_{down}(v) = \min(H_{\dot{Q}max}, H_{n max}, H_{q max}) \tag{12.56}$$

式中：$H_{up}(v)$、$H_{down}(v)$ 分别代表 $H - v$ 剖面的上边界和下边界。

同样地，对于阻力-速度剖面，得到的再入走廊边界表达式为

$$\frac{D}{m} < \frac{1}{2m}C_D S_{ref}\frac{\rho_0 R_d v_1^{2m} Q_{max}^2}{C_1^2 v^{2m-2}} = D_{\dot{Q}max} \tag{12.57}$$

$$\frac{D}{m} < \frac{n_{max} g_0}{\sqrt{(C_L/C_D)^2 + 1}} = D_{n max} \tag{12.58}$$

$$\frac{D}{m} < q_{max}\frac{C_D S_{ref}}{m} = D_{q max} \tag{12.59}$$

$$\frac{D}{m} \geqslant \frac{C_D}{C_L}\left(g - \frac{v^2}{R_0 + H_{EQ}}\right)\frac{1}{\cos\sigma_{EQ}} = D_{EQ} \tag{12.60}$$

式中：$D_{\dot{Q}max}$、$D_{n max}$、$D_{q max}$、D_{EQ} 分别为热流、过载、动压以及平衡滑翔条件所对应的阻力边界。因此 $D - v$ 剖面再入走廊可以写为

$$D_{up}(v) = D_{EQ} \tag{12.61}$$

$$D_{\mathrm{down}}(v)=\min(D_{\dot{Q}_{\max}},D_{n_{\max}},D_{q_{\max}}) \tag{12.62}$$

式中：$D_{\mathrm{up}}(v)$、$D_{\mathrm{down}}(v)$ 分别代表 $D-v$ 剖面的上边界和下边界。

12.2.2.2　三维再入走廊和三维平衡滑翔空间

1. 基于 $H-v-\alpha$ 和 $D-v-\alpha$ 空间的三维再入走廊

采用通用航空飞行器(Common Aero Vehicle,CAV)作为高超声速再入飞行器模型，如图 12.23 所示。首先假设攻角在整个再入过程中保持恒定，即在攻角-速度剖面中，随着速度的变化，攻角不变；通过对速度迭代得到满足路径约束和平衡滑翔条件约束的二维高度-速度剖面再入走廊，如图 12.24(a)所示，此时攻角被设定为 5°。

图 12.23　CAV 气动外形

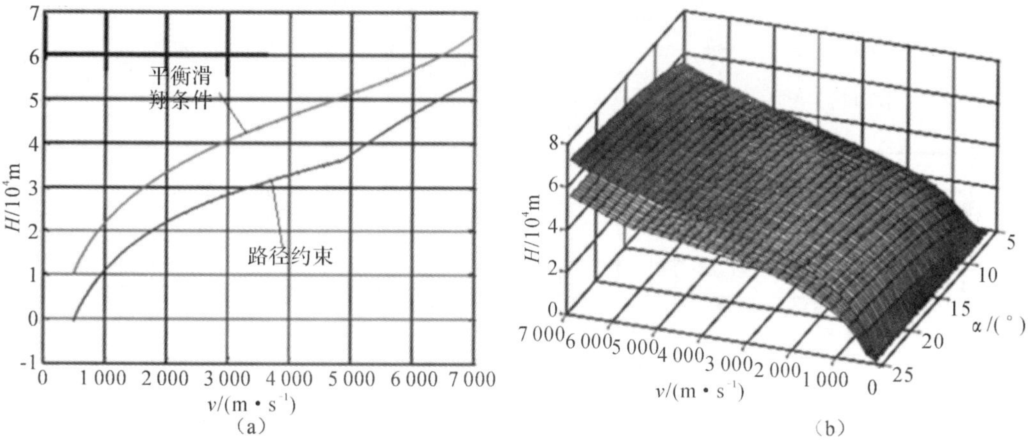

图 12.24　基于 $H-v$ 剖面的再入走廊

(a)二维 $H-v$ 剖面再入走廊；(b)三维 $H-v-\alpha$ 空间再入走廊

在恒定攻角从最小值逐渐增大到最大值的过程中，求解每一个恒定攻角对应的二维高度-速度剖面再入走廊，可以得到一系列连续的二维高度-速度剖面再入走廊，所得到的二维高度-速度剖面再入走廊可以组合成三维再入走廊，即为高度-速度-攻角($H-v-\alpha$)空间，如图 12.24(b)所示。$H-v-\alpha$ 空间为一种满足路径约束(热流、过载和动压)的三维再入走廊，当再入飞行器在其内部飞行时，满足所有路径约束。同样地，可以得到二维阻力-速度剖面再入走廊和其对应的阻力-速度-攻角($D-v-\alpha$)三维再入走廊，如图 12.25 所示。

基于前面的数值仿真，对于特定的飞行器，决定三维再入走廊的参数有升力系数和阻力系数(C_D,C_L)，质量和参考面积(m,S_{ref})，路径约束(热流、过载和动压)和可用攻角范围。因此，三维再入走廊可以离线计算并存储，从而为在线轨迹规划、制导律设计以及在线二维再入走廊快速生成提供数据库。

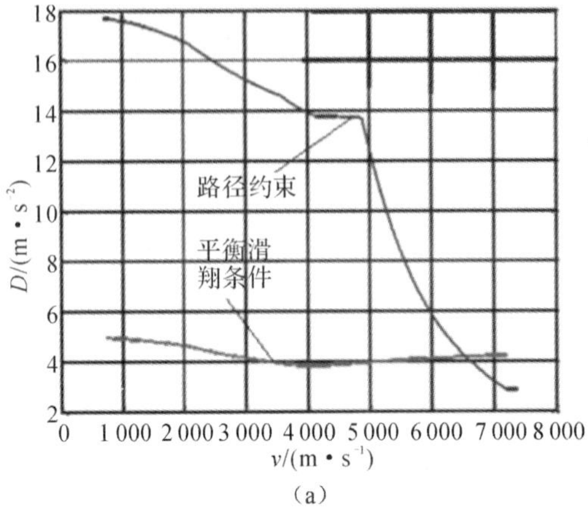

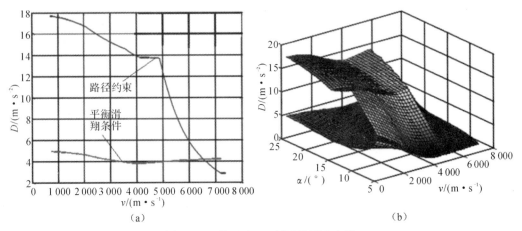

图 12.25　基于 $D-v$ 剖面的再入走廊

(a)二维 $D-v$ 剖面再入走廊；(b)三维 $D-v-\alpha$ 空间再入走廊

2. 在线获取二维再入走廊

获得三维再入走廊之后，可以根据预先设计的攻角-速度剖面来获得二维再入走廊。预先设计或在线设计的攻角-速度剖面如式(12.63)所示。可以截取三维再入空间走廊 $H-v-\alpha$，采用插值的方法快速获取二维 $H-v$ 剖面再入走廊，如图 12.26(a)所示。同样地，可以快速获得二维 $D-v$ 剖面再入走廊，如图 12.26(b)所示。

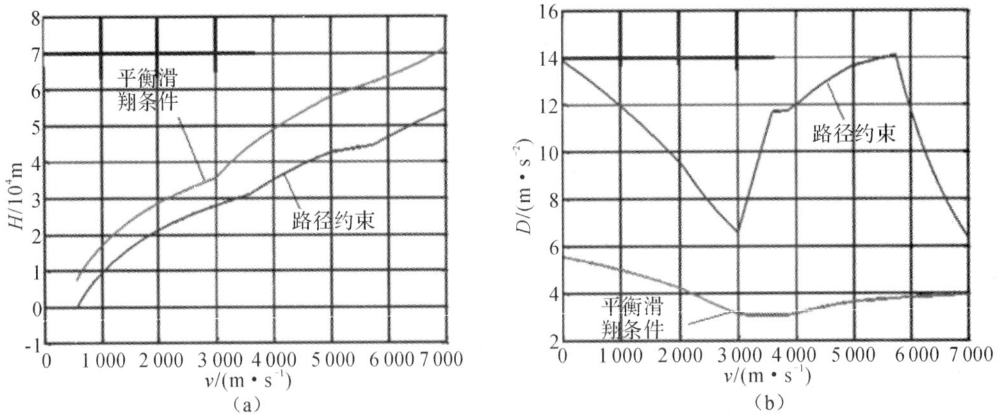

图 12.26　插值获取的二维再入走廊

(a)二维 $H-v$ 剖面再入走廊；(b)二维 $D-v$ 剖面再入走廊

$$\alpha=\begin{cases}24(°), & v\geqslant 5\ \text{km/s}\\ 0.008\,[(°)\cdot \text{s}\cdot \text{km}^{-1}]\cdot(v-3\ \text{km/s})+8(°), & 5\ \text{km/s}>v\geqslant 3\ \text{km/s}\\ 8(°), & v<3\ \text{km/s}\end{cases} \tag{12.63}$$

3. 三维平衡滑翔空间

利用平衡滑翔条件，二维 $H-v$ 剖面再入走廊可以被转化为倾侧角和速度($\sigma-v$)的二维再入边界,这样利用该条件可以将图 12.24(a) 二维 $H-v$ 剖面再入走廊转换为二维倾侧角-速度($\sigma-v$)再入边界,如图 12.27(a) 所示。这里将满足路径约束的二维 $H-v$ 剖面再入走廊转化为二维倾侧角-速度($\sigma-v$)再入边界,为了满足路径约束,在特定速度下,倾侧角取值被限制在了对应的范围之内。同样,三维再入走廊 $H-v-\alpha$,如图 12.24(b) 所示,可以被转化为倾侧角-速度-攻角($\sigma-v-\alpha$)三维空间,如图 12.27(b) 所示,这里三维空间 $\sigma-v-\alpha$ 被命名为三维平衡滑翔空间。为了满足路径约束,在特定的速度下,攻角和倾侧角被限制在了经过特定速度的剖面范围内。

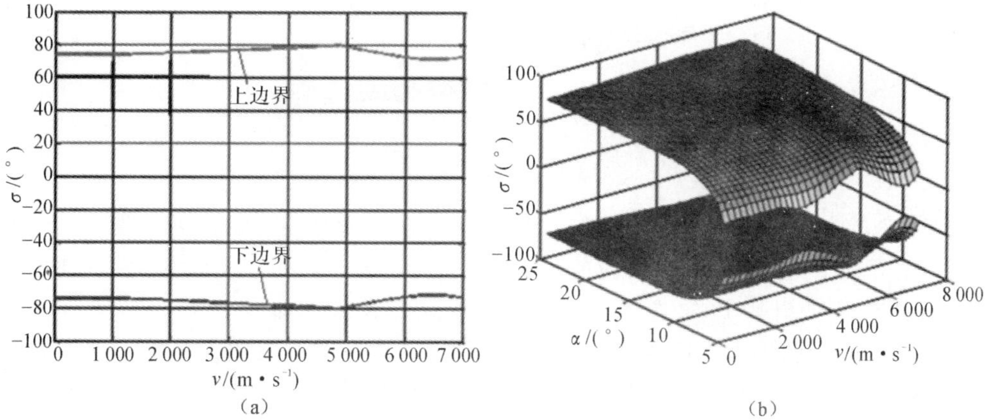

图 12.27　基于 $\sigma-v$ 剖面的再入边界

(a) 二维 $\sigma-v$ 剖面再入边界;(b) 三维平衡滑翔空间 $\sigma-v-\alpha$

从图 12.27(b) 可以看出,路径约束(热流、过载和动压)的施加使得控制变量(攻角、倾侧角)的可用空间收缩,从而将路径约束转化为了对控制变量的约束,在轨迹规划和制导律设计过程中有效地避开了直接考虑路径约束,大大降低了设计的复杂度。

4. 在线获取 $\sigma-v$ 再入边界

在获得三维平衡滑翔空间之后,可根据预先设计的攻角-速度剖面截取三维平衡滑翔空间,从而可以在线快速获得 $\sigma-v$ 二维再入边界,如图 12.28 所示。

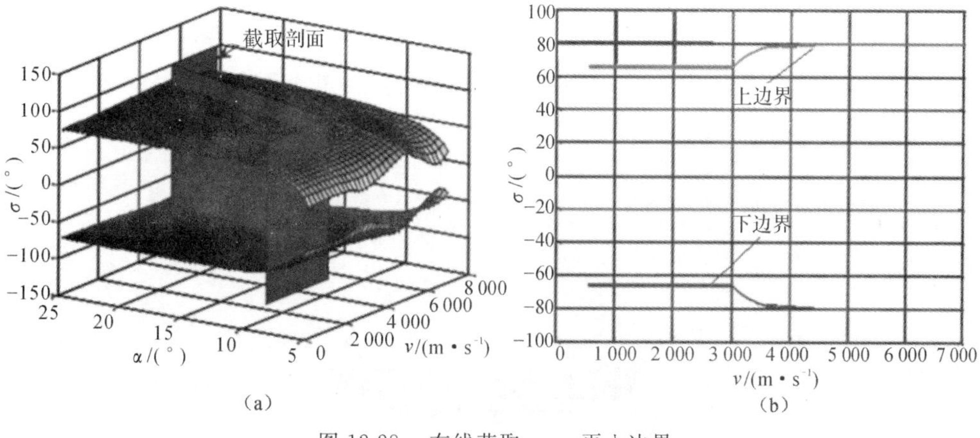

图 12.28　在线获取 $\sigma-v$ 再入边界

(a) 三维平衡滑翔空间和攻角截取剖面;(b) 获取的 $\sigma-v$ 再入边界

5. 不同升阻比三维再入走廊/平衡滑翔空间

对于中等升阻比的再入飞行器，如图 12.29 所示的 X-33 外形亚轨道再入飞行器，其对应的升阻比约为 0.9，攻角范围约为 $15^\circ \leqslant \alpha \leqslant 45^\circ$。

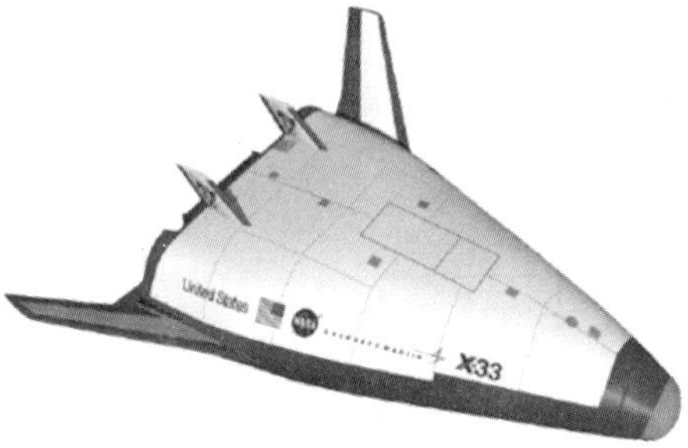

图 12.29　X-33 气动外形

采用类似的方法，可以得到其对应的三维再入走廊和三维平衡滑翔空间。图 12.30(a)(b) 所示分别为中等升阻比再入飞行器对应的三维再入走廊 $H-v-\alpha$ 和三维平衡滑翔空间 $\sigma-v-\alpha$。

对于具有较低升阻比的再入飞行器，如类似于载人探索飞行器(Crew Exploration Vehicle，CEV)外形的再入飞行器，如图 12.31 所示，其对应的升阻比为 0.28。采用类似的方法，可以得到其对应的三维再入走廊和三维平衡滑翔空间。图 12.32(a)(b)所示分别为低升阻比再入飞行器对应的三维再入走廊 $H-v-\alpha$ 和三维平衡滑翔空间 $\sigma-v-\alpha$。

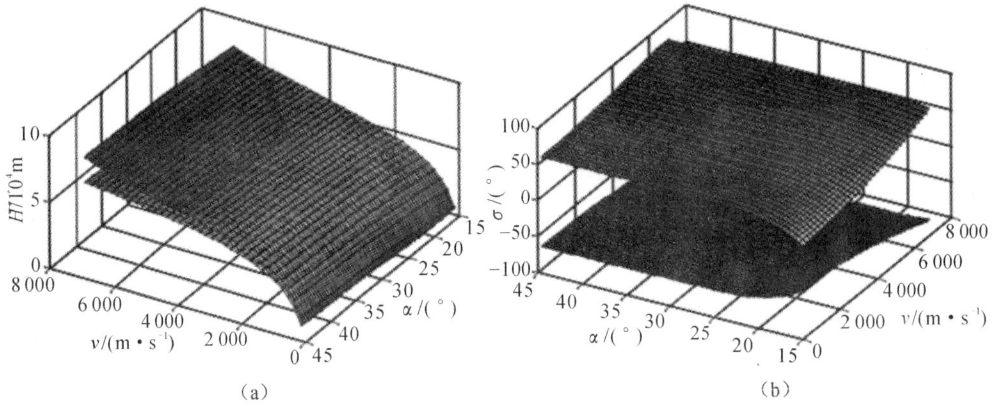

图 12.30　中等升阻比飞行器三维再入走廊和三维平衡滑翔空间

(a)三维再入走廊 $H-v-\alpha$；(b)三维平衡滑翔空间 $\sigma-v-\alpha$

图 12.31　CEV 气动外形

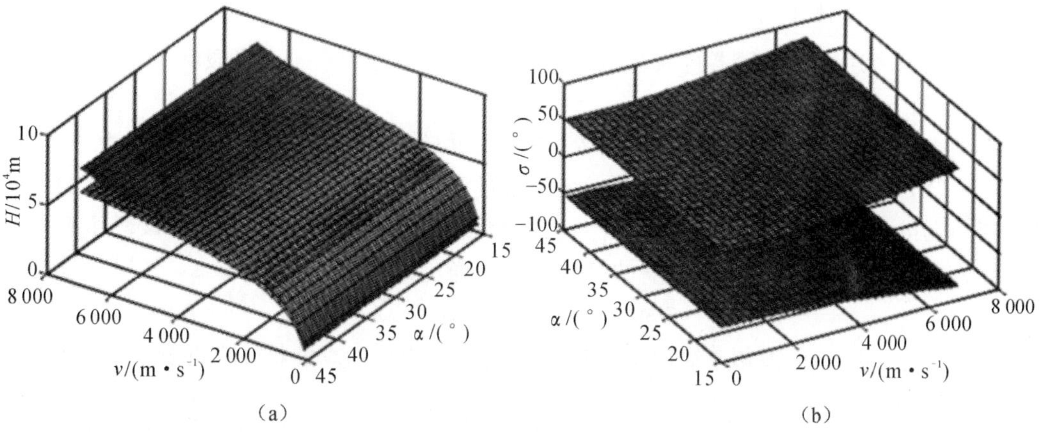

图 12.32　低升阻比飞行器三维再入走廊和三维平衡滑翔空间

(a)三维再入走廊 $H-v-\alpha$；(b)三维平衡滑翔空间 $\sigma-v-\alpha$

通过以上计算可以得出，即使是低升阻比再入飞行器，其依然存在三维平衡滑翔空间和三维再入走廊，但相对于高升阻比再入飞行器，低升阻比再入飞行器三维再入走廊和三维平衡滑翔空间对应的空间范围较窄。

6. 优势和应用分析

以上对三维再入走廊和三维平衡滑翔空间的概念进行了详细的描述，并给出了三种典型飞行器(高升阻比、中等升阻比和低升阻比)的三维再入走廊和三维平衡滑翔空间，验证了对不同升阻比飞行器三维平衡滑翔空间的普遍存在性。下面给出其具有的优势和潜在的应用。

(1)利用离线计算获得的三维再入走廊和三维平衡滑翔空间，结合插值算法，可以在线快速获得二维再入走廊，降低在线规划时间，提升轨迹在线生成和制导律在线设计的能力。

(2)一个长期困扰着再入制导的问题就是路径约束的处理。三维平衡滑翔空间的引入可以有效地将路径约束转化为对控制变量的约束，避免了处理复杂的路径约束，大大简化了轨迹设计和制导律设计的过程。

(3)常规的标准攻角-速度剖面设计法仅通过改变倾侧角来控制飞行轨迹，很难满足未来大机动再入飞行器的任务要求。三维平衡滑翔空间的提出使得同时控制倾侧角和攻角成为可能，提高了再入飞行器的机动能力。

(4)对于临近空间高超声速飞行器，在临近空间对目标完成拦截必然成为未来的任务需求。三维平衡滑翔空间可以将路径约束转化为对控制变量的约束，从而使得经典末制导律得以直接应用到临近空间的拦截任务中。

12.2.2.3　基于三维平衡滑翔空间的自适应制导律设计

对于再入飞行器制导律的设计，路径约束的处理一直比较困难。同时，极快的滑翔飞行速度对计算时间具有更高的要求，要求制导算法具有快速性。而且，对于高机动滑翔飞行器，要求制导算法可以实现对攻角和倾侧角的同时控制，以此来改变飞行轨迹。本节将再入制导分为开环初始下降段和平衡滑翔段，结合三维平衡滑翔空间概念，针对平衡滑翔段设计一种计算速度较快的自适应比例导引律(本质为解析预测-校正制导)，实现将路径约束转化为对控制变量的约束，并实现对攻角和倾侧角的同时调控，通过仿真验证制导律的自适应性和鲁棒性。

1. 再入导引律设计

根据高超声速再入飞行器再入弹道特点，将再入弹道分为初始下降段和平衡滑翔段。

(1)初始下降段制导。

高超声速滑翔飞行器从临近空间再入，再入高度较高，飞行器所受到的气动力很小，随着高度的下降，飞行器从稀薄大气层向稠密大气层过渡，高度快速下降，速度变化不大，将这段气动控制力弱的飞行阶段称为初始下降段。由于初始下降段的气动力小，所以该段主要采用开环制导方式，采用常值倾侧角 σ_0，σ_0 的符号由下式确定：

$$\operatorname{sign}(\sigma_0)=-\operatorname{sign}(\Delta\psi_0) \tag{12.64}$$

式中：$\Delta\psi_0=\psi_{\mathrm{LOS}_0}-\psi_0$ 为初始航向误差角，其中 ψ_{LOS_0} 为再入点到目标点的视线方位角，ψ_0 为再入点航向角。

倾侧角的大小 $|\sigma_0|$ 通过迭代求解，迭代准则是使初始下降段的纵向轨迹进入再入走廊并平滑地转换到平衡滑翔状态，即

$$\left|\frac{\mathrm{d}H}{\mathrm{d}v}-\left(\frac{\mathrm{d}H}{\mathrm{d}v}\right)_{\mathrm{EQ}}\right|<\delta \tag{12.65}$$

式中：H 为再入飞行器的高度；δ 为事先确定的小量。根据再入动力学方程并忽略地球旋转的影响，可以得到

$$\frac{\mathrm{d}H}{\mathrm{d}v}=\frac{v\sin\gamma}{-\dfrac{D}{m}-g\sin\gamma} \tag{12.66}$$

当前状态 (H,v) 所对应的平衡滑翔条件斜率为 $\left(\dfrac{\mathrm{d}H}{\mathrm{d}v}\right)_{\mathrm{EQ}}$，对于平衡滑翔情况，高度 H 是速度 v 的函数，因此对 H 求 v 的导数可以得到

$$\left[\left(\frac{\mathrm{d}H}{\mathrm{d}v}\right)_{\mathrm{EQ}}=\frac{vh_s\left[2m\cos\gamma+C_L\rho S_{\mathrm{ref}}(R_e+H)\cos\sigma\right]^2}{mg\cos\gamma\left[2mh_s\cos\gamma+C_L\rho S_{\mathrm{ref}}(R_e+H)^2\cos\sigma\right]}\right] \tag{12.67}$$

式中：$h_s=7.11$ km，为地球大气等效密度高度。图 12.33 为初始下降段开环制导逻辑图。

(2) 平衡滑翔段制导。

1) 速度控制。对于再入末端速度的预测，根据平衡滑翔条件可以得到由于大气阻力所引起的速度耗散

$$\frac{\mathrm{d}v_D}{\mathrm{d}t}=-\frac{D}{m}=-\frac{v_D^2S_{\mathrm{ref}}C_D}{2m}\rho_0\mathrm{e}^{\frac{-H}{h_s}} \tag{12.68}$$

式中：v_D 为由阻力耗散所引起的待预测速度。由此可以得到速度与高度的函数关系：

$$\frac{\mathrm{d}v_D}{v_D}=-\frac{C_DS_{\mathrm{ref}}\rho_0}{2m\sin\gamma}\mathrm{e}^{\frac{-H}{h_s}}\mathrm{d}H \tag{12.69}$$

式中：γ 为当前时刻飞行器的航迹角，C_D 为当前时刻的阻力系数，两者均实时更新。对上述方程积分可以得到仅考虑大气阻力所预测的末端速度

$$v_{D_f}=v_{\mathrm{now}}\mathrm{e}^{-h_s\frac{C_DS_{\mathrm{ref}}\rho_0}{2m\sin\gamma}\left(\mathrm{e}^{\frac{-H_f}{h_s}}-\mathrm{e}^{\frac{-H_{\mathrm{now}}}{h_s}}\right)} \tag{12.70}$$

式中：H_f 为末端高度约束；H_{now}，v_{now} 分别为当前时刻高度和速度。因此，可以得到由于大气阻力所引起的速度损失

$$\Delta v_{\mathrm{aero}}=v_{\mathrm{now}}-v_{D_f} \tag{12.71}$$

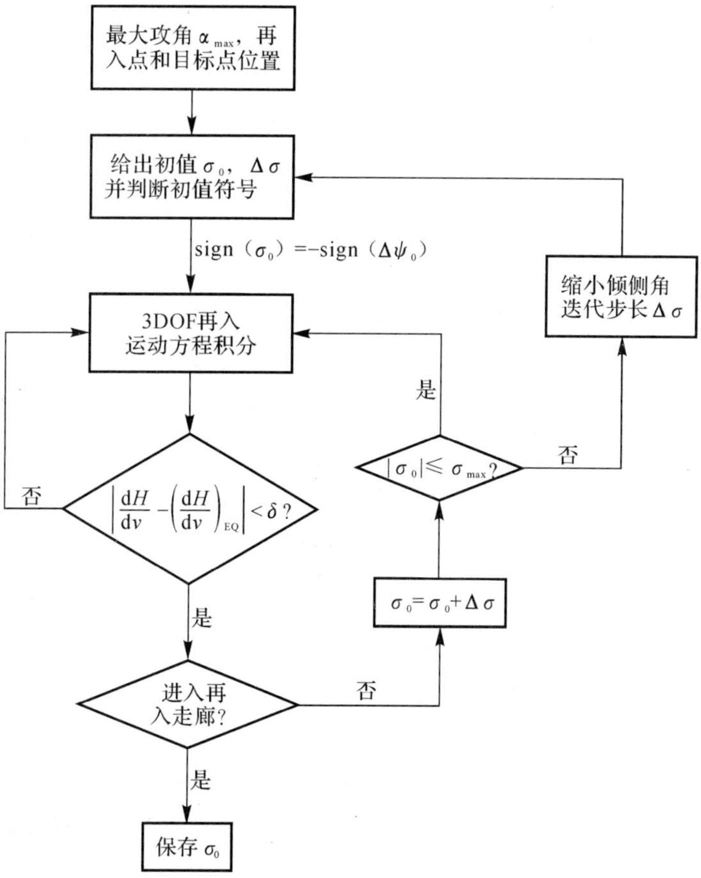

图 12.33　初始下降段开环制导逻辑

基于开普勒定律可以得到(惯性飞行所引起的速度变化) 对应的末端速度为

$$v_f=\sqrt{v_{now}^2+2\mu_M\left(\frac{1}{R_e+H_f}-\frac{1}{R_e+H_{now}}\right)}+\Delta v_{aero} \tag{12.72}$$

通过改变倾侧角幅值大小，再入飞行器的末端速度可以得到有效地控制，即增大倾侧角的幅值，再入飞行器的轨迹高度将降低，从而进入稠密大气区域，降低末端速度；相反，如果减小倾侧角幅值则可以抬高再入轨迹，进入稀薄大气区域而增大末端速度。因此，对应的末端速度控制律为

$$\Delta\sigma_v=k_v\,\mathrm{sign}(v_{f\mathrm{pre}}-v_f^r) \tag{12.73}$$

式中：k_v 为速度反馈控制参数；$v_{f\mathrm{pre}}$ 为末端预测速度；v_f^r 为末端速度约束。

2）侧向制导逻辑。再入飞行器当前位置相对于目标点(θ_T，φ_T) 的视线方位角满足

$$\tan\psi_{LOS}=\frac{\sin(\theta_T-\theta)}{\cos\varphi\tan\varphi_T-\sin\varphi\cos(\theta_T-\theta)} \tag{12.74}$$

航向误差角为

$$\Delta\psi=\psi_{LOS}-\psi \tag{12.75}$$

式中：ψ_{LOS} 为当前视线方位角，相应的角度关系如图 12.34 所示。

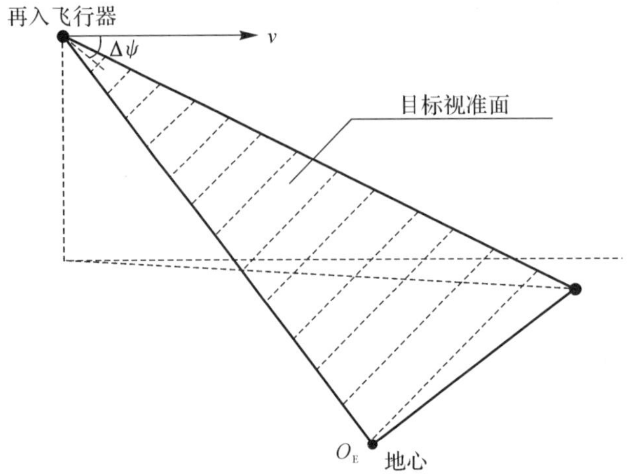

图 12.34　航向误差角示意图

航向误差角的控制律为

$$\sigma_{\psi}=k_{\psi}\left|\Delta\psi\right| \tag{12.76}$$

式中：k_{ψ} 为航向误差角反馈控制参数。结合速度反馈控制可以得到

$$\sigma_{\mathrm{r}}=\sigma_{\psi}+\Delta\sigma_{v} \tag{12.77}$$

式中：σ_{r} 为需求倾侧角。

在设计三维平衡滑翔空间时，考虑的是最大约束情况下所得到的平衡滑翔空间，如果取最大的边界值，那么对应的路径约束将会接近最大约束值，在受到强扰动的作用下会轻易超越边界约束，制导律的鲁棒性较差，并且威胁飞行安全。因此，为了保证飞行器的安全飞行，提高制导律的鲁棒性，这里引入空间裕度，即在三维平衡滑翔空间的基础上设计一定的空间冗余，如图 12.35 所示，上下两外曲面为满足约束对应的最大边界，中间两内曲面为考虑空间裕度后的可用空间，外曲面和内曲面所夹的空间称为空间裕度，其中 $\Delta\sigma_{\mathrm{s}}$ 为对应的倾侧角裕度，可以得到考虑空间裕度后倾侧角最大的可用值为

$$\sigma_{\mathrm{r\_max}}=\sigma_{\max}-\Delta\sigma_{s} \tag{12.78}$$

式中：$\sigma_{r\_\max}$ 为最大可用倾侧角。

对于模型气动参数精度较低情况（如试飞的新型再入飞行器），应合理地放大空间裕度，提高制导律鲁棒性能，保证在扰动较大情况下再入过程不违背路径约束，保护飞行器免于受损；对于气动参数精度较高的模型（多次飞行的成熟型号飞行器），可以适当地缩小空间裕度，增大飞行器的机动性能，这是常规制导律所不具有的性能。

倾侧角反转逻辑为：当航向误差角位于预先设计的误差走廊边界内时，倾侧角的符号保持不变；当航向误差角超出预先设计的误差走廊上边界时，倾侧角的符号应为负值，此时如果倾侧角的数值为正，则要发生一次反转，如果为负值则依然保持为负；反之，如果航向误差角超出误差走廊的下边界，对应的反转逻辑与超越上边界相反。其对应的数学逻辑表达式为

$$\operatorname{sign}\left[\sigma^{i}(v)\right]=\begin{cases}-1, & \Delta\psi\geqslant\Delta\psi_{\mathrm{thr}}(v)\\ 1, & \Delta\psi\leqslant-\Delta\psi_{\mathrm{thr}}(v)\\ \operatorname{sign}\left[\sigma^{i-1}(v)\right], & -\Delta\psi_{\mathrm{thr}}(v)\leqslant\Delta\psi\leqslant\Delta\psi_{\mathrm{thr}}(v)\end{cases} \tag{12.79}$$

式中：$\mathrm{sign}[\sigma^{i-1}(v)]$ 表示前一个制导周期所对应的倾侧角的符号；$\Delta\psi_{\mathrm{thr}}(v)$ 为航向误差角对应的边界值，其一般情况下为速度的分段线性函数，即

$$
\Delta\psi_{\mathrm{thr}}(v)=\begin{cases}\Delta\psi_1, & v>v_{\mathrm{th1}}\\ \Delta\psi_2, & v_{\mathrm{th2}}\leqslant v\leqslant v_{\mathrm{th1}}\\ \Delta\psi_2+\dfrac{\Delta\psi_2-\Delta\psi_3}{v_{\mathrm{th2}}-v_{\mathrm{th3}}}(v-v_{\mathrm{th2}}), & v\leqslant v_{\mathrm{th2}}\end{cases} \tag{12.80}
$$

式中：$\Delta\psi_1,\Delta\psi_2,\Delta\psi_3$ 为表示误差走廊宽度的三个参数；$v_{\mathrm{th1}},v_{\mathrm{th2}},v_{\mathrm{th3}}$ 为对应的分段点的速度，不同飞行器需要进行反复的调整或优化从而满足再入终端位置约束要求。图 12.36 所示为本章所采用的航向误差角走廊。

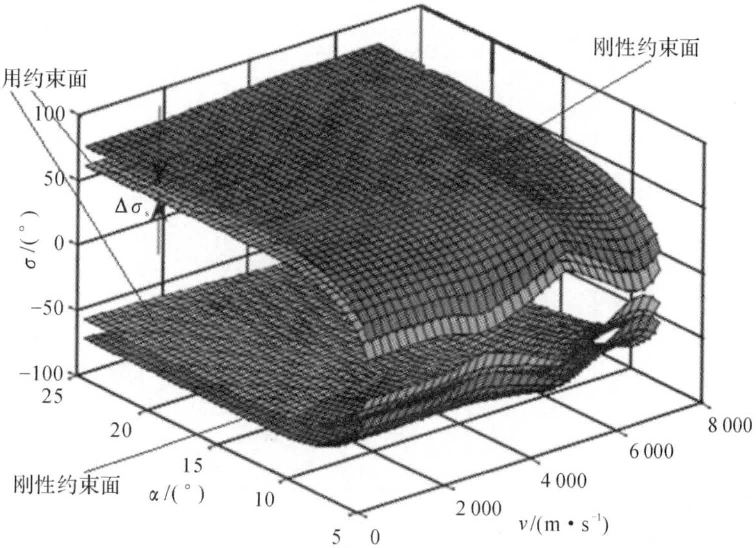

图 12.35　考虑空间裕度的三维平衡滑翔空间

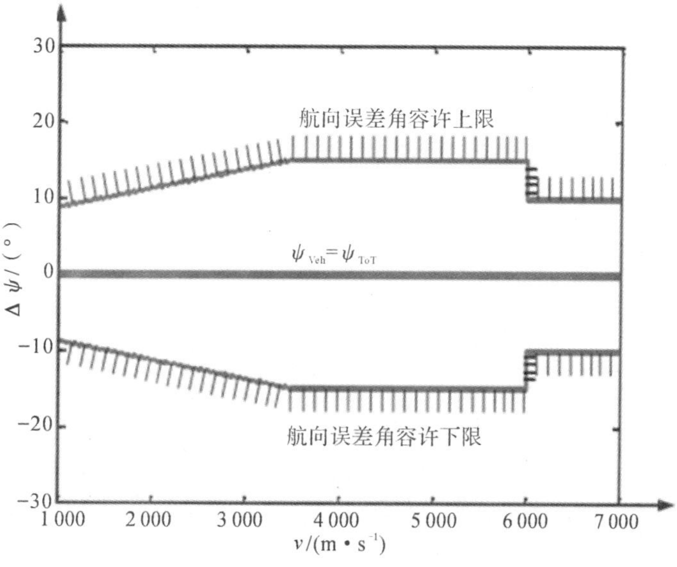

图 12.36　航向误差角走廊

3）纵向比例导引律。根据经典比例导引律，可以得到

$$\dot{\gamma}=k\frac{\mathrm{d}q}{\mathrm{d}t} \tag{12.81}$$

$$\frac{\mathrm{d}q}{\mathrm{d}t}=\sin(q-\gamma)v/r_{\mathrm{rel}} \tag{12.82}$$

$$\dot{\gamma}=k\sin(q-\gamma)v/r_{\mathrm{rel}} \tag{12.83}$$

式中：q 为目标视线角；r_{rel} 为再入飞行器与目标点相对距离。图 12.37 所示为其对应的角度关系，以及从极坐标系到笛卡儿坐标系的比例导引律转换。

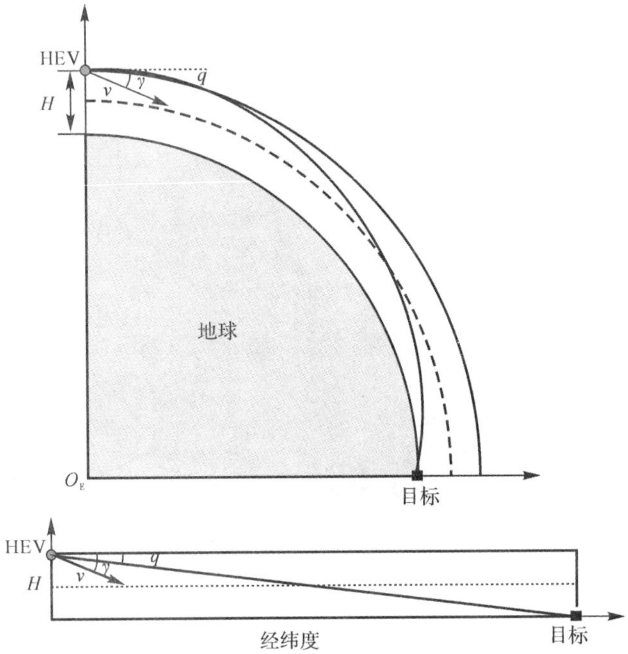

图 12.37　比例导引律从极坐标系到笛卡儿坐标系的转化

根据再入动力学方程，并忽略地球旋转影响，可以得到

$$\dot{\gamma}=\frac{C_L\rho vS_{\mathrm{ref}}}{2m}\cos\sigma-\frac{g\cos\gamma}{v}+\frac{v\cos\gamma}{r} \tag{12.84}$$

结合方程式(12.83)、式(12.84)可以得到

$$k\sin(q-\gamma)v/r_{\mathrm{rel}}=\frac{C_L\rho vS_{\mathrm{ref}}}{2m}\cos\sigma-\frac{g\cos\gamma}{v}+\frac{v\cos\gamma}{r} \tag{12.85}$$

解出需求的升力系数

$$(C_L)_{\mathrm{need}}=2m\frac{k\sin(q-\gamma)v/r_{\mathrm{rel}}+\dfrac{g\cos\gamma}{v}-\dfrac{v\cos\gamma}{r}}{\rho vS_{\mathrm{ref}}\cos\sigma} \tag{12.86}$$

采用反插值方法，可以得到需求的攻角

$$\alpha_{\mathrm{need}}=2m\frac{k\sin(q-\gamma)v/r_{\mathrm{rel}}+\dfrac{g\cos\gamma}{v}-\dfrac{v\cos\gamma}{r}}{\rho vS_{\mathrm{ref}}\cos\sigma C_L^{\alpha}} \tag{12.87}$$

图 12.38 为平衡滑翔段基于三维平衡滑翔空间的再入制导逻辑流程图，具体步骤如下：

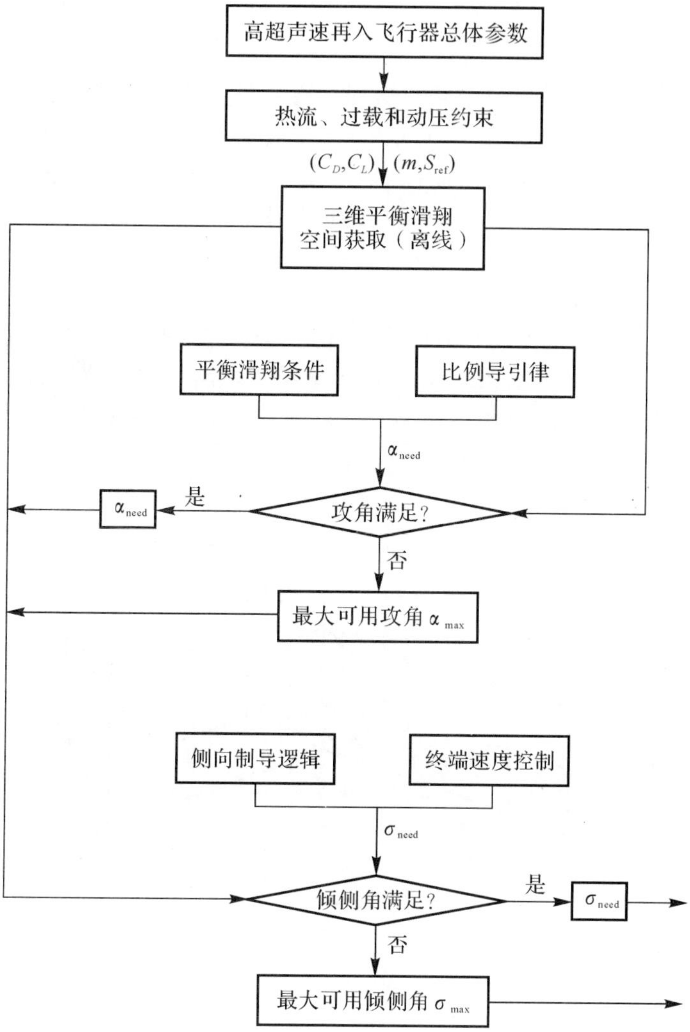

图 12.38　基于三维平衡滑翔空间的再入制导逻辑

步骤 1：根据高超声速再入飞行器的总体参数得到路径约束（热流、过载和动压）。

步骤 2：根据升力阻力系数 (C_D, C_L)，质量和参考面积 (m, S_{ref})，路径约束（热流、过载和动压）和可用攻角范围，离线计算三维平衡滑翔空间。

步骤 3：根据设计的比例导引律得到需求的 α_{need}，并和三维平衡滑翔空间边界曲面所允许的攻角范围对比。

步骤 4：若需求攻角 $\alpha_{need} < \alpha_{max}$，则攻角为 α_{need}，否则攻角为 α_{max}。

步骤 5：由侧向制导逻辑和速度控制律得到需求 σ_{need}，并和当前攻角对应的三维平衡滑翔空间边界曲面所允许的倾侧角范围对比。

步骤 6：若需求倾侧角 $\sigma_{need} < \sigma_{max}$，则倾侧角为 σ_{need}，否则倾侧角为 σ_{max}。

该制导律可以充分利用比例导引律末端高精度的特性，并且避免了再入制导和末制导的切换，实现了再入制导和末端制导一体化设计，降低了制导律的设计复杂度。

2. 再入制导仿真分析

仿真对象依然采用CAV作为高超声速再入滑翔飞行器模型，质量为 $m=907$ kg，参考面积 $S_{ref}=0.35\ m^2$。飞行器路径约束为 $\dot{Q}_{max}=1\ 000\ kW/m^2$，$q_{max}=500$ kPa，$n_{max}=4$；末端高度速度约束分别为 $H=20\pm2$ km，$v=1\ 500\pm40$ m/s；末端位置误差约束为 $S_{err}=10$ km；倾侧角取值范围为 $-80°\leqslant\sigma\leqslant80°$，攻角取值范围为 $5°\leqslant\alpha\leqslant25°$。仿真的初始条件为：$H_0=70$ km，$v_0=6\ 500$ m/s，$\gamma_0=0°$。对再入制导律性能的验证主要是通过仿真来完成，这里进行的性能仿真验证有：多再入点自适应性能验证和鲁棒性能仿真（即再入点初始轨迹参数扰动分析和总体参数扰动分析）。

(1)自适应性能仿真分析。

为了验证制导律对多再入点的自适应能力，仿真选择了不同的再入点位置作为不同的工况进行仿真，目标点经纬度为(80°,0°)，再入点所选择的初始经纬度分别为(0°,0°)，(0°,10°)，(0°,−10°)，(0°,20°)，(0°,−20°)，(0°,30°)，(0°,−30°)，(0°,40°)，(0°,−40°)，(0°,50°)，(0°,−50°)。图 12.39～图 12.46 所示为多再入点制导律仿真结果。

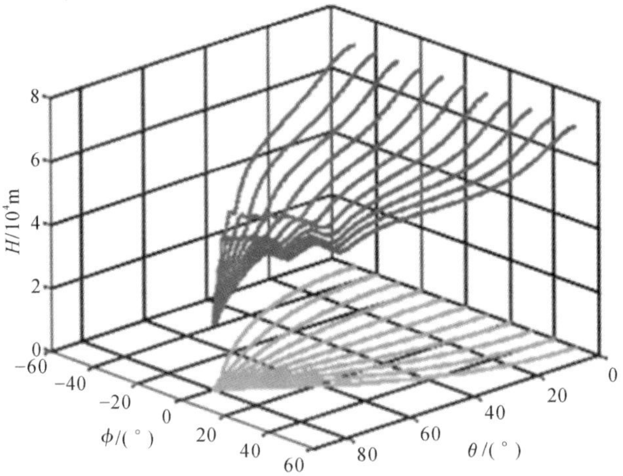

图 12.39　多再入点三维再入轨迹

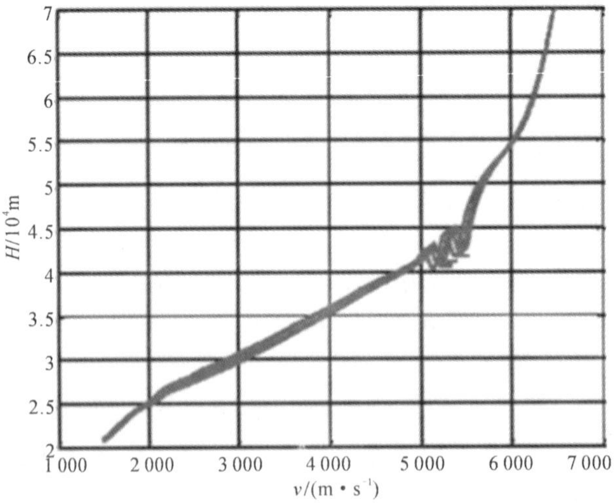

图 12.40　多再入点高度 H 随速度的变化

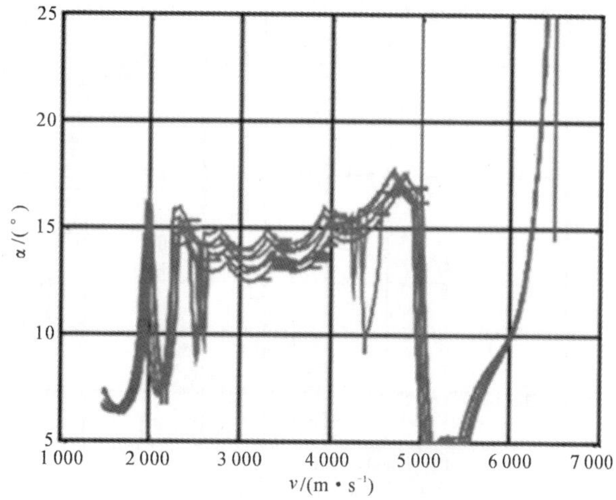

图 12.41　多再入点攻角 α 随速度的变化

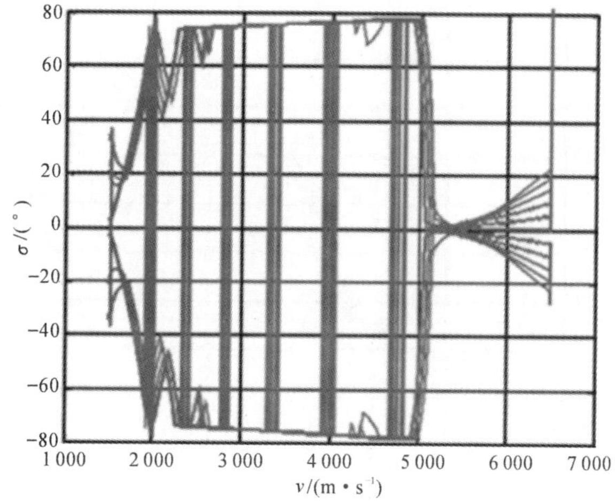

图 12.42　多再入点倾侧角 σ 随速度的变化

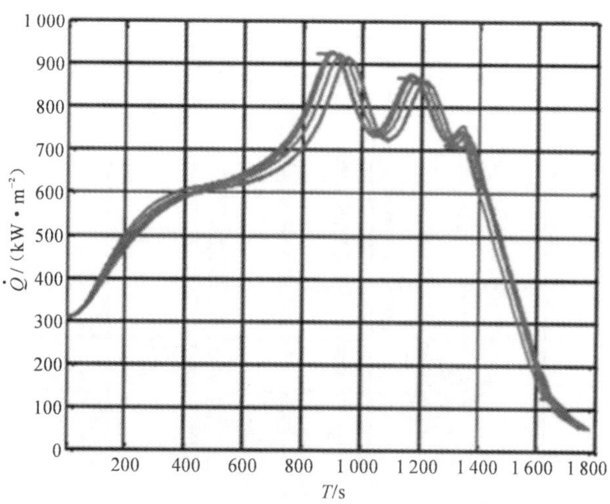

图 12.43　多再入点热流率 $\dot{Q}$ 随时间的变化

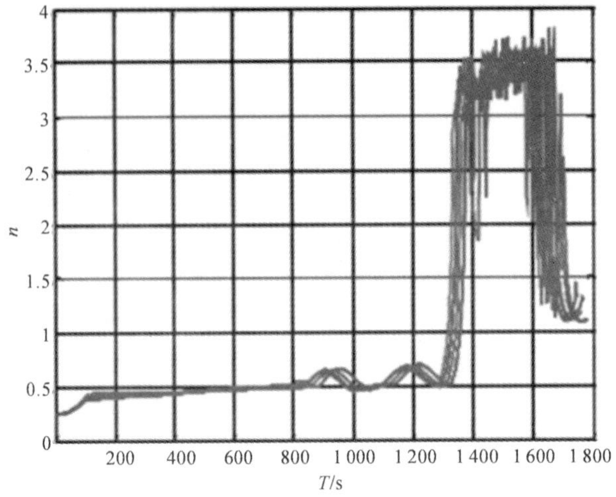

图 12.44　多再入点过载 n 随时间的变化

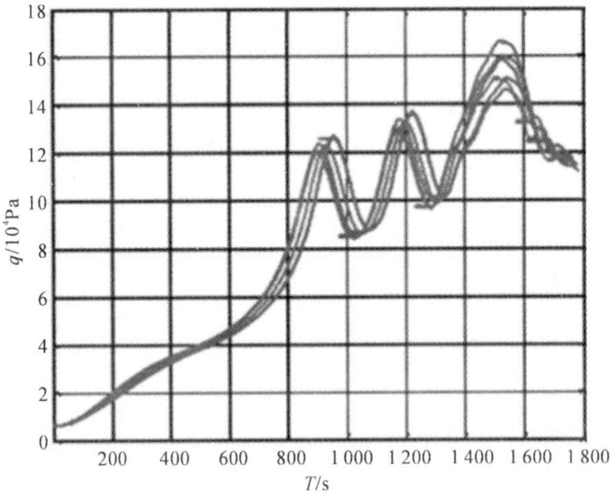

图 12.45　多再入点动压 q 随时间的变化

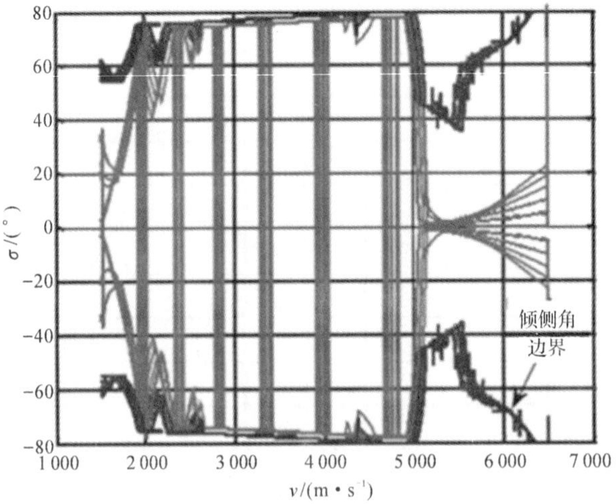

图 12.46　三维平衡滑翔空间对应倾侧角 σ 边界

通过对图 12.39～图 12.46 分析可以得出，该制导律可以在满足约束的情况下，将高超声速再入飞行器精确地导引到指定目标(末端精度小于 2 km)。通过进一步对图 12.39 和图 12.40 分析可以得出，在再入轨迹的初期，轨迹存在两次较小范围的跳跃，之后以较为平滑的轨迹飞行。通过对图 12.41 和图 12.42 分析得出，在整个再入过程，倾侧角共反转六次，攻角在一定的范围内较为平缓地变化。由图 12.46 可以得出，再入过程中，在给定攻角的情况下，对应的倾侧角在三维平衡滑翔空间对应的边界范围之内，且再入轨迹满足路径约束，验证了三维平衡滑翔空间对路径约束转化的有效性，即结合三维平衡滑翔空间设计的制导律无须判断是否违背路径约束。通过以上仿真结果可以得出，在满足路径约束、目标终端约束的情况下，再入飞行器对不同的初始再入点具有较强的自适应能力。

(2)鲁棒性能仿真分析。

1)再入点轨迹参数扰动性能仿真。在仿真中加入初始再入点参数扰动，给定的初始参数扰动范围为：$H_0 \in (-600\ \mathrm{m}, 600\ \mathrm{m})$，$\gamma_0 \in (-0.2°, 0.2°)$，$v_0 \in (-40\ \mathrm{m/s}, 40\ \mathrm{m/s})$。初始再入点轨迹参数扰动仿真结果如表 12.9 所示。

表 12.9　初始再入点轨迹参数扰动仿真结果

初始扰动	S_{err}/km	H/km	v/(m·s^{-1})	$\dot{Q}_{max}$/(kW·m^{-2})	n_{max}	q_{max}/kPa
H_0+600 m	2.85	21.28	1 503.53	942.43	3.78	168.43
H_0−600 m	4.35	20.42	1 504.12	912.35	3.42	147.86
γ_0+0.2°	0.12	21.51	1 495.02	931.92	3.38	152.21
γ_0−0.2°	1.54	21.11	1 502.64	913.35	3.74	165.66
v_0+40 m/s	2.67	20.91	1 504.12	948.32	3.78	168.71
v_0−40 m/s	2.54	20.62	1 495.91	907.52	3.31	143.48

通过对表 12.9 分析可以得出，在存在初始扰动的情况下，再入制导律可以较好地满足路径约束和末端约束。因此，该制导律具有较强的抗初始参数扰动能力。

2)总体参数偏差分析。在仿真中加入总体参数偏差，设置总体参数偏差为：大气密度 ρ 偏差(±25%)，质量 m 偏差(±5%)，升力系数 C_L 偏差(±10%)，阻力系数 C_D 偏差(±10%)。

为了验证制导方法在总体参数偏差下的鲁棒性能，进行蒙特卡洛打靶仿真，在再入制导律的每一个制导周期随机加入偏差。为了保证飞行器的飞行安全且具有一定的鲁棒性，仿真中引入了空间裕度。扰动情况下，合理地放大空间裕度，可以提高制导律的鲁棒性。图 12.47(a)(b)所示分别为 1 000 次蒙特卡洛模拟打靶对应的终端位置偏差和终端 $H-v$ 偏差。通过对仿真结果分析得出，终端位置偏差绝大多数位于 5 km 范围以内，所对应的 50%圆概率偏差(CEP)小于 2.5 km，终端速度偏差小于 35 m/s，终端高度偏差小于 2 000 m，可以得出制导律在加入强参数扰动情况下依然具有较高的末端精度。因此，本章设计的基于三维平衡滑翔空间的自适应比例制导律具有较强的鲁棒性能。

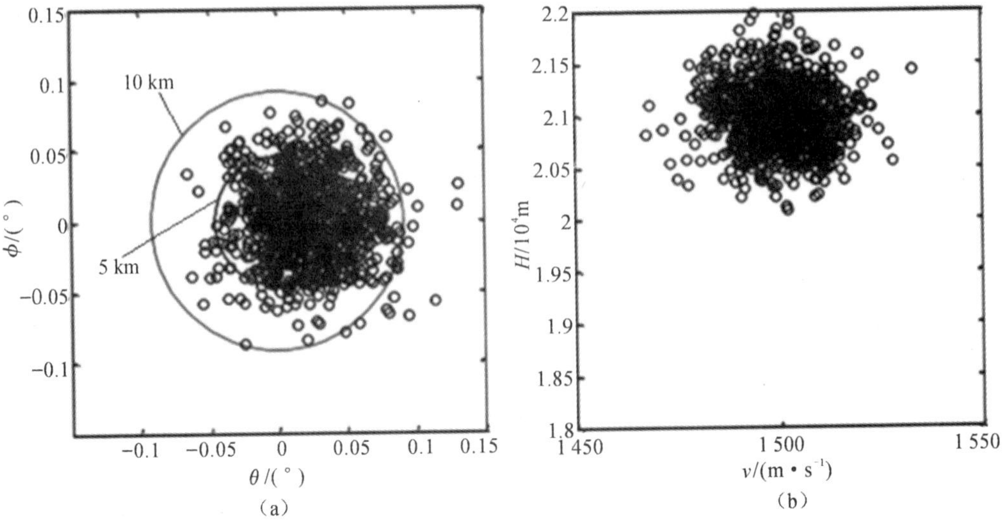

图 12.47　蒙特卡洛 1 000 次打靶终端偏差

(a)位置偏差;(b)$H-v$ 偏差

通过分析可以得出,基于三维平衡滑翔空间的自适应比例导引法相对于传统的再入制导方法主要有以下五个优点:①不依赖于给定的标准轨迹,无须调整制导参数,能够自动适应飞行环境和制导任务的变化,灵活性较大。②制导算法生成的再入轨迹较为平滑,除了弹道末段略有曲率外,其大部分飞行弹道比较平滑。③借助三维平衡滑翔空间实现了将路径约束转化为攻角和倾侧角的约束,降低了制导律的设计难度。④通过引入空间裕度,保证在较大扰动情况下再入过程不违背路径约束,实现了制导律机动性能和鲁棒性能的兼顾,这是常规制导律所不具备的性能。⑤该方法整个制导律的设计过程均采用解析表达式,计算量小,易于在线实现。

参考文献

[1] 李怡勇,李智,沈怀荣. 临近空间飞行器发展与应用分析. 装备指挥技术学院学报,2008,19(2):61-65.

[2] 周伟,胡惠军,闫丽涛. 战略导弹武器的发展特点及规律. 装备指挥技术学院学报,2009,20(3):39-42.

[3] 景晓龙,张建伟,黄树彩. 临近空间发展现状与关键技术研究. 航天制造技术,2011,4(2):17-21.

[4] WOOLF A F. Conventional Prompt Global Strike and Long-Range Ballistic Missiles: Background and Issues. Washington D. C.: Congressional Research Service Report,2013.

[5] 周黎妮,朱启超,邓斌,等. 美国快速全球打击计划的最新进展. 国防科技,2012,33(2):78-82.

[6] 王振国. 可重复使用运载器的研究进展. 长沙:国防科技大学出版社,2004.

[7] FOUST J，SMITH P. Small Launch Vehicle Services：Supply and Demand Through 2010//Space 2004 Conference and Exhibit. AIAA 2004 - 6000.
[8] 秦之瑾，张宗美. 俄罗斯的白杨-M 洲际弹道导弹. 导弹与航天运载技术. 2001(1)：55 - 62.
[9] ANDERSON D. Modern Compressible Flow. 3rd ed. New York：McGraw - Hill，2002.
[10] 刘秉正，彭建华. 非线性动力学. 北京：高等教育出版社，2004
[11] REHMAN O U，FIDAN B，PETERSEN I. Uncertainty Modeling for Robust Multivariable Control Synthesis of Hypersonic Flight Vehicles//16th AIAA/DLR/DGLR International Space Planes and Hypersonic Systems and Technologies Conference. AIAA 2009 - 7288.
[12] WEAVER A B，ALEXEENKO A A，GREENDYKE R B. Flow field Uncertainty Analysis for Hypersonic CFD Simulations//48th AIAA Aerospace Sciences Meeting Including the New Horizons Forum and Aerospace Exposition. AIAA 2010 - 1180.

第 13 章　大气飞行姿态动力学问题经典案例分析

13.1　空天飞行器轨道弹道姿态一体化优化设计案例分析

空天飞行器是航空航天飞行器的简称，是航空技术与航天技术高度结合的飞行器。在现代空天飞行器的飞行任务中，越来越多地涉及大气层内外的穿梭，因此弹道/轨道/姿态一体化设计的需求也越来越凸显。弹道/轨道/姿态一体化设计具有精度高、易于优化的优点，同时也能从宏观角度整体、全面地描述和设计空天飞行器的整个任务轨迹。目前，针对弹道/轨道/姿态一体化设计的研究主要是集中在任务一体化和参数一体化上：任务一体化的设计方法是根据飞行器的飞行任务将飞行轨迹分为弹道段和轨道段分别建模设计，然后将设计结果按照任务要求进行拼接，最终得到完整的弹道/轨道/姿态设计结果；而参数一体化的设计方法是将轨道六要素用弹道及姿态的相关参数来表示，从而统一整个弹道段和轨道段参数，将飞行器整体轨迹设计转化为弹道/姿态参数的设计。然而上述方法存在的主要问题是没有建立统一的空天飞行器动力学模型，因此不能真实准确地描述空天飞行器的受力和运动情况。同时弹道方程较为复杂，参数数量多，不易于优化。

由于弹道是飞行器在大气层内飞行时质心的运动轨迹，而轨道则是飞行器运动在外层空间中质心的运动轨迹，因此两者虽然都是表征飞行器运动轨迹的特征曲线，但是有着区别较大的飞行环境，以及不同的动力学特性。为此，针对大气层内和大气层外力学环境不同，难以统一动力学建模的问题，罗亚中等采用将轨迹拆分再拼接的建模方法，将整个任务轨迹拆分为弹道段和轨道段来分别求解，最后将所得结果拼接获得整个空天飞行器的轨迹解。该方法的特点是利用拆分再拼接的方法将任务轨迹拆分为弹道段和轨道段，使得原本变量耦合的复杂问题变成了采用两种算法以一定的时间顺序分别求解的两个相对简单问题，所建立的算法和模型具有较广泛的适应性。但是由于这种简单的拆分拼接所反映的是一种单一任务过程，针对多次重复往返大气层的任务该方法将难以反映真实情况，同时这种建模方法在弹道和轨道的转换段精度较低，并且由于这种方法要进行弹道和轨道的联合设计，所以如果有一方设计结果不理想，将会影响到另一方的设计结果和精度。另外，这种分段设计再拼接的方法也难以进行轨道的优化设计。

针对上述方法优化难以进行的问题，张为华等提出了一种弹/轨参数一体化建模和优化方法。该方法利用弹道参数和轨道参数之间的转化关系来统一处理任务轨迹，利用弹道的参数来表示轨道根数，从而实现了将整个过程转化为对弹道发射参数以及控制的优化。该方法实现了弹道/轨道的参数一体化，从而使得对任务轨迹的整体优化问题转化为对发射初始参数和控制律的优化问题，得到了满足任务需求的优化结果。然而，这种方法依然没有摆脱将任务轨迹分解为弹道和轨道简单叠加的建模方法，将一个实际上存在较强的耦合问题人为地线性化，一个实际上较为复杂的任务进程顺序化、简单化，从而导致无论是建模的精度还是优化的程度都存在着明显的不足。

由此可见，目前针对空天飞行器轨道设计所采用的方法主要是将飞行器的任务轨迹拆分为弹道段和轨道段，对弹道段和轨道段分别进行设计，再拼接产生空天飞行器轨道设计结果。这种方法计算效率较低，并且不利于后续的优化设计。为此针对空天飞行器的弹道/轨道/姿态一体化建模以及整体优化设计的问题亟待解决。为此本章首先提出采用轨道方程统一描述弹道/轨道/姿态的空天飞行器弹道/轨道/姿态一体化建模思想，即将除引力之外的合力都视为摄动力，并写入轨道摄动方程中的摄动力项中，从而建立弹道/轨道/姿态一体化动力学模型。然后在此基础上，提出基于轨道设计反方法的弹道/轨道/姿态一体化设计方法。该方法为空天飞行器的轨道设计开辟了新的思路。

13.1.1　弹道/轨道一体化设计建模

13.1.1.1　极坐标下的飞行器动力学建模

假设飞行器处于二体引力场中，即飞行器只受中心天体地球引力的影响，且中心天体地球对飞行器的引力指向地心，引力大小与飞行器到地心距离的二次方成反比，飞行器所受的其他力全部作为摄动力来表述。建立以地心为极点，从地心出发沿着赤道向某方向的射线作为极轴的二维极坐标下的轨道摄动方程为

$$\frac{\mathrm{d}^2 \boldsymbol{r}}{\mathrm{d}t^2}m = -\frac{\mu}{r^3}\boldsymbol{r}m + \boldsymbol{f} \tag{13.1}$$

式中：$\boldsymbol{r}$ 为飞行器的位置矢量；$r = \|\boldsymbol{r}\|$ 为飞行器位置矢量的模，表示飞行器到坐标原点即地心的距离；m 为飞行器的质量；$\boldsymbol{f}$ 表示除了引力之外飞行器所受的其他力的合力。

图 13.1 为极坐标下的飞行器受力图，O 表示中心天体，A 表示飞行器的质心，极角 θ 和距离 r 为两个自变量，表征飞行器的位置，$\boldsymbol{v}$ 为飞行器的速度。令 $\boldsymbol{R}$ 为飞行器径向单位矢量，$\boldsymbol{\theta}$ 为法向单位矢量，γ 为 $\boldsymbol{v}$ 与 $\boldsymbol{\theta}$ 的夹角。

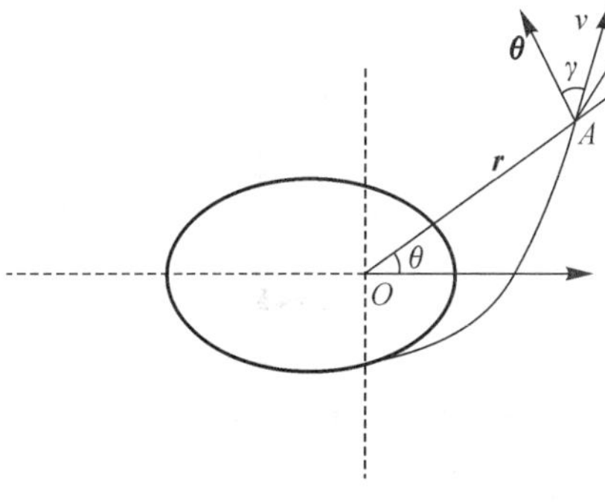

图 13.1　极坐标下的飞行器受力

由 $\boldsymbol{r} = r\boldsymbol{R}$，有

$$\frac{\mathrm{d}\boldsymbol{r}}{\mathrm{d}t}=\frac{\mathrm{d}r}{\mathrm{d}t}\boldsymbol{R}+r\frac{\mathrm{d}\boldsymbol{R}}{\mathrm{d}t}=\dot{r}\boldsymbol{R}+\boldsymbol{\omega}\times\boldsymbol{R}=\dot{r}\boldsymbol{R}+r\dot{\theta}\boldsymbol{\theta} \tag{13.2}$$

式中：$\dot{r}$ 表示 $\boldsymbol{r}$ 的模对时间的一阶导数；$\boldsymbol{\omega}$ 为 $\boldsymbol{r}$ 绕 O 转动的角速度矢量。由式(13.2)得 $\boldsymbol{r}$ 对时间的二阶导数为

$$\frac{\mathrm{d}^2\boldsymbol{r}}{\mathrm{d}t^2}=\frac{\mathrm{d}}{\mathrm{d}t}(\dot{r}\boldsymbol{R}+r\dot{\theta}\boldsymbol{\theta})=\ddot{r}\boldsymbol{R}+\dot{r}\dot{\theta}\boldsymbol{\theta}+(r\ddot{\theta}+\dot{r}\dot{\theta})\boldsymbol{\theta}-r\dot{\theta}^2\boldsymbol{R}=(\ddot{r}-r\dot{\theta}^2)\boldsymbol{R}+(2\dot{r}\dot{\theta}+r\ddot{\theta})\boldsymbol{\theta} \tag{13.3}$$

将式(13.3)代入式(13.1)，有

$$(\ddot{r}-\boldsymbol{r}\dot{\theta}^2)\boldsymbol{r}+(2\dot{r}\dot{\theta}+r\ddot{\theta})\boldsymbol{\theta}=-\frac{\mu}{r^3}\boldsymbol{r}+\frac{\boldsymbol{f}}{m} \tag{13.4}$$

将式(13.4)沿径向和法向展开，有

$$\left.\begin{aligned}\ddot{r}-r\dot{\theta}^2+\frac{\mu}{r^2}&=\frac{f_r}{m}\\2\dot{r}\dot{\theta}+r\ddot{\theta}&=\frac{f_\theta}{m}\end{aligned}\right\} \tag{13.5}$$

式中：f_r 和 f_θ 分别为除引力外其他作用力在径向和法向的投影。

飞行器除引力之外的其他受力如图13.2所示，A 点表示飞行器的质心，两条虚线表示 $\boldsymbol{\theta}$ 和 $\boldsymbol{R}$ 的单位矢量方向，L 是飞行器所受的升力，D 是飞行器所受的空气阻力，F 为飞行器的推力，假设发动机没有安装偏差角，则迎角 α 即为推力方向与 $\boldsymbol{v}$ 之间的夹角。

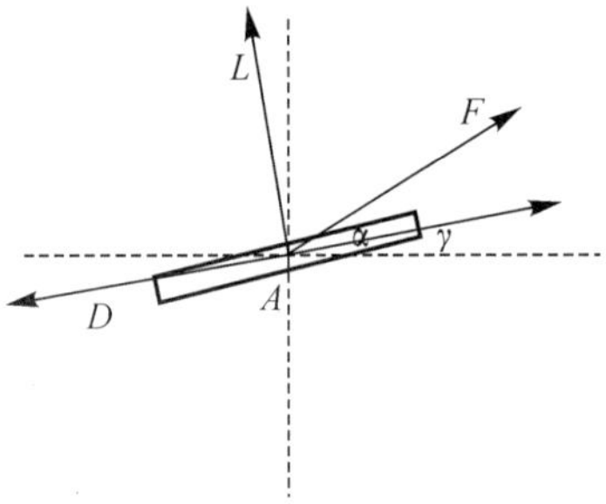

图13.2　飞行器所受除引力之外的其他力

将除引力之外的气动力和推力代入式(13.5)，有

$$\left.\begin{aligned}\ddot{r}-r\dot{\theta}^2+\frac{\mu}{r^2}&=\frac{1}{m}(L\cos\gamma-D\sin\gamma+F\sin\alpha)\\2\dot{r}\dot{\theta}+r\ddot{\theta}&=\frac{1}{m}(F\cos\alpha-D\cos\gamma-L\sin\gamma)\end{aligned}\right\} \tag{13.6}$$

根据 γ 角的定义，有

$$\sin\gamma=\frac{\boldsymbol{v}\cdot\boldsymbol{r}}{\|\boldsymbol{v}\|\cdot\|\boldsymbol{r}\|} \tag{13.7}$$

而位置矢量的极坐标形式为 $\boldsymbol{r}=(r\cos\theta,r\sin\theta)$，则有

$$\boldsymbol{v}=\frac{\mathrm{d}\boldsymbol{r}}{\mathrm{d}t}=\frac{\mathrm{d}}{\mathrm{d}t}(r\cos\theta,r\sin\theta)=(\dot{r}\cos\theta-r\dot{\theta}\sin\theta,\dot{r}\sin\theta+r\dot{\theta}\cos\theta) \tag{13.8}$$

将式(13.8)代入式(13.7)，可得

$$\sin\gamma=\frac{\dot r}{\sqrt{\dot r^2+r^2\dot\theta^2}},\cos\gamma=\frac{r\dot\theta}{\sqrt{\dot r^2+r^2\dot\theta^2}} \tag{13.9}$$

将式(13.9) 代入式(13.6)，有

$$\left.\begin{aligned}&\ddot r-r\dot\theta^2+\frac{\mu}{r^2}=\frac{1}{m}\left[L\frac{r\dot\theta}{\sqrt{\dot r^2+r^2\dot\theta^2}}-D\frac{\dot r}{\sqrt{\dot r^2+r^2\dot\theta^2}}+F\sin\alpha\right]\\&2\dot r\dot\theta+r\ddot\theta=\frac{1}{m}\left[F\cos\alpha-D\frac{r\dot\theta}{\sqrt{\dot r^2+r^2\dot\theta^2}}-L\frac{\dot r}{\sqrt{\dot r^2+r^2\dot\theta^2}}\right]\end{aligned}\right\} \tag{13.10}$$

定义无量纲化地心距、时间、速度以及各力分别为

$$z=\frac{r}{r_0} \tag{13.11}$$

$$\tau=\sqrt{\frac{\mu}{r_0^3}}t \tag{13.12}$$

$$\bar v=\frac{v}{\sqrt{\mu/r_0}} \tag{13.13}$$

$$f=\frac{F}{\mu/r^2},l=\frac{L}{\mu/r^2},d=\frac{D}{\mu/r^2} \tag{13.14}$$

式中：r_0 为地球半径。经无量纲化处理后，式(13.10) 可表示为

$$\left.\begin{aligned}&z''-r\ (\theta')^2+\frac{1}{z^2}=\frac{1}{mz^2}\left[l\frac{r\dot\theta}{\sqrt{\dot r^2+r^2\dot\theta^2}}-d\frac{\dot r}{\sqrt{\dot r^2+r^2\dot\theta^2}}+f\sin\alpha\right]\\&2z'\theta'+z\theta''=\frac{1}{mz^2}\left[f\cos\alpha-d\frac{r\dot\theta}{\sqrt{\dot r^2+r^2\dot\theta^2}}-l\frac{\dot r}{\sqrt{\dot r^2+r^2\dot\theta^2}}\right]\end{aligned}\right\} \tag{13.15}$$

式中：z'，z''，θ'，θ'' 分别为各个变量对广义时间 τ 的一、二阶导数。

由式(13.12)，有

$$\frac{\mathrm d}{\mathrm dt}=\sqrt{\frac{\mu}{r_0^3}}\frac{\mathrm d}{\mathrm d\tau} \tag{13.16}$$

由此可得

$$\dot\theta=\sqrt{\frac{\mu}{r_0^3}}\theta',\ \dot z=\sqrt{\frac{\mu}{r_0^3}}z' \tag{13.17}$$

将式(13.16)、式(13.17) 代入式(13.15)，则得极坐标下飞行器无量纲化动力学模型为

$$\left.\begin{aligned}&z''-z\ (\theta')^2+\frac{1}{z^2}=\frac{1}{mz^2}\left(l\frac{z\theta'}{\sqrt{z'^2+z2\theta'^2}}-d\frac{z'}{\sqrt{z'^2+z^2\theta'^2}}+f\sin\alpha\right)\\&2z'\theta'+z\theta''=\frac{1}{mz^2}\left(f\cos\alpha-d\frac{z\theta'}{\sqrt{z'^2+z^2\theta'^2}}-l\frac{z'}{\sqrt{z'^2+z^2\theta'^2}}\right)\end{aligned}\right\} \tag{13.18}$$

13.1.1.2　弹道 / 轨道一体化设计动力学建模

为了编程方便，将式(13.18) 写成便于积分的形式，即

$$\left.\begin{aligned}
\frac{\mathrm{d}z'}{\mathrm{d}\tau}&=\frac{1}{mz^2}\left(l\frac{z\theta'}{\sqrt{z'^2+z^2\theta'^2}}-d\frac{z'}{\sqrt{z'^2+z^2\theta'^2}}+f\sin\alpha\right)+z(\theta')^2-\frac{1}{z^2}\\
\frac{\mathrm{d}\theta'}{\mathrm{d}\tau}&=\frac{1}{mz^3}\left(f\cos\alpha-d\frac{z\theta'}{\sqrt{z'^2+z^2\theta'^2}}-l\frac{z'}{\sqrt{z'^2+z^2\theta'^2}}\right)-\frac{2z'\theta'}{z}\\
\frac{\mathrm{d}z}{\mathrm{d}\tau}&=z'\\
\frac{\mathrm{d}\theta}{\mathrm{d}\tau}&=\theta'
\end{aligned}\right\}\tag{13.19}$$

为了实现弹道/轨道的一体化设计，需要将动力学模型式(13.19)化为只含有状态变量 z、z'、θ、θ' 和时间 τ 以及控制变量 f、α 的方程组，其他参数包括 m、l 和 d 等需要用状态变量、控制变量与飞行器的特性参数来表示，其具体过程如下所述。

1. 气动力系数

采用统一气体动理论，求解气动力系数。升力、阻力的基本计算模型为

$$L=\frac{1}{2}C_L\rho Sv^2\tag{13.20}$$

$$D=\frac{1}{2}C_D\rho Sv^2\tag{13.21}$$

选取某型号飞行器为研究对象，对该飞行器在雷诺数 $Re=1.34$，马赫数 $Ma=8.02$，努森数 $Kn=0.001$ 下的气动力系数进行了仿真计算，其结果如表 13.1 所示。

经拟合之后得到升力系数 C_L 及阻力系数 C_D 的表达式为

$$C_L=1.253\,4\,(\alpha-\gamma)^2+0.259\,6(\alpha-\gamma)+0.006\,1\tag{13.22}$$

$$C_D=1.346\,2\,(\alpha-\gamma)^2-0.154\,7(\alpha-\gamma)+0.033\,2\tag{13.23}$$

表 13.1　某飞行器的气动参数计算结果

迎角 /(°)	升力系数	阻力系数
−5	−0.007	0.057
5	0.017	0.045
15	0.160	0.085
20	0.266	0.141
25	0.358	0.222

2. 飞行速度

飞行速度的无量纲表达式为

$$v^2=\dot{r}^2+(r\dot{\theta})^2=r_0^2(\dot{z}^2+z^2\dot{\theta}^2)\tag{13.24}$$

将式(13.17)代入式(13.24)，整理后可得飞行速度的无量纲表达式为

$$v^2=\frac{\mu}{r_0}(z'^2+z^2\theta'^2)\tag{13.25}$$

3. 推力

由于推力是作为设计量和优化量来处理的，因此推力可以看作可控制力，为此只需要给出推力约束条件即可，即

$$\left.\begin{aligned} F &\in [0, F_{\max}] \\ I_s &= u_{ef} \end{aligned}\right\} \tag{13.26}$$

式中：$F_{\max}$ 为最大推力；I_s 为发动机的比冲；u_{ef} 为等效喷气速度。

4. 飞行器质量的无量纲表达

根据式 $\Delta m = \dfrac{m(v_1 - v_0)}{I_s + u}$，得到微分形式的质量变化方程为

$$\frac{dm}{dt} = -\frac{m(v_1 - v_0)}{I_s + u} / dt = \frac{m}{I_s + u}\frac{dv}{dt} \tag{13.27}$$

将式(13.16) 代入式(13.27)，有

$$m' = \frac{dm}{d\tau} = -\sqrt{\frac{\mu}{r_0^3}}\frac{dm}{dt} = -\sqrt{\frac{r_0^3}{\mu}}\frac{m}{I_s + u}\frac{dv}{dt} = -\sqrt{\frac{r_0^3}{\mu}}\frac{m}{I_s + u}\sqrt{\frac{r_0^3}{\mu}}\frac{dv}{d\tau} = -\frac{m}{I_s + u}v' \tag{13.28}$$

式中：v 为无量纲化之前的飞行器速度，由式(13.25) 确定。由此可得

$$m' = -\frac{m}{I_s + u}v' = -\frac{m}{I_s + u}\sqrt{\frac{\mu}{r_0(z'^2 + z^2\theta'^2)}}(z'z'' + zz'\theta'^2 + z^2\theta'\theta'') \tag{13.29}$$

5. 弹道 / 轨道设计一体化动力学模型

将式(13.20) ～ 式(13.29) 整理之后，得到式(13.19) 可积分的形式为

$$\left.\begin{aligned}
\frac{dz'}{d\tau} &= \frac{1}{mz^2}\left(l\frac{z\theta'}{\sqrt{z'^2 + z^2\theta'^2}} - d\frac{z'}{\sqrt{z'^2 + z^2\theta'^2}} + f\sin\alpha\right) + z(\theta')^2 - \frac{1}{z^2} \\
\frac{d\theta'}{d\tau} &= \frac{1}{mz^3}\left(f\cos\alpha - d\frac{z\theta'}{\sqrt{z'^2 + z^2\theta'^2}} - l\frac{z'}{\sqrt{z'^2 + z^2\theta'^2}}\right) - \frac{2z'\theta'}{z} \\
\frac{dz}{d\tau} &= z' \\
\frac{d\theta}{d\tau} &= \theta' \\
\gamma &= \arcsin\frac{z'}{\sqrt{z'^2 + z^2\theta'^2}} \\
f &= \frac{F}{\mu / z^2 r_0{}^2} \\
l &= \frac{L}{\mu / z^2 r_0{}^2} \\
d &= \frac{D}{\mu / z^2 r_0{}^2}
\end{aligned}\right\} \tag{13.30a}$$

$$\left.\begin{aligned}
&L=\frac{1}{2}C_L\rho Sv^2\\
&D=\frac{1}{2}C_D\rho Sv^2\\
&C_L=1.253\,4\,(\alpha-\gamma)^2+0.259\,6(\alpha-\gamma)+0.006\,1\\
&C_D=1.346\,2\,(\alpha-\gamma)^2-0.154\,7(\alpha-\gamma)+0.033\,2\\
&v^2=\frac{\mu}{r_0}(z'^2+z^2\theta'^2)\\
&\rho=\begin{cases}
\rho_\alpha\left(\dfrac{288.15-0.006\,5H}{T_\alpha}\right)^{4.255\,88}, & H\in(0,11\,000]\\
\rho_{11}\mathrm{e}^{-\frac{H-11\,000}{6\,341.62}}, & H\in(11\,000,20\,000]\\
\rho_{20}\left[\dfrac{216.65+0.001(H-20\,000)}{216.65}\right]^{-35.163\,2}, & H\in(20\,000,32\,000]\\
3.261\,8\times10^{-3}\rho_\alpha\left[1+\left(\dfrac{H-39.749\,9}{89.410\,7}\right)\right]^{-13.201\,1}, & H\in(32\,000,47\,000)\\
0, & H\in(47\,000,\infty)
\end{cases}\\
&m'=-\frac{m}{I_s+u}\sqrt{\frac{\mu}{r_0(z'^2+z^2\theta'^2)}}(z'z''+zz'\theta'^2+z^2\theta'\theta'')
\end{aligned}\right\}\tag{13.30b}$$

式(13.30)即为建立的弹道/轨道一体化设计动力学模型。其中,发动机推力随时间的变化函数 $F=f(t)$,迎角随时间的变化函数是模型中的控制量 $\alpha=\alpha(t)$。飞行器的广义位置矢量 $\boldsymbol{X}=(\theta,z)$、广义速度矢量 $\boldsymbol{v}=(z',z\theta')$ 等则是模型中的状态量,而如 I_s 和 u 这样的表征飞行器性能的参数则是由飞行器本身的特性所决定的,在模型中可以看成给定量。

由此可见,模型式(13.30)是从基本的极坐标非开普勒轨道模型发展而来,在动力学方程中加入了气动力项,从而使得方程不仅能够反映飞行器在大气层以外的受力情况,也能反映飞行器在大气层以内的受力特征。与传统的弹道模型相比,一体化模型无论是参数的形式、方程的结构还是无量纲化的处理都采用了轨道设计的处理方法,因此使得一体化模型更加适合轨道的设计与优化。

13.1.2 基于轨道设计反方法的弹道/轨道一体化设计

解决连续推力及摄动力作用下的轨道设计问题,通常采用两种方法:正方法和反方法。正方法是从力的角度出发,分析航天器受到的引力、推力以及各种摄动力,并以此建立轨道动力学方程。反方法则是从轨道特性的角度出发,首先假定航天器机动轨道具有某些特性,例如形状特性,或者具体的物理特性,如轨道高度或者轨道周期等。并以此为基础,建立航天器运动方程,分析并设计机动轨道。

基于形状的设计方法(简称形状方法)便为反方法,是一种根据理想轨道形状和飞行器的运行规律设计出能够使飞行器较好的沿着理想轨道飞行的推力方案的方法。

1. 极坐标下的飞行器动力学建模

基于傅里叶级数的形状设计方法便是一种典型的形状方法，该方法可在切线推力的假设下得到满足推力约束的轨道。在航天器飞行时间固定的情况下，设加速度方向与速度方向平行，即加速度转向角与飞行航迹角满足 $\eta = \xi + n\pi$，η 为加速度转向角，ξ 为飞行航迹角，$n = 0$ 或 1。

由式(13.5) 可得

$$\left.\begin{aligned} \ddot{r} - r\dot{\theta}^2 + \frac{\mu}{r^2} &= a_c \sin\eta \\ 2\dot{r}\dot{\theta} + r\ddot{\theta} &= a_c \cos\eta \end{aligned}\right\} \tag{13.31}$$

式中：a_c 为施加的推力加速度。

由切向加速度假设可知，加速度转向角 η 有如下关系：

$$\tan\eta = \tan\xi = \frac{u}{v} = \frac{\dot{r}}{r\dot{\theta}} \tag{13.32}$$

由式(13.31) 和式(13.32) 可得

$$r^2(\ddot{r}\dot{\theta} - \dot{r}\ddot{\theta}) + \dot{\theta}(\mu - 2r\dot{r}^2) - (r\dot{\theta})^3 = 0 \tag{13.33}$$

根据傅里叶级数展开式，距离和角度可以近似为

$$x = \frac{a_{x0}}{2} + \sum_{i=1}^{n_x}\left[a_{xi}\cos\left(\frac{i\pi t}{T}\right) + b_{xi}\cos\left(\frac{i\pi t}{T}\right)\right] \tag{13.34}$$

式中：x 代表(r, θ)；n_x 为(r, θ) 傅里叶级数展开式的项数；(a_{x0}, a_{xi}, b_{xi}) 为傅里叶系数；T 为航天器总飞行时间。

将式(13.34) 代入运动方程式(13.33)，以此将运动方程式转化为只包含傅里叶系数和时间的非线性代数方程：

$$F(a_{x0}, a_{xi}, b_{xi}; t) = 0 \tag{13.35}$$

一般轨道设计的性能指标是时间最省或者燃料消耗最少，本节所选取的性能指标为完成固定位置间轨道转移任务的特征速率最小(即燃料消耗最少)。其性能指标为

$$J = \min\Delta v = \int_{t_i}^{t_f} a_c \,\mathrm{d}t \tag{13.36}$$

另外，航天器完成轨道机动任务，需要满足始末点的位置和速度条件。

结合始末条件、式(13.30)、式(13.35) 和式(13.36)，可将轨道设计问题转化为在飞行时间固定情况下考虑推力约束的非线性规划问题。

2. 基于轨道设计反方法的弹道 / 轨道一体化设计方法

本节提出基于弹道 / 轨道统一模型的分段轨迹设计方法，即在弹道段采用类似于反方法的设计思想设计弹道。也就是首先假定控制量 α 满足一定的变化规律 $\dot{\alpha}$，并由此得出 α 与时间的函数关系 $\alpha(t)$，该函数关系不是唯一的。在此基础上，将各个状态量随时间的变化率用 $\alpha(t)$ 表示，如此给出的便是状态量变化率与 α 的函数关系。然后通过积分解算出各个状态量，得到若干条轨迹[由于 $\alpha(t)$ 的非唯一性所致]，再根据入轨条件选择可以入轨的 $\alpha(t)$，最后将这个可以入轨的 $\alpha(t)$ 作为粒子群算法的初值，用粒子群算法进行优化，得到能使性能指标最优的 $\alpha(t)$ 设计方案；而对于轨道段，则是将弹道段终端状态值作为轨道段初值，并采用基于傅里叶级数的形状设计方法进行轨迹设计。将弹道段终端值作为轨道段的初值，使两段轨道能够平滑地衔接，从而有效解决了在弹道与轨道转接过程中轨迹突变的问题。

在此需要说明的是，虽然将轨迹设计分段处理，但是每段的轨迹设计都采用了所建立的弹道／轨道一体化模型，而且两段轨迹的设计方法都采用了轨道设计的反方法。因此从模型和设计方法的角度都体现了弹道／轨道设计的统一性，即体现了一体化的设计思想。而传统分段方法是在不同段采用不同的模型和不同的方法，从而很难体现出一体化的设计思想。

13.1.3　空天飞行器弹道／轨道一体化设计仿真分析

1. 弹道设计

设飞行器质量 $m=31\ 650$ kg，飞行器推力 $F=969\ 000$ N，飞行器的气动力有效面积为 $S=0.5\ \mathrm{m}^2$。对不同的 t_f 给出 α 为零时刻地心距 r 与速度 v 的函数关系图，以及满足入轨条件的地心距与速度的函数关系，如图 13.3 所示。

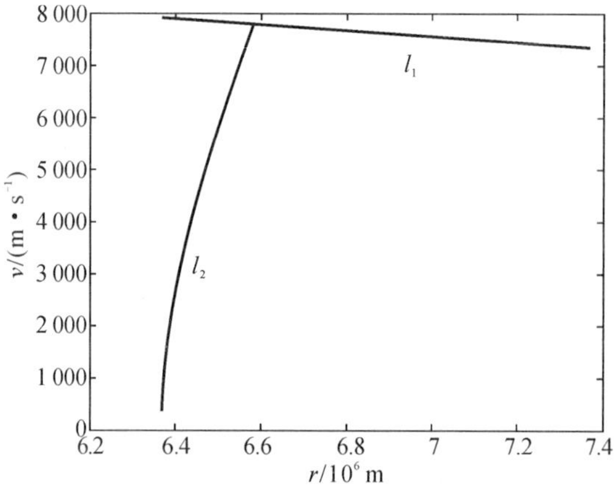

图 13.3　速度与地心距的关系曲线及满足入轨条件的速度与地心距的关系曲线

图 13.3 中横坐标是飞行器的地心距，纵坐标是速度。线 l_1 是 α 按线性变化规律变化，α 为零时速度与地心距的函数关系曲线，线 l_2 是满足入轨条件的速度与地心距函数关系曲线，两者的交点就是入轨点，其对应的 t_f 即为 α 按线性变化规律变为零时的时间点。由于假设 α 与时间的函数曲线是直线，而这种直线关系并不一定是能使代价函数取得极值的最优控制律，因此需要以 $\Delta\alpha_i$ 作为控制矢量，t_{ff} 作为代价函数，采用粒子群算法对飞行器的 α 进行优化设计。其仿真结果如图 13.4 所示，参数 t 的单位为 s。

2. 轨道设计

将上节弹道设计的结果作为初值，目标轨道设定为轨道高度为 35 860 km 的圆轨道，即地球同步轨道。单位距离(DU) 取作地球半径长度 $R_E=6\ 378$ km；相应的单位时间取为 $1\mathrm{TU}=\sqrt{R_E^3/\mu_E}\approx 806.8$ s，其中 μ_E 为地心引力常数；无量纲化的推力约束为 $F_{max}=0.01$。得到仿真结果如图 13.5 和图 13.6 所示。

由于本节的设计是将弹道设计的末状态作为初值，所以其与弹道设计结果能够自然地衔接，如此就完成了整个弹道／轨道的一体化设计。

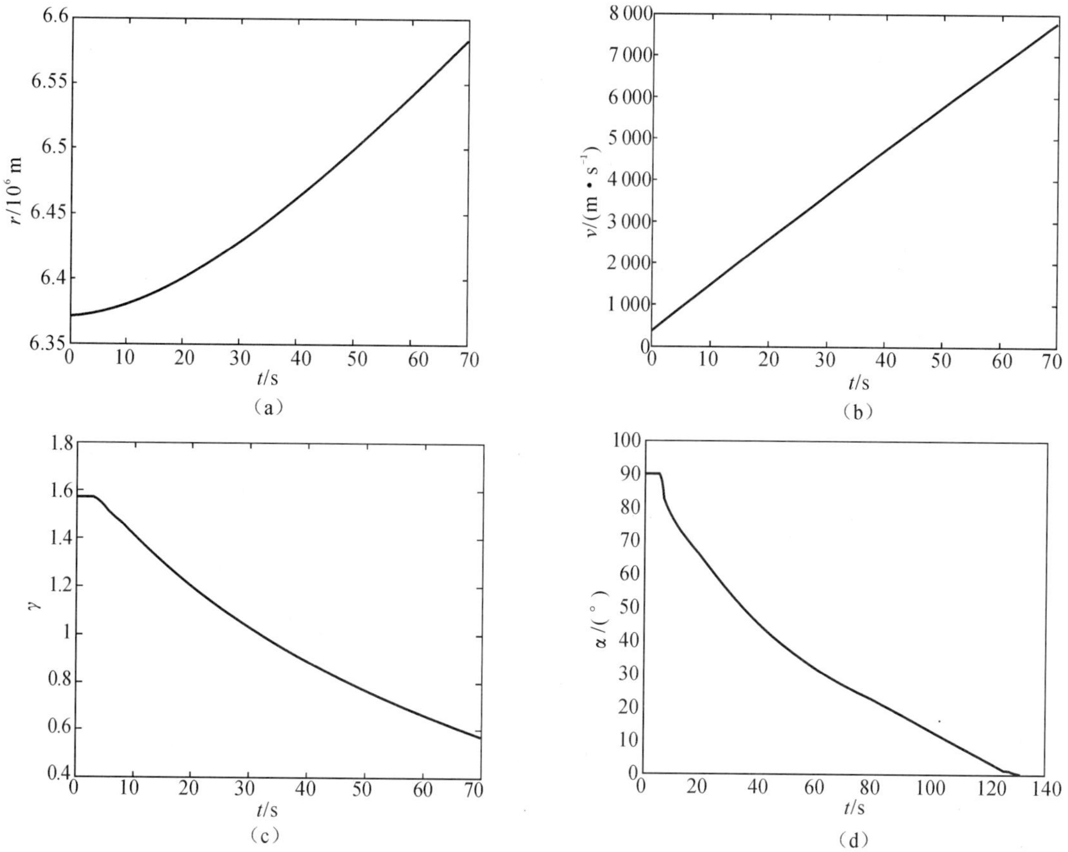

图 13.4　弹道设计仿真结果

(a)地心距变化率;(b)速度变化率;(c)弹道倾角 γ 变化率;(d)俯仰角 α 变化率

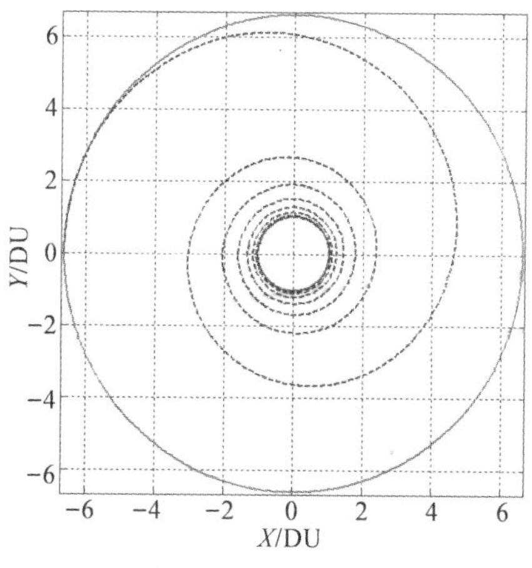

图 13.5　形状轨道

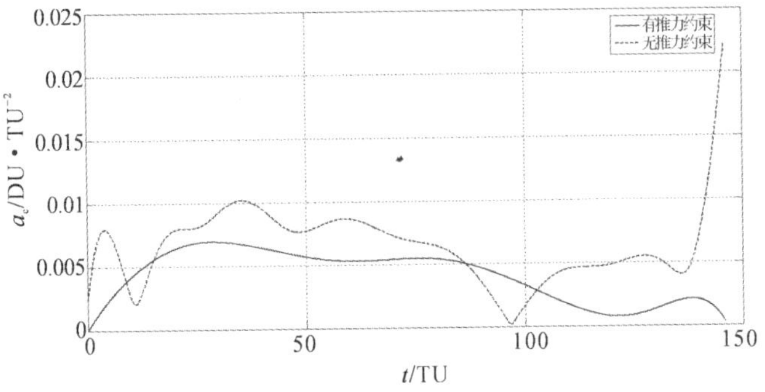

图 13.6　飞行器沿机动轨道飞行所需的推力

13.1.4　结论

(1)本节提出了采用轨道方程统一描述弹道/轨道的思想,即将除引力之外的合力都视为摄动力,并写入轨道摄动方程中的摄动力项中,通过整合连续推力、气动力、引力以及摄动力等多种作用力,建立弹道/轨道一体化动力学模型,为空天飞行器一体化轨道设计建立基础。

(2)为了解决目前存在的弹道段轨迹设计方法与轨道段轨迹设计方法不统一的问题,将轨道设计中的反方法设计思想应用于弹道设计中,提出了一种基于弹道/轨道一体化模型的弹道设计反方法,使得同时从模型与方法的角度都体现了一体化的设计思想。

(3)将弹道段的终端状态参数值作为初值,目标轨道参数值作为终值,通过合理选择轨道转移时间和绕转圈数,采用基于傅里叶级数展开的形状方法,完成了轨道段轨迹的设计。由于是将弹道段的末状态作为轨道段的初值,所以轨道设计结果能够自然地与弹道衔接,形成了整个弹道/轨道的一体化设计结果。

(4)本节提出的弹道/轨道一体化设计方法的适用性和限制条件为:①由于针对三维空间的轨迹设计,需要考虑姿态运动方程,目前还不能实现统一建模,故现阶段该方法只能应用于二维平面的轨迹设计;②应用傅里叶级数法设计轨道段,需要事先给出一个飞行时间。与此同时,考虑到傅里叶级数的项数对计算效率和精度的影响,项数不能无限增加。

虽然目前本节方法受技术瓶颈的制约还存在着一定的应用局限性,但给未来先进空天飞行器的弹道/轨道一体化设计提供了新的思路和技术途径。随着相关技术问题的解决,方法的适用性将会得到提高。

13.2　高超声速飞行器再入姿态轨道一体化设计案例分析

13.2.1　俯仰舵偏角为连续参数分岔分析

以俯仰舵偏角为连续参数研究五阶模型的平衡分岔图,其核心任务是揭示在纵向稳定飞行情况下,高超声速飞行器在受到横侧向扰动作用下所存在的可能的横侧向运动,以及研究无横侧向机动情况下的横侧向失稳问题。本节采用连续算法,以俯仰舵偏角 δ_z 为连续参数,分别对飞行状态为下压段结束点、下压段起始点、远程平衡滑翔点、滑翔初始点四种情况下的五阶非线性动力学模型进行平衡分岔的求解,求得的平衡分岔包括主平衡分岔(main branch)、叉型平衡分岔(pitchfork branch)和 Hopf 极限环分岔。

13.2.1.1　下压段结束点情况分析

1. 平衡分岔分析

图 13.7～图 13.11 所示为下压段结束点对应的情况(马赫数为 5,高度为 27 km)的五阶动力学模型平衡分岔在不同平面的投影。由图可知存在三个平衡分岔,即一个主平衡分岔和两个叉型平衡分岔。图 13.7 所示为平衡分岔在参数平面(δ_z,α)的投影,对于主平衡分岔,分岔中存在四个极限点、一个 BP 分岔点,三段不稳定的平衡分岔和三段稳定的平衡分岔。第一段不稳定分岔区间对应的攻角范围为[7.0°,13.8°](小攻角不稳定区域),第二段不稳定分岔区间为[24.5°,44.9°],第三段不稳定分岔区间为[52.4°,55.8°]。当遇到 LP1,LP2,LP3,LP4 点时纵向稳定性突变,当遇到 BP 分岔点(α=52.4°)时,飞行器横侧向失稳(自滚转失稳),此时对应的攻角为横侧向自滚转失稳攻角;在 BP 分岔点处衍生出了新的平衡分岔(叉型平衡分岔),且在该分岔点之后,飞行器横侧向失稳。

进一步分析图 13.7 可以发现,在参数平面(δ_z,α)上,两个叉型平衡分岔的投影是重叠的,且新的分岔存在 LP5、LP6、LP7、LP8 四个极限点和 H1、H2、H3 三个 Hopf 分岔点,叉型平衡分岔为完全不稳定平衡分岔,不稳定分岔为排斥区,不会引起飞行器运动状态在该点稳定,但是当扰动较大时,飞行器运动状态可能会逃离原有的稳定平衡分岔,引起复杂的混沌现象;对于同一个攻角下存在两个平衡舵偏角,即主分岔平衡舵偏角和叉型分岔平衡舵偏角,通过进一步仿真分析可以得出在纵向动力学方程中,由于叉型平衡分岔存在滚转角速度 ω_p 和偏航角速度 ω_r,从而引起惯性耦合效应,即$(J_x-J_y)\omega_p\omega_r/J_z$ 项会引起俯仰力矩的变化,从而出现两个平衡舵偏角。

由图 13.8 ~ 图 13.11,即平衡分岔在参数平面(δ_z,β)、参数平面(δ_z,ω_p)、参数平面(δ_z,ω_r)和参数平面(δ_z,ω_q)的投影得出,从 BP 点产生的两个平衡分岔为对称的平衡分岔(由于气动力模型具有对称性),叉型平衡分岔对应的侧滑角在[−5°,5°]区间,对应的滚转角速度在[−150°/s,150°/s]区间,对应的偏航角速度在[−48°/s,48°/s]区间,对应的俯仰角速度在[1°/s,13°/s]区间。叉型平衡分岔平衡点为侧滑角引起的滚转力矩 $M_x^\beta\beta$ 与滚转阻尼力矩 $M_x^p p$ 之间的平衡,在某些状态值(如 δ_z=−22°),平衡点个数多达 9 个。

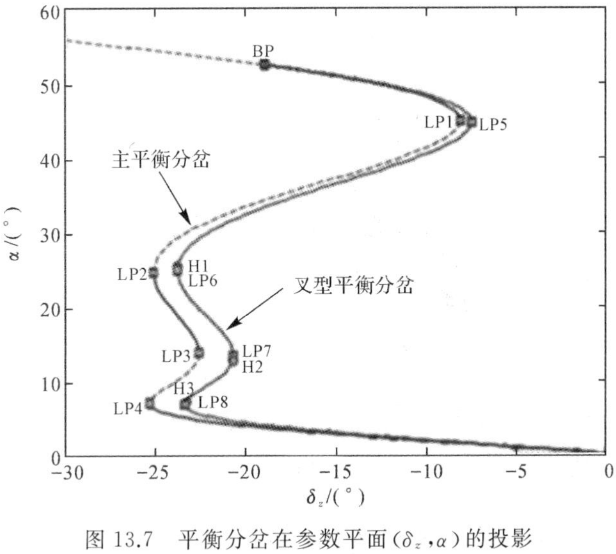

图 13.7　平衡分岔在参数平面(δ_z,α)的投影

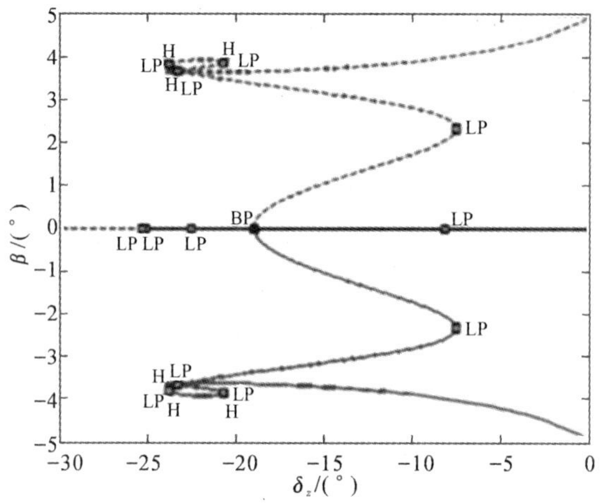

图 13.8 平衡分岔在参数平面(δ_z,β)的投影

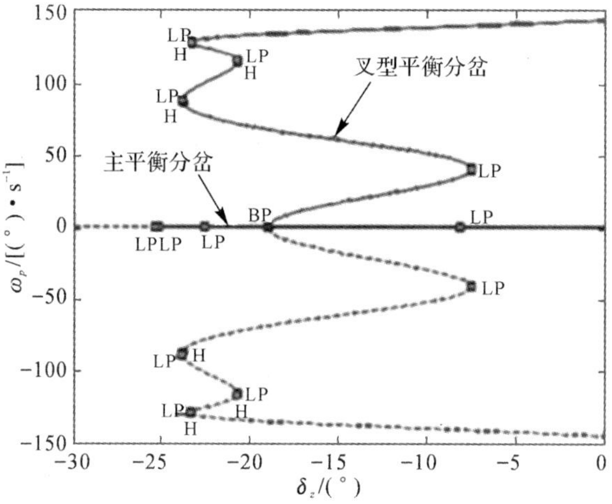

图 13.9 平衡分岔在参数平面(δ_z,ω_p)的投影

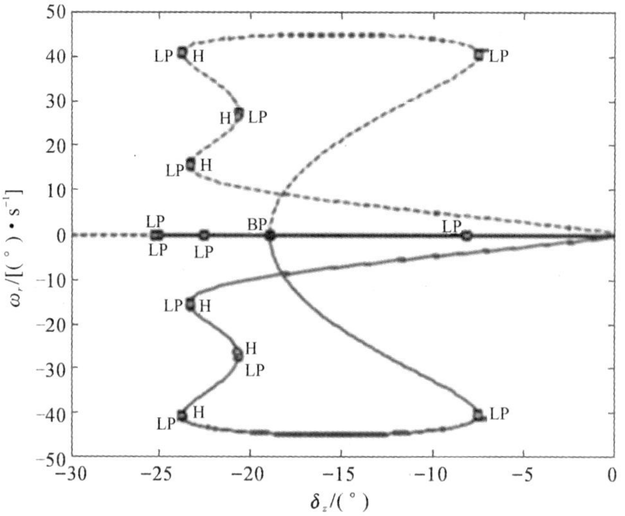

图 13.10 平衡分岔在参数平面(δ_z,ω_r)的投影

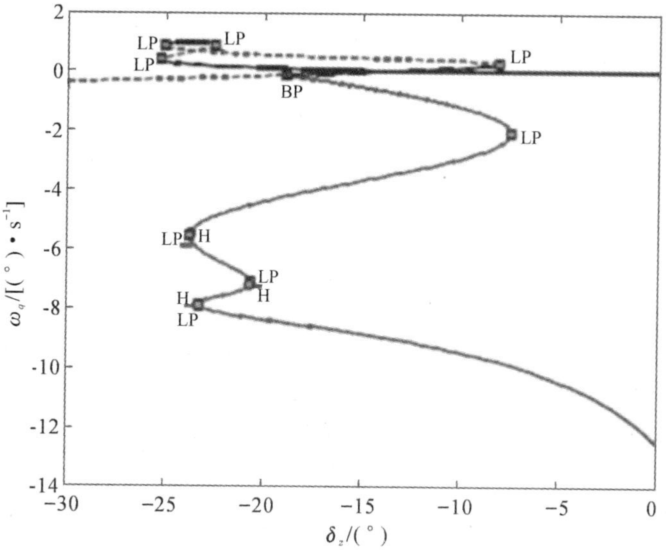

图 13.11　平衡分岔在参数平面(δ_z,ω_q)的投影

2. 特征根拓扑分析

基于连续算法，可以连续地求得高超声速飞行器五阶非线性动力学模型的全局特征根分布，图 13.12 描绘了下压段结束点状态下所对应的全局特征根拓扑。由图可以得出，高超声速飞行器五阶动力学模型的模态分岔由短周期模态分岔、荷兰滚模态分岔、滚转阻尼模态分岔组成。进一步分析短周期模态分岔可以得出，对于不同的飞行攻角，短周期模态对应的特征根先为一对稳定共轭复根；随着攻角增大，变成一对不稳定实根；随着攻角进一步增大，一对实根转变为一对稳定共轭复根，之后又随着攻角的增大，短周期变成一对不稳定实根；最后在大攻角区域，其对应的特征根变成一对稳定共轭复根。对于滚转阻尼模态，其为一个单实根，随着攻角的增大，其特征根数值逐渐减小。当实根跨过虚轴时，根据失稳准则，模型会发生叉型分岔，其对应的攻角为分岔攻角，并从分岔点产生新的平衡分岔。进一步分析荷兰滚模态可以得出，其对应的特征根在全攻角范围内为一对稳定共轭复根，且随着攻角的减小，其特征根随之靠近虚轴和实轴。

3. 极限环分岔分析

对于每一个 Hopf 分岔点都会产生一个极限环分岔，极限环的产生将会对模型运动产生极其重要的影响。本节重点针对存在复杂分岔现象的极限环和存在同宿分岔的极限环进行分析。

图 13.13 为从 Hopf1 分岔点延伸出的极限环分岔和幅值分别在参数平面(δ_z,α)和(δ_z,ω_p)的投影，图 13.14 为从 Hopf1 分岔点延伸出的极限环分岔对应的周期变化。图 13.13 中给出了从 Hopf1 点所产生的不稳定极限环分岔，该极限环的范围非常小，仅攻角在[−23.7°，−23.5°]区间存在。为了更好地展示极限环的振幅及其分岔，图中给出了极限环的振动幅值范围，该极限环对应攻角的最大幅值约为 2°，极限环对应的滚转角速度的最大幅值约为 15°/s。图 13.14 为极限环对应的周期，可以看出，随着舵偏角的减小，极限环的周期逐渐趋于无限大，即在此状态下，动力学模型存在同宿分岔(全局失稳)。

图 13.15 为从 Hopf2 分岔点延伸出的极限环分岔和幅值在参数平面(δ_z,α)和(δ_z,ω_p)的投影,该极限环终止于 Hopf3。图 13.16 为该极限环对应的周期变化。由图 13.15 可以看出,该极限环运动极为复杂,分岔中存在倍周期分岔(PD)、极限环极限点分岔(LPC)以及花环分岔(NS)。当经过 LPC 分岔点时,极限环的稳定性发生突变;当遇到 PD 分岔点时,极限环的周期为原周期的 2 倍或原周期的 1/2;当极限环遇到 NS 岔点时,模型状态参数空间运动呈现花环型运动;该极限环对应的攻角的最大幅值约为 8°,对应的滚转角速度的最大幅值约为 100°/s。由图 13.16 可以得出,极限环轨道周期范围为[2.2 s,3.9 s]。

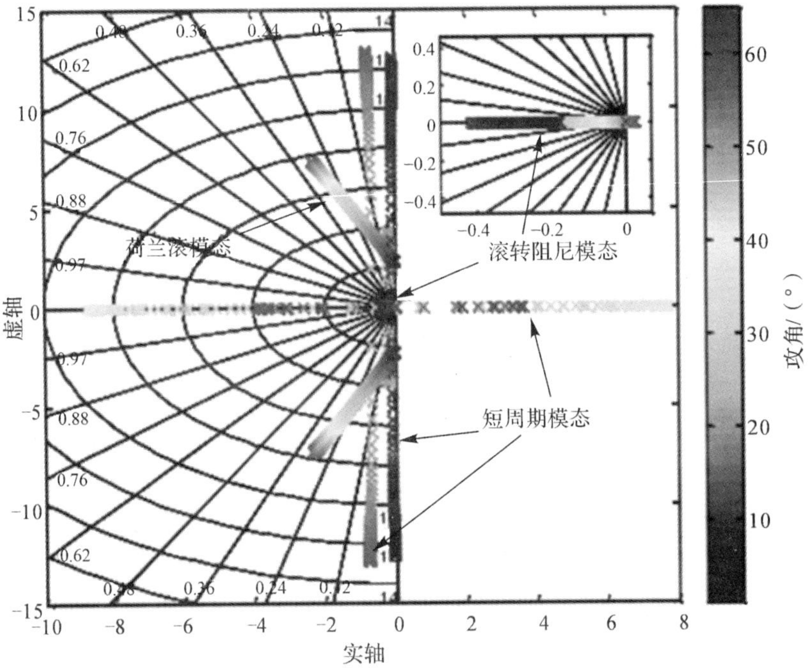

图 13.12　五阶模型特征根拓扑(下压段结束点)

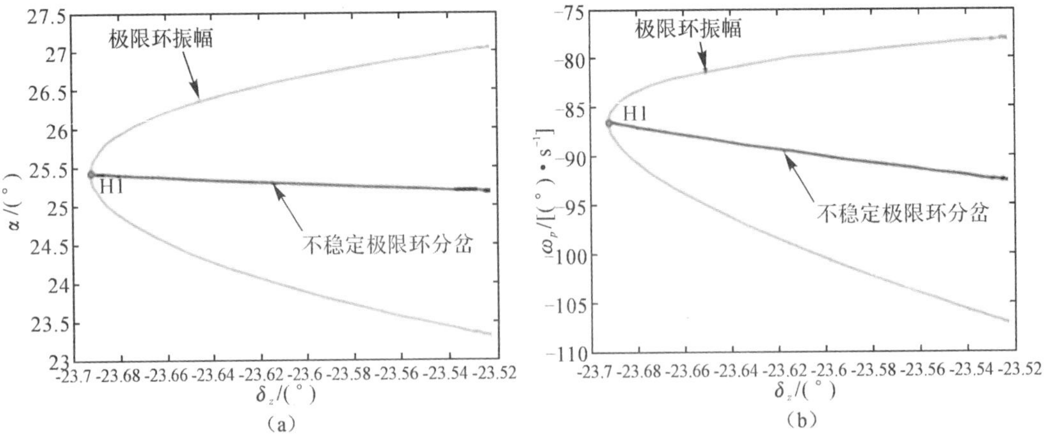

图 13.13　Hopf1 对应极限环分岔在不同参数平面的投影

(a)极限环在参数平面(δ_z,α)的投影;(b)极限环在参数平面(δ_z,ω_p)的投影

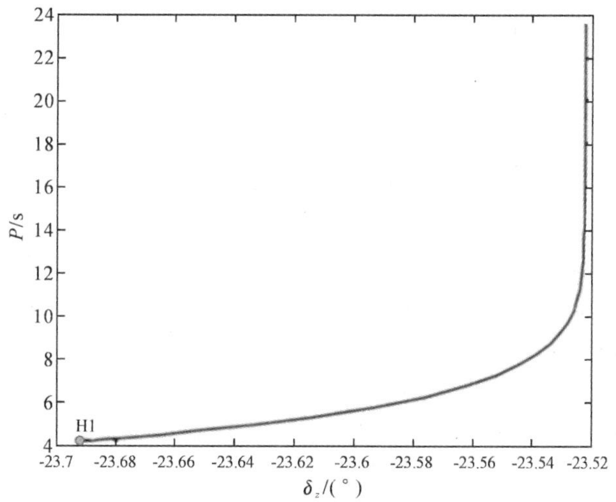

图 13.14　Hopf1 对应极限环分岔周期

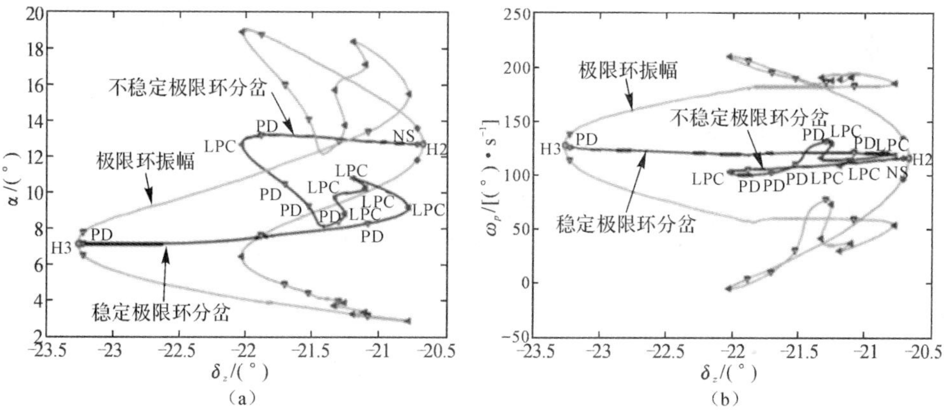

图 13.15　Hopf2 - 3 对应极限环分岔在不同参数平面的投影

(a)极限环在参数平面(δ_z,α)的投影;(b)极限环在参数平面(δ_z,ω_p)的投影

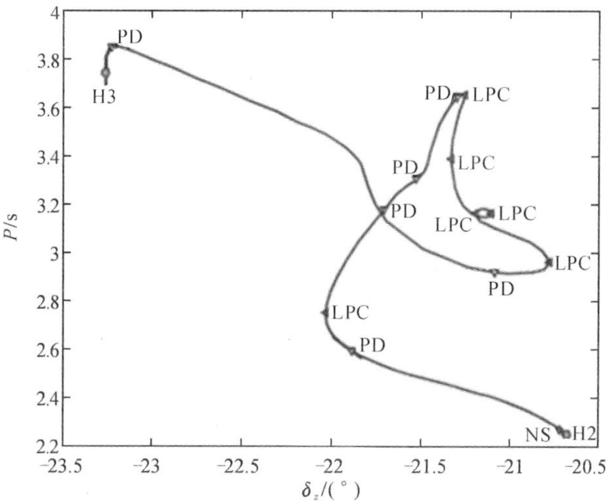

图 13.16　Hopf2 - 3 对应极限环分岔周期

13.2.1.2 下压段起始点情况分析

1. 平衡分岔分析

图 13.17～图 13.21 所示为下压段起始点(马赫数为 10,飞行高度为 36 km)的五阶动力学模型的平衡分岔在不同平面的投影。从仿真图结果可以得出,其依然存在三个平衡分岔,即一个主平衡分岔和两个叉型平衡分岔。

通过对图 13.17 分析可以得出,下压段起始点飞行状态存在类似于下压段结束点的 BP 分岔点和对应的新的平衡分岔,其分岔点对应的攻角为 52.9°。分析发现,该新的分岔存在 LP3、LP4 两个极限点和 H1、H2、H3 三个 Hopf 分岔点,并且整个新的平衡分岔都是不稳定的。进一步分析图 13.18～图 13.21 可以发现,其新的平衡分岔对应的平衡侧滑角、滚转角速度、偏航角速度和俯仰角速度的幅值相对于下压段结束点的情况有所减小,该飞行状态所对应的平衡点的个数最多达到 7 个。

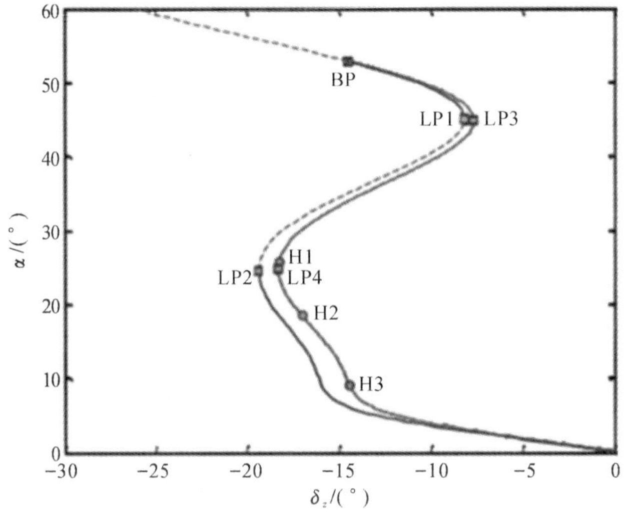

图 13.17　平衡分岔在参数平面(δ_z,α)的投影

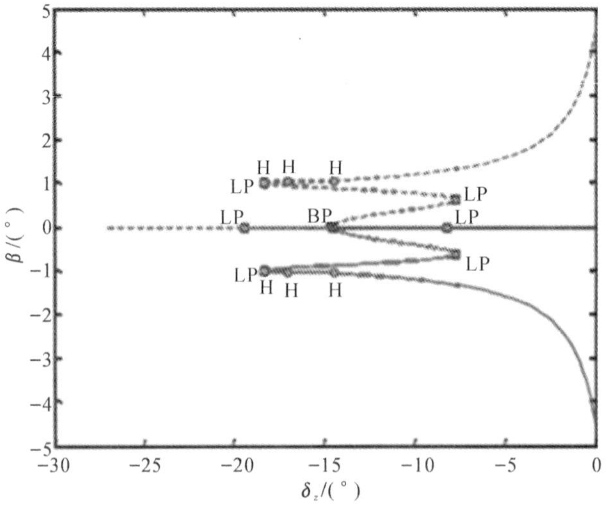

图 13.18　平衡分岔在参数平面(δ_z,β)的投影

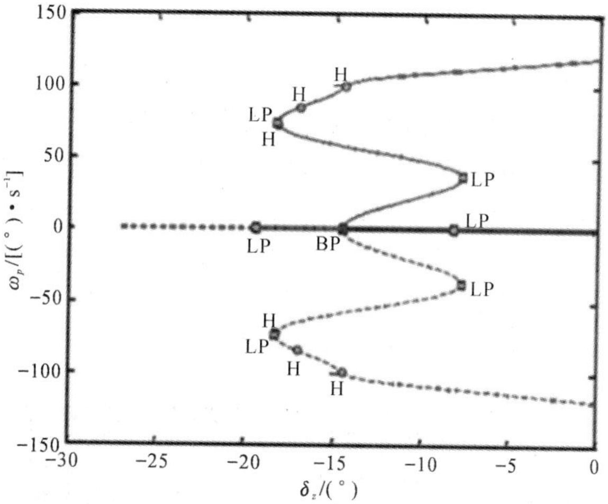

图 13.19　平衡分岔在参数平面(δ_z,ω_p)的投影

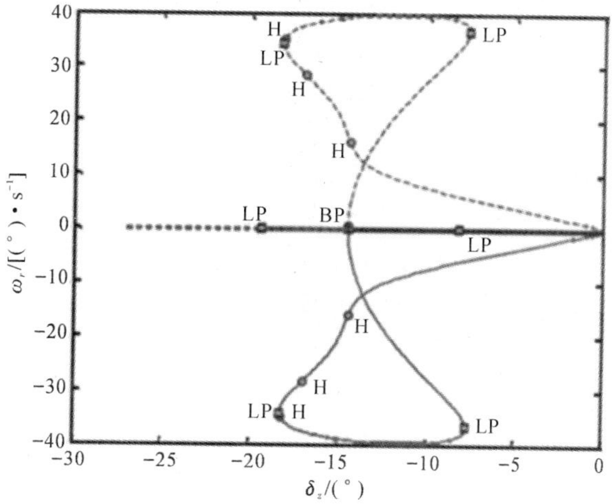

图 13.20　平衡分岔在参数平面(δ_z,ω_r)的投影

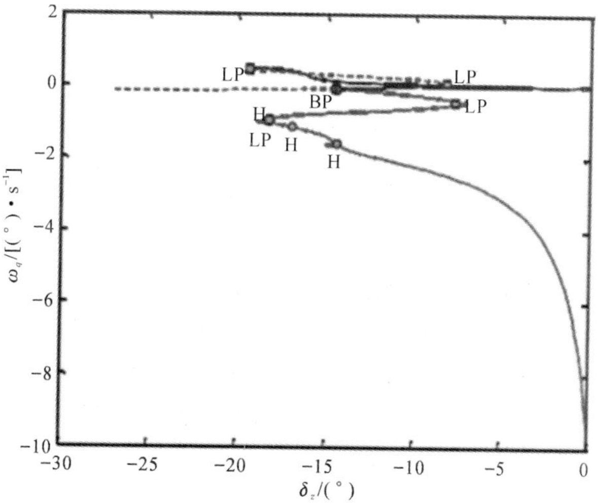

图 13.21　平衡分岔在参数平面(δ_z,ω_q)的投影

2. 特征根拓扑分析

图 13.22 所示为下压段起始点情况五阶模型对应的模态分岔，分析短周期模态分岔可以得出，相对于下压段结束点，下压段起始点的特征根模值有所减小。且在低攻角情况，短周期模态对应的特征根为一对稳定共轭复根，随着攻角增大，变成一对不稳定实根，随着攻角进一步增大，一对不稳定实根又转变为一对稳定共轭复根。对于滚转模态，其实根的大小随着攻角的增大依然减小，但是其特征根的值相比下压段结束点有较大幅度的下降，滚转阻尼相应地有所减小，同时存在滚转失稳；对于荷兰滚模态情况，相对于下压段结束点其幅值有一定的增大，且虚部更加靠近虚轴，荷兰滚模态阻尼减小，振荡频率增大。

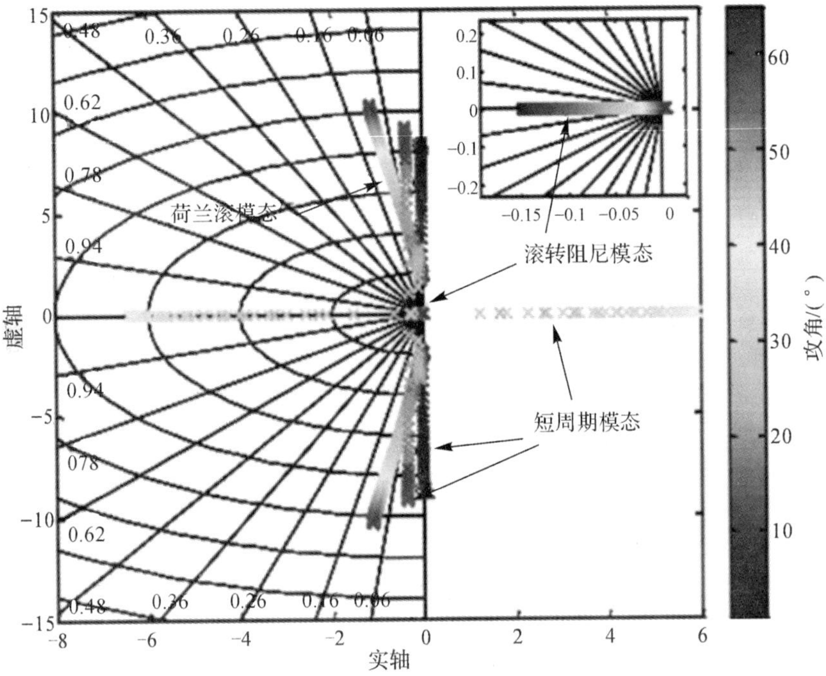

图 13.22　五阶模型特征根拓扑(下压段起始点)

3. 极限环分岔分析

本节针对存在复杂极限环分岔和稳定的高频大幅值振荡的 Hopf2 点对应的极限环进行分析。图 13.23 所示为 Hopf2 点所产生的极限环分岔。该极限环开始时为不稳定极限环，当经过第一个 LPC 点之后，极限环变成稳定的极限环，之后遇到第一个 PD 分岔点，周期变为两倍，极限环变成不稳定的极限环；当遇到第二个 PD 分岔点时，倍周期分岔结束，极限环分岔变为稳定。

图 13.24 所示为极限环对应的周期，其周期小于 1.45 s，极限环的周期较小，属于高频振荡，极限环对应的攻角最大振动幅值约为 20°，其对应的滚转角速度幅值约为 360°/s，且极限环分岔在大部分的范围为稳定分岔。因此可以得出，Hopf2 点所产生的极限环为稳定的高频大幅度振荡的周期运动，该振荡将严重影响高超声速飞行器的稳定飞行，甚至可能导致飞行器结构破坏，威胁飞行安全。

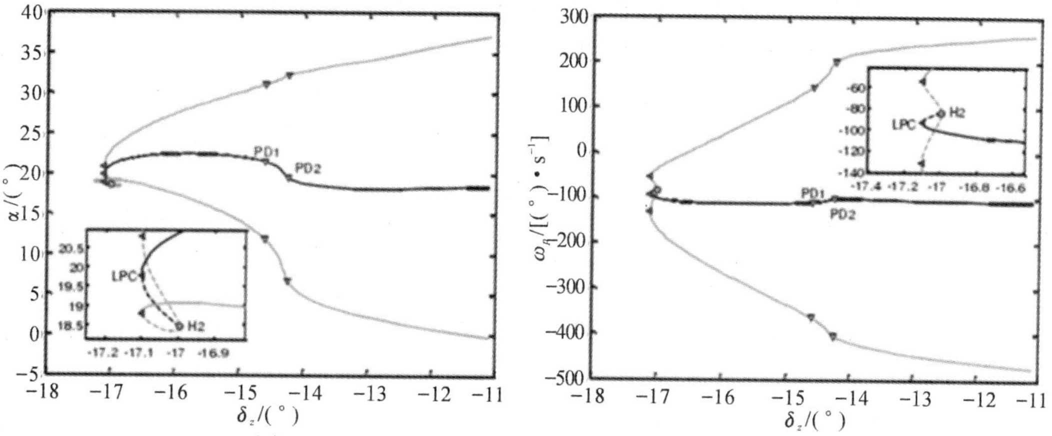

(a)　　　　　　　　　　　　　　(b)

图 13.23　Hopf2 对应极限环分岔在不同参数平面的投影

(a)极限环在参数平面(δ_z,α)的投影;(b)极限环在参数平面(δ_z,ω_p)的投影

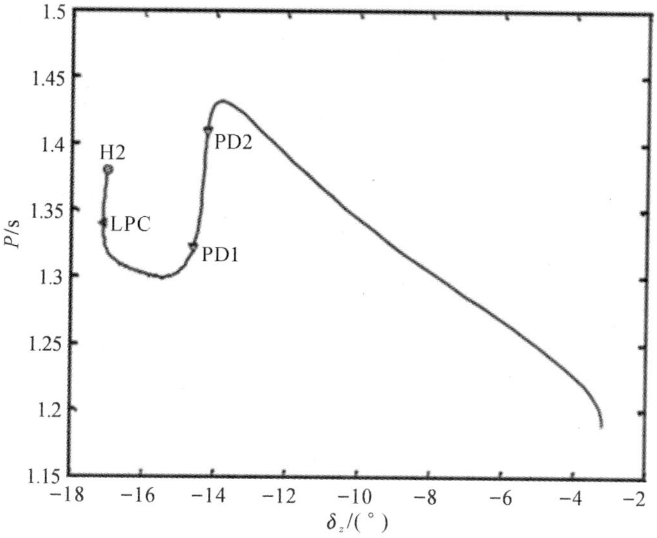

图 13.24　Hopf2 对应的极限环分岔周期

13.2.1.3　远程平衡滑翔点情况分析

1. 平衡分岔分析

图 13.25～图 13.29 所示为远程平衡滑翔点(马赫数为 15,高度为 45 km)的五阶动力学模型对应的平衡分岔在不同平面的投影。图中存在五个平衡分岔:一个主平衡分岔和四个叉型平衡分岔。

图 13.25 所示为平衡分岔在(δ_z,α)平面的投影。对于主平衡分岔,分岔中存在两个极限点,两个 BP 分岔点,两段不稳定的平衡分岔和两段稳定的平衡分岔。当遇到 LP1 点时飞行器纵向失稳,遇到 BP1 点时飞行器横侧向失稳,遇到 LP2 点时,纵向重新获得稳定性,但横侧向

依然失稳;当遇到 BP2 点时,飞行器横侧向重新获得稳定性;进一步分析,当攻角为 41.3°时出现第一个 BP 分岔点,当攻角为 58.1°时出现第二个 BP 分岔点,且在 BP1 点产生两个短的平衡分岔,在 BP2 点产生了两个较长的平衡分岔;进一步观察可以发现新的平衡分岔存在 H1、H2、H3、H4 四个 Hopf 分岔点,每一个 Hopf 分岔点都产生一个极限环分岔;分析图 13.26 和图 13.27 可得,较短平衡分岔对应的幅值小于较长平衡分岔对应的幅值,且较长平衡分岔对应的平衡侧滑角、滚转角速度、偏航角速度和俯仰角速度的幅值相对于下压段起始点减小较大。

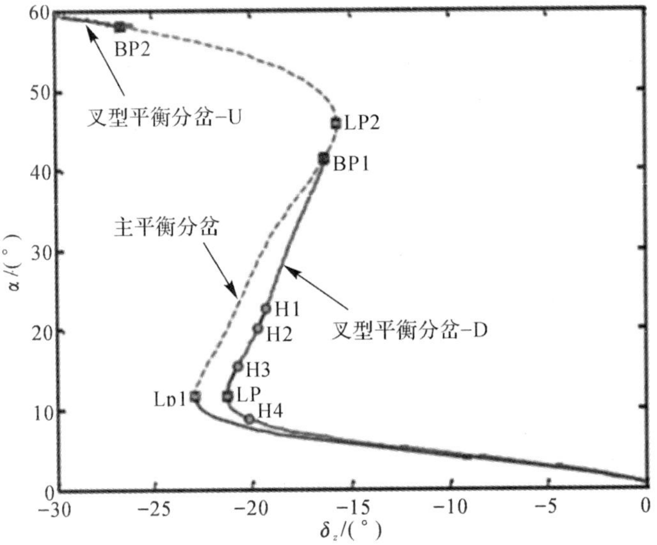

图 13.25　平衡分岔在参数平面(δ_z,α)的投影

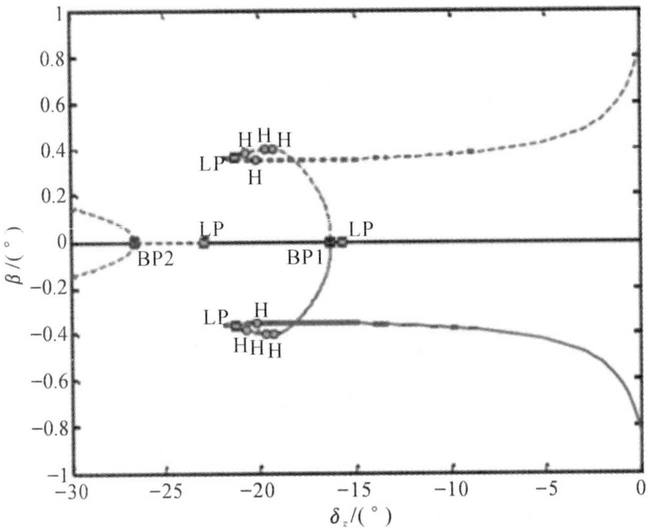

图 13.26　平衡分岔在参数平面(δ_z,β)的投影

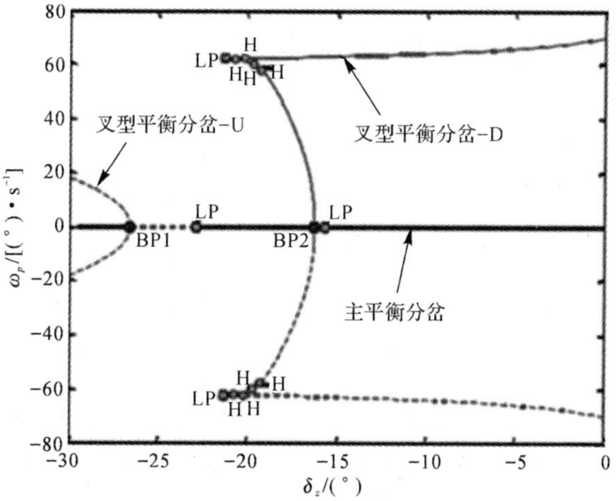

图 13.27　平衡分岔在参数平面(δ_z,ω_p)的投影

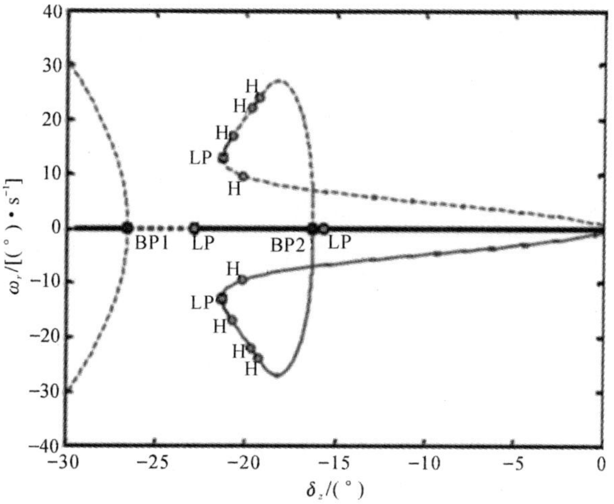

图 13.28　平衡分岔在参数平面(δ_z,ω_r)的投影

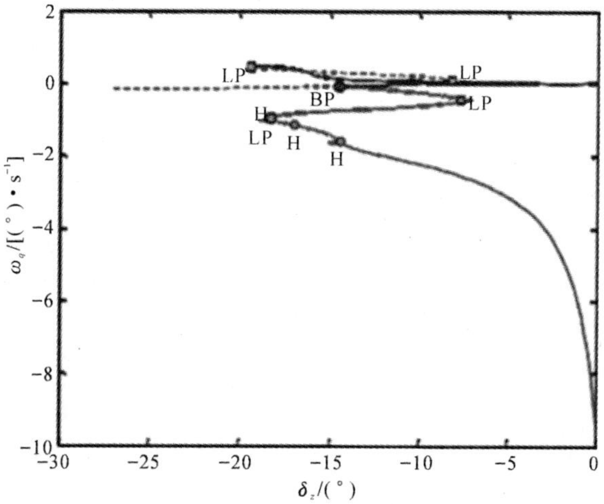

图 13.29　平衡分岔在参数平面(δ_z,ω_q)的投影

2. 特征根拓扑分析

高超声速飞行器在远程平衡滑翔点的五阶非线性模型全局特征根拓扑分布如图 13.30 所示。

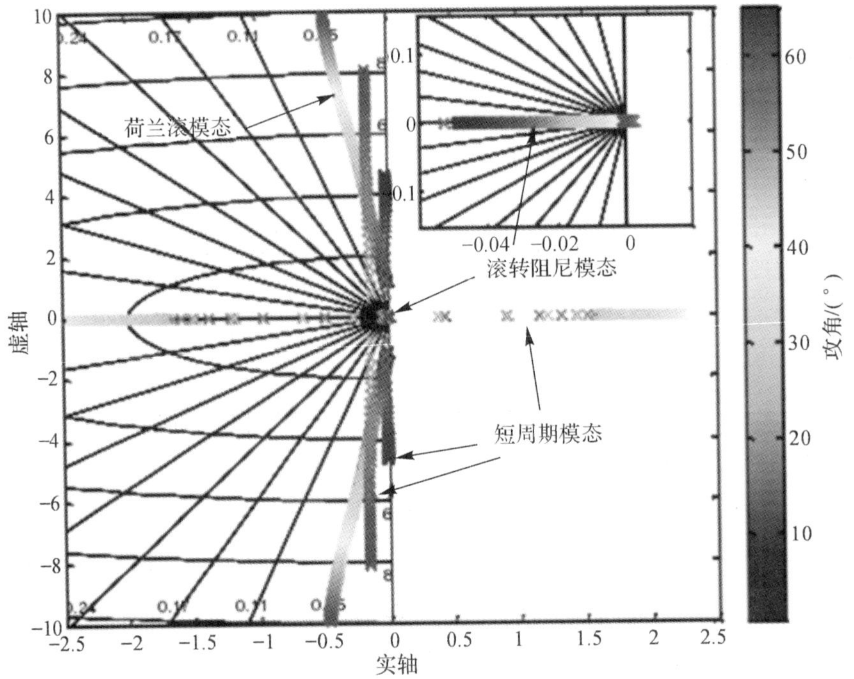

图 13.30　五阶模型特征根拓扑(远程平衡滑翔点)

分析图 13.30 中对应的模态分岔可以得出,相对于下压段起始点,远程平衡滑翔点对应的短周期模态分岔的特征根幅值进一步减小,其变化规律类似;滚转模态实根随着攻角的增大依然减小,但是特征根值相对下压段起始点工况有较大幅度下降,滚转阻尼降低较大,且存在滚转失稳;对于荷兰滚模态情况,相对于下压段起始点其幅值基本保持不变,且虚部进一步靠近虚轴,荷兰滚模态阻尼进一步减小。

3. 极限环分岔分析

本节针对存在复杂极限环分岔的 Hopf3 点对应的极限环和存在稳定的高频大幅值振荡的 Hopf4 点对应的极限环进行分析。图 13.31 所示为从 Hopf3 分岔点延伸出的极限环分岔,以及幅值在参数平面(δ_z,α)和(δ_z,ω_p)的投影,图 13.32 所示为其对应的周期变化。

分析图 13.31 和图 13.32 可以得出,开始时极限环为稳定极限环,之后遇到一个 LPC 分岔点,极限环由稳定变为不稳定,之后遇到第一个 NS 点即花环分岔点(Neimark - Sacker),极限环再次获得稳定性,当遇到第二个 NS 分岔点时极限环失去稳定性。该极限环对应的周期位于[2s,4.6s]区间,对应的最大攻角幅值约为 17°,对应的最大滚转角速度幅值约为 250°/s。

高超声速飞行器的远距离滑翔状态(马赫数为 15,高度为 45 km)能否稳定是控制系统极为关键的问题,因此应对极限环分岔所对应的 NS 分岔现象进行进一步的研究,揭示其运动规律。

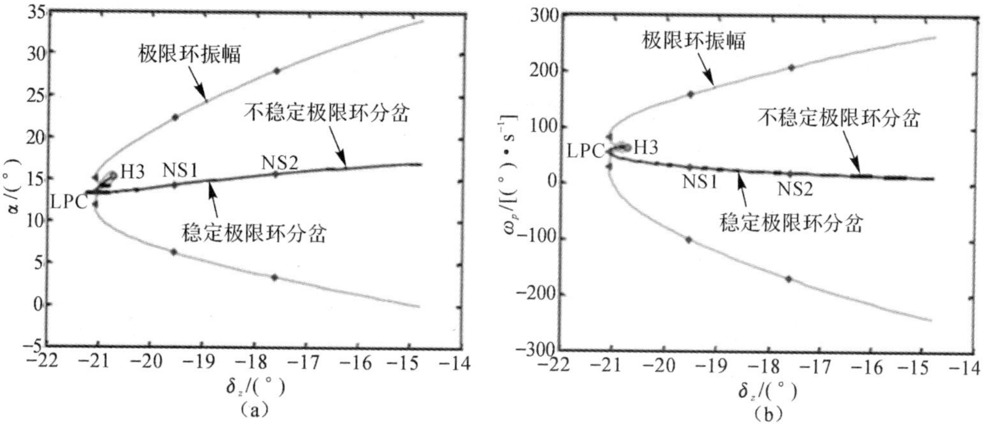

图 13.31　Hopf3 对应极限环分岔在不同参数平面的投影

(a)极限环在参数平面(δ_z,α)的投影；(b)极限环在参数平面(δ_z,ω_p)的投影

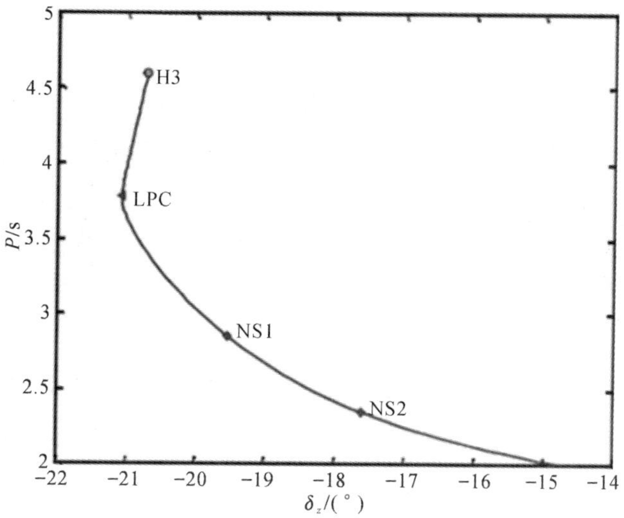

图 13.32　Hopf3 对应的极限环分岔周期

图 13.31 中存在两个 NS 分岔点即 NS1 和 NS2，在 NS1 和 NS2 点附近进行时间历程仿真，得到花环分岔对应的三维空间轨迹如图 13.33 和图 13.34 所示。通过分析图 13.33 和图 13.34 可以得出，花环周期运动为一种准周期运动，每一个周期的运动都不重复前面的轨迹。NS1 点附近对应的花环运动的幅值小于 NS2 点对应的幅值；进一步分析发现，NS2 对应的花环运动其滚转角速度在[−170°/s,210°/s]区间，偏航角速度在[−37°/s,2°/s]区间，俯仰角速度在[−31°/s,24°/s]区间；NS1 对应的花环运动其滚转角速度在[−105°/s,165°/s]区间，偏航角速度在[−27°/s,−5°/s]区间，俯仰角速度在[−16°/s,15°/s]区间。当飞行器的运动呈现花环运动时，运动容易失去稳定。

图 13.35 所示为叉型分岔中从 Hopf4 分岔点延伸出的极限环分岔和极限环幅值分别在参数平面(δ_z,α)和(δ_z,ω_p)的投影，图 13.36 所示为极限环对应的周期变化。分析图 13.35 和图 13.36 可以得出，整个极限环为稳定极限环，极限环对应的最大攻角幅值约为 20°，对应的最大

滚转角速度幅值约为400°/s，对应的周期在[1.6 s，2.8 s]区间。可以得出，Hopf4点所产生的极限环为稳定的高频大幅值振荡周期运动，将严重影响高超声速飞行器的稳定飞行，甚至可能对飞行器结构产生破坏，应对其进行有效的抑制或改出。

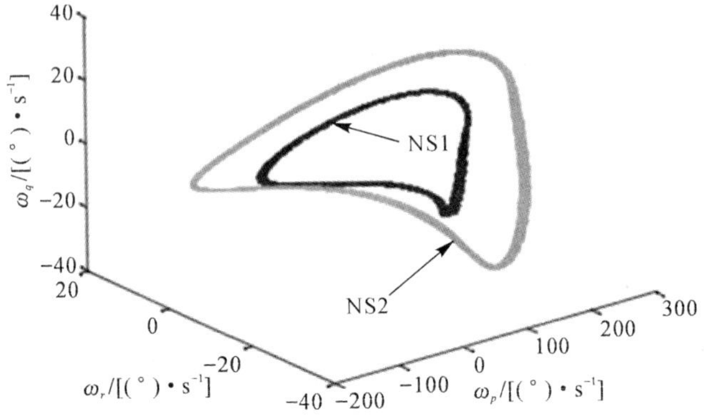

图 13.33 花环运动对应的三维空间轨迹

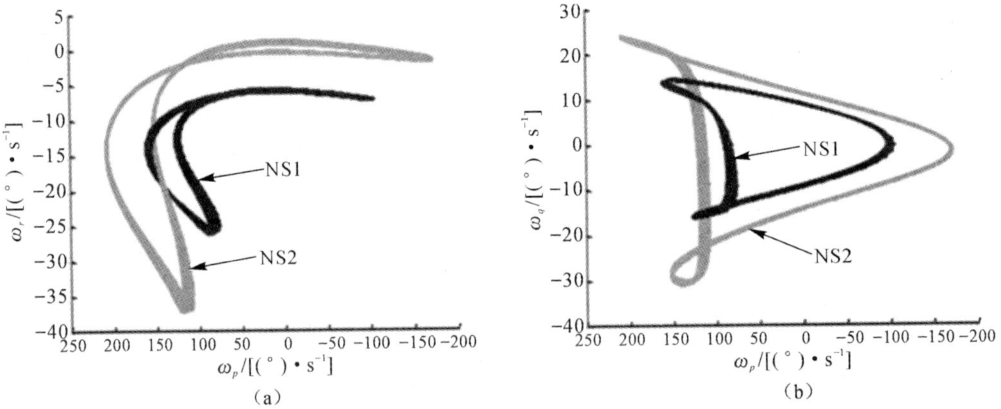

图 13.34 花环运动空间轨迹在不同参数平面的投影

(a)轨迹在参数平面(ω_p,ω_r)的投影；(b)轨迹在参数平面(ω_p,ω_q)的投影

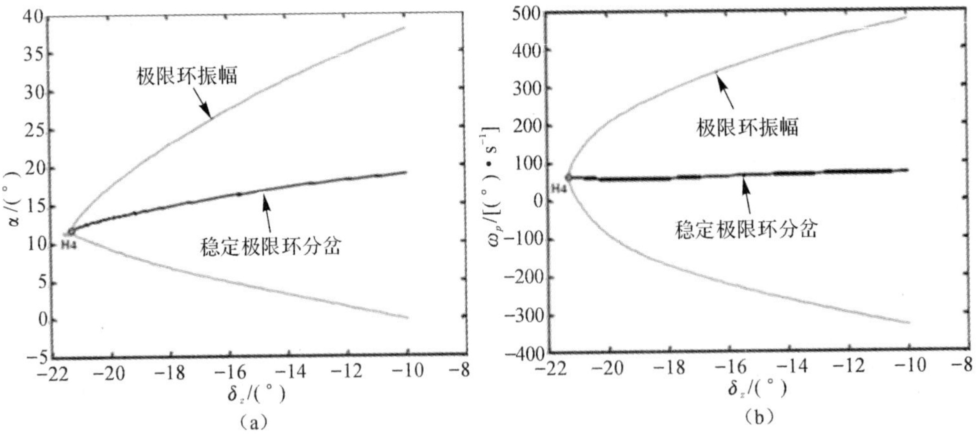

图 13.35 Hopf4对应极限环分岔在不同参数平面的投影

(a)极限环在参数平面(δ_z,α)的投影；(b)极限环在参数平面(δ_z,ω_p)的投影

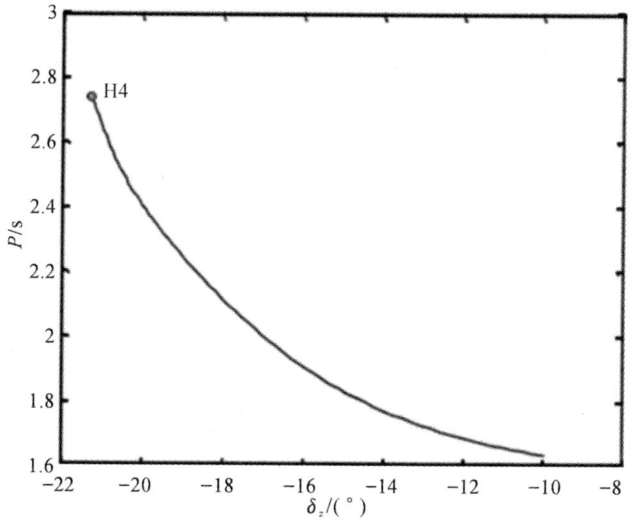

图 13.36　Hopf4 对应的极限环分岔周期

13.2.1.4　滑翔初始点情况分析

1. 平衡分岔分析

图 13.37～图 13.41 所示为滑翔初始点(马赫数为 20,高度为 58 km)的五阶动力学模型对应的平衡分岔在不同平面的投影。图中存在三个平衡分岔,即一个主平衡分岔和两个叉型平衡分岔。

通过分析图 13.37[平衡分岔在参数(δ_z,α)平面的投影]可以发现,原平衡分岔和新平衡分岔的距离较为接近,即在滑翔初始点工况下惯性耦合对模型俯仰力矩的影响相对于低空低马赫数情况较小,且平衡分岔只存一个 BP 分岔点,其对应的横侧向失稳攻角为 22.8°。进一步观察图 13.38 和图 13.39 可以得出,新的平衡分岔对应的平衡侧滑角和滚转角速度相对于远程平衡滑翔点进一步减小,其侧滑角小于 0.25°,滚转角速度小于 35°/s。

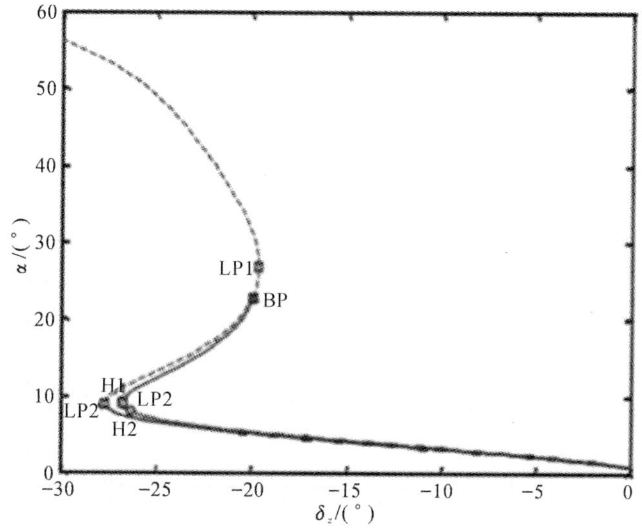

图 13.37　平衡分岔在参数平面(δ_z,α)的投影

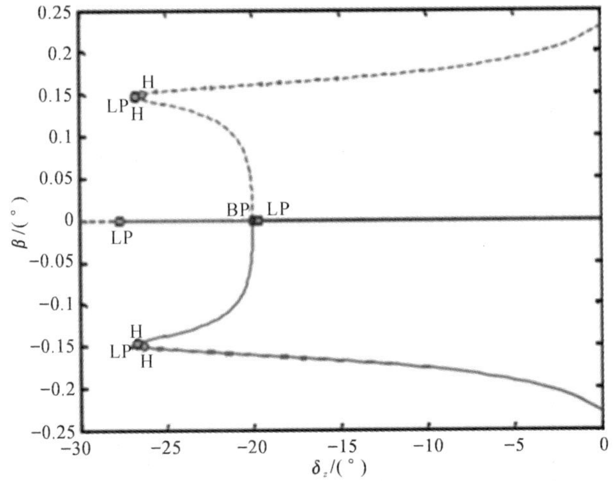

图 13.38　平衡分岔在参数平面(δ_z,β)的投影

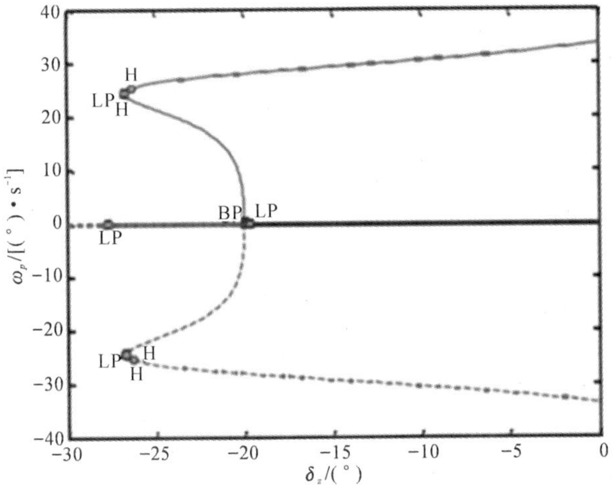

图 13.39　平衡分岔在参数平面(δ_z,ω_p)的投影

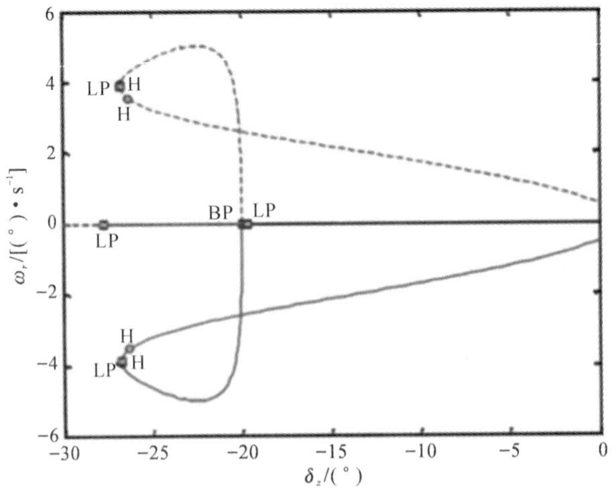

图 13.40　平衡分岔在参数平面(δ_z,ω_r)的投影

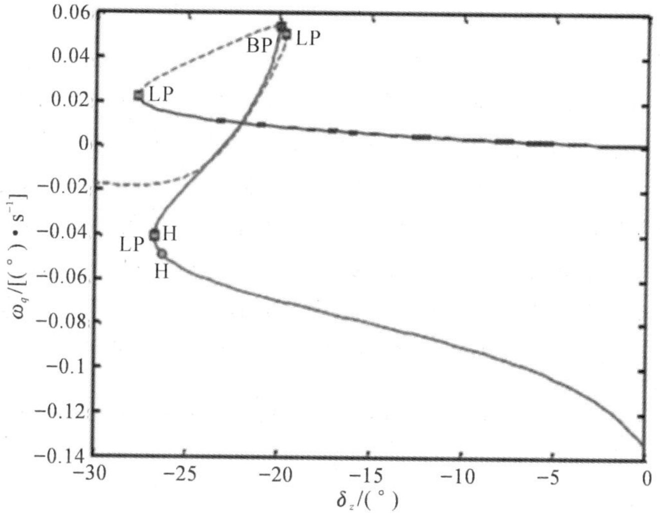

图 13.41　平衡分岔在参数平面(δ_z,ω_q)的投影

2. 特征根分布分析

高超声速飞行器在滑翔初始点工况下五阶非线性模型全局特征根拓扑分布如图 13.42 所示。

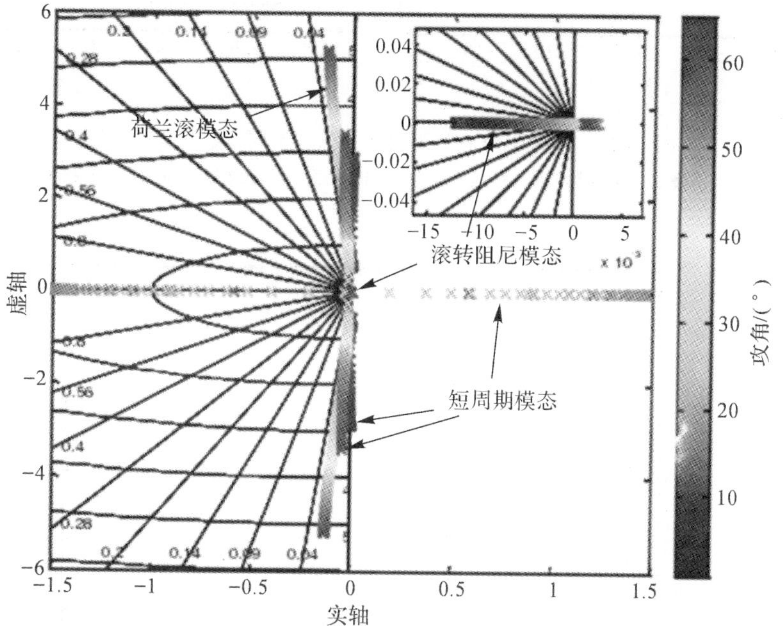

图 13.42　五阶模型特征根拓扑(滑翔初始点)

分析图 13.42 中对应的滑翔初始点工况模态分岔可以得出,相对于远程平衡滑翔点,其短周期模态分岔对应的特征根幅值进一步减小,且具有相同的变化规律;对于滚转模态,其实根随着攻角的增大变得更小,滚转阻尼非常低,存在滚转失稳;对于荷兰滚模态情况,相对于远程平衡滑翔点工况其幅值有较大下降,且虚部进一步靠近虚轴,荷兰滚模态阻尼和振荡频率都有

一定程度的减小。

3. 极限环分岔分析

本节针对存在复杂极限环分岔的 Hopf1 点对应的极限环进行分析。图 13.43 所示为 Hopf1 点所产生的极限环分岔，图 13.44 所示为其对应的周期变化。极限环开始时为一个稳定的极限环，当遇到第一个 NS 分岔点时，极限环变为不稳定的极限环，之后遇到第一个 PD 分岔点，其对应周期为原周期的两倍，极限环依然为不稳定极限环，之后遇到第二个 NS 分岔点，极限环又变成稳定的极限环，之后遇到第二个 PD 分岔点，此时极限环周期保持为原有的周期，且极限环再次变为不稳定的极限环。极限环对应的最大攻角幅值约为 14°，对应的滚转角速度最大幅值约为 130°/s，其对应的周期在[4.4 s，10.3 s]区间。

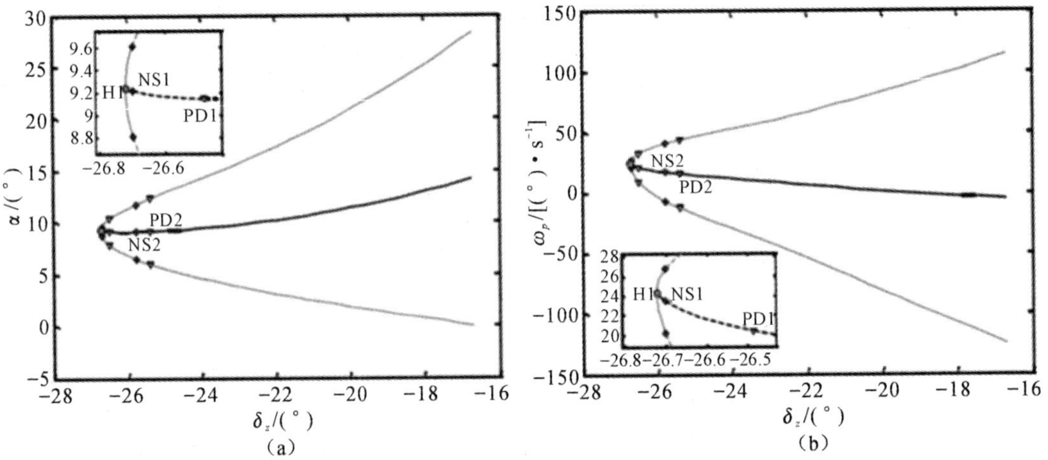

图 13.43　Hopf1 对应的极限环分岔在不同参数平面的投影

(a)极限环在参数平面(δ_z，α)的投影；(b)极限环在参数平面(δ_z，ω_p)的投影

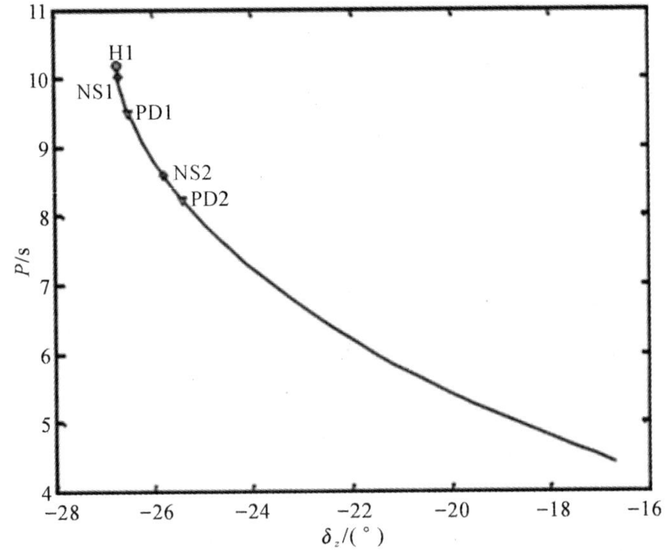

图 13.44　Hopf1 对应的极限环分岔周期

13.2.2　横侧向机动平衡分岔分析

横侧向机动平衡分岔分析主要是研究飞行器在进行滚转机动情况下的稳定性和失稳特性，是以副翼舵偏角为连续参数求解平衡分岔图，并研究其横向操纵偏离失稳问题。本节重点分析远程平衡滑翔点（马赫数为 15，高度为 45 km）和下压段结束点（马赫数为 5，高度为 27 km）的机动平衡分岔。

13.2.2.1　下压段结束点情况分析

基于以俯仰舵偏角 δ_z 为连续参数的分岔分析研究结果，根据俯仰舵偏角对应分岔平衡点个数不同选择典型的特征平衡点即 $\delta_z=-22°$，$\delta_z=-15°$，$\delta_z=-5°$ 进行滚转机动情况下的平衡分岔分析。

1. 平衡点 $\delta_z=-22°$

图 13.45 所示为 $\delta_z=-22°$ 情况下的机动平衡分岔在参数平面（δ_x，α）、（δ_x，β）、（δ_x，ω_p）和（δ_x，ω_r）的投影。

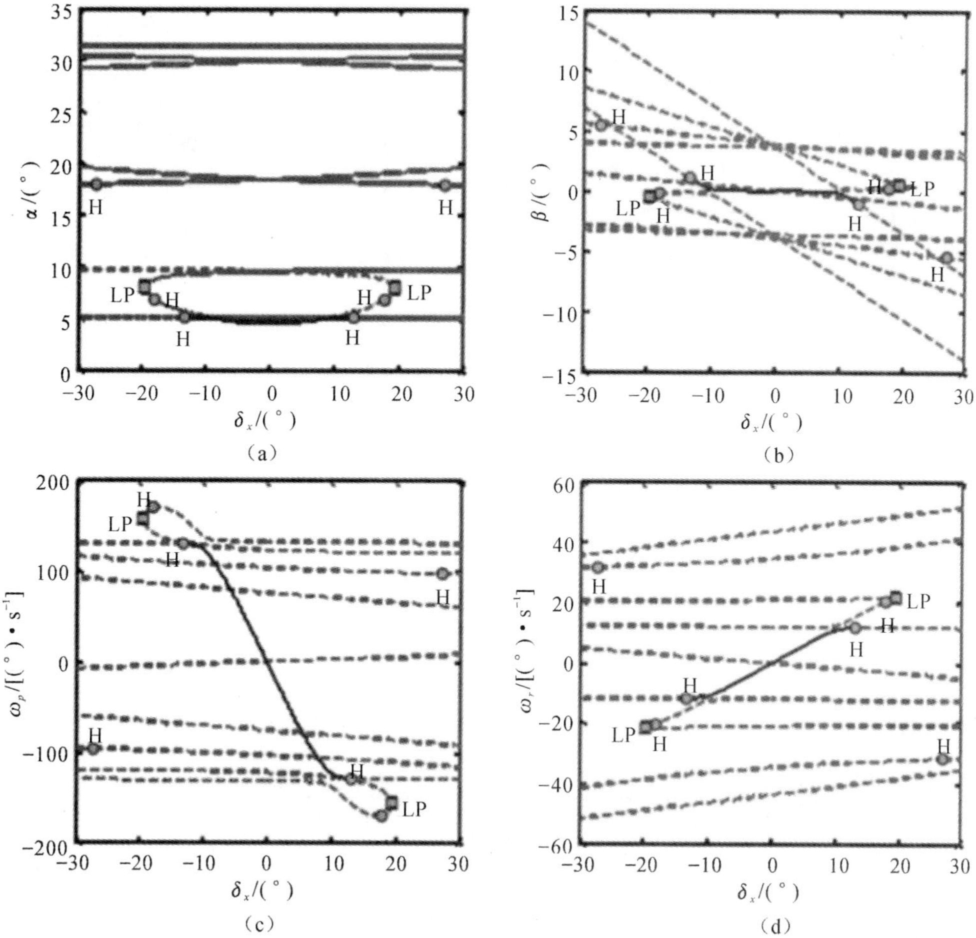

图 13.45　$\delta_z=-22°$ 对应的横侧向机动平衡分岔

对于下压段结束点，当 $\delta_z=-22°$ 时，存在 8 个对称的叉型分岔平衡点和一个主分岔平衡点。以 $\delta_z=-22°$ 时的状态参数为初始平衡点，以 $\delta_x=0°$ 为连续参数的初始值，采用连续算法连续求解五阶非线性模型的平衡分岔如图 13.45 所示，得到了 4 个平衡分岔，其中一个分岔经过四次转折回到可控制的区域范围。分岔中存在一个部分稳定分岔，其为研究的重点，当副翼舵偏角在[−13.2°,13.2°]区间时，其对应的分岔是稳定的，飞行器进行横滚机动时可以稳定地实现快速滚转。同时可以发现，随着副翼舵偏角的增大，侧滑角和滚转角速度逐渐增大；当舵偏角位于[−13.2°,13.2°]区间之外时，分岔遇到 Hopf 分岔点，对应的分岔变为不稳定分岔，且随着舵偏角的增大，侧滑角快速增大，滚转角速度缓慢增大且趋于恒定(受到侧滑角增大的影响)；进一步分析可以得出，在稳定分岔中，整个副翼控制范围内副翼偏转引起的滚转角速度与预期的方向相同，即飞行器不会发生滚转操作反效现象。

2. 平衡点 $\delta_z=-15°$

图 13.46 为 $\delta_z=-15°$情况下的机动平衡分岔图。

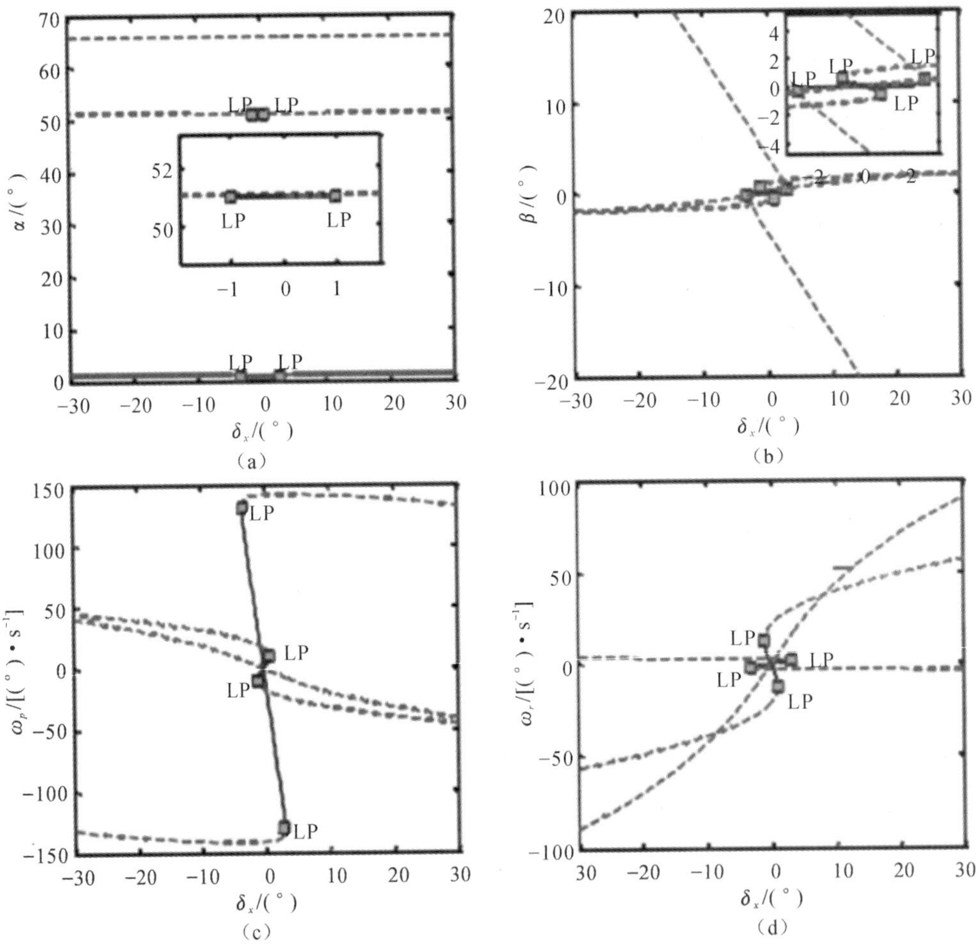

图 13.46　$\delta_z=-15°$对应的横侧向机动平衡分岔

以 $\delta_z=-15°$的状态参数为初始平衡点，得到了 3 个平衡分岔，其中有两个平衡分岔为部分稳定，即大攻角($\alpha=51°$)部分稳定平衡分岔和小攻角($\alpha=1°$)部分稳定平衡分岔；对于大攻角部分稳定平衡分岔，当副翼舵偏角在[−1°,1°]区间时，其对应的平衡分岔稳定，同时可以发现，随着舵偏角的增大，其滚转角速度快速增大，且副翼偏转引起的滚转角速度与预期方向相反，即飞行器发生滚转操作反效(横向操作偏离失稳，滚转控制引起航向发散)；当舵偏角位于[−1°,1°]区间之外时，经过一个 LP 点之后，对应的分岔变为不稳定分岔，且随着舵偏角的增大，侧滑角快速增大，滚转角速度缓慢增大，副翼偏转引起的滚转角速度与预期的方向相同，即在[−1°,1°]区间之外飞行器不会发生滚转操作反效。

对于小攻角部分稳定平衡分岔，当舵偏角在[−3.1°,3.1°]区间时，其对应的是稳定分岔；当舵偏角位于[−3.1°,3.1°]区间之外时，其对应的分岔变为不稳定分岔，且此时副翼偏转引起的滚转角速度与预期方向相反，即飞行器会发生滚转操作反效。

3. 平衡点 $\delta_z=-5°$

图 13.47 为 $\delta_z=-5°$情况下的机动平衡分岔图。当舵偏角在[−3.1°,3.1°]区间时为稳定分岔，随着舵偏角的增大，其滚转角速度快速增大，经过一个 LP 点之后变为不稳定分岔；且当攻角大于 1°时，副翼偏转引起的滚转角速度与预期方向相反，飞行器发生横向操作偏离失稳。

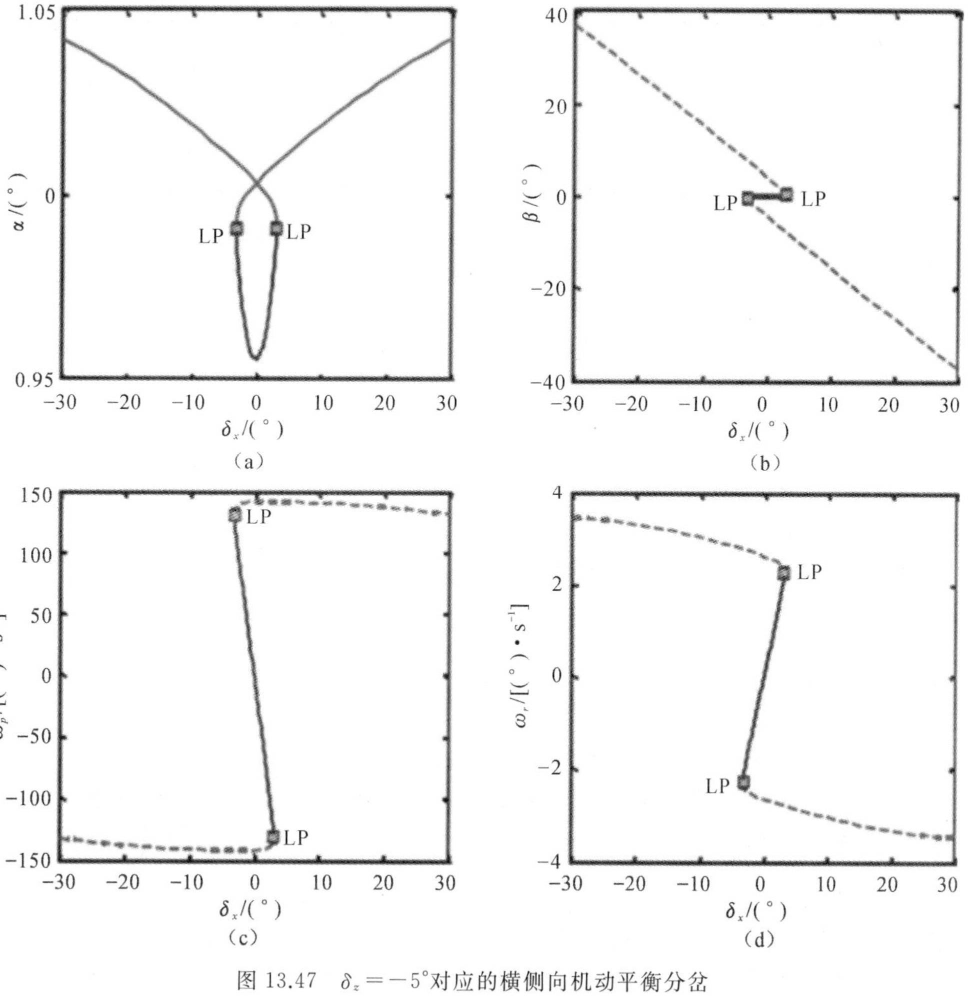

图 13.47　$\delta_z=-5°$对应的横侧向机动平衡分岔

13.2.2.2 远程平衡滑翔点情况分析

对于远程平衡滑翔点工况，选择典型特征平衡点 $\delta_z=-28°$，$\delta_z=-20°$ 和 $\delta_z=-10°$ 进行滚转机动情况下的稳定性分析。

1. 平衡点 $\delta_z=-28°$

图 13.48 所示为 $\delta_z=-28°$ 情况下的机动平衡分岔。

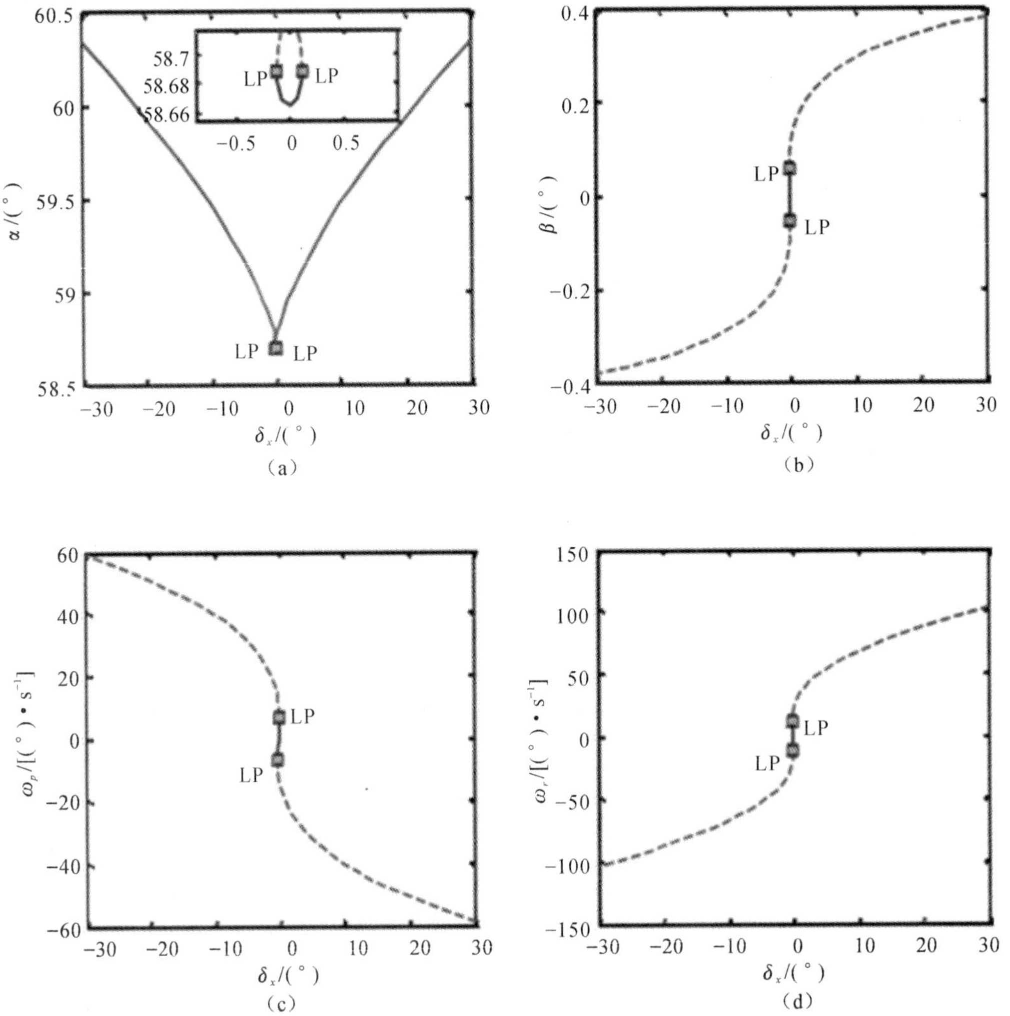

图 13.48 $\delta_z=-28°$ 对应的横侧向机动平衡分岔

当 $\delta_z=-28°$ 时，求得的平衡分岔经过了对应的三个平衡点，当副翼舵偏角在[$-0.13°$，$0.13°$]区间时，其对应分岔稳定；进一步分析可得，当攻角小于 58.74°时，滚转角速度与预期方向相反，发生横向操作偏离失稳。

2. 平衡点 $\delta_z=-20°$

图 13.49 所示为 $\delta_z=-20°$ 情况下的机动平衡分岔。当 $\delta_z=-20°$ 时，可以看出其存在 4 个平衡分岔，在经过 $\omega_p=0°/\mathrm{s}$ 点的稳定平衡分岔中舵偏角在[$-3.23°$，$3.23°$]区间时，对应分

岔区间稳定，且随着舵偏角的增大，滚转角速度快速增大；进一步可以得出，当攻角大于 8.5°时，飞行器会发生横向操作偏离失稳；同时在还存在其他三个不稳定的平衡分岔，多个不稳定平衡点会引起较为复杂的非线性运动。

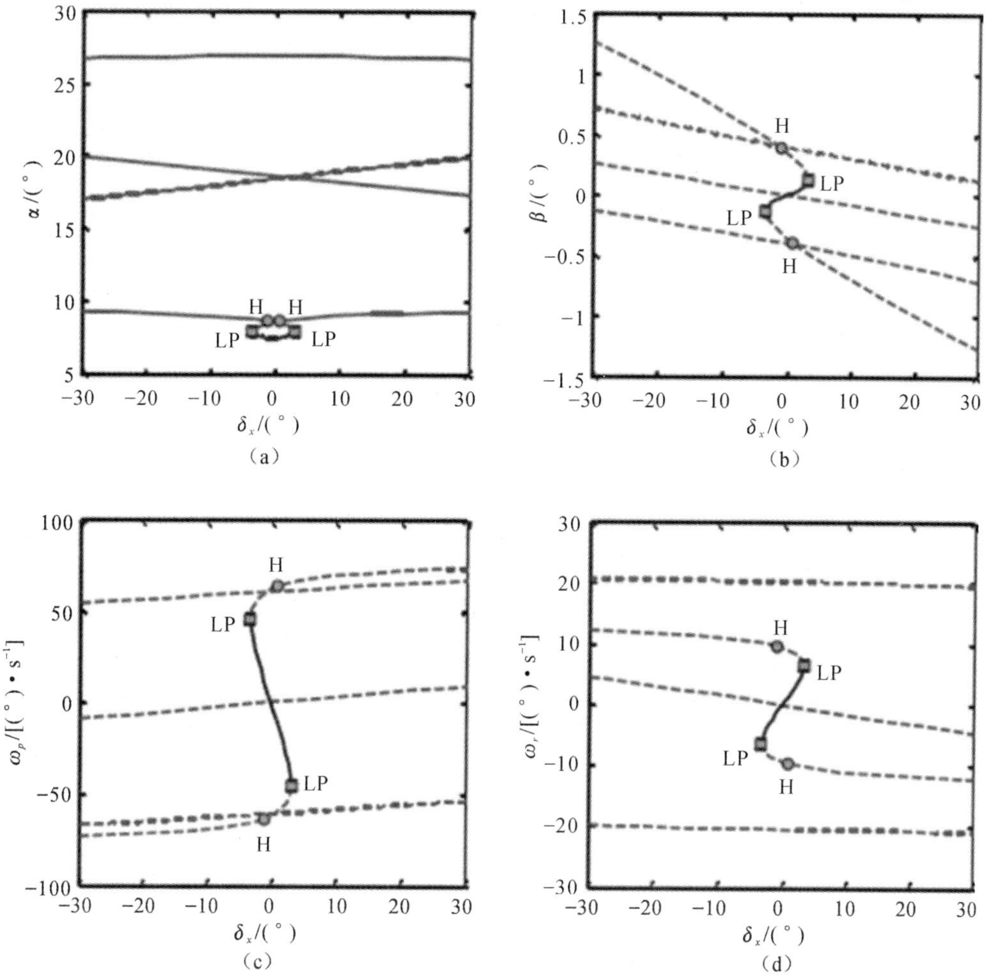

图 13.49　$\delta_z=-20°$对应的横侧向机动平衡分岔

3. 平衡点 $\delta_z=-10°$

图 13.50 所示为 $\delta_z=-10°$情况下的机动平衡分岔。当舵偏角在[−1.67°,1.67°]区间时，其对应的分岔稳定，其随着舵偏角的增大，其滚转角速度快速增大；当舵偏角位于[−1.67°,1.67°]区间之外时，对应的分岔变为不稳定，且随着舵偏角的增大，侧滑角快速增大，滚转角速度增大缓慢；且当攻角大于 4.3°时，副翼偏转引起的滚转角速度与预期方向相反，飞行器会发生横向操作偏离失稳。

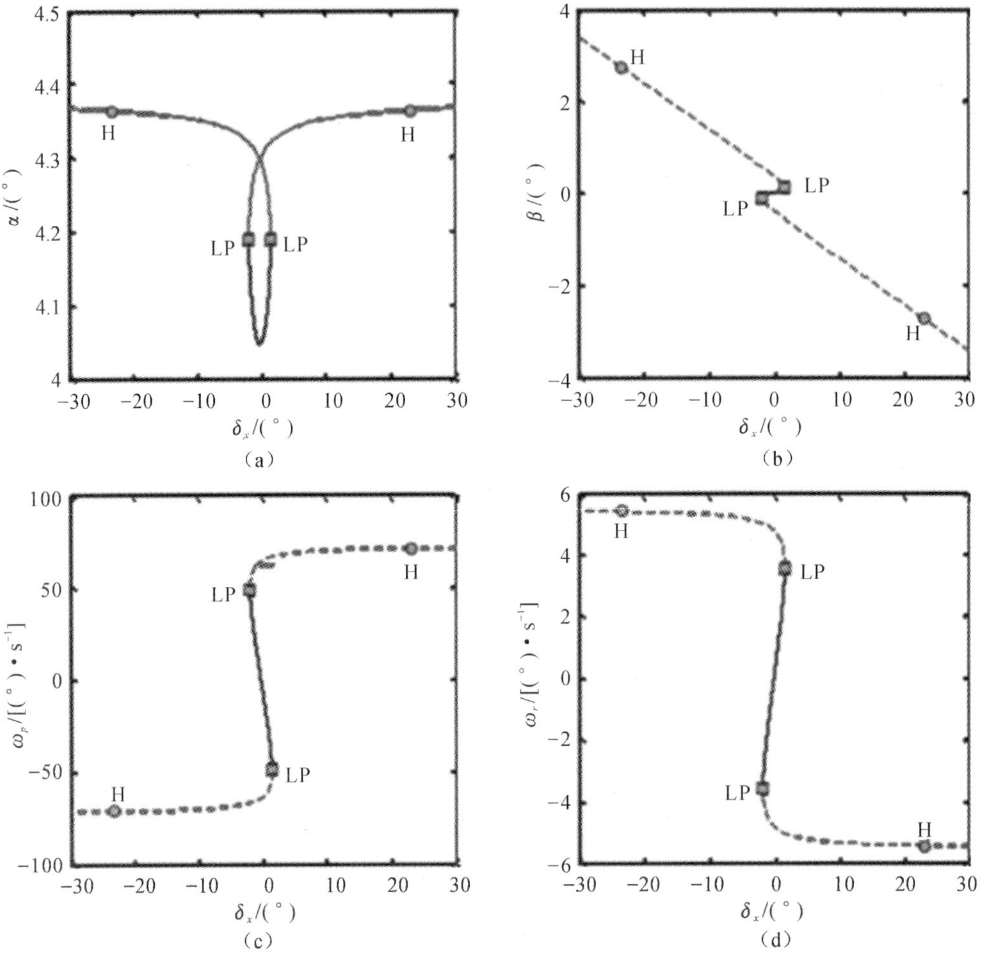

图 13.50　$\delta_z = -10°$对应的横侧向机动平衡分岔

13.2.3　失稳抑制与机动控制策略研究

本节针对横侧向非线性失稳分析中发现的滚转失稳问题、高频大幅值极限环振荡问题、多平衡点问题以及横向操纵偏离(Lateral Control Departure Parameter，LCDP)失稳问题，给出一些失稳抑制和机动控制的策略。

1. 滚转失稳/多平衡点抑制策略

对于滚转失稳问题，可以根据分岔分析得到的滚转失稳临界攻角，在飞行器飞行过程中避免飞行攻角超过当前状态的滚转失稳临界攻角，从而避免失稳的发生。从另一方面讲，可以采用反馈控制的方法来改善模型平衡分岔的稳定性，即通过设计合理的横侧向反馈控制器来实现不稳定平衡分岔的稳定化，从而可以有效地抑制滚转失稳的发生。同样地，对于存在的多平衡点问题，依然可以采用反馈控制的策略来消除存在的多个平衡点。

2. 高频大幅值极限环抑制策略

对于飞行器在高超声速情况下的高频大幅值振荡的极限环运动，高频振荡会诱发更为复杂的流场变化和非线性气动力，将严重影响飞行器的飞行品质和飞行稳定性，甚至可能会对飞行器的结构造成破坏，从而威胁飞行安全。因此，必须采取合适的策略对极限环运动进行有效的规避、改出或抑制。

根据分岔分析的结果可以得出，高频滚转振荡极限环的幅值和存在区间由配平攻角和配平舵偏角决定。因此，可以控制飞行器飞行攻角远离极限环存在对应的配平攻角区域，从而使极限环无法被激发，进而避免极限环运动的产生；如果飞行器运动状态已经处于稳定的极限环运动，可以适当地调整飞行器舵偏角(相应的配平攻角也随之改变)，使飞行器的运动状态处在极限环存在的范围之外而实现飞行器从极限环振荡运动中改出。然而，如果飞行过程中要求飞行器在特定攻角下进行滑翔飞行或机动控制，就无法采用改出策略实现极限环的消除，此时可以采用反馈控制来抑制极限环的振荡，如将滚转极限环振荡所对应的滚转角速度反馈到副翼，通过副翼反馈来增大滚转阻尼从而抑制甚至消除极限环振荡。

3. 横向操纵偏离失稳控制策略

针对横向操纵偏离失稳问题(LCDP>0)，可以采用合适的策略改善 LCDP，从而避免横向操纵偏离失稳发生。如可以通过侧滑角反馈副翼的控制策略来改善 LCDP，即通过侧滑角反馈间接减小横向稳定力矩系数导数 C_L^{β} 的值，进而降低 LCDP；或者通过方向舵补偿副翼的方法来减小滚转操作所引起的不利偏航力矩，抑制滚转引起的侧滑，进而降低 LCDP。

对于航向静不稳定度较小的飞行器，上述策略具有明显的改善效果。然而，对于航向静不稳定度很大的飞行器，采用上述策略收效甚微。此时可以考虑增大飞行器航向静稳定性来改善航向静不稳定度，如增大方向舵面积或加装方向舵控制系统(Rudder Control System，RCS)等。

从另一方面讲，针对存在横向操纵偏离失稳的飞行器，可以采用不常用的基于方向舵实现滚转机动操作的策略，即利用方向舵产生的偏航力矩得到一个合适的侧滑角，并利用飞行器较大的横向稳定性来产生一个由于侧滑诱导的滚转力矩来实现滚转控制，此时副翼起到改善阻尼和配平的作用，从而避免副翼进行滚转操作引起的横向操纵偏离失稳的发生。

参考文献

[1] 黄文博，张强，肖飞，等.空间快速响应航天器轨道/弹道一体化规划.固体火箭技术，2012,35(1):11-16.

[2] 肖飞，向敏，张卫华.多级运载火箭总体/弹道/轨道一体化设计与优化.空军工程大学学报，2008,9(5):19-23.

[3] 罗亚中，唐国金，梁彦刚，等.近地轨道运载火箭轨迹/总体参数一体化设计与优化.中国空间科学技术，2003, 10(5):16-32.

[4] 罗亚中，唐国金，梁彦刚.基于分解策略的 SSO 发射轨道遗传全局优化设计.航空学报，2004,25(5):443-446.

[5] 郭杰，唐胜景，李响，等.基于改进粒子群算法的方案飞行弹道优化设计.北京理工大学学报，2010,30(6):61-65.

[6] 罗亚中，唐国金，梁彦刚，等.GTO 发射轨道的两级分解全局优化设计策略.中国空间科学技术，2004,24 (4):36-46.

[7] 杨希祥，江振宇，张卫华.小型运载火箭大气层飞行段飞行程序设计研究.飞行力学，2010,28(4):68-72.

[8] BATTIN R H. An introduction to the mathematics and method of astrodynamics. New York: AIAA,1987:408-418.

[9] BATTIN R H, FILL T J. Extension of gauss method for the solution of Kepler's equation[J]. Journal of Guidance, Control and Dynamics,1979,2(5/6):190-195.

[10] BATTIN R H. A scrapbook of beautiful equations and great ideas//Astrodynamics Symposium,2000:423-433.

[11] 郑莉莉.连续推力作用下的机动轨道设计与优化.西安:西北工业大学,2011:15-43.

[12] TAHERI E, ABDELKHALIK O. Shaped-based approximation of constrained low-thrust space trajectory using Fourier series. Journal of Spacecraft and Rockets, 2012, 49(3):535-546.